Remediation Practice & Cases for Contaminated Environment

污染环境修复实践与案例

周启星　刘家女　薛生国　等著

化学工业出版社
·北京·

内容简介

本书从工业污染场地修复到区域污染治理，从城市污染河道修复到大型湖泊治理，从工业点源污染控制到广袤的污染农田修复与农业污染治理，从国内工程实践到国外修复案例，比较全面地展现了污染土壤、水环境修复的进展与相关核心技术研发及应用现状。内容主要包括湖南典型工矿区污染场地修复及环境管理、石油污染土壤微生物电化学修复技术研发及在大港油田的实践、北京焦化厂污染地块治理修复方案制订与实施、辽宁典型区域土壤污染的治理修复实践及管理策略、天津大沽排污河治理与修复实践、云南高原湖泊治理与修复模式、白银市污灌农田的治理与修复实践、我国农田重金属污染的治理与修复实践，以及国外典型污染场地修复案例及分析等。

本书侧重污染环境修复工程实践，具有较强的技术应用性和针对性，可供从事环境污染防控与修复的科研人员、工程技术人员和管理人员参考，也供高等学校环境科学与工程、生态工程及相关专业师生参阅。

图书在版编目（CIP）数据

污染环境修复实践与案例/周启星等著. —北京：化学工业出版社，2020.10

ISBN 978-7-122-37446-2

Ⅰ.①污… Ⅱ.①周… Ⅲ.①工业污染防治-研究 Ⅳ.①X322

中国版本图书馆CIP数据核字（2020）第134111号

责任编辑：刘兴春 卢萌萌　　装帧设计：王晓宇

责任校对：赵懿桐

出版发行：化学工业出版社（北京市东城区青年湖南街13号 邮政编码100011）

印　　装：北京瑞禾彩色印刷有限公司

787mm×1092mm 1/16 印张26 字数600千字 2021年2月北京第1版第1次印刷

购书咨询：010-64518888　　售后服务：010-64518899

网　　址：http://www.cip.com.cn

凡购买本书，如有缺损质量问题，本社销售中心负责调换。

定　　价：198.00元

前言

随着工业化、城市化的不断发展，产业结构升级、土地利用与工业布局调整，城市企业搬迁及其所遗留的污染场地环境问题日益凸显。土水环境是经济与社会可持续发展的物质基础，关系人民群众身体健康，关系美丽中国建设，保护好土水环境是推进生态文明建设和维护国家生态安全的重要内容。目前，土水环境污染已成为全面建成小康社会的突出短板之一，应切实加强污染防治与环境修复，逐步改善环境质量。因此，积极开展土水环境大修复、推动相关技术创新及产业升级发展势在必行。

近年来，我国陆续开展了一系列水、气、土污染防治专项治理计划。结合“水十条”和“土十条”，继我们 2004 年出版《污染土壤修复原理与方法》后，将近十几年来我国污染环境修复实践进行总结，并与国外典型案例分析相结合，推出《污染环境修复实践与案例》一书。

本书共分十章：第一章介绍了我国土水污染特点与趋势、治理模式及存在问题、修复实践大致情况，并对其未来发展方向进行了展望；第二章介绍了湖南典型工矿区土壤重金属污染及其场地修复与管理实践；第三章介绍了石油污染土壤微生物电化学修复技术原理与提升强化措施，以及在大港油田污染治理中的应用与实践；第四章介绍了北京焦化厂污染地块治理修复方案制订与实施情况；第五章介绍了辽宁典型区域土壤污染治理修复实践及管理策略；第六章介绍了天津大沽排污河治理与修复实践；第七章介绍了云南高原湖泊面临的主要问题、治理历程及修复模式；第八章介绍了白银市污灌农田重金属污染、风险及联合修复技术实践；第九章介绍了我国农田重金属的污染钝化、植物修复、农艺调控及修复评估技术与实践；第十章分别从微生物、植物、物理和化学修复技术角度介绍了一些国外典型污染场地的修复案例。本书立足于环境焦点，选题新颖，定位准确，以我国污染场地修复产业发展需求为导向，以选取我国典型区域修复工程案例为主，以国外发达国家修复工程案例分析为辅，集成了污染土水环境修复相关核心技术，为推进我国环境修复技术的发展与应用实践提供有价值的参考，同时对于污染环境修复知识的普及也具有重要的意义。

本书由周启星、刘家女、薛生国等著，具体分工如下：第一章由周启星著；第二章由薛生国、陈灿、曾嘉庆、万勇著；第三章由李晓晶、周启星著；第四章由刘家女、冯秀娟著；第五章由崔爽、周启星著；第六章由唐景春、王敏、荣伟英、刘小妹、刘庆龙、徐海栋著；第七章由刘嫦娥、何锋、潘瑛、李世玉、赵永贵、付登高著；第八章由胡亚虎、马双进、黄昱、南忠仁著；第九章由孙约兵、裴鹏刚著；第十章由刘家女、王松著。全书最后由周启星统稿并定稿。

限于著者编写时间和水平，书中不足和疏漏之处在所难免，我们殷切希望广大读者和有关专家对本书提出批评指正，共同为污染环境修复技术研发和绿水青山的中国梦而努力！

著者

2020 年春于南开

目录

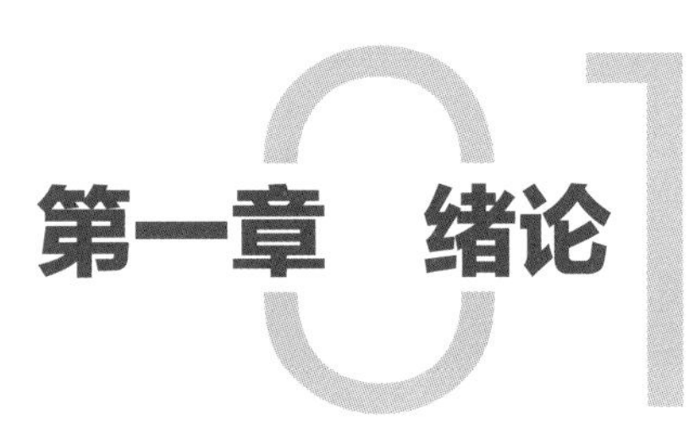

第一章　绪论

水体、土壤和大气等介质的污染构成了环境污染[1]；同样，污染环境涉及污染水体环境、污染土壤环境和污染大气环境。然而，污染环境的修复，则主要是指污染水体环境的修复和污染土壤环境的修复。因此，本章限定在土水环境修复范畴，重点阐述我国近年来水体环境和土壤环境污染的特点、区域概况并分析其趋势，进而指出所面临的挑战；总结污染水体和土壤主要或基本治理模式并揭示其存在的问题；依据污染环境修复实践以及生态修复的探索，对未来发展方向进行展望。

第一节　我国水体环境污染与趋势分析

一、水体环境污染特点与趋势

1. 水体环境污染特点

自改革开放以来，随着工农业生产的迅速发展，人口增长与生产发展的多重压力，以及农药与化肥的大量使用，导致目前我国水体环境出现了不同程度的污染[2-5]。其特点大致如下：

① 季节性污染明显，一般夏秋季比冬春季更为严重，发生次数与频率高，持续时间也长；

② 恶臭、COD以及重金属等常规污染物控制成效明显，但石油烃等有毒有害物质问题凸显，新型污染物受到关注，跨界污染事故频发，生态风险居高不下；

③ 地表水体特别是大中型河流干流和重点湖泊水体环境持续好转，但下游以及支流污染日趋严重；

④ 城市供水能力得到全面改善，其水污染治理水平也有所提升，但水质问题仍然十分突出，仍需进一步加强治理；

⑤ 农村供水能力不足，水质水量保障率低，农田氮磷污染排放上升为河流水质改善的首要任务；

⑥ 水体环境生态健康恶化，服务功能与生态产品供给能力严重下降，成为河流生态文明建设的主要瓶颈；

⑦ 水体常规监测监管能力大幅提升，但风险监控与预警能力依然不足，饮用水安全与流域监管能力需进一步提升。

2. 水体环境污染趋势

近年来，虽然国家层面做了大量水体污染控制与治理的工作，但水体污染仍较为严重，其大致趋势[3-6]如下：

① 传统污染物（COD、BOD 和恶臭）未能完全控制住，富营养化和有毒化学物质特别是石油烃的污染相继增加，尤其在新型污染物控制方面面临挑战；

② 一些点源被消灭，一些新的点源又冒出来，点源污染整体上未能有效控制住，非点源污染问题在一些地区又趋严重并突出出来；

③ 由于 85% 以上的污水未经处理或者得到有效处理就直接排入水域，已造成我国 1/3 以上的流域或河段受到污染，90% 以上的城市水域受到严重污染，近 50% 的重点城镇水源水质恶化甚至不符合国家饮用水标准；

④ 水资源的过度开发与不合理利用，尤其是地表水复合污染的不断加重，引发了区域性水质型缺水和严重的生态后果。

二、不同区域水体环境污染概况

我国水体环境可分为东、南、西、北四个区域，涉及从东海到西北的各个区域，从黑龙江到珠江和海南及至南海，从海湾到河湖的各种形式，从地表水到地下水的各个层次，从水源地到自来水的各个环节，都存在不同程度的水体污染问题。一般来说，污染程度为北方重于南方（降水量大而稀释等影响），东部重于西部。北方地区的水源日渐干枯，而且污染日趋严重，超过 1/2 的地下水甚至连工业用水的规格都达不到，超过 70% 以上已经不适合人类接触，而城市水源只有勉强 1/2 能处理充做饮用水；南方地区也好不了多少，不论城市或农村，水质型缺水经常发生，如苏州、无锡、绍兴和汕头等城市，80% 以上的水体污染严重，尤其是每年夏季的蓝藻爆发依旧频繁发生，水质依然没有得到有效改善[2-5]。

整体上，我国不同区域水体环境污染日趋严重（图 1.1）。就河流而言，全国地表水总体轻度污染，部分中到重度污染。华北平原、东北平原、杭嘉湖平原、珠江流域、黄河三角洲地表水污染严重。十大水系水质不容乐观，主要流域的Ⅰ～Ⅲ类水质断面占 64.2%，劣Ⅴ类占 17.2%。黄河、淮河、海河、辽河、松花江五大水系水质污染各异，其中海河流域为重度污染，黄河、淮河、辽河流域为中度污染，各水系污染程度由重到轻顺序为：海河＞辽河＞淮河＞黄河＞松花江＞珠江＞长江，特别是辽河、淮河、黄河、海河等流域都有 70% 以上的河段受到不同程度的污染[4-8]。

图 1.1　日益严重的水体污染问题

湖泊、水库的富营养化问题依然突出[2, 9]。

56 个湖、库的营养状态监测显示，中度富营养的 3 个，占 5.2%；轻度富营养的 10 个，占 17.2%。资料显示，国控重点湖泊中，水质为污染级的占 39.3%。31 个大型淡水湖泊中，17 个为中度污染或轻度污染，白洋淀、阳澄湖、鄱阳湖、洞庭湖、镜泊湖赫然在列。虽然 1995 年后国家就启动了对“三河三湖”（辽河、海河和淮河三河，太湖、巢湖和滇池三湖）的治理，但是这些区域目前依然处于严重污染的状态。

全国约 90% 的地下水都遭受了不同程度的污染[10, 11]。其中，60% 左右污染严重，北方城市污染重于南方城市。有关部门对 118 个城市连续监测数据显示，约有 64% 的城市地下水遭受严重污染，33% 的地下水受到轻度污染，基本清洁的城市地下水甚至不到 3%。

有关文献[12, 13]显示，四大海区近岸海域中，南海近岸海域水质良好，黄海水质一般，渤海、东海水质较差。北部湾海域水质较优，黄河口海域水质一般，Ⅱ类海水比例在 80% ～ 90%；辽东湾和胶州湾海域水质差，Ⅰ、Ⅱ类海水比例低于 60% 且劣Ⅳ类海水比例低于 30%；其他海湾水质极差，劣Ⅳ类海水比例均占 40% 以上，其中杭州湾最差，劣Ⅳ类海水比例高达 90% 以上。

三、水体污染治理面临的挑战

针对水污染及水环境现状，“史上最严”新环保法已颁布并正式实施，《水污染防治行动计划》（简称“水十条”）也引起广泛关注。但是，我们也应当理性地认识到，水污染的治理与修复不是能够一蹴而就的事情。根据发达国家经验，解决中国水环境问题可能需要 30 ～ 50 年甚至以上的时间。而根据生态环境部提出的目标，到 2020 年，长江中下游城市群城乡饮用水源水质达标率接近 100%；到 2030 年全面消除饮用水水质安全隐患。不管从哪方面考虑，水污染治理面临新的挑战，水处理与修复之路任重而道远[5]。

第二节 污染水体治理模式及存在问题

一、污染水体的主要治理模式

1. 工程技术治理模式

在污染水体的治理过程中，着眼于工程技术的进步，这包括污水处理技术、污染水体修复技术、河道整治工程、截污工程、生态保护技术、沿岸景观设计技术、污水处理厂建设工程、海绵城市工程和信息监控工程等方面。

实际上，工程技术治理模式中最重要的就是技术的实用性和工艺流程的简易性[14]。包括以下 6 个方面。

① 简单：可稳定达标的最简单方法。

② 低耗：无动力或少动力的节能方法。

③ 绿色：适合当地环境和条件的生态学方法。

④ 经济：建设和运行成本最低的高效方法。

⑤ 易管：最容易一体化系统管理的智慧方法。

⑥ 无废：废物可就地简易利用和物质再生循环的清洁方法。

可以说，污水处理最适合的还是经济实用、因地制宜的模式，而且强调回用优先。例如，与城市污水纳管式集中处理的模式不同，农村污水处理有很多模式，包括分户处理、自然村落就地处理以及纳管式集中处理等。不论哪种处理模式，如果农村污水能自用或自行处理而不排掉，这就是最好的处置方式，没必要把其中的 N、P 处理到某个标准，能循环到农田或土地中进行 N 和 P 的就地综合利用就是一种最佳的模式。

2. 运行管理模式

污染水体治理以及水环境整治的运行管理模式，应该符合目标合理、智慧高效和收益稳定的政策保障 3 个方面的要求 [14, 15]。

（1）目标合理　是指与流域或区域的环境保护目标应该相适应，同时标准必须可调，具备经济性与技术可行性。也就是说，我国的污水排放限制准则与标准应以技术为依据，根据不同行业的工艺技术、污染物产生水平、处理技术等确定各污染物的排放限值。水环境和污水排放标准不仅要具有可持续性，还要考察它的生态安全性以及强调风险预警和在风险预警前提下的制度化管理，必须考虑受纳水体生态承载力所适应的模式选择。

（2）智慧高效　智慧化不是数字化，而是智能化。人工智能是未来 10 ～ 20 年发展的一个重要领域，如何将其引入水环境整治，构建高效的污水处理与水体环境维护的全系统数字化管理平台，形成一体化管控与运行维护的智慧网络体系，是今后该领域的重要选择和发展方向。

（3）政策保障　首先要制定专业化的运营管理，否决单户分散管理的模式；同时，要有第三方监督，有科学的指标和奖励考核机制。特别是，政策的制定一定要稳定、多赢，即采取稳定多赢的政策激励机制。

3. 市场与产业模式

市场与产业模式，即为引入社会资本参与基础设施和公共服务的 PPP（政府与社会资本合作）模式。

① PPP 模式 [16] 将包含设计、投融资、建设、运营的全生命期管理责任交给社会资本，形成全生命期管理的激励约束机制，这就比之前社会资本只负责设计、施工，而政府承担其他责任的碎片化管理方式更能实现资源的最大化利用。

② 其市场风险、建设风险、运营风险、金融风险等在政府、社会资本各方合理分担。

③ 强调服务（如黑臭水体治理的环境效果）而非工程建设投资，并且政府按产出绩效付费，这也在最大程度上激励了社会资本提高效率的同时保证其治理的质量。

关于产业和市场模式的选择，未来 10 ～ 20 年一定是数量竞争向质量竞争转变、工程竞争向技术竞争转变、项目竞争向服务竞争转变。所以，相关企业一定要具备智慧和高效的能力；与此同时，企业还应具有创新路径，对市场有准确的把控，找到自己的核心技术，具备技术产品化、装备化的转化能力。

二、污染水体治理存在的问题

近年来，我国多个省、市和自治区已陆续开展了污染水体治理或水体环境综合整治的工作。但总体而言，这些工作有其特殊性，暴露出诸多问题[5, 14-16]。

（1）治理观念落后　工程护岸、人工筑坝、搞人造景观成了水体环境整治的基本内涵，甚至有的还成了其代名词。有些地方甚至把一些与水体环境整治毫无关系的建设项目和水环境整治、水质改善虚挂。

（2）技术手段单一　对于污染河道治理，千篇一律采取挖掘底泥（疏浚）和水泥护坡技术。

（3）非生态化干预过多　不少污染河道或流域的治理，采取河道加盖、水泥护坡、闸坝建设等过多的强干预措施，采用非生态化手段对河流生态系统破坏极大。

（4）缺乏运行维护　许多水环境整治工程，重视前期工程建设，对建成后的运行管理缺乏考虑，往往无主管部门、无后续管理制度、无运行维护配套经费等。

（5）投资巨大　据广东、浙江、江苏和上海等省市统计，每条黑臭城市河道长度平均约为 2 ～ 4km，每千米整治资金约为 2000 万～ 5000 万元（包括清淤、护坡、截污、污水处理厂建设和引水等）。

（6）系统性差　各地往往把水环境综合整治理解为各类工程措施或建设项目的“打包”，污水治理措施与水环境质量整体改善关联不密切，往往忽视了水体环境治理的系统性。

第三节 我国土壤环境污染与趋势分析

一、土壤污染及其特点

土壤既是污染的“源”又是污染的“汇”。大气污染物沉降进入土壤，水体污染物迁徙进入土体，土壤起到“汇”的作用；反之，土壤中的污染物因为受热或别的原因蒸发或者挥发进入大气，或者淋溶、淋滤进入地表水或地下水中，这时的土壤则起到“源”的作用。可见，对于污染而言，土壤是源 - 汇关系的矛盾统一体[17, 18]。

近年来，我国土壤污染问题日益突出[17, 19]，包括土壤的有机污染、无机污染、放射性污染和生物性污染，以及传统污染物的污染和新型污染物的污染等。其中，土壤的传统有机污染主要是农药（包括杀虫剂、杀菌剂、杀螨剂、杀鼠剂、杀线虫剂、杀软体动物剂、除草剂和植物生长调节剂等）、酚类物质、氰化物、石油烃、合成洗涤剂和多环芳烃（PAHs，包括 3,4- 苯并芘等）等，主因是农药的过度使用、工业废弃物的残留以及城市垃圾的不合理堆放等，特别是近年来农药和石油烃对土壤的污染更为突出[20, 21]（图 1.2）。据有关方面统计，我国约有 1300 万~1600 万亩的农田土壤受到农药的不同程度的污染[20]。土壤的传统无机污染主要是 Hg、Cd、Pb、Cu、Zn、Cr、Ni、Mn 等重金属元素以及 As、Se、F 的污染，造成无机污染的主因是污水灌溉、工业废弃物的排放以及化肥的使用等。资料表明[19, 22]，我国污水灌溉和废弃物农用已经对农田造成大面积的污染。土壤的放射性污染主要存在于大气层核爆炸和核原料的开采及扩散地区，以 ^{90}Sr 和 ^{137}Cs 在土壤中半衰期长的放射性元素为主，主因是来自含放射性元素的废气沉降，以及各种含放射性元素的废水排放或废渣堆放，由于雨水冲刷与地表径流而污染土壤。据报道，我国每年因氡致癌的约有 5 万例，给人类健康造成严重危害[23]。土壤的生物污染是指病原体和带病有害生物的污染，主因是来自未经处理的人畜粪便施肥、生活污水排放、垃圾堆放、医院含有病原体的污水和工业废水用于农田灌溉或作为底泥施肥，以及处理不当的病畜尸体等。实践表明，土壤的生物污染可以扩大疾病的传播，因而是长期的，其影响是深刻的[17]。

图 1.2　油田开采区极为严重的土壤石油污染问题

土壤污染具有如下特点[17, 18, 24]。

（1）隐蔽性和滞后性　一般来说，土壤污染前后在肉眼等感官方面差别不大，因此必须通过对污染前后的土壤样品进行测试分析以及对植物或农作物等生物进行残留检测，甚至需要通过对人畜健康状况的影响研究才能确定。而大气污染、水污染以及废弃物污染等问题，一般都比较直观，通过眼睛、鼻子等感官就能发现。并且，土壤污染从产生污染到出现问题，由于其中的污染物往往与土壤的组分发生各种反应或存在交互作用，通常会滞后较长的时间才能表现出来。

（2）累积性和长期性　土壤本身含有丰富的有机物质和黏粒，对外来的重金属和有机污染物具有较强的吸附能力，致使在土壤中得以不断积累。一旦污染物进入土壤，就容易长期滞留在土壤中，不容易重新释放出来。而且，进入土壤中的污染物并不像在大气和水体中的污染物那样容易扩散和稀释。

（3）缓冲性与不可逆转性　土壤是由岩石风化而成的矿物质、动植物和微生物残体腐解产生的有机质、土壤生物（固相物质）以及水分（液相物质）、空气（气相物质）、氧化的腐殖质等组成，它不仅含有矿物质和天然有机质，还含有许多胶体物质，这就致使它对外来污染物具有较强的缓冲能力，即通过土壤胶体的离子交换作用、强碱弱酸盐的解离等过程来实现土壤的缓冲性能。重金属进入土壤造成对土壤的污染，基本上是一个不可逆转的过程，很难恢复。资料显示，被 Cd、Pb 和 Cu 等重金属污染的黏质土壤，在自然条件下要经历 100 ～ 200 年的漫长岁月才能脱离土壤并使其性能恢复。石油烃、多环芳烃和多氯联苯等许多有机化学物质的污染，在土壤中也需要较长的时间才能降解。

（4）独特性与地域性　在不同气候与生物条件下，不同地域形成了各自独特的土壤类型。这些不同类型的土壤，与外来污染物的反应，具有明显的独特性和很强的地域性。

（5）复杂性与难治理　土壤是一个复杂的体系，这决定了土壤污染是一个复杂的过程；与此同时，污染的土壤比清洁土壤更为复杂。如果大气和水体受到污染，切断其污染源之后，通过稀释作用和自净化作用有可能使污染问题不断逆转。但是，积累在污染土壤中的难降解污染物则很难靠稀释作用和自净化作用来消除。因此，土壤污染一旦发生，治理和修复就比较困难，有时甚至要靠换土、淋洗土壤等方法才能解决问题。但是，这通常又会导致土壤污染治理和修复成本较高、治理周期较长，使污染土壤的治理更具有挑战性。

二、不同区域土壤环境污染概况与整体趋势

由于各区域工农业发展的不平衡，加之气候条件和降水的不同以及土壤类型的区域分异，我国土壤污染的区域差异极大。从污染整体情况来看，南方土壤污染重于北方；长江三角洲、珠江三角洲、黄河三角洲和东北老工业基地等部分区域，土壤污染问题较为突出；西南、中南地区土壤重金属超标范围较大；Cd、Hg、As 和 Pb 4 种无机污染物含量分布呈现从西北到东南、从东北到西南方向逐渐升高的态势。

综观各方面的资料[17, 19, 20, 22-25]，可以认为，我国土壤污染的整体趋势如下：

① 土壤污染的基本特点决定了土壤污染的复杂性与复合污染的进一步发展，污染土壤基本上不再是单一污染；

② 土壤污染的水成因逐渐被大气成因所替代，特别在城市地区及其周围，大气污染成因已经成为土壤污染的主导因素；

③ 传统污染物和新型污染物对土壤污染交替进行，特别是新型污染物对土壤的污染逐渐替代了传统污染物对土壤的污染；

④ 土壤污染与土地利用类型有关，其相关性与密切程度日益凸显，特别是耕地土壤污染严重，并且城市土壤污染与农田土壤污染对人体健康的意义正在趋于一致；

⑤ 尽管土壤污染部分地区有减轻向好的方向发展，但总体状况依然恶化并有逐渐加重的趋向，其前景令人担忧。

三、土壤污染治理面临的挑战

土壤是人类生存的根本[17, 18]。根据《土壤污染防治行动计划》，到 2020 年全国土壤污染加重趋势得到初步遏制，土壤环境质量总体保持稳定；到 2030 年，全国土壤环境质量稳中向好，农用地和建设用地土壤环境安全得到有效保障；到 21 世纪中叶，土壤环境质量全面改善，生态系统实现良性循环。要实现这一目标确实面临诸多挑战和困难。

第四节
污染土壤整治模式及存在的问题

一、污染土壤的基本整治模式

经过长期的摸索与广泛实践，国内外在污染土壤整治（包括治理与修复）方面，大体形成了如下4种基本模式[17, 19, 21, 22, 26]。

（1）多介质协同整治模式　在修复污染土壤的同时，还要考虑并兼顾周围的水体环境（地表水、地下水和沉积物以及污水等介质）、大气以及生物等介质的污染治理问题。

（2）点面结合整治模式　即在控制土壤点源污染（如工业或工厂排污污染型、农业污染型和生活排污污染型等）的同时，对难以管控的土壤面源污染（包括城市径流污染型、村镇径流污染型、洪涝泛滥污染型、农田排水污染型、大气沉降污染型和地下水上涌污染型等）进行重点治理。

（3）无差别整治模式　对外源污染和内源污染（即内源负荷，主要指进入土壤或沉积物中的污染物通过各种物理、化学和生物作用，逐渐沉降至土壤深部或底质表层，当累积到一定量后再向土壤表层、溶液或水体释放的现象），做到同时和无差别治理与修复。

（4）综合整治模式　包括流域层面上的综合整治和行政区域（如以村、镇、县、市或省为单元）上的综合整治两个方面。实行全流域整治，就是要针对流域的地理特点与环境条件，一方面在污染流域关键点位通过安装净水系统或建设污水处理厂、治理点源污染，以及净化支流、面源控制，达到预防土壤污染或使其污染不再扩大或加重的目的；另一方面又要对流域内已经污染的土壤采用各种先进手段进行治理与修复。实现行政区域上的综合整治，则主要通过行政手段从治理策略与政策层面来实现。

二、污染土壤修复技术的发展

在国际上，污染土壤修复技术的研发工作一直得到了高度重视[17, 19, 21]。不仅前沿的修复技术得到了进一步发展，还开发了多种经济实用的修复技术。归纳起来，这些修复技术或方法（表1.1）[17, 19, 21, 27-30]主要有热力学修复技术（利用热井、热毯或热墙等热传导或热辐射以及无线电波加热等，实现对污染土壤的修复）、化学淋洗技术（借助能促进土壤中污染物溶解或迁移的化学/生物化学溶剂/淋洗剂使污染物从土壤中被抽提出来）、溶液或蒸气浸提（SVE)技术、热解吸或热脱附技术、原位化学氧化修复技术、原位化学还原与还原脱氯技术、固化-稳定化技术、玻璃化修复技术、电动力学修复技术、生物电化学修复技术、产电微生物脱盐电池技术、土地填埋或堆肥法、渗透反应墙技术、植物修复技术和微生物修复技术等。

下面重点介绍以下几种重要技术或方法。

表1.1 各种修复技术的特点及适用的污染类型[31]

类型	修复技术	优点	缺点	适用类型
生物修复	植物修复技术	成本低，不改变土壤基本性质，无二次污染	耗时长，污染程度不能超过修复植物的正常生长范围	重金属，营养物，有机污染物等
	原位（微）生物修复技术	快速，安全，费用低	条件严格，不宜用于治理重金属污染	营养物，有机污染物
	异位（微）生物修复技术	快速，安全，费用低	条件严格，不宜用于治理重金属污染	有机污染物
化学修复	原位化学淋洗修复技术	长效性，易操作，费用合理	治理深度受限，可能会造成二次污染	重金属，苯系物、石油烃、PCBs、卤代烃等有机污染物
	异位化学淋洗修复技术	长效性，易操作，深度不受限	费用较高，淋洗液处理问题，二次污染	重金属，苯系物、石油烃、PCBs、卤代烃等
	溶剂浸提技术	效果好，长效性，易操作，治理深度不受限	费用高，需解决溶剂二次污染问题	PCBs 等
	原位化学氧化修复技术	效果好，易操作，治理深度不受限	使用范围较窄，费用较高，可能存在氧化剂二次污染	PCBs 等
	原位化学还原与还原脱氯技术	效果好，易操作，治理深度不受限	使用范围较窄，费用较高，可能存在氧化剂二次污染	各种有机污染物
	土壤性能改良技术	成本低，效果好	使用范围窄，稳定性差	重金属等
物理修复	SVE 技术	效率较高，可操作性强，不破坏土壤结构特别是不引起二次污染	处理时间较长	VOCs 等有机污染物
	固化修复技术	时间短，工艺操作简单，效果较好，固化剂易得	处理后不能再农用	重金属，有机污染物等
	物理分离修复技术	设备简单，费用低，可持续处理	筛子可能被堵，扬尘污染，土壤颗粒组成受破坏	重金属，持久性有机污染物等
	玻璃化修复技术	效果好，效率较佳	成本高，处理后不能再农用	有机污染物、重金属等
	热力学修复技术	效果好，效率较佳	成本高，处理后不能再农用	有机污染物，重金属等
	热解吸/热脱附修复技术	效率较佳，处理范围宽，设备可移动，修复后土壤可再利用	成本较高	重金属，农药，油田含油废弃物，罐底油泥，特别是 PCBs 等
	电动力学修复技术	效果好，效率较佳	成本高	有机物，重金属等，低渗透性土壤
	换土法	效果好，效率较佳	成本高，污染土壤还需处理	有机污染物，重金属等

1. 溶液或蒸气浸提（SVE）技术

它是去除土壤中挥发性有机污染物（VOCs）的一种原位修复技术。其原理是：将新鲜空气通过注射井注入土壤污染区域，利用真空泵产生负压，空气流经污染区域时，解吸并夹带土壤孔隙中的VOCs经由抽取井流回地上；抽取出的气体在地上经过活性炭吸附法、生物处理法或者其他有效方法等净化处理，可排放到大气或重新注入地下循环使用。

SVE技术具有可操作性强、可采用标准设备、处理有机物的范围宽、不破坏土壤结构特别是不引起二次污染等优点。有资料显示，苯系物等轻组分石油烃类污染物的去除率可达90%。为了进一步提升该技术，深入研究土壤多组分VOCs的传质机理，精确计算气体流量和流速，才有可能解决气提过程中的拖尾效应、降低尾气净化成本，进而提高污染物去除效率。

2. 热解吸或热脱附技术

以加热方式将受有机物污染的土壤加热至有机物沸点以上，使其吸附在土壤上的有机物挥发成气态后再分离处理。其原理为：利用污染土壤或废弃物中有机物的热不稳定性，通过非焚烧的间接加热方式实现污染物与土壤的分离，并可将废弃物中的固相、油相、水相、气相绝大部分回收利用，从根本上实现无害化处理。

热脱附技术具有污染物处理范围宽、设备可移动、修复后土壤可再利用等优点，主要处理对象为农药污染土壤、油田含油废弃物、罐底油泥等，特别对PCBs这类含氯有机物，采用非氧化燃烧的处理方式可显著减少二噁英生成。目前，欧美国家已将土壤热脱附技术工程化，广泛应用于高污染的场地有机污染土壤的离位或原位修复，特别是被广泛应用于全球的油田废弃物处理作业。

3. 固化-稳定化技术

将污染物在污染土壤介质中固定，使其处于长期稳定状态。其中，固化是将污染物囊封入惰性基材中，或在污染物外面加上低渗透性材料，通过减少污染物暴露的淋滤面积达到限制污染物迁移的目的；稳定化是指从污染物的有效性出发，通过形态转化，将污染物转化为不易溶解、迁移能力或毒性更小的形式来实现无害化，进而降低其对生态系统的危害风险。固化产物可以方便地进行运输，而无需任何辅助容器；而稳定化不一定改变污染土壤的物理性状。

固化技术具有工艺操作简单、固化剂易得等优点，但固化技术也存在诸如固化反应后土壤体积都有不同程度的增加、固化体的长期稳定性较差等缺点。而稳定化技术则可克服这一问题，如通过应用新研制的化学稳定剂，在实现废物无害化的同时达到废物少增容或不增容，从而提高污染土壤处置系统的总体效率和经济性；还可通过改进螯合剂的结构与性能，使其与污染土壤中的重金属等成分之间的化学螯合作用得到强化，进而提高稳定化产物的长期稳定性，减少最终处置过程中稳定化产物对环境的影响。目前，该技术是较普遍应用于土壤重金属污染的快速控制修复方法，对同时处理多种重金属复合污染土壤具有明显的优势。

4. 植物修复技术

即指通过种植筛选的超积累植物[32]［如龙葵 *Solanum nigrum* L.、球果蔊菜 *Rorippa globosa*

（Turcz.）Thellung 和孔雀草 *Tagetes patula* L. 等］或者修复植物[33]［紫茉莉 *Mirabilis jalapa* L.、凤仙花 *Impatiens balsamina* L. 和牵牛花 *Pharbitis nil*（L.）Choisy 等］来固定、吸收、挥发、过滤、转移、转化、降解土壤污染物，使之变为对环境无害的物质以及将污染物加以回收利用的一项新兴的环境治理技术。实践表明，植物修复技术不仅应用于农田土壤中污染物的去除，而且同时应用于人工湿地建设、填埋场表层覆盖与生态恢复、生物栖身地重建等。特别是运用农业及其生物技术，改善土壤对植物生长不利的化学和物理方面的限制条件，使之适于种植，并通过其与根际微生物的联合作用，直接或间接固定、吸收、挥发、转移、分离、降解污染物，恢复重建自然生态和植被景观。其中，植物稳定修复技术被认为是一种更易接受、大范围应用并利于矿区、油田边际土壤生态恢复的植物修复技术，也被视为一种植物固碳技术和生物质能源生产技术。近年来，植物修复技术得到了迅速发展，形成了植物催化诱导修复技术、植物络合强化修复技术、超积累植物 - 不同作物套作联合修复技术以及修复后植物处理处置的成套集成技术。为寻找复合或混合污染土壤的修复方案，分子生物学和基因工程技术应用于发展植物杂交修复技术；利用植物的根际圈阻控机制和作物低积累作用，发展了能降低农田土壤污染的食物链风险的植物修复技术[30]。

5. 微生物修复技术

利用生物特别是微生物（包括土著菌、外来菌和基因工程菌等）及其功能代谢或共代谢、降解、转化或固定土壤污染物，从而修复被污染环境或消除环境中污染物的一个受控或自发进行的过程，以及通过改变或利用营养、氧化 - 还原电位、共代谢基质等环境因子或生态条件，强化微生物降解或固定作用以达到治理目的[17, 34]。微生物修复的关键，主要体现在筛选和驯化特异性高效降解微生物菌株、提高功能微生物在土壤中的活性和寿命及安全性，以及修复过程参数的优化与养分、温度和湿度等关键因子的调控等方面。通过添加菌剂和优化生态条件发展起来的场地污染土壤原位、异位微生物修复技术有生物通气技术（bioventing）、生物冲淋技术（bioflooding）、生物堆腐技术（biocomposting）、生物堆积技术（biopiles）、生物反应器技术（bioreactor）、生物注射技术（biosparging）和生物农耕技术（biological land-farming）等，运用连续式或非连续式生物反应器、添加生物表面活性剂和优化环境条件等，可提高微生物修复过程的可控性和高效性。

6. 生物电化学修复技术

即指通过土壤微生物燃料电池产生生物电流的刺激作用，来促进土壤中污染物降解去除，或形态转化成低毒及至无毒物质的新型生物修复技术[35]。它主要基于土壤中电活性微生物与降解微生物之间的协同关系强化污染物的微生物降解作用或固定化作用[36]。其技术原理为：在阳极上的土著产电微生物强化污染物（如石油烃）氧化降解产生电子，电子到达阳极经过外电路被传递至阴极上与空气中的 O_2、土壤中的 H^+ 反应最终生成水，并同步生成电能（图 1.3）。该方法无需菌剂和任何外源物质添加，无二次污染，且从污染土壤中直接回收了电能，是一种前人所没有的、具有创造性的新型污染土壤生态修复技术。

7. 产电微生物脱盐电池技术（MDCs）[37]

将土壤有机物中蕴藏的化学能直接转化为更清洁、附加值更高的电能，同时对高含盐土壤、地下水及海水进行脱盐处理，为盐碱土壤的修复与脱盐提供了一条新途径。相比于传统脱盐技术高能耗的特点，MDCs 具有明显的节能效益，其原理是通过在微生物燃料电池阴阳极中间加入一对阴阳离子交换膜，利用微生物氧化有机物产生的电能去除含盐土壤或水中的盐分，促进有机物（如石油烃）降解，使其更有利于后续的土地资源化可持续利用。

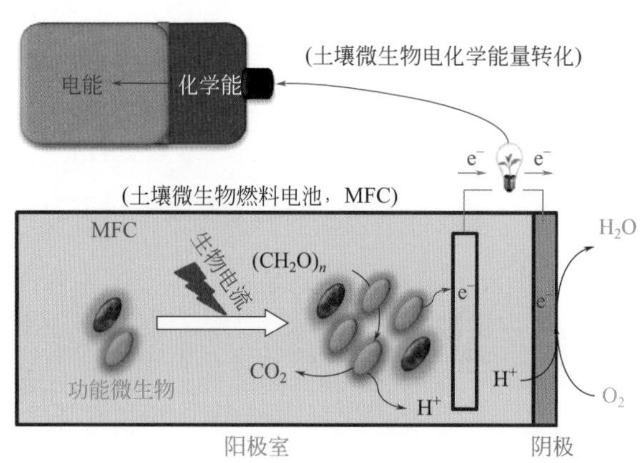

图 1.3　土壤微生物电化学修复技术原理

8. 土地填埋或堆肥法

土地填埋法将废物作为一种泥浆，将污泥施入土壤，通过施肥、灌溉、添加石灰等方式调节土壤的营养、湿度和 pH 值，以保持污染物在土壤上层的好氧降解；堆肥法，即利用传统的堆肥方法，堆积污染土壤，将污染物与有机物（如稻草、麦秸、碎木片和树皮等、粪便等）混合起来，依靠堆肥过程中的微生物作用来降解土壤中难降解的有机污染物。可以用土壤酸度计检测土壤 pH 值与湿度，用土壤 EC 计检测土壤 *EC* 值，查看土壤改良效果。

9. 渗透反应墙技术

这是一种污染土壤原位处理技术。在浅层土壤与地下水体系构筑一个具有渗透性、含有反应材料的墙体，污染水体经过墙体时其中的污染物与墙内反应材料发生物理、化学或生物反应而被除去。

三、污染土壤修复存在的问题及根源

应当指出，污染土壤修复首先是实践的问题。近年来，污染土壤修复不论在理论上还是在技术层面均取得了很好的进展，但就是在实践层面进展缓慢，其问题的根源[17, 20]在于以下几个方面。

（1）缺乏污染土壤修复标准　我国目前只有土壤环境质量标准，因此在执行污染土壤修复行动时，由于缺乏污染土壤修复标准，往往把土壤环境质量标准作为追求的目标，但实际上这是在技术层面不可能实现的[38, 39]。

（2）污染土壤修复范围被扩大　由于经济等原因，修复污染土壤范围会被人为扩大。因此，合理确定好需要修复的范围很重要，然后是合理投入资金，这就要求实地考察并做好规划目标，完整而又低风险的规划可以促进工作的进行，同时也降低工作量。

（3）污染土壤修复供需矛盾日益突出　有关方面认为我国需要治理和修复的土壤面积巨大，这种判断导致了我国污染土壤修复企业近年来盲目发展，造成污染土壤修复企业数量多，但存在问题也不少。另外，由于我国很多土地已经划归私人所有，很难支付庞大的污染土壤修复费用。

（4）盲目追求污染土壤修复国际模式　有些污染土壤修复企业片面追求国际模式，导致了资源的极大浪费。因此，我们在积极吸取国外经验、引进国际化先进技术与管理方式的同时也应该结合我国的现状与土壤污染实际。

第五节 污染环境修复实践与探索

一、污染环境修复的实践

如何从理论到实践，并在实践中站稳脚跟并取得显著成效？表 1.2 列举了若干污染土水环境修复实践的个例。

表1.2　污染土水环境修复典型案例

案例	问题	影响	工程示范	修复实践
湖南典型工矿区污染场地治理与修复	有色金属冶炼加工区重金属污染问题突出	仅 2007 年湘江流域排放工业废水就有 5.67 亿吨，引发镉大米事件，造成儿童血铅超标	原株洲金盆岭安特锑业场地、原长沙铬盐厂重金属污染场地修复，湘潭锰矿区、原湖南铁合金厂、常德石门雄黄矿区、衡阳水口山重金属综合治理工程等	原位稳定化与固化、异位淋洗、异位还原稳定化、垂直阻隔、防渗、微生物浸出＋化学固定、植物修复、动态地下水循环化学 - 生物还原和可渗透反应墙（PRB）等技术
大港油田石油污染土壤修复	大面积工业排污污染	炼化的废气以及土壤挥发，导致肺癌发病及甲状腺疾病	油田层面小型物化修复示范	生物电化学修复技术应用
北京典型工业污染场地治理与修复	存在苯和 PAHs 污染问题，粗苯车间所在地存在较为严重的地下水污染	剩余地块污染土壤及地下水对已开发区域居民健康造成不利影响	北京某焦化厂污染地块治理与修复工程	通风／气相抽提、生物修复、焚烧和热解吸技术，以及止水帷幕 - 疏干排水处理技术等
辽宁典型区域污染土壤修复与治理	由金属矿冶、味精等行业形成，数量多，污染物浓度高，有毒有害物质长期累积	北方地区唯一的省级农田污染省份，严重影响了农产品安全和人群健康	原沈阳市冶炼厂重金属复合污染修复治理工程，原沈阳市铁西区红梅味精地块污染场地治理与修复等	隔离、阻断和固化技术，热脱附、异位化学氧化和异位固化等技术

续表

案例	问题	影响	工程示范	修复实践
天津大沽排污河治理与修复	超过90%地段底泥均受到不同程度污染，导致恶臭发生	天津市海河以南主要市政污水受纳水体，已经造成周围居民的严重人体健康问题	河道底泥疏浚与排污治理工程	原位活性覆盖技术+生态修复（水生花卉植物+浮岛技术+高效复合菌）
云南高原湖泊治理	水质污染严重，发生重度蓝藻水华，水生态系统退化	直接影响地方经济社会发展以及人体健康	环湖截污等“六大工程”建设	创新治水理念，从单一措施转向流域综合整治
白银市污灌农田土壤修复与治理	严重的绿洲农田土壤重金属污染	在一定程度上威胁到人体和动物健康，并对脆弱的区域生态安全带来极大挑战	物化修复示范工程	杨树人工林植物修复与管理体系
我国农田重金属污染治理与修复	我国农田重金属污染事件频发，农产品超标现象突出	我国粮食安全生产敲响了警钟	26个千亩示范片+1个万亩示范片，9省市2万亩重金属耕地修复治理工程等	化学钝化、植物提取、植物阻隔以及农艺调控等修复技术

注：1亩=666.67m²。

从这些典型案例中我们发现，需求牵引无疑是实践成功的首个要素，是第一位的。因此，首先需要解决的实践问题应该源于国家重大需求和经济主战场，且具有鲜明的需求导向、问题导向、目标导向和时代特征。当污染在某个大城市或某一区域突然爆发或降临，并导致人体健康危害，或者出现这种前兆，就要研究对策，提出治理方案，采用各种有效的方法和妥当的措施去降低和解决污染问题，这就是需求牵引实践。

除了上述突发事件或特殊情况的发生，在各种需求面前，经济法则则是第一位的，这也是需求（包括国家、地方、群体和个人等）的一部分。这就需要污染土壤修复实践符合并遵循经济学的十大定律，即彼得原理、酒与污水定律、马太效应、木桶定律、零和游戏、合作规律、手表定理、不值得定律、奥卡姆剃刀定律和蘑菇管理。说得通俗一些，就是能否产生经济效益？这不仅关系到主导或参与实践的商家的盈利、政府的税收，还对百姓就业、人民居住环境改善及收入甚至生活水平的提升是否产生积极影响。

当然，技术的先进性与适用性也很重要[40-42]。因为，它直接或间接影响到实践的成功与否。实践表明，不是采用的技术越先进越好，而是在保证一定先进性的前提下，适合国情特别是当地环境状况和工程实际，才能取得圆满的成功，甚至是事半功倍。

二、污染环境的生态修复探索及未来发展方向

1. 污染环境的生态修复探索

生态修复是指在生态学原理指导下，以生物修复为基础，结合各种物理修复、化学修复以及工程技术措施，通过优化组合和技术再造，使之达到最佳效果和最低耗费的一种综合的修复污染环境的方法[43]。可见，生态修复是污染环境修复的最高境界，是未来发展的方向。

污染环境生态修复概念的关键点有：a. 生态学原理的应用与实践；b. 实用性和针对性强；c. 以生物修复为基础，但不同于生物修复，更不是生物修复的叠加；d. 各种修复技术的综合与最优化；e. 修复效果最佳，耗费最低。

至今，不仅生态修复的思想已经深入人心，而且生态修复的实践已经开花、结果（图 1.4）。

(a) (b)

图 1.4 以龙葵为主体的治理 Cd 污染土壤的植物生态修复实践

2. 未来发展方向

近年来，污染环境治理与修复得到蓬勃发展。综合各方面的资料[40, 44-50]，可以发现，今后的 4 大发展方位为：

① 在决策导向上，从基于污染物总量控制转变到基于污染风险的综合整治；

② 在技术上，从单一的治理与修复技术发展到多技术集成或联合的综合治理与协同修复技术；

③ 在设备上，从固定式设备的异位修复发展到移动式设备的原位修复；

④ 在应用上，发展到多种污染物复合或混合污染土壤的组合式修复技术，从单一厂址场地走向特大场地，从单一修复到全流域整治，从单项修复发展到大气 - 水体 - 土壤 - 生物同步监测的多技术、多设备协同的场地土壤 - 地下水 - 地表水 - 大气一体化整体修复。

与之相应，污染环境治理与修复 6 大发展方向如下：

① 绿色、环境友好的生物修复技术；

② 从单一的向联合 / 杂交的综合修复技术；

③ 从单纯异位向原位 - 异位相结合的修复技术；

④ 基于环境功能修复材料（微纳米）的修复技术；

⑤ 基于设备化的快速场地修复技术；

⑥ 污染土壤 / 地下水 / 地表水修复决策支持系统及修复后评估技术。

主要参考文献

[1] Hill MK. Understanding Environmental Pollution. Third Edition. Cambridge: Cambridge University Press, 2010.

[2] Wang M, Webber M, Finlayson B, et al. Rural industries and water pollution in China. Journal of Environmental Management, 2008, 86: 648-659.

[3] Wang Q, Yang Z. Industrial water pollution, water environment treatment, and health risks in China. Environmental Pollution, 2016, 218: 358-365.

[4] Yu Q, Huang X, Chen H, et al. Managing nitrogen to restore water quality in China. Nature, 2019, 567: 516-520.

[5] 徐敏，张涛，王东，等．中国水污染防治 40 年回顾与展望．中国环境管理，2019, 11(3): 65-71.

[6] Evans A, Mateo-Sagasta J, Qadir M, et al. Agricultural water pollution: key knowledge gaps and research needs. Current Opinion in Environmental Sustainability, 2019, 36: 20-27.

[7] Liu K, Lin B. Research on influencing factors of environmental pollution in China: A spatial econometric analysis. Journal of Cleaner Production, 2019, 206: 356-364.

[8] Li J, See KF, Chi J. Water resources and water pollution emissions in China's industrial sector: A green-biased technological progress analysis. Journal of Cleaner Production, 2019, 229: 1412-1416.

[9] 朱广伟，许海，朱梦圆，等．三十年来长江中下游湖泊富营养化状况变迁及其影响因素．湖泊科学,2019, 31: 1510-1524.

[10] Jia X, O'Connor D, Hou D, et al. Groundwater depletion and contamination: Spatial distribution of groundwater resources sustainability in China. Science of The Total Environment, 2019, 672: 551-562.

[11] 席北斗，李娟，汪洋，等．京津冀地区地下水污染防治现状、问题及科技发展对策．环境科学研究，2019, 32: 1-9.

[12] 韩婕妤．中国近岸海域环境质量演变及驱动因素研究．资源开发与市场，2019, 35: 1133-1137, 1144.

[13] Chen W, Zhu X, Shan W. Financial loss auditing model of coastal pollution in China: Based on comparative analysis. Journal of Coastal Research, 2019, 96: 42-49.

[14] 胡洪营，孙迎雪，陈卓，等．城市水环境治理面临的课题与长效治理模式．环境工程，2019, 10: 6-15.

[15] 张先起，李亚敏，李恩宽，等．基于生态的城镇河道整治与环境修复方案研究．人民黄河，2013, 35: 36-38, 77.

[16] 侯锋，邵彦青，房勇，等．城市黑臭水体治理 PPP 模式案例分析——贵阳市南明河水环境综合整治项目．水工业市场，2016, 12: 68-70.

[17] 周启星，宋玉芳．污染土壤修复原理与方法．北京：科学出版社，2004.

[18] Yaron B, Calvet R, Prost R. Soil Pollution: Processes and Dynamics. Berlin: Springer, 1996.

[19] 骆永明，章海波，涂晨，等．中国土壤环境与污染修复发展现状与展望．中国科学院院刊，2015, 30(Z1): 115-124.

[20] https://m.sohu.com/a/295684659_821386.

[21] Sakshi, Singh SK, Haritash AK. Polycyclic aromatic hydrocarbons: soil pollution and remediation. International Journal of Environmental Science and Technology, 2019, 16: 6489-6512.

[22] Chen R, Ye C. Resolving soil pollution in China. Nature, 2014, 505: 483.

[23] https://wenku.baidu.com/view/29593f7927284b73f2425071.html.

[24] Yang H, Huang X, Thompson JR, et al. Soil pollution: urban brownfields. Science, 2014, 344: 691-692.

[25] Chen R, De Sherbinin A, Ye C, Shi G. China's soil pollution: farms on the frontline. Science, 2014, 344: 691.

[26] 陈卫平，谢天，李笑诺，等. 中国土壤污染防治技术体系建设思考. 土壤学报，2018, 55: 557-568.

[27] 周启星. 污染土地就地修复技术研究进展及展望. 污染防治技术，1998, 11: 207-211.

[28] 周启星，林海芳. 污染土壤及地下水修复的 PRB 技术及展望. 环境污染治理技术与设备，2001, 2: 48-53.

[29] 周启星. 污染土壤修复的技术再造与展望. 环境污染治理技术与设备，2002, 3(8): 36-40.

[30] 周际海，黄荣霞，樊后保，等. 污染土壤修复技术研究进展. 水土保持研究，2016, 23: 366-372.

[31] https://wenku.baidu.com/view/767121f56037ee06eff9aef8941ea76e58fa4ae0. html.

[32] Wei S, Zhou Q, Wang X, et al. A newly-discovered Cd-hyperaccumulator *Solanum nigrum* L. Chinese Science Bulletin, 2005, 50(1): 33-38.

[33] Peng S, Zhou Q, Cai Z, et al. Phytoremediation of petroleum contaminated soils by *Mirabilis Jalapa* L. in a field plot experiment. Journal of Hazardous Materials, 2009, 168(2-3): 1490-1496.

[34] Boopathy R. Factors limiting bioremediation technologies. Bioresource Technology, 2000, 74: 63-67.

[35] Wang X, Cai Z, Zhou Q, et al. Bioelectrochemical stimulation of petroleum hydrocarbon degradation in saline soil using U-tube microbial fuel cells. Biotechnology and Bioengineering. 2012, 109: 426-433.

[36] Wang X, Feng C, Ding N, et al. Accelerated OH^- transport in activated carbon air-cathode by anchoring or mixing quaternary ammonium for microbial fuel cells. Environmental Science & Technology, 2014, 48: 4191-4198.

[37] 曲有鹏. 连续流微生物脱盐燃料电池的构建及性能研究. 哈尔滨：哈尔滨工业大学，2013.

[38] 周启星. 污染土壤修复基准与标准进展及我国农业环保问题. 农业环境科学学报，2010, 29: 1-8.

[39] 郑师梅，周启星，杨凤霞，等. 中国苯系物淡水水质基准推荐值的探讨. 中国科学（地球科学）,2017, 47: 1493-1508.

[40] Harms H, Schlosser D, Wick L. Untapped potential: exploiting fungi in bioremediation of hazardous chemicals. Nature Reviews Microbiology, 2011, 9: 177-192.

[41] White C, Shaman A, Gadd G. An integrated microbial process for the bioremediation of soil contaminated with toxic metals. Nature Biotechnology, 1998, 16: 572-575.

[42] Lovley D. Cleaning up with genomics: applying molecular biology to bioremediation. Nature Reviews Microbiology, 2003, 1: 35-44.

[43] 周启星，魏树和，张倩茹. 生态修复. 北京：中国环境科学出版社，2006.

[44] 武强，刘宏磊，陈奇，等. 矿山环境修复治理模式理论与实践. 煤炭学报，2017, 42: 1085-1092.

[45] Ngwabebhoh FA, Yildiz U. Nature-derived fibrous nanomaterial toward biomedicine and environmental remediation: Today's state and future prospects. Journal of Applied Polymer Science, 2019, 136: 47878.

[46] Liu G, Zhong H, Yang X, et al. Advances in applications of rhamnolipids biosurfactant in environmental remediation: A review. Biotechnology and Bioengineering, 2018, 115: 796-814.

[47] Fernando EY, Keshavarz T, Kyazze G. The use of bioelectrochemical systems in environmental remediation of xenobiotics: a review. Journal of Chemical Technology & Biotechnology, 2019, 94: 2070-2080.

[48] 岳宗恺，周启星．纳米材料在有机污染土壤修复中的应用与展望．农业环境科学学报，2017, 36: 1929-1937.

[49] 王玉童，展思辉，周启星．水环境中抗性基因去除技术研究进展．生态学杂志，2017, 36: 3610-3616.

[50] 周启星，唐景春，魏树和．环境绿色修复的地球化学基础与相关理论探讨．生态与农村环境学报，2020, 36: 1-10.

第二章　湖南典型工矿区污染场地修复及环境管理

中南地区是我国重要的有色金属冶炼加工基地，有色金属工业在推动国民经济发展的同时也带来了一系列的生态环境问题。2014年《全国土壤污染状况调查公报》显示，重污染企业用地点位超标率36.3%，有色金属冶炼加工区重金属污染问题突出。《国务院关于印发土壤污染防治行动计划的通知》（国发〔2016〕31号）要求“重点监管有色金属冶炼等行业，推进土壤污染治理与修复等共性关键技术研究”。

湖南省是中南地区的主要省份，也是驰名中外的“有色金属之乡”。该省地貌类型多样，以山地、丘陵为主，三面环山，形成从东南西三面向东北倾斜开口的不对称马蹄状。地处东经108°47′～114°15′、北纬24°38′～30°08′，属亚热带季风湿润气候，年平均气温16～18℃，年平均降水量1200～1800mm，具有“气候湿润、四季分明，热量充足、雨量集中，春温多变、夏秋多旱，严寒期短、暑热期长”的特点。湖南省矿产丰富，矿种齐全，根据2015年8月湖南省国土资源厅编制的《湖南省矿产资源年报》，已发现各类矿产143种。45种矿产保有资源储量居全国前5位，其中，钨、锡、铋、锑、石煤、铍矿（氧化铍）、铌矿（褐钇铌铁砂矿）等矿种的保有资源储量居全国之首，钒、锰、锌、铅、汞等矿种也在全国具有重要地位[1]。有色金属采选冶等工业生产过程中，铅、汞、镉、砷、铬等重金属通过大气、水体和土壤迁移转化污染环境。湖南省国土资源厅的数据显示，仅2007年湘江流域排放工业废水就有5.67×10^8t，尤其是重金属汞、镉、铅、砷等排放量十分突出。

2009年，湖南武冈市发生因锰精炼厂污染造成儿童血铅超标的事件。雷鸣等对从湖南市场随机购买的112份大米样品和污染区农田生产的稻谷样品分析发现，市售大米样品As、Pb、Cd平均含量分别是0.20mg/kg、0.20mg/kg、0.28mg/kg，污染区农田采集的稻谷精米As、Pb、Cd平均含量分别是0.24mg/kg、0.21mg/kg、0.65mg/kg[2]。为了治理湖南重金属污染，2011年3月国务院批复我国第一个区域重金属污染治理方案《湘江流域重金属污染治理实施方案》，总投资达595亿元。2011年8月，长沙、株洲、湘潭、岳阳、常德、益阳、娄底、衡阳8市携手冲破昔日的行政条块束缚，宣布联合启动湘江流域重金属污染综合治理，实现“交通同网、能源同体、信息同享、生态同建、环境同治”。2013年2月，《南方日报》以“湖南问题大米流向广东餐桌”为题，报道了湖南镉超标大米进入广东市场的消息，引发镉大米事件；截至5月，广东省食品安全委员会公布了2013年抽检发现的126批次镉超标大米，其中确定由湖南厂家生产的多达68批次，涉事厂家来自湖南14个市州中的8个。2017年5～7月，湖南益阳一企业将1440.25t本应用作饲料用途的镉严重超标稻谷加工成大米，销售到了口粮市场，流向贵州、广西、云南、湖南等地，16人因此被判刑。2020年4月，云南省昭通市镇雄县对来自湖南省益阳市赫山区的99.425t“镉大米”碾压后，作为燃料送进当地电厂锅炉进行销毁；益阳市通过调查核实相关情况，决定对 7 家涉事企业予以立案调查。作为重金属污染土壤修复治理的试点省份，湖南省成为中国整治“毒地”的突破口。

第一节 湖南省典型矿冶区土壤重金属污染

土壤是高度变异的时空连续体，尤其是金属矿冶区周边土壤。土壤重金属的积累不仅受自然因素的影响，还受人类活动的影响。在工业活动、自然因素等因素的相互影响下，土壤重金属空间分布呈现多样性，稻米质量安全趋于复杂多变。2012 ～ 2014 年，中南大学薛生国教授团队对湖南典型金属矿冶区稻田（水稻土、0 ～ 20cm）进行系统调查，采用网格布点法（500m × 500m）采样，分析数据基于当时现场采集样品。

一、铅锌矿冶区重金属污染空间分异

1. 土壤环境质量状况

对湖南某铅锌矿区 147 个稻田土壤样品中 8 种重金属含量进行描述性统计分析（表 2.1）。水稻土中 Mn、Pb、Zn、Cu、Cd、Cr、Ni、As 的平均值分别为 392.5mg/kg、516.7mg/kg、650.2mg/kg、107.8mg/kg、11.7mg/kg、46.1mg/kg、29.4mg/kg、35.1mg/kg。

铅锌矿区稻田土壤中 Mn、Pb、Zn、Cu、Cd、Cr、Ni、As 含量的变异系数分别为 76%、130%、109%、224%、253%、58%、44%、121%，重金属变异系数由小到大的顺序为 Ni ＜ Cr ＜ Mn ＜ Zn ＜ As ＜ Pb ＜ Cu ＜ Cd。变异系数反映各样点含量的平均变异程度，变异系数越大，各样点重金属含量之间的差异及离散程度越大，受人类活动影响越大；变异系数越小，各样点重金属含量之间的差异及离散程度越小，受人类活动影响越小。Mn、Cr、Ni 变异系数均小于 100% 而大于 10%，呈中等变异；Pb、Zn、Cu、Cd、As 呈高度变异，表明研究区农田表层土中 8 种元素含量受外界影响较大。

表2.1　研究区土壤重金属含量

元素	极小值 /（mg/kg）	极大值 /（mg/kg）	均值 /（mg/kg）	标准差	变异系数 /%	偏度	峰度
Mn	26.07	1754	392.5	296.9	76	2.1	5.3
Pb	43.16	4961	516.7	674.2	130	4.2	23.9
Zn	83.12	4620	650.2	708.9	109	2.9	10.1
Cu	9.08	2650	107.8	241.8	224	8.4	84.9
Cd	＜ 0.001	248.5	11.7	29.5	253	6.4	46.3
Cr	＜ 0.001	171.9	46.1	26.8	58	1.2	2.8
Ni	3.21	77.70	29.4	12.3	44	0.9	1.9
As	0.02	300.8	35.1	42.4	121	3.7	17.7

2. 土壤重金属污染的空间分布

基于半方差函数分析，使用 ArcGIS 地统计分析模块对研究区农田土壤重金属含量进行空间插值，形成 Mn、Pb、Zn、Cu、Cd、Cr、As 的空间分布图，如图 2.1 所示。

由图 2.1 可知，铅锌矿区稻田土壤 Mn 含量南面较北面高，东面、西面及中心有少数蓝色区域 Mn 含量较低，小于 235mg/kg，中心及南面呈现深橙色区域 Mn 含量大于该地区背景值（459mg/kg）。土壤中 Pb、Zn、Cu、Cd、As 分布相似：研究区中心区域含量较高，两边区域较低，其中 Pb、Zn、Cu、As 呈现由南到北，中心高于周边的分布趋势；土壤 Pb 含量在中心区域已高于 1000mg/kg，中心区域土壤受 Pb 污染较重；在矿冶区 Zn 高达 2000mg/kg，绝大部分区域 Zn 含量大于 317mg/kg，研究区土壤受 Zn 污染较重；研究区西南面形成了一个含量高于 115mg/kg 的 Cu 中心；研究区绝大部分样点呈现高 Cd 污染，尤其在中心偏北区域；在研究区中心偏南面区域有一深红色区域，As 含量高达 117mg/kg，金矿附近区域 As 潜在危害较大；研究区土壤 Cr 含量整体偏低，呈现斑块状分布，整体周边区域高于中心区域。

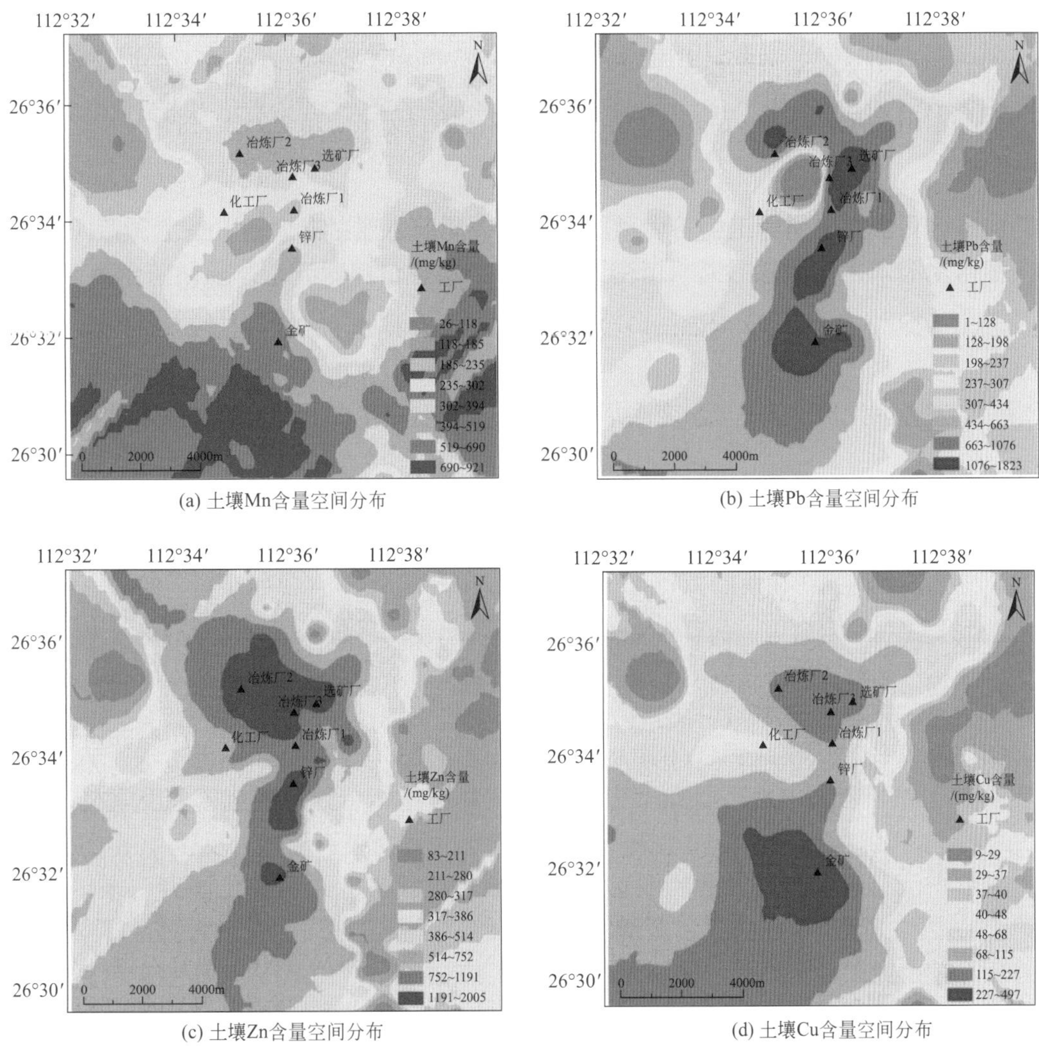

(a) 土壤Mn含量空间分布　(b) 土壤Pb含量空间分布

(c) 土壤Zn含量空间分布　(d) 土壤Cu含量空间分布

图 2.1

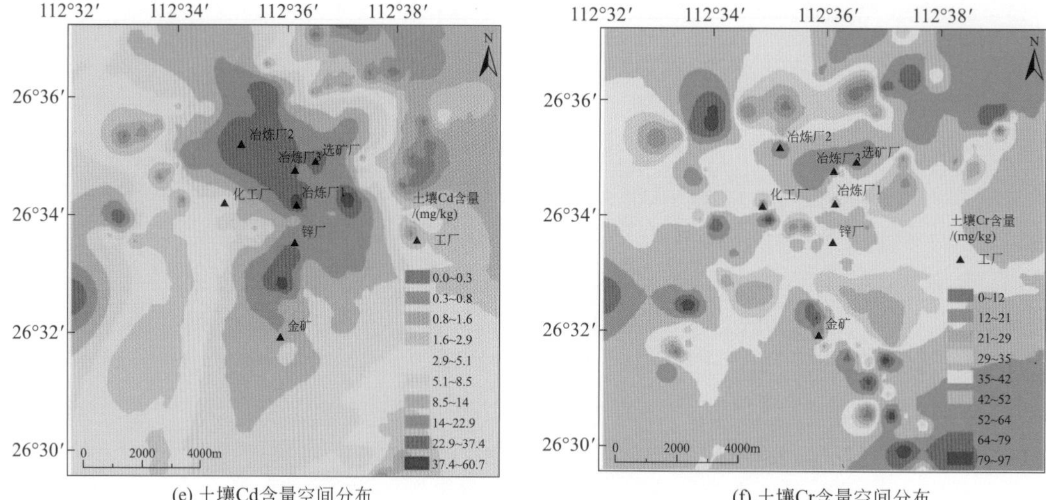

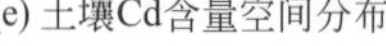
(e) 土壤Cd含量空间分布

(f) 土壤Cr含量空间分布

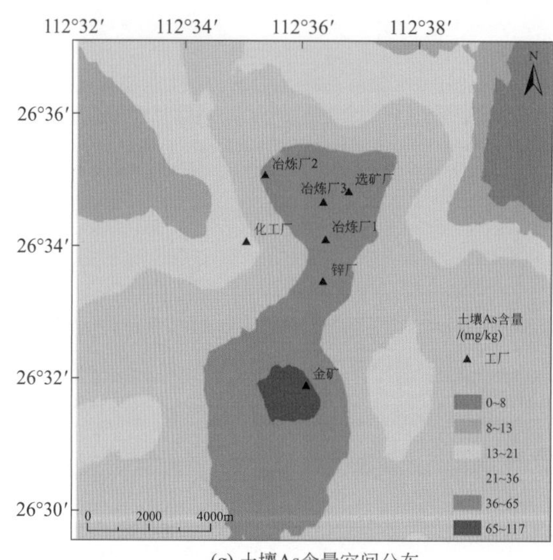

(g) 土壤As含量空间分布

图 2.1　土壤重金属含量的空间分布

二、锰矿冶区重金属污染空间分异

1. 土壤重金属污染状况

对湖南省某锰矿冶区周边 93 个表层土壤样品进行分析，pH 值及 As、Cd、Cr、Cu、Mn、Ni、Pb 和 Zn 含量如表 2.2 所列。矿冶区土壤 pH 值变化范围在 4.25 ～ 7.73，平均值为 5.51，偏酸性。锰矿区表层土壤中 As、Cd、Cr、Cu、Mn、Ni、Pb、Zn 平均含量分别为 15.4mg/kg、2.38mg/kg、54.0mg/kg、29.7mg/kg、1810mg/kg、23.2mg/kg、86.6mg/kg、406mg/kg，Mn、Zn、Pb、Cd 污染严重，尤其以 Cd 在土壤中的积累程度更为强烈。

表2.2 锰矿冶区土壤重金属含量 单位：mg/kg

项目	最小值	最大值	平均值	中位数	标准差	变异系数 /%	偏度	峰度
pH 值	4.25	7.73	5.51	5.31	0.78	14.1	0.78	-0.01
As	ND	154	15.4	10.5	21.0	136	3.75	20.2
Cd	ND	28.8	2.38	0.08	4.36	184	3.00	13.4
Cr	7.61	147	54.0	57.0	26.5	49.0	0.63	1.31
Cu	ND	114	29.7	26.8	23.1	78.0	1.31	1.98
Mn	70.1	16580	1810	624	3050	168	3.03	9.86
Ni	1.69	102	23.2	21.9	16.2	70.0	1.96	6.12
Pb	ND	545	86.6	50.0	101	117	2.66	7.41
Zn	ND	2310	406	140	530	130	1.65	1.70

注：ND 表示未检出。

变异系数越大，表明该区域受人为活动的干扰作用越强烈或受污染的程度越严重。根据变异系数可知，重金属元素的变幅几乎均高于 50%，变幅最大的是 As、Cd、Mn、Pb、Zn，变异系数均超过 100%，分别为 136%、184%、168%、117%、130%，属于高等变异强度范围。其次是 Cr、Cu、Ni，变异系数为 49%、78%、70%，属于中等变异强度范围。土壤中 As、Cd、Cr、Cu、Mn、Ni、Pb 和 Zn 8 种元素含量的偏度均大于 0，As 的峰度值最大。表明研究区有外源重金属物质通过不同途径进入农田土壤。

2．土壤重金属污染空间分布

采用 ArcGIS 空间分析模型，对研究区 93 个表层土壤的重金属总量浓度数据进行污染空间分布分析，采用普通克里金方法进行插值模拟，得到 As、Cd、Cr、Cu、Mn、Ni、Pb 和 Zn 的总量浓度在整个研究区的空间分布如图 2.2 所示。

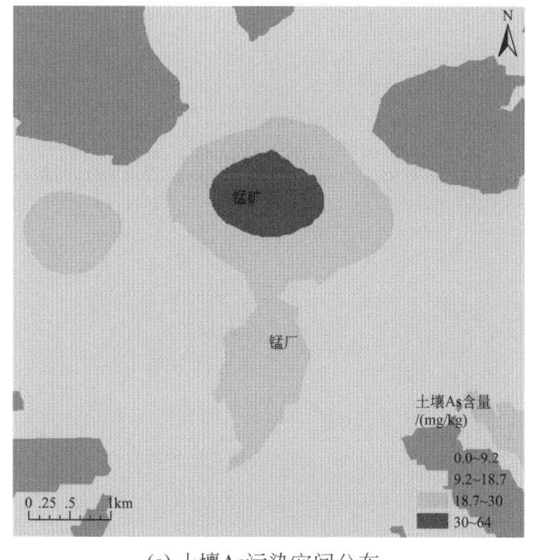

(a) 土壤As污染空间分布

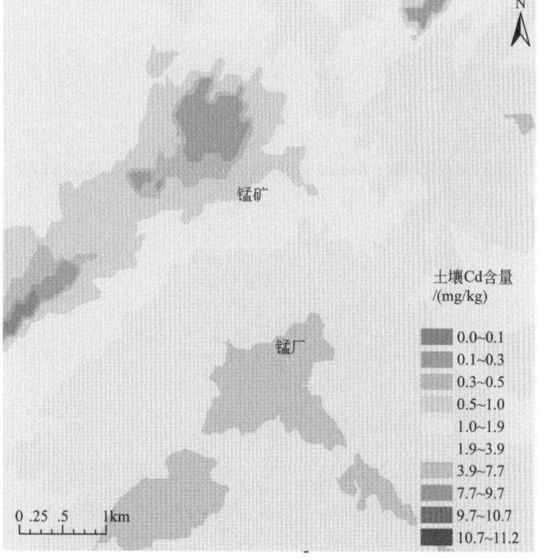

(b) 土壤Cd污染空间分布

图 2.2

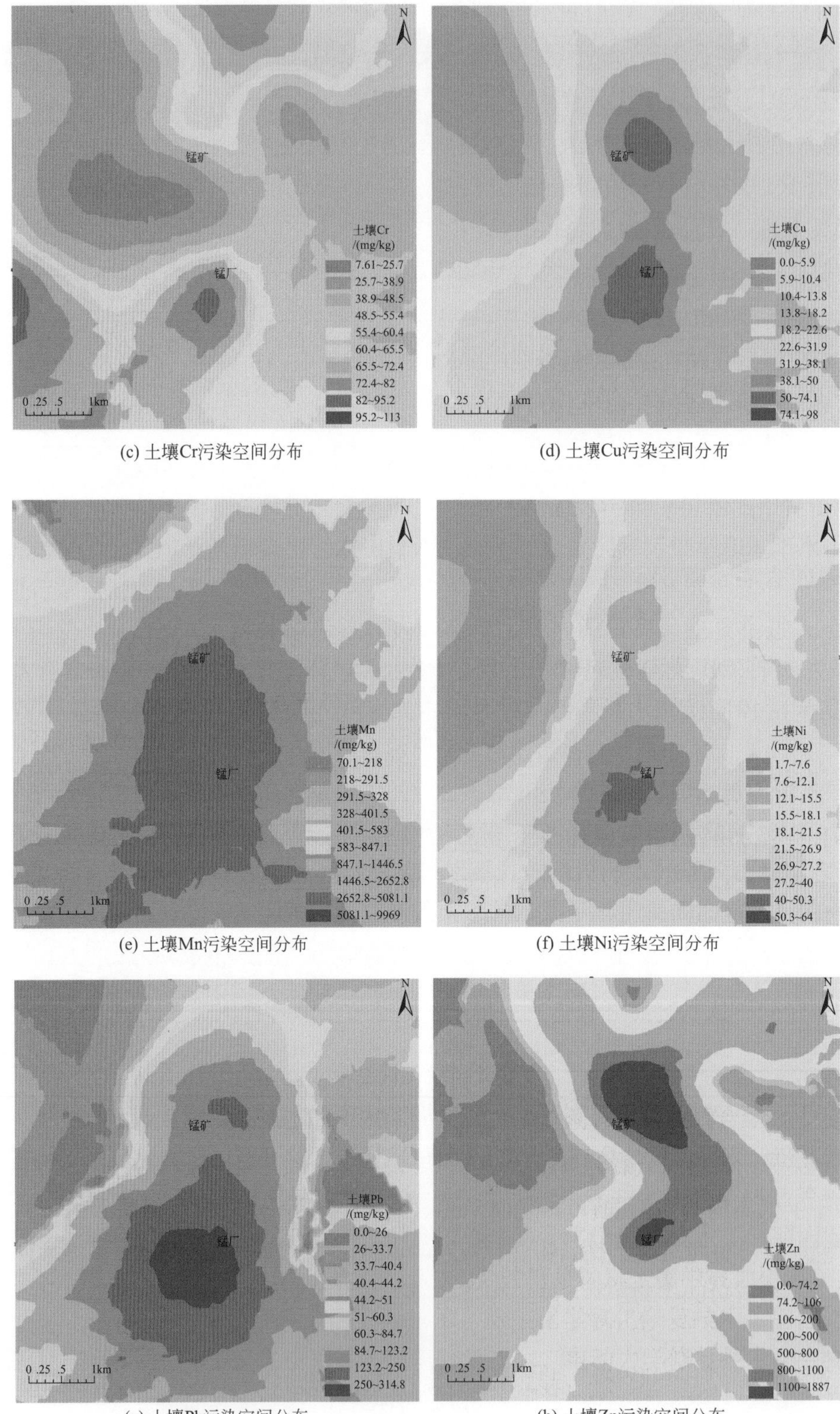

(c) 土壤Cr污染空间分布

(d) 土壤Cu污染空间分布

(e) 土壤Mn污染空间分布

(f) 土壤Ni污染空间分布

(g) 土壤Pb污染空间分布

(h) 土壤Zn污染空间分布

图 2.2　土壤重金属含量空间分布

由图 2.2 可知，土壤 As、Cu、Pb、Zn、Ni 含量以锰矿冶区为中心向四周降低，中心区域含量超过国家《土壤环境质量　农用地土壤污染风险管控标准》(GB 15618—2018)二级标准；土壤 Cd 含量均以锰矿冶区为中心向四周降低，中心区域及周边土壤镉含量超过 GB 15618—2018 二级标准；土壤 Mn 含量以锰矿冶区为中心向四周降低，中心区域及其周边含量超过湖南省背景值；而土壤 Cr 含量虽以锰矿冶区为中心向西南降低，研究区域土壤 Cr 含量均未超过 GB 15618—2018 二级标准。

由此可知，锰矿冶区区农田重金属污染主要受矿业活动影响，污染物主要来源于锰矿开采冶炼工业生产过程。

三、有色金属冶炼区周边土壤重金属污染

1. 土壤重金属污染状况

对湖南省某大型有色金属冶炼企业厂周边土壤，采集表层（0 ～ 20cm）样品 121 个。从表 2.3 可知全地区 121 个表层点，Cd 的平均浓度为 0.76mg/kg，变化范围为 0.17 ～ 3.57mg/kg；Cr 的平均浓度为 76.0mg/kg，变化范围为 40.3 ～ 500mg/kg；Cu 的平均浓度为 28.2mg/kg，变化范围为 6.18 ～ 100mg/kg；Ni 的平均浓度为 24.0mg/kg，变化范围为 11.7 ～ 185mg/kg；Pb 的平均浓度为 40.9mg/kg，变化范围为 5.40 ～ 520mg/kg；Zn 的平均浓度为 128 mg/kg，变化范围为 53.9 ～ 597mg/kg。其中各重金属超标数分别为：Cd 104 个、Cr 2 个、Cu 12 个、Ni 2 个、Pb 1 个、Zn 12 个，超标率分别为 Cd 86%、Cr 1.7%、Cu 9.9%、Ni 1.7%、Pb 0.83%、Zn 9.9%。Pb 在样点土壤中的浓度差异最大，变异系数高达 123%；Cd、Ni、Zn 次之，变异系数分别为 83%、68% 和 64%，Cr、Cu 的浓度差异最小，变异系数分别为 59%、57%，说明研究区不同样点土壤中 Pb 、Zn、Cr 浓度在空间上差异比较大，显现有重金属元素以外源污染形式进入土壤环境的明显特征。

表2.3　研究区土壤重金属浓度　　单位：mg/kg

项目	Cd	Cr	Cu	Ni	Pb	Zn
平均值	0.76	76.0	28.2	24.0	40.9	128
范围	0.17 ～ 3.57	40.3 ～ 500	6.18 ～ 100	11.7 ～ 185	5.40 ～ 520	53.9 ～ 597
变异系数 /%	0.83	0.59	0.57	0.68	1.23	0.64

2. 土壤重金属污染区域分异

利用 ArcGIS 软件地统计分析将土壤重金属浓度情况作成图，可直观地反映有色金属冶炼企业周边土壤重金属浓度分布情况。从图 2.3 中可以看出，土壤中重金属以有色金属冶炼企业为中心向四周逐渐降低，以此可初步判定，该有色金属冶炼企业对于周边土壤重金属污染起到主要责任。重金属在该研究区域农田土壤中积累的主要因素可能与该冶炼厂常年生产，排放废水、废气、废渣有关。距离冶炼厂 100m 范围的表层土壤均受到不同程度的 As、Cd、Cu、Pb、Sb、Zn、In 和 Tl 污染，其中土壤 As、Cd、Pb 和 Sb 污染严重，此区域内已不适合种植农作物；随着离有色金属冶炼企业距离的增加，土壤受各污染元素污染程度有所减轻。

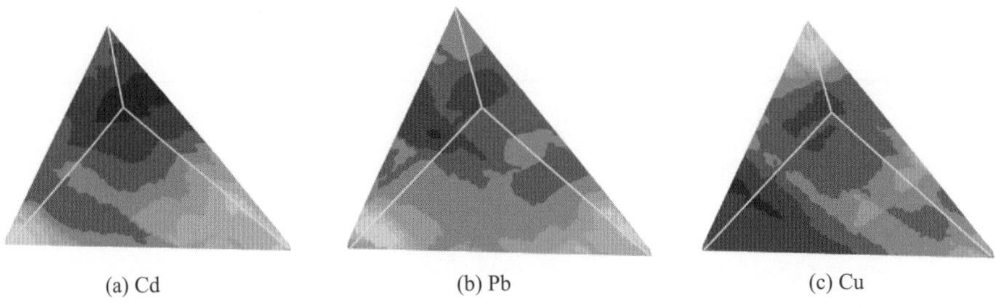

图 2.3　某有色金属冶炼企业周边区域重金属分布

第二节 湖南典型金属矿冶区污染场地修复研究

一、原长沙铬盐厂污染场地相关研究

原长沙铬盐厂位于长沙市岳麓区三汊矶工业区，原厂始建于 1972 年，曾是全国铬盐行业生产规模排名第二的国有企业，占地面积 170 余亩，2003 年 12 月被长沙市人民政府关停后，留下 42 万吨铬渣和周边 200 多万吨铬污染土地。2007 年，长沙市曾启动铬渣解毒工作，并于 2010 年 11 月完成铬渣治理。铬渣解毒完成，现场遗留下了受六价铬严重污染的土壤和地下水，对该区域生态环境造成严重污染和潜在环境危害。湖南大学和原环保部环境规划院先后对原长沙铬盐厂进行了系统性的污染场地调查，结果表明场地土壤、地下水、地表水和底泥均受到严重的重金属污染，土壤中主要污染物为铬；此外，锌、镉、砷、镍、汞在部分点位也有超标。

易龙生等[3]采取有机酸淋溶方法去除修复长沙铬盐场地中土壤中铬污染，通过研究发现，柠檬酸、酒石酸和草酸均能有效去除场地土壤中的铬，3 种有机酸的土壤中铬提取效果分别为草酸＞柠檬酸＞酒石酸。其中，0.6mol/L 的柠檬酸、酒石酸和草酸经过 12h 的震荡淋洗，对于铬盐厂污染土壤中铬去除率分别为 39.52%、30.44% 和 43.11%。

单晖峰等[4]采用 MetaFix 重金属稳定化技术修复长沙铬盐场地污染土壤。现场选取了 900m^2 区域，对比了原位高压注射、原位土壤混拌和原地异位土壤混拌三种施工工艺，其中原位稳定化区约 20m^2、原地异位稳定化区约 90m^2。通过比较各种修复工艺的修复效果，遴选适合该场地的施工工艺，治污路线如下：取样测定背景值→测量放线→确定注射点位→高压注水→高压注射搅拌→还原 / 稳定化→现场跟踪检测→现场取样送检→定期长效跟踪。中试结果发现 MetaFix 药剂在工程实践中对六价铬的还原稳定化呈现良好的中长期效果，如果修复后处于回填、掩埋、与空气隔离的状态，基本不会出现“返黄”，即三价铬又被氧化回六价铬现象，有利于后期的风险防控和场地开发。

聂慧君等[5]探究了高密度电阻率法在湖南铬污染场地调查中的应用，介绍了采用高密度电阻率法调查污染区分布情况。综合对比分析电阻率与钻孔地层、水位及地下水样六价铬浓度关系，得出影响该场地地层电阻率最主要的因素，为地下水中六价铬的浓度。根据高密度电法测线反演结果，推断了场地铬污染的分布范围和深度，为场地的修复治理提供了依据，也为地球物理方法在污染场地调查中的应用提供了借鉴。

柴立元等[6]从长沙铬渣堆场附近的淤泥中筛选驯化得到了一株能在碱性条件下（pH=7 ～ 11）还原高浓度六价铬（2000mg/L）的无色杆菌，随后采用循环喷淋和该菌共同作用去还原铬渣中的六价铬，实验结果表明铬渣中 90% 以上的六价铬可以还原为三价铬[7]，并且以 $Cr(OH)_3$ 的形式固定，实现了铬渣的解毒，且该技术运行成本仅 200 元 /t 左右。细菌解毒铬渣中试生化反应系统和喷淋系统如图 2.4 所示。

(a)

(b)

图 2.4 细菌解毒铬渣中试生化反应系统和喷淋系统[8]

二、原湖南铁合金厂污染场地相关研究

湖南铁合金厂始建于 1958 年，是国家“156”重点工程建设项目之一，也是原冶金部直属企业，全国 18 家重点铁合金生产企业之一。占地面积 115 万平方米，是国家大型一档企业，拥有总容量为 132750kVA 的大中型电炉 16 台、120m^3 高炉一座和金属铬、钛铁生产系统，年生产能力 30 万吨。产品覆盖硅、锰、铬、钛、磷五大系列 30 多个品种，是国内品种最齐全的大型铁合金综合生产企业之一。场地地表以下岩性依次为杂填土、粉质黏土、细砂、圆砾、泥质粉砂岩。场地内地下水赋存于细砂及圆砾层，地下水位埋深约为 3m，地下水流向为自西北向东南，其补给来源主要为区域地下径流，排泄方式主要为人工排泄及径流排泄。场地地下水中污染物主要为 Cr（Ⅵ）。

宫志强等[9]通过相关研究对该场地铬污染地下水抽水方案进行优化，利用数值模型结合加权平均方法，以修复成本最小和抽出效率最高为目标，对抽水方案进行优化模拟，模拟结果显示：间歇性抽水方式平均抽出效率高于持续性抽水方式，间歇时间间隔最佳为 10d 以持续性抽水方式抽出 30% 污染物后，更替为抽水时间间隔为 10d 的间歇性抽水是修复成本最低的抽水方案。为污染场地地下水抽水方案优化设计提供科学的参考依据。

Zhang 等[10]检验磁力法检测湖南省长沙市某炼铁厂污染物的有效性，对河流水质以及河流沉积物进行了磁力检测。利用磁性和非磁性（微观、化学和统计）方法对这些沉积物进行了表征。可以看出，工业重金属（Fe、V、Cr、Mo、Zn、Pb、Cd、Cu）的污染负荷指数与代表磁性浓度的饱和等温剩余磁化强度的对数呈显著相关。研究结果表明，磁法在现代工业城市及其周边地区的污染检测和测绘中具有实用价值。

三、长沙七宝山矿区污染场地相关研究

地处湘东浏阳市的七宝山矿区，因历史上盛产铅、铁、硼砂、青矾、胆矾、土黄、碱石“七宝”而得名。七宝山矿区在长期开采过程中，产生了大量含 Cd、Pb、Hg、As、Zn、Cu 等重金属物质的酸性坑水、洗选废水、生产废水以及废渣等，不仅污染了宝山河水质，而且还使得宝山河的河床不断抬高。并且随着矿山开采，废渣越堆越多，总量已超过 300×10^4t，逐渐成了湘江中下游一个重要的重金属污染源。

戴塔根等 [11] 对湖南浏阳七宝山矿区宝山河的污染情况进行了调查，比较了 1985 年与 2003 年该区域的污染状况。比对分析了不同时期七宝山矿区无序开采对宝山河水质和底泥、周边土壤等环境因子的影响。结果表明，各类样品中有害元素都有不同程度的富集。宝山河底泥中 Cu、Zn、Pb、Cd、As 等重金属含量严重超标；宝山河两侧稻土污染严重，应是宝山河水灌溉所致；宝山河流域稻米 Cd、F 污染十分严重，已经严重影响到当地居民的身体健康。Li Zhaoyang 等 [12] 针对七宝山某铅锌矿尾矿库开展了农业与非农业有机废弃物辅助植物稳定效果的现场对比研究。

佘玮等 [13] 为研究苎麻对不同重金属的耐性和富集能力，对浏阳七宝山矿区内土壤和苎麻体内重金属进行测定和分析，研究发现浏阳七宝山矿区 Cd 污染严重，伴随 Pb、Zn、Cu 污染。且发现大部分采样点苎麻对 Cd、Pb、As、Sb 的转移系数大于 1，说明苎麻可以提取修复这几种重金属污染的土壤，能同时较好地转移 2 ～ 4 种重金属；此外，部分采样点苎麻对 Cu、Zn 的转移系数＜ 1，说明苎麻地下部吸收的 Zn、Cu 较多，适宜对 Zn、Cu 污染土壤进行固定修复。

七宝山铅锌矿露天采场地表 DTM 模型如图 2.5 所示。

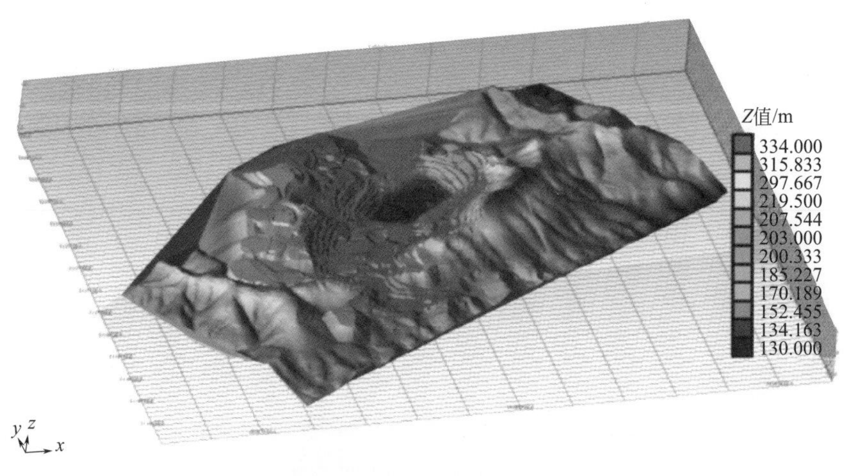

图 2.5　七宝山铅锌矿露天采场地表 DTM 模型 [11]

四、株洲清水塘地区污染场地相关研究

株洲清水塘处于长株潭城市群的结合部，总面积约 38km²，东、西、北三面环山，南

濒湘江，地势由北向南倾斜，属丘陵地带。霞湾港和老霞湾港紧靠湘江区域为工业核心区，位于湘江干流下游的敏感区位，其下游相继为湘潭市和长沙市，生态区位非常敏感且重要。区域内近 50 年来汇集了冶炼、化工等 261 家企业，主要有株冶、株化、湘氮等多家冶炼与化工企业，企业产生的废水、废渣、废气污染了周边水体和土壤。

为查明株洲清水塘工业区池塘底泥重金属污染现状及其变化趋势，揭示池塘底泥重金属对霞湾港与老霞湾港水体及底泥的潜在影响。杨海君等[14]对区域内池塘底泥样品进行了采集，进行 Pb、Cd、As 含量的测定，采用地累积指数和潜在生态危害指数方法对底泥中 Cd、Pb、As 污染与生态风险进行了评价。研究结果表明：池塘底泥中 Cd、Pb、As 含量均超过湖南土壤背景值，分别为土壤背景值的 657 倍、44 倍、12 倍，表明 Cd 是清水塘工业区池塘底泥中的主要污染物，变异系数结果显示，各采样点底泥中 Cd、Pb、As 含量分布离散，受点源输入影响大。并依据调查结果对清水塘工业区污染治理提出了分片区、分区域治理模式，采取挖掘底泥、稳定固化、填埋处理等措施。

申丽等[15]基于 Illumina 高通量测序技术分析了株洲清水塘工业区周边土壤的微生物群落特征，研究重金属污染对土壤微生物群落的影响。结果表明，土壤微生物群落的相对丰度和多样性变化趋势一致，均随着重金属污染程度增加而减小。稻田土壤平均相对丰度最高的门是变形菌门（49.56%），其次为绿弯菌门（13.07%）和酸杆菌门（8.77%）；较高重金属污染程度下伴随着更高丰度的变形菌门、绿弯菌门与更低丰度的硝化螺旋菌门、酸杆菌门。以上结果表明，重金属污染是影响清水塘工业区周边土壤微生物群落结构的重要因素。

王亚军等[16]系统地研究了株洲清水塘区土壤纵面重金属的分布特征。结果表明，该地区 Zn、Cu、Pb、Cd、As、Rb、Co、Ni、Cr、Hg 等重金属含量平均值均高于全国土壤元素背景值。Zu、Pb、Cd、As 等元素平均含量明显偏高。大多数重金属含量随土层的加深呈下降趋势，土壤各层重金属变异系数波动范围较大，位于冶炼厂附近的土壤剖面采样点，重金属含量平均值明显高于其他采样点。土壤中的 Zn 和 Cu、Pb 和 Zn、Zn 和 Hg、Pb 和 Hg、Rb 和 Cd 有正相关关系，Cu 和 Sr、Pb 和 Sb、Sr 和 Cr 之间具有一定的负相关关系。

五、湘潭竹埠港工业区污染场地相关研究

湖南省湘潭市竹埠港老工业区始建于 20 世纪 60 年代初，80 年代被国家确定为优先发展的 14 个精细化工基地之一。2000 年经国家科技部批准为国家新材料成果转化及产业化基地湖南的四个示范区之一。由于长期的化工生产，该区域企业排出的废水、废气、废渣特别是重金属污染物对湘江、土壤和地下水造成了严重污染[17]。2017 年 11 月，湘潭市岳塘区环境保护局委托中国环境科学研究院、湖南省环境保护科学研究院、环境保护部环境规划院和中石化石油工程地球物理有限公司开展该场地的环境调查与风险评估工作。

匡晓亮等[18]对竹埠港段湘江河床沉积物进行沉积柱取样，利用 ICP-MS 等技术手段分析沉积物重金属含量。建立随机模拟与三角模糊数的理论耦合模型，修正地累积指数评价的修正系数 K 值，再利用改进的地累积指数法评价沉积物重金属污染程度。研究结果表明：该段区域河床底泥 Zn、Pb、Cu 为中度污染；Mn 在各河段河床沉积物中分布较均匀，为中度污染；并有向偏重度污染发展的趋势；而 Sc、V、Cr、Co、Ni 等重金属在河床沉

积物中，为轻度污染。

六、湘潭锰矿矿山废弃地污染相关研究

湘潭锰矿以沉积碳酸锰矿及其次生氧化锰矿称著，储量丰富，还有煤、石灰石、白云石、石英砂岩及石膏等非金属矿藏。湘潭锰业集团有限公司，前称裕生矿业公司、上五都锰矿局，创建于1913年；新中国成立后，经过三次扩建工程建设，从而使矿山生产由露天开采氧化锰，转为坑下开采碳酸锰；是全国重要的锰业基地，拥有全国储量最大的整体碳酸锰矿床、亚洲最大的锰铁高炉和电化锰生产线，素有“中国锰都”之称。湘潭锰矿矿产资源的大量开发、锰矿废渣的无序堆积，造成了锰矿区土壤重金属污染的环境问题。有研究表明湘潭锰矿废弃地土壤受到不同程度的重金属污染，Pb平均含量达到755mg/kg[19]。

熊子旗等[20]为探究生石灰（CaO）、羟基磷灰石（HAP）两种固化剂对湘潭锰矿区土壤中重金属锰（Mn）、铅（Pb）、铬（Cr）的固化效应，将两种固化剂以不同的施入量进行单一和组配固化处理，测定土壤中有效态Mn、Pb、Cr的含量并进行方差分析和相关性分析。结果表明：各固化处理均可极显著（$p < 0.01$）降低土壤中有效态Mn、Pb的含量，2种试剂的单一和组配处理对湘潭锰矿区土壤中Mn、Pb有较好的固化效果，单一生石灰处理对湘潭锰矿区土壤中Cr有较好的固化效果。

闫文德等[19]采用野外调查与室内分析相结合的方法对湘潭锰矿废弃地土壤酶活性与重金属含量的关系进行了研究。结果表明：湘潭锰矿废弃地的土壤受到不同程度的Cu、Zn、Mn、Co、Cd、Ni、Pb元素污染；矿渣废弃地土壤中的过氧化氢酶、脲酶、脱氢酶与土壤中重金属含量的一定关系，可以用土壤脲酶活性的大小检测反映土壤受到Pb污染的轻重，用过氧化氢酶活性的大小检测反映土壤受到Zn、Mn、Ni、Pb污染的轻重。

李伟亚等[21]通过室内培养实验，研究不同施用量(1%、2%、5%、10%、20%)的生物炭对锰矿区周边土壤中3种重金属Mn、Pb、Cr的固化效应。结果表明，生物炭施入土壤可使土壤中酸溶态、可还原态Mn、Pb、Cr含量显著降低。该研究结果可为生物炭对湘潭锰矿区周边土壤中重金属Mn、Pb、Cr的固化效应研究提供一定的理论依据。

余光辉等[22]开展了湘潭锰矿重金属环境安全及植物耐性研究，采集了湘潭锰矿红旗分矿开采区、沙圹村恢复区的代表性当季蔬菜（莴笋叶 *Fruticicolidae*、小白菜 *Brassica chinensis*、香葱 *Allium schoenoprasum*、空心菜 *Ipomoea aquatica*）、废弃区的优势植物（商陆 *Phytolacca acinosa*、野茼蒿 *Crassocephalum crepidioides*、苍耳 *Xanthium sibiricum*）和3个研究区的土壤，通过原子吸收分光光度法分析了Mn、Pb、Zn含量。结果表明：开采区蔬菜Mn含量明显高于恢复区，开采区和恢复区蔬菜都明显受到Pb污染；商陆、野茼蒿和苍耳中重金属含量差异较大，对重金属的耐性强，其中商陆表现出最好的耐性与长势。研究结论对锰矿土地合理利用以及矿区土壤重金属治理提供一定的科学依据。Jiang Feng等[23]开展了针对湘潭锰矿区（中南部）表层土壤微量金属污染：来源识别、空间分布及潜在生态风险评价。方晰等[24]也开展了植被修复对锰矿渣废弃地土壤微生物数量与酶活性的影响研究。薛生国[25]通过对位于湖南省湘潭锰矿污染区的植物和土壤的一系列野外调查和实验，在中国首次发现垂序商陆对锰具有明显的超富集特性，填补了我国锰超积累植物研究

的空白。

七、岳阳桃林铅锌矿矿山废弃地相关研究

桃林铅锌矿位于湖南省临湘市境内，始建于 1958 年，是国家第一个五年计划中 156 项重点工程之一，是国家大型一档采选综合企业，曾为我国铅锌事业作出了巨大贡献，累计开采矿石 3200 万吨、选矿 5280 万吨（含外购矿）、锌焙砂 28.6 万吨、硫酸 52 万吨。因矿山资源枯竭，2003 年原桃林铅锌矿破产关闭，尾矿库运行 43 年后停用，现总库容达 4450 万立方米。闭库后，临湘市桃矿渔潭尾矿库区汇水面积 2.52km^2，淹没范围 1.5km^2，尾矿库面积 1.4km^2，干滩面积 96.88 万平方米，沉积滩坡度 2.4%。遗留下的选矿尾砂中富含 Pb、Cd、Cr、As、Hg、Cu、Zn、Mn、Ni 等重金属，经雨水淋溶沥滤进入水体，污染地表地下水和周围土壤。近半个世纪的重金属排放，已对其周边环境造成严重污染，给人体健康带来严重危害。

刘畅等[26]实验采集了该铅锌矿附近分布较广、生物量较大的 8 种草本植物和土壤样本，并采用原子吸收分光光度法分析了土壤和植物中 Pb、Zn、Cu 重金属含量。目的在于了解矿区开采对生态环境所造成的影响，并试图筛选出富集性能优良的超累积植物，明确这些植物在多种重金属同时存在条件下的吸收富集特点，以发现它们在环境修复上的实际应用。结果发现：该矿区土壤存在较为严重的重金属复合污染，其中 Pb、Zn、Cu 污染最为严重，Pb 含量超过标准值约 53 倍、Zn 含量超过标准值约 46 倍。8 种植物对 Pb、Zn、Cu 耐受性较强，这些植物在矿区经受了高含量重金属的长期“驯化”，已经具备了超累积植物的某些基本特征，并对复合重金属污染具有一定的修复效果。

刘慧琳等[27]开展了桃林铅锌矿尾砂库资源化综合利用状况研究，首先通过遥感解译、基于尾砂库筑建前与闭库后 DEM 数据，查明了尾砂库的基本情况；其次，按市场价格进行了潜在经济评价；最后，根据矿业遗迹与周边的自然、人文景观特点，进行了矿山环境评价。研究表明：桃矿尾砂库的地表占地面积为 2214726m^2，库容 3321.62 万立方米，尾砂堆存量 5082.08 万吨。其中，尾砂中具有用金属镓和有用矿物萤石，其潜在经济价值分别约为 4.54 亿元和 68.05 亿元。

岳阳桃林铅锌矿尾矿库治理前的状况如图 2.6 所示。

八、衡阳水口山铅锌矿区污染场地相关研究

水口山铅锌矿区位于湖南省衡阳市常宁县境内，其中累计探明储量（金属量）铅锌约 200 万吨、金约 100t。在近一百年的采矿过程中，由于历史遗留问题以及环境保护意识薄弱，该地区重金属污染严重。在水口山矿区长期的矿石开采、冶炼、运输、尾矿堆放活动中产生大量遗留的废石和尾矿，对周边水体和土壤造成了严重的重金属污染。目前国内对尾矿库的研究较为深入，却对随意堆砌的废石堆污染研究很少，特别是早先选别工艺较为落后，有时品位很高的矿石物料也被堆弃在废石堆，会对周边区域造成污染。陈佳木等针对该矿区的两个废石堆进行采样调查，探明废石堆中重金属元素的含量及其产生的自然淋滤水污染情况。研究发现其中 As 超标 1804.2 倍，这说明这两个废石堆存在明显的重金属污染。研究提出了废石堆控制雨水是防止重金属浸出的有效方法。

图 2.6 岳阳桃林铅锌矿尾矿库治理前的状况

郑东煌等[28]选取湖南省常宁市水口山铅锌矿作为研究区域，共测定 317 个表层土壤样品。对水口山地区进行土壤地球化学调查，分析土壤养分元素与重金属元素的含量特征和空间分布特征。再根据《土地质量地球化学评价规范》(DZ/T 0295—2016) 进行质量评价，并且对研究区重金属进行矿山生态地球化学评价。最后对矿区周围污染严重的重金属进行相关性分析。研究区进行生态风险评价结果显示：用地累积指数法可知在 8 种重金属元素中以 Zn、Cd、Pb、Hg 污染为主，其中 Cd 污染程度最大。对研究区进行潜在生态风险评价，与地积累指数一样，Cd 污染严重，然而 Pb、Zn、Hg 元素污染程度较小。由于不同重金属元素的毒性系数不同，在当地 Cd 元素潜在生态危害指数很高，大面积区域已经达到最高程度，其他元素生态危害指数较低。

肖锡林等[29]通过公共卫生学研究手段，用石墨炉原子吸收法检测了湘江衡阳市蒸湘区段和常宁市水口山矿区段各 60 名男性人体尿样和两个地区不同环境水体的 Cd 含量，进行环境风险评价。结果表明，衡阳市蒸湘区 60 名男性人体尿样中 Cd 的平均浓度为 2.74ng/mL，水中 Cd 的平均浓度为 0.42ng/mL；水口山矿区 60 名男性矿工尿样中 Cd 的平均浓度为 40.26ng/mL；河水中 Cd 的平均浓度为 7.02ng/mL。水口山矿区水样中 Cd 的浓度和 60 名男性矿工尿样中 Cd 的浓度都高于衡阳市蒸湘区水样和居民尿样中 Cd 的浓度。这表明，在重金属矿区由于环境的影响，无论是环境水中还是职业接触者体内，Cd 的含量都高于一般地区和普通人群。

九、常德石门砷矿区污染场地相关研究

湖南雄黄矿是世界上最大的单砷矿。1500 多年的雄黄矿开采史，特别是 1956 ～ 1978 年的砒霜生产，导致了这里的土地、水、空气遭受重度污染，对矿区周边 30 多平方千米 (核心区 9 平方千米) 居民的生产生活造成了严重影响。2011 年 2 月，国务院正式批复《国家重金属污染综合防治“十二五”规划》，石门雄黄矿区作为一个单独项目区实施综合

整治[30]。

陈寻峰等[31]以石门矿区砷污染土壤为研究对象，采用批量振荡淋洗的方法，在前期实验和研究基础上，选用 5 种常用的淋洗剂 (EDTA、NaOH、草酸、柠檬酸、KH_2PO_4) 进行组合复合淋洗研究，以探索最佳淋洗组合，通过 3 种不同砷污染程度土壤的淋洗修复效果比较，研究复合淋洗的适用性，分析淋洗前后土壤中砷形态的变化，为砷污染土壤及其场地的修复治理提供理论依据和参考。研究结果表明：复合淋洗效果优于单一淋洗效果，能够很好地提高砷的去除率。

十、冷水江锡矿山污染场地相关研究

锡矿山地区位于冷水江市北部，辖矿山乡、锡矿山街道办事处、中连乡，总面积 116km^2，常住和流动人口近 5 万人。该地区矿产资源丰富，主要有锑、煤及其他有色金属，特别是锑矿资源现保有储量 30 万吨，占全球比重的 30%，素有"世界锑都"的美称。目前，该地区共有包括闪星公司在内的锑矿开采选、冶炼企业 29 家。110 多年来，锡矿山地区已生产精锑 120 多万吨，为国家经济发展做出了巨大贡献，同时也严重破坏了当地生态环境。据估算，涉锑企业共产生二氧化硫近 100 万吨、砷碱渣约 20 万吨、冶炼炉渣及采矿废石等数千万吨。

索新文等[32]以冷水江市闪星锡矿山为例，开展了基于"3S"的矿区景观格局演变研究。选择 8 个指标对研究区景观格局特征变化进行对比分析，采用计算景观格局指数，通过对 2005 ～ 2015 年 3 个时期的分类数据集进行比较来分析研究区景观格局的变化特征。研究结果表明：研究区景观格局最佳分析粒度为 20m；在这 5 年间，矿区扩张开发导致耕地、草地和林地景观斑块破碎化程度加剧，矿区整体景观格局呈破碎化和复杂化的变化趋势；2010 ～ 2015 年，由于矿区生态环境治理工作的开展，受损的耕地、草地和林地景观得到恢复，矿区整体景观格局水平朝规则化和均衡化的趋势发展。

薛亮等[33]通过在湖南省锡矿山锑矿矿区开展植物和土壤的实地调查，分析锑矿区植物不同组织重金属的积累特征。锑矿矿区开展植物对重金属的积累特征分析，评价其用于植物修复的潜力。并以筛选获得的耐锑植物芒为研究材料，开展植物在锑胁迫下的生理生化及蛋白质组学响应研究，深入了解锑的植物毒性效应及植物的耐锑机理，为获取理想的锑修复植物材料提供有效方法。研究发现：芒（*Miscanthus sinensis*）和白茅（*Imperata cylindrica*）具有 Hg 和 Cd 的植物萃取潜力，美洲商陆（*Phytolacca americana*）具有 Cd 和 Pb 的植物稳定潜力，苎麻（*Boehmeria longispica*）对 As 和 Sb 表现出较强的转移能力，繁穗苋（*Amaranthus paniculatus*）和芒可应用于 Sb 的植物稳定，狗牙根（*Cynodon dactylon*）可分别应用于 As 和 Sb 的植物稳定。

李雪华等[34]针对我国锑矿区锑污染的现状，开展了矿区沉积物和水环境锑污染调查、锑的生物有效性分析、锑和重金属污染的生态风险评价、污染河流沉积物中锑的稳定性、吸附除锑技术及除锑吸附材料安全性评价的研究工作。主要试验区域为湖南冷水江锡矿山和广西大厂锑矿区。殷志遥等[35]总结了土壤锑污染特征研究进展及其富集植物的研究进展。

库文珍等[36]通过野外调查采样，分析了冷水江锑矿区 4 个采样点土壤和优势植物中重金属含量，以及矿区生长的 5 种优势植物对 Sb、As、Cd、Pb、Cu 和 Zn 的吸收与富集能力及其富集特性。结果表明，矿区土壤中 6 种重金属元素的平均含量均超出湖南省土壤背景值和全国土壤背景值，土壤受 Sb 污染最严重，其次是 Cd、As 的污染。5 种优势植物淡竹叶、苎麻、芒草、狗尾草和白背叶体内 Sb、As 的含量都超过正常范围，具有修复矿区土壤 Sb、As 污染的潜力。其中苎麻对 Sb 的富集系数和转运系数均大于 1，满足 Sb 超富集植物的基本特征，可作为生态恢复的先锋植物；芒草对 Cd 的富集系数和转运系数都大于 1，对重金属有较强的耐性，作为重金属污染的修复植物具有较好的应用前景。

童方平等[37] 利用人工造林结合应用土壤改良剂的试验，研究了土壤改良剂对重金属锑的形态差异、分布特征和生物可利用性的影响，为锑矿区重金属污染土壤生态修复提供技术依据。结果表明：随着土壤改良剂施放量的增加，土壤的 pH 值增加，当每株施放改良剂达 300g 时，土壤 pH 由酸性变为弱碱性。不同剂量的土壤改良剂对 0 ～ 20cm、40 ～ 60cm 土层 Sb 的碳酸盐结合态有显著影响；对 20 ～ 40cm 土层 Sb 的碳酸盐结合态有极显著影响；对 40 ～ 60cm 土层 Sb 的残渣态有极显著影响。进一步将构树应用于锑污染土壤修复中去[38]，探索构树对重金属的富集特征，分别选择生长于严重 Sb、As、Cd、Hg 污染和无重金属污染林地的构树，研究结果表明：锑矿区重金属污染地构树与非重金属污染地构树各器官的生物量与构成没有差异。锑矿区重金属污染地与非重金属污染地构树根、枝、茎、叶器官富集重金属 Sb、Pb、Cd、Hg、As、Cu、Zn 的量有极显著差异，表明构树具有较强的累积多种重金属的能力，为复合富集重金属的木本植物，其富集的重金属主要为 Sb、Zn、Pb、As。

第三节 湖南典型金属冶炼污染场地治理与修复

一、原株洲金盆岭安特锑业场地土壤治理与修复工程

株洲作为湖南省老工业区，各地区土壤污染形势相当严峻，土壤深度退化，重金属污染等问题逐年加剧。因历史原因，石峰区金盆岭在 20 世纪 60 ～ 70 年代分布多处水塘，后被清水塘冶炼企业产生的渣土和建筑垃圾填平。根据环保部门检测数据该区域土壤存在重金属污染。

经调查核实，砷超标主要原因为已关闭企业 (安特锑业)，早年该企业含砷废水一直处于超标排放状态，加之冶炼企业产生的渣土和建筑垃圾的无序堆放，对白石港和湘江水质造成较大影响，威胁周边居民身体健康造成危害。

株洲市石峰区人民政府对金盆岭土壤污染进行治理，2019 年 1 月 7 日正式确定湖南高岭建设集团股份有限公司、湖南国信建设集团股份有限公司为项目施工中标人。施工方对治理区域内超标渠道及水塘水达标处理后外排，建设 1 座稳定化处理场，1 座安全填埋场。具体修复工艺为表层浸出超标土壤及水塘沟渠淤泥稳定化固化处理达标安全填埋，表

层总量超标土壤清挖后安全填埋，下层浸出超标土壤原位稳定化处理；对治理完的区域进行覆盖及生态恢复。

修复后场地表层土壤砷含量低于国家标准值。整体修复效果见图 2.7。

1#池塘　1#池塘

2#池塘　2#池塘

3#池塘　3～4#塘

(a) 场地污染现状　(b) 治理修复完工

图 2.7　株洲金盆岭安特锑业场地修复前后

二、原长沙铬盐厂重金属污染场地治理与修复工程

长沙铬盐厂 2003 年 12 月关停后，曾留下 42 万吨铬渣和周边 200 多万吨铬污染土地。2007 年，长沙曾启动铬渣解毒工作，并于 2010 年 11 月完成铬渣治理。铬渣解毒完成，现场遗留下了受六价铬严重污染的土壤和地下水，对该区域生态环境造成严重污染和潜在环境危害[39]。

根据修复企业对场地土壤调查结果显示，场地内 Cr、As、Cd、Pb、Zn、Hg 有不同程度的超标现象。其中，超标最严重的为 Cr。场地内的 Cr 的浓度范围为 10.50 ～ 36700mg/kg，最大超标倍数为 96.58 倍，平均浓度为 4257.03mg/kg。Cr 超标的样品数达到 232 个，超标率为 66.86%。通过对场地内表层及深层土壤中 Cr 浓度的对比分析，结果表明场地内的 Cr 浓度呈现表层高、深层较低的现象，且深层土壤中的 Cr 浓度降至了表层土壤中 Cr 浓度的 1/10 左右。

1. 修复技术中试试验

中国科学院南京土壤研究所（牵头单位）和原环境保护部环境规划院（合作单位）承担的中试实验及其服务项目。根据场地条件和不同修复技术特性，中试项目运用异位淋洗（见图 2.8）、异位还原稳定化、土壤垂直阻隔、动态地下水循环化学 - 生物还原和可渗透反应墙（PRB) 等技术开展铬污染土壤和地下水修复的中试研究，筛选确定了适合本场地整体治理的修复技术及工艺、评估技术的修复效果、确定最佳工艺参数和具体实施方式等。2018 年 8 月初，长沙铬盐厂完成了 PRB 中试的建设工作。PRB 技术中试试验通过拦截、对铬污染地下水起到了显著的净化效果，其优势在于无需外力设备运行，活性填充介质能够长期发挥作用，对周边环境扰动小，维护费用低 [40]。

图 2.8　原长沙铬盐厂土壤淋洗设备示意

2. 修复工程

修复企业在对场地具体实施修复工程时，将场地地面到地面下 2m 的土层作为土壤一级控制层，场地地下 2 ～ 5m 间土层中铬引发暴露风险的可能性相对较低，以场地地下 2 ～ 5m 间的土层作为土壤二级控制层。两层土壤分别采用不同的修复工艺，针对一级控制层（0 ～ 2m）修复技术：总铬高于 9000mg/kg 的砂质土壤采用异位淋洗工艺；总铬高于 9000mg/kg 的非砂质土壤采用异位稳定化 / 固化工艺；总铬低于 9000mg/kg 且六价铬超标（敏感性用地方式下六价铬含量高于 7.5mg/kg、非敏感用地方式下六价铬含量高于 20.4mg/kg）的污染土壤采用原位化学还原的修复技术。针对二级控制层（3 ～ 5m）修复技术，各区域的二级控制层污染土壤则采用原位化学还原修复技术，将六价铬还原为三价铬。

据修复企业初步统计，项目修复了铬盐厂内一级控制层（0 ～ 2m）受铬污染的土壤总量为 13 万立方米，约 20.8 万吨。二级控制层（2 ～ 5m）受铬污染的土壤（六价铬高于 30mg/kg）总量为 14.7 万立方米，约 23.52 万吨。采用异位稳定化 / 固化技术治理的土壤总量为 3.5 万立方米，约 5.6 万吨；采用原位化学还原技术治理的土壤总量为 23.8 万立方米，约 38.08 万吨；采用异位化学淋洗的技术治理的土壤总量为 0.4 万立方米，约 0.64 万吨。

三、清水塘重金属废渣治理工程

株洲清水塘处于长株潭城市群的结合部，霞湾港紧靠湘江区域为工业核心区，位于湘江干流下游的敏感区位，其下游相继为湘潭市和长沙市，生态区位非常敏感且重要[41]。清水塘工业区的含重金属废渣主要分布在新桥填埋场、大湖填埋场及霞湾污水处理厂北侧填埋场，大都来自工业区内的冶炼化工企业，因缺乏科学的防雨、防渗、防尘等措施，渣场及其周边的环境在不同程度上受到了污染，重金属污染最为突出，严重威胁着湘江水质安全。

清水塘重金属废渣治理工程主要针对污染物为 Pb、Cd、As、Zn、Cr。

重金属废渣处置工艺为开挖—破碎—筛分—固化稳定化处理—填埋，按其污染程度等级进行不同强度的固化稳定化安全处置，重金属浸出含量达到《一般工业固体废物贮存、处置场污染控制标准》(GB 18599—2001) 中第Ⅰ类一般固废标准要求。此外，主要采用原位三管旋喷修复工艺，应用 ERA 系列重金属稳定化药剂，清水塘地区 210 万立方米的含重金属废渣[40]，基本在 20 个月内完成综合治理，治理现场如图 2.9 所示。

根据修复企业反馈结果，重金属废渣重金属浸出含量达到《一般工业固体废物贮存、处置场污染控制标准》(GB 18599—2001) 中第Ⅰ类一般固废标准要求。场地土壤经过修复达到了我国的《铅、锌工业污染物排放标准》修复目标。

(a)

(b)

图 2.9 清水塘重金属废渣治理工程现场图

四、湘潭锰矿地区重金属污染治理工程

湘潭锰矿破产改制期间，矿区非法采选洗活动猖獗，高污染、高能耗企业众多，污染严重。滴水渣场约 100 万吨的电解锰和冶炼等废渣，在雨水的冲刷下渗滤液直接排入湘江[42]。

湘潭锰矿矿产资源的大量开发、锰矿废渣的无序堆积，造成了锰矿区土壤重金属污染的环境问题。有研究表明湘潭锰矿废弃地土壤受到不同程度的重金属污染，主要污染物有锰、铅、铬等。

治理方案执行《一般工业固体废物贮存、处置场污染控制标准》(GB 18599—2001)“Ⅱ类固废”的处置方式。废渣处置场采用“垂直防渗与水平防渗相结合的形式”，水平防渗采用严格的双层复合防渗结构，垂直防渗采用“双排咬合高压旋喷桩止水帷幕”，尽可能降低废渣场渗漏的可能，防止对地下水和湘江水的污染[43]。自 2013 年来，结合湘江流域重金属污染治理，在环保部门成功申报第一、第二、第三期历史分散无主废渣治理项目。一期是治理锰矿地区重金属电解锰废渣及尾砂，二期是综合整治湘潭锰矿地区涉锰企业及对场地进行生态修复，三期是湘潭锰矿地区含锰固废综合整治[42]。此外，为推进资源枯竭矿山成功转型和湘江流域重金属污染源头治理，修复污染耕地，治理地质灾害，推动产业转型，改善社会民生，2013 年湘潭锰矿国家矿山公园获批建设，总规划面积 9.92 平方千米，核心景区 1060 亩，预计总投资 4 亿元，分矿山环境恢复治理示范区、生态农业观光休闲区、井下探秘区、现代工业参观区、矿山综合服务区、科普教育区六大功能区。

（1）矿山环境恢复治理示范区　为地面塌陷、废石流等地质灾害较为严重的片区，将通过灾害治理、土地复垦、生态恢复及绿化美化等工程与生物措施，进行环境恢复治理。

（2）生态农业观光休闲区　通过以现有农田、菜园、果园为基础，以区内低山丘陵和水塘为依托，发展集种、养、加工和生态旅游、休闲于一体的休闲观光农业和生态旅游业，走出一条特色农业发展之路。

（3）井下探秘区　利用废弃的地下井巷及矿业活动作业场所和设施、设备等进行整理和环境改造，再现当年的开采场景，供游客参观、体验和探秘。

（4）现代工业参观区　以现有的锰矿开采业、电解锰工业以及即将建成的物流园为基础，建设一条工业参观走廊，供游客参观、学习和考察。

（5）矿山综合服务区　通过对有保留价值的旧建筑进行翻新和装修，并开辟矿山风情街，打造一个为游客提供吃、住、行、购物、娱乐等各项服务的综合服务区。

（6）科普教育区　为公园核心建设区，可通过建设矿山公园博物馆、矿业科普广场等，打造一个以“锰”及“湘潭锰矿”为中心，并涵盖历史文化教育和娱乐服务的科普教育区。

湘潭锰矿国家矿山公园以独特的锰矿矿业遗迹为核心，通过重现锰矿探、采、选、冶、加工工艺流程和中国锰业发展历程以及矿山环境恢复整治过程，集中展现“中国锰都”百年辉煌历史，集爱国主义、工业参观旅游、历史文化回顾和休闲娱乐功能为一体，打造成全国以“锰”为中心的科普教育和全国矿山环境恢复治理示范基地，树立湘江流域重金属污染源头治理的标杆。

湘潭锰矿地区重金属污染治理前后场景如图 2.10 所示。

(a) 治理前

(b) 治理后

图 2.10　湘潭锰矿地区重金属污染治理前后场景

五、原湖南铁合金厂重金属污染综合治理工程

原湖南铁合金厂创建于1958年，公司产品覆盖硅、锰、铬、钛、磷五大系列20多个品种，年产能30万吨，曾是国内品种最齐全的大型铁合金综合生产企业之一。2006年，金属铬生产线停产，2010年全部淘汰退出。现已全面搬迁。过高的产能和长期无序的三废排放，致使场地周边土壤地下水污染严重。

由于长期的生产及以往铬渣的随意堆放，场区土壤及地下水污染严重，主要污染物为铬。

污染治理项目位于原湖南铁合金厂厂区北部，一期工程修复范围约315亩，修复土壤总量为19万立方米，总投资6845万元。赛恩斯环保联合湖南和清环境对原厂地污染土壤及地下水进行治理修复，土壤采用“微生物浸出＋化学固定”“固定修复”处理技术，地下水采用“原位注入”处理技术，场地修复后拟作为工业用地。

修复后场地重金属总铬、六价铬、总铅和总锰等达到湖南省地方标准《重金属污染场地土壤修复标准》（DB43/T 1165—2016）中工业用地修复总量标准值的修复目标值。

湖南省铁合金厂修复效果如图2.11所示。

(a) 修复前

(b) 修复后

图2.11 湖南铁合金厂修复效果

六、常德石门雄黄矿区重金属污染治理工程

由于雄黄矿的大量开采和大规模的砒霜生产，雄黄矿区土壤及下水中主要污染物为砷[44]。

2011年2月，国务院正式批复《国家重金属污染综合防治“十二五”规划》，石门雄黄矿区作为一个单独项目区实施综合整治。2012年10月，《石门雄黄矿区重金属污染“十二五”综合防治实施方案》开始实施，项目包括历史遗留砒渣及周边污染土壤治理，核心区近8000亩污染农田修复、生活饮用水安全、生态安全等工程，工程分为四期，工期五年。第一、第二期为源头控制，是对原炼砒遗留下来的近20万吨砒渣及周边污染土壤进行安全处理，目的是从源头上控制砒渣的浸出液进入周边水体和土壤，最大限度地减少砷污染环境风险。第三期工程，是对黄水溪进行综合整治，全面改善黄厂集镇居住环境。第四期是对污染核心区近8000亩污染土壤进行修复，旨在改善当地土壤质量，保障农产品安全[45]。石门县政府还申报了《湖南石门典型区域土壤污染综合治理项目实施方案》，工程面积约2万亩。其中一期工程内容为4476亩污染农田修复及配套辅助工程，主要采用蜈蚣草修复技术。

项目实施达效后，对改善当地环境和促进生态建设作用巨大，从根本上解决了土壤污染问题，恢复了矿区正常生产生活自然环境。

石门雄黄矿区重金属污染治理前后场景如图 2.12 所示。

(a) 治理前

(b) 治理后

图 2.12　石门雄黄矿区重金属污染治理前后场景

七、衡阳水口山重金属污染综合治理工程

水口山铅锌矿区位于湖南省衡阳市常宁县境内，其中累计探明储量（金属量）铅锌约 200 万吨、金约 100t。在近一百年的采矿过程中，由于历史遗留问题以及环境保护意识薄弱，该地区重金属污染严重。在水口山矿区长期的矿石开采、冶炼、运输、尾矿堆放活动中产生大量遗留的废石和尾矿，对周边水体和土壤造成了严重的重金属污染。

有研究者通过对水口山地区冶炼厂、康家湾采选地、尾砂坝、矿区农田表层土壤重金属污染情况调查与测试后发现，土壤中 Pb、Cd、Cu、Zn、Hg、As 的含量均高于其 20 ～ 60cm 土层同类元素的含量，其中 Cd、Hg、Pb 等对土壤环境已造成污染已达到极强污染程度，严重影响矿区居民的生活安全。

杨家湾重金属污染综合治理项目：

① 废水处理工程及雨污水分流工程，其一为废水处理工程：采用化学沉淀法处理废水约 40000t，设计处理规模为 $15m^3/h$；其二为雨污水分流工程：新建截洪沟约 319m，修复原有排污沟约 324m。

② 危险废物清运工程：其一将治理区域内被鉴定为危险固体废物的底泥和污染土壤清挖后运送至常宁市水口山松柏镇危险固体废物填埋场安全填埋处置，危险固体废物清挖总量约 $19958.45m^3$；其二建设底泥干化场一座，干化场面积约 $300m^2$。

③ 第Ⅱ类一般工业固体废物治理工程：其一采用稳定法化学处理技术处理项目治理区域内属于第Ⅱ类一般工业固体废物的底泥和污染土壤，处理总量约 $18791.7m^3$；其二稳定化处理消耗石灰 1493t；消耗重金属螯合剂 896t；消耗 Na_2S639.6t。

④ 生态恢复：本项目生态恢复总面积 $47005m^2$。

⑤ 总投资：为 4213.95 万元。

曾家溪沿线污染场地治理工程：湖南省常宁市水口山曾家溪沿线污染场地治理工程，2015 年开工建设。工程主要技术方案有：a. 将通过对增加新沿线污染场地开展重污染土壤挖掘清运；b. 轻污染土壤原位稳定化治理和场地生态修复。最终达到控制土壤中重金属向环境中迁移，改善污染场地的生态环境，消除湘江重金属污染隐患的目的。

在严格按照项目实施基础上，区域空气中 Pb 的排放量大幅降低，改善区域的空气环境；曾家溪、康家溪的主要污染源在采取相应的处理措施后，Pb、Cd 的排放量大幅降低，改善曾家溪、康家溪的水环境质量；区域内土壤环境质量得到改善；底泥在采取相应的工程措施后，底泥中各重金属含量均能达到土壤环境质量标准中的三级标准要求。

水口山重金属污染综合治理前后场景如图 2.13 所示。

图 2.13 水口山重金属污染综合治理前后场景

第四节 湖南典型工业遗弃污染场地治理修复方案

湖南某企业曾是我国从事滴滴涕（DDT）、六六六加工制剂最早、生产规模最大的厂家之一，目前已经停产，处于破产改制阶段。当地国有产业投资发展集团有限公司对该企业进行收购，并负责遗留场地拆迁、再开发（商住用地）等事宜。2012 年，环境保护部、工信部、国土资源部与住建部四部委联合发布了《关于保障工业企业场地再开发利用环境安全的通知》（环发〔2012〕140 号），规定“关停并转、破产或搬迁工业企业原场地采取出让方式重新供地的，应当在土地出让前完成场地调查和风险评估工作”；“经场地环境调查和风险评估属于被污染场地的，应当明确治理修复责任主体并编制治理修复方案”；“被污染场地治理修复完成，经监测达到环保要求后，该场地方可投入使用”。2014 年，环保部颁布了 5 个新的导则标准，用于指导和规范场地调查评估及修复工作的开展。经场地调查与风险评估，发现该地块存在较为严重的重金属、农药、多环芳烃等污染。

一、场地问题识别

项目所在区域素有湖南“金三角”之称，占地 14.5 万平方米，遗弃场区见图 2.14。亚热带季风湿润气候区，四季分明，冬冷夏热，春夏多雨，秋冬干旱，无霜期长。年平均相对湿度 81%，年降水量 1200~1450mm。从 20 世纪 50 年代中期建厂时起到 20 世纪 80

年代中期主要生产砷素剂、有机氯农药、有机氮农药及百菌清等产品，生产历史长达32年，产品达93万余吨。20世纪90年代后，企业逐渐转为精细化工生产，产品包括脑复康、氨苄青霉素等。目前主要生产线已停产，大型设备已经部分拆除完毕。如图2.15所示。

图2.14　某工业遗弃场地位置示意图（来源于Google earth，2005年）

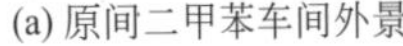

(a) 原间二甲苯车间外景

(b) 原六六六车间现状

图2.15　工业遗弃场地部分原生产车间及现状

2014年对工业遗弃场地开展了初步调查，涵盖了土壤、地表水、地下水、废渣和底泥。2015年开展了场地补充调查，主要采用系统布点法和功能区加密布点方式，以确定场地污染分布范围。土壤中需要关注的污染物包括重金属（砷、镉）、VOCs（1,2,3,-三氯丙烷、苯）和农药类（六六六和DDT等）（见表2.4）。生产区填土层存在普遍的六六六污染，原六六六生产区和成品仓库附近六六六污染至粉质黏土层；DDT污染集中在原DDT生产和成品仓库区域填土层，局部污染至粉质黏土层；砷污染普遍存在于整个西区，各层均有分布，重污染区集中在场地南半部和西北部原DDT生产区；Cd污染主要分布在原DDT生产和成品仓库区域填土层；苯污染集中在原间二甲苯生产和成品仓库区域，集中在填土层，局部至粉质黏土层；1,2,3-三氯丙烷污染集中在成品仓库区，污染至粉质黏土层。地表水中需要关注的污染物包括砷、镉、锌、铅、苯、三氯甲烷、六六六和氧化乐果。地下水中需要关注污染物为砷、1,1-二氯乙烯、二氯甲烷、1,2-二氯乙烷、苯系物三甲胺和六六六。底泥中需要关注污染物为砷、镉、铅、铬、汞、锌、菲、芘、苯并[*a*]蒽、䓛、苯并[*a*]芘、茚并[1,2,3-*cd*]芘，其中砷和苯并[*a*]芘需要重点关注。

表2.4　工业遗弃场地土壤重点关注污染物

污染物	参考标准值 /（mg/kg）	检测样品数量 / 个	检出率 /%	超标率 /%	95%UCL /（mg/kg）
As	20	262	100.00	76.34	463.38
Cd	8	201	70.65	7.46	13.89
α- 六六六	0.2	236	36.02	9.32	211.95
β- 六六六	0.2	236	39.41	14.41	33.14
γ- 六六六	0.3	236	32.63	3.81	27.41
4,4'-DDD	2	219	33.79	5.48	12.3
4,4'-DDE	1	219	36.53	5.48	6.04
4,4'-DDT	1	219	32.42	6.39	35.18
1,2,3- 三氯丙烷	0.05	187	3.21	3.21	0.57
苯	0.64	187	21.39	9.09	3.38

工业遗弃场地地下水检测结果如表 2.5 所列。

表2.5　工业遗弃场地地下水检测结果　　单位：μg/L

检测项目	补充调查		前期调查		评价标准
	MW6	MW8	GW6	GW8	地下水Ⅲ类
铅	0.25	ND	ND	ND	50
砷	4.7	7.8	ND	13	50
镉	ND	ND	ND	ND	0.1
汞	ND	ND	ND	ND	1
铬	ND	ND	ND	ND	1
镍	ND	ND	7	24	1
苯	ND	ND	268	ND	10
甲苯	ND	ND	65.1	ND	700
乙苯	ND	ND	12.1	ND	300
对（间）二甲苯	ND	ND	81.3	ND	500
邻二甲苯	ND	ND	42.9	ND	—
1,1- 二氯乙烷	ND	ND	1.4	ND	—
2,2- 二氯丙烷	ND	ND	4.6	ND	—

注：ND 表示未检出。

地层自上而下分为填土层、粉质黏土层和基岩层（见图 2.16），填土层平均厚约 2.1m，粉质黏土层平均厚约 4.4m，基岩层平均深度厚约 6.5m。该场地地下水以裂隙水为主，部分区域有上层滞水，上层滞水补给主要来自降雨，由于场地地势起伏较大，部分区域不连续。由于山前补给存在，地下水流向可能会随补给和排泄条件的变化而发生改变。

图 2.16　工业遗弃场地基岩

浅层地下水流方向示意如图 2.17 所示。

图 2.17　浅层地下水流方向示意

目前国际上普遍接受的致癌风险水平 $10^{-6}\sim10^{-4}$，而国内多采用 $10^{-6}\sim10^{-5}$；非致癌效应（危害商）国内外均采用 1 作为可接受水平。本项目风险评价时选定致癌风险水平 10^{-6}、危害商 1 作为评估依据。为了解本场地实际情况，本次评价时土壤采用 95% 置信上限（95%UCL）和最大浓度相结合的方式进行评估。经过初步调查与补充调查，土壤以重金属（砷、镉）和农药（六六六和 DDT）污染为主。为满足地块开发需求，需要对污染土壤进行修复，达标后才能重新开发利用。地下水污染包括六六六和苯系物污染两种类型，需要对地下水进行修复达标后才能重新开发利用。

工业遗弃场地风险评估关注污染物统计见表 2.6。

表2.6　场地风险评估关注污染物统计表　　单位：mg/kg

序号	土壤污染物	表层（0 ～ 2m）		深层（>2m）	
		最大值	95%UCL	最大值	95%UCL
1	砷（无机）	30200	1032.88	4670	143.93
2	镉	526	26.47	103	5.34
3	苯	9.74	2.16	28.2	4.68
4	1，2，3- 三氯丙烷	0.08	—	1.85	—
5	滴滴滴	43	6.96	131	25.07
6	滴滴伊	69	7.44	18.4	5.01
7	滴滴涕	197	42.67	70.1	29.92
8	α- 六六六	3640	414.09	75.2	14.03
9	β- 六六六	574	47.73	36	15.5
10	γ- 六六六	234	50.08	131	8.62

注：“—”表示污染物检出数量少于 8 个，无法计算 UCL。

二、场地修复模式

综合场地规划用地情况，需要选择并确定适应的污染土壤修复标准，保证符合修复标准的土壤不会对其周边造成环境风险与健康风险，同时保证超过修复目标的土壤得到有效的处理处置，消除其环境风险与健康风险，使得该地块达到规划用地条件并满足国家、地方相关政策法规及技术标准等。

根据《重金属污染场地土壤修复标准》（DB43/T　1165—2016）要求，土壤重金属污染物修复目标建议分层验收，0 ～ 0.5m 土壤建议采用表 2.7 所列目标值，即砷（无机）50mg/kg、镉 7mg/kg；> 0.5m 土壤建议采用浸出浓度低于标准值的方法，浸出浓度执行《地表水环境质量标准》（GB 3838）Ⅲ类标准，浸出方法按《固体废物浸出毒性浸出方法　水平振荡法》（HJ 557）执行。地下水修复目标值参考《地下水质量标准》（GB/T 14848—2017）（Ⅳ类）和《生活饮用水卫生标准》（GB 5749—2006）。

表2.7　场地土壤污染物建议修复目标值

序号	污染物	建议修复目标 /（mg/kg）	
		表层（0~2m）	深层（> 2m）
1	砷（无机）	50	50
2	镉	7	7
3	苯	0.64	0.64
4	1，2，3- 三氯丙烷	0.05	0.05
5	滴滴滴	2	2
6	滴滴伊	1	1
7	滴滴涕	1	1
8	α- 六六六	0.2	0.2
9	β- 六六六	0.2	0.2
10	γ- 六六六	0.3	0.3

根据表 2.8 中建议污染物修复目标值，结合厂区非厂房区域基本上均为水泥路面，可假定地表以下 0 ～ 0.2m 为水泥基础，不存在污染的前提，绘制出地表以下 0 ～ 2m、2 ～ 5m 以及 5 ～ 8m 土壤中需修复面积。修复土壤面积及土方量见表 2.9。

表2.8　场地地下水污染物建议修复目标值

序号	污染物	建议修复目标 /（μg/L）
1	砷	50
2	镉	10
3	镍	100
4	六六六（总量）	5
5	1，2- 二氯乙烷	30
6	氯苯	300
7	苯	10

表2.9　污染土壤面积及土方量

污染物	深度 /m	厚度 /m	面积 /m²	土方量 /m³	合计 /m³
镉	0 ～ 2	2	6168	12336	18471
	2 ～ 5	3	1517	4551	
	5 ～ 8	3	528	1584	
苯	0 ～ 2	2	4617	9234	36666
	2 ～ 5	3	7226	21678	
	5 ～ 8	3	1918	5754	
氯代烃	0 ～ 2	2	2410	4820	7784
	2 ～ 5	3	292	876	
	5 ～ 8	3	696	2088	
有机氯农药	0 ～ 2	2	21142	42284	81740
	2 ～ 5	3	9777	29331	
	5 ～ 8	3	3375	10125	
砷	0 ～ 2	2	27680	55360	131197
	2 ～ 5	3	17701	53103	
	5 ～ 8	3	7578	22734	

由于本项目中 As 污染土壤面积和土方量均较大，导致土壤修复的工程成本较大部分来源于 As 污染土壤的固化稳定化处理。为降低工程成本和强化砷缓慢释放的风险管控，建议将 As 按污染浓度进行不同程度的固化稳定化处理。具体建议将 As 按污染浓度分为 3 个不同处理层级：

① 50 ～ 200mg/kg，采用常规稳定化处理；

② 200 ～ 1000mg/kg，采用强化稳定化处理；

③ 1000mg/kg 以上，采用固化稳定化后安全填埋处理。

绘制出地表以下 0 ～ 2m、2 ～ 5m 以及 5 ～ 8m 土壤中需修复面积见图 2.18 ～图 2.23，图中红色部分表示 As 含量 1000mg/kg 以上面积；棕色部分表示 As 含量 200 ～ 1000mg/kg 面积；黄色部分表示 As 含量 50 ～ 200mg/kg 面积。

图 2.18　工业场地有机氯修复范围（0 ～ 2m）

图 2.19　工业场地砷有机氯修复范围（2 ～ 5m）

图 2.20　工业场地有机氯修复范围（5 ～ 8m）

图 2.21　工业场地砷污染分程度修复范围（0 ～ 2m）

图 2.22　工业场地砷污染分程度修复范围（2 ～ 5m）

图 2.23　工业场地砷污染分程度修复范围（5 ～ 8m）

根据污染土壤修复目标值和修复范围以及污染地块现状、规划情况，确定本项目污染土壤修复策略如下。

（1）原地异位修复为主、原位修复为辅　为了避免外运风险，未修复污染土壤尽量不离场，应采取原地异位修复模式。待修复完成、验收合格后，修复后土壤进行现场填埋或者资源化利用。

（2）分类修复　根据土壤不同污染类型、程度，筛选合适的修复技术，进行技术评估，以确定最终修复技术。

三、场地修复方案设计

根据评估和分析结果，确定了本项目的推荐技术路线。根据本区域的水文地质条件，地下水可能以裂隙水为主，部分区域有上层滞水，预计若在靠近湘江区域进行开挖将会产生大量基坑水，将不利于修复施工并严重影响到修复效果。因此，建议以 DDT 粉剂车间东北角与水处理车间区域东南角的连线将西厂区划分为东西两个部分：西部（紧邻湘江区域）污染土壤进行原位修复处理，以此避免大量基坑水产生；东部主要采用原地异位修复技术。

单独重金属污染土壤采用异位固化稳定化技术进行处理；单独 VOCs 污染土壤采用异位常温解吸技术进行处理；SVOCs、VOCs+ SVOCs 污染土壤采用异位热解吸技术进行处理；重金属 +VOCs 复合污染土壤先采用异位常温解吸去除 VOCs，再采用异位固化稳定化处理重金属；重金属 +SVOCs 和重金属 +VOCs+ SVOCs 复合污染土壤先采用异位热解吸去除有机污染物，再采用异位固化稳定化处理重金属。所有经处理、验收合格的土壤将于现场进行资源化利用（不含重金属类土壤）或回填处置（含重金属类土壤）。

地下水采取异位处理的方式。重金属污染地下水采用化学沉淀的方法；VOCs 和重金属复合污染地下水采用先化学沉淀后化学氧化的方法；VOCs 污染地下水采用高级氧化的方式去除；有机氯采用高级氧化方法；有机氯和重金属复合污染地下水采用首先采用化学沉淀法去除重金属后采用化学高级氧化技术；VOCs、有机氯和重金属复合污染地下水首先采用化学沉淀法去除重金属后采用化学高级氧化，处理后达标的地下水排入污水管道。

根据风险评估中建议的污染物修复目标值及场地调查报告，修复土壤面积及土方量见表 2.10。工业场地西、东部地下水污染面积和处理量分别如表 2.11、表 2.12 所列。

表2.10　工业场地污染土壤面积及土方量

污染物类型	0 ～ 2m		2 ～ 5m		5 ～ 8m		合计
	面积 /m^2	土方量 /m^3	面积 /m^2	土方量 /m^3	面积 /m^2	土方量 /m^3	
重金属	13960	27920	12878	38634	6452	19356	85910
VOCs	1433	2866	5179	15537	196	588	18991
SVOCs	5239	10478	3920	11760	817	2451	24689
重金属 + SVOCs	11067	22134	3953	11859	588	1764	35757
重金属 + VOCs	757	1514	434	1302	448	1344	4160
VOCs+ SVOCs	488	976	202	606	318	954	2536

续表

污染物类型	0～2m		2～5m		5～8m		合计
	面积 /m²	土方量 /m³	面积 /m²	土方量 /m³	面积 /m²	土方量 /m³	
重金属 + VOCs+ SVOCs	4348	8696	1702	5106	1652	4956	18758
合计	37292	74584	28268	84804	10471	31413	190801

表2.11　工业场地西部地下水污染物面积和处理量

污染类型	面积 /m²	处理量 /m³
重金属	648	1036.8
VOCs	11975	19160
重金属 + VOCs	2094	3350.4
合计	47521	23547.2

表2.12　工业场地东部地下水污染物面积和处理量

污染类型	面积 /m²	处理量 /m³
VOCs	4407	7051.2
有机氯	680	1088
重金属	226	361.6
VOCs+ 有机氯	34948	55916.8
VOCs+ 重金属	4197	6715.2
VOCs+ 有机氯 + 重金属	42903	68644.8
合计		139777.6

四、污染土壤修复场地修复工程设计

1. 污染土壤修复技术路线

POPs、VOCs、重金属污染土壤修复技术路线，分别如图 2.24 ～图 2.26 所示。

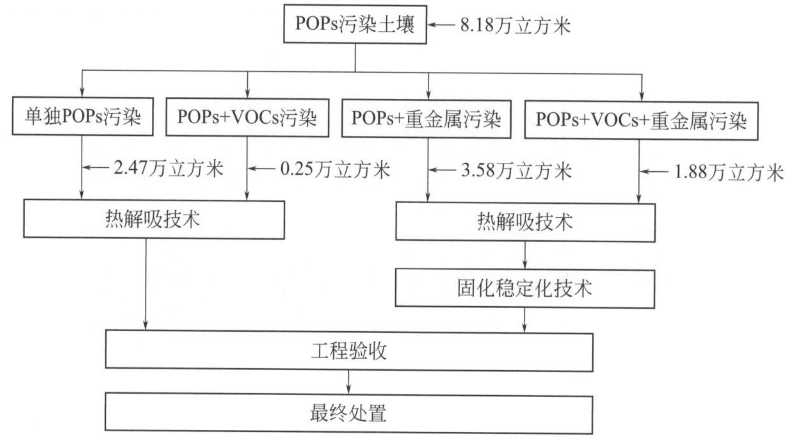

图 2.24　POPs 污染土壤修复技术路线

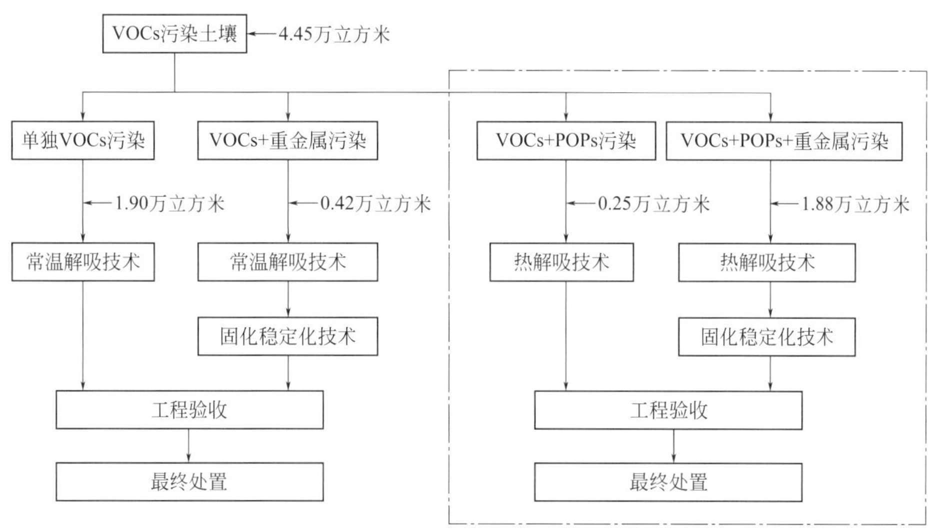

图 2.25 VOCs 污染土壤修复技术路线

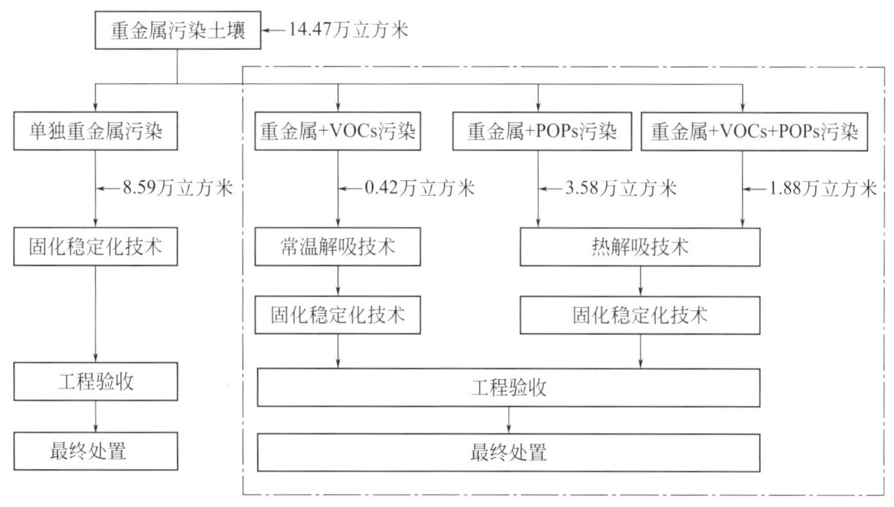

图 2.26 重金属污染土壤修复技术路线

2. 污染场地修复工程设计

（1）单独 POPs、VOCs+ SVOCs 污染土壤采用异位热解吸技术进行处理；重金属 +SVOCs 和重金属 +VOCs+ SVOCs 复合污染土壤先采用异位热解吸去除有机污染物，再采用异位固化稳定化处理重金属。所有经处理、验收合格的土壤于现场进行资源化利用（不含重金属类土壤）或回填处置（含重金属类土壤）。

（2）VOCs+ SVOCs 污染土壤采用异位热解吸技术进行处理；重金属 +VOCs+ SVOCs 复合污染土壤先采用异位热解吸去除有机污染物，再采用异位固化稳定化处理重金属；单独 VOCs 污染土壤采用异位常温解吸技术进行处理；重金属 +VOCs 复合污染土壤先采用异位常温解吸去除 VOCs，再采用异位固化稳定化处理重金属。所有经处理、验收合格的土壤于现场进行资源化利用（不含重金属类土壤）或回填处置（含重金属类土壤）。

（3）重金属 +VOCs 复合污染土壤先采用异位常温解吸去除 VOCs，再采用异位固化稳定化处理重金属；重金属 +SVOCs 和重金属 +VOCs+ SVOCs 复合污染土壤先采用异位热解吸去除有机污染物，再采用异位固化稳定化处理重金属。单独重金属污染土壤采用异位固化稳定化技术进行处理。所有经处理、验收合格的土壤将于现场进行资源化利用（不含重金属类土壤）或回填处置（含重金属类土壤）。重金属污染土壤建议采用固化稳定化技术处理，仅能满足浸出标准要求。考虑表层土壤总量控制要求，需在所有重金属污染土壤回填区域表层覆土 0.5m。

覆土来源可通过以下方式获得：

① 场地内仅受 SVOCs 和（或）VOCs 污染的土壤，经处理、验收合格后重金属总量值可达到总量标准限值，可资源化利用用于表层土覆土；

② 生活区土壤在前期场地调查中尚未发现受污染，经检测合格后该区域土壤可用于表层土覆土；

③ 也可自其他区域取合格土壤用于表层土覆土。

工业遗弃场地第一层（0 ～ 2m）、第二层（2 ～ 5m）和第三层（5 ～ 8m）污染土壤修复区域分别如图 2.27 ～图 2.29 所示。

图 2.27　工业遗弃场地第一层（0 ～ 2 m）污染土壤修复区域

图 2.28　工业遗弃场地第二层（2 ～ 5 m）污染土壤修复区域

图 2.29 工业遗弃场地第三层（5 ～ 8 m）污染土壤修复区域

五、二次污染防范及环境应急方案

1. 二次污染防范方案

二次污染防范包括土壤污染防范、水污染防范、大气污染防范、噪声污染防范。污染土壤在清挖、运输过程中，可能遗撒到周边未污染区域及道路上；暂存和修复过程中，大量污染土壤堆置在暂存区和修复场，需要防止污染土壤可能造成的二次污染，采取相应措施。开挖过程中产生的基坑降水和车辆清洗废水是本工程水环境污染防治的重点关注对象，应及时进行妥善处理；在污染区和修复区的四周设置挡水墙，防止雨水进入土堆，雨水经收集、检测达标排进市政雨水管网。严格控制开挖创面，减少污染物暴露的机会；并对重污染区域喷洒气味抑制剂防止污染气体扩散；对于 VOCs 类污染土壤的开挖，建议采用移动式密闭车间（配套尾气处理系统），以防止污染气体扩散，导致扰民和民扰事件的发生；暂存区堆存的土方要覆盖密目网防止扬尘，在重污染土壤存放区喷洒气味抑制剂防止异味气体扩散。工程实施期间，噪声排放不得超过《建筑施工场界环境噪声排放标准》（GB 12523—2011）的限值要求，即昼间 70dB，夜间 55dB；尽量选用低噪声或备有消声降噪声设备的施工机械，以隔声棚、隔声罩或隔声屏障封闭或遮挡强噪声设备，实现降噪。

2. 环境应急方案

环境应急方案包括运输阶段应急预案、人员中毒应急预案、环境污染事故应急预案、大风雨天施工应急预案、中暑应急预案、传染病应急措施。加强对运输过程的控制，严格按照制定的方案实施，每辆车出场前都进行严格检查，严禁超载，确认车辆覆盖符合要求，车轮无粘上的污染土壤方可允许车辆出场；场内行驶速度不得超过 30km/h；每辆车配备充足的清扫工具及铺盖材料，发现遗撒现象及时清理干净。在工程开工前，请相关专家对全体员工进行安全教育，在施工过程中加强劳动保护，所有进入施工现场的人员必须配戴防毒面具、安全防护眼镜，工作现场禁止吸烟、进食和饮水。现场中毒事件发生后应立即封锁现场，只准应急救援人员、车辆进入，并联系医疗等部门，禁止盲目施救。对事故现场情况进行拍照记录，及时上报突发事件信息。

六、环境监测及验收

1. 污染场地修复过程环境监测

污染场地修复过程的环境监测，主要工作是针对各项治理修复技术措施的实施过程及效果所开展的相关监测，可分为修复过程中排放物质的监测和周边环境的监测。

（1）修复过程排放物质的监测　主要是对修复技术所使用的设备及其过程可能排放的物质进行监测，包括各设备及处理过程排放的废水、废气及固体废弃物等。

（2）修复过程周边环境的监测　主要是对周边的地表水、大气、噪声等的监测，确保施工过程不对周边居民和环境造成影响。

2. 污染场地修复工程验收

修复工程验收工作分为两部分：一部分为污染现场清挖效果的验收，包括清挖后基坑坑底及基坑侧壁的采样监测，此部分可在每层清理完成后分别进行验收，也可在整体清挖工作完成后进行；另一部分是为场区内修复后土壤的验收，修复后土壤的验收可根据修复进度自行申请阶段性验收。阶段性验收由作业方和业主驻地工程师、监理工程师及第三方检测机构共同完成，将验收合格后的土壤作为填埋场覆土最终处置。整体验收是对整体施工质量工作的检验，待作业方污染修复场区所有施工均完成后进行自检测及自验收，达标后上报业主及环境主管部门进行全面整体工程验收。

七、成本效益分析

结合修复设计方案和修复工程设计，参照国内外修复技术单价，对场地修复工程进行粗略的成本估算（表 2.13 ～表 2.15）。

表2.13　土壤修复工程成本估算

序号	污染类型	修复技术	土方量 /m³	技术单价 /（元 /m³）	总价 / 万元
1	重金属	异位固化稳定化			
2	VOCs	异位常温解吸			
3	SVOCs	异位热解吸			
4	重金属 + SVOCs	异位热解吸			
		异位固化稳定化			
5	重金属 + SVOCs+ VOCs	异位热解吸			
		异位固化稳定化			
6	重金属 + VOCs	异位常温解吸			
		异位固化稳定化			
7	VOCs+ SVOCs	异位热解吸			
8	覆土				
小计					

表2.14 地下水修复工程成本估算

修复方法	编号	名称	单位	数量	总价 / 万元
原位化学注入	1	地下水修复井和监测井设置	个		
	2	药剂及注入费用	吨		
	3	地下水修复设备	套		
	4	地下水污染监测费用	个		
	5	设备维护及耗材更换	月		
	合计				
地面地下水处理	6	止水帷幕建设费用	套		
	7	污染地下水地面处理设备	个		
	8	污染地下水处理药剂	吨		
	9	用水费用	吨		
	10	用电费用	千瓦时		
	11	设备维护及耗材更换	月		
	合计				
共计					

表2.15 场地修复工程其他费用和预备费

序号	费用名称	总价 / 万元	备注
一	工程其他费用		
1	建设单位管理费		工程费用 ×1.2%
2	工程建设监理费		工程费用 ×2.5%
3	前期工程咨询费		
3.1	编制可研报告		
3.2	编制项目技术方案		
4	工程设计费		工程费用 ×3.5%
5	工程勘察费		工程费用 ×0.8%
6	招标代理服务费		工程费用 ×0.7%
合计			
二	预备费		
	基本预备费		（工程费用 + 工程其他费用）×10%

通过停产、改制，去除了污染的持续产生；对地块内污染土壤进行处理处置，去除了污染源，减少了地块的环境风险，确保了周边居民与环境的安全，取得了良好的环境效益。经过修复，该地块得以重新开发利用，使得宝贵的土地资源重新得以利用。西厂区将用于一、二类居住用地，可以最大限度地满足当地居民的物质文化需求。修复工程本身可以为当地经济带来一定的刺激作用；经过修复，该地块重新进行开发利用，土地进入流转市场，可以极大地推动当地经济发展。

第五节 湖南省土壤污染防治工作方案及实施办法

为切实加强土壤污染防治，逐步改善湖南省土壤环境质量，根据《国务院关于印发土壤污染防治行动计划的通知》（国发〔2016〕31号）精神，湖南省人民政府2017年1月23日印发《湖南省土壤污染防治工作方案》，同年湖南省生态环境厅发布《湖南省土壤污染防治项目管理规程（试行）》和《湖南省土壤污染防治条例（征求意见稿）》，2020年3月31日湖南省十三届人大常委会第十六次会议通过了《湖南省实施〈中华人民共和国土壤污染防治法〉办法》。到2020年，全省土壤污染加重趋势得到初步遏制，土壤环境质量总体保持稳定，农用地、建设用地和饮用水水源地土壤环境安全得到基本保障，局部突出污染问题得到有效治理，环境风险得到基本管控。到2030年，全省土壤环境质量稳中向好，农用地、建设用地和饮用水水源地土壤环境安全得到有效保障，土壤环境风险及隐患得到全面管控；受污染耕地安全利用率达到95%以上，污染地块安全利用率达到95%以上。

一、湖南省土壤污染防治工作方案

《湖南省土壤污染防治工作方案》[46]以改善土壤环境质量为核心，以保障农产品质量、人居环境安全和饮用水水源地安全为出发点，坚持预防为主、保护优先、风险管控，突出重点区域、行业和污染物，实施分类别、分用途、分阶段治理，严控新增污染、逐步减少存量，形成"政府主导、企业担责、公众参与、社会监督"的土壤污染防治体系，明确提出实行土壤污染治理与修复终身责任制。方案涉及调查（土壤质量监测点全覆盖）、规划（建立土壤分类清单）、评估（建立污染地块名录）、指标（重点县市执行限值排放）、执行（建立公众参与制度内容），涵盖工作目标、主要指标、具体方案等，部分内容摘录如下。

1. 开展土壤污染调查，掌握土壤环境质量状况

深入开展土壤环境质量调查，建立全省土壤环境质量状况定期调查制度。健全土壤环境质量监测网络，基本形成土壤环境监测能力。建立全省土壤环境基础数据库，构建基于大数据应用的分类、分级、分区的土壤环境信息化管理平台，发挥土壤环境大数据在污染防治、城乡规划、土地利用、农业生产中的作用。

2. 建立健全法规标准体系，加大土壤污染执法力度

加快推进地方环境立法，制定和完善污染土壤使用、转让、风险管控、农用地分类管理等规章制度。针对土壤环境监测、调查评估、风险管控、修复技术、环境监理等薄弱环节，制定相应技术指导文件。强化环境监管执法，重点监控土壤中镉、汞、砷、铅、铬、锑等重金属和多环芳烃、石油烃、卤代烃等有机污染物。将土壤污染防治作为环境执法的

重要内容，强化网格化监管，对重点行业企业开展专项环境执法。

3．实施农用地分类管理，保障农业生产环境安全

按污染程度将农用地划为优先保护类、安全利用类和严格管控类，采取相应安全生产与管理措施。将符合条件的优先保护类耕地划为永久基本农田，实行严格保护，确保其面积不减少。着力推进安全利用，实施重金属超标稻谷风险管控与应急处理。加强对严格管控类耕地的用途管理，继续开展重金属污染耕地休耕试点。加强林地草地园地土壤环境管理，优先将重度污染的牧草地集中区域纳入禁牧休牧实施范围。

4．加强建设用地准入管理，防范人居环境风险

重度污染农用地转为城镇建设用地的，由地方人民政府负责组织开展调查评估，逐步建立污染地块名录及其开发利用的负面清单，合理确定土地用途。国土资源部门要依据土地利用总体规划、城乡规划和地块土壤环境质量状况，加强土地征收、收回、收购以及转让、改变用途等环节的监管。将建设用地土壤环境管理要求纳入城市规划和供地管理，土地开发利用必须符合土壤环境质量要求。

5．强化未污染土壤保护，严控新增土壤污染

加强未利用地环境管理，防止造成土壤污染。排放重点污染物的建设项目，在开展环境影响评价时要严格落实对土壤环境影响的评价内容，并提出防范土壤污染的具体措施；需要建设的土壤污染防治设施，要与主体工程同时设计、同时施工、同时投产使用；有关环境保护部门要做好有关措施落实情况的监督管理工作。加强规划区划和建设项目布局论证，根据土壤等环境承载能力，合理确定区域功能定位、空间布局。

6．强化污染源监管，遏制土壤污染扩大趋势

加强日常环境监管，严防矿产资源开发污染土壤。加强涉重金属行业污染防控，规范工业废物处理处置活动。防治农业面源污染，加强废弃农膜回收利用。强化畜禽养殖污染防治，加强灌溉水水质管理。实行城乡环卫一体化，积极推进垃圾分类，建设覆盖城乡的垃圾收运体系和垃圾分类收集系统，减少生活污染。

7．开展污染治理与修复，改善区域土壤环境质量

明确治理与修复主体，造成土壤污染的单位或个人要承担治理与修复的主体责任。以环境社会敏感性高、环境质量改善效益明显、与饮用水水源地保护密切相关的突出土壤污染问题为重点，制订湖南省土壤污染治理与修复实施方案。有序开展治理与修复，强化治理与修复工程监管。建立工程进展调度机制，按照国家关于土壤污染治理与修复成效评估的技术规定，对本行政区域有关县市区土壤污染治理与修复成效进行综合评估。

8．加强科技研发和推广，推动环境保护产业发展

开展土壤污染防治科学研究，建立土壤污染防治科学研究体系。完善环保技术评价体系，加强环保科技成果共享平台建设。发挥企业的技术创新主体作用，推动土壤修复重点企业与科研院所、高等学校组建产学研技术创新战略联盟。开展国内外合作研究与技术交流，引进消化土壤污染风险识别、土壤污染物快速检测、土壤及地下水污染阻隔等风险管控先进技术和管理经验，推动治理与修复产业发展。

9. 发挥政府主导作用，构建土壤污染治理体系

强化政府主导，完善土壤环境管理体制，全面落实土壤污染防治属地责任。加大财政投入，采取有效措施，激励相关企业参与土壤污染治理与修复。在常德市启动土壤污染综合防治先行区建设，推进和扩大长株潭试点工作。通过政府和社会资本合作（PPP）模式，发挥财政资金撬动功能，带动更多社会资本参与土壤污染防治。推进信息公开，加强社会监督。建立公众参与制度，推动公益诉讼。开展宣传教育，推动形成绿色发展方式和生活方式。

10. 强化目标考核，严格责任追究

强化地方政府主体责任，建立全省土壤污染防治工作联席会议制度，定期研究解决重大问题。落实企事业单位责任，将土壤污染防治纳入环境风险防控体系，严格依法依规建设和运营污染治理设施。从事污染场地调查、治理与修复、环境监理的第三方企事业单位，对监测数据、治理与修复效果负责，实行土壤污染治理与修复终身责任制。逐步把土壤环境质量纳入各级人民政府环境保护责任考核范围，严格目标任务考核和责任追究，评估和考核结果作为土壤污染防治专项资金分配的重要参考依据。

二、湖南省土壤污染防治项目管理规程

为规范全省土壤污染防治项目管理，确保项目质量，根据《土壤污染防治行动计划》《土壤污染防治专项资金管理办法》《污染地块土壤环境管理办法（试行）》《建设工程项目管理规范》和《湖南省土壤污染防治工作方案》的要求，结合湖南省土壤污染防治工作实际，制定《湖南省土壤污染防治项目管理规程（试行）》[47]，以促进项目管理科学化、规范化和精细化，不断提高湖南省土壤污染防治项目管理水平和实效。本规程适用于省级及以上财政专项资金支持的土壤污染防治项目，包括优先保护、风险防控（含重金属废渣）、修复治理等。《湖南省土壤污染防治项目管理规程》包括总则、职责分工、项目储备库建设、项目实施、监督管理、效果评估及项目验收、附则，共计 7 章 38 条，部分内容摘录如下：土壤污染防治项目按照“谁污染、谁治理；谁损害、谁补偿”原则，造成土壤污染的单位或者个人应当承担治理与修复的主体责任。责任主体发生变更的，由变更后继承其债权、债务的单位或者个人承担相关责任。责任主体灭失或者责任主体不明确的，由所在地县级人民政府依法承担相关责任。土地使用权依法转让的，由土地使用权受让人或者双方约定的责任人承担相关责任。土地使用权终止的，由原土地使用权人对其使用该地块期间所造成的土壤污染承担相关责任。土壤污染治理与修复实行终身责任制。

湖南省环保厅负责省级及以上土壤污染防治项目年度计划和土壤环境管理系列工作文件制定、专家库建立，省级项目储备库建设并对入库项目进行分类管理，项目实施过程督查，以及区域成效评估等工作。市（州）环保局负责组织土壤污染防治项目现场核查，筛选上报，场地（农用地）调查报告、实施方案审查，项目变更审查，项目实施的监管等工作。县（市、区）环保局负责组织受污染农用地和污染地块的排查，申报项目的现场初查，项目实施的日常监管等工作。

承担场地（农用地）调查、环境检测、实施方案编制、项目实施、环境监理、治理与

修复效果评估等工作的单位，纳入环境信用管理体系。同一项目的场地（农用地）调查与实施方案编制单位，项目实施单位与从事治理修复效果评估的单位不能为同一或有隶属关系的单位。

土壤专家库由国家、省及市（州）有关专家组成，根据专家的参与度与工作质量等进行动态管理，原则上每两年调整一次。列入省级土壤专家库中的专家可参与项目现场核查、场地（农用地）调查报告、实施方案审查、项目验收及效果评估等工作，每次参与土壤项目相关工作的专家应从专家库中抽取。

项目储备库建设应遵循“突出重点、动态管理、激励约束”的原则。按照本区域环境保护规划，结合土壤污染防治规划和计划，根据污染地块、农用地风险程度，筛选、统筹申报土壤污染防治项目。入库项目应突出防范环境风险、解决本区域与人体健康、饮用水源和维护社会稳定密切相关的土壤环境问题，优先考虑重点区域、重点任务、重大风险和重点问题的项目，符合“责任主体明晰，污染源已经截断，前期工作扎实、规范，列入污染地块名录”等条件。入库项目应按照轻重缓急、成熟程度和工作基础择优遴选。专项资金因素分配、考核评价等工作的重要参考依据，列入省级项目库的项目由地方政府先行组织实施，纳入年度工作任务和考核，根据实施进度给予一定资金奖补，严重滞后的进行问责。

项目必须按照国家有关规定严格履行项目法人制、招标投标制、环境工程监理制、合同管理制和竣工验收制等相关制度要求，建立健全项目管理、质量保证体系，确保项目实效、质量，切实发挥投资效益。施工和监理应同时进场。批复的项目实施方案原则上不得变更，确因工程量、总投资、技术路径等发生重大变化需变更的，由县（市、区）人民政府组织编制变更方案，报市（州）环保局审查通过后方可实施，变更所需的追加资金由县（市、区）人民政府自筹，变更多余的资金由省级财政收回。项目应在实施方案明确的时间内完成项目验收，因特殊原因确需延期的原则上不超过 3 个月。

各级环保部门应当建立项目实施定期调度、督查制度，对项目实施进度、工程质量、第三方机构从业情况等进行监督检查。市（州）环保局和县（市、区）人民政府应主动接受和配合环保、财政、监察、审计等部门对项目实施和资金使用情况的监督检查。县（市、区）人民政府根据相关规定负责组织土壤污染防治项目实施后的跟踪监测，县（市、区）环保局负责后督查工作，每年对项目的后续维护及运营开展后督查工作不少于一次。

项目完工后，县（市、区）人民政府应当委托有资质的第三方机构按照国家有关环境标准和技术规范，开展治理与修复效果评估，评估结果向社会公开。项目效果评估完成后，县（市、区）人民政府组织相关专家进行项目验收，验收评审会应当邀请市（州）环保局、财政局，验收材料及结果向社会公开。项目验收内容包括项目完成情况、资金使用情况、档案管理情况。项目验收后，按照《财政支出绩效评价管理暂行办法》开展绩效评价，省环保厅依照国家土壤污染治理与修复成效评估办法开展区域成效评估。

三、湖南省实施《中华人民共和国土壤污染防治法》办法

2020 年 3 月 31 日，湖南省十三届人大常委会第十六次会议通过了《湖南省实施〈中华人民共和国土壤污染防治法〉办法》[48]，自 2020 年 7 月 1 日施用。实施办法包括 26 条，分别从各级政府责任、相关职能部门责任、宣传教育及公众参与、资金投入、信息共享与

科技研发、土壤环境监测等方面进行详细规定。部分内容摘录如下。

县级以上人民政府应当加强对土壤污染防治工作的领导，建立土壤污染防治综合协调机制，及时研究、解决土壤污染防治工作的重大问题，对本行政区域土壤污染防治和安全利用负责。跨行政区域的土壤污染防治，由相关人民政府协商解决；协商不成的，由共同的上一级人民政府协调解决。

生态环境主管部门对本行政区域土壤污染防治工作实施统一监督管理。农业农村、自然资源、住房和城乡建设、林业、发展和改革、工业和信息化、水行政、应急管理、卫生健康、交通运输等主管部门，在各自职责范围内对土壤污染防治工作实施监督管理。

县级以上人民政府应当建立土壤污染防治目标责任制和考核评价制度，将土壤污染防治目标完成情况作为考核评价下级人民政府及其负责人、本级人民政府负有土壤污染防治监督管理职责的部门及其负责人的重要内容，并将考核结果向社会公开。

县级以上人民政府应当加强土壤污染防治的财政资金保障，建立政府、社会、企业共同参与的土壤污染防治多元化投入与保障机制。省人民政府应当按照国家有关规定，设立省级土壤污染防治基金。

县级以上人民政府应当支持土壤污染防治技术的研究开发、成果转化以及推广应用，加强土壤污染与农产品质量、人体健康关系的基础研究，推进重金属低积累作物和修复植物品种的研究、培育、筛选以及土壤污染诊断、风险管控、治理与修复关键共性技术研究，支持中试技术研发和示范应用。

县级以上人民政府及其负有土壤污染防治监督管理职责的部门，应当加强发展规划和建设项目布局论证，根据土壤等环境承载能力，合理确定区域功能定位、空间布局，合理规划产业布局。

省人民政府生态环境主管部门应当会同农业农村、自然资源、住房和城乡建设、林业、水行政、卫生健康等主管部门，建立统一的省级土壤环境监测网络，科学设置土壤环境监测站（点），完善监测体系。支持湘江、资江、沅江、澧水和洞庭湖流域内的生态环境主管部门组织开展湘江、资江、沅江、澧水干流及其重要支流和洞庭湖河床底泥环境质量状况监测。

县级以上人民政府农业农村主管部门和乡（镇）人民政府、街道办事处应当指导农业生产者，根据科学的测土配方合理使用肥料，推广使用有机肥料、微生物肥料，根据病虫害发生特点和防治指标科学使用高效低毒低残留农药，使用符合国家标准的农用薄膜等农业投入品。

从事畜禽、水产养殖的单位和个人应当合理使用符合标准的兽药、饲料以及饲料添加剂，控制使用量和使用范围，防止兽药、饲料以及饲料添加剂的重金属等残留物通过畜禽、水产养殖废弃物还田等途径对土壤和地下水造成污染。

对优先保护类农用地面积减少或者土壤环境质量类别降为安全利用类和严格管控类的地区，省人民政府自然资源、农业农村、林业主管部门应当进行预警提醒，省人民政府生态环境主管部门应当依法采取环境影响评价区域限批等限制性措施。

对安全利用类农用地地块，县级以上人民政府生态环境、农业农村、林业等主管部门应当依法采取下列风险管控措施：

① 对安全利用类农用地地块以及周边地区采取环境准入限制，严格控制新建、改建、扩建可能造成农用地土壤污染的项目；已经建成的，应当督促责任人采用新技术、新工艺，减少对农用地土壤的污染；

② 采取农艺调控、化学阻控、替代种植等措施；

③ 建立农用地污染治理技术以及产品效果验证评价、生态风险评估制度；

④ 法律法规规定的其他风险管控措施。

对严格管控类农用地地块，县级以上人民政府农业农村、林业主管部门应当依法采取下列风险管控措施：

① 划定特定农产品禁止生产区域；

② 引导农业生产经营主体合理选择和调整种植结构，有序开展退耕还湿、还林、还草；

③ 法律法规规定的其他风险管控措施。

省、设区的市、自治州人民政府生态环境主管部门按照国家规定建立的土壤污染重点监管单位名录应当适时更新，并向社会公开。设区的市、自治州人民政府生态环境主管部门应当将有色金属矿采选、化工(含磷石膏)、电解锰等行业的重点尾矿库纳入土壤污染重点监管单位名录。

涉重金属、化工等重点行业企业新建、改建、扩建污水处理池、污水管网等污染防治设施，应当采取可视可监测的技术措施，防止污水渗漏造成土壤和地下水污染。矿山企业应当依法承担矿山地质环境监测、治理和恢复责任，统筹做好生产、治理和恢复工作；采用科学的开采方式和先进选矿工艺，减少废水向环境的排放量和矸石、废石等产生量；采取防护措施，防止废水、矸石和废石污染土壤。

建设用地地块有下列情形之一的，土地使用权人应当依法开展土壤污染状况调查：

① 有色金属冶炼、有色金属矿采选、化工、火力发电、电解锰、电镀、制革、石油加工、煤炭开采、铅酸蓄电池制造等企业关停、搬迁的；

② 固体废物处理、污水处理、危险化学品仓储、加油站等场所关闭、封场的；

③ 用途拟变更为住宅、公共管理与公共服务用地的；

④ 土壤污染重点监管单位的生产经营用地用途拟变更或者土地使用权拟收回、转让的；

⑤ 土壤污染状况普查、详查和监测、现场检查表明有土壤污染风险的；

⑥ 法律法规规定的其他情形。

土壤污染状况调查表明污染物含量超过土壤污染风险管控标准的建设用地地块，土壤污染责任人、土地使用权人应当按照有关规定进行土壤污染风险评估，并将土壤污染风险评估报告报省人民政府生态环境主管部门。省人民政府生态环境主管部门应当会同自然资源等主管部门对土壤污染风险评估报告进行评审，及时将需要实施风险管控、修复的建设用地地块纳入建设用地土壤污染风险管控和修复名录。列入土壤污染风险管控和修复名录的建设用地地块，土壤污染责任人应当按照规定采取相应的风险管控措施；需要实施修复的，土壤污染责任人还应当按照规定开展修复活动。设区的市、自治州人民政府应当委托第三方机构按照国家规定对本辖区内县(市、区)土壤污染治理与修复成效进行综合评估，并将结果向社会公开。

2019 年湖南省建设用地污染风险管控或修复名录（第一批）如表 2.16 所列。

表2.16 2019年湖南省建设用地污染风险管控或修复名录（第一批）

序号	所在市州	所在县（市、区）	地块名称	地块面积/亩	地址	主要污染物	类型（风险管控/修复）
1	长沙市	岳麓区	原长沙铬盐厂	255	长沙市岳麓区	六价铬、砷、锌、汞、镍	风险管控+修复
2	株洲市	石峰区	株洲邦化化工有限公司原厂址	31.44	株洲市石峰区湘珠路131号	四氯化碳、氯仿、二氯甲烷、五氯酚、苯并[a]芘、1，1-二氯乙烯、1，2-二氯乙烷、镉、铅、砷、镍	修复
3	株洲市	石峰区	株洲福尔程化工有限公司原厂址	47.69	株洲市石峰区湘珠路132号	镉、铅、砷、汞、镍、乙苯、四氯化碳、1，2-二氯乙烷、1，1，2-三氯乙烷、1，2，3-三氯丙烷、氯仿、五氯酚	修复
4	株洲市	石峰区	株洲京西祥隆化工有限公司原厂址	41.11	株洲市石峰区湘珠路133号	铅、镉、四氯化碳、氯仿、五氯酚、苯并[a]芘、氯乙烯、1，1-二氯乙烯、二氯甲烷、1，2-二氯乙烷	修复
5	株洲市	石峰区	株洲华瑞实业有限公司原厂址	40.99	株洲市石峰区新桥村	镉、汞、砷、铅	修复
6	株洲市	石峰区	株洲鑫正有色金属有限公司原厂址	52.57	株洲市石峰区铜霞路295号	镉、铅、砷	修复
7	常德市	武陵区	常德湘联实业有限责任公司原址	40.64	湖南省常德市武陵区沅安西路2099号	砷、镉、汞、锌、铅	修复
8	湘潭市	岳塘区	南天化工厂西厂区	217.52	湖南省湘潭市岳塘区昭山乡	砷、镉、六六六、滴滴涕、苯等	修复
9	湘潭市	岳塘区	南天化工厂东厂区	180	湘潭市岳塘区昭山乡	镉、砷、汞、1，2，3-三氯丙烷	修复

注：1. 资料来源：湖南省生态环境厅、湖南省自然资源厅联合发布，2019-11-05。

2.1 亩≈666.7m²，下同。

近年来，湖南省制定了《湖南省土壤污染防治工作方案》《湖南省重金属污染防控实施方案(2018～2020年)》《资江流域锑污染整治实施方案》《湘江保护和治理“三年行动计划”》等专项治理方案，先后颁布实施《湖南省农业环境保护条例》《湖南省农产品质量安全管理办法》《湘江流域重金属污染治理实施方案》《湖南省重金属污染综合防治“十二五”规划》《湖南省实施〈中华人民共和国土壤污染防治法〉办法》等政策规章，健全土壤污染防治相关标准和技术规范，强化对污染场地的管控，差别化地制定准入政策，完善土壤污染防治的制度和法制体系。对涉重金属企业排污进行严格监控，关停了一批涉重金属污染企业。株洲清水塘工业区企业153家全部关停到位；砷、铅、镉和汞四种重金属排放量分别减少1068.77kg、2488.72kg、437.5kg、113.62kg。湘潭竹埠港地区28家重化工企业已整体退出，累计完成土壤修复治理 58.6 万立方米，处置危险废渣 3.8 万吨。衡阳水口山地区淘汰退出 219 个涉重金属企业或生产线，安全填埋 14.7 万立方米含重金属底泥，沿线 38 万吨遗留含砷废渣得到安全处置，水口山地区重金属铅、砷、镉年排放量较 2008 年分别下降 79.3%、76.0%、56.9%。郴州三十六湾数百家矿山企业关闭整合成 2 家，投入 300 多亿元安全处置遗留废渣尾砂约 985 万立方米，治理污染场地约 48km^2，生态修复 180hm^2。娄底锡矿山关闭 90 多家锑冶炼企业，综合治理历史遗留废渣约 4390 万吨。2016 年以来，国家累计投入资金 23 亿元，推动湖南省土壤详查、能力建设、先行区建设、土壤及重金属污染防治项目等。在安乡县、石门县、冷水江市、慈利县、安化县及苏仙区开展 2016 ～ 2018 年土壤治理与修复成效评估试点工作，修复农田面积 5763.9 亩 (3842600m^2)，修复污染场地土方量 29.68 万立方米。探索修复治理，选择郴州市桂阳县和苏仙区两个片区，对 5000 亩 (约 3333350m^2) 重金属污染农田开展修复示范。选择湘潭市雨湖区、湘潭县 4000 亩 (约 2666680m^2) 耕地，开展“农产品产地土壤重金属污染防治”禁止生产区划分试点；先行试点耕地分类管理，对已完成耕地土壤与农产品重金属污染协同调查的长株潭地区和湘江流域 32 个县 (市、区) 稻田按照优先保护区、安全利用区、严格管控区三类进行污染分区；开展耕地土壤环境质量类别划分试点工作；率先在长株潭地区启动重金属污染耕地修复治理及农作物种植结构调整试点，试点核心区域为长株潭 19 个县 (市、区)170 万亩 (约 1133km^2) 重金属污染耕地，2015 年扩展到湘江流域 272 万亩 (约 1813km^2) 耕地，为全国耕地土壤污染防治工作积累了宝贵经验 [49]。

典型金属矿冶区重金属污染治理后的环境如图 2.30 所示。

(a) 锡矿山

(b) 三十六湾

图 2.30　金属矿冶区重金属污染治理后的环境 [49]

主要参考文献

[1] 湖南省人民政府 . 湖南概况 . http://www.hunan.gov.cn/hnszf/jxxx/hngk/hngk.html.

[2] 雷鸣，曾敏，王利红，等 . 湖南市场和污染区稻米中 As、Pb、Cd 污染及其健康风险评价 . 环境科学学报 , 2010，30(11): 2314-2320

[3] 易龙生，陶冶，刘阳，等 . 重金属污染土壤修复淋洗剂研究进展 . 安全与环境学报 , 2012, 12(04):42-46.

[4] 单晖峰，祝红，吴楠，等 . 先进六价铬稳定化修复技术在长沙铬盐厂的探索实践 .《环境工程》2019 年全国学术年会 , 2019.

[5] 聂慧君，祝晓彬，吴吉春，等．高密度电阻率法在湖南某铬污染场地调查中的应用．勘察科学技术，2018(06):50-54.

[6] 柴立元，王云燕，朱文杰．铬渣柱浸生物解毒的研究．中国科技论文在线，2008(05):320-324.

[7] 朱文杰，龙怀中，杨志辉，等．Leucobacter 对 Cr(Ⅵ) 的还原及其还原产物的成分分析．中南大学学报 (自然科学版), 2008(03):443-447.

[8] 马泽民．*Achromobacter* sp. CH-1 菌解毒铬渣的研究．长沙：中南大学，2009.

[9] 宫志强，陈坚，杨鑫鑫，等．某铬污染场地地下水抽水方案优化环境工程，2019, 37(05): 1-3, 75.

[10] Zhang C，Qiao Q，Piper JDA，Huang B. Assessment of heavy metal pollution from a Fe-smelting plant in urban river sediments using environmental magnetic and geochemical methods. Environmental Pollution. 2011, 159(10): 3057-3070.

[11] 戴塔根，刘星辉，童潜明．湖南浏阳七宝山矿区宝山河不同时期环境污染对比研究．矿冶工程，2005 (06):9-13.

[12] Li ZY，Yang SX，Peng XZ，et al. Field comparison of the effectiveness of agricultural and nonagricultural organic wastes for aided phytostabilization of a Pb-Zn mine tailings pond in Hunan Province，China. International journal of phytoremediation, 2018,20(12):1264-1273.

[13] 佘玮，揭雨成，邢虎成，等．湖南石门、冷水江、浏阳 3 个矿区的苎麻重金属含量及累积特征．生态学报，2011,31(03):874-881.

[14] 杨海君，许云海，刘亚宾，等．清水塘工业区池塘底泥典型重金属污染特征及其风险评价．地球与环境，2019,47(05):671-679.

[15] 申丽，李振桦，曾伟民，等．株洲清水塘工业区周边土壤微生物群落特征．环境科学，2018,39(11):5151-5162.

[16] 王亚军，梁兴印，屈小梭，等．株洲清水塘土壤中重金属含量分布特征．有色金属工程，2015,5(02):89-92.

[17] 张云霞，段宽．竹埠港滴水重金属废渣场污染治理方案简介．城市道桥与防洪 ,2013(09):120-125.

[18] 匡晓亮，彭渤，张坤，等．湘江下游沉积物重金属污染模糊评价．环境化学，2016,35(04):800-809.

[19] 闫文德，田大伦．湘潭锰矿废弃地土壤酶活性与重金属含量的关系．中南林学院学报，2006,26(03):1-4.

[20] 熊子旗，刘希灵，李志贤，等．两种固化剂对湘潭锰矿区土壤中重金属的固化效应．黄金科学技术，2019, 27(05):762-769.

[21] 李伟亚，刘希灵，李志贤，等．生物炭对湘潭锰矿区土壤重金属的固化效应．生态环境学报，2018,27(07):1306-1312.

[22] 余光辉，云琨，翁建兵，等．湘潭锰矿重金属环境安全及植物耐性研究．长江流域资源与环境，2015,24(06):1046-1051.

[23] Jiang F，Ren BZ，Hursthouse AS，Zhou YY. Trace Metal Pollution in Topsoil Surrounding the Xiangtan Manganese Mine Area (South-Central China): Source Identification，Spatial Distribution and Assessment of Potential Ecological Risks. Int J Environ Res Public Health, 2018,15: 2412.

[24] 方晰，田大伦，武丽花，等．植被修复对锰矿渣废弃地土壤微生物数量与酶活性的影响．水土保持学报，2009,23(04):221-226.

[25] 薛生国．超积累植物商陆的锰富集机理及其对污染水体的修复潜力．杭州：浙江大学，2005.

[26] 刘畅，罗旭彪，邓芳．湖南岳阳桃林铅锌矿周边土壤复合重金属污染及优势植株对铅锌铜超累积性能研究．南昌航空大学学报 (自然科学版), 2013,27(01):42-46.

[27] 刘慧林，余姝辰，周蕾，等 . 桃林铅锌矿尾砂库资源化综合利用评价 . 世界有色金属 , 2018,(15):91-92.
[28] 郑东煌 . 湖南水口山地区土壤养分及生态风险评价 . 北京 : 中国地质大学 (北京), 2018.
[29] 肖锡林，薛金花，程健琳，等 . 湘江衡阳段镉污染分析及环境风险评价 . 应用化工 , 2015,44(02):214-6.
[30] 陈同斌，杨军，雷梅，等 . 湖南石门砷污染农田土壤修复工程 . 世界环境 , 2016(04): 57-58.
[31] 陈寻峰，李小明，陈灿，等 . 砷污染土壤复合淋洗修复技术研究 . 环境科学 , 2016,37(03):1147-1155.
[32] 索新文，陈果，卜璞 . 基于 3S 的矿区景观格局演变研究 : 以冷水江市闪星锡矿山为例 . 中国矿业 , 2018,27(01):95-99.
[33] 薛亮 . 锑矿区植物重金属积累特征及其耐锑机理研究 . 北京 : 中国林业科学研究院 , 2013.
[34] 李雪华 . 锑矿区沉积物生态风险评价及修复技术研究 . 北京 : 北京林业大学 , 2013.
[35] 殷志遥，和君强，刘代欢，等 . 我国土壤锑污染特征研究进展及其富集植物的应用前景初探 . 农业资源与环境学报 , 2018,35(03):199-207.
[36] 库文珍，赵运林，雷存喜，等 . 锑矿区土壤重金属污染及优势植物对重金属的富集特征 . 环境工程学报 , 2012,6(10):3774-3780.
[37] 童方平，李贵，杨勿享，等 . 改良剂对锑矿区土壤锑形态和生物可利用性影响的研究 . 中国农学通报 , 2011, 27(25):25-30.
[38] 童方平，龙应忠，杨勿享，等 . 锑矿区构树富集重金属的特性研究 . 中国农学通报 , 2010,26(14):328-331.
[39] 陶冶 . 镉铬污染土壤淋洗剂筛选研究 . 长沙 : 中南大学 , 2013.
[40] 沈前 . 铅锌矿多重金属污染地下水的原位渗透反应墙修复技术研究与示范 . 广州 : 华中农业大学 , 2015.
[41] 朱云 . 株洲市清水塘工业区生态恢复模式研究 . 长沙 : 湖南师范大学 , 2013.
[42] 朱佳文，向言词，余光辉，等 . 湘潭锰矿区重金属污染的空间分布研究 . 环境科学与管理 , 2019, 44(07):35-38.
[43] 胡毅鸿，周蕾，李欣，等 . 石门雄黄矿区 As 污染研究 Ⅰ——As 空间分布、化学形态与酸雨溶出特性 . 农业环境科学学报 , 2015, 34(08):1515-1521.
[44] 邓美玲 . 株洲市清水塘工业区循环经济发展模式研究与设计 . 长沙 : 中南大学 , 2010.
[45] 曾敏，廖柏寒，曾清如，等 . 湖南郴州、石门、冷水江 3 个矿区 As 污染状况的初步调查 . 农业环境科学学报 , 2006,25(02):418-421.
[46] 湖南省人民政府 .《湖南省土壤污染防治工作方案》, 2017.
[47] 湖南省生态环境厅 .《湖南省土壤污染防治项目管理规程（试行）》, 2017.
[48] 湖南省人民政府 .《湖南省实施〈中华人民共和国土壤污染防治法〉办法》, 2020.
[49] 邓立佳 . 着力打好“净土保卫战”，建设富饶美丽幸福新湖南 . 环境保护 , 2019, 47(17): 55-57.

第三章　石油污染土壤微生物电化学修复技术研发及在大港油田的实践

我国面临着极为严峻的石油污染问题。全国约有 20 万口油井和千余家大型石油加工企业，平均每年新增超过 80 万吨油泥和近 1 亿吨石油污染土壤。大港油田产油量居国内前列，成千上万座采油磕头机昼夜不停在运作，几十家石油冶炼加工厂投入生产。由于先前采油技术相对粗放和对土壤污染重视度不高，在石油勘探、开采、输送和冶炼等过程中造成了相当数量的土壤受到不同程度的石油污染，损坏了土壤结构、改变了土壤性质、破坏了原有土壤的生态功能。此外，地处滨海地区的大港油田，土壤多为高度盐渍化，肥力贫瘠。因此，针对大港油田石油污染盐碱土研发高效、绿色的修复技术具有重要的科学价值和现实意义。

土壤微生物电化学修复技术通过向土壤中引入永不枯竭的固体阳极和应用空气阴极作为电子受体，解决了石油污染土壤微生物修复过程中电子受体不能持续供给的技术难题[1]，而且修复过程中产生的生物电流能够刺激土壤微生物活性进而提升降解微生物的数量和活性，同时伴随电能的产生[2-4]。该技术在石油污染土壤或场地修复中不添加缓冲液、表面活性剂、营养元素等任何化学药品及生物菌剂，利用土壤中的土著生物将石油污染物降解并同步回收电能，应用成本较低、方法简单、操作方便、易于实施，具有显著的技术效果和推广价值。

第一节　土壤微生物电化学修复技术

一、土壤微生物电化学修复技术产生背景及原理

1. 微生物电化学修复技术产生背景

土壤石油污染属于典型的土壤有机污染，其修复手段大体有物理、化学和生物等方法[1]。具体而言，石油污染土壤的物理、化学修复包括浓缩干化法、固液分离法、萃取分离法、冲洗法、热处理与热解吸法、化学破乳回收法等，但是这些技术不仅破坏土壤的结构与性质，而且特别容易导致二次污染，更有高额的修复费用使得应用者难以承受。生物修复涉及植物修复和微生物修复，虽然是相对环境友好的修复技术，但受气候、环境因素限制较为严重，尤其是对于盐碱土的植物修复来说维护成本很高。石油污染盐碱土由于寡营

养、高渗透压、电子受体缺乏，使得具有烃类降解功能的微生物数量少、活性低。尽管可以通过添加营养物质、氧化剂来提升微生物修复的效能，但由于土壤传质较难、添加物质不易扩散均匀，而且会增加修复成本，所以限制了微生物修复技术的应用。在这种情况下，微生物电化学修复技术应运而生[4]。

2. 土壤微生物电化学修复技术原理

典型的微生物电化学装置，即微生物燃料电池（microbial fuel cell，MFC），是一种利用微生物作为催化剂将化学能直接转化为电能的新型燃料电池，是公认的绿色发电技术[5,6]。通常情况下，在 MFC 的阳极区微生物将大分子有机污染物分解代谢为小分子有机物质，此时电活性微生物以容易利用的碳源为底物进行代谢，产生的电子传递至阳极经外电路传输至阴极区，此时电子与氧气（以空气阴极为例）和氢离子反应生成水（图 3.1），整个系统回路中同步产生电流（称为生物电流）。理论上，阳极区和阴极区均可发生氧化、还原降解作用，仅是哪一种降解作用占主导而异。实际上，任何可被微生物降解的有机物质，包括简单的分子（如碳水化合物和蛋白质[7,8]）以及复杂的混合物（如啤酒厂废水和玉米秸秆[9,10]）都可应用于 MFC 中基于活微生物催化而直接产生电能。

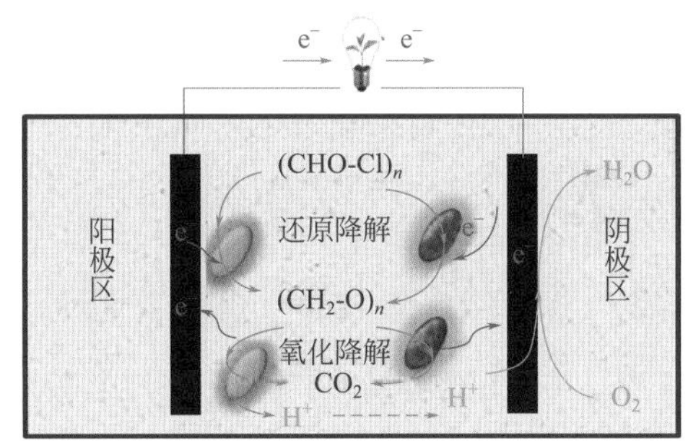

图 3.1 土壤微生物电化学降解有机污染物原理

土壤微生物电化学修复技术（microbial electrochemical remediation，MER）是指通过 MFC 产生生物电流的刺激作用来促进土壤中有机污染物降解去除的新型微生物修复技术。之所以将其归属于微生物修复范畴，是因为该技术主要是基于土壤中电活性微生物与降解微生物之间的协作关系强化有机污染物的微生物降解作用。与传统的修复技术相比，首先 MER 提供了永不枯竭的固体阳极作为电子受体，解决了污染土壤中电子受体缺乏的难题[11]；其次，MER 中生物电流的产生原位刺激了土著微生物的生长及活性，从而加速有机物的降解速率；再次，MER 中生物电流的形成能够提升介质中电子的传递效率，从而加速土壤中氧化 - 还原反应速率；最后，MER 在将有机污染物去除的同时伴随有电能的产出，在本质上不同于电动修复技术需要电能的输入，从而降低了修复成本。

可以说，MER 是近年来出现的一种新型生物电化学修复技术，与通常的生物修复技术不同，它通过生物电流的刺激作用来促进有机污染物被微生物代谢分解。其中，产生生物电流的菌被称为产电菌[12,13]，而土壤中菌类广泛存在且不乏产电菌，例如常见的产电菌有地杆菌。近年来，该技术已被成功地应用到了污水、沉积物、污泥和污染土壤的修复中。对于空气阴极 MER 来说，由于它以空气中的 O_2 为电子受体，并且是被动式利用，这些优势有望使它在现实的污染环境中得到应用。此外，电子受体可以远离阳极（电子收集体）而位于设定的理想位置，从而在便于操作的同时降低其修复污染土壤的成本。

二、土壤微生物电化学修复装置

针对石油污染土壤，先后发明了单电极、双电极、多电极和石墨棒 - 碳纤维复合阳极体系，这里所述的单、双和多电极是指对污染物直接发挥降解作用的电极。最先采用碳纤维网阳极和 Pt/C 涂刷阴极设计的 U 形 MER 装置为阳极单电极直接发挥降解作用［图 3.2（a）］。处理老化的石油污染盐碱土时，当土壤的含水量处于饱和状态（33%）时，修复 25d 后临近阳极（< 1cm）的污染土壤中总石油烃的降解率与开路对照相比增加了 120%，其中烷烃（C_8 ~ C_{40}）和芳烃（16 种优先控制的 PAHs）的降解率最高可达 79% 和 42%，尤其是石油烃中高环的 PAHs（5 ~ 6 环）被明显去除，并且伴随着 125C ± 7C 的电量产出[14]。U 形 MER 装置是最早对石油污染土壤生物电化学修复的尝试，并且证明了其有效性。

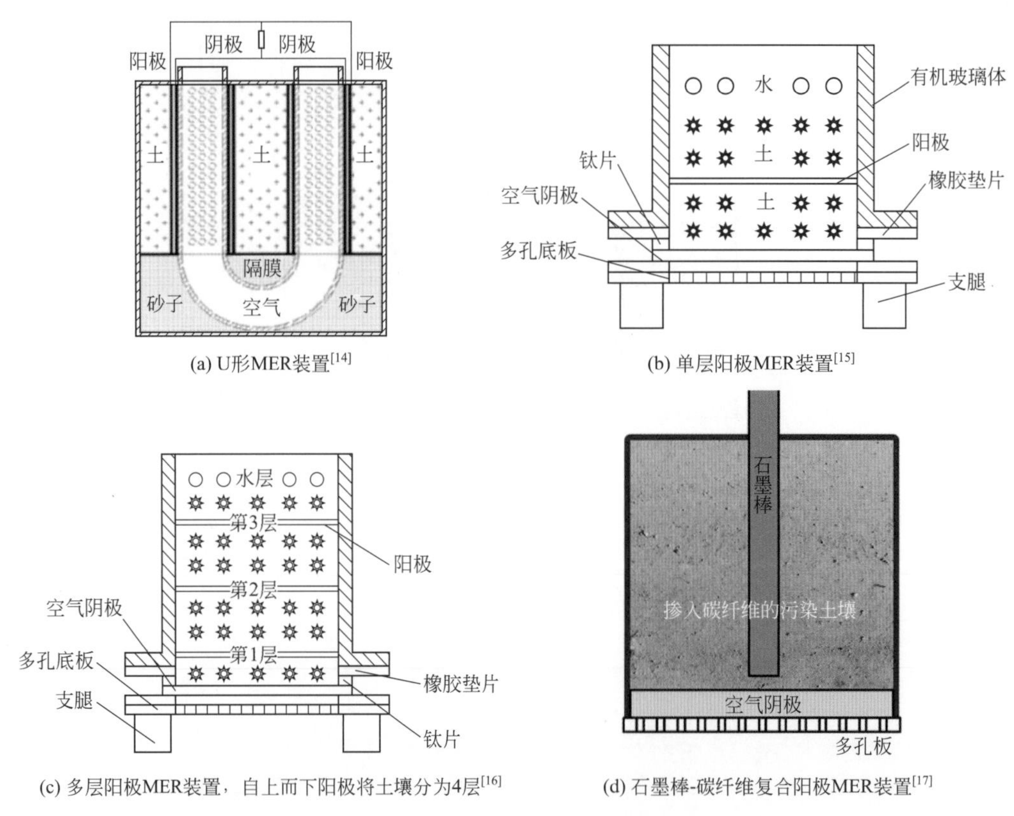

(a) U形MER装置[14]

(b) 单层阳极MER装置[15]

(c) 多层阳极MER装置，自上而下阳极将土壤分为4层[16]

(d) 石墨棒-碳纤维复合阳极MER装置[17]

图 3.2　石油污染土壤 MER 系列装置

随后研发了阳极、阴极双电极直接发挥降解作用的单层阳极、多层阳极 MER 装置［图 3.2（b）和（c）］，该装置不仅维持了先前发挥降解作用阳极的有效性（设计装置中所有土壤位于阳极表面 1cm 处），而且首次采用热辊压的活性炭空气电极作为阴极，且使得阴极直接与污染土壤接触协同阳极共同发挥对石油烃的降解作用。在水封、采用丙酮浸洗的三层碳纤维网阳极情况下，经过 180d 的 MER 后，土壤中的总石油烃、C_8 ~ C_{40} 正构烷烃总量和 16 种优先控制 PAHs 总量与石油烃类自然衰减相比，其净降解率分别增加了 18%、36% 和 29%（对照处理总石油烃降解率仅为 6%），并且同步伴随 918C 电能的产生[15,16]。与先前 U 形单电极土壤 MER 装置相比，单位时间的产电量相当（$5.1C \cdot d^{-1}/5.0C \cdot d^{-1}$），但是多层阳极 MER 装置单位质量土壤的电能转化率却升高了将近 33 倍（$2.7C \cdot g^{-1}$：$0.08C \cdot g^{-1}$），同时产电时间由 25d 延长到了 180d。更重要的是，多层阳极 MER 装置将石油污染土壤有效修复范围从 1cm 拓展到了 6cm，而且可以通过增加阳极进一步扩大修复范围，明显提升了土壤 MER 的适用性。这里首次采用廉价的活性炭空气阴极代替 Pt/C 涂刷阴极，证实其催化修复性能持久有效，可作为今后 MER 装置研发及优化的电极材料。

即便以上所开展的研究推进了石油污染土壤 MER 技术的发展，但其有效修复范围仍然不尽人意。为此，基于水相中应用最为广泛碳纤维刷阳极的启发，将碳纤维丝掺入石油污染土壤中，采用石墨棒作为集流体（相当于碳纤维刷的钛芯），进一步研发了石墨棒 - 碳纤维复合阳极 MER 装置［图 3.2（d）］。采用该装置修复石油污染土壤 144d 后，土壤中总石油烃的降解率与无碳纤维丝掺入开路和闭路相比分别提升了 329% 和 100%，同时累积电能转化率增加了 15 倍，与多层阳极 MER 装置相比，单位质量、单位时间的产电量增加了 105%［0.037C/(d • g）：0.018C/(d • g)］[17]。碳纤维丝掺入土壤后，使得土壤的电阻从 5000Ω 下降到了 700Ω，尤其是土壤中的电荷转移内阻明显下降，即碳纤维丝的掺入显著增加了土壤中电子的传输效率，结果石油污染土壤 MER 的有效范围拓展至 20cm，同时土壤修复量 / 体积大大增加。土壤 MER 效能发挥的一个重要限制是有机污染物在土壤中扩散传质较难，即便在电极表面污染物降解效率可观，但远离电极的污染物在致密的土壤中却难以扩散至电极表面。与有机污染物在土壤中扩散相比，取而代之引入碳纤维丝营造土壤电子传递通道，促进远离土壤中电子向电极传递显然更容易实现。也就是说，在石墨棒 - 碳纤维复合阳极 MER 装置中，让石油烃等有机污染物在土壤中原位降解，同步产生的电子借助碳纤维丝的通道高效地被阳极（石墨棒集流体）收集，从而保障了永不枯竭阳极持续高效作为电子受体的优势，进而实现了石油烃的高效降解、电能的高效产生、修复距离的明显拓展。该装置的发明，克服了土壤 MER 中污染物传质难的技术难题，进一步提升了该技术在石油烃等有机污染土壤修复中的适用性。

第二节

提升土壤传质促进土壤微生物电化学修复

一、概述

从水 MFC（液态介质）到污泥和沉积物 MFC，再到现在的土壤 MFC，介质中的传质过程越来越难，以至输出的能量效率也越来越低。但是，对于实际污染介质（污染的水、污泥、沉积物和土壤）来说，其各自的意义是同等重要的。例如，在利用 MFC 修复石油污染沉积物时，沉积物 MFC 的内阻高达 4163Ω，以至仅得到较低的输出功率 $37mW/m^3$。

但是，沉积物中总石油烃的降解率却被提升了 11 倍多[18]。也就是说，较低的输出功率可能是由于电子从沉积物到电极的传递过程受到严重限制，而电子从有机物到沉积物的传递过程并未受到太大影响。当然，假如能够加速整个过程中的电子传递过程，必定会进一步增加污染物的降解率。

不管对于哪种介质的 MFC，提升介质中的传质过程必定会增加其能量效率，这是毋庸置疑的。对于饱和介质来说，增加孔隙度会使介质的饱和度增加，从而降低介质的电阻率。砂粒的粒径比平均的土壤颗粒要大，因此砂粒会扩大土壤中的孔隙，即创造更多的“通道”，从而促进离子或者底物的扩散传输。针对土壤 MFC，可通过添加砂粒扩充土壤的孔隙[19]，进而为土壤 MER 技术走出实验室提供可能。

二、实验部分

1. 砂粒的添加

实验中所用的砂粒购于河南省源恒材料厂，40 ～ 70 目，0.3 ～ 0.4mm 粒径。将砂粒以两个比例掺入受试大港石油污染土壤中，土壤 : 砂粒质量比为 5:1 的标记为低砂（LS），2:1 的标记为高砂（HS），没有掺入砂粒的处理组分别设置开路和闭路对照，标记为 OC 和 CK。所有的土壤 MFC 中装入的土壤（或者土壤与砂粒的混合物）质量为 340g。

2. 土壤MFC的操作

所有反应器放置在 30℃ ±1℃恒温培养箱中，每个处理组在设置重复的同时，设置对应的开路对照组。

3. 电化学分析

土壤 MFC 连接于 1000Ω 外电阻上，采用多通道信号收集卡每分钟采集一次外电阻上的电压值。极化曲线和功率密度曲线测定前，土壤 MFC 开路 12h，然后将外电阻分别设置为 5000Ω、2000Ω、1000Ω、900Ω、800Ω、700Ω、600Ω、500Ω、400Ω、200Ω、100Ω，每个阻值保留 20min 后测定输出电压值，并计算输出功率密度。

三、结果

1. 土壤MFC的输出电压与电量

在土壤 MFC 闭路后的第 3 天，所有的反应器基本都达到输出电压的最大值，如图 3.3（a）所示。但是在第 4 天，所有的土壤 MFC 的输出电压快速下降，随后步入一个长期的缓慢下降阶段，直至实验完成。在第 8 ～第 20 天之间，对照组（CK）的输出电压略微比低砂组（LS）和高砂组（HS）高一些，可能是因为受试大港油田石油污染土壤的量较大，从而容易被生物利用的组分相对充裕的原因。在第 90 ～第 135 天，各个处理组的输出电压基本趋于稳定，CK、LS、HS 分别在输出电压（35 ± 5）mV、（34 ± 6）mV、（34 ± 10）mV 左右波动。在 1000Ω 外电阻下，CK、LS、HS 的最大输出电流密度分别为（66 ± 12）mA/m^2、（74 ± 8）mA/m^2、（62 ± 20）mA/m^2，对应的输出功率密度分别为（5 ± 1）mW/m^2、（20 ± 0）mW/m^2、（14 ± 1）mW/m^2，对应的最大输出电压密度分别为（236 ± 44）mV/m^2、（267 ± 28）mV/m^2、（224 ± 71）mV/m^2。以上结果表面显示 LS 的输出电压密度最高，但是标准化到单位质量的石油烃污染土壤后，CK、LS、HS 的最大输出电流密度分别为（0.20 ± 0.04）mA/（m^2 • g）、（0.28 ± 0.03）mA/（m^2 • g）、（0.29 ± 0.09）mA/（m^2 • g），说明砂粒的掺入量正相关于土壤 MFC 输出的最大电压值。

所有土壤 MFC 的输出电压在短时间内（3d）均达到最大值，说明电活性微生物及其相关的微生物能够较快地适应石油污染的土壤环境；然而随后土壤 MFC 输出电压的快速下降，可能是由污染土壤的异质性和内部物质传输比较困难所致。例如，阳极表面容易被生物降解的烃类在微生物电化学作用下被快速降解，而远离阳极的容易被降解的烃类又难以移动至阳极表面，导致阳极表面“燃料”短缺[20]。

土壤 MFC 累积输出电量如图 3.3（b）所示，对于土壤 MFC 的各个处理组 CK、LS、HS，其单位质量污染土壤的输出电量分别为 2.5C/g、2.9C/g、3.5C/g，掺入砂粒组比空白对照组升高了 16%（LS）和 40%（HS）。对应单位活性炭空气阴极面积（36cm^2）的电量密度分别为（0.69 ± 0.003）× 10^3C/（m^2•g）、（0.80 ± 0.01）× 10^3C/（m^2•g）、（0.97 ± 0.11）× 10^3C/（m^2 • g），表明土壤 MFC 中砂粒的掺入能够促进土壤 MFC 电量的产出。值得注意的是，当土壤 MFC 中掺入砂粒的比例由 1/6 增加至 1/3 时，单位质量污染土壤的产电量恰好比 CK 组也增加了 2 倍左右，说明土壤中大颗粒组分含量的增加有利于土壤 MFC 电能的产出。

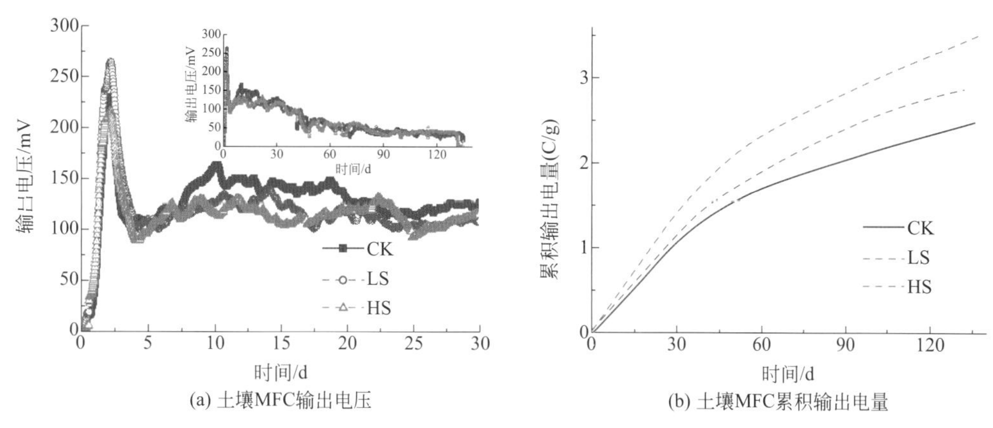

图 3.3 土壤 MFC 输出电压和累积输出电量

在 135d 的 MER 过程中，HS 组的平均电量输出率为 5C/d，跟先前构造的 U 形土壤 MFC 的结果一致[4]。相比之下，CK 和 LS 的平均电量输出率更高，均为 6C/d，比 HS 组高出 20%。但是假如将输出电量标准化至单位质量的石油污染土壤计算，HS 组的平均电量输出率最高，为 0.026C/（d•g），而 CK 和 LS 仅为 0.018C/（d•g）和 0.021C/（d•g），与 HS 相比分别下降了 28% 和 5%。

2. 土壤的粒径分布、容重与孔隙度

将砂粒掺入土壤后，土壤的颗粒分布发生了较大的变化，见表 3.1。掺砂粒后，土壤中的大颗粒（砂粒，粒径为 1 ～ 0.05mm）含量明显增加，与对照 CK 相比，LS 样品增加了 57%，HS 样品增加了 110%。LS 中细粉粒（0.01 ～ 0.005mm）、粗黏粒（0.005 ～ 0.001mm）和细黏粒（＜ 0.001mm）的含量与 CK 相比变化不大，但继续增加掺

入砂粒的含量后，即 HS 却呈现了相对明显的降低。然而对于黏粒的含量，却与砂粒的掺入量反相关。

表3.1　各个处理组土壤的粒径分布状况

土壤组分	颗粒尺寸 /mm	体积分数 /%		
		CK	LS	HS
砂粒	1 ～ 0.05	30	47	63
粗粉粒	0.05 ～ 0.01	23	12	10
细粉粒	0.01 ～ 0.005	25	22	17
粗黏粒	0.005 ～ 0.001	15	13	6
细黏粒	＜ 0.001	7	6	4

随着掺入砂粒含量的增加，土壤的容重逐渐降低，总孔隙度逐渐升高，如表 3.2 所列。与对照组 CK 相比，LS 和 HS 的孔隙度分别增加了 12% 和 15%。

表3.2　各个处理组土壤的容重及孔隙度

处理组	土壤容重 /（g/cm^3）	土壤孔隙度 /%
CK	1.47	44.5
LS	1.33	49.8
HS	1.29	51.3

3. 土壤MFC的内阻

如图 3.4 所示，将交流阻抗谱按照等效电路（*RC*）进行拟合后，得到各组土壤 MFC 的电阻。土壤 MFC 的欧姆内阻（R_s）和电荷转移内阻（R_{ct}）均随着砂粒掺入量的增加而降低。HS 组的欧姆内阻最小，仅为 7.6Ω，与 LS（11.2Ω）和 CK（14.2Ω）相比，分别降低了 32% 和 46%。值得注意的是，当土壤中掺入砂粒的比例由 1/6 增加至 1/3 时，土壤 MFC 的欧姆内阻恰巧与 CK 组相比也增加了约 2 倍，说明土壤中大颗粒组分含量的增加促进了土壤中物质的传输。各组土壤 MFC 的电荷转移内阻变化趋势与欧姆内阻一致，即 HS（13.4Ω）＜LS（17.4Ω）＜CK（18.2Ω）。此外，掺入砂粒的土壤 MFC 的电容明显增加，与对照 CK 相比，LS 组增加了 263%，HS 组增加了 389%。掺入砂粒后，土壤 MFC 的电阻明显减小，随着电容的增大，势必会促进电能的产出。

掺入砂粒后的土壤 MFC 产电性能的增加，首先应该归因于电池内阻的减小。随着砂粒掺入量的增加，相同质量的介质（土壤或者土壤和砂粒的混合物）中砂粒（1 ～ 0.05mm）含量逐渐增加，由 CK 中的 30% 增加至 LS 中的 47%，又增加至 HS 中的 63%。与此对应的，土壤的总孔隙度也逐渐增加，由 44.5% 增加至 49.8%，而后又增加至 51.3%。也就是说，砂粒掺入后将土壤颗粒之间的空隙扩充了，为土壤中物质的扩散传输提供了更多更大的“通道”，特别是促进了离子的传输，从而 HS 与 CK 组相比欧姆内阻降低了 46%。此外，掺入砂粒后土壤 MFC 电荷转移内阻的减小，说明介质孔隙结构的增加有利于提升生物阳极的电活性。

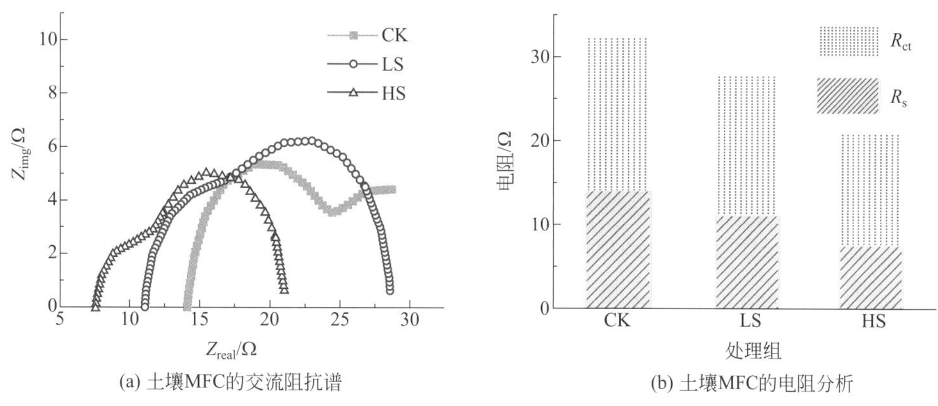

(a) 土壤MFC的交流阻抗谱 (b) 土壤MFC的电阻分析

图 3.4 土壤 MFC 的交流阻抗谱和电阻分析

4. 溶解氧（DO）扩散系数与原位pH值变化

在土壤 MFC 中，随着水相或土相深度的增加，DO 的含量逐渐降低。如图 3.5（a）所示。对于 DO 与深度的拟合斜率，土相中的数值（绝对值）明显大于水相中的，说明 DO 的含量在水相与土相的界面发生了急剧的降低，同时也说明 DO 在水相（-0.8 ～ 0cm）中的扩散系数大于其在土相表层（0 ～ 1cm），见图 3.5（b）和图 3.5（c）。由菲克第一定律计算得知，在土相中 DO 的扩散系数随着掺入砂粒含量的增加而增加。HS 中的 DO 扩散系数为 $7.4\times10^{-10}m^2/s$，与 CK（$2.8\times10^{-10}m^2/s$）和 LS（$5.2\times10^{-10}m^2/s$）相比，升高了 164% 和 42%。

由于土相或水相对 DO 扩散的限制，随着介质深度的增加 DO 的浓度逐渐降低。由菲克第一定律推导出的 DO 扩散系数表明，CK 与 OC 组有着类似的 DO 扩散能力，但是当掺入砂粒后土壤 MFC 的 DO 扩散能力被大大提升，LS 和 HS 组分别增加了 86% 和 164%。然而，假如掺入砂粒的含量过多的话，可能不利于维持土壤 MFC 阳极室厌氧的环境，从而降低污染物降解转化为电能的库伦效率，降低电能的产出和有机污染物的生物降解效能。总而言之，本研究表明土壤 MFC 中掺入一定量的砂粒促进了物质的传输。

土壤原位 pH 值变化如图 3.6 所示，与开路 MFC 中的土壤（OC）相比，闭路 MFC（CK、LS、HS）的土壤 pH 值的平均值下降了 1.1 ～ 1.4 个单位。随着砂粒掺入量的增加，闭路土壤的整体 pH 值向正方向移动，并且砂粒含量越高，移动越明显。砂粒的掺入将带负电的黏粒组分含量降低了 48% ～ 57%，土壤中电负性胶粒含量的降低可能是 pH 值上升的重要原因。在 0 ～ 2cm 和 3.7 ～ 5.5cm 的土相中，pH 值与深度的变化曲线内弧形面朝向右方，说明该深度的土壤中以氢离子（H^+）的产生为主；在 2 ～ 3.7cm 的土相中，pH 值与深度的变化曲线几乎是一条直线，说明该深度的土壤中氢离子（H^+）表现为纯扩散现象；在 5.5 ～ 6cm 的土相中，pH 值与深度的变化曲线内弧形面朝向左方，说明该深度的土壤中以氢离子（H^+）的消耗为主。

与原始土壤（OS）相比，闭路对照组（CK）的 pH 值降低了 1 个单位，相当于 60mV 的阳极电位损失，也就是说实际 CK 组的输出电压可能会更高（比该处测定的值高 20% 左右），说明在土壤 MFC 中阳极附近质子的积累是抑制其电能输出的重要因素。用微电极测定的土壤 MFC 中原位 pH 值的变化显示，pH 值的拐点（2cm、3.7cm、5.5cm）恰好基本与三层碳纤维布阳极的位置一致，说明原位 pH 值的变化主要还是来自阳极表面质子的积累。随着砂粒掺入量的增加，原位 pH 曲线的斜率逐渐减小，并且 pH 值曲线的起点值和终点值也有所增加，说明砂粒的掺入促进了土壤 MFC 中质子的扩散。此外，由于活性炭空气阴极附近 OH^- 的产生中和了来源于阳极的质子，因此在土壤 MFC 中 5.5cm 及以下的深度范围，土壤的原位 pH 值显著升高。

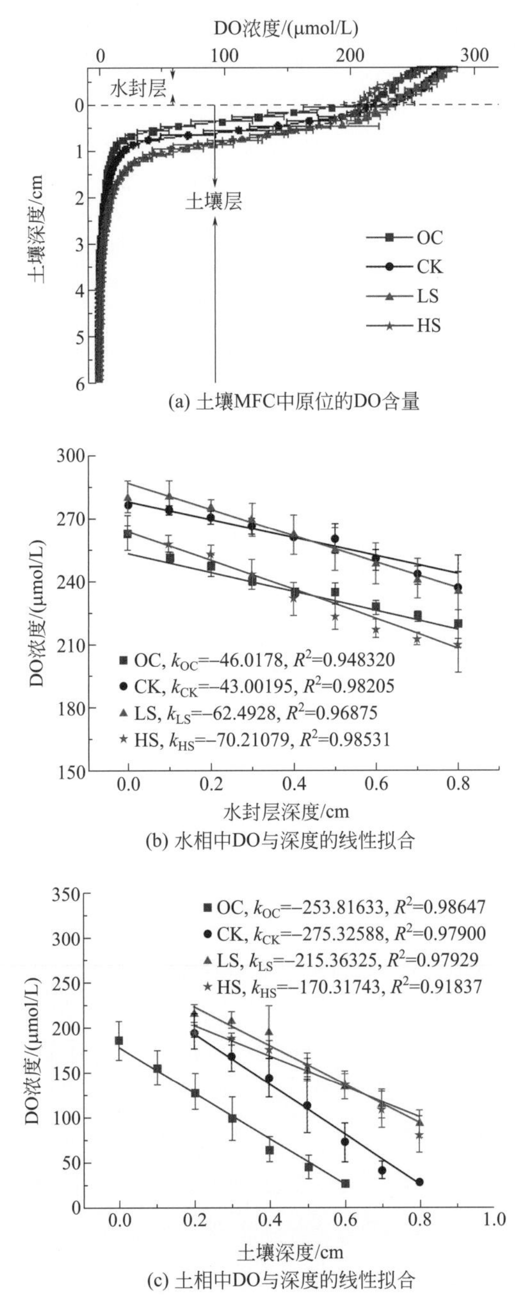

图 3.5　土壤 MFC 中原位的 DO 含量、水相中 DO 与深度的线性拟合和土相中 DO 与深度的线性拟合

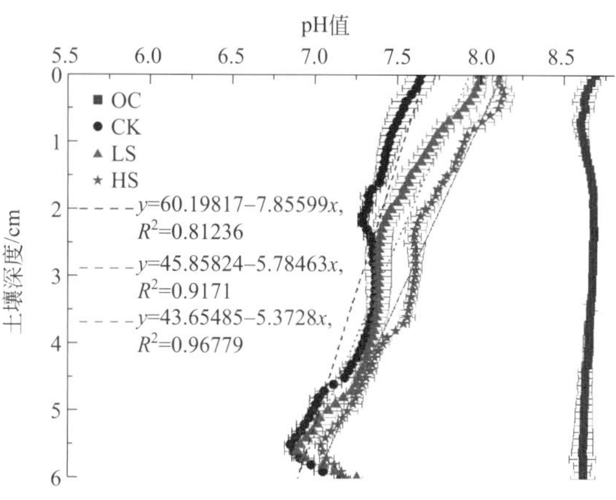

图 3.6 土壤 MFC 中的原位 pH 值

5. 土壤电导率与酶活

由图 3.7（a）可知，与原始土壤（OS）相比，MFC 中土壤的电导率均呈现了降低的趋势，尤其是砂粒掺入后的土壤更低。通过将土壤的电导率与掺入的砂粒量进行拟合后，看出土壤的电导率随着砂粒含量的增加而降低，相关性显著，R^2=0.69，p=0.04［见图 3.7（b）］。与原始土壤的电导率［（1.99±0.09）mS/cm］相比，CK［（1.52±0.03）mS/cm］、LS［（1.40±0.19）mS/cm］、HS［（1.10±0.19）mS/cm］的电导率分别下降了 24%、30%、45%。但是土壤电导率的下降可能是微生物电化学的作用所致（例如金属离子的沉淀），也可能是砂粒的掺入，将原先的土壤稀释，降低了土壤中黏粒的含量所致，因为砂粒的电导率比黏粒低得多。

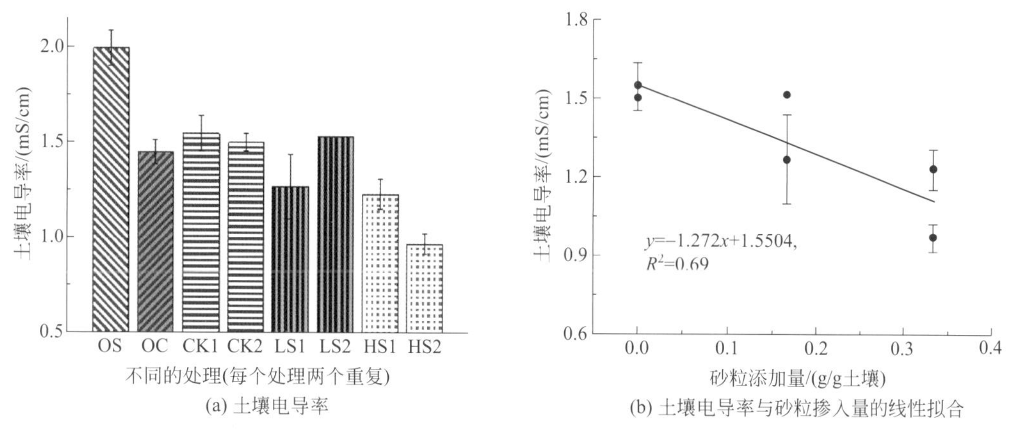

图 3.7 土壤电导率及其与砂粒掺入量的线性拟合

由图 3.8 可以看出，与原始土样（OS）相比，所有处理组（OC、CK、LS、HS）的土壤脱氢酶和多酚氧化酶活性均显示为明显降低。尤其是土壤脱氢酶的活性，与 OS 样品相比，处理组下降了 79% ～ 86%。CK 与 OC 的土壤脱氢酶活性差异不大，但是与其相比，LS 和 HS 组的该酶活性又略显降低。土壤的多酚氧化酶活性虽然没有脱氢酶下降的幅度大，但是与 OS 相比也下降了 41% ～ 54%。与土壤脱氢酶活性类似，CK 的多酚氧化酶活性微高于 OC，但是差异仍然不明显，可是掺入砂粒后该酶活性有所上升。与土壤脱氢酶活性不同的是，LS 的多酚氧化酶略高于 HS 组。土壤的脱氢酶和多酚氧化酶活性都是石油烃生物降解的重要催化剂，处理组与对照组相比酶活性明显降低，可能是由于土壤中的石油烃及其组分被降解。

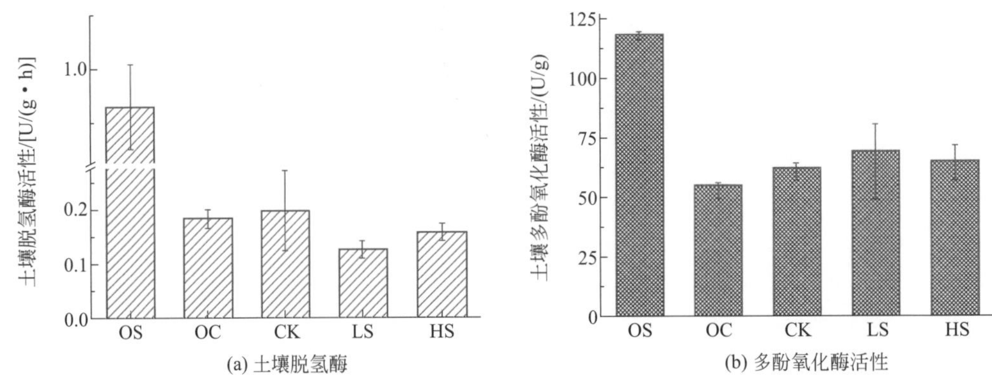

图 3.8　土壤脱氢酶和多酚氧化酶活性

6. 土壤中石油烃的降解

经过 135d 的修复，在被生物电流刺激后的土壤 MFC 中总石油烃（TPHs）的降解率得到明显的提升，如图 3.9（a）所示。另外与 CK 组相比，掺入砂粒的土壤 MFC 中，石油烃的降解率被进一步提高，并且总石油烃的降解率随着砂粒掺入量的增加而升高。在混合土壤样品（4 层土壤样品按质量比例 1：2：2：1 混合）中，HS 组的总石油烃降解率为 22%±0.5%，与 OC（6%±0.3%）、CK（12%±0.4%）、LS（15%±0.1%）相比，增加了 268%、84%、52%。对于各分层的土壤来说，总石油烃的降解率表现出了一致的趋势，从大到小依次为第 4 层＞第 1 层＞第 2 层＞第 3 层。在整个土壤 MFC 中，第 4 层（5～6cm）和第 1 层（0～1cm）土壤中的总石油烃降解率占到了全部的 40%［见图 3.9（b）］。

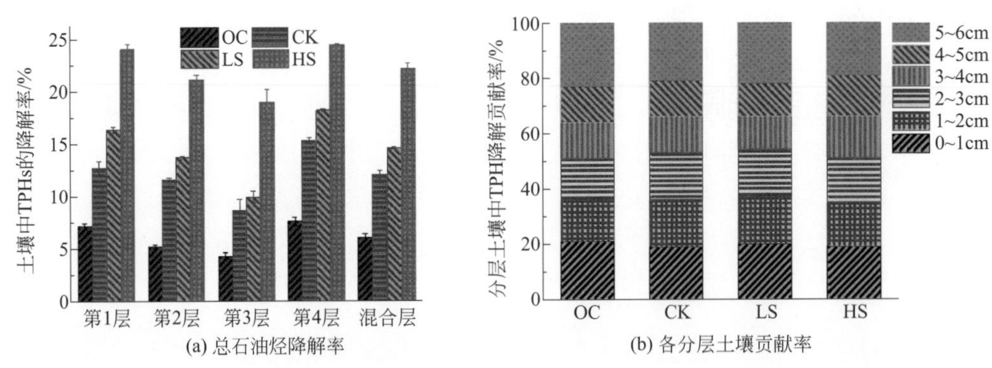

图 3.9　土壤 MFC 修复后土壤中的总石油烃降解率和各分层土壤贡献率

正构烷烃中 C_{17}～C_{40} 占到了绝大部分，表明受试土壤为老化严重的石油烃污染土壤，如图 3.10 所示。原始土壤（OS）样品中 34μg/g 姥鲛烷和 201μg/g 植烷浓度也说明了其老化程度的严重性。对于不容易被微生物降解的长链烷烃（C_{17}～C_{40}），经过生物电流刺激后，CK、LS、HS 组的平均降解率分别为 37%、45%、53%，与开路（OC）相比增加了 23%、50%、77%。在混合土壤样品中，HS 组中的烷烃（C_8～C_{40}）总体降解率为 54%±7.5%，LS 为 46%±8.5%，与 OC 相比增加了 80% 和 53%。

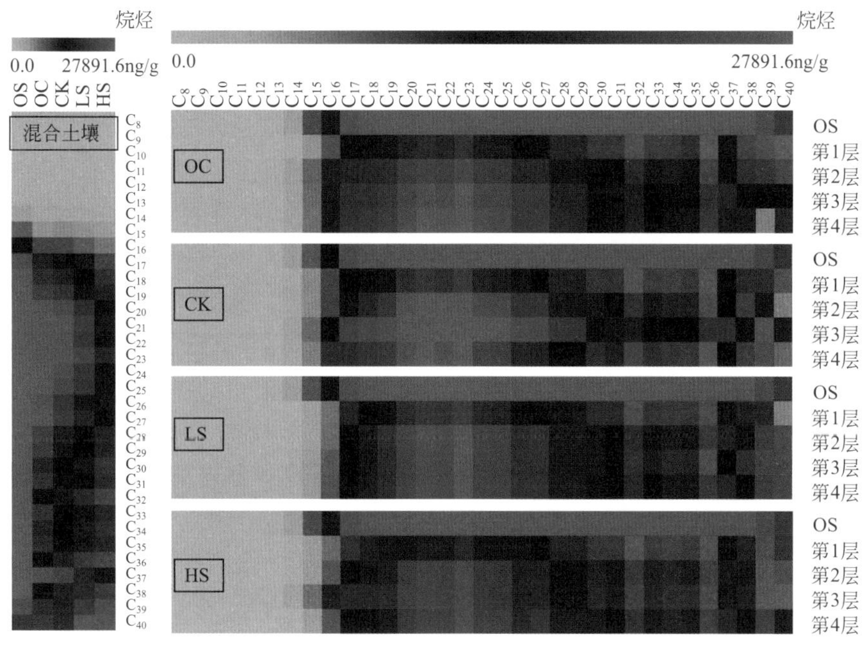

图 3.10　土壤 MFC 修复后土壤中的烷烃（C_8～C_{40}）含量

在 16 种优先控制的 PAHs 中，菲（PHE）、荧蒽（FLU）、芘（PYR）和䓛（CHR）是含量处于前四位的芳烃，其含量加和占到了 16 种 PAHs 含量总和的 71%±1%，如图 3.11 所示。总体来看，芳烃的降解率随着它们环数的增加而降低。因为环数较高的 PAHs 性质较为稳定、水溶性低等特性，导致它们在常见的修复技术下微生物可降解性相对较低。但是在生物电流刺激下，环数较高的 PAHs 也被有效地加以降解，例如二苯并［*a*，*h*］蒽（DBah）和苯并［*g*，*h*，*i*］苝（BghiP）在高砂组（HS）和低砂组（LS）的降解率分别达到 22.5%±1.5% 和 16.5%±0.5%，是闭路对照组（CK，3%±2%）的 7.5 和 5.5 倍。苊烯（ACE）是 16 种 PAHs 中降解率最高的芳烃，在 LS 和 HS 组混合土样中的降解率高达 91% 和 82%。在混合土壤样品中，16 种 PAHs 的总体降解率在 LS 和 HS 中分别表现为 50% 和 48%，与 CK 组相比，分别增加了 19% 和 14%。

由土壤原位 DO 测定可知，砂粒掺入提升了土相表层（＜2cm）的 DO 浓度，也就是说在第 1、第 2 层土壤中部分石油烃组分可能是被微生物的耗氧过程降解的。值得注意的是，与 CK 和 OC 组相比，LS 和 HS 组土壤中的长链烷烃（C_{24}～C_{40}）和环数较高的芳烃（C_{20}～C_{22}，4～6 环）被明显降解。通常情况下，这些大分子的烃类较难被微生物有效利用，但在掺入砂粒的土壤 MFC 中却被有效去除，可能是较大生物电流的刺激作用强化了土著降解微生物的活性所致。

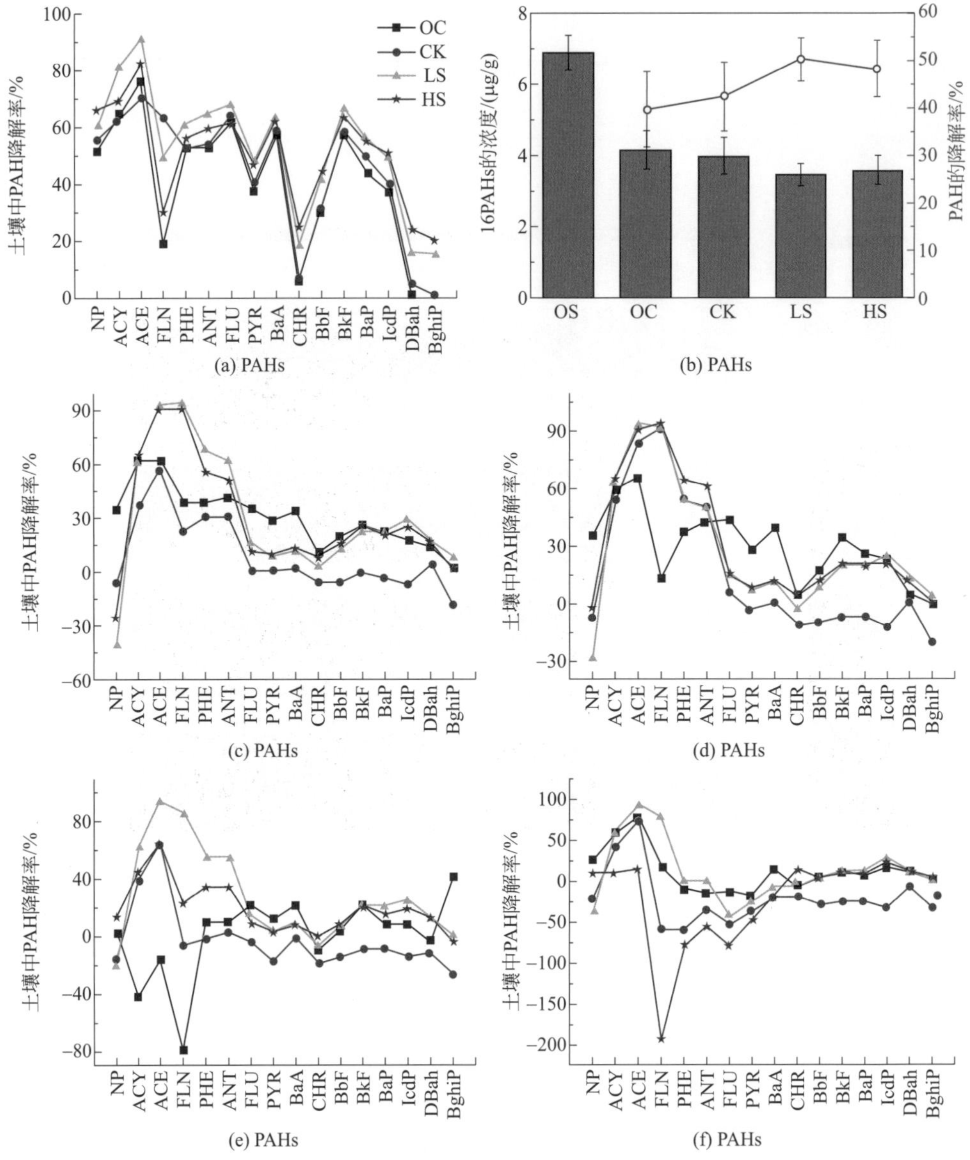

图 3.11　土壤 MFC 修复后土壤中的芳烃（16 种 PAHs）含量及降解率

7. 微生物群落结构

从图 3.5 中可看出，水相中的 DO 能明显影响土相表层（第 1 层土壤）的厌氧环境，从而影响第 1 层土壤中的微生物群落结构及其功能。因此，我们选择第 2 层土壤作为远离活性炭空气阴极的代表，第 4 层土壤作为临近活性炭空气阴极的代表，以考察不同处理组中的微生物群落结构的变化，从而反映其功能。在不同处理的土壤样品 DGGE 图谱中［见图 3.12（a）］，较明显地可以观察到第 2 层土壤与第 4 层的差异，说明了生物电流刺激影响了土壤中微生物的群落结构。例如，条带 2、7、18、19、24 和 27 在所有处理组的第 2 层土壤中能够明显地被观察到，而在第 4 层土壤中条带光密度却显得暗淡许多。尤其是条带 7、24 和 27，在闭路处理组（CK、LS、HS）的 DGGE 图谱中，光密度明显被增强，说明了生物电流的刺激效应选择性地诱导了某些特定菌群的生长。

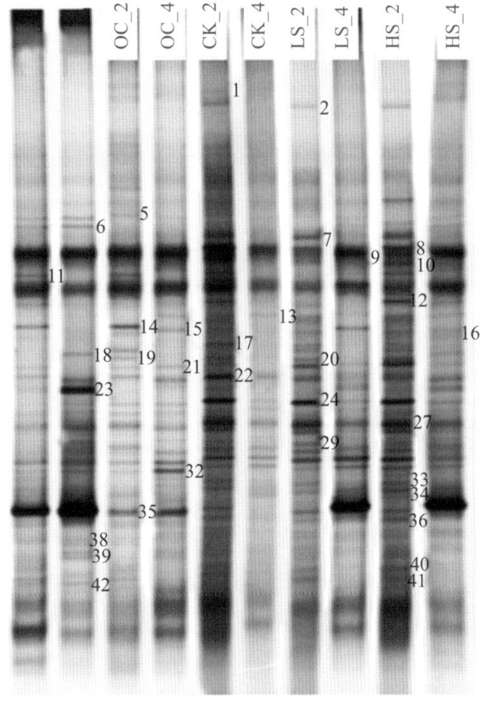

(a) 土壤样品的DGGE图谱

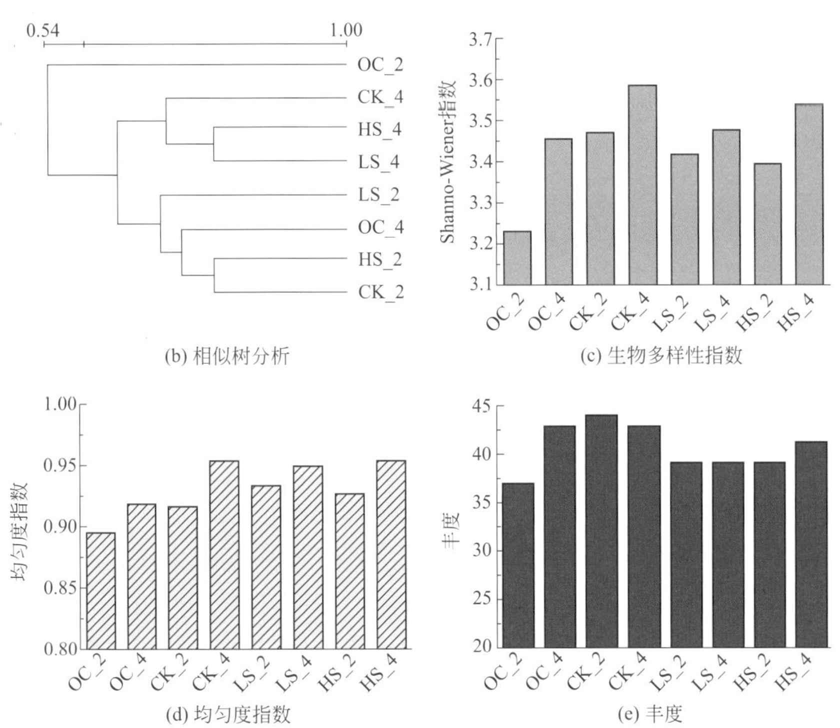

(b) 相似树分析 (c) 生物多样性指数

(d) 均匀度指数 (e) 丰度

图 3.12 土壤样品的 DGGE 图谱、相似树分析、生物多样性指数、均匀度指数和丰度

采用 Quantity One 对 DGGE 进行相似树分析后，发现生物电流的刺激作用“主动”

将第 2 层与第 4 层土壤中的微生物加以“区分”，如图 3.12（b）所示。与第 2 层土壤相比，第 4 层土壤的生物多样性指数（Shannon-Wiener 指数，H）和均匀度指数（Uniformity E_H）较高［图 3.12（c）（d）］。与生物多样性指数和均匀度指数相比，不同处理组的第 2 层与第 4 层土壤的丰度（S）差异相对较小［图 3.12（e）］。掺入砂粒后的土壤（LS 和 HS 组）中，微生物群落的生物多样性指数和丰度与 CK 组相比均有所降低，而均匀度没有发生较大的变化。

8. 克隆测序

在 LS 和 HS 组第 4 层土壤样品（临近活性炭空气阴极）的 DGGE 图谱中，35 号条带的光密度被明显增强，后经切胶测序比对后，发现该菌与食烷菌（*Alcanivorax*）相似度为 100%。而在第 4 层土壤样品中石油烃及其组分的降解率恰好最高，因此我们猜测可能是由生物电流刺激了食烷菌的生长所致。第 11 号条带经过测序比对后，竟然与作为产电模式菌被广泛研究的地杆菌（*Geobacteraceae*）相似度达 98%，该菌很可能是构建的土壤 MER 系统中的优势产电菌。此外，第 14 号条带经过测序比对后与一种与铁、硫循环相关的菌相似度为 98%，而该类菌种往往也参与土壤、沉积物中生物电流的产生。在克隆测序的 24 条带中，比对后发现与属于变形菌门的菌高相似度的有 16 条带，并且 88% 属于 γ- 变形菌门（*Gammaproteobacteria*），如表 3.3 和表 3.4 所列。值得注意的是，其中有 10 条带测序比对后均与大肠杆菌属（*Escherichia*）具有高度的相似性（99% ～ 100%）。大肠杆菌作为厌氧环境中常见的一种革兰氏阴性菌，属于 γ- 变形菌门，是异养兼性厌氧型细菌。有研究指出，它可以通过自身分泌物（作为胞外电子传输的中介体）将胞内电子传递到胞外的电子受体（固体电极）上[21]。在本研究的受试土壤中，大肠杆菌是否“扮演”着产电菌的角色还是与地杆菌等产电菌协同共生，有待于进一步研究证实。

表3.3　克隆测序结果

条带	序列（通用引物为 338F-518R）	序列号
1	CTACGGGAGGCAGCAGTGGGGAATATTGCACAATGGGCGCAAGCCTGATGCA GCCATGCCGCGTGTATGAAGAAGGCCTTCGGGTTGTAAAGTACTTTCAGCGGG GAGGAAGGGAGTAAAGTTAATACCTTTGCTCATTGACGTTACCCGCAGAAGA AGCACCGGCTAACTCCGTGCCAGCAGCCGCGGTAATA	KF870457
2	CTACGGGAGGCAGCAGTGGGGAATATTGCACAATGGGCGCAAGCCTGATGCA GCCATGCCGCGTGTATGAAGAAGGCCTTCGGGTTGTAAAGTACTTTCAGCGGG GAGGAAGGGAGTAAAGTTAATACCTTTGCTCATTGACGTTACCCGCAGAAGA AGCACCGGCTAACTCCGTGCCAGCA	KF767965
6	CCTACGGGAGGCAGCAGTGTTCTGACAAACGCAATAAAGCGACCAATTAACA GCGCCGATAAACCGTGTTTATGAAAAAGATGGTGTGCGCGTTGATGATAATGC GCGGGTAAATGAGATAGCCAGTTTTGTACGGTGCGGGTATTGCCCAGCCATCG CCCCTGAATATAGCTGACCCAGCAGCCGCGGTATA	CP007391
7	CCTACGGGAGGCAGCAGTGAGGAATATTGGTCAATGGGCGAGAGCCTGAACC AGCCAAGTCGCGTGAAGGAAGACGGATCTATGGTTTGTAAACTTCTTTAGTGC AGGAACAAAATCCCGACGGGTCGGGGCTTGAGTGTACTGCAAGAATAAGCAT CGGCTAACTCCGTGCCAGCAGCCGCGGTAATA	DQ825234

续表

条带	序列（通用引物为 338F-518R）	序列号
8	CGGCAATGGACGAAAGTCTGACCGAGCAATGCCGCGTGAGTGAAGAAGG TCTTCGGATTGTAAAACTCTGTTATTAGGGAAGAACGGATAGTGCAGGAA ATGGCATTATAGTGACGGTACCTGATGAGAAAGCCACGGCTAACTACGTGC-CAGCAGCCGCGGTAATA	HQ218569
9	ATTACCGCGGCTGCTGGCACAGAGTTAGCCGGTGCTTCTTCTTTGGGTACCAT CAGAAGCGGAGGTGTTAGCTCCGCCTTGTTTGTCCCCAACGAAAGTGCTTTAC AACCCGAAGGCCTTCTTCACACACGCGGCATTGCTGGATCAGGGTTGCCCCCA TTGTCCAATATTCCCCACTGCTGCCTCCCGTAGA	JQ427689
10	CCTACGGGAGGCAGCAGTGGGGAATATTGGACAATGGGCGCAAGCCTGA TCCAGCAATGCCGCGTGAGTGATGAAGGCCTTAGGGTTGTAAAGCTCTTT CGCACGTGACGATGATGACGGTAACGTGAGAAGAAGCCCCGGCTAACTT CGTGCCAGCAGCCGCGGTATA	AB721131
11	CCTACGGGAGGCAGCAGTGGGGAATTTTGCGCAATGGGCGAAAGCCTGACGC AGCAACGCCGCGTGAGTGATGAAGGCCCTCGGGTCGTAAAGCTCTGTCAGAG GGGAAGAACCTCCTGTCGGTTAATATCCGGCAGGCTTGACGGTACCCTCAAAG GAAGCACCGGCTAACTCCGTGCCAGCAGCCGCGGTAATA	EF668606
12	CCTACGGGAGGCAGCAGTAGGGAGTCTTCGACAATGGGGGAAACCCTGATCG AGCAATACCGCGTGAGTGATGAAGGTCTTCGGATTGTAAAACTCTGTTGTGGG GGATAAATGGTTAGAATAGGAAATGATTTTAATTTGATAGTACCTTACTAGAAA GCAACGACTAACTTCGTGCCAGCAGCCGCGGTAATA	FJ440032
13	CGGGAGGCAGCAGTGGGGAATATTGCACAATGGGCGCAAGCCTGATGCAGCC ATGCCGCGTGTATGAAGAAGGCCTTCGGGTTGTAAAGTACTTTCAGCGGGGA GGAAGGGAGTAAAGTTAATACCTTTGCTCATTGACGTTACCCGCAGAAGAAGC ACCGGCTAACTCCGTGCCAGCAGCCGCGGTAATA	KF914394
14	CACGGGAGGCAGCAGTAGGGAATCTTCGGCAATGGACGAAAGTCTGACCGA GCAATGCCGCGTGAGTGAAGAAGGTCTTCGGATCGTAAAGCTCTGTTATTAGG GAAGAAAGATGTTAGAAGGAAATGGCTAACAAGTGACGGTACCTAATGAGAA AGCCACGGCTAACTACGTGCCAGCAGCCGCGGTAATA	HF558574
16	ATTACCGCGGCTGCTGGCACGTAGTTAGCCGACGCTTATTCCTGGCCTACCGTC CTGCCTCTTCAGCCAGAAAAGCCCTTTACAACCCGAAGGCCTTCCTCGGGCA CGCGGCGTTGCTGCATCAGGCTTGCGCCCATTGTGCAATATTCCTTACTGCTGC CTCCCGTAGGGAGGCAGCAGCCTACGGGAGGCAGCAGGCATACCAGTTCGTC CACCAGCAGCCGCGGTAATA	HQ697781
17	ATTACCGCGGCTGCTGGCACGGAGTTAGCCGGTGCTTCTTCTGCGGGTAACGT CAATGAGCAAAGGTATTAACTTTACTCCCTTCCTCCCCGCTGAAAGTACTTTAC AACCCGAAGGCCTTCTTCATACACGCGGCATGGCTGCATCAGGCTTGCGCCCA TTGTGCAATATTCCCCACTGCTGCCTCCCGTGGA	JN221495
19	ATTACCGCGGCTGCTGGACGAAAAAAGCGCCAGCAATGAAAACTTCCGTGAC CAGCTGGCTGCCGCAGACATCATTGTCGCCAATAAATCCGACCGTACGACGCC CGAAAGTGAGCTAGCGCTACAGCGTTGGTGGCAGCAAAATGGTGGCGATCGA CAATTAATTCACAGTGAGCATGGGAAAGTTGACGGTCATCTTCTGGATTTGCC GCGTCGCAATTTAGCCGAGTTGCCCGCCAGCAGCCGCGGTAATA	CP001383

续表

条带	序列（通用引物为 338F-518R）	序列号
20	CTACGGGAGGCAGCAGTGGGGAATATTGCACAATGGGCGCAAGTCTGATGCA GCCATGCCGCGTGTATGAAGAAGGCCTTCGGGTTGTAAAGTACTTTCAGCGGG GAGGAAGGGAGTAAAGTTAATACCTTTGCTCATTGACGTTACCCGCAGAAGA AGCACCGGCTAACTCCGTGCCAGCAGCCGCGGTAATA	KF870457
21	CCTACGGGAGGCAGCAGTGGGGAATATTGGACAATGGGGGCAACCCTGATCC AGCAATGCCGCGTGTGTGAAGAAGGCCTGCGGGTTGTAAAGCACTTTCGGTA GGGAGGAAAAGCTGAAGGCTAATACCCTTTAGTATTGACGTTACCTACAGAAG AAGCACCGGCTAACTCCGTGCCAGCAGCCGCGGTAATA	JF344166
22	CTACGGGAGGCAGCAGTGAGGAATATTGCACAATGGGCGCAAGCCTGATGCA GCCATGCCGCGTGTATGAAGAAGGCCTTCGGGTTGTAAAGTACTTTCAGCGGG GAGGAAGGGAGTAAAGTTAATACCTTTGCTCATTGACGTTACCCGCAGAAGA AGCACCGGCTAACTCCGTGCCAGCAGCCGCGGTAATA	KF767890
23	CCTACGGGAGGCAGCAGTGGGGAATATTGCACAATGGGCGCAAGCCTGATGC AGCCATGCCGCGTGTATGAAGAAGGCCTTTGGGTTGTAAAGTACTTTCAGCGG GGAGGAAGGGAGTAAAGTTAATACCTTTGCTCATTGACGTTACCCGCAGAAG AAGCACCGGCTAACTCCGTGCCAGCAGCCGCGGTAATA	KF830694
24	ATTACCGCGGCTGCTGGCACGGAGTTAGCCGATGCTTATTCATGCGGTACCTGC AATAAGGTACACGTACCTCACGTTAATCCCGCATAAAAGAAGTTTACAACCCG TAGGGCCGTCATCCTTCGCGCTACTTGGCTGGTTCAGCCTCGCGGCCATTGAC CAATATTCCTCACTGCTGCCTCCCGTAGA	GU477928
27	ATTACCGCGGCTGCTGGCACGGAGTTAGCCGGTGCTTCTTCTGCGGGTAACGT CAATGAGCAAAGGTATTAACTTTACTCCCTTCCTCCCCGCTGAAAGTACTTTAC AACCCGAAGGCCTTCTTCATACACGCGGCATGGCTGCATCAGGCTTGCGCCCA TTGTGCAATATTCCCCACTGCTGCCTCCCGTAGGTACGGGAGGCAGCAGCCAG CAGCCGCGGTA	KF851241
32	CTACGGGAGGCAGCAGTGGGGAATATTGCACAATGGGCGAAAGCCTGATGCA GCCATGCCGCGTGCATGAAGAATGCCCTATGGGTGGAAAGCTGTTTCTATGCG GAAAAAAACACCCTCACGTGTGGGGGCTTGACGGTACCGTATGAATAAGGAT CGGCTAACTCCGTGCCAGCAGCCGCGGTA	HQ857728
33	CTACGGGAGGCAGCAGTGGGGAATATTGCACAATGGGCGCAAGCCTGATGCA GCCATGCCGCGTGTATGAAGAAGGCCTTCGGGTTGTAAAGTACTTTCAGCGGG GAGGAAGGGAGTAAAGTTAATACCTTTGCTCATTGACGTTACCCGCAGAAGA AGCACCGGCTAACTCCGTGCCAGCAGCCGCGGTAATA	KF891381
34	CTACGGGAGGCAGCAGTGGGGAATATTGGACAATGGGCGCAAGCCTGATCCA GCCATGCCGCGTGTGTGAAGAAGGCTTTCGGGTTGTAAAGCACTTTCAGTGG GGAAGAAGGCCTGACGGCCAATACCCGTCAGGGGCGACATCACCCACAGAA GAAGCACCGGCTAACTCCGTGCCAGCAGCCGCGGTAATA	EU085037
35	CTACGGGAGGCAGCAGTGGGGAATCTTGGACAATGGGGGCAACCCTGATCCA GCCATGCCGCGTGTGTGAAGAAGGCCTTCGGGTTGTAAAGCACTTTCAGCAG GGAGGAAGGCTTCGGGCTAATACCCTGGAGTACTTGACGTTACCTGCAGAAG AAGCACCGGCTAATTTCGTGCCAGCAGCCGCGGTAATA	DQ768632

表3.4　代表性条带的测序比对结果

条带	序列号	菌种	归属关系	相似度	参考文献
1	KF870457	*Escherichia* sp.	*Proteobacteria, Gammaproteobacteria, Enterobacteriales, Enterobacteriaceae, Escherichia*	100%	[22]
2	KF767965	*Escherichia albertii*	*Proteobacteria, Gammaproteobacteria, Enterobacteriales, Enterobacteriaceae, Escherichia*	100%	[23]
6	CP007391	*Escherichia coli*	*Proteobacteria, Gammaproteobacteria, Enterobacteriales, Enterobacteriaceae*	100%	[24]
7	DQ825234	UGM-1	Uncultured bacterium（gut microbes in the mucosa and feces）	92%	[25]
8	HQ218569	UBN-1	Uncultured bacterium（bacterial response to naphthalene exposure）	94%	[26]
9	JQ427689	UBA-1	Uncultured bacterium（bacterial in an alkaline saline soil spiked with anthracene）	98%	[27]
10	AB721131	*Azospirillum* sp.	*Proteobacteria, Alphaproteobacteria, Rhodospirillales, Rhodospirillaceae, Azospirillum*	100%	[28]
11	EF668606	*Geobacteraceae* sp.	*Proteobacteria, Deltaproteobacteria, Desulfuromonadales*	98%	[29]
12	FJ440032	*Firmicutes* sp.	Uncultured bacterium（*Firmicutes*,environmental samples）	98%	[30]
13	KF914394	*Escherichia coli*	*Proteobacteria, Gammaproteobacteria, Enterobacteriales, Enterobacteriaceae, Escherichia*	100%	[31]
14	HF558574	UIS-1	Uncultured bacterium（iron- and sulphur-cycling bacteria）	98%	[32]
16	HQ697781	UPD-1	Uncultured bacterium（bioremediation of Petroleum-Contaminated Saline-Alkali Soils）	97%	[33]
17	JN221495	*Escherichia* sp.	*Proteobacteria, Gammaproteobacteria, Enterobacteriales, Enterobacteriaceae*	100%	[34]
19	CP001383	*Shigella*	*Proteobacteria, Gammaproteobacteria, Enterobacteriales, Enterobacteriaceae*	99%	[35]
20	KF870457	*Escherichia* sp.	*Proteobacteria, Gammaproteobacteria, Enterobacteriales, Enterobacteriaceae, Escherichia*	99%	[22]
21	JF344166	UPG-1	*Proteobacteria, Gammaproteobacteria*	96%	[36]
22	KF767890	*Escherichia* sp.	*Proteobacteria, Gammaproteobacteria, Enterobacteriales, Enterobacteriaceae*	99%	[23]
23	KF830694	*Escherichia coli*	*Proteobacteria, Gammaproteobacteria, Enterobacteriales, Enterobacteriaceae, Escherichia*	99%	[14]
24	GU477928	URD-1	Uncultured bacterium（RDX degrading Microorganism）	94%	[37]

续表

条带	序列号	菌种	归属关系	相似度	参考文献
27	KF851241	*Escherichia* sp.	*Proteobacteria, Gammaproteobacteria, Enterobacteriales, Enterobacteriaceae*	100%	[38]
32	HQ857728	*Salinimicrobium*	*Bacteroidetes, Flavobacteriia, Flavobacteriales, Flavobacteriaceae*	92%	[39]
33	KF891381	*Escherichia albertii*	*Proteobacteria, Gammaproteobacteria, Enterobacteriales, Enterobacteriaceae*	100%	[40]
34	EU085037	*Halomonas korlensis*	*Proteobacteria, Gammaproteobacteria, Oceanospirillales, Halomonadaceae, Halomonas*	100%	[41]
35	DQ768632	*Alcanivorax*	*Proteobacteria, Gammaproteobacteria, Oceanospirillales, Alcanivoracaceae*	100%	[42]

土壤的性质直接影响着其中微生物的群落结构及功能，因此土壤 MFC 中第 2 层和第 4 层土壤中生物相的明显差异可能是由生物电流刺激导致的土壤性质变化所致，例如土壤 pH 值和 DO 值的变化。食烷菌（*Alcanivorax*，第 35 号条带）在 LS 和 HS 组的第 4 层土壤中被明显增强，从而促进了石油烃的降解，尤其是长链烷烃（$C_{24}\sim C_{40}$）和高环 PAHs（$C_{20}\sim C_{22}$，4～6 环）这些通常难以被微生物降解利用的组分。可能是因为：

① 生物电流刺激了土壤中石油烃降解菌的生长；

② 生物电流刺激了土壤中石油烃降解相关酶的活性（例如脱氢酶或者多酚氧化酶活性）；

③ 砂粒掺入后土壤孔隙度加大，从而物质传输被提升；

④ 土壤 pH 值的升高增加了石油烃及其组分的生物有效性。从 DGGE 图谱中看到第 4 层土壤的生物多样性和均匀度均高于第 2 层，说明是生物电流刺激了土壤中微生物的生长，而不是 DO 的作用，因为第 4 层土壤的 DO 基本已被消耗完［见图 3.5（a）］。同时，我们也发现 LS 和 HS 组土壤的生物多样性和丰度均低于 CK 对照组，说明生物电流刺激作用选择性地诱导了某些特定生物菌群的富集，而这些特定菌群推测可能是石油烃的降解菌或者与产电相关的菌种。在 OC 组的土壤中，第 2 层和第 4 层的生物相差异较大，但是在生物电流刺激作用下，CK、LS 和 HS 组中的这种差异被缓解很多，说明生物电流对生物群落的演变存在一定的诱导作用，即使在远离活性炭空气阴极的阳极附近也是如此。

四、小结

在土壤 MFC 中，掺入砂粒促进了物质的传输，主要是提升了质子和 DO 的扩散以及污染物的转移；砂粒的掺入扩充了土壤颗粒之间的孔隙，从而增加了土壤的总孔隙度，促进了离子的传输，以致大大降低了土壤 MFC 的欧姆内阻和电荷转移内阻；掺砂粒的土壤 MFC 性能高于 CK 对照组，其烃类的降解率和电能的产出均被增加；在生物电流刺激作用下，大分子的烃类同时也被有效降解，尤其是 LS 和 HS 组的土壤中长链烷烃（$C_{24}\sim C_{40}$）和高环芳烃（$C_{20}\sim C_{22}$，4～6 环）被明显降解；在土壤 MFC 中，生物电流选择性地诱导了微生物群落演替的方向，并且刺激了某些特定菌群的生长。

第三节

刺激微生物活性促进土壤微生物电化学修复

一、概述

在石油污染土壤微生物修复中，石油烃的去除效率取决于土壤中微生物的生物量和相关酶的代谢活性。对于土壤 MFC 来说，生物电流能够刺激或者激发土壤中微生物（产电菌、降解菌等）的生长。利用 U 形土壤 MFC 修复老化的石油污染土壤，在靠近阳极的土壤中，石油烃降解菌的数量明显增加，局部（＜ 1cm，33% 含水量）甚至比对照组高出将近 2 个数量级，并且随着跟阳极距离的增加土壤中的石油烃降解菌呈下降趋势；此外，当土壤 MFC 中的含水量增加时，对应的石油烃降解菌也随着增加[4]。然而在利用柱型土壤 MFC 修复柴油污染的土壤时却得到了相反的结论[43]。在距离阳极较近的土壤中石油烃降解菌的数量反而低于远距离的土壤，可能是柴油相对于老化的石油烃来说比较容易被降解，阳极表面的烃类基本被降解去除所致。

但是，石油烃中的 PAHs 和 BETX 等污染物对土壤中的微生物毒性较强，因此实际污染环境中这些污染物的生物可降解性较低。有研究表明，简单的、容易被同化吸收的碳源（葡萄糖等）能够作为改良添加剂，在刺激土著微生物生长的同时促进较难被生物利用的污染物降解。例如，葡萄糖被证明作为一种良好的添加剂，能够将氯代芳香族化合物[44]、染料刚果红[45]、除草剂苄嘧磺隆[46]、喹啉[47]、对硝基苯酚[48]、三硝基甲苯[49]等毒性强、难以被生物降解利用的污染物共代谢降解。这些成功案例对某些环境下污染物的去除发挥了积极的作用。葡萄糖氧化酶是常用的脱氢酶，这或许是葡萄糖与有机污染物发生共代谢的机制所在。

对于石油烃的降解，早些年有报道通过碳源添加进而促进其降解的研究，然而这个过程至今没有在更为复杂的系统中予以考察。在本节中，我们将分析土壤 MFC 修复石油污染环境的共代谢现象[50]，该系统相对复杂，因为涉及了较多种类有毒有害污染物的生物降解和直接的生物电子传递过程。在构造的活性炭空气阴极土壤 MFC 中，将葡萄糖添加到石油污染的盐碱土壤中，以考察土壤 MFC 的电能产出性能和石油烃降解状况，同时通过对土壤生物相的分析进一步明确生物电流刺激对土壤微生物群落的影响。

二、实验部分

1. 葡萄糖的添加

实验中向土壤 MFC 中分别添加两个不同浓度的葡萄糖溶液，添加质量分数为 0.1% 的标记为低葡萄糖组（LG），添加质量分数为 0.5% 的标记为高葡萄糖组（HG），同时各自设置对应的开路，分别标记为 LGOC 和 HGOC。此外，设置开路（OC）和闭路（CK）的空白对照，空白对照添加跟葡萄糖等体积的蒸馏水。每个反应器装入 340g 干土样。

整个修复反应过程包括起始阶段和维持阶段两个阶段。第一个阶段，即起始阶段（0 ～ 71d）：LG 和 LGOC 与 90mL 质量分数为 0.1% 的葡萄糖溶液混合均匀，HG 和 HGOC 与 90mL 质量分数为 0.5% 的葡萄糖溶液混合均匀，CK 和 OC 与 90mL 蒸馏水混合均匀，然后装入对应的土壤 MFC 反应器；随后用蒸馏水补给蒸发的水，以维持水封状态。第二个阶段，即维持阶段（72 ～ 135d）：当土壤 MFC 的输出电压全部低于 100mV 时，LG、LGOC、HG、HGOC 分别添加对应浓度的葡萄糖溶液，同时 CK、OC 添加等体积的蒸馏水用以维持阳极室厌氧的环境。

2. 土壤MFC的操作

土壤 MFC 的构造采用多层阳极装置。所有反应器放置于（30 ± 1）℃恒温培养箱中，每个处理组在设置重复的同时，设置对应的开路对照组。

3. 电化学分析

土壤 MFC 连接于 1000Ω 外电阻上，采用多通道信号收集卡采集外电阻上的电压值。极化曲线和功率密度曲线测定前，土壤 MFC 开路 12h，然后将外电阻分别设置为 5000Ω、2000Ω、1000Ω、900Ω、800Ω、700Ω、600Ω、500Ω、400Ω、200Ω、100Ω，每个阻值保留 20min 后测定输出电压值，并计算输出功率密度。

三、结果

1. 土壤MFC的输出电压与输出电量

土壤 MFC 闭合电路后的第 24h 左右，低浓度葡萄糖添加组（LG）和高浓度葡萄糖添加组（HG）出现第一个输出电压的峰值，与闭路空白组（CK）的第 50h 出现第一个峰值电压值相比，提前了约 26h，如图 3.13 所示，说明添加的葡萄糖溶液在一定程度上加速了土壤中电化学活性微生物菌群的适应速度。CK 组的最大输出电压值为 231mV，同时输出电压值在 200mV 以上维持了约 12h。与 CK 组相比，葡萄糖溶液添加后土壤 MFC 的最大输出电压值和高电压输出维持时间都明显增加。LG 组的最大输出电压值上升至 413mV，同时输出电压在 400mV 以上维持了约 72h。值得注意的是，HG 组的最大输出电压为 457mV，仅比 LG 组高了 11%，但是 HG 组的高电压（＞ 400mV）输出维持时间却比 LG 组延长了 7 倍之多。

当向土壤 MFC 中添加葡萄糖溶液后，输出电压的峰值出现得更早，并且高电压的维持时间也变得更长。土壤 MFC 的最大输出电压值随着葡萄糖溶液添加浓度的增加而升高，说明对于该研究中的土壤 MFC 来说，电能的输出主要受限于土壤中可利用的碳源。但是有趣的是，当添加的葡萄糖溶液浓度更高时（质量分数由 0.1% 升高至 0.5%），土壤 MFC 的最大输出电压却没有明显升高，但是高电压的维持时间猛增，可能是由于土壤中的产电菌的生物量有限，也可能是由土壤 MFC 其他组件（例如阳极的有效表面积一定）的限制所致。

如图 3.14 所示，在土壤 MFC 运行的 135d 期间，CK、LG、HG 的电量产出分别为 790C、1171C、2859C（两个重复的平均值）；添加葡萄糖溶液后，土壤 MFC 的产电量分别增加了 48%（LG）和 262%（HG）。值得注意的是，整个修复期间，所有的土壤 MFC

1/2 以上的电量是在第一阶段输出的。从 CK 组来说，土壤 MFC 中石油烃的降解主要发生在第一阶段。对于 LG 和 HG 组来说，与第二阶段相比，第一阶段的葡萄糖添加量仅占总添加量的 43%，也就是说在第一阶段期间有相当部分的电量是来源于石油烃的降解。

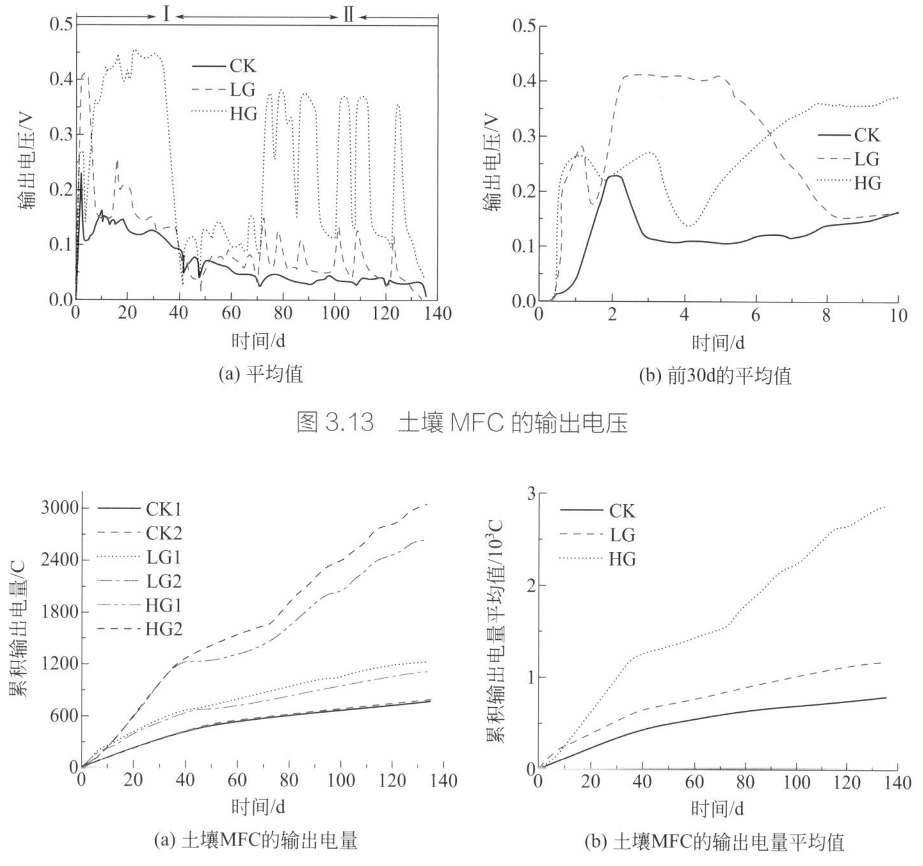

图 3.13 土壤 MFC 的输出电压

图 3.14 土壤 MFC 的输出电量及其平均值

对于 CK 组来说，在前 25d 的时间内，单位质量石油污染土壤、单位活性炭空气阴极面积所输出电量平均为 238C/（g·m^2）。先前使用 Pt 催化剂涂刷的空气阴极，修复类似的石油污染土壤，在相同的时间（25d）内采用了更大的阳极面积 286cm^2（本研究中碳纤维布阳极有效面积为 108cm^2），最终单位质量的石油污染土壤、单位阴极面积的产电量仅约为 3C/（g·m^2）[4]，是本研究中的 1/78，我们推测可能是由阴极的设计和土壤 MFC 的构造不同所致。这两个土壤 MFC 修复的石油污染土壤基本相同，结果产出电量的差异竟然如此之大，可以看出优化土壤 MFC 的构型能够大大提高 MER 过程中电能的回收效率。另外，从土壤 MFC 输出电量的曲线可以简单看出，前 40d 可能是 MER 的主要时期，在后期土壤 MFC 的输出电量较小，但是电量小可能是因为土壤中的微生物正在降解难以利用的大分子烃类。

2. 土壤MFC的功率密度与内阻

如图 3.15（a）所示，LG 和 HG 组的开路电压最大值分别为 550mV 和 557mV，相差较小；将 LG 和 HG 组连续 10h 的开路电压值求平均后竟然相等，同为 537mV。CK 组的开路电压最大值为 363mV，10h 的平均值为 317mV，与 LG 或者 HG 组相比下降了 69%。

从功率密度曲线可以看出［图 3.15（b）］，LG 和 HG 组的最大输出功率密度分别为 $35mW/m^2$ 和 $43mW/m^2$，与 CK 组的 $24mW/m^2$ 相比，分别增加了 46% 和 79%。我们注意到，在 CK、LG、HG 组输出功率达到最大值时，对应的外电阻阻值分别为 1000Ω、700Ω、600Ω，说明向土壤 MFC 中添加葡萄糖溶液后，电池的内阻降低了。在 1000Ω 的外电阻下，添加葡萄糖溶液后土壤 MFC 的开路电压和输出功率密度均呈现出不同程度的升高，说明葡萄糖刺激了产电菌的生物量和活性，但是与水介质的电能产出相比相差甚远，侧面反映了在土壤 MFC 中，由于多方面的限制（内阻较大、传质较难等）使其电能有效转化率相对较低。

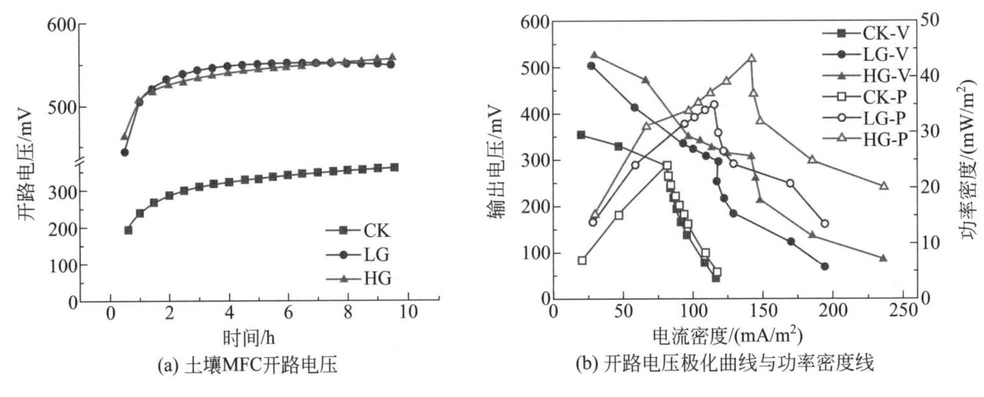

图 3.15　土壤 MFC 开路电压及极化曲线和功率密度曲线

将交流阻抗谱的奈奎斯特图按照等效电路拟合后，得出电荷转移内阻（R_{ct}）是土壤 MFC 内阻的主要成分（> 50% 的贡献率），分别占到 CK、LG、HG 总内阻的 85%、80%、66%，说明在这些土壤 MFC 中电荷转移过程是影响电池内阻的主要因素，与水介质的 MFC 有些相似[51,52]。对于 CK、LG、HG 组来说，欧姆内阻（R_s）大小基本类似，约为 9Ω。与其相比，电荷转移内阻在葡萄糖溶液添加后有所降低，并且随着添加葡萄糖溶液浓度的增加（从 0 到 0.1%，最后到 0.5%），电荷转移内阻逐渐减小，从 48Ω 到 39Ω，最后降至 16Ω，如图 3.16 所示。图 3.16 中 $R_{ct}=R_{cathode}+R_{anode}$，其中 R_{ct} 为电转移内阻；$R_{cathode}$ 为阴极内阻；R_{anode} 为阳极内阻。

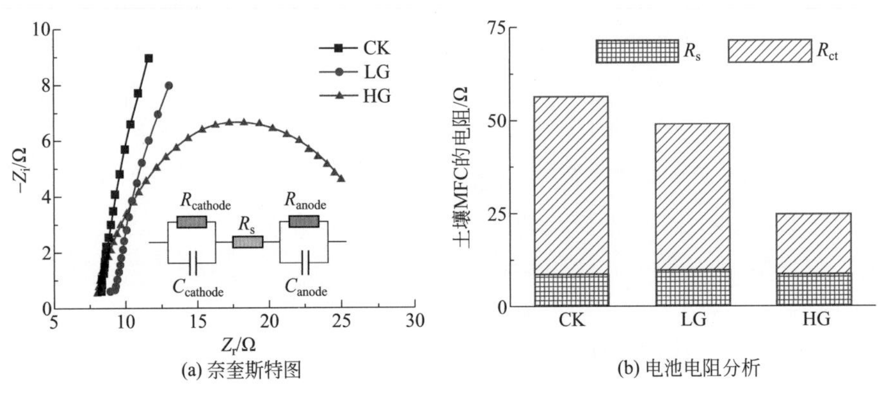

图 3.16　土壤 MFC 的奈奎斯特图及电池电阻分析

图3.16（a）中的插图为等效电路

通过交流阻抗谱的测定，我们发现电荷转移内阻（R_{ct}）是土壤 MFC 的主要内阻。因为所有的阴极均为一致的活性炭空气阴极，所以土壤 MFC 电阻的差异主要来源于碳纤维布阳极。添加高浓度（0.5%）葡萄糖溶液的土壤 MFC 的电荷转移内阻最小，仅为 16Ω，与空白对照相比降低了 67%，说明作为外源物添加的容易被同化的电子供体葡萄糖促进了生物电子转移（例如从生物到电极）的活性。

3. 土壤的pH值与电导率

在所有的处理组土壤 MFC 中，开路（OC）土壤的 pH 值最高，达 9.00 ± 0.08，比原始土壤（OS，8.26 ± 0.12）的 pH 值高出 0.74 个单位（约 9%），如图 3.17（a）所示。同时，与 OS 相比所有闭路 MFC（CK、LG、HG）土壤的 pH 值均有所升高，分别增加了 4%、5%、2%，差异不明显。闭路土壤 MFC 的 pH 值增加幅度与开路相比较小，说明电化学过程中阳极附近质子的产生缓解了土壤 pH 值的升高。与对应的开路土壤 MFC 相比，CK、LG、HG 的 pH 值却呈现出不同程度的下降，进一步说明闭路土壤 MFC 中发生了质子的积累现象。此外，随着添加葡萄糖浓度的增加，土壤 MFC 开路与闭路土壤 pH 值之间的差异逐渐缩小，显示葡萄糖溶液可能起到了缓冲液的作用。

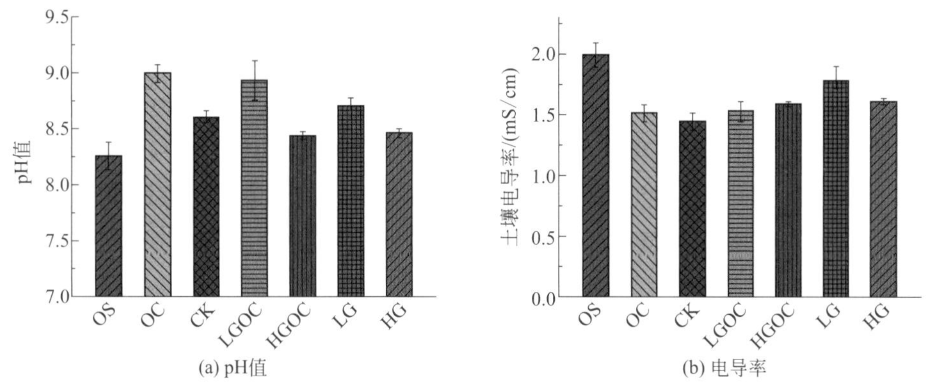

图 3.17　土壤 MFC 修复后土壤的 pH 值及电导率

经过 135d 修复后的土壤，其电导率均呈现出了不同程度的下降，如图 3.17（b）所示。与原始土壤的电导率（1.99 ± 0.09）mS/cm 相比，OC、CK、LGOC、HGOC、LG、HG 的电导率分别下降为（1.52 ± 0.07）mS/cm、（1.45 ± 0.06）mS/cm、（1.53 ± 0.09）mS/cm、（1.59 ± 0.02）mS/cm、（1.78 ± 0.13）mS/cm、（1.62 ± 0.03）mS/cm。土壤电导率的普遍降低可能是由于土壤 pH 值的上升，导致了某些离子发生了络合、螯合或者沉淀，结果降低了土壤中自由离子的浓度所致。此外，石油污染盐碱土壤修复过程中有盐析出现象发生，也会降低土壤的电导率。与 LGOC 和 HGOC 相比，LG 和 HG 的电导率分别增加了 23% 和 12%。

在土壤 MFC 中，添加的容易被同化利用的葡萄糖首先会被分解为简单的有机酸分子（例如乙酸）或者被氧化成为葡萄糖酸分子，此外石油烃在被降解利用的过程中也会产生一些有机酸分子，这些有机酸分子直接影响着土壤理化性质的变化，例如中和来自活性炭空气阴极扩散出来的氢氧根离子、缓冲土壤 pH 值的变化、提升土壤中的自由离子浓度、增加土壤电导率等。当然，在这些有机酸分子被生物降解利用以后，土壤的理化性质又会发生较大的变化，但并不是简单的性质“返回”，因为有些理化过程是不可逆的。

4. 土壤的酶活

在微生物电化学处理后，土壤的脱氢酶和多酚氧化酶活性均发生了较大程度的下降，如图 3.18 所示。与原始土壤的两种酶活性相比，实验结束后所有土壤 MFC 组（包括开路和闭路）的酶活性仅为原来的 20% ～ 55%（土壤的脱氢酶活性）和 46% ～ 78%（多酚氧化酶活性）。与空白对照组（OC 和 CK）组相比，LGOC 和 LG 的两种酶活性没有显示出明显的差异。然而，当添加的葡萄糖溶液浓度升高至 0.5% 时，与闭路空白组（CK）相比，HG 组的土壤脱氢酶和多酚氧化酶活性分别增加了 182% 和 147%，同时 HGOC 也比 OC 组增加了 69% 和 23%。

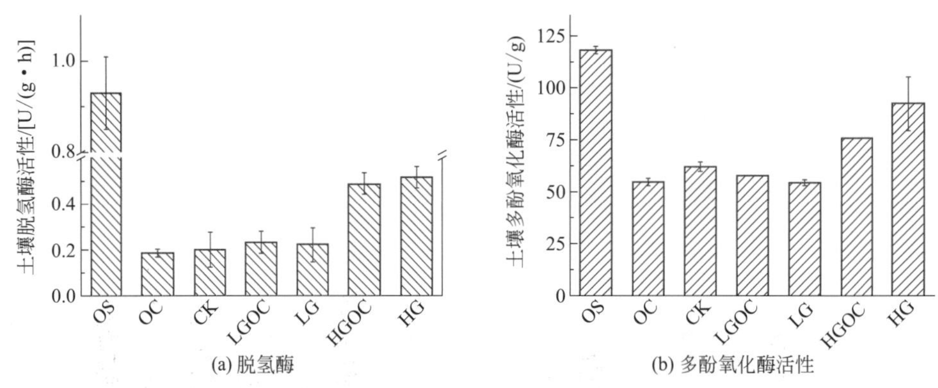

图 3.18　土壤 MFC 修复后土壤的脱氢酶及多酚氧化酶活性

对于烃类污染物的生物降解，土壤中的脱氢酶和多酚氧化酶活性是两个至关重要的酶，因为它们是烷烃和芳烃被降解过程中的主要生物催化剂[53]。经过 MER 后的石油污染土壤，其中的脱氢酶和多酚氧化酶活性显著下降，可能是由生物可利用的碳源逐渐减少所致，该结果与先前报道的利用土壤 MFC 修复柴油污染土壤得到的结果类似。然而当向土壤 MFC 中添加质量分数为 0.5% 的葡萄糖溶液后，土壤的脱氢酶和多酚氧化酶活性显著增加，说明添加的葡萄糖作为最容易被微生物利用的有机碳源之一，明显提升了烃类降解微生物的生物量并活化了降解酶的活性，从而提升了石油烃及其组分的降解率。

5. 污染物的降解

土壤 MFC 修复后土壤中的总石油烃降解率如图 3.19 所示。

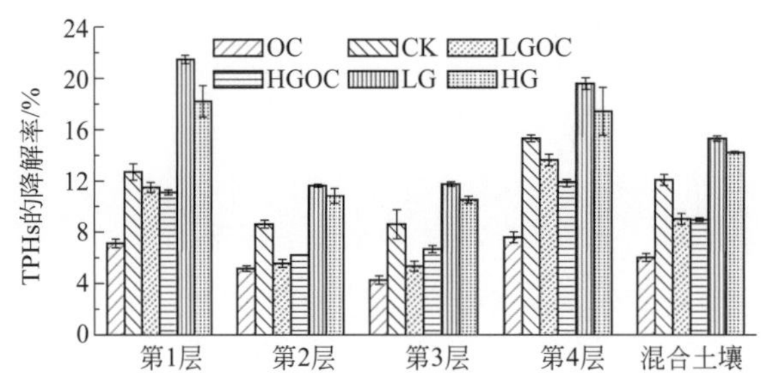

图 3.19　土壤 MFC 修复后土壤中的总石油烃降解率

从图 3.19 可以看出，在闭路的土壤 MFC 中添加不同浓度的葡萄糖溶液后，总石油烃的降解率明显被提高。LG 组的第 1 层土壤总石油烃降解率最高，达到 21%，是空白对照开路组（OC，7%）的 3 倍，是空白对照闭路组（CK，13%）的 1.6 倍，与先前报道的老化石油烃降解率相比有所提升。OC 组的第 3 层土壤总石油烃降解率最低，仅为 4%。总体来看，所有处理组的第 4 层和第 1 层总石油烃降解率相当，第 2 层和第 3 层土壤总石油烃降解率相当，但是前者总体高于后者。当开路的土壤 MFC 被添加葡萄糖溶液后，土壤中总石油烃降解率虽然表现为一定的升高，但是与闭路 CK 组相比反而有所降低。在混合土壤样品（四层土壤样品按比例 1∶2∶2∶1 均匀混合）中，总石油烃的降解率从大到小依次为 LG ＞ HG ＞ CK ＞ LGOC ＞ HGOC ＞ OC。

与先前的结果类似[4,14,16]，长链烷烃仍然是受试土壤中烷烃的主要成分，如图 3.20 所示，该石油污染土壤经过了严重的老化。在混合土壤样品中，与空白对照组（OC 和 CK）的烷烃总体降解率（30% ～ 37%）相比，添加葡萄糖的土壤 MFC 中烷烃的总体降解率明显升高，增加了 24% ～ 77%。值得注意的是，经过微生物电化学修复以后，除了短链的烷烃（C_{13} ～ C_{19}）被大量去除以外，一些长链的烷烃（C_{30} ～ C_{40}）也同时被降解去除，特别是添加葡萄糖溶液的土壤 MFC，降解更为明显。对于 C_9 ～ C_{36} 的烷烃来说，LG 和 HG 组的降解率比空白对照组（OC）高出 1.5 ～ 1.7 倍，该处增加的幅度与先前报道的微生物电化学修复柴油污染土壤中的提高幅度（1.8 ～ 1.9 倍）相近[20,43]，但是柴油相对于严重老化的石油污染土壤（姥鲛烷含量为 34μg/g，植烷含量为 201μg/g）来说容易降解得多。

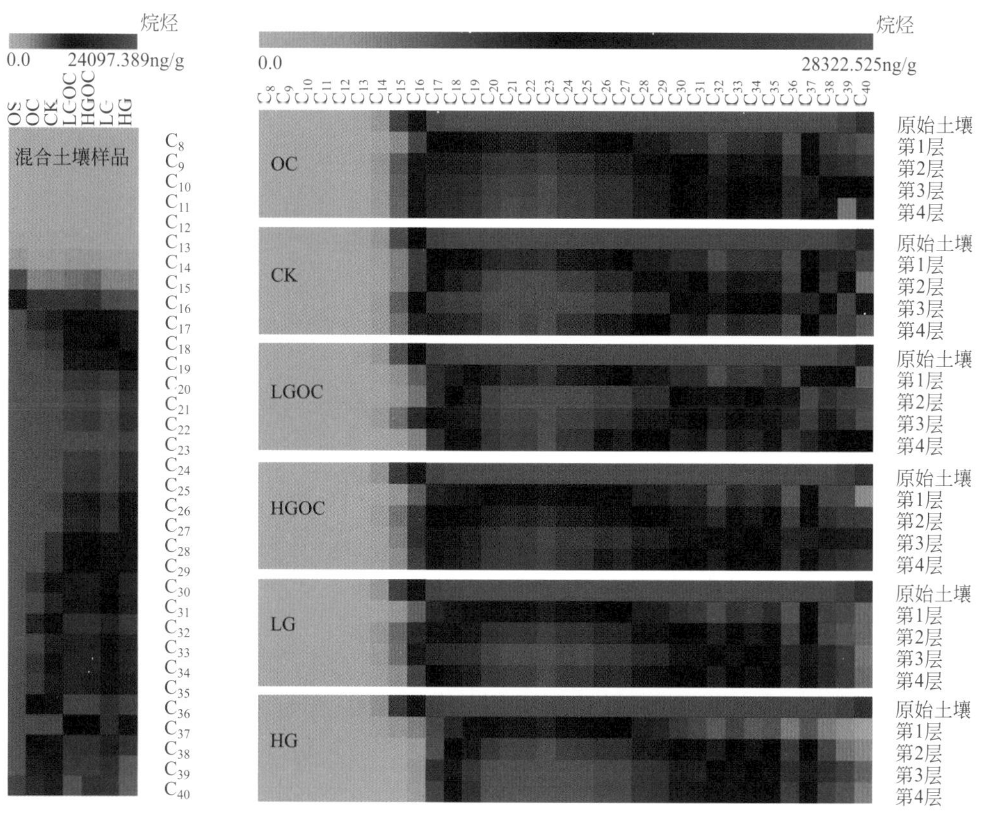

图 3.20　土壤 MFC 修复后土壤中的烷烃含量

如图 3.21 所示，很明显 4 种 PAHs，即菲（PHE，C_{14}）、荧蒽（FLU，C_{16}）、芘（PYR，C_{16}）和䓛（CHR，C_{18}）的加和量仍然占到测定芳烃总量的大部分。以混合土壤样品为例，这 4 种 PAHs 的加和量占到了 16 种优先控制 PAHs 总和的 70%。此外，土壤 MFC 中 LG 和 HG 组的 PAHs 总体降解率分别为 38% 和 44%，与空白对照组（OC 和 CK）相比提升不明显。同时，LGOC 和 HGOC 的芳烃降解率相对较低。

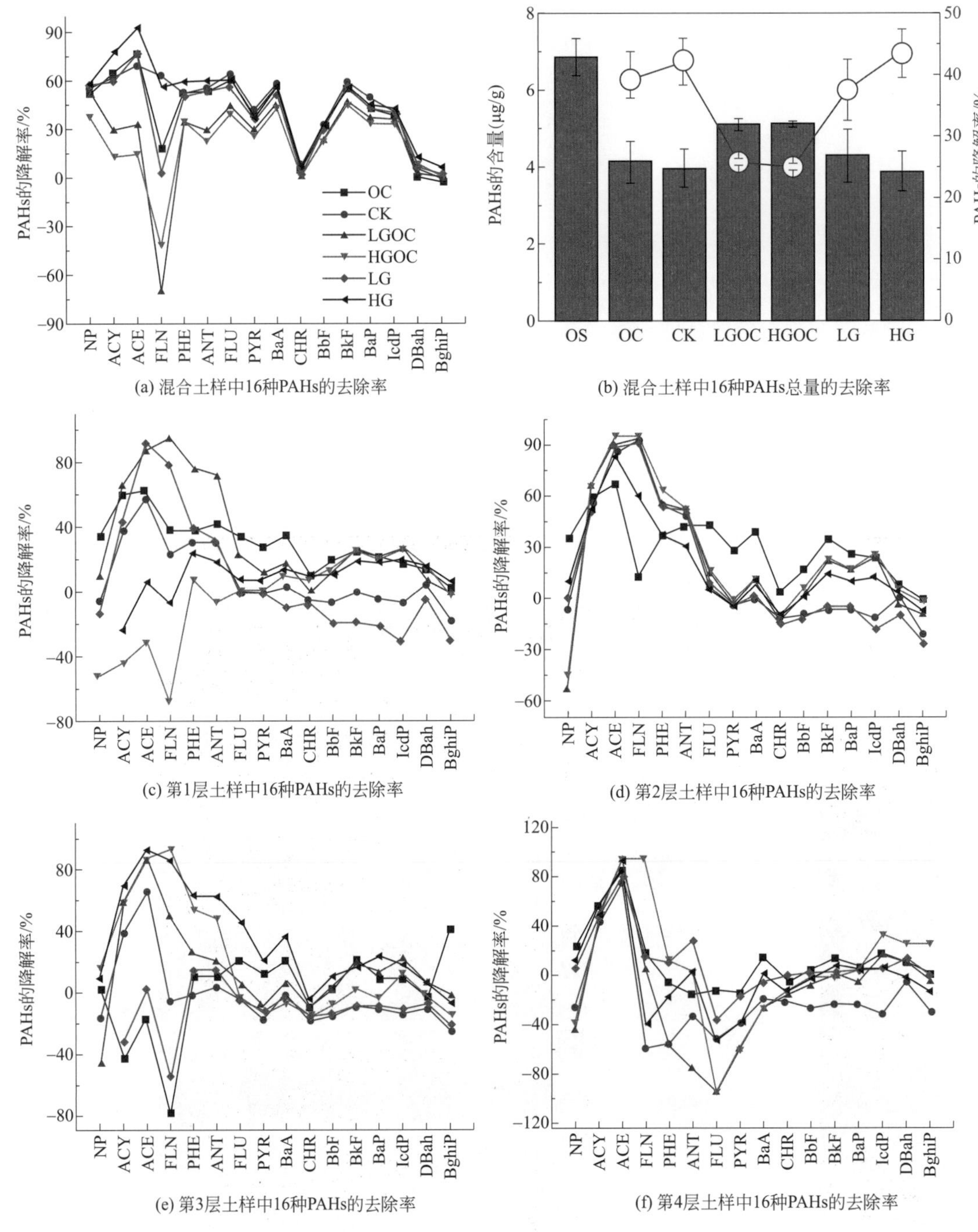

图 3.21　土壤 MFC 修复后土壤中的芳烃降解率

在该研究中，单独向土壤 MFC 中添加电子供体（葡萄糖）而无生物电流刺激的话，土壤中的总石油烃和 PAHs 并没有表现出明显的降解（图 3.19 和图 3.21），甚至两者的降解率还没有不添加葡萄糖溶液的 CK 组高。也就是说，与传统的只是向污染土壤中添加作为电子供体的营养物质相比，电化学辅助降解的方式可能是一种更具潜力的修复技术。当将两种方式结合时，即既添加葡萄糖溶液又辅助以生物电流刺激后，土壤 MFC 中的总石油烃和 PAHs 的降解率分别被促进了 59% ～ 70% 和 44% ～ 73%。该结果展示出在石油污染土壤修复过程中，葡萄糖的添加和生物电流的刺激作用存在一定的协同关系，特别是对 PAHs 的降解，推测是存在一种由电流刺激土壤中的混合菌群产生的葡萄糖与烃类的共代谢作用；同时土壤中脱氢酶和多酚氧化酶活性的增加和电池电荷转移内阻的减小进一步说明了这个结论。

6. 生物群落结构

从 DGGE 指纹图谱的表观上看［见图 3.22（a）］，添加葡萄糖溶液的土壤 DNA 跑胶后的条带分布较密，并且光密度相对较强。与空白对照相比，条带 13、16、17、21、22、31 和 35 在葡萄糖溶液添加后被不同程度地增强了。另外，第 10 号条带在有葡萄糖溶液添加的 MFC 土壤 DGGE 图谱中可以观察到，但是在没有葡萄糖溶液添加的土壤中却几乎不能被观察到。通过生物相似树分析可以看出，与土壤 MFC 活性炭空气阴极距离不同的第 2 层和第 4 层土壤生物相被区分开，如图 3.22（b）所示。说明生物电流对土壤中的微生物群落发挥了一定的诱导演变作用，并且这种刺激作用在距离土壤 MFC 的活性炭空气阴极越近的区域诱导性越强。

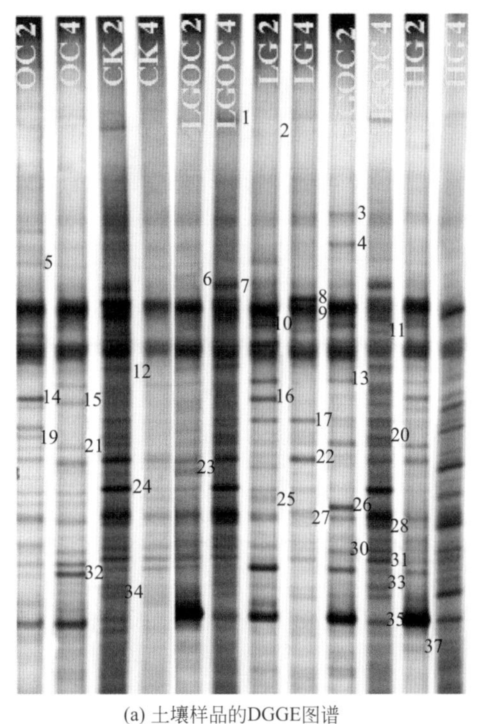

(a) 土壤样品的DGGE图谱

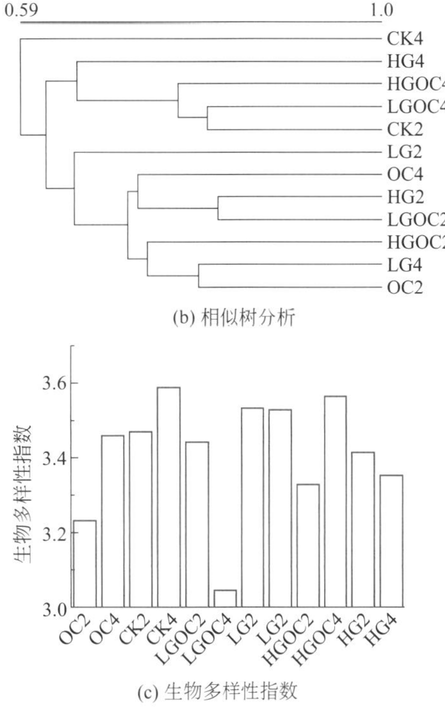

(b) 相似树分析

(c) 生物多样性指数

图 3-22

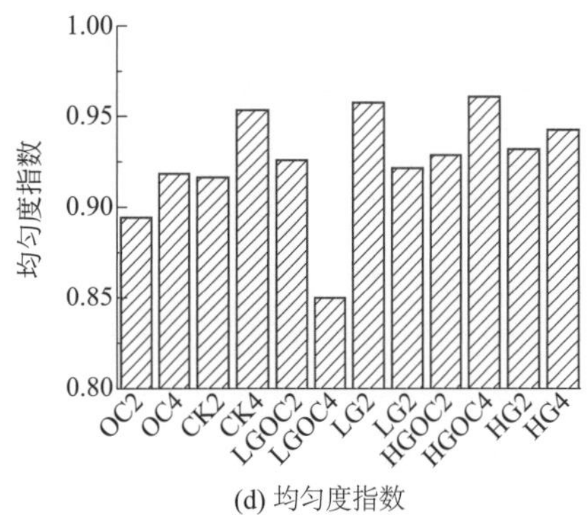

(d) 均匀度指数

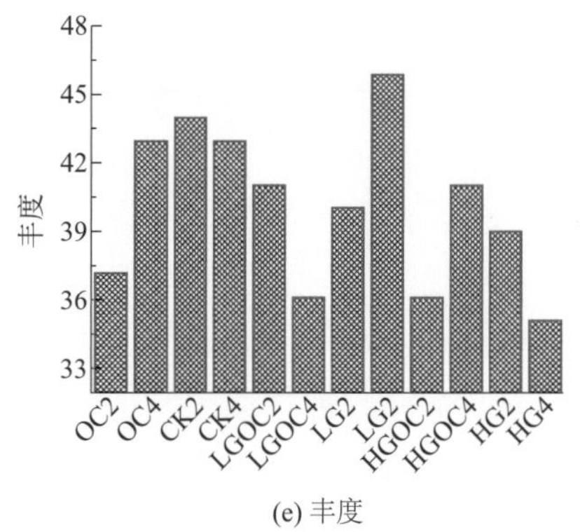

(e) 丰度

图 3.22　土壤样品的 DGGE 图谱、相似树分析、生物多样性指数、均匀度指数和丰度

在闭路空白对照组（CK）中，第 4 层土壤的生物多样性指数（Shannon-Wiener Index）明显高于它的第 2 层，见图 3.22（c），而同时第 4 层的石油烃降解率也比第 2 层高，更进一步说明了微生物电化学修复过程中生物电流的刺激作用效果。但是从本质上看，对于严重老化的石油污染土壤来说，活性炭空气阴极附近由于氢氧根离子的累积导致土壤的 pH 值升高，从而增加了老化石油烃类中某些组分的生物有效性。另外，在距离空气阴极最近的区域生物电流强度更高，对于土壤中微生物的生长刺激作用也更强，因此在土壤 MFC 中第 4 层土壤微生物的生物量较高，以致该层土壤中石油烃类的降解率也较高。当添加葡萄糖溶液后，这种本来较大的差异变得微乎其微，可能主要是因为第 1 层到第 4 层土壤里葡萄糖溶液贯穿其中，碳源已不再是微生物生长的决定限制因素。此外，葡萄糖溶液的添加对 MFC 土壤中的微生物群落均匀度影响不明显，但是对群落的丰度（richness）产生了稍强的影响，如图 3.22（d）、（e）所示。与闭路空白对照组（CK）相比，LG 和 HG 组的丰度有所下降，说明添加葡萄糖溶液后微生物菌群发生了选择性的富集生长。

7. 克隆测序

将测序条带与 NCBI 数据库比对后发现，变形菌门显然是优势菌群，主要包括 α- 变形菌门、β- 变形菌门、γ- 变形菌门，如表 3.5 所列。其中，又以 γ- 变形菌门占据优势，有趣的是测序比对的 γ- 变形菌门中 71% 竟然是大肠杆菌（*Escherichiasp.*）。虽然大肠杆菌在土壤环境中，特别是在厌氧的土壤环境中普遍存在，但是在构造的土壤 MFC 中，大肠杆菌是否在电能的产生和石油烃的降解上发挥重要作用，有待于进一步研究考证。此外，也有可能是在克隆测序时操作失误，没有将大肠杆菌的碱基剪除干净，导致比对结果多与大肠杆菌相似度较高。

表3.5　代表性条带的测序比对结果

条带	序列号	菌种	归属关系	相似度	参考文献
1	KF870457	*Escherichia* sp.	*Proteobacteria, Gammaproteobacteria, Enterobacteriales, Enterobacteriaceae, Escherichia*	100%	[22]
2	KF767965	*Escherichia albertii*	*Proteobacteria, Gammaproteobacteria, Enterobacteriales, Enterobacteriaceae, Escherichia*	100%	[23]

续表

条带	序列号	菌种	归属关系	相似度	参考文献
6	CP007391	*Escherichia coli*	*Proteobacteria, Gammaproteobacteria, Enterobacteriales, Enterobacteriaceae*	100%	[24]
7	DQ825234	UGM-1	Uncultured bacterium（gut microbes in the mucosa and feces）	92%	[25]
8	HQ218569	UBN-1	Uncultured bacterium（bacterial response to naphthalene exposure）	94%	[26]
9	JQ427689	UBA-1	Uncultured bacterium（bacterial in an alkaline saline soil spiked with anthracene）	98%	[27]
10	AB721131	*Azospirillum* sp.	*Proteobacteria, Alphaproteobacteria, Rhodospirillales, Rhodospirillaceae, Azospirillum*	100%	[28]
11	EF668606	*Geobacteraceae* sp.	*Proteobacteria, Deltaproteobacteria, Desulfuromonadales*	98%	[29]
12	FJ440032	*Firmicutes* sp.	Uncultured bacterium（*Firmicutes*, environmental samples）	98%	[30]
13	KF914394	*Escherichia coli*	*Proteobacteria, Gammaproteobacteria, Enterobacteriales, Enterobacteriaceae, Escherichia*	100%	[31]
14	HF558574	UIS-1	Uncultured bacterium（iron- and sulphur-cycling bacteria）	98%	[32]
16	HQ697781	UPD-1	Uncultured bacterium（bioremediation of Petroleum-Contaminated Saline-Alkali Soils）	97%	[33]
17	JN221495	*Escherichia* sp.	*Proteobacteria, Gammaproteobacteria, Enterobacteriales, Enterobacteriaceae*	100%	[34]
19	CP001383	*Shigella*	*Proteobacteria, Gammaproteobacteria, Enterobacteriales, Enterobacteriaceae*	99%	[35]
20	KF870457	*Escherichia* sp.	*Proteobacteria, Gammaproteobacteria, Enterobacteriales, Enterobacteriaceae, Escherichia*	99%	[22]
21	JF344166	UPG-1	*Proteobacteria, Gammaproteobacteria*	96%	[36]
22	KF767890	*Escherichia* sp.	*Proteobacteria, Gammaproteobacteria, Enterobacteriales, Enterobacteriaceae*	99%	[23]
23	KF830694	*Escherichia coli*	*Proteobacteria, Gammaproteobacteria, Enterobacteriales, Enterobacteriaceae, Escherichia*	99%	[14]
24	GU477928	URD-1	Uncultured bacterium（RDX degrading Microorganism）	94%	[37]
27	KF851241	*Escherichia* sp.	*Proteobacteria, Gammaproteobacteria, Enterobacteriales, Enterobacteriaceae*	100%	[38]

续表

条带	序列号	菌种	归属关系	相似度	参考文献
32	HQ857728	*Salinimicrobium*	*Bacteroidetes, Flavobacteriia, Flavobacteriales, Flavobacteriaceae*	92%	[39]
33	KF891381	*Escherichia albertii*	*Proteobacteria, Gammaproteobacteria, Enterobacteriales, Enterobacteriaceae*	100%	[40]
34	EU085037	*Halomonas korlensis*	*Proteobacteria, Gammaproteobacteria, Oceanospirillales, Halomonadaceae, Halomonas*	100%	[41]
35	DQ768632	*Alcanivorax*	*Proteobacteria, Gammaproteobacteria, Oceanospirillales, Alcanivoracaceae*	100%	[42]

在选择的24条带中，经过核苷酸序列比对后发现，既存在常规的烃类降解菌食烷菌（*Alcanivorax*，第35号条带），也存在某些未经鉴定的与石油烃及其他有机污染物降解相关的菌类：第8号条带UBN-1与萘相关、第9号条带NBA-1与蒽相关、第16号条带UPD-1与石油烃相关、第24号条带URD-1与三亚甲基三硝胺相关。显然，在该研究的石油烃污染土壤修复中，应该是土著混菌的共同作用将石油烃降解。此外，一些条带的序列经过比对后发现与厚壁菌门的菌种相似度较高，可能也参与土壤中石油烃的降解。因为厚壁菌与变形菌一样是较为常见的石油烃降解菌，经常在油类污染土壤中被发现。这些菌是否在微生物电化学修复中发挥作用，发挥怎样的作用均可作为今后研究的延续。

同时，常被作为MFC中的模式产电菌进行研究的地杆菌（*Geobacteraceae*）也在该受试土壤中发现，同时相当含量的大肠杆菌也被发现。研究表明，大肠杆菌可通过自身的分泌物完成电子从胞内向胞外固体电子受体（电极）的传递，在水介质MFC中被验证具有产电的能力[21]。因此，在构造的土壤MFC当中，很可能大肠杆菌是产电菌优势菌，但是由于大肠杆菌的普遍存在性，也有可能它只是存在而已。土壤中微生物种类成千上万，有可能既存在与传统产电菌（地杆菌）类似的菌种，也有可能存在新的产电菌（可能是大肠杆菌），对于土壤微生物电化学中产电菌的研究是一个至关重要的问题。

8. 相关性分析

土壤MFC中的参数相关性分析如表3.6所列。

从表3.6的相关性分析首先可看出，葡萄糖的添加浓度与土壤MFC电量的产出、内阻、脱氢酶活性、多酚氧化酶活性均呈现出显著的相关性（$p < 0.05$）。这从侧面说明添加葡萄糖溶液后，土壤MFC的产电性能和修复能力得以提升。而且，葡萄糖添加浓度与土壤微生物种群丰度表现为一定的负相关性（−0.509～0.528），说明葡萄糖作为碳源选择性富集了某些特定的菌群。土壤pH值和电导率是土壤的两个基本性质，对土壤中代谢种类及其途径均有直接的影响。相关分析表明，土壤pH值和电导率与脱氢酶（−0.829*和0.827*）、多酚氧化酶活性（−0.781*和0.770*）显著相关。同时，土壤电导率与总石油烃的降解率显著正相关（0.825*），pH值与输出电量显著负相关（−0.999*）。烷烃降解率与输出电量呈现了本研究中最高的相关性（1.000**），说明电能的产生主要来源于容易被生物降解利用的石油烃组分（烷烃等）。

表3.6　土壤MFC中的参数相关性分析

指标	葡萄糖	电量	功率	*R*	pH 值	EC	DHA	PPO	TPH	烷烃	PAH	*H2*	*H4*	*EH2*	*EH4*	*S2*	*S4*
葡萄糖[1]	1																
电量[2]	1* (0.010)	1															
功率[2]	0.911 (0.270)	0.904 (0.281)	1														
R[2]	−0.999* (0.026)	−0.998* (0.036)	−0.927 (0.245)	1													
pH 值[1]	−0.773 (0.072)	−0.924 (0.250)	−0.999* (0.030)	0.944 (0.214)	1												
EC[1]	0.370 (0.470)	0.115 (0.927)	0.527 (0.646)	−0.170 (0.891)	−0.623 (0.135)	1											
DHA[1]	0.993** (0.000)	0.993 (0.074)	0.849 (0.354)	−0.985 (0.110)	−0.829* (0.021)	0.827* (0.022)	1										
PPO[1]	0.893* (0.017)	0.937 (0.228)	0.698 (0.508)	−0.915 (0.264)	−0.781* (0.038)	0.770* (0.043)	0.978** (0.000)	1									
TPH[1]	0.215 (0.682)	0.335 (0.769)	0.720 (0.489)	−0.407 (0.733)	0.026 (0.960)	0.825* (0.043)	0.212 (0.687)	0.312 (0.547)	1								
烷烃[1]	0.747 (0.088)	0.907 (0.276)	1.000** (0.004)	−0.929 (0.241)	−0.297 (0.567)	0.645 (0.166)	0.706 (0.117)	0.624 (0.186)	0.520 (0.290)	1							
PAH[1]	−0.226 (0.666)	0.511 (0.659)	0.095 (0.939)	−0.461 (0.695)	0.025 (0.963)	−0.011 (0.984)	−0.146 (0.783)	0.140 (0.791)	0.425 (0.401)	−0.365 (0.477)	1						
H2[1]	−0.120 (0.821)	−0.737 (0.473)	−0.378 (0.753)	0.698 (0.509)	0.499 (0.314)	0.680 (0.137)	−0.145 (0.785)	−0.071 (0.894)	0.836* (0.038)	0.453 (0.367)	0.119 (0.822)	1					

续表

指标	葡萄糖	电量	功率	R	pH 值	EC	DHA	PPO	TPH	烷烃	PAH	$H2$	$H4$	$EH2$	$EH4$	$S2$	$S4$
$H4$①	0.045 (0.932)	-0.997* (0.049)	-0.934 (0.232)	1.000* (0.013)	-0.269 (0.606)	0.198 (0.708)	0.062 (0.906)	0.029 (0.957)	0.193 (0.715)	-0.351 (0.495)	0.364 (0.478)	-0.072 (0.892)	1				
$E_H2$①	0.306 (0.556)	0.037 (0.976)	0.460 (0.696)	-0.093 (0.940)	-0.063 (0.905)	0.969** (0.001)	0.237 (0.652)	0.134 (0.800)	0.810 (0.051)	0.717 (0.109)	-0.135 (0.799)	0.789 (0.062)	0.017 (0.975)	1			
$E_H4$①	0.410 (0.419)	0.030 (0.981)	-0.399 (0.739)	0.027 (0.983)	-0.473 (0.343)	0.168 (0.750)	0.454 (0.366)	0.474 (0.343)	0.253 (0.629)	-0.083 (0.876)	0.399 (0.434)	-0.137 (0.796)	0.887* (0.018)	-0.014 (0.979)	1		
$S2$①	-0.528 (0.282)	-0.776 (0.435)	-0.971 (0.154)	0.810 (0.399)	0.873* (0.023)	-0.002 (0.998)	-0.489 (0.325)	-0.258 (0.622)	0.428 (0.397)	-0.081 (0.879)	0.336 (0.516)	0.717 (0.109)	-0.113 (0.831)	0.137 (0.795)	-0.179 (0.734)	1	
$S4$①	-0.509 (0.303)	-0.904 (0.281)	-0.636 (0.561)	0.879 (0.317)	0.134 (0.801)	0.187 (0.722)	-0.538 (0.271)	-0.631 (0.179)	0.056 (0.917)	-0.582 (0.226)	0.184 (0.727)	0.073 (0.891)	0.731 (0.099	0.083 (0.876)	0.335 (0.516)	0.032 (0.952)	1

① $n = 6$。

② $n = 3$。

注：1.R—电阻；EC— 电导率；DHA—脱氢酶；PPO—多酚氧化酶活性；TPH、烷烃和 PAHs—混合土壤样品中总石油烃、正构烷烃和 16 种 PAHs 的降解率；H, E_H 和 S—香农、均匀度和丰度；数字 2 和 4 代表第 2 层和第 4 层土壤样品。

2.* 表示显著相关（$p < 0.05$）；** 表示显著相关（$p < 0.01$）。

第 2 层土壤（远离阴极的土层）生物多样性主要取决于土壤中石油烃的生物可利用性（0.836*），同时第 4 层土壤（临近阴极的土层）生物多样性与最大电流密度（−0.997*）和输出电量（1.000*）显著相关。土壤 pH 值（0.873*）和电导率（0.969**）也显著影响土壤微生物的均匀度。土壤 MFC 的内阻与输出的电量、酶活性、石油烃及其组分的降解率均呈负相关，说明减小电池的内阻是提升土壤 MFC 电能产出和修复效率的重要途径。除 MFC 内阻外，外电阻的大小也直接影响回路中电流大小。为了增加电流强度，将 1000Ω 的外电阻减小（至 100Ω），或许能增加土壤 MFC 修复能力，但电能产出会减少，其结果有待进一步考察。

四、小结

添加葡萄糖，有效促进了土壤 MFC 电能的产出和石油烃的降解。当土壤 MFC 中添加葡萄糖后，土壤脱氢酶和多酚氧化酶活性均升高，从而提升了石油烃类降解菌的活性；添加的葡萄糖使土壤 MFC 中的微生物群落发生了选择性富集；在土壤 MFC 中，电流刺激的共代谢过程大大促进了土壤中总石油烃和 PAHs 的降解；远离空气阴极土壤中的生物多样性主要取决于土壤中石油烃的生物可利用性，而临近空气阴极的土壤中生物多样性受生物电流的影响更大。

第四节 增加污染物生物有效性促进土壤微生物电化学修复

一、概述

研发一种低成本、环保高效的石油污染土壤修复技术势在必行。特别在中国，在修复技术上的投资微不足道（约合 3 亿美元，是 2015 年国内生产总值的 0.003%[54]）。

随着易降解烃类的消耗，老化石油烃类的生物可利用性下降，导致系统产电性能在短时间内快速下降。虽然土著微生物产生了各种各样的天然生物表面活性剂作为其细胞表面的一个组成部分，但它们对成熟的石油烃类化合物却无能为力。因此，提高老化石油烃的生物利用度是亟待解决的关键问题。

针对老化的石油污染土壤 MER，我们研究了生物表面活性剂、阴离子表面活性剂、阳离子表面活性剂、非离子表面活性剂和两性表面活性剂 5 种不同类型表面活性剂在微生物发电、烃类降解和细菌群落演化等方面的差异[16]。而且，还对混合菌群的种内和种间关系进行了研究，以了解土壤微生物电化学修复系统中基因距离矩阵的生态学意义和复杂功能。

二、实验部分

1. 土壤中表面活性剂的添加

在天津大港油田废弃油井周围表层土（＜10cm）采集了石油污染的陈年土壤。风干后，通过 2mm 筛，将原始土壤标记为 OS。土壤和碳纤维丝按照 2% 质量比混合均匀，此混合物标记为 MC，用于添加表面活性剂。以环糊精、十二烷基硫酸钠、十六烷基三甲基溴化铵、卵磷脂和单硬脂酸甘油酯作为生物表面活性剂、阴离子表面活性剂、阳离子表面活性剂、两性表面活性剂和非离子表面活性剂的代表，分别以 10%、1%、1%、10%、10% 的质量比与 MC 混合，填入土壤 MFC 后分别标记为 CYC、SDS、CTAB、LEC、GMS。SDS 和 CTAB 的低质量比是由于其高毒性（大鼠急性口服毒性：LD_{50} 分别为 1288mg/kg 和 410mg/kg），相应的开路对照分别标记为 CYCOC、SDSOC、CTABOC、LECOC 和 GMSOC。以仅填充 MC 的连通和非连通土壤 MFC 作为空白对照，标记为 CK 和 CKOC。所有土壤 MFC 中填入 100g 干土，未进行外源接种或添加缓冲液。

2. MFC配置和操作

土壤 MFC 装置由单层炭网阳极和活性炭空气阴极组成。炭网用丙酮浸泡清洗过夜，用蒸馏水冲洗。活性炭空气阴极由催化剂层、气体扩散层和不锈钢网用辊压方法制成[51,52]。所有土壤 MFC 在 30℃恒温运行，在整个实验过程中用蒸馏水液封，每个实验组，包括相应的非连接对照组，均设置有一个重复。

三、结果

1. 土壤MFC的产电性能

如图 3.23（a）所示，在 182d 的实验期间，LEC、GMS、SDS 和 CYC 的电流密度较 CK 和 CTAB 有所增强，LEC 和 GMS 的电流密度高于 SDS 和 CYC。CK、SDS、CTAB、CYC、LEC 和 GMS 的最高电流密度分别为（23.3±0.7）mA/m^2、（123.6±0.5）mA/m^2、（61.5±0.8）mA/m^2、（57.1±0.6）mA/m^2、（153.8±0.1）mA/m^2 和（148.6±0.8）mA/m^2（24h 平均值），分别为第 11 天、第 94 天、第 122 天、第 120 天、第 17 天和第 82 天。LEC 和 CYC 的功率输出相对稳定，而 GMS 呈现典型的趋势（先增加后减少）。值得注意的是，SDS 和 CTAB 的电流密度在 70 ～ 100d 和 145 ～ 150d 分别出现了两个峰值，表现出一种周期性的趋势，这可能是由底物的发酵过程或 / 和微生物区系的进化所致。CK、SDS、CTAB、CYC、LEC 和

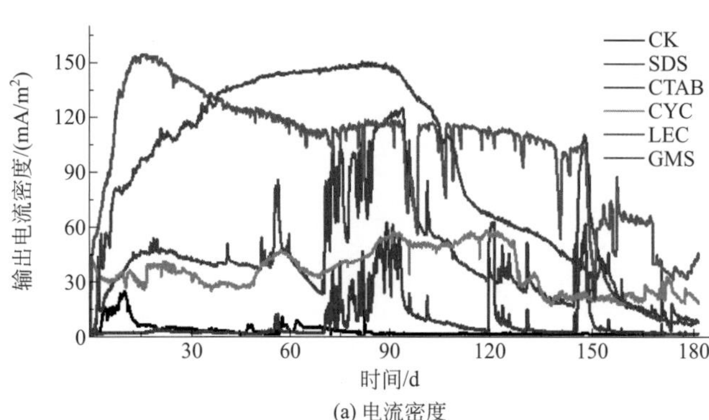

(a) 电流密度

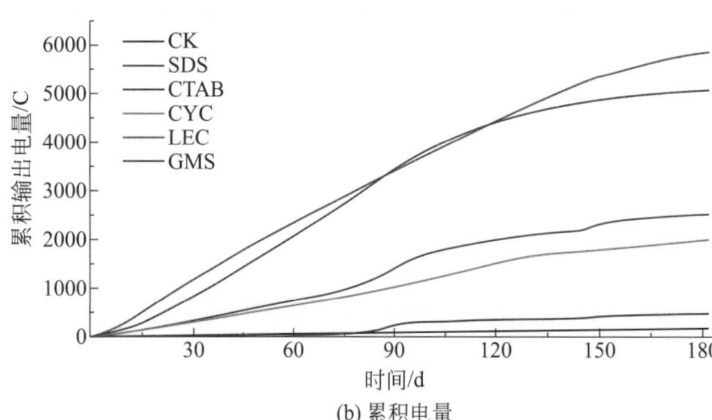

(b) 累积电量

图 3.23　土壤 MFCs 的电流密度和累积电量

（注：数据是两个重复的平均）

GMS 的累积电量输出分别为 169C、2512C、457C、2014C、5846C 和 5074C，单位时间累积电量分别为 0.9C/d、13.9C/d、2.5C/d、11.1C/d、32.2C/d 和 28.0C/d［图 3.23（b）］。

2. 土壤性质的变化

加入 5 种表面活性剂后，修复土壤的 pH 值和电导率在 MFC 中呈现出不同的变化［图 3.24（a）］。在闭路的土壤中，阴离子表面活性剂（SDS）和阳离子表面活性剂（CTAB）对土壤 pH 值影响不大，而生物表面活性剂（CYC）、两性表面活性剂（LEC）和非离子表面活性剂（GMS）对酸碱平衡有相对明显的影响（与 CK 相比下降了 7% ～ 5%）。对于开路的土壤 MFC，除 GMSOC 外，处理组土壤 pH 值较 CKOC 升高 6% ～ 11%。在添加表面活性剂的土壤中，土壤电导率对土壤 pH 值的影响近似相反［图 3.24（b）］。闭路和开路土壤 MFC 的电导率分别比 CK 和 CKOC 低 14% ～ 92% 和 11% ～ 84%。SDS 和 CTAB 中土壤电导率较 OS 下降 47% ～ 79%。对于单个土壤 MFC 和相应的开路对照，闭路土壤 MFC 具有较高的 pH 值和较低的电导率。通过测定土壤多酚氧化酶和脱氢酶的活性，发现各试验组土壤酶活性均明显降低［图 3.24（c）、（d）］。闭路后的土壤 MFC 中，土壤多酚氧化酶和脱氢酶活性较 OS 分别下降 47% ～ 74% 和 47% ～ 75%；对于开路的土壤 MFC，也观察到 37% ～ 72% 和 43% ～ 77% 的下降。虽然 MFC 与相应的开路对照土壤酶活性差异不大，但几乎都低于开路对照。

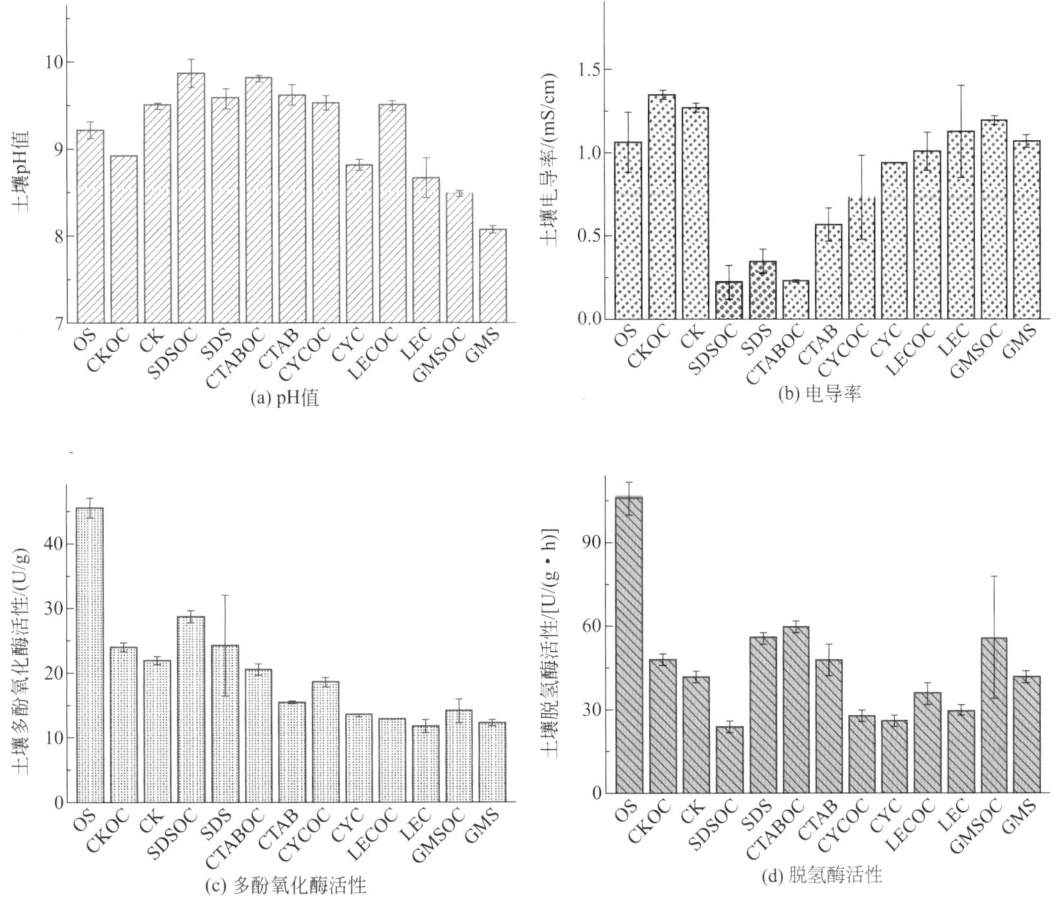

图 3.24 土壤 pH、电导率、多酚氧化酶活性和脱氢酶活性

3. 石油烃类的降解

土壤MFCs修复后，除含有长链烷烃脂肪酸（C_{16}～C_{18}）的GMS外，总石油烃（TPHs）总量明显减少[图3.25（a）]。TPHs的降解率依次为LEC（77%±2.4%）＞SDS（56%±1.4%）＞CYC（50%±1.2%）＞CTAB（27%±1.4%）＞CK（18%±1.2%）。与CKOC相比，开路处理组的TPHs降解率在182d后提高了66%～136%。结果表明，闭路土壤MFC的TPHs降解率明显高于开路组，其中以两性表面活性剂（LEC）的降解率增幅最高，达417%。

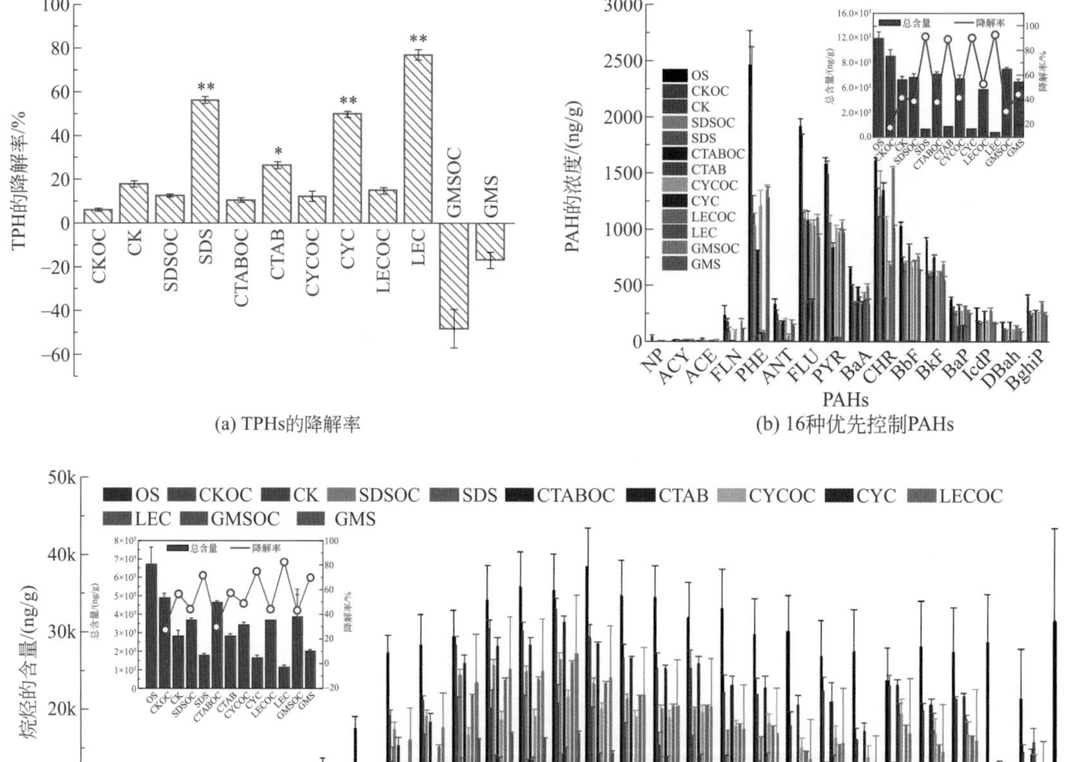

(a) TPHs的降解率　　(b) 16种优先控制PAHs

(c) 30种正构烷烃的含量

图3.25　土壤MFC中TPH降解速率、16种优先控制PAHs和30种正构烷烃的含量。
[*表示处理组与对应开路组显著差异（$p<0.05$）；**表示处理组与开路组极显著差异（$p<0.01$）]

正构烷烃中C_{17}～C_{37}含量均超过20μg/g，其中C_{23}含量最高，达38.5μg/g[图3.25（b）]。图3.25（b）中的插入图是16种PAHs的含量和降解率，表面活性剂添加促进了正构烷烃（C_8～C_{37}）的降解，降解率居于57%～83%之间，依次为LEC＞CYC＞SDS＞GMS＞CTAB。与对照相比，除CTAB外，表面活性剂处理组中正构烷烃的降解率提高了21%～44%。在开路土壤MFC中，30种正构烷烃在CTABOC、SDSOC、CYCOC、LECOC和GMSOC中的总降解率分别比CKOC高11%、62%、80%、62%和54%。正构烷烃中低分子量（$< C_{19}$）的组分更容易被微生物降解，而高分子量的组分则难以降解。但所有土壤 MFC 对 C_{11} 的降解率均较低。另外，C_{19} 和 C_{32} 在添加表面活性剂的闭路土壤 MFC 中积累，致使降解率最低。总的来说，正构烷烃的降解率在 20% ～ 80% 之间。

环糊精、十二烷基硫酸钠、十六烷基三甲基溴化铵、卵磷脂 4 种表面活性剂在生物电流的刺激下，显著加速了 16 种优先控制 PAHs 的降解。研究发现，SDS、CTAB、CYC 和 LEC 的降解率分别比 CK(42%) 高 117%、112%、115% 和 123%[图 3.25(c)]。图 3.25(c) 中的插入图是 30 种正构烷烃的含量和降解率。意外的是，GMS（45%）与 CK 之间没有明显差异。在开路的土壤 MFC 中，表面活性剂的添加使得 16 种 PAHs 生物降解量增加了 73% ～ 189%，并在电路连接后进一步增强。在 16 种 PAHs 中，菲(PHE)、荧蒽(FLU)、芘（PYR）、䓛（CHR）、苯并［*b*］荧蒽（BbF）、苯并［*k*］荧蒽（BkF）6 种化合物的含量占总含量的 79%，是 PAHs 中的主要目标污染物。在 SDS、CYC、CTAB 和 LEC 中的降解率均较高（$>$ 90%），高环芳烃的分解导致了低分子量 PAHs 的积累。另外，其他处理组的 PAHs 降解率为 15% ～ 60%。

4．微生物群落

通过对 12 个土样进行测序，得到 221605 × 2 条的原始数据。对 203480 个序列进行裁剪和质量过滤后，平均长度为 395.75bp。99.63% 的序列长度为 301 ～ 400bp，其余序列长度为 1300bp 或 401 ～ 500bp。对这些序列进行优化，按 97% 相似度聚类成 254 ～ 496 个 OTUs。尽管在采样后细菌系统类型继续出现，但在 9500 个数据后，香农（Shannon）指数稀疏，曲线已趋于稳定。这也得到了 98.8% ～ 99.7% 的覆盖度估计值的支持，表明测序深度足以可以代表细菌群落。

根据较低的 ACE 和 Chao1 指数估计值，添加 5 种表面活性剂降低了闭路土壤 MFCs 中的群落丰富度，平均影响程度依次为 SDS（36%）$>$ GMS（14%）$>$ CTAB（10%）$>$ CYC（7%）$>$ LEC（1%）。SDS、GMS 和 CTAB 的群落多样性较低，而在 Shannon 和 Simpson 指数相对于 CK 分别升高 36% 和降低 60% 的基础上，加入卵磷脂明显扩大了生物多样性。对于开路的土壤 MFC，除卵磷脂（LECOC 中丰富度下降 22%）外，其他表面活性剂添加后土壤中的群落丰富度（ACE 和 Chao1 指数估计数值）较 CKOC 增加了 11% ～ 36%。同样，LECOC 的群落多样性较低（Simpson 指数较 CKOC 高 81%），而 Shannon 和 Simpson 指数较 CKOC 分别高 25% ～ 34% 和低 53% ～ 66%，其他群落多样性显著增加。与相应的开路对照相比，CK 和 LEC 的群落丰富度和多样性增加，而其他的则减少。

每个文库（12 个文库）的土壤群落结构鉴定出 21 个细菌门。排在前三位的门是变形杆菌门、厚壁菌门和拟杆菌门，它们的丰度占总序列的 56% ～ 97%［图 3.26（a）］。其他主要的细菌门有放线菌门、绿弯菌门、浮霉菌门和酸杆菌门。在所有的土壤 MFC 中，前 7 个门的总丰度占群落组成的 93% ～ 99%（平均 96%），这也是表面活性剂添加主要施加影响的门。其中，变形菌门的丰度（主要是 *Alphaproteobacteria* 和 *Gammaproteobacteria*）明显减少，而厚壁菌门（主要是 Clostridia）明显增加［图 3.26（b）和图 3.26（c）］。此外，SDS 和 CYC 中拟杆菌（*Bacteroidia*）、LEC 中放线菌（*Actinobacteria*）和酸杆菌 (*Acidobacteria*）显著升高［图 3.26（d）、（e）和（f）］。绿弯菌门的丰度和浮霉菌门趋势相反，与 CK、CYC 和 LEC 相比，SDS、CTAB 和 GMS 呈下降趋势［图 3.26(g)和(h)］。在开路土壤 MFC（没有生物电流）中，厚壁菌门和拟杆菌门的丰度下降，然而其他 5 个门表现出不同趋势的变化。

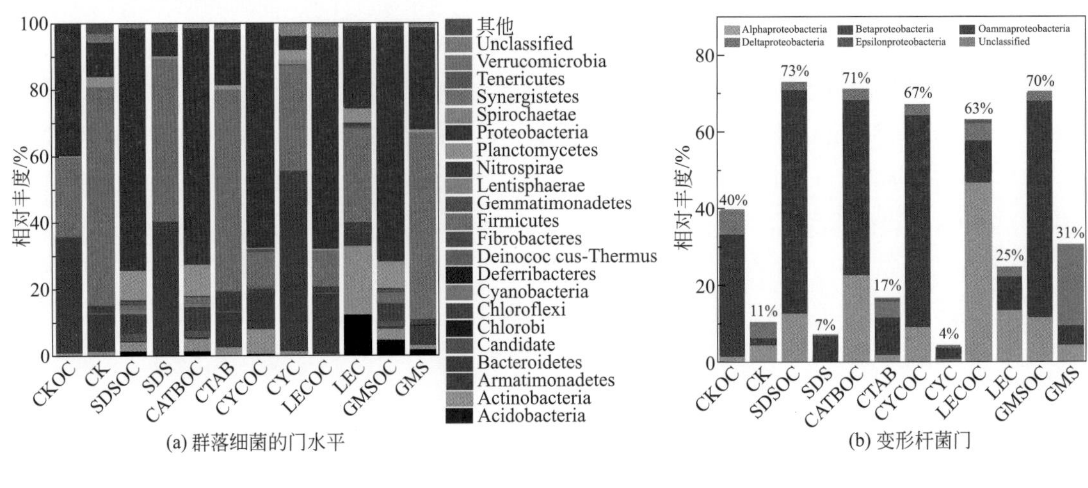

(a) 群落细菌的门水平　　(b) 变形杆菌门

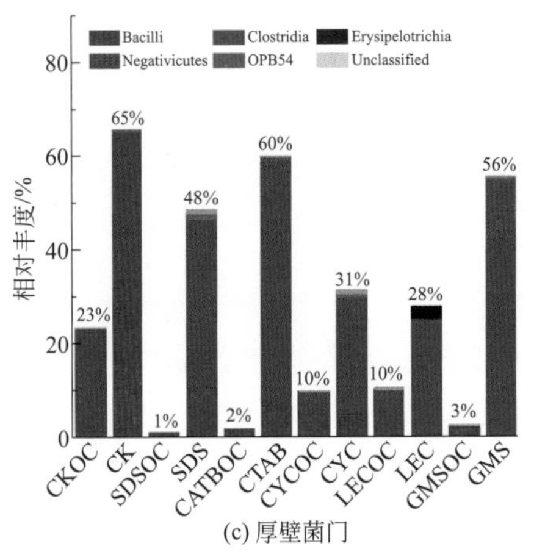

(c) 厚壁菌门

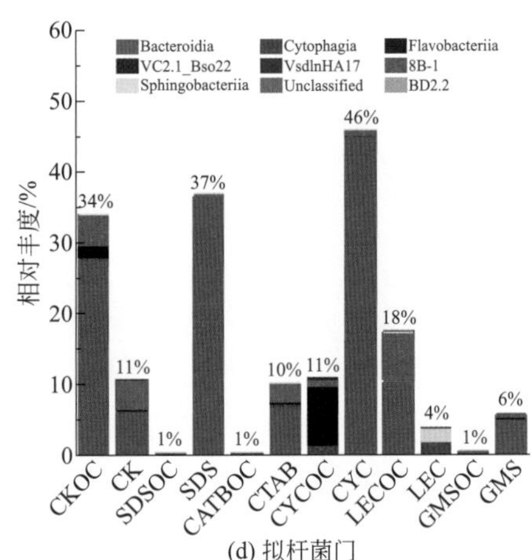

(d) 拟杆菌门

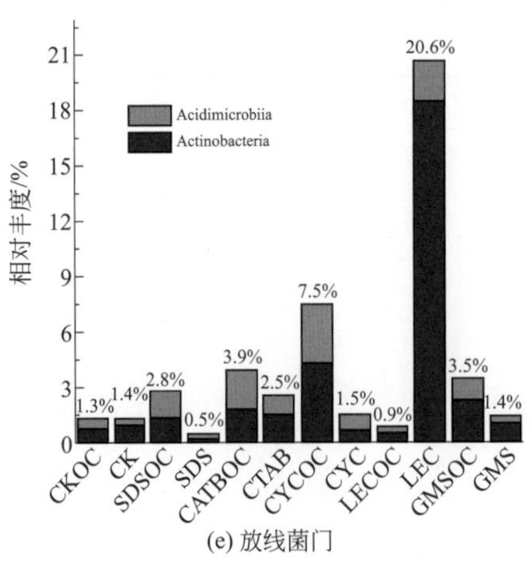

(e) 放线菌门

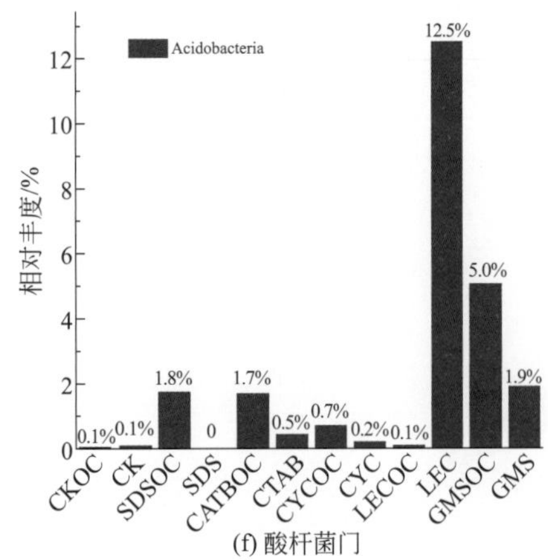

(f) 酸杆菌门

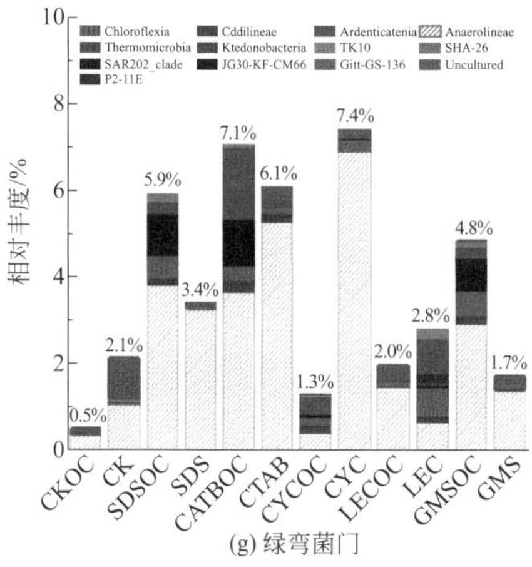

(g) 绿弯菌门

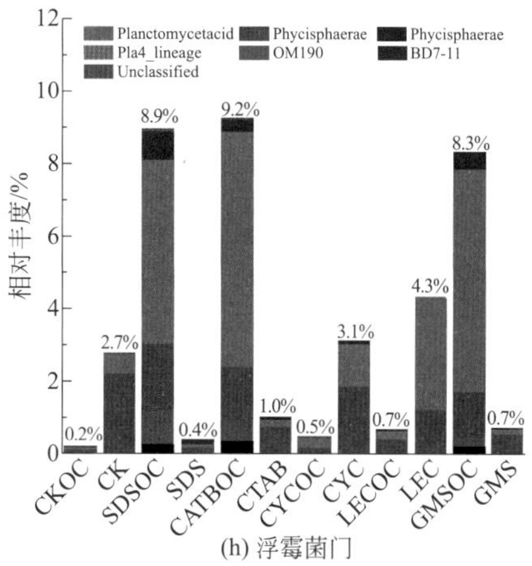

(h) 浮霉菌门

图 3.26 土壤 MFCs 中群落细菌的门水平、变形杆菌门、厚壁菌门、拟杆菌门、放线菌门、酸杆菌门、绿弯菌门和浮霉菌门的纲水平分布

图 3.27 所示为菌种在属水平上的分布，占所有文库总组成的 41% ～ 89%。在此，LEC 的最低解释率（41%）是由于其较高的群落均匀度所致（38 个属丰度占 1%）。根据聚类分析，开路和闭路的土壤 MFC 被明显分开。同时，在表面活性剂添加组中得到：CK 和 LEC（0.57）、SDS 和 CYC（0.63）、CTAB 和 GMS（0.78）3 个集群。而 SDSOC 与 GMSOC 的相关性最高，为 0.95。

虽然 CKOC（83.44%）和 CK（83.79%）的解释率相似，但两个文库中某些物种的丰度存在差异。例如，*Alcaligenes* 和 *Dysgonomonas* 的丰度分别从 22.91% 和 25.48% 下降到 0.13%，而 *Bacillus* 和 *Clostridium* 的丰度分别从 1.27% 和 0.19% 上升到 22.16%。不同的是，SDS 和 CTAB 的解释率分别比相应的对照组（SDSOC 和 CTABOC）高 21% 和 33%，而 CYC、LEC 和 GMS 的解释率分别比对照组低 20%、54% 和 17%。除 LEC 外，其余闭路的土壤 MFC 中 *Bacillus* 的丰度均有显著提高。例如，SDS 和 CTAB 分别增加了 7.7 倍和 5.6 倍。与对照组相比，*Alcanivoracaceae*、*Parvibaculum*、*Perlucidibaca*、*Planctomyces* 和 *Unclassified bacteria* 在 SDS 和 CTAB 中明显减少，而在 GMS 中明显增加。而 *Clostridiales*、*Pseudomonas* 和 *Syntrophomonas* 在 SDS 和 CTAB 中含量较高，在 GMS 中含量较低。在 SDS 中，相对于 SDSOC，*Philum* 的丰度增加了 24 倍以上。与 CTABOC 相比，CTAB 中 *Aquimonas* 和 *Xanthomonadales* 的丰度分别下降为原来的 1/12 和 1/13 以下，而 *Lachnospiraceae* 从 0 增加到 39.36%。与 GMSOC 相比，GMS 中 *Desulfovibrio*、*Desulfuromonas*、*Dethiobacter*、*Geoalkalibacter*、*Lachnospiraceae* 和 *Propionispora* 的数量减少。与对照组相比，LEC 中 *Perlucidibaca* 和 *Pseudomonas* 丰度明显降低，而在 CYC 中升高。在 LEC 中，*Clostridium* 的丰度从 LECOC 的 3.61% 上升到 14.88%，而 *Sphingobium* 呈现下降趋势。在 CYC 中，*Methylobacillus* 的丰度从 0.01% 增加到 14.43%，而 *Anaerolineaceae*、*Proteiniphilum* 和 *Syntrophomonas* 从 CYCOC 的 6.88% ～ 9.77% 减少至消失。实际上，未分类和未培养物种在整体菌群中发挥了重要作用，例如未分类属的丰度在 CYC 中从 32.81% 下降到 0.65%。

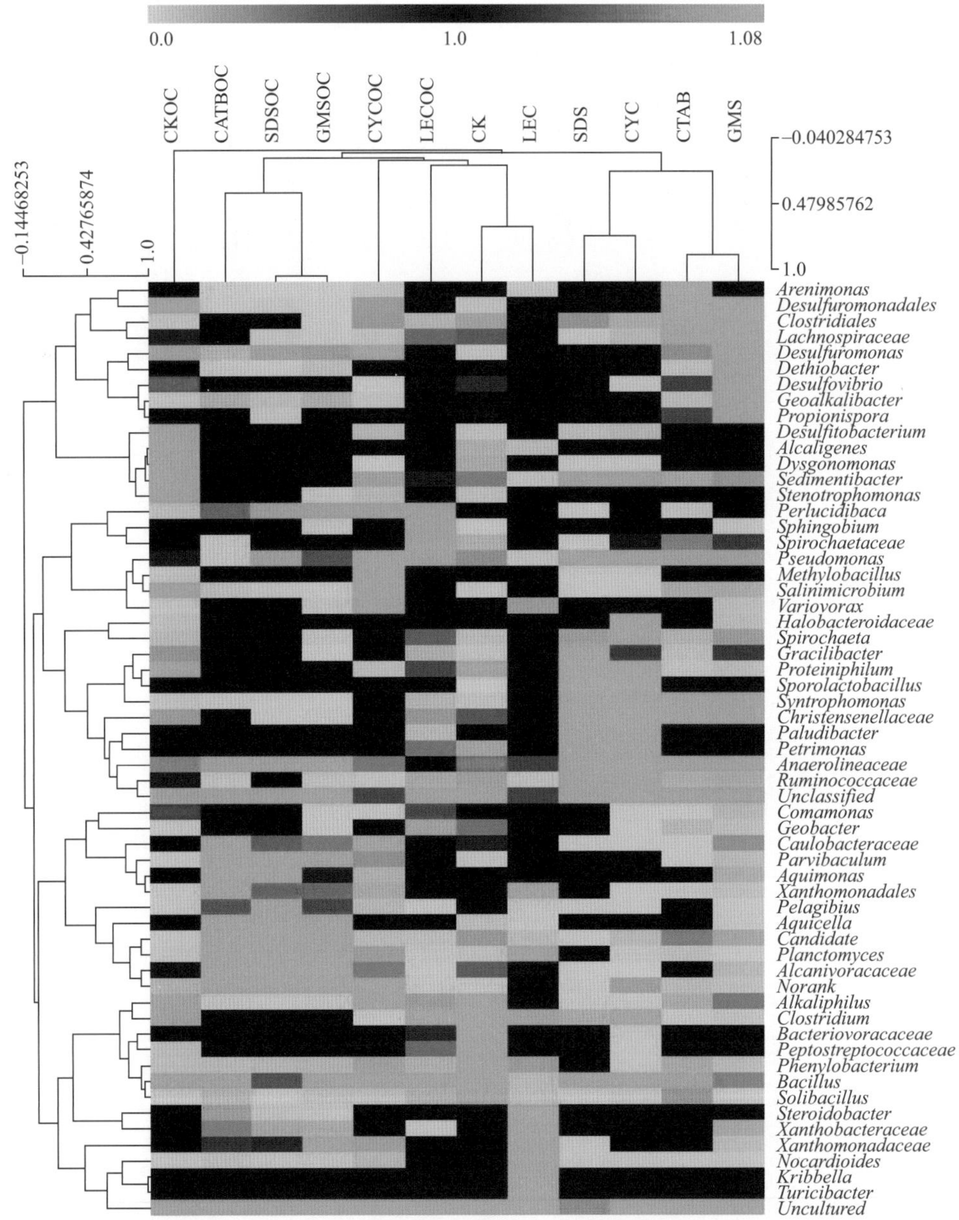

图 3.27　土壤微生物群落属水平及聚类分析

（注：其中，含量不到2%的属被省略）

5. 微生物种间关系分析

在通过添加葡萄糖刺激土壤微生物活性提升微生物电化学修复章节中，我们考察了优势微生物丰度与石油烃降解率和生物电能产生量之间的关系，发现 *Proteobacteria*、*Firmicutes* 和 *Gemmatimonadetes* 的相对丰度与产出电量正相关，*Proteobacteria*、*Firmicutes* 和 *Bacteroidetes* 的相对丰度与石油烃降解率正相关，暗示着这些微生物在微生物电化学修复中发挥着重要作用。在此，我们主要考察土壤微生物的种内和种间关系，以进一步剖析土壤微生物电化学系统中混菌特定生态功能的构建过程。

通过基因距离矩阵（gene distance matrix）初步解析了纲水平和属水平土壤微生物优势菌种之间的关系。在基因距离小于0.05水平下，发现10对纲水平微生物和17对属水平微生物种间显著相关（图3.28）。例如，*Deltaproteobacteria* 和 *Negativicutes* 之间的实际基因距离为0.9490。*Erysipelotrichia*、*Actinobacteria* 和 *Acidobacteria* 分别归属于不同的门（Firmicutes、Actinobacteria 和 Acidobacteria），彼此之间均显著相关（0.9168 ～ 0.9764），另外 *Alcaligenes*、*Dysgonomonas* 和 *Sedimentibacter* 彼此之间同样也显著相关（0.9538 ～ 0.9966），这种显著的相关性在 *Bacillus*、*Phenylobacterium* 和 *Solibacillus* 两两之间也同样被发现。这些特定菌种之间显著的相关性暗示着它们在微生物电化学系统中特定微生物结构形成过程中的相互作用关系。在石油污染土壤微生物电化学修复中，特定功能的微生物涉及降解菌（负责石油烃的降解）、产电菌（负责生物电能的产生）以及氮转化菌（负责提供微生物生长必需的氮源）等，通过基因距离矩阵发现的这些种间关系紧密的微生物可能在降解-产电代谢网络形成中发挥了重要作用。

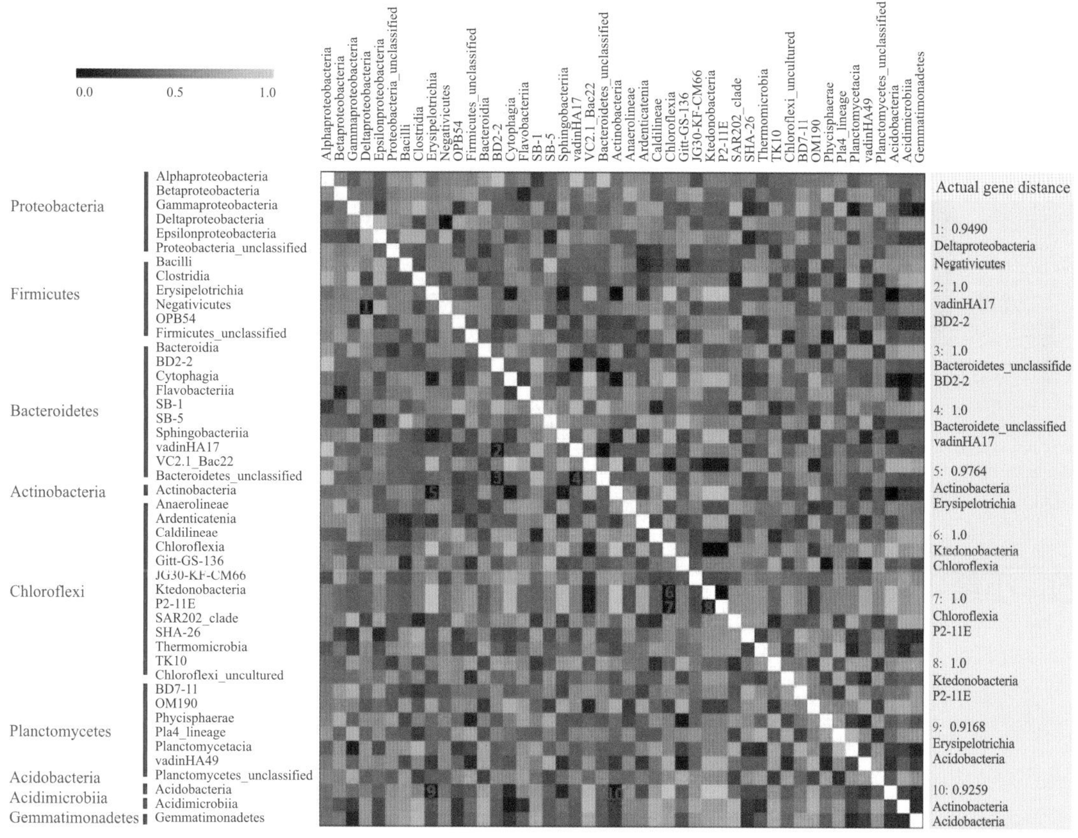

(a) 土壤微生物纲水平

图3.28

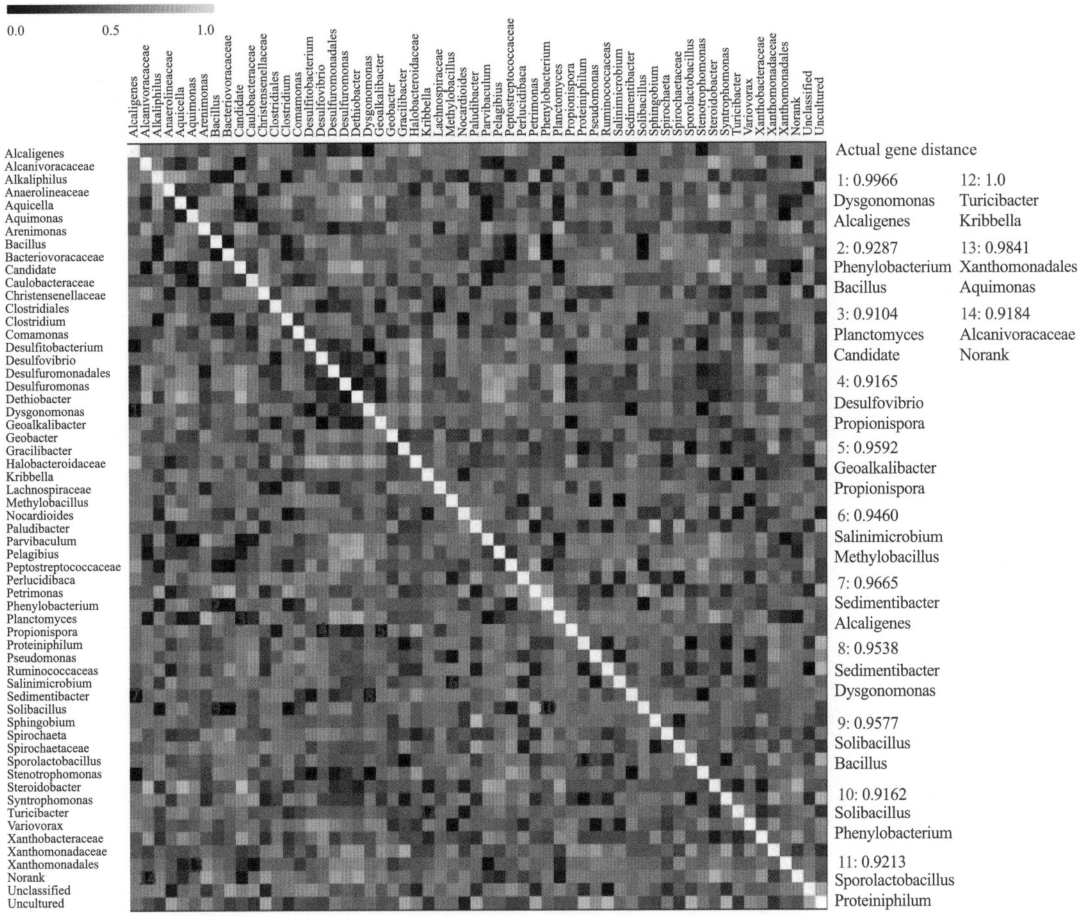

(b) 属水平基因矩阵

图 3.28　土壤微生物纲水平和属水平基因矩阵

四、小结

通过研究表面活性剂添加对土壤 MFC 产电和降解性能的影响，发现两性表面活性剂（十二烷基硫酸钠）和生物表面活性剂（环糊精）在产电和烃类降解中应优先使用，而非离子表面活性剂（单硬脂酸甘油酯）和阳离子表面活性剂（十六烷基三甲基溴化铵）的效果较差。卵磷脂添加后土壤 MFC 的产电率为 0.321C/（d · g）（比对照高 35 倍）。然而，烃类化合物或表面活性剂氧化产生电子的比例尚未确定，有待进一步研究。此外，表面活性剂的加入重新分配了变形菌门、厚壁菌门、拟杆菌门、放线菌门、绿弯菌门、浮霉菌门和酸杆菌门的分布，其总丰度占整个群落的 93% ～ 99%。芽孢杆菌、梭菌和假单胞菌是适应生物电流刺激的优势微生物，可能共同建立了土壤微生物电化学修复中微生物电代谢网络。

第五节 生物质炭提升电导性促进土壤微生物电化学修复

一、概述

微生物电化学技术由于低的能源消耗和副产物产量且可回收能源正逐渐受到越来越多的关注。在前面的章节石油污染土壤微生物电化学修复的可行性已被证实，然而土壤中物质的传输阻力始终是限制系统降解污染物和产生电能的重要因素，特别是土壤的电导性和污染物的传质[3]。为了增加老化石油烃的生物有效性及扩散传输，前面我们研究了 5 种不同类型表面活性剂的增溶效应对系统性能的影响，发现两性表面活性剂卵磷脂对石油烃降解和电能产生促进效果最佳。

对于非饱和土壤的电导性，已发现可通过增加土壤含水量提升饱和度降低土壤内阻，将土壤含水量从 23% 增加至 33% 后，土壤内阻下降了 83%，进而明显增加了土壤 MFC 的性能[4]。对于饱和土壤来说，通过添加大颗粒的砂粒扩充土壤孔隙度，将土壤内阻降低了 46%，同时有效促进了 H^+ 和 DO 的扩散，进而将电能产生率从 2.5 C/g 升至 3.5C/g，总石油烃降解率提升了 268%[19]。

生物质炭是一种常用的土壤改良剂，作为碳基材料也可作为 MFC 的电极[55]。随着热解温度的升高，生物质炭的 O/C 比和 H/C 比逐渐降低，即石墨化程度更高，表面产生的醌类官能团会促进电子传递[56]。将生物质炭加入土壤后，微生物会趋向于定殖在多孔的生物质炭中，此时生物质炭强化电子传递的功能显得尤为重要[57]。因此，本节我们将考察木屑源、麦秆源、鸡粪源三种不同来源生物质炭引入后土壤 MFC 对石油烃的降解和生物电能的产生效能的影响。

二、实验部分

1. 土壤中生物质炭的添加

石油污染土壤采集自天津大港油田，风干后过 2mm 筛，试验土老化严重。生物质炭是在 600℃下由鸡粪、麦秸和木屑热解而成，分别作为畜禽业、农业和林业的典型固体废物代表[58]。以 2% 的质量比将三种生物质炭加入受试石油污染土壤中，分别标记为 CB、SB 和 WB，对照组（无生物炭）标记为 CK。将 100g 混合的干土和生物炭与 40mL 蒸馏水混合均匀后，分别加入土壤 MFC 中，无外源接种或缓冲液添加。

2. 土壤MFC配置和操作

土壤 MFC 由热辊压的空气阴极和碳网阳极组成。空气阴极由活性炭催化剂层、炭黑气体扩散层和不锈钢网集流器组成。阳极为单层碳网，丙酮预处理过夜。每个处理设置一个重复，放置在 30℃恒温修复。在 223d 的试验中，用蒸馏水液封 MFC 中的土壤。期间，所有土壤 MFC 设置 5 个月的自然环境（开路处理、无水封、环境温度）静置。修复后，从上到下收集一个直径约 1cm 的小型土柱进行生物分析，其余所有土样均匀混合进行理化性质和烃含量分析。

三、结果

1. 石油烃类的去除

经过 223d 的修复，SB 和 CB 中 TPHs 的去除效率比 CK 高 15%，而 WB 中的去除效率仅提高了 7% [图 3.29（a）]。显然，石油烃的降解产物主要是烷烃，CB 的去除效果最好，与 CK 相比增加了 17% [图 3.29（b）]。与之相比，麦秸源生物质炭的添加对芳烃、极性物质和沥青质的降解促进作用相对较强，与 CK 相比，SB 增加了 26% ～ 36% [图 3.29（c）、（d）]。菲（$C_{14}H_{10}$、3 环）、荧蒽（$C_{16}H_{10}$、4 环）、芘（$C_{16}H_{10}$、4 环）和䓛（$C_{18}H_{12}$,4 环）是大港石油污染土壤中主要的 PAHs，总和占到 16 种优先控制 PAHs 总量的 68% ～ 78%。与对照（CK）相比，这 4 种 PAHs 在 CB、WB 和 SB 中的降解效率分别提高了 49% ～ 79%、26% ～ 44% 和 32% ～ 57% [图 3.29（e）]。图 3.29（e）的插入图为 16 种 PAHs 总含量，CB 为鸡粪源生物质炭、SB 为麦秆源生物质炭、WB 为木屑源生物质炭、CK 为对照；不同小写字母表示两组间差异显著（$p < 0.05$）。另外，与 CK 相比，CB、WB 和 SB 对 16 种 PAHs 总量的降解率分别增加了 67%、36% 和 38%。

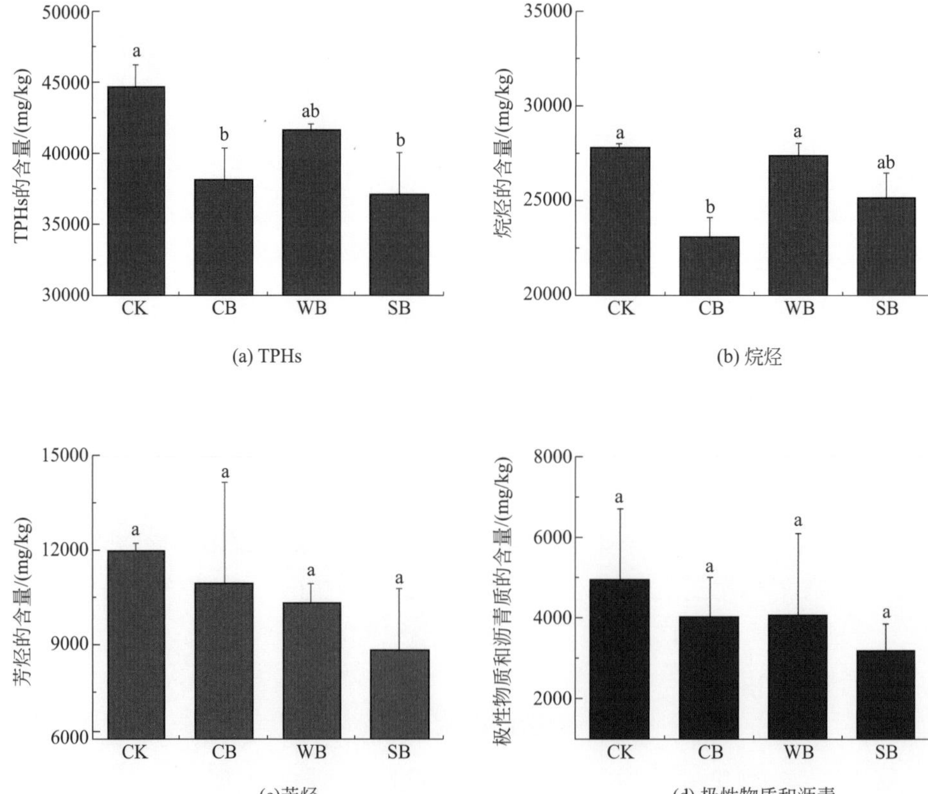

(a) TPHs

(b) 烷烃

(c)芳烃

(d) 极性物质和沥青

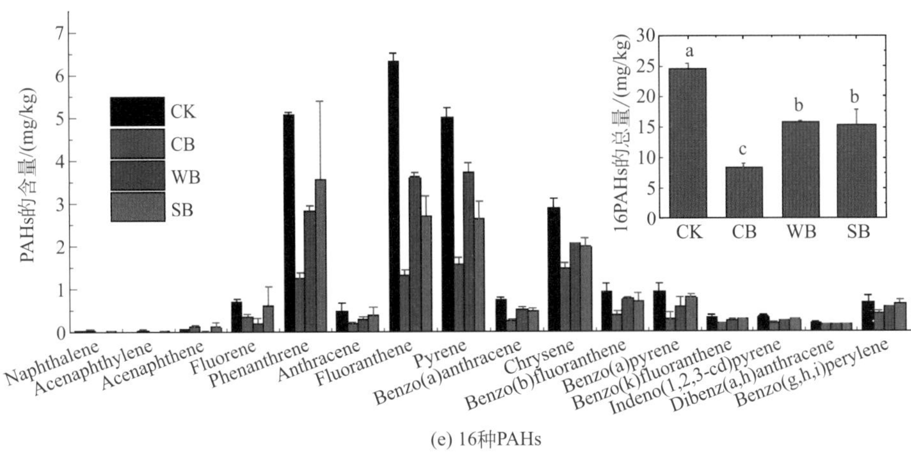

(e) 16种PAHs

图 3.29 土壤 MFC 修复后石油烃（TPHs）、烷烃、芳烃、极性物质和沥青和 16 种 PAHs 的含量

2. 土壤MFC生物电能的产生

通过对生物质炭的添加，土壤 MFC 的产电量得到了增强，其中 WB 的表现最好。闭路后，生物质炭添加土壤 MFC 的电压在 1d 内迅速升高，而 CK 的电压在 3d 后才升高［图 3.30（a）］。CK、CB、SB、WB 的第一个峰值电压（12h 的峰值电压的平均）分别为（9.0±0.1）mV、（12.2±0.3）mV、（12.5±0.3）mV、（12.9±0.2）mV，分别出现在第 7 天、第 5 天、第 6 天和第 4 天。修复 60d 后土壤 MFC 输出电压降至低值，直到第一阶段实验结束（0 ～ 130d）电压才出现波动。此时，CK、CB、SB、WB 的输出累计电量分别为 76C、80C、96C、95C［图 3.30（b）］。经过 5 个月的开路处理（自然状态）后，在第二阶段实验［131 ～ 223d，图 3.30（c）］中获得了较强的电压输出，但是在第二阶段实验中电压值不稳定。在第 191 天，CK 的最大电压为（233.7±4.4）mV、CB 的为（208.4±2.7）mV、SB 的为（173.9±2.3）mV、WB 的为（207.2±6.9）mV。尽管 WB 的最高电压低于 CK 和 CB，但其持续高电压输出时间比任何土壤 MFC 都要长。因此，在 223d 后，WB（682C）的最终输出累积电量比 CK（503C）、CB（506C）和 SB（460C）分别高出 36%、35% 和 48%［图 3.30（d）］。同时，CK、CB、SB 和 WB 的产电率分别为 0.023C/（g·d）、0.023C/（g·d）、0.021C/（g·d）和 0.031C/（g·d）。

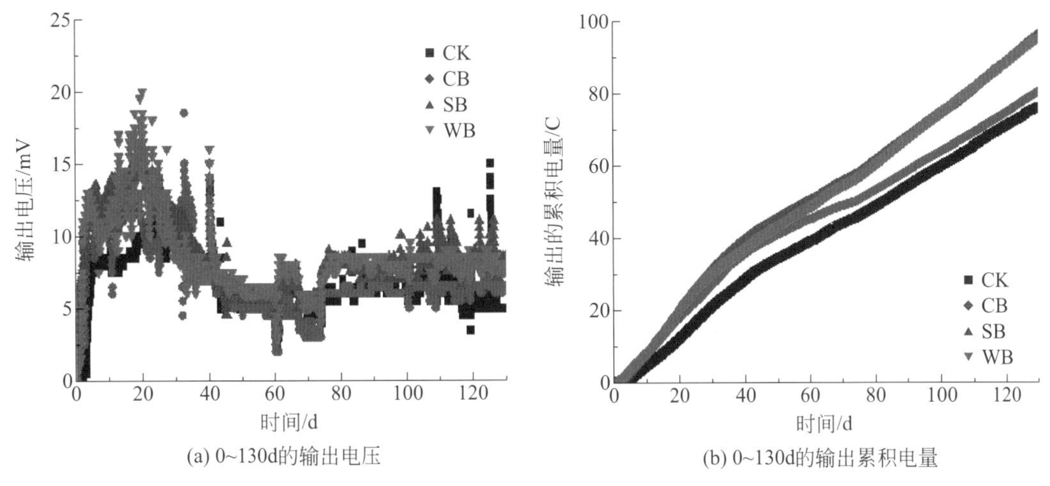

(a) 0~130d的输出电压

(b) 0~130d的输出累积电量

图 3-30

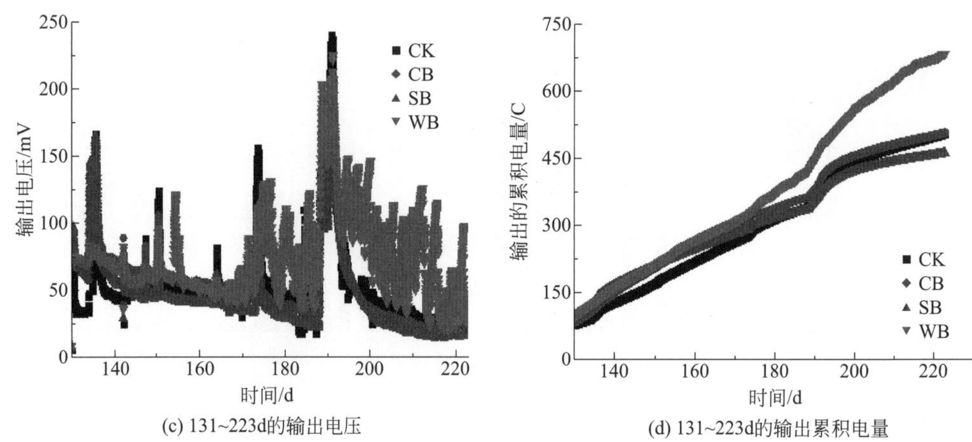

(c) 131~223d的输出电压

(d) 131~223d的输出累积电量

图 3.30　土壤 MFC 在 0 ~ 130d 和 131 ~ 223d 的电压和输出累积电量

注：数值是两个重复的平均值

3. 土壤MFC特性的变化

利用电化学阻抗谱（EIS）对添加生物质炭后的土壤 MFC 内阻进行表征，发现电荷转移电阻（R_{ct}）和欧姆电阻（R_s）均呈现下降趋势，而电容则增加［图 3.31（a）、（b）］，且电阻的主要成分为 R_{ct}，占总电阻的 85% ～ 94%。对比 CK 的 R_{ct}［（90.4 ± 17.2）Ω］，WB 的［（39.5 ± 5.9）Ω］和 CB 的［（35.0 ± 6.5）Ω］分别下降了 129% 和 158%。相比之下，SB 的 R_{ct} 与 CK 相当。此外，WB（1.3×10^{-2}F）、SB（1.5×10^{-2}F）和 CB（1.7×10^{-2} F）的电容分别比 CK（1.0×10^{-2}F）高 32%、46% 和 70%［图 3.31（c）］。与土壤 MFC 电阻相反，35h 后开路电压依次为：CB（382mV）＞ WB（369mV）＞ SB（346mV）＞ CK（302 mV）［图 3.31（d）］。

与预期一样，生物质炭的引入改变了土壤 MFC 的土壤特性（pH 值、EC 以及与 C、N、P 相关的酶活性）（图 3.32）。土壤 EC 降低了 22% ～ 52%，pH 值较原土（8.26 ± 0.02）降低，但差异不显著（$p < 1\%$）。添加生物质炭使 DHA 和 PPO 活性下降，其中 WB 中 DHA 最低（下降 19%）、CB 中 PPO 最低（下降 9%）。与对照相比，添加生物质炭的土壤中 NR、NiR 和 ProE 活性均下降，UE 活性升高。WB 中 NR、NiR 和 ProE 的活性最低，分别降低了 36%、323% 和 90%。UE 活性最高的是 SB，增加了 43%。经生物质炭处理后的土壤中 PhoE 的活性较对照有显著下降，其中 CB 组下降了 159%，WB 组下降了 64%。WB 中的 POD 活性与 CK 相当（增加量的 5%），而 SB 和 CB 中的 POD 活性降低了 12% ～ 15%。通过生物质炭的添加，AL 的活性降低了 44% ～ 115%。相比之下，SC 活动没有显著差异，尽管如此，WB 和 SB 下降了 15% ～ 28%，而 CB 上升了 22%。

4. 土壤细菌群落

得到有效标记的序列有 48371 ～ 66546 条，平均长度 253 bp，覆盖率均为 > 98%，说明所有文库的大小足以覆盖细菌群落。依据物种数、Shannon 和 Simpson 指数，添加生物质炭降低了细菌群落的多样性，依次为 CK ＞ SB ＞ CB ＞ WB。此外，通过 Chao 1 和 ACE 指数的升高，发现 SB 中的细菌群落丰富度最高，比 CK 高 26%。相对于 CK，WB 的丰富度下降了 10%，多样性下降了 12%。另外，与 CK 中总的和特定 OTUs 个数（4019 和 229）相比，WB 中总的 OTUs（3662）和 特殊 OTUs（140）最少，分别减少了 9% 和

39%，而 SB 和 CB 与 CK 的差异相对较小（<2% 和 <10%）。经生物质炭处理后，CK 与处理土壤间共有 OTUs 为：SB（3274）>CB（3094）>WB（3029）。

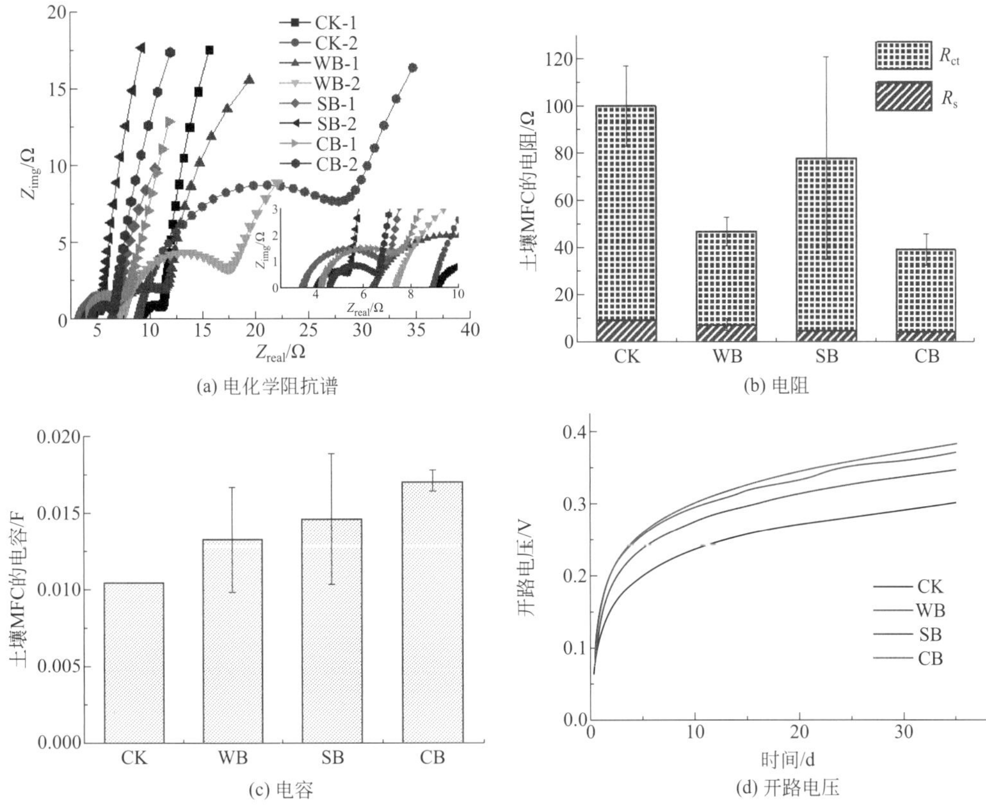

图 3.31 土壤 MFC 的电化学阻抗谱、电阻、电容和开路电压

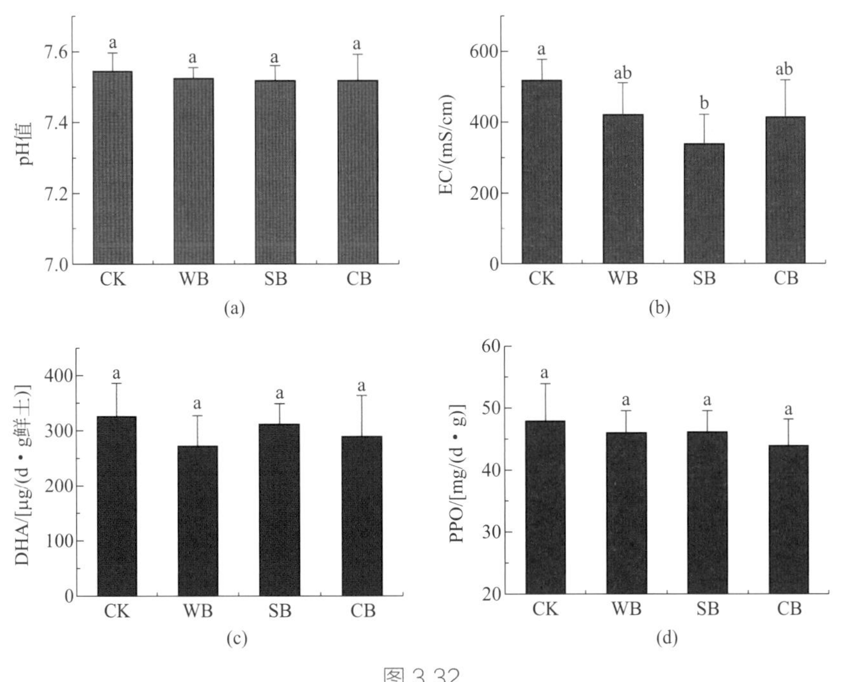

图 3.32

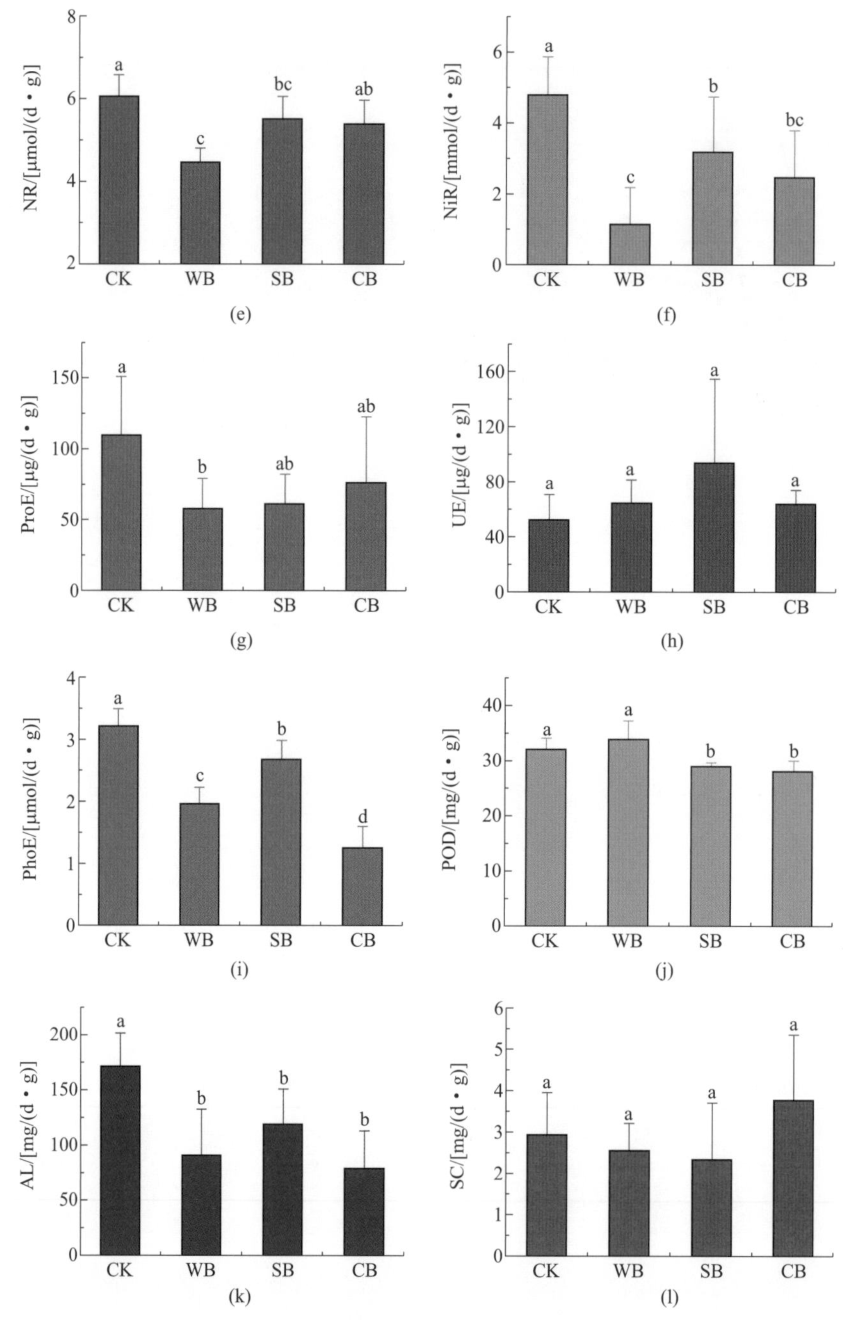

图 3.32　土壤 MFC 的理化性质与酶活性

[不同的小写字母代表组间差异显著（$p<0.05$）]

DHA—脱氢酶活性；PPO—多酚氧化酶活性；NR—硝酸还原酶活性；NiR—亚硝酸盐还原酶活性；ProE—蛋白酶活性；UE—脲酶活性；PhoE—磷酸酶活性；POD—过氧化物酶活性；AL—漆酶活性；SC—蔗糖酶活性

变形菌、放线菌和绿弯菌的丰度居前三位，占土壤 MFC 总丰度的 72% ～ 79%（图 3.33）。生物质炭的添加使变形菌门和疣微菌门较 CK 分别下降 13% ～ 20% 和 44% ～ 52%，放线菌和热微菌较 CK 分别上升 8% ～ 15% 和 35% ～ 72%（CK 中依次为 15648、400、10134、818）。在 WB 中，绿弯菌门的数量（11341 个）较 CK 中的 8433

增加了 32%，而对于芽单胞菌门，相对于 CK（1110），数量减少了 25%。SB 和 CB 中的酸杆菌、硝化螺旋菌和厚壁菌分别比 CK 组（3186、220、2348）多 17% ～ 37%、54% ～ 64% 和 3% ～ 13%，而 WB 中则比 CK 组少 9%、30% 和 25%。因此，CK 与 SB、SB 与 WB 之间酸杆菌的数量存在显著的差异，同时 CK 与 WB、WB 与 CB 之间的纤维杆菌数量存在显著差异。芽孢杆菌的显著差异造成了 SB 和 WB 之间厚壁菌门的显著差异。此外，与对照（OTUs 为 395）相比，拟杆菌门相对丰度下降了 17% ～ 42%。结果，基于加权 unifrac 距离分析，WB 菌群与其他处理展示了明显的区别。

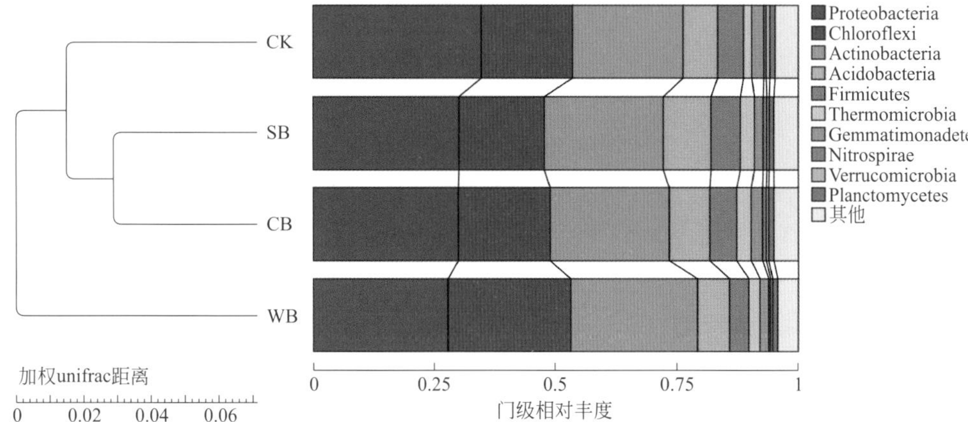

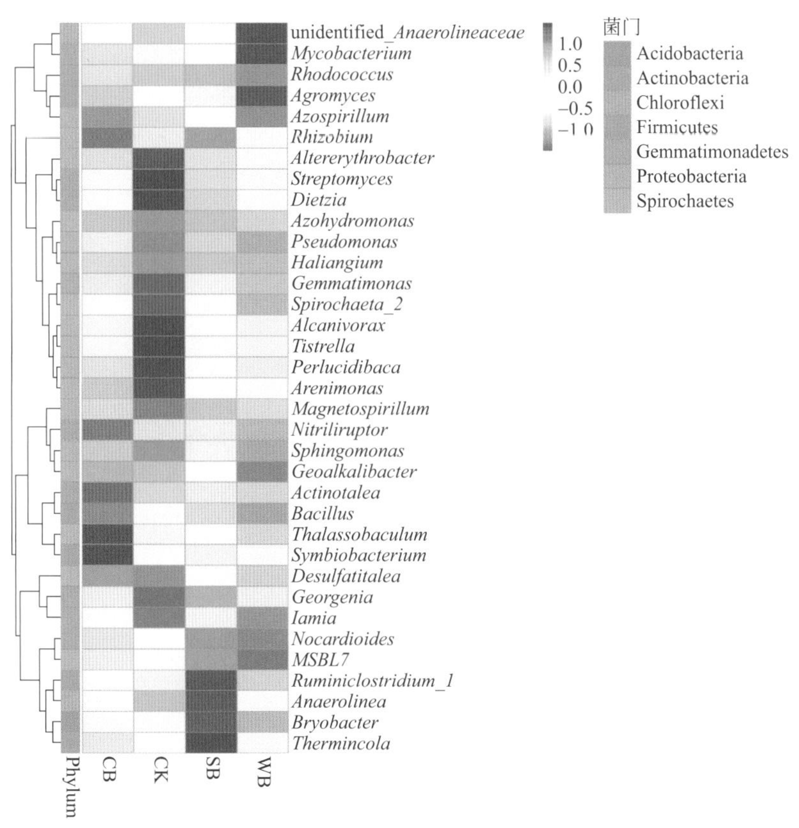

图 3.33　土壤中门（上图）和属水平（下图）细菌群落丰度和聚类分析

土壤 MFC 中在属水平的优势种主要为分枝杆菌（8% ～ 14%）、脱硫菌（4% ～ 10%）、厌氧绳菌（3% ～ 6%）、放线菌（1% ～ 2%）、硝化细菌（1% ～ 2%）和红球菌（1% ～ 2%）（图 3.33）。WB（6174）中分枝杆菌的 OTUs 较 CK（3832）增加了 61%。与 CK（1991 和 1454 个 OTUs）相比，添加生物炭后，脱硫菌和厌氧绳菌的丰度分别增加了 51% ～ 127% 和 20% ～ 91%。因此，在 CK 和 WB、CK 和 CB 中，脱硫菌的丰度存在显著差异（$p < 0.05$，图 3.34）。与 CK（OTUs 的 252 和 835）相比，在 SB 和 CB 中放线菌的数量增加了 144% ～ 263%，而红球菌的数量则减少了 61% ～ 73%。与 CK（OTUs 786）相比，CB 中的放线菌丰度上升了 36%，SB 和 WB 组下降了 50% ～ 67%。此外，属于 γ- 变形菌门的透明球菌属（0.3% ～ 1.1%）、假单胞菌（0.8% ～ 1.2%）和食烷菌（0.1% ～ 0.5%）丰度在添加生物质炭后呈现下降趋势。互变红细胞杆菌（0.3% ～ 0.9%）和偶氮氢单胞菌（0.1% ～ 0.3%）的丰度也有不同程度的下降。相比之下，乔治菌属（0.2% ～ 0.6%，放线菌）在 CK 和 CB 中被鉴定为一个明显不同的属，在添加生物质炭的土壤中，其丰度增加了 154% ～ 204%。另外，在 WB 中固氮螺菌属的含量最多。

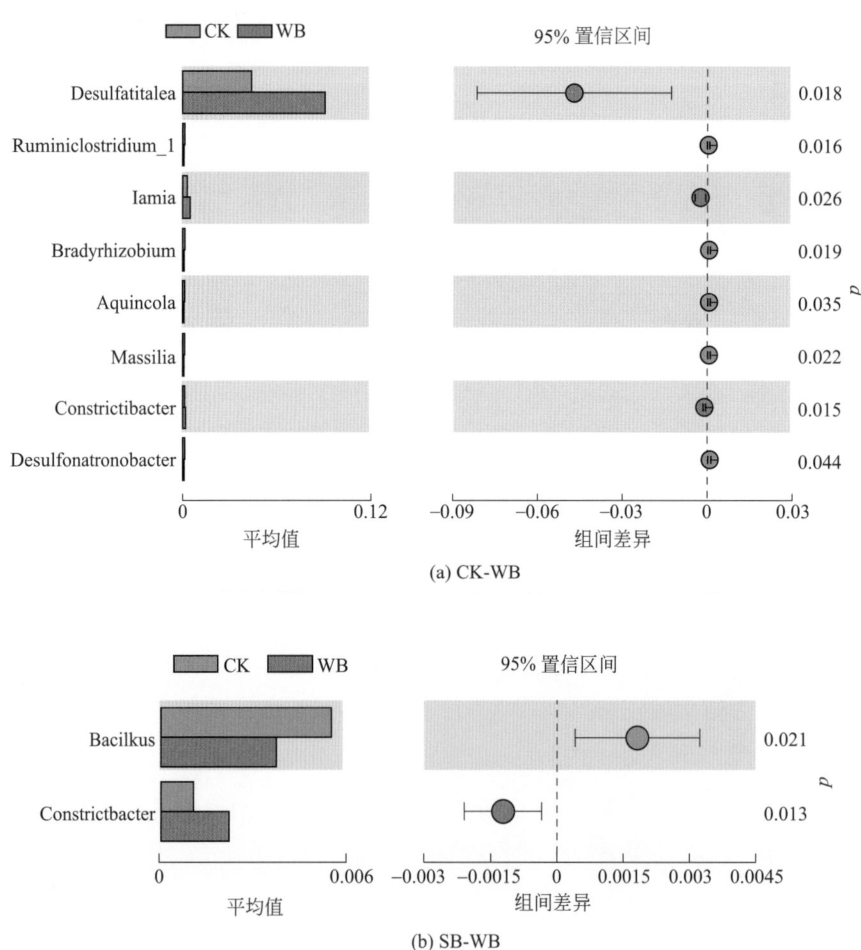

(a) CK-WB

(b) SB-WB

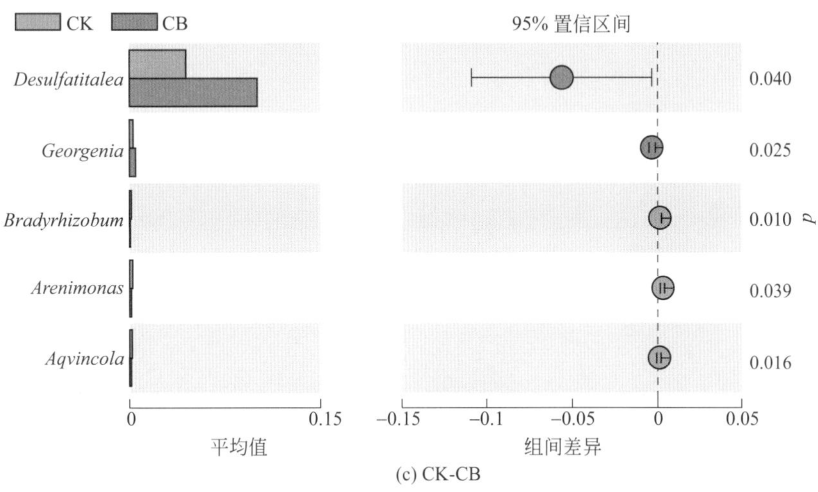

(c) CK-CB

图 3.34 根据 t 检验（$p < 0.05$）两种处理之间差异显著的细菌属

5. 土壤古菌群落

获得有效标记的序列有 50794 ~ 92928 条，平均长度为 277 ~ 288bp，测序覆盖率均大于 99%。与对照（CK）相比，CB 中的物种数增加了 23%，而 WB 中则减少了 9%。与 CK 相比，CB 中的古菌群落丰富度增加了 19%，WB 中的古菌群落丰富度下降了 10%。SB（1224）和 CB（1623）的总 OTUs 分别比 CK（1117）多 10% 和 45%，而 WB（980）的总 OTUs 则减少了 12%；同样，SB（174）和 CB（514）的特殊 OTUs 分别比 CK（120）高 45% 和 328%，而 WB（69）的特定 OTUs 则降低了 43%。经生物质炭处理后，CK 与处理土壤间共有 OTU 为 CB（859）＞ SB（820）＞ WB（750）（图 3.35）。

从图 3.35 还可知，广古菌的相对丰度占 85% ~ 92%，其次是占 1% ~ 2.4% 的奇古菌。与 CK（OTUs 为 1171）相比，在 CB、SB 和 WB 中，奇古菌的数量分别下降了 32%、54% 和 61%。相比之下，CB 和 WB 中的广古菌 OTUs 下降了 1994 年和 2264 个单元（主要是甲烷微菌纲），SB 中的 OTUs 增加了 924 个单位（主要是盐杆菌纲）。根据聚类树分析，虽然 CK 和 SB、WB 和 CB 之间有很好的相似性，但是甲烷胞菌目的数量及其优势科在 CK 和 CB、WB 和 CB 之间存在显著差异。

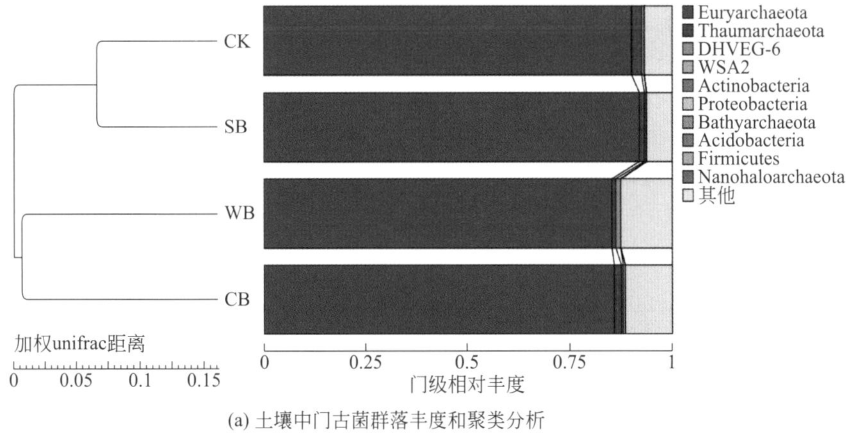

(a) 土壤中门古菌群落丰度和聚类分析

图 3.35

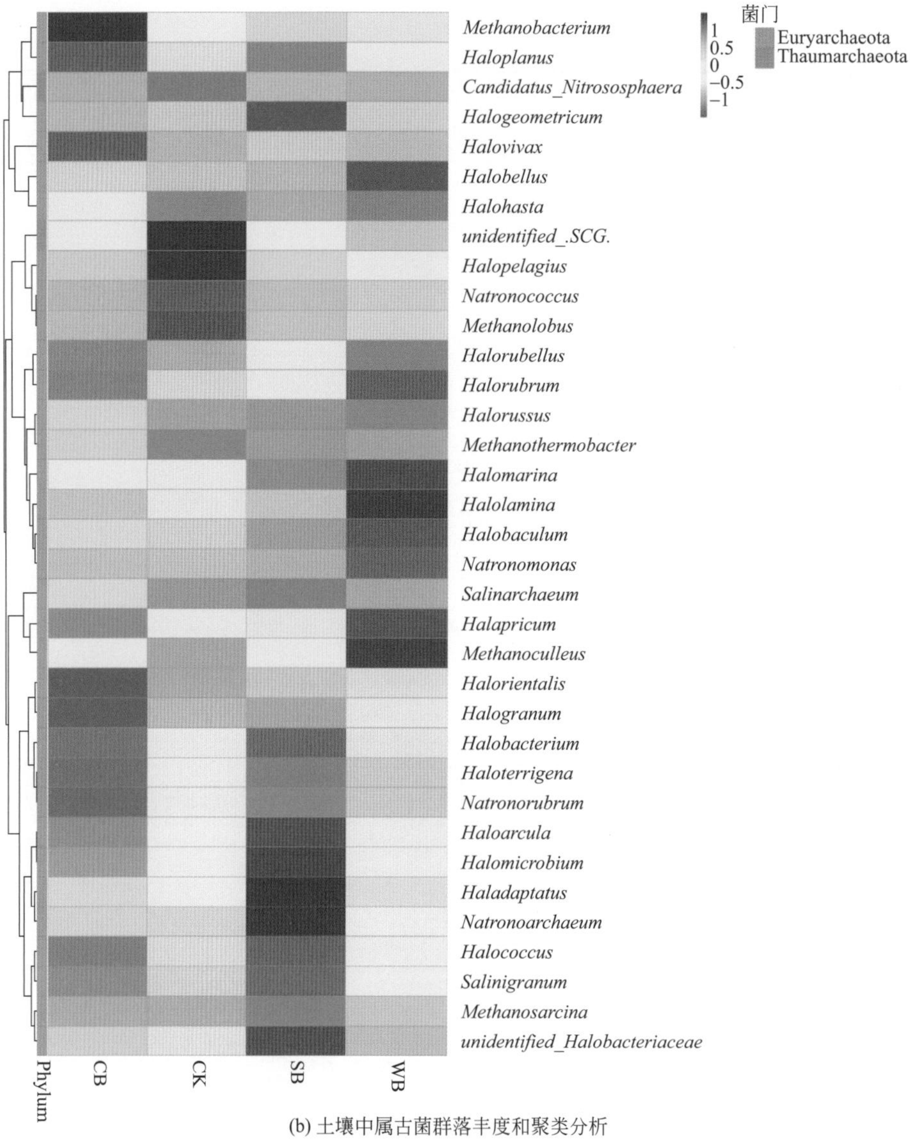

(b) 土壤中属古菌群落丰度和聚类分析

图 3.35　土壤中门和属水平古菌群落丰度和聚类分析

古菌属水平排在前 6 位的是甲烷八叠球菌属（6% ～ 12%）、甲烷囊菌属（5% ～ 7%）、甲烷叶菌属（1% ～ 5%）、盐长命菌属（2% ～ 3%）、碱红菌属（2% ～ 3%）和嗜盐古生菌（2% ～ 4%），前 3 个属在甲烷微菌纲中属于不同目，后 3 个属在嗜盐细菌中属于同一科（盐杆菌科）(图 3.35)。此外，作为甲烷微菌纲的优势属，与 CK（OTUs 为 5519）相比，甲烷八叠球菌属丰度降低了 40% ～ 45%。添加生物质炭后，与对照相比，甲烷囊菌属的丰度增加了 15% ～ 62%（OTUs 为 2167），而甲烷叶菌属的丰度则减少了 32% ～ 72%（OTUs 为 2440）。与对照组（1391 和 1691）相比，CB 中碱红菌属和嗜盐古生菌的 OTUs 分别降低了 22% 和 43%。因此，CB 中嗜盐古生菌的丰度显著低于 SB 或 WB（$p < 0.05$，图 3.36）。与 CB 相比，CK、SB 和 WB 中盐东方菌属的变化趋势相似（$p < 0.05$）。另外，与 OTUs 为 1025 和 1026 的 CK 相比，未鉴定的盐杆菌科（1.8% ～ 2.5%）和嗜盐碱球菌

属（1.6% ～ 2.1%）的丰度分别降低了 14% ～ 17% 和 10% ～ 26%。CK 与 SB 之间的盐杆菌数量差异显著，但其丰度仅为 0.1% ～ 0.2%。根据线性判别分析，一种甲烷叶菌在 CK 中被鉴定为生物标志物，其丰度是生物炭处理的 4 ～ 6 倍。相比之下，属于甲烷微菌纲的 D-C06 菌，仅在 CB 和其他处理之间有明显差异（目水平）。

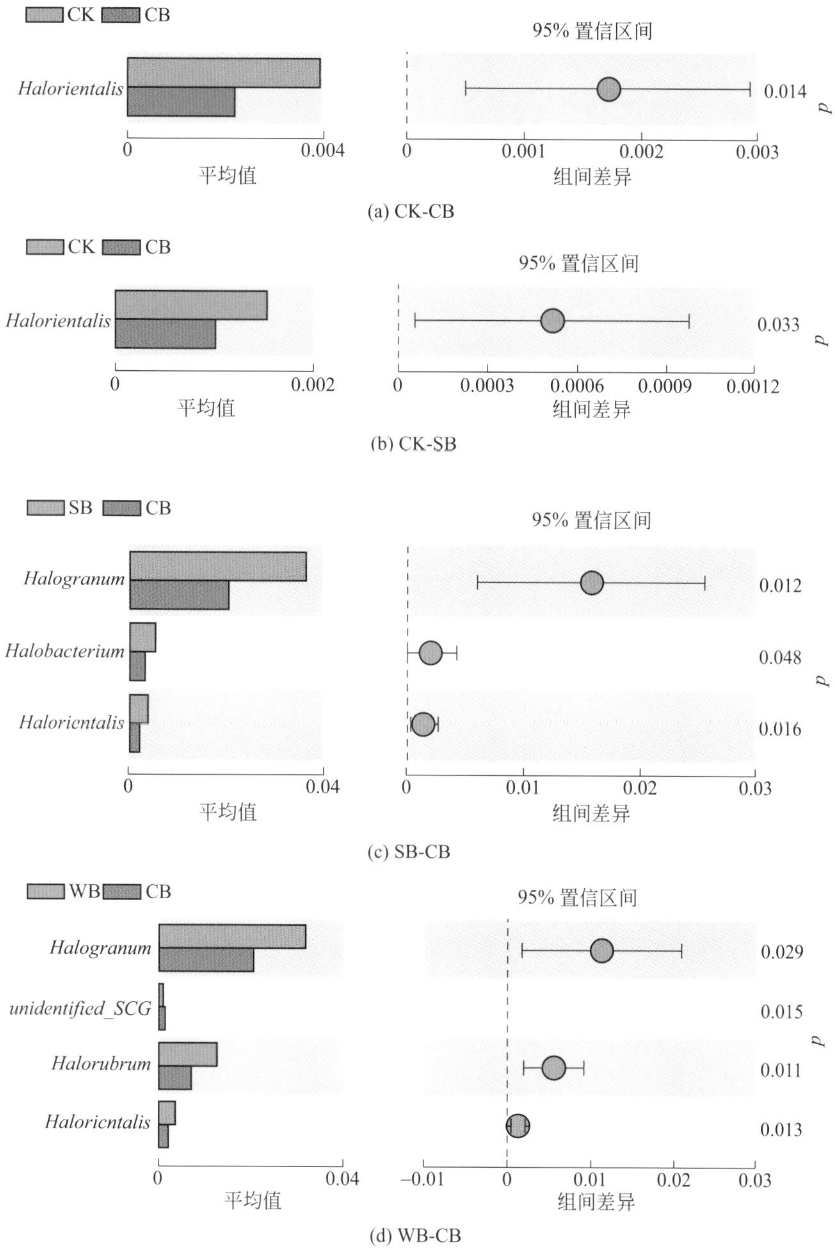

图 3.36 根据 t 检验（$p < 0.05$）两种处理之间差异显著的细菌属

6. 种间的相关性

基于统计分析研究了物种丰度之间的相互关系，初步揭示了微生物间的相互作用。在细菌（前 34 属，OTUs ＞ 100，n=16）中，属水平 64 对细菌有显著相关性（$p < 0.05$），有

53 对呈正相关性。注意到，假单胞菌与其他 8 个属的相关性显著，如与地碱杆菌（0.765**，p=0.001）、芽孢杆菌（0.505*，p=0.046），另外只有一种酸微菌是负相关（−0.603*，p=0.013）。在古菌（前 33 个属，OTUs ＞ 100,n=16）中，有 120 对呈显著相关，只有 5 对呈负相关。其中，一种嗜盐古菌与其他菌相关性最多，与 16 个属呈正相关，与 1 个属负相关（p ＜ 0.05），如与甲烷八叠球菌属（−0.499*，p=0.049），嗜盐古生菌（0.569*，p=0.022），盐碱球菌属（0.744**，p=0.000）均显著相关。在细菌（top 34）与古菌（top 33）之间，有 80 对属间存在显著的相关关系，64 对属间存在正相关关系，16 对属间存在负相关关系。其中，红球菌属表现出与 11 个属的古生菌呈显著的正相关关系（p<0.05）。例如，与甲烷叶菌属（0.665**, p=0.005）和嗜盐古菌（0.638 **, p=0.008）均显示出极显著的正相关性。

四、小结

生物质炭的添加促进了土壤 MFC 对石油烃的降解和生物电能的产出，氮元素含量高、芳香性高（而非更大的比表面积）的生物质炭添加更有利于促进烷烃的降解，极性更高的生物质炭添加更有利于芳烃、极性物质和沥青质的降解。79% ～ 86% 的电量产生于 5 个月的自然放置以后，说明采用生物质炭强化土壤微生物电化学性能是一个长期的过程。在土壤生物电流的刺激作用下，为了适应石油烃的微生物电化学降解和生物电能的传递及产生，具有降解（或者发酵）、氮转化、产电功能的特定微生物会形成一个新的代谢网络，因此只有揭示这个代谢网络的形成过程和特征，才能更好地认识土壤微生物电化学修复的机制。

第六节
掺入碳纤维提升电导性促进土壤微生物电化学修复

一、概述

利用土壤 MFC 修复石油污染土壤时，由于土壤中一些无机物与不同粒径的黏粒形成了致密堆积，从而阻碍了物质的传输（如底物被传输至电极），即通常所说的表观欧姆内阻较大，不利于电流产出和污染物降解。较高的内阻一直是限制 MFC 性能提升的重要因素，尤其是对沉积物或土壤 MFC，因为其电导性非常低。因此，提升土壤电导性是提升土壤微生物电化学系统性能的一个有效途径。

对于空气阴极土壤 MFC 来说，从气体扩散层扩散至阴极的氧气足以维持阴极的还原反应，因此阳极对土壤中电子的收集能力是限制土壤微生物电化学系统性能发挥的一个重要方面。污染物降解产生电子到达阳极会经过两个过程：一是电子从污染物到土壤；二是从土壤到阳极。土壤 MFC 强化污染物降解的有效性已经证实，然而系统的产生电能能力仍然较低，也就是说电子从土壤到阳极是电子传递的限速步骤。

假如通过减小土壤与阳极之间的距离增加电子传递的有效性的话，势必会大大缩小土壤微生物电化学系统修复土壤的量（或者体积）。实际上，先前研究中所述的增加土壤的含水量、添加生物质炭等均增加了土壤中电子传导的有效性。基于水介质 MFC 中碳纤维刷的启发，通过向土壤中掺入碳纤维丝，联合石墨棒作为集流体，构建石墨棒 - 碳纤维复合阳极[15]，考察该装置对土壤中石油烃降解和生物电流传递有效性的强化效应是本节的重点。

二、实验部分

1. 土壤中碳纤维丝的添加

石油污染土壤采集自天津大港油田的石油开采平台附近。经过阴干后过 2mm 筛，土样被标记为原始土壤（OS）。将碳纤维布剪成碳纤维丝，长度为 1cm，经过丙醇、酒精、蒸馏水依次清洗后，以 1%（质量分数）的质量分数与土壤混合，将碳纤维混合原始土壤的样品标记为 MCOS。

2. 土壤MFC的构型和操作

土壤 MFC（6cm × 6cm × 20cm）由一个石墨棒 - 碳纤维复合阳极和一个活性炭空气阴极组成。石墨棒（直径为 0.5cm，长度为 23cm）用 0.1mol/L 盐酸、0.1mol/L 氢氧化钠各浸泡清洗 24h 以去除其表面的杂质。空气阴极的设计和安装根据先前描述的进行 。两个土壤 MFC 中各装入了 1000g OS 和 MCOS（混合了 300mL 蒸馏水），将掺入碳纤维丝的土壤 MFC 标记为 MC，未掺入碳纤维丝的 MFC 标记为 CK，同时分别设置开路对照，即 MCOC 和 CKOC。所有的土壤 MFC 在 30℃的恒温下运行。在第 30 天、第 50 天、第 98 天和第 120 天时，向反应器内注射 50mL 蒸馏水以促进物质转移和提高微生物活性。在土壤 MFC 中，空气阴极上 0 ～ 5cm、5 ～ 10cm、10 ～ 15cm、15 ～ 20cm 范围内的土壤分别被标记为 MFC-5、MFC-10、MFC-15、MFC-20，对照处理采用同样操作。

三、结果

1. 土壤MFC的产电能力

从实验开始到结束，混合了碳纤维的土壤 MFC 产电能力显著强于未混合碳纤维的土壤 MFC。MC 的电压在闭路时迅速上升（0.5h 后），CK 表现出 19h 的停滞［图 3.37（a）］。在第 19 小时，MC 电流密度（69.4mA/m^2）比 CK（2.8mA/m^2）高 24 倍。39h 后，CK 的电流密度达到了最大值，为（19.4 ± 0）mA/m^2（12h 峰值电流平均值），对应电压（通过 100Ω 外电阻）为（7 ± 0）mV。MC 的第一个峰值电流密度（200mA/m^2）在第 3 天达到，它比 CK 的最大电流密度 5.6mA/m^2 高 35 倍。第 9 天后，观察到 MC 电流密度为（203.1 ± 0.8）mA/m^2（24h 峰值电流平均值），电压为（73.1 ± 0.3）mV。144d 内，MC 的平均电流密度（120.5mA/m^2）是 CK（7.6mA/m^2）的 16 倍。在 144d 的整个实验中，MC 的累积输出电量（5398 C）是 CK（341 C）的 16 倍［图 3.37（b）］。CK 的最大功率密度为 0.8mW/m^2，还不到 MC（173mW/m^2）的 5%［图 3.37（c）、（d）］。当外电阻等于土壤 MFC 的内阻时功率输出达到最大值。值得注意的是，CK 和 MC 的最大功率密度在外电阻为 5000Ω 和 700Ω 时达到，表明掺入碳纤维显著降低了土壤 MFC 的内阻。

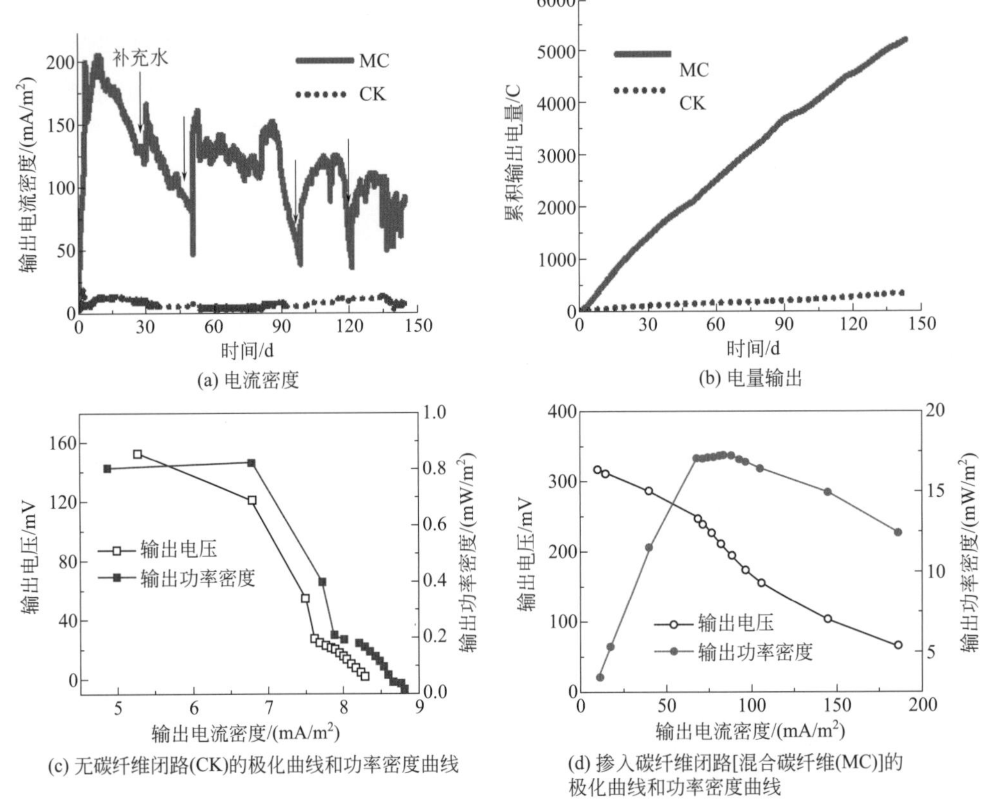

图 3.37　土壤 MFCs 在 144d 内的电流密度和电量输出、极化曲线和功率密度曲线

2. 土壤中烃类的降解

土壤 MFC 中 TPH 的降解率如图 3.38 所示。

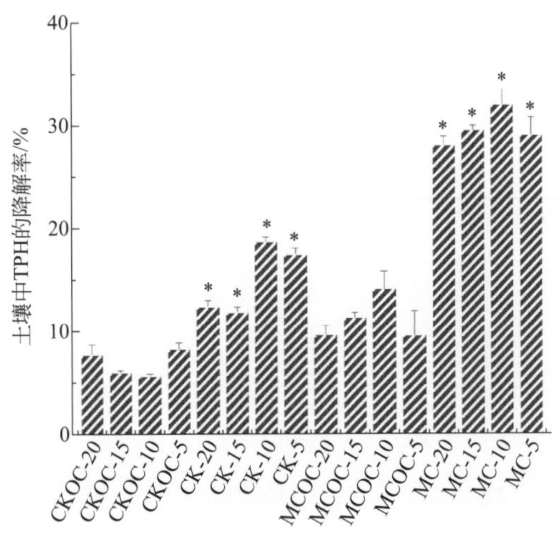

图 3.38　土壤 MFC 中 TPH 的降解率

（*表示闭合电路MFC与开路MFC之间显著差异）

从图 3.38 可看出，CK 和 MC 中石油烃（TPH）总降解率明显高于相应的开路土壤

MFC（CKOC 和 MCOC）（$p < 0.05$）。CK 的 TPH 平均降解率为 15% ± 1%，比 CKOC（7% ± 1%）高 114%。对于 MC，TPH 平均降解率（30% ± 1%）较 CK 进一步提高 100%。在闭合回路土壤 MFC 中，接近空气阴极的土壤表现出更好的石油烃降解。相比之下，MCOC 和 CKOC 中 TPH 降解的差异可能是由于氧的扩散或其他因素（如土壤中微生物间自产生生物电流的刺激）。

总烷烃（C_8 ～ C_{37}）的浓度在 CKOC 和 MCOC 中分别为（530 ± 72）μg/g 和（542 ± 54）μg/g，并显示比原来的土壤［OS，（701 ± 36）μg/g］减少了 24% 和 23%［图 3.39（a）］。相比之下，MC 的总去除率为 55% ± 2%，比 CK 的总去除率（42% ± 4%）高 31%。在 OS 中，C_{17} ～ C_{34} 为主要组分，占正构烷烃的 92%，而 C_8 ～ C_{15} 几乎不存在［图 3.39（b）］，说明石油污染土壤已经老化严重。虽然正构烷烃的低分子量组分（< C_{19}）去除率较高，但生物电流刺激明显加速了高分子量组分（> C_{23}）的降解。实际上，C_{19} ～ C_{37} 在 CK 和 MC 中的去除率大多为 35% ～ 75%，在 CKOC 和 MCOC 中的去除率为 10% ～ 35%。

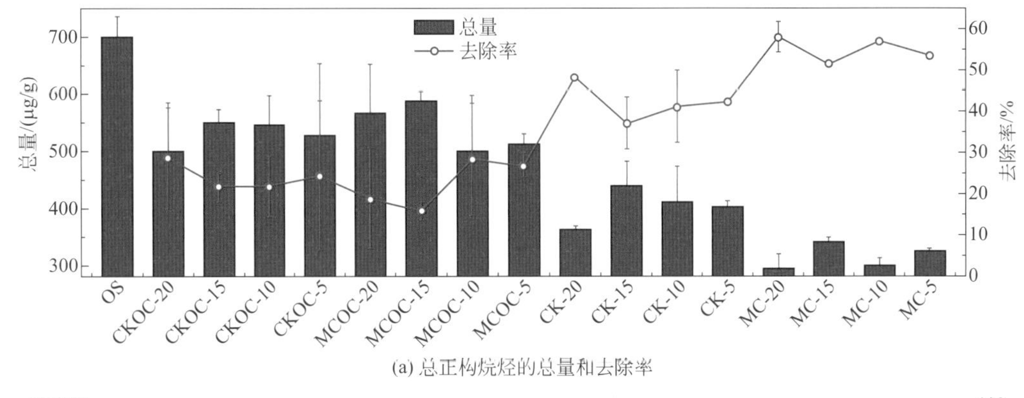

(a) 总正构烷烃的总量和去除率

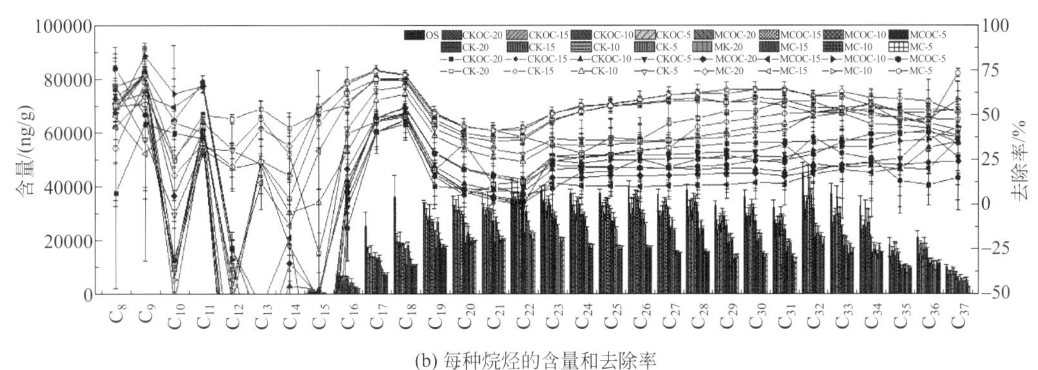

(b) 每种烷烃的含量和去除率

图 3.39　土壤 MFC 中总正构烷烃（C_8 ~ C_{37}）与每种烷烃的含量和去除率

（在距空气阴极0～5 cm、5～10 cm、10～15 cm、15～20 cm处的土样分别标记为MFC-5、MFC-10、MFC-15和MFC-20）

在 144d 后，CKOC 中 16 种 PAHs 的总浓度从（7942 ± 476）ng/g 降低到（7547 ± 959）ng/g，即总去除率仅为 5%［图 3.40（a）］。与 CKOC 相比，CK 和 MC 的总去除率分别高出 5 倍和 7.4 倍。值得注意的是，MCOC 的总去除率（22% ± 4%）是 CKOC 的 4.4 倍。菲（PHE、$C_{14}H_{10}$）、荧蒽（FLU、$C_{16}H_{10}$）、芘（PYR、$C_{16}H_{10}$）、䓛（CHR、$C_{18}H_{12}$）是污染土壤中 PAHs 的主要成分，在 CK 中降解率分别居于 18% ～ 54%（42%）、23% ～ 44%

（35%）、21% ~ 33%（28%）、19% ~ 23%（20%）之间（括号内为平均值，下同），在 MC 中分别居于 25% ~ 57%（41%）、37% ~ 50%（45%）、36% ~ 48%（43%）、33% ~ 41%（36%）之间［图 3.40（b）］。低分子量的 PAHs（芴，$C_{13}H_{10}$）显示出最高的去除率，为 89%。高分子量的苯并［*a*］芘（BaP,$C_{20}H_{12}$）和茚并［1,2,3-*cd*］（IcdP,$C_{22}H_{12}$）在 CK 中的降解率分别为 30% ~ 40%（平均值为 35%）、28% ~ 37%（33%），在 MC 中分别为 38% ~ 45%（41%）、34% ~ 44%（40%）。

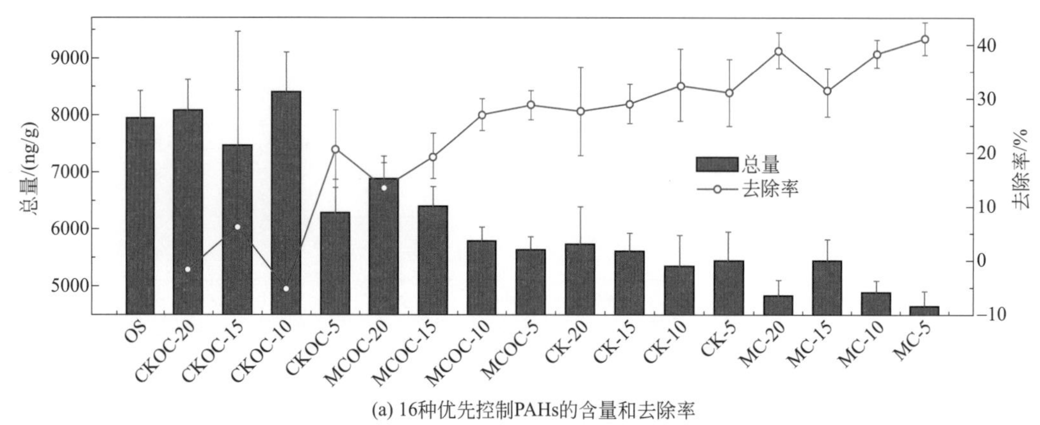

(a) 16种优先控制PAHs的含量和去除率

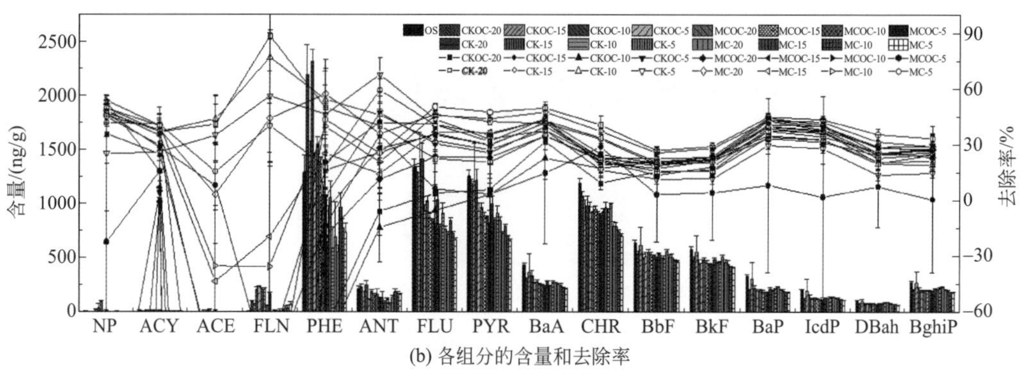

(b) 各组分的含量和去除率

图 3.40　土壤 MFCs 中 16 种优先控制 PAHs 与各组分的含量和去除率

OS—原始土壤；NP—萘；ACY—苊烯；ACE—二氢苊；FLN—芴；PHE—菲；ANT—蒽；FLU—荧蒽；PYR—芘；BaA—苯并［a］蒽；CHR—䓛；BbF—苯并［b］荧蒽；BkF—苯并［k］荧蒽；BaP—苯并［a］芘；IcbP—茚并［1，2，3-*cd*］；DBah—二苯并［*a,h*］蒽；BghiP—苯并［*g*，*h*，*i*］苝

3. 土壤MFC特性的变化

混合碳纤维后，土壤 MFC 的电阻明显减小，电容增大（图 3.41）。MC 的总内电阻（183Ω）仅是 CK（433Ω）的 42%，而 MC 的电容（$56\times10^{-5}\ \Omega^{-1}s^N/cm^2$）比 CK（$21\times10^{-5}\ \Omega^{-1}s^N/cm^2$）高 167%。电荷转移电阻（$R_{ct}$）是土壤 MFC 内阻主要的组成，占总内电阻的 87% ~ 93%。与对照相比，MC 的 R_{ct} 和欧姆电阻（R_s）分别下降了 55% 和 76%。与原始土壤（OS）相比，CKOC 和 MCOC 的土壤 pH 值呈现一定的上升趋势，而 CK 和 MC 中除了靠近空气阴极的土壤（CK-5 和 MC-5），pH 值均呈现相反的趋势［图 3.42（a）］。除了离空气阴极最远的土壤外，土壤的电导率随着距离阴极的距离逐渐减小［图 3.42（b）］。土壤中多酚氧化酶和脱氢酶活性在烃类降解中起重要作用。与 OS 相比，CK 和 MC 的酶

活性均显著降低，尤其是 MC［图 8.42（c）、（d）］。这两种酶的活性均随着离空气阴极距离的增加而增加。与土壤脱氢酶活性相比，土壤多酚氧化酶活性更敏感，结果显示 CK 和 MC 分别比 OS 降低了 41% ～ 49% 和 43% ～ 58%。

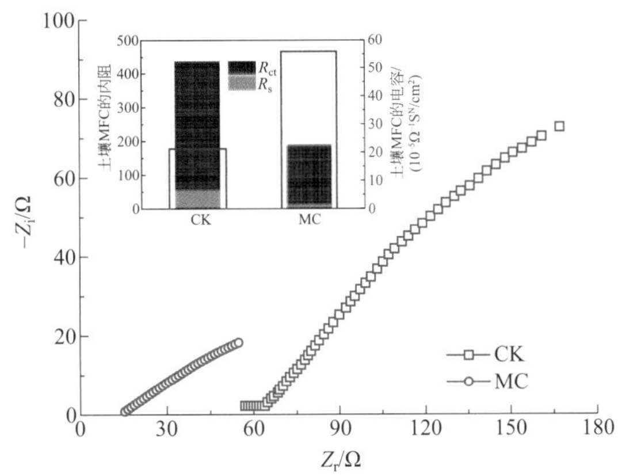

图 3.41　开路电位下土壤 MFC 的 Nyquist 图

（插入图为土壤MFC的电阻和电容分析）

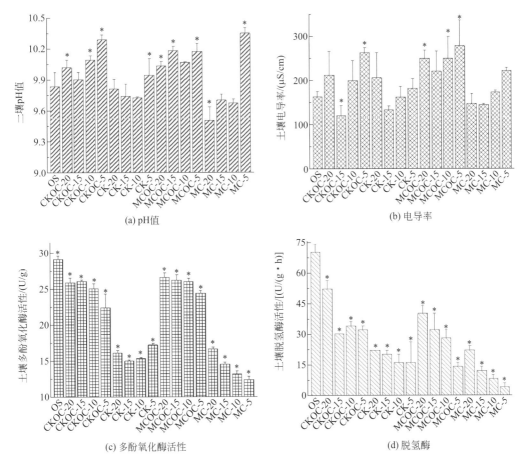

(a) pH值

(b) 电导率

(c) 多酚氧化酶活性

(d) 脱氢酶

图 3.42　土壤 pH 值、电导率、多酚氧化酶活性和脱氢酶

（*表示处理后的土壤与原始土壤的显著差异）

四、小结

掺入碳纤维丝的土壤 MFC 中，阳极收集电子的效率即电子从土壤传递至阳极的有效性显著增加（电荷转移内阻下降了 55% ～ 76%），导致土壤 MFC 生物电能产生量明显增加（累积产电量增加了 15 倍），进而土壤中总石油烃降解率与开路对照相比提升了 329%，与闭路对照相比提升了 100%。因此，降低土壤 MFC 的内阻，尤其是电荷转移内阻，对于土壤 MFC 降解污染物和产生电能的效能至关重要；同时，通过向土壤中掺入碳纤维丝，显著拓展了土壤 MFC 的有效修复范围，进一步推进了土壤微生物电化学修复技术的发展。

第七节 在大港油田污染治理中的应用与实践

一、概述

大港油田东临渤海，西接冀中平原，东南与山东毗邻，北至津唐交界处，地跨津、冀、鲁 3 省市的 25 个区、市、县。勘探开发建设始于 1964 年 1 月，是继大庆、胜利之后新中国第三个油田，勘探开发总面积 18716km^2，目前有近 20 万职工及家属。油田总部位于国家“十一五”重点开发开放建设区——天津市滨海新区，距北京 190km，距天津港 40km，距天津国际机场 70km，地理位置优越，海陆空交通发达，往来便捷，是环渤海经济圈和京津冀协同发展的重要组成部分。经过 50 多年的发展，昔日的盐碱滩已建设成为一个集油气勘探开发、油气管道运营、储气库运营、技术咨询服务、修井作业、井下测试、物资供销、信息通讯、检测评价、电力供应、矿区服务、多元投资等多功能于一体的油气生产基地。大港油田开发建设了 21 个油气田，形成了日均生产原油 11500t、天然气 190 万立方米的生产能力，按原油产量计算位列全国第 6，在全国 500 家特大型企业中列第 59 位。

然而，由于过去数十年间大港油田采油工艺落后和密闭性不佳，加之生态意识和环保措施相对落后、污染控制与修复技术的缺乏，导致油田开采区及周边土壤受到不同程度的石油污染；加上早期的石油化工区含油废水任意排放及各种事故，进一步加剧了土壤的石油污染。

针对大港油田石油污染土壤盐碱含量高、质地黏重、部分区域寸草不生、石油烃降解微生物数量低及微生物修复效果难以达到预期状态等问题，需要辅助措施强化微生物的代谢活性以提升微生物降解效能；同时，土壤中石油烃氧化降解需要源源不断地消耗电子受体，而其中有限的电子受体难以持续地维持氧化 - 还原降解过程。我们所研发的微生物电化学修复技术凭借永不枯竭的固体阳极和创造空气阴极作为电子受体，解决了土壤中电子受体缺乏的国际难题，而且在将石油烃降解的同时伴随电能的产出，是一种生态、安全、高效的微生物强化修复技术。为了进一步提升其修复效率、降低劳动负荷，我们还对相关装置进行了应用尝试，取得明显效果。

二、应用与实践

在上述发明基础上，以大港油田石油污染土壤为修复基质，通过添加砂粒扩充土壤孔隙促进传质效果、加入葡萄糖促进共代谢刺激土著微生物降解能力、加入表面活性剂增溶石油烃提升生物有效性、掺入生物质炭或导电碳纤维丝提升土壤电导性等一系列强化措施，先后发明了 MER 传质强化技术、MER 共代谢强化技术、MER 提升电导性强化技术和石墨棒 - 碳纤维复合阳极体系，并在其污染现场进行驯化，进一步显著提升了石油土壤修复效果和电能回收效能［同步累积电能回收量提升 15 倍，获得了 1500mA·h/kg 土（2% 石油污染土壤）的电能回收率］。总石油烃、正构烷烃（C_8 ～ C_{40}）和 16 种优先控制 PAHs 降解率提升 2 ～ 5 倍，尤其对难降解的大分子、高毒性烃类污染物去除效果更为明显。

采用多层阳极代替单层阳极，发明了石墨棒 - 碳纤维复合阳极新体系，大大增加了 MER 系统的有效修复范围（拓展了 6 ～ 20 倍）；与此同时，将低成本、可放大、高效能的活性炭空气阴极应用于 MER 系统中，攻克了土壤电导性差、传质难的技术瓶颈。所采用的电极均为碳基材料，设计和操作简单，成本低，且可重复使用，修复条件温和，与常规物化技术相比实用性更强。该技术对贫瘠或极端环境下老化严重的轻油和重油组分污染土壤修复均适用，尤其对致癌、致畸、致突变等高毒性污染物的消除更为有效。

三、今后展望

从污水、污泥到沉积物、土壤等介质，微生物电化学修复技术越来越多受到各国关注。作为一项新兴的修复技术，很多方面需要借鉴先前成功的修复技术和案例，在电极催化剂、土壤传质、微生物活性、有效修复范围等方面仍然需要进一步开展探索和实践。电极材料的开发和装置的设计也需要进一步研发和优化，因为这是土壤微生物电化学技术应用的基础。对于电极材料的选择，成本和性能需要同时考虑。对于装置的设计，既要便于操作又要适合规模化使用。

针对土壤微生物电化学修复技术来说， 3 个方面内容是今后关注的重点：

① 功能微生物（不仅涉及降解菌和产电菌，氮、磷等生源要素转化菌同样需要重视），因为这是决定系统修复效能的根本；

② 修复装置所使用的材料（不仅包括电极材料和催化剂，而且还应该考虑生物电能的采集、监测设备等），这决定着修复成本；

③ 与目前修复技术的有机结合（例如淋溶、堆肥和生物炭吸附等技术），基于优势互补的原则，才能更好地发挥该技术的优势与特长。

主要参考文献

[1] 周启星，宋玉芳．污染土壤修复原理与方法．北京：科学出版社，2004.

[2] Huang D, Zhou S, Chen Q,et al. Enhanced anaerobic degradation of organic pollutants in a soil microbial fuel cell. Chemical Engineering Journal, 2011, 172（2）: 647-653.

[3] Li X, Wang X, Weng L,et al.Microbial fuel cell for organic contaminated soil remedial application: a review. Energy Technology，2017, 5（8）: 1156-1164.

[4] Wang X, Cai Z, Zhou Q,et al.Bioelectrochemical stimulation of petroleum hydrocarbon degradation in saline soil using U - tube microbial fuel cells. Biotechnology and Bioengineering，2012, 109（2）: 426-433.

[5] Logan B E, Rabaey K. Conversion of wastes into bioelectricity and chemicals by using microbial electrochemical technologies. Science，2012, 337（6095）: 686-690.

[6] Lovley D R. Electromicrobiology. Annual Review of Microbiology，2012, 66: 391-409.

[7] Liu H, Cheng S, Logan B E. Power generation in fed-batch microbial fuel cells as a function of ionic strength, temperature, and reactor configuration. Environmental Science & Technology，2005, 39（14）: 5488-5493.

[8] Sevda S, Dominguez-Benetton X, Vanbroekhoven K, et al. High strength wastewater treatment accompanied by power generation using air cathode microbial fuel cell. Applied Energy，2013, 105: 194-206.

[9] Dong Y, Qu Y, He W, et al.A 90-liter stackable baffled microbial fuel cell for brewery wastewater treatment based on energy self-sufficient mode. Bioresource Technology，2015, 195: 66-72.

[10] Wang X, Feng Y, Lee H. Electricity production from beer brewery wastewater using single chamber microbial fuel cell. Water Science and Technology，2008, 57（7）: 1117-1122.

[11] Zhang T, Gannon S M, Nevin K P,et al.Stimulating the anaerobic degradation of aromatic hydrocarbons in contaminated sediments by providing an electrode as the electron acceptor. Environmental Microbiology，2010, 12（4）: 1011-1020.

[12] Logan B E. Exoelectrogenic bacteria that power microbial fuel cells. Nature Reviews Microbiology,2009, 7（5）: 375-381.

[13] Lovley D R. Bug juice: harvesting electricity with microorganisms. Nature Reviews Microbiology，2006, 4（7）: 497-508.

[14] Li X, Wang X, Zhang Y,et al.Extended petroleum hydrocarbon bioremediation in saline soil using Pt-free multianodes microbial fuel cells. RSC Advances，2014, 4（104）: 59803-59808.

[15] Li X, Zhao Q, Wang X,et al.Surfactants selectively reallocated the bacterial distribution in soil bioelectrochemical remediation of petroleum hydrocarbons. Journal of Hazardous Materials，2018, 344: 23-32.

[16] Zhang Y, Wang X, Li X,et al.Horizontal arrangement of anodes of microbial fuel cells enhances remediation of petroleum hydrocarbon-contaminated soil. Environmental Science and Pollution Research，2015, 22（3）: 2335-2341.

[17] Li X, Wang X, Zhao Q,et al.Carbon fiber enhanced bioelectricity generation in soil microbial fuel cells. Biosensors and Bioelectronics，2016, 85: 135-141.

[18] Morris J M, Jin S. Enhanced biodegradation of hydrocarbon-contaminated sediments using microbial fuel cells. Journal of Hazardous Materials，2012, 213: 474-477.

[19] Li X, Wang X, Ren Z J,et al.Sand amendment enhances bioelectrochemical remediation of petroleum hydrocarbon contaminated soil. Chemosphere，2015, 141: 62-70.

[20] Lu L, Yazdi H, Jin S,et al.Enhanced bioremediation of hydrocarbon-contaminated soil using pilot-scale

bioelectrochemical systems. Journal of Hazardous Materials, 2014, 274: 8-15.

[21] Zhang T, Cui C, Chen S,et al.The direct electrocatalysis of Escherichia coli through electroactivated excretion in microbial fuel cell. Electrochemistry Communications, 2008, 10（2）: 293-297.

[22] Young L, Hameed A, Peng S,et al.Endophytic establishment of the soil isolate *Burkholderia* sp. CC-Al74 enhances growth and P-utilization rate in maize（ Zea mays L.）. Applied Soil Ecology, 2013, 66: 40-47.

[23] Wei T, Ishida R, Miyanaga K, et al. Seasonal variations in bacterial communities and antibiotic-resistant strains associated with green bottle flies（Diptera: Calliphoridae）. Applied Microbiology and Biotechnology, 2014, 98: 4197-4208.

[24] Xavier B B, Vervoort J, Stewardson A,et al.Complete genome sequences of nitrofurantoin-sensitive and-resistant Escherichia coli ST540 and ST2747 strains. Genome Announc, 2014, 2: 00239-14.

[25] Ley R E, Turnbaugh P J, Klein S,et al.Microbial ecology: human gut microbes associated with obesity. Nature, 2006, 444: 1022-1023.

[26] Guazzaroni M E, Herbst F A, Lores I,et al.Metaproteogenomic insights beyond bacterial response to naphthalene exposure and bio-stimulation. ISME Journal, 2012, 7: 122-136.

[27] Betancur Galvis L, Alvarez Bernal D, Ramos Valdivia A,et al.Bioremediation of polycyclic aromatic hydrocarbon-contaminated saline–alkaline soils of the former Lake Texcoco. Chemosphere, 2006, 62: 1749-1760.

[28] Yamamoto S, Suzuki K, Araki Y,et al.Dynamics of different bacterial communities are capable of generating sustainable electricity from microbial fuel cells with organic waste. Microbes and Environments, 2014, 29: 145-153.

[29] Holmes D E, O’ neil R A, Vrionis H A,et al.Subsurface clade of geobacteraceae that predominates in a diversity of Fe（Ⅲ）-reducing subsurface environments. ISME Journal, 2007, 1: 663-677.

[30] Scupham A, Jones J, Rettedal E,et al.Antibiotic manipulation of intestinal microbiota to identify microbes associated with Campylobacter jejuni exclusion in poultry. Applied and Environmental Microbiology, 2010, 76: 8026-8032.

[31] Murugan K, Savitha T, Vasanthi S. Retrospective study of antibiotic resistance among uropathogens from rural teaching hospital, Tamilnadu, India. Asian Pacific Journal of Tropical Disease,2012, 2: 375-380.

[32] Korehi H, Blothe M, Sitnikova M,et al.Metal mobilization by iron-and sulfur-oxidizing bacteria in a multiple extreme mine tailings in the Atacama Desert, Chile. Environmental Science & Technology, 2013, 47: 2189-2196.

[33] Wang X, Han Z, Bai Z,et al.Archaeal community structure along a gradient of petroleum contamination in saline-alkali soil. Journal of Environmental Sciences-China, 2011, 23: 1858-1864.

[34] Wilhelm R C, Radtke K J, Mykytczuk N C,et al.Life at the wedge: the activity and diversity of Arctic ice wedge microbial communities. Astrobiology, 2012, 12: 347-360.

[35] Ye C, Lan R, Xia S,et al.Emergence of a new multidrug-resistant serotype X variant in an epidemic clone of Shigella flexneri. Journal of Clinical Microbiology, 2010, 48: 419-426.

[36] Acosta-González A, Rosselló-Móra R, Marqués S. Characterization of the anaerobic microbial community in oil - polluted subtidal sediments: aromatic biodegradation potential after the Prestige oil spill. Environmenta Microbiology, 2013, 15: 77-92.

[37] Mitchell E A. Stable isotope probing of the ovine rumen for RDX degrading microorganisms. Ohio State University Libraries, 2010: http://hdl.handle.net/1957/15732.

[38] Liu K, Jiao J J, Gu J D. Investigation on bacterial community and diversity in the multilayer aquifer-aquitard system of the Pearl River Delta, China. Ecotoxicology，2014, 23: 2041-2052.

[39] 王新新，韩祯，白志辉，等 . 含油污泥的堆肥处理对微生物群落结构的影响 . 农业环境科学学报，2011, 30: 1413-1421.

[40] Sedláček I, Grillová L, Kroupová E,et al.Isolation of human pathogen Escherichia albertii from faeces of seals（Leptonychotes weddelli）in James Ross Island, Antarctica. Czech Polar Reports，2013, 3: 173-183.

[41] Li H, Zhang L, Chen S. *Halomonas korlensis* sp. nov., a moderately halophilic, denitrifying bacterium isolated from saline and alkaline soil. International Journal of Systematic and Evolutionary Microbiology，2008, 58: 2582-2588.

[42] Cui Z, Lai Q, Dong C,et al.Biodiversity of polycyclic aromatic hydrocarbon - degrading bacteria from deep sea sediments of the Middle Atlantic ridge. Environmental Microbiology，2008, 10: 2138-2149.

[43] Lu L, Huggins T, Jin S,et al.Microbial metabolism and community structure in response to bioelectrochemically enhanced remediation of petroleum hydrocarbon- contaminated soil. Environmental Science & Technology，2014, 48（7）: 4021-4029.

[44] Ziagova M, Kyriakou G, Liakopoulou-Kyriakides M. Co-metabolism of 2，4-dichlorophenol and 4-Cl-m-cresol in the presence of glucose as an easily assimilated carbon source by Staphylococcus xylosus. Journal of Hazardous Materials，2009, 163（1）: 383-390.

[45] Cao Y, Hu Y, Sun J,et al. Explore various co-substrates for simultaneous electricity generation and Congo red degradation in air-cathode single-chamber microbial fuel cell. Bioelectrochemistry，2010, 79（1）: 71-76.

[46] Luo W, Zhao Y, Ding H,et al.Co-metabolic degradation of bensulfuron-methyl in laboratory conditions. Journal of Hazardous Materials，2008, 158（1）: 208-214.

[47] Wang J, Quan X, Han L,et al.Kinetics of co-metabolism of quinoline and glucose by Burkholderia pickettii. Process Biochemistry，2002, 37（8）: 831-836.

[48] Zaidi B R, Mehta N K, Imam S H,et al.Inoculation of indigenous and non-indigenous bacteria to enhance biodegradation of P-nitrophenol in industrial wastewater: Effect of glucose as a second substrate. Biotechnology Letter，1996, 18（5）: 565-570.

[49] Boopathy R, Kulpa C, Manning J, Montemagno C. Biotransformation of 2，4，6-trinitrotoluene（TNT）by co-metabolism with various co-substrates: a laboratory-scale study. Bioresource Technology，1994, 47（3）: 205-208.

[50] Li X, Wang X, Wan L,et al.Enhanced biodegradation of aged petroleum hydrocarbons in soils by glucose addition in microbial fuel cells. Journal of Chemical Technology and Biotechnology，2016, 91（1）: 267-275.

[51] Li X, Wang X, Zhang Y,et al.Opening size optimization of metal matrix in rolling-pressed activated carbon air–cathode for microbial fuel cells. Applied Energy，2014, 123: 13-18.

[52] Zhang Y, Wang X, Li X,et al.A novel and high performance activated carbon air-cathode with decreased volume density and catalyst layer invasion for microbial fuel cells. RSC Advances，2014, 4（80）:

42577-42580.

[53] Lovley D R, Phillips E J. Novel mode of microbial energy metabolism: organic carbon oxidation coupled to dissimilatory reduction of iron or manganese. Applied and Environmental Microbiology，1988, 54(6): 1472-1480.

[54] Yao Y. Pollution: Spend more on soil clean-up in China. Nature，2016, 533（7604）: 469.

[55] Huggins T, Wang H, Kearns J,et al.Biochar as a sustainable electrode material for electricity production in microbial fuel cells. Bioresource Technology，2014, 157（2）: 114-119.

[56] Sun T, Levin B D, Guzman J J,et al.Rapid electron transfer by the carbon matrix in natural pyrogenic carbon. Nature Communications，2017, 8: 14873.

[57] Li X, Li Y, Zhang X,et al.Long-term effect of biochar amendment on the biodegradation of petroleum hydrocarbons in soil microbial fuel cells. Science of The Total Environment，2019, 651: 796-806.

[58] Kong L, Gao Y, Zhou Q,et al.Biochar accelerates PAHs biodegradation in petroleum-polluted soil by biostimulation strategy. Journal of Hazardous Materials，2018, 343: 276-284.

第四章　北京焦化厂污染地块治理修复方案制订与实施

随着城市化进程的加速，许多原本位于城区的污染企业从城市中心迁出，与此同时，随着工业企业的搬迁或停产、倒闭，遗留了大量、多种多样、复杂的污染场地，涉及土壤污染、地下水污染、墙体与设备污染及废弃物污染等诸多十分突出的问题，成为工业变革与城市扩张的伴随产物，产生了大量污染场地[1-3]。这些污染场地的存在带来了环境和健康的风险，阻碍了城市建设和地方经济发展。北京焦化厂位于朝阳区东四环以外垡头地区，作为北京市燃气集团有限责任公司下属的大型国有企业，是以生产、供应首都燃料煤气为主的大型煤综合利用企业，是北京管道煤气的主要生产基地。2006 年年底，北京焦化厂全部停产，2008 年前完成全部厂区搬迁工作，遗留大面积“棕色地块”。以北京焦化厂场地修复为案例，进行焦化污染场地的调查与评价、修复技术的研究与筛选以及具体修复工程的实施，对于探索大型复杂污染场地的污染识别与调查方法、建立适合我国国情的污染场地健康风险评价方法、提出污染场地管理程序、起草相关污染场地管理办法和技术标准和填补我国污染场地管理空白具有一定的指导意义。

第一节　场地基本信息及污染特征

一、场地基本信息

1. 地理位置及自然环境概况

北京炼焦化厂（简称北京焦化厂），是 1959 年建厂，以原料煤为主的大型煤综合利用加工厂，主要生产煤气、焦炭和煤化工产品。煤气供应城市使用，焦炭和煤化工产品远销国内外市场（图 4.1）。焦化厂是当时国内规模最大，生产能力最强的现代化煤化工企业之一。北京焦化厂建厂前厂区用地主要为农田和荒地，自投产以来，尽管生产装置有所变化，但整个场地一直为工业用地。该厂位于朝阳区东四环以外垡头地区，近年来污染企业陆续改造搬迁，用地性质逐渐改为公建与居住。焦化厂分为南北厂区，北厂区为生产厂区，占地面积 135hm^2，南区为三产用地，占地约 15hm^2。本案例中涉及的场区范围为位于北厂区，西北邻北京染料厂，南隔化工路为焦化厂南厂区，东北为农田，东南贴近五环路，西南侧 2km 处是京津塘高速公路。

图 4.1 北京焦化厂场景

北京焦化厂所在地区地势平坦开阔，属平原地形，呈西北高东南低。北京焦化厂所在地区在地质构造单元上位于华北地台的北部，属大兴凸起的偏北部位，地表全被第四系覆盖，由河流冲洪积所形成的第四系松散沉积层，厚度 180m 左右，岩性为黏质沙土、砂质黏土、黏土，细、中、粗砂和砂砾石等相间组成多层结构，颗粒由西向东逐渐变细。基底为寒武纪页岩、泥灰岩、竹叶状灰岩等，地表为黄土质黏质沙土，厚度 10m 左右。本案例中的场区位于北京市区东南部，地貌上属于永定河冲洪积扇的中下部，基岩上覆盖的第四纪永定河冲洪积地层相对较厚。第四纪冲洪积物沉积旋回较多，第四纪覆盖层厚度约在 200m，地形基本平坦，地势由西北向东南缓慢降低。

本案例涉及场区地形基本平坦，地貌上属于永定河冲洪积扇的中下部，存在着多个含水层。该区地面以下 30m 深度范围内一般分布 2 ～ 4 层地下水，以具有 3 层地下水较为典型。第 1 层地下水埋藏较浅，含水层为埋深 6 ～ 10m 以内的粉土层（局部含粉细砂层），地下水类型属台地潜水，局部地段缺失；第 2 层地下水主要赋存于埋深约 10 ～ 20m 之间的砂、砾、卵石层中，地下水类型属层间潜水；埋深约 25m 以下的砂、砾、卵石层中则普遍分布着第3 层地下水，地下水类型属承压水。该地区属半干旱、半湿润温带大陆性季风气候。年均气温为 11.5℃， 1 月平均气温为 −4.9℃， 7 月平均气温为 26.1℃，年最大温差为 31℃。

2. 用地历史与规划

北京焦化厂作为北京市燃气集团有限责任公司下属的大型国有企业，是以生产、供应首都燃料煤气为主的大型煤综合利用企业，是北京管道煤气的主要生产基地。该厂同时也是我国规模最大的独立炼焦化学工业企业之一。随着 2008 年北京奥运会的临近，北京城市快速发展。面对水资源短缺、环境污染、能源不足等城市发展不可破解的难题，北京市的产业发展必须按照科学发展观的要求，考虑其资源的稀缺性，重点发展资源利用效率高、耗水耗电少、污染少的产业，以符合北京市的城市功能定位。北京市做出了以更清洁、更丰富的天然气逐步取代城市焦炉煤气和燃煤的重要举措。根据《北京城市总体规划》《北京奥运行动规划之生态环境保护专项规划》《北京奥运行动规划之能源建设和结构调整专项规划》以及北京市阶段性控制大气污染措施，北京焦化厂自 1998 年开始进行产业结构调整，2006 年全部停产，2008 年已基本完成拆迁。

为了盘活城区土地、满足城市建设用地需求，2008 年 12 月，北京市城市规划设计研究院完成“北京焦化厂工业旧址保护与开发利用规划方案”，规划用地面积 140.92hm^2。

其中，厂区的北部区域被规划为地铁车辆段建设用地，占地面积 40.40hm²；中部及东部规划为工业遗址公园，占地面积 54.22hm²；厂区南部及西部规划为涵盖住宅及商业建设用地的综合开发区，占地面积 46.30hm²。

为确保焦化厂土地开发利用中的人体健康以及环境质量安全，2007～2008 年，该场地土壤和地下水的修复目标与修复范围被基本确定。2010 年针对北京焦化厂场地进行了更为详细的污染调查评估与修复方案编制。2011 年该场地修复项目建设方案通过专家评审。之后，原规划为地铁车辆段的 40.40hm² 建设用地中的 19.31hm²、原规划为综合开发区的 46.30hm² 建设用地中的 34.20hm² 分别先行开发。因此，本案例中涉及的场地是原北京焦化厂 140.92hm² 规划用地中未进行开发的约 71hm² 场地，包括原规划为工业遗址公园的 54.22hm² 用地（以下统称剩余地块 A），原规划为地铁车辆段的剩余 7hm² 用地（以下统称剩余地块 B），以及原规划为综合开发区的 10hm² 用地（以下统称剩余地块 C）（图 4.2）。

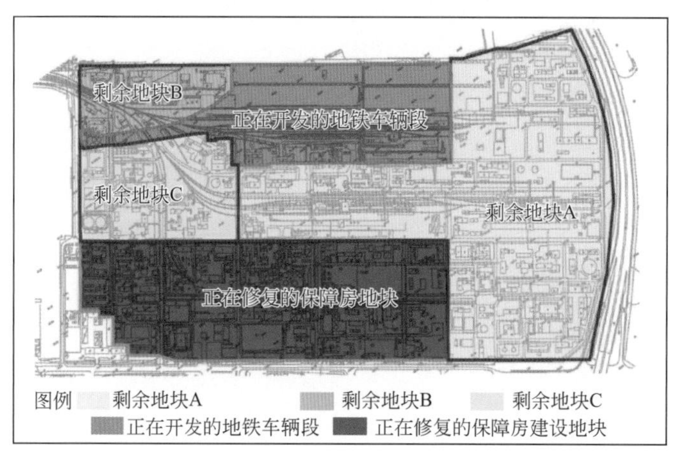

图 4.2　剩余地块分布

二、土壤及地下水污染特征

1. 土壤污染特征

对于剩余地块 A，将采集的土壤进行苯系物、PAHs、TPH 和重金属分析。检测结果显示，所有 TPH 和重金属样品的检测值均低于筛选值。但是，本地块土壤中苯、萘、菲、苯并［*a*］蒽、苯并［*a*］芘、苯并［*b*，*k*］荧蒽、茚并［1，2，3-*cd*］芘、二苯并［*a*，*h*］蒽和苯并［*g*，*h*，*i*］苝这 9 种污染物均存在超过筛选值的样品，具体见表 4.1。对于剩余地块 B，共采集土壤样品 28 个，其中，28 个样品进行苯系物分析、28 个样品进行 PAHs 分析、26 个样品进行 TPH 分析、4 个样品进行重金属分析。检测结果显示，所有 TPH 和重金属样品的检测结果均低于筛选值。但是，本地块土壤中苯并［*a*］芘存在超过筛选值的样品，2 个样品有检出，最大检出浓度 0.64mg/kg，平均值 0.04mg/kg。对于剩余地块 C，共采集土壤样品 65 个，其中，42 个样品进行苯系物分析、65 个样品进行 PAHs 分析、42 个样品进行 TPH 分析、9 个样品进行重金属分析。检测结果显示，所有 TPH 和重金属样品的检测结果均低于筛选值。但是，本地块土壤中萘、芴、菲、苯并［*a*］蒽、苯并［*a*］芘、苯并［*b*，*k*］荧蒽、茚并［(1，2，3-*cd*)］芘、二苯并［*a*，*h*］蒽和苯并［*g*，*h*，*i*］

苊均存在超过筛选值的样品，具体统计结果如表 4.2 所列。

表4.1　剩余地块 A 超标污染物统计

污染物	样品数 / 个	检出数 / 个	平均值 /（mg/kg）	最大值 /（mg/kg）	筛选值 /（mg/kg）	检出率 /%	超标率 /%
苯系物	179						
苯		18	0.14	16.67	1.4	10.1	1.1
多环芳烃	290						
萘		55	12.17	1510	400	19.0	0.7
菲		89	3.29	550	40	30.7	1.4
苯并［*a*］蒽		76	0.55	77.1	4	26.2	1.4
苯并［*b*，*k*］荧蒽		93	0.90	128.0	4	32.1	1.7
苯并［*a*］芘		78	0.47	62.5	0.4	26.9	9.0
茚并［1，2，3-*cd*］芘		80	0.35	44.1	4	27.6	0.7
二苯并［*a*，*h*］蒽		46	0.12	18.2	0.4	15.9	2.8
苯并［*g*，*h*，*i*］苝		79	0.40	56.7	40	27.2	0.3

表 4.2　剩余地块 C 超标污染物统计

污染物	样品数 / 个	检出数 / 个	平均值 /（mg/kg）	最大值 /（mg/kg）	筛选值 /（mg/kg）	检出率 /%	超标率 /%
多环芳烃	65						
萘		11	40.45	2610	50	16.9	3.6
芴		10	5.29	332	50	15.4	3.6
菲		18	1.10	18.9	5	27.7	14.3
苯并［*a*］蒽		15	0.36	8.23	0.5	23.1	32.1
苯并［*b*，*k*］荧蒽		19	1.30	32.4	0.5	29.2	35.7
苯并［*a*］芘		17	2.61	136	0.2	26.2	46.4
茚并［1，2，3-*cd*］芘		15	0.49	10.8	0.2	23.1	39.3
二苯并［*a*，*h*］蒽		12	0.12	2.04	0.05	18.5	42.9
苯并［*g*，*h*，*i*］苝		15	0.51	11.0	5	23.1	3.6

2. 地下水污染特征

前期调查过程中在本项目剩余地块内共布置 15 口地下水监测井，其中，剩余地块 A 中建有 11 口地下水监测井、剩余地块 B 中建有 1 口地下水监测井、剩余地块 C 中建有 3 口地下水监测井。检测结果显示，仅剩余地块 A 中 2 个地下水监测井中苯有检出，但仅其中一个的苯浓度超过我国地下水水质标准中的三级标准限值 10μg/L（满足这一级水质的地下水可作为饮用水）达到 1mg/L。其余监测井未检出相关污染物。

3. 污染成因分析

焦炭在生产过程中产生的大量污染物 PAHs 是一类典型的持久性污染物。随着全国各地产业布局调整及《焦化行业准入条件》的修订，许多焦化企业搬离原址异地重建，遗留下的场地土壤中所含 PAHs 等污染物会对人体健康产生严重危害。焦化类场地土壤污染物的调查引起了普遍关注。因为各个焦化厂生产工艺不同，如熄焦方式等，所产生的土壤和地下水污染特征不尽相同[4]。

刘庚等对某大型焦化企业工业污染场地中 16 种 PAHs 的测定表明[5]，从每种污染物的含量范围来看，最小值和最大值的差异很大，如 Nap 最小值为 0.01mg/kg，而最大值为 4100mg/kg，约 93% 的采样样点含量范围为 0.01 ～ 16.6mg/kg。将采样样点数据叠加到原厂区平面图上可以看出，4 种污染物高值点主要位于焦油分厂和回收分厂等车间。焦油分厂存在一定数量焦油、杂酚油等的储存，设施中的多环芳烃通过储罐渗漏、遗洒造成表层局部土壤的严重污染，回收分厂除了大气污染源外，车间内各种罐、槽渗漏、遗洒也造成局部的严重污染。样点含量数据的描述性统计特征表明，样点含量明显受场地的历史生产、管理、车间布局和人为干扰等因素影响，其统计特征不同于一般面源污染。

张婧雯等以山西某煤化工企业遗留的污染场地为例[6]，对不同区域内特征污染物的含量进行统计分析，共计 92 个点位 342 土壤样品进行分析测定，结果表明污染场地中检出的有机污染物包括 8 种 VOCs，检出率为 1.00% ～ 11.73%；21 种 SVOCs，检出率为 10.42% ～ 31.25%；苯酚类有苯酚等，检出率为 0.66% ～ 7.19%；苯胺类和联苯胺类的二苯并呋喃，检出率为 13.07%。3 种 TPH（C_6 ～ C_9、C_{10} ～ C_{16}、C_{17} ～ C_{36}），检出率为 4.76% ～ 12.70%。其中，共有 4 类 11 种污染物超过筛选值，分别为：单环芳烃类，苯，超过筛选值率为 0.56%；PAHs 类，8 种污染物（芴、菲、苯并［*a*］蒽、苯并［*a*］芘、茚并［1，2，3-*cd*］芘、二苯并［*a*，*h*］蒽、苯并［*g*，*h*，*i*］苝、苯并［*b*］荧蒽）超过筛选值，超标率为 0.30% ～ 10.71%；苯胺类和联苯胺类，二苯并呋喃，超标率为 0.65%；TPH（C_{10} ～ C_{16}）超过筛选值率为 0.53%。

刘利军等对山西某焦化场地土壤进行采样调查[7]，分析了场地各区域不同土壤层中 VOCs 和 PAHs 含量水平。结果表明苯生产区的 VOCs 含量偏高，达背景点浓度的 103.75 倍；焦油生产区的 PAHs 含量最高，其苯并芘的含量达污染土壤修复行动值的 19.5 倍。重污染区（苯生产区）污染分析结果显示苯生产设备、粗苯工段、排水管道出口的污染物平均致癌风险指数较高，其中苯生产设备区的污染物平均致癌风险指数高达可接受致癌风险值的 3.52 倍。

苏雪朋等对江苏某焦化污染土壤进行污染状况测试分析[8]，结果表明场地土壤中 1，2，4-三甲苯浓度超过筛选值的点位主要集中在洗脱苯工段、冷鼓电捕工段、污水处理站、脱硫工段及焦炭生产工段焦炉区域的土壤中，该污染物浓度区为 12.59 ～ 67.62mg/kg，浓度分布极不均匀。

孟祥帅等对某废弃焦化场地内包气带剖面上 16 种 PAHs 分布特征的研究结果表明[9]，各钻孔总 PAHs 最大含量介于 134.79 ～ 11266.81mg/kg 之间，主要分布层位为地表以下 1 ～ 5m，含量以低环芳烃（2 环 +3 环）为主，单体以萘含量最高。场地污染主要来自煤的燃烧源焦油、沥青及其深加工产物的污染对场地总多环芳烃含量起控制作用。

尹勇等对苏南某焦化厂场地土壤和地下水特征污染物分布规律进行研究[10]，结果表明多环芳烃类（包括萘、芴、蒽、菲、荧蒽、芘、苯并［*a*］芘等共 21 项）超标污染物主要有萘、荧蒽、芘、苯并［*a*］蒽、䓛、苯并［*b*］荧蒽、苯并［*k*］荧蒽、苯并［*a*］芘、茚并［1，2，3-*cd*］芘、二苯并［*a*，*h*］蒽，超标主要集中在表层土壤，随着深度的增加而急剧减少。萘超标的点位有备煤车间的机修区、焦油和洗油储罐区的物料出口下方、焦化产车间区域，其中焦油回收车间点位浓度超过土壤筛选值 368.4 倍。苯并［*a*］蒽、苯并［*b*］荧蒽、苯并［*a*］芘超标的点位有堆场、焦炉烟囱下方、化产车间区域、焦油和洗油储罐区的物料出口下方，其中最高浓度点位都是在焦油回收车间的地面表层。此外，荧蒽、芘、䓛、苯并［*k*］荧蒽、茚并［1，2，3-*cd*］芘、二苯并［*a*，*h*］蒽也存在严重超标的现象，超标点位主要位于化厂车间区域、煤焦车间区域、焦油和洗油的储罐区、堆场。

殷瑞君等对山西太古县某焦化场地表层多环芳烃污染状况进行研究[11]，结果表明 6 个采样点位中 16 种多环芳烃总含量范围为 171.4 ～ 1099.57ng/g，均值为 749.32ng/g；7 种致癌性 PAHs 总含量范围为 80.02 ～ 557.74ng/g，均值为 382.35ng/g，占 16 种 PAHs 总量的 51.03%。

本项目 3 个剩余地块内的表层土壤主要受 PAHs 污染，而且污染呈面状，其主要原因是炼焦过程中排放的废气以及焦炉泄漏的粗煤气中含有一定的 PAHs，在干湿沉降的作用下进入土壤，对土壤造成污染。剩余地块 A 的东南局部地区深层土壤及地下水存在不同程度的污染，主要位于原煤气精制车间所在区域，初步判断其污染主要是储罐泄漏导致。同时，由于污染区的西北方向为原焦化厂粗苯车间所在地，调查显示该区域地下水污染较为严重，局部区域存在非水相液体（LNAPL）。因此，剩余地块 A 东南部地下水的污染还可能是由粗苯车间所在区域地下水中污染物迁移扩散所致。

剩余地块A 表层土壤中苯并［*a*］蒽、苯并［*b*，*k*］荧蒽、苯并［*a*］芘、茚并［1，2，3-*cd*］芘、二苯并［*a*，*h*］蒽的致癌风险超过 1.0×10^{-6} 可接受风险水平，关键暴露途径是经口摄入和皮肤接触。其中，苯并［*a*］芘的风险最高，达到 4.4×10^{-4}。深层土壤及地下水中苯的致癌风险也超过可接受风险水平，分别达到 5.6×10^{-6} 和 2.7×10^{-6}，其关键暴露途径是呼吸吸入。剩余地块 B 表层土壤中苯并［*a*］芘的致癌风险达到 7.9×10^{-6}，超过 1.0×10^{-6} 可接受风险水平。剩余地块 C 表层土壤中苯并［*a*］蒽、苯并［*b*，*k*］荧蒽、苯并［*a*］芘、茚并［1，2，3-*cd*］芘、二苯并［*a*，*h*］蒽的致癌风险超过 1.0×10^{-6} 可接受风险水平，关键暴露途径是经口摄入和皮肤接触。其中，苯并［*a*］芘的风险最高，达到 1.4×10^{-3}。深层土壤中萘的非致癌风险也超过可接受风险水平 1，达到 2.9，其关键暴露途径是呼吸吸入。

因此，对于剩余地块A，应对局部区域表层土壤中的苯并［*a*］蒽、苯并［*b*，*k*］荧蒽、苯并［*a*］芘、茚并［1，2，3-*cd*］芘和二苯并［*a*，*h*］蒽以及局部深层土壤和地下水中的苯进行修复或风险控制，以确保开发后未来受体的健康不受到不可接受的危害。对于剩余地块 B，应对局部区域表层土壤中的苯并［*a*］芘进行修复或控制，以确保未来受到的健康风险在可接受水平。对于剩余地块 C，应对局部区域表层土壤中的苯并［*a*］蒽、苯并［*b*，*k*］荧蒽、苯并［*a*］芘、茚并［1，2，3-*cd*］芘和二苯并［*a*，*h*］蒽以及局部深层土壤中的萘进行修复或控制，以确保场地开发后未来受体的健康不受到不可接受的危害。根据剩余地块 A 的用地规划及其所在区域的水文地质条件，该地块地下水污染区苯的健康风险为 2.7×10^{-6}。

本案例中主要涉及的苯、萘和高环 PAHs，其具体理化特征如表 4.3 所列。由表4.3 可知，苯与萘的饱和蒸汽压及亨利常数均相对较高，挥发性较强，仅从这两种污染物理化性质分析可知，受这两种污染物污染的土壤，具备采用物理通风等技术进行修复的潜力。其余高环 PAHs 的挥发性较弱、水 - 有机碳分配系数较高、难以生物降解，因此如需达到本项目计算的修复目标，宜以热处理技术为主。

表 4.3　目标污染物理特征

物理参数	苯	萘	苯并［*a*］蒽	苯并［*b,k*］荧蒽	苯并［*b*］荧恩	苯并［*a*］芘	茚并［1,2,3-*cd*］芘	二苯并［*a,h*］蒽
摩尔质量 /（g/mol）	78	128	228	252	252	252	276	279
水 - 有机碳分配系数	1.9	3.2	5.55	6.1	6.1	6.0	6.5	6.3
辛醇 - 水分配系数（$\lg K_{ow}$）	1.9	3.2	5.5	6.1	6.1	6.1	6.7	6.39
空气扩散系数 /（cm^2/s）	8.8×10^{-2}	5.9×10^{-2}	5.1×10^{-2}	2.3×10^{-2}	2.3×10^{-2}	4.3×10^{-2}	1.9×10^{-2}	3.8×10^{-2}
水扩散分配系数 /（cm^2/s）	9.8×10^{-6}	7.5×10^{-6}	9.0×10^{-6}	5.6×10^{-6}	5.6×10^{-6}	9.0×10^{-6}	5.7×10^{-6}	5.4×10^{-6}
溶解度 20℃ /（mg/L）	1770	31.4	0.01	5.5×10^{-4}	1.50×10^{-3}	1.6×10^{-3}	3.8×10^{-3}	6.8×10^{-4}
亨利常数（无量纲）	0.2	2.0×10^{-2}	1.4×10^{-4}	4.5×10^{-7}	5.0×10^{-4}	4.7×10^{-5}	4.9×10^{-6}	8.4×10^{-9}
蒸汽压 /（mmHg）	95	0.5	1.5×10^{-7}	9.6×10^{-11}	8.1×10^{-8}	4.9×10^{-9}	1.4×10^{-10}	3.8×10^{-13}
熔点 /℃	5.5	80.1	162	217	168	179	162	265
沸点 /℃	80.1	217.9	435	480	481	475	536	524
密度 /（g/mL）	0.9	1.2	1.3	1.32	1.28	1.35	—	—

注：1mmHg=133.322Pa。

第二节 污染修复方案的制订

一、修复目标、范围及工程量

1. 污染土壤修复目标确定需要注意的问题

（1）污染土壤修复基准　环境基准是指环境中污染物对特定保护对象（人或其他生物）不产生不良或有害影响的最大剂量或浓度，或者超过这个剂量或浓度就对特定保护对象产生不良或有害的效应。其内涵应该包括环境质量基准和污染环境修复基准两个方面。因此，土壤环境基准应该包括土壤环境质量基准和污染土壤修复基准两个方面。其中，土壤环境质量基准遵循土壤环境质量长期自身演变的规律，反映污染物或有害物质长期的胁迫和慢性的影响或作用，一般是指当土壤环境中某一有害物质的含量为一阈值范围时对人或者生物长期生活在其中不会发生不良或有害的影响；而污染土壤修复基准，反映土壤环境系统受到严重污染或发生突发事件后恢复其自然生态功能的过程中，污染物急性、亚急性毒性的危害与作用（图 4.3）。污染土壤修复基准是土壤环境基准体系中的一部分，是污染土壤修复标准的数据基础和科学依据，是一个纯自然科学的概念。它是指土壤环境受到一定程度的污染后其生态系统结构和功能是否可以自行恢复的临界水平，其反映了急性污染或较为严重污染暴露条件下土壤生态系统中在种群或群落水平上 50% ～ 70% 的生物物种或个数能够得到保护或者免受污染危害的土壤环境中污染物的最高水平[12]。

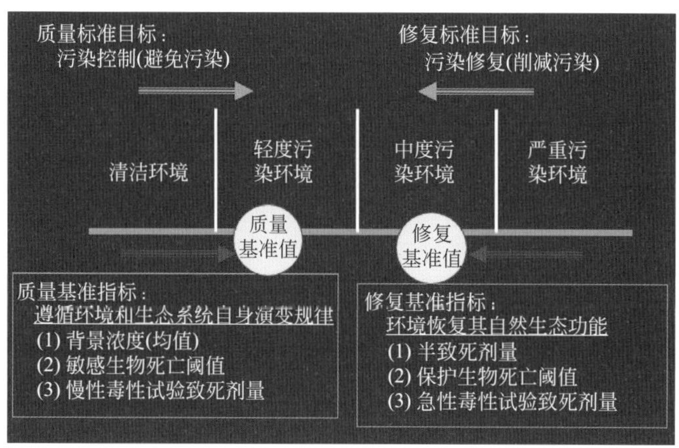

图 4.3　质量基准与修复基准[12]

西方发达国家投入大量的人力、物力和财力进行污染土壤修复基准的研究和相应标准的制定。总的来说，国外在推导和制定污染土壤修复基准和标准时以保护人体健康为核心，同时考虑对生态系统和地下水的影响[13]。对于人体健康的保护，主要采用一些暴露模型来推导在不同土地利用（农业用地、居住用地、工业用地和商业用地等）下不同的暴露人群（儿童、青少年和成人等）通过各种暴露途径（吸入、摄入和皮肤接触等）对不同类型的污染物（致癌和非致癌）的暴露水平，然后取每种土地利用类型的相关计算结果的最小值作为该种土地利用下基于人体健康的污染土壤修复基准；对于生态系统的保护，将植物 / 作物、土壤无脊椎动物和微生物等相关毒理数据进行统计分析后，采用物种敏感性分布法、评价因子法等来确定不同土地利用下不同保护程度的浓度水平，然后把每种土地利用类型相关的计算结果的最小值作为该种土地利用下基于生态的污染土壤修复基准；对于地下水的影响，则主要根据土壤 - 水分配模型来估算土壤中污染物的浓度水平。最后，综合每种土地利用类型的各种修复基准，将其中的最小值作为该种土地利用类型的污染土壤修复基准[13]。

国外污染土壤修复基准的大体推导过程见图 4.4。

为了使环境保护工作和经济达到协调发展，应该在国家层面上系统地开展与污染土壤修复基准有关的毒理学和推导方法学研究以及污染土壤修复标准建立的方法体系研究，以尽快制定出符合我国实际的污染土壤修复标准来指导污染土壤修复行动和耕地保护工作[14]。

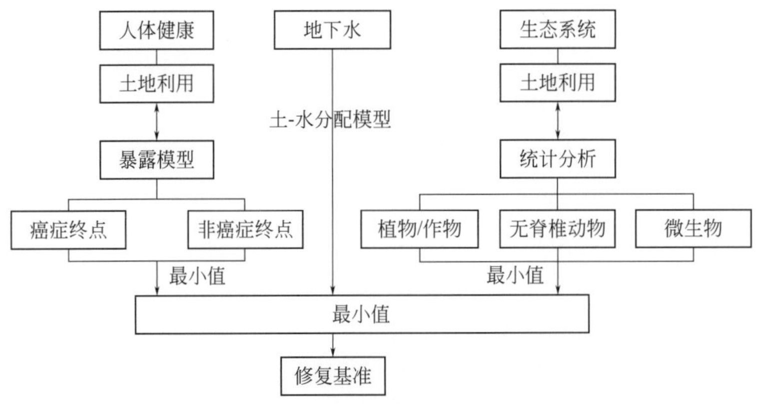

图 4.4　国外污染土壤修复基准推导的一般流程[13]

（2）污染土壤修复目标　目前，土壤修复目标的制定方法主要有两种：一种是直接引用已有的土壤质量标准和评价标准来确定污染因子的修复目标值；另一种是基于风险理论来评估和拟定土壤修复目标，并确定污染因子的修复目标值。第一种方法明确了土地功能和用途，规定了污染物的标准值，其值是固定的，修复目标值是保守和刚性的，土壤质量只有达标才算合格并可再次利用。第二种方法包含了基于风险的概念和计算方法，是一个集污染鉴定、暴露表征和风险表征为一体的综合体系。该类土壤修复目标值主要以人体健康风险为关注点，结合污染物性质和浓度、土地利用规划和未来场地场景，同时涉及污染物的毒理参数、场地特征因子、敏感受体等一系列参数，因此往往不是固定限值[15]。

李青青等报道指出[15]，中国地域宽广，各地区经济和产业发展不平衡，土壤母质的区域化和受污染程度差异明显。在风险评估模型中，人体健康可接受风险水平是直接影响目标值的一个重要参数。目前，国际上认可的致癌目标风险水平范围值介于 10^{-6} ～ 10^{-4} 之间，是一个不确定值，因此也颇受争议。场地特征修复目标值计算公式中参数因子主要包括场地特征、污染物毒理和暴露受体参数，其中污染物毒理参数可以在已有数据中查证，但是场地特征、暴露途径以及特定的敏感人群等参数是基于场地自身特征的一类值，对于其他污染场地来说不具有通用性。口腔、皮肤和呼吸 3 种吸收途径污染物暴露量模拟均可采用美国 EPA 相关模型。她们的研究计算结果表明，暴露途径中经口摄入和皮肤接触是主要的风险贡献者，而呼吸吸入贡献最小。

贾晓洋等报道指出[16]，我国污染场地风险评价仍处于发展阶段，近年来国内关于污染场地修复目标值研究均采用确定性风险评估（DRA）方法，环境保护部《污染场地风险评估技术导则》（报批稿）中修复目标值的制定也采用 DRA 方法。然而已有学者意识到参数的不确定性问题。他们以某焦化污染场地为例，采用 PRA（概率风险评价）方法研究了 17 个人体暴露参数和 5 个土壤理化性质参数的不确定性对土壤中 8 种污染物修复目标值的影响。结果表明：PRA 与 DRA 修复目标值的比值仅深层 Nap 为 0.9，其余为 1.11 ～ 2.49，因此，采用传统的 DRA（确定性风险评价）方法制定的修复目标值容易偏保守；将土壤中污染物含量降低到 PRA 修复目标值所产生的暴露风险均在可接受的范围内。

余云飞等调查了重庆某化工厂遗留场地土壤污染现状，分别通过两种评价方式确定了修复目标值，结果显示[17]，两种评价方法确定的超标最严重污染物均为苯并［*a*］芘，但风险评估模型计算的和土壤环境质量标准确定的修复目标值存在较大差异，分别为0.041mg/kg、0.3mg/kg，计算确定的修复目标值低于现有标准规定的适用限值，建议国家尽快修订或出台与风险评估模型相适应的土壤环境质量标准。

尧一俊等报道指出[18]，在污染场地的健康风险控制目标过低的情况下，生态环境部建议可以把污染土壤修复至背景水平。然而，如何根据背景水平制定目标值目前尚不明确，如以某背景特征值作为修复目标值，低则容易修复到非人为造成的土壤自然背景，造成过度修复；高则容易漏过污染，影响居民健康。基于同一污染物的不同污染物浓度暴露风险的累加效应，他们提出基于背景水平的难挥发污染物修复目标值制定依据应该是修复后场地任意控制区域内遗留土壤的平均浓度不应显著超过背景浓度分布的平均值（考虑到背景浓度分布的不确定性，如不超过背景浓度平均值的1.3倍）。

莫欣岳等以某石油化工污染场地为研究对象，参照《污染场地风险评估技术导则》（HJ 25.3—2014），确定健康风险评价中的相关参数，对该场地污染土壤和地下水进行健康风险分析。监测结果表明[19]，土壤和地下水中有机污染物苯超过了其风险筛选值。基于经口摄入、皮肤接触、呼吸吸入土壤颗粒物、吸入室外空气中来自表层土壤的气态污染物和吸入室内空气中来自下层土壤的气态污染物6种暴露途径计算了土壤污染造成的健康风险，并基于吸入室外空气中来自地下水的气态污染物和吸入室内空气中来自地下水的气态污染物两种暴露途径计算了地下水污染造成的健康风险。结果显示，土壤对人体产生的叠加致癌风险（cancer risk，CR）和非致癌危害商（hazard quotient，HQ）分别达到1.62×10^{-3}、9.78，地下水对人体产生的叠加致癌风险CR和非致癌危害商HQ分别达到1.33×10^{-3}、81.80，会对该场地上的工人产生较大健康危害。结合可接受致癌风险（acceptable cancer risk，ACR）、可接受危害商（acceptable hazard quotient，AHQ）的取值10^{-6}、1.00，最终将土壤、地下水中苯修复目标值分别确定为0.34mg/kg、0.21mg/L。

孙潇潇等报道指出[20]，相对于传统的标准值方法，基于健康风险的土壤修复目标值方法由于其灵活性和科学性等优点而逐渐发展。通过风险评估计算得到的修复目标值综合考虑了污染场地的实际现状和未来用地功能，比质量标准值更合理、更客观。她们以某多环芳烃污染场地为研究对象，根据场地未来使用功能和场地实际情况，对该场地进行了健康风险评价。根据国家环保部出台的《污染场地土壤修复技术导则》（HJ 25.3—2014），确定了健康风险评价模型中相关参数；计算得出了该场地的修复目标值苯并［*a*］芘为0.012mg/kg；茚并［1，2，3 - *cd*］芘为0.12mg/kg。

影响土壤修复目标值的关键因素，包括污染物的迁移转化规律、污染物的特性及主要暴露途径、实际场地及建筑物等参数的影响[21-24]。因此，污染土壤修复目标的确定更应该结合场地特征与土地利用功能，使修复目标更具有可达性。

2. 土壤和地下水修复目标

本项目3个剩余地块涉及不同用地功能，其中剩余地块A和 B分别规划为遗址公园和地铁车辆段，结合其用地特征，风险评估过程中主要按商业用地情形进行未来受体的风险计算。剩余地块C规划为综合开发区，结合其用地特征，风险评估过程中主要按居住用地情形计算未来受体的健康风险。

考虑到本项目的总体修复方案思路是“清挖→原地异位修复→原地回填”，而居住用地的修复标准要严于商业用地的标准，如果最终按照具体各剩余地块具体用地功能确定相应超标污染物的修复目标，修复过程中可能出现将居住用地区域的污染土壤仅修复至商业用地情形的修复目标后回填至商业用地区域。同时，由于当前各剩余地块的具体开发规划还未确定，如果剩余地块 A 和B 仅修复至商业用地的标准后回填，日后开发过程中如果需要对这些区域 0 ～ 1.5m 范围内的土壤进行清理，这部分仅修复至商业用地情形下污染土壤，其最终去向将受到限制，导致存在一定的二次环境风险。

基于以上考虑，为便于管理并降低二次环境风险，本项目在确定土壤中目标污染物的修复目标时，将 3 个剩余地块统一按居住用地考虑，计算可接受风险水平及危害熵条件下目标污染物的修复目标。同时，考虑到管理要求，修复目标的确定过程中还将理论计算的修复目标与北京市颁布的场地土壤环境风险筛选值进行比较，如果理论计算值低于筛选值，将以筛选值作为该污染物的最终修复目标。

剩余地块土壤中风险超过可接受水平污染物的修复目标为苯并［*a*］蒽、苯并［*b*，*k*］荧蒽、苯并［*a*］芘、茚并［1，2，3-*cd*］芘、二苯并［*a*，*h*］蒽、萘和苯的修复目标分别为 0.5mg/kg、0.5mg/kg、0.2mg/kg、0.41mg/kg、0.22mg/kg、87mg/kg 和 0.64mg/kg。比较发现，由于修复目标仅与地块用地功能有关，各剩余地块中超标污染物的最终风险与 2010 年评估期间确定的各剩余地块所在规划区域的修复目标一致（苯除外）。经计算，在可接受风险水平条件下，剩余地块 A 地下水中苯的修复目标为 0.05mg/L。

3．修复范围及工程量

将场地土壤分为四层（0 ～ 1.5m、1.5m ～ 6.5m、6.5m ～ 10m、10 ～ 18m），分别计算各层的修复范围和土方量。其中，剩余地块 A 污染土壤中多环芳烃的修复范围集中在表层和局部深层，苯的修复范围涉及深层土壤和地下水，剩余地块 B 的修复范围主要集中在表层苯并［*a*］芘的超标区域，剩余地块 C 的修复范围主要集中在表层 PAHs 的超标区域，以及局部 6.5 ～ 10m 的萘污染区。由于局部深层多环芳烃仅为个别点超标，因此以超标点为中心，按 40m × 40m 网格确定局部深层污染范围。场地 0 ～ 18m 土层污染土壤的修复范围，修复面积与土方量见表 4.4。

表 4.4　各剩余地块土壤修复面积与土方量

地块编号	污染物	面积 /m^2				土方量 /m^3
		0 ~ 1.5m	1.5 ~ 6.5m	6.5 ~ 10m	10 ~ 18m	
剩余地块 A	PAHs（含复合污染）	225568	9435	—	—	385527
	苯	—	10054	4788	7086	123716
剩余地块 B	PAHs	13334	—	—	—	20001
剩余地块 C	PAHs	54693	1600	—	—	90040
	萘、PAHs	—	—	2674	—	9359
合计		293595	21089	7462	7086	628643

注：“—”表示该地块对应深度土壤中污染物风险可接受或不存在污染。

风险评估结果显示，剩余地块 A 局部区域地下水中苯的健康风险超过可接受水平，结合周围地下水监测井的检测结果，确定了剩余地块 A 地下水苯的修复范围，地下水量合计约 56571m^3。

场地修复范围所确定土方量是需要修复的污染土壤体积，不包括场地实际修复过程中由于工程实施需要，清挖过程中配合放坡、支护等工程措施所产生的清洁土壤。实际工程土方量应结合修复方案进行计算。

二、修复技术的筛选

1. 污染土壤修复技术

（1）原位生物通风　生物通风法由土壤气相抽提法（SVE）发展而来，通过向土壤中供给空气或氧气，依靠微生物的好氧活动，促进污染物降解；同时利用土壤中的压力梯度促使挥发性有机污染物及降解产物流向抽气井，通过抽气井抽提去除。另外，可以通过注入热空气、营养液、外源高效降解菌剂等方法加强对污染物的去除。该技术可适用于处理被挥发性、半挥发性有机污染物污染的土壤，不适合于重金属、难降解有机物以及黏土等渗透系数较小的污染土壤的修复。生物通风系统主要有抽气系统、抽提井、输气系统、营养水分调配系统和在线监测系统及配套控制系统。在技术实施前要进行相应的可行性测试，目的在于评估技术是否适于场地的修复，并为修复工程设计提供基础参数。一般在实验室开展相应的小试或中试实验。测试参数包括土壤温度、土壤湿度、土壤 pH 值、营养物质含量、土壤氧含量、渗透系数、污染物浓度、污染物理化性质、污染物生物降解系数（或呼吸速率）和土著微生物数量。大部分低沸点、易挥发的有机物直接随空气一起抽出，而高沸点、不易挥发的有机物在微生物的作用下可以被分解为 CO_2 和 H_2O。在抽提过程中注入的空气及营养物质有助于提高微生物活性，降解不易挥发的有机污染物（如原油中沸点高、分子量大的组分）[25]。

（2）原位强化生物修复　原位强化生物修复过程是利用本土或接种的微生物（真菌、细菌和其他微生物）降解（代谢）土壤或地下水中的有机污染物，将它们转变为无害的终产物。使用营养物、氧气或其他改良剂能促进生物修复和污染物从土壤中解吸。该生物修复技术已成功用于修复石油烃类、溶剂类、杀虫剂、木材防腐剂和其他有机化学物污染的土壤、污泥和地下水。生物修复技术对于修复低残留污染物并且为迁移源的情况非常有效。被处理的污染物通常为多环芳烃、非卤化的半挥发性有机污染物（不包括多环芳烃）和苯系物。生物修复不需加热，需要添加相对便宜的物料，如营养物，并不会产生需要额外处理的残留物。当在原位处理时，不需要挖掘受污染的媒质。与其他技术相比，如热解析和焚烧、热强化开采、化学处理和原位土壤洗涤，生物修复在处理非卤化半挥发性有机污染物方面有成本优势。尽管生物修复不能降解无机污染物，生物修复能改变无机物的价态，并使其无机微生物或巨生物吸附、固定在土壤颗粒上，沉淀、吸收、聚积和浓缩。若土壤基质阻止污染物 - 微生物接触，则达不到治理目标，高浓度的重金属、高氯化有机物、长链烃类或无机盐对微生物有害，低温下生物修复进程减慢。

（3）原位土壤淋洗　原位土壤淋洗是通过注射井等向土壤施加淋洗剂，使其向下渗透，穿过污染带与污染物结合，通过解吸、溶解或络合等作用，最终形成可迁移态化合物。含有污染物的溶液可用提取井等方式收集和存储，再进一步处理，以再次用于处理被污染的土壤。该技术需要在原地搭建清洗液投加系统、土壤下层淋出液收集系统和淋出液处理系统；同时，采用物理屏障或分割技术把污染区域封闭起来。该技术对于多孔隙、均质、易渗透的土壤中的重金属、具有低辛烷 / 水分配系数的有机化合物等污染物具有较高的分离与去除效率。无需挖掘、运输污染土壤，但可能会污染地下水，去除效果受制于场地地质情况等。原位土壤淋洗修复技术适用于水力传导系数大于 10cm/s 的多空隙、易渗透的土壤，如砂土砂砾土壤、冲积土和滨海土等。去除吸附态污染物，包括重金属、易挥发卤代有机物和非卤代有机物[26]。

（4）原位土壤气相抽提　土壤气相抽提（soil vapor extraction，SVE）是对土壤挥发性有机污染进行原位修复的一种方法，用来处理包气带中地层介质的污染问题。通过专门的地下抽提（井）系统，利用抽真空或注入空气产生的压力迫使非饱和区土壤中的气体发生流动，从而将其中的挥发和半挥发性有机污染物脱除，达到清洁土壤的目的。土壤气相抽提的基本原理是利用真空泵抽提产生负压，空气流经污染区域时，解吸并夹带土壤孔隙中的挥发性和半挥发性有机污染物，由气流将其带走，经抽提井收集后最终处理，达到净化包气带土壤的目的。有时在抽提的同时可以设置注气井，人工向土壤中通入空气。抽出的气体要经过除水汽和吸附等处理后排入大气，或者根据污染物的不同，采用相应的气体处理技术。该技术易于和其他修复技术联合使用[地下水曝气（AS）、生物曝气（BS）等]，可以在建筑物等下面操作而不破坏地上建筑物。但是，将污染物浓度降低 90% 以上较为困难，对低渗透性土壤和非均质介质的效果不确定，对抽出的污染气体需进行后续处理，只能对非饱和区域土壤进行处理。

（5）原位热处理　使用蒸汽 / 热空气注入或电阻 / 电磁 / 光纤 / 无线电加热，以增加半挥发性有机污染物的挥发。该过程包括一个处理废气的系统，适用于处理半挥发性有机污染物，但也可处理挥发性有机污染物。热强化 SVE 对于处理有些杀虫剂和燃料也有效，取决于该系统所达到的温度。处理后土壤状况非常适合于残留污染物的生物降解。当介质中掩埋的碎片或其他较大的物体可能造成操作困难；按最高温度和所选处理方法的不同，提取特定污染物的性能不同；紧密的或水分含量较高的土壤，对空气的渗透性降低，阻碍热强化 SVE 的进行，需要输入更多能量，以提高真空和温度；渗透可变性较高的土壤，可导致气流向受污染土壤中传送的不均衡；有机物含量较高的土壤，对挥发性有机污染物的吸附能力较强，影响速度；可能需要对排气进行管理，以免对公众和环境造成危害[27]。

（6）原位搅拌　利用大扭矩钻机钻头的旋转作用进行污染土壤的原位搅拌，提高土壤的孔隙率和渗透率，同时将热空气快速均匀地扩散到土壤中，并吹脱解析土壤中的污染物，促使污染物释放到土壤的气相中。该技术对于深层土壤中的挥发性有机污染物去除尤其适用，不适合对土壤中半挥发性有机污染物以及重金属进行处理，地下水设施的存在将导致技术难以实施。

（7）异位生物堆　异位生物堆技术是将受污染的土壤挖出，与土壤改良剂混合后放置在有渗滤液收集系统和通风系统的处理区域。生物堆已被用于处理非卤化挥发性有机物、燃料和烃类化合物。卤化的挥发性有机污染物、半挥发性有机污染物和杀虫剂同样能被处理，但是处理效果不同，并且只适用于这些污染物群的某些化合物。该技术施用时需要将污染土壤挖掘出来，通过可处理性测试可确定污染物的生物可降解性、适当的氧气量及营养物负荷率，固相过程对于卤化化合物的处理效果不是很理想，在降解转化爆炸性物质方面也不是很有效，与泥浆态过程相比相似规模的处理量需要更多的时间。

（8）异位泥浆反应器　异位泥浆反应器是一种异位生物修复技术，是将受污染的土壤挖掘出来按一定比例与水混合搅拌成泥浆，在反应器提供微生物的所需供氧量、营养物质，以达到去除污染物的目的，其工艺类似于污水生物处理方法。处理后的土壤与水分离后，经脱水处理再运回原地；处理后的出水可循环使用。污染土壤投加至泥浆反应釜，通过空压机向反应釜中曝气，提供微生物所需氧气含量，同时进行搅拌，使得土壤与水充分接触，并投加营养物质，有利于缩短微生物去除污染物的时间；待反应结束后，通过泥浆泵至沉淀池进行固液分离，上清液回流至反应釜，底物脱水后外运。

（9）异位物理通风　在地面管道上施加真空，以促进有机物从挖掘介质中挥发。该过程包括一个处理废气的系统。该技术目标污染物群是挥发性有机物，在挖掘和材料处理时可能产生排气，需要进行处理；高腐殖质含量或紧密的土壤可抑制挥发；排气处理过程中，SVE可能需处理残留液体和用过的活性炭，项目费用增加；该技术需占用大量空间。

（10）异位化学氧化　异位化学氧化技术是指向污染土壤添加氧化剂，通过氧化作用，使土壤中的污染物转化为无毒或毒性相对较小的物质。常见的氧化剂包括高锰酸盐、过氧化氢、芬顿试剂、过硫酸盐和臭氧。化学氧化可处理石油烃、BTEX（苯、甲苯、乙苯、二甲苯）、酚类、MTBE（甲基叔丁基醚）、含氯有机溶剂、多环芳烃、农药等大部分有机物。异位化学氧化不适用于重金属污染的土壤修复，对于吸附性强、水溶性差的有机污染物应考虑必要的增溶、脱附方式。修复系统包括预处理系统、药剂混合系统、防渗系统。需要对选择的修复技术进行小试实验测试，判断修复效果是否能达到修复目标要求，并探索药剂投加比、反应时间、氧化还原电位变化、pH 值变化、含水率控制等，作为技术应用可行性判断的依据[28]。

（11）异位土壤洗涤　异位土壤洗涤中污染物主要集中分布于较小的土壤颗粒上，异位土壤洗涤是采用物理分离或增效洗脱等手段，通过添加水或合适的增效剂，分离重污染土壤组分或使污染物从土壤相转移到液相的技术。洗脱处理可以有效地减少污染土壤的处理量，实现减量化。可处理的污染物类型有重金属污染、半挥发性有机污染物及难挥发性有机污染物。影响土壤洗涤修复效果的关键技术参数包括土壤细粒含量、污染物的性质和浓度、水土比、洗脱时间、洗脱次数、增效剂的选择、增效洗脱废水的处理及药剂回用等。异位土壤洗脱处理对于细粒含量达到 25% 以上的土壤不具有成本优势。污染物的水溶性和迁移性直接影响土壤洗脱特别是增效洗脱修复的效果。当一次分级或增效洗脱不能达到既定土壤修复目标时，可采用多级连续洗脱或循环洗脱。一般有机污染选择的增效剂为表面活性剂，重金属增效剂可为无机酸、有机酸、络合剂等。增效剂的种类和剂量根据可行性实验和中试结果确定。对于有机物和重金属复合污染，一般可考虑两类增效剂的复配。

（12）异位焚烧　异位焚烧是指使用 871 ～ 1204℃的高温，焚烧（有氧情况下）有害废物中的有机成分。适用性：焚烧用于处理受爆炸污染物和有害废物污染的土壤，特别是氯化烃类化合物、多氯联苯和二噁英。重金属可产生残灰，需进行稳定，而对于挥发性金属，包括铅、镉、汞和砷，随排气一起离开燃烧装置，需安装气体清洁系统以进行清除。可与进料气流中的其他元素，如氯或硫、活性金属等，形成比原来种类更易挥发和毒性更强的化合物。这些化合物是短暂的反应中间物，可在苛性碱冷浸中被破坏。

（13）异位玻璃化　异位玻璃化技术使用等离子体、电流或其他热源在 1600 ～ 2000℃高温熔化土壤及其中的污染物。有机污染物在如此高温下被热解或者蒸发去除，有害无机离子则得以固化，产生的水分和热解产物则由气体收集系统收集进一步处理。熔化的污染土壤（或废弃物）冷却后形成化学惰性的、非扩散性的整块坚硬玻璃体，可以去除、破坏污染土壤、污泥等泥土类物质中的有机污染物和大部分无机污染物。

（14）异位高温热解吸　异位高温热解吸是指将废物加热到 315 ～ 538℃，使水和有机污染物挥发，用载气或真空系统将挥发的水和有机物传送至气体处理系统。高温热解吸的目标污染物是半挥发性有机污染物、多环芳烃、多氯联苯和杀虫剂；尽管也能处理挥发性有机污染物和燃料，但成本效益差。挥发性金属也可通过高温热解吸去除。氯的存在可影响某些金属的挥发，如铅。该方法适用于将有机物从炼油厂废物、煤焦油废物、木材处理废物、杂酚油污染的土壤、烃类化合物污染的土壤、混合（放射性和有害）废物、合成橡胶处理废物以及涂料废物中分离。预处理土壤需要进行脱水，以减少加热土壤所需的能量；磨蚀性高的进料可能破坏处理机；进料中的重金属会产生固体残渣，需进行稳定化。

2. 污染地下水修复技术

（1）原位强化生物修复　地下水原位生物修复技术是借助微生物对地下水中有机污染物的生物降解作用，将污染物转变成无毒物质的修复技术。微生物通过消解有机污染物，提供自身所需养分和能量，将有机污染物分解为二氧化碳和水。地下水原位生物修复可以分为两种，第一种是通过刺激含水层中的土著微生物的生长繁殖来降解有机污染物，刺激土著微生物生长是通过向含水层注射电子供体（适用于厌氧生物菌）或电子受体（适用于好氧生物菌），以及营养物质来实现的。通常注射的电子供体包括乳酸盐、乳化的植物油或糖蜜等，电子受体包括空气、氧气或氧气释放化合物等。第二种是向含水层注入外来的人工培养驯化的特定微生物，同时也注射电子供体或电子受体、营养物质，促进微生物的生长繁殖。第二种方法称为地下水原位强化生物修复技术[29]。

（2）原位空气注射　空气注射法是一种新兴的原位修复技术，它是将加压后的气体（通常采用空气或氧气）注射到地下水的饱和带中，以降低吸附在土壤以及溶解在地下水中的可挥发性污染物的浓度。同时，空气注射还可以增加地下水中的氧，从而促进生物降解。空气注射可分为井通气以及原位空气注射两种不同技术：前者是通过向井里注入空气形成循环，以使得地下水中可挥发的污染物脱离的过程；后者则是直接向饱水带注入空气，通过挥发作用以及曝气生物降解去除污染物。空气注射法大大加强了对深层土壤和地下水的修复，也可以缩短修复时间。空气注射一般会持续几年的时间。

（3）原位双相抽提　双相抽提又称作多相抽提、真空强化抽提，是利用高真空系统去除地下水中多种污染物组合物、石油分相产品和地面下的烃类气体。抽出的液体和气体被收集处理然后排放，或者在法规允许条件下，可重新注入地下。双相抽提系统中，用高真空系统从低渗透性或异质性结构中去除液相与气相。真空抽提井包括一段开缝管，设置在污染土壤与地下水中，去除地下水位上下的污染物。抽提系统会造成抽提井附近的水位下降，使地下构造暴露出来，在新暴露部分的污染物容易进入抽提气体中，抽出地上后，抽出的气态或液态的有机物和地下水分离处理。当污染物中包括长链烃时，双相抽提通常会与生物修复、空气注射或生物通风联合使用，这样能缩短修复时间。双相抽提也可以与抽出 - 处理联用，修复污染量较大的地下水。处理的目标污染物是挥发性有机物和燃料（例如 LNAPL）。对于异质性土层和细砂区，双相抽提比SVE 更适用，但是，由于可能会产生不溶性产物的独立透镜体，所以不适用于低渗透性区域。

（4）原位渗透反应墙　可渗透反应墙是一个被动的反应材料的原位处理区，这些反应材料能够降解和滞留流经该墙体地下水的污染组分，从而达到治理污染组分的目的。实际上，污染组分是通过天然或人工的水力梯度被运送到经过精心放置的处理介质中，经过介质的降解、吸附、淋滤来去除溶解的有机质、金属、放射性以及其他的污染物质。墙体可能包含一些反应物用于降解挥发的有机质，螯合剂用于滞留重金属，营养和氧气用于提高微生物的生物降解作用以及其他组分。墙体主要由透水反应介质组成，通常置于地下水污染羽状体的下游，与地下水流向垂直[30]。

（5）异位生物反应器　生物反应器利用水中固定或悬浮的生物系统中的微生物降解污染物，在悬浮生长系统，如活性污泥、流化床或序批式间歇反应器中，污染地下水在好氧基座上流通，微生物群落好氧降解有机物，生成产物 CO_2、H_2O 和新的细胞。细胞形成污泥，在沉淀池中沉淀，回流至好氧反应基座或外排。在接触生长系统，如上流式固定膜生物反应器中、生物转盘反应器和滴流生物滤器中，微生物固定在惰性基质上，降解水中污染物。通常会向生物反应器中添加营养源，促进微生物的生长。生物反应器的运行时间可能会长达几年。生物反应器主要用于处理半挥发性有机污染物，燃料烃和任何可生物降解的有机物质。对杀虫剂的处理效果不好。对于卤代化合物，如五氯酚、氯苯、二氯苯等，一些中试试验已经取得了成功。生物反应器可用于处理抽出地下水中的多氯联苯、卤代挥发性有机污染物和半挥发性有机污染物[31]。

（6）异位空气吹脱　空气吹脱是通过增大污染水在空气中的暴露面积，将挥发性有机污染物从地下水中分离出来，曝气方式包括填料塔、扩散曝气、盘式曝气和射流曝气。空气吹脱涉及挥发性污染物从水中向空气中的传质过程，在地下水修复中，传质过程在填料塔或曝气罐中进行。典型的填料塔式空气吹脱在塔顶设置一个喷射嘴，将污染水喷射到圆柱体中的填料上，用风扇将空气逆水流方向吹入水中，在塔底设置一个集水坑，收集净化后的水。另外，在基本的空气吹脱设施上，还可以增加辅助设施，包括加设空气加热系统，增大去除效率，集水池中装自动控制系统控制水位，保险装置，例如不同压力监测器、高水位转换器和防爆装置，还有空气排放控制与处理装置，例如活性炭、催化氧化或热氧化。填料塔空气吹脱可以安装在混凝基础上作为永久性装置，也可以安装在拖车上。空气吹脱用于分离水中的挥发性有机污染物，对无机污染物不起作用。用亨利定律来决定空气吹脱是否有效可行[32]。

3．污染物修复技术的筛选

（1）PAHs 污染土壤筛选　对于多环芳烃污染土壤，水泥窑用于焚烧处理难降解有机污染物污染土壤在已有比较丰富的工程化修复经验。截至目前，采用水泥窑焚烧技术处理了约 20.1 万立方米 DDT 及六六六污染土壤。因此，对于本项目多环芳烃污染土壤，直接应用具有丰富工程实施经验的水泥窑异位焚烧技术进行修复是完全可行的。目前，异位高温热解吸技术在原厂址正应用于北京焦化厂保障房建设地块 PAHs 污染的土壤修复，单台设计处理能力 400m³/d，已完全具备工程化应用条件，因此，异位高温热解吸技术直接应用于本项目剩余地块 PAHs 污染土壤的修复也是完全可行的。

（2）苯、萘污染土壤筛选　对于苯、萘污染土壤，低温热解吸是修复 VOCs 污染土壤的有效技术，已用于北京焦化厂保障房地块 1.5 ～ 6.5m 苯、萘复合污染粉土以及 10 ～ 18m 苯污染砂土的工程修复。因此，对于本项目场地各剩余地块 1.5 ～ 6.5m（粉土）及 10 ～ 18m（砂土）苯污染土壤，可直接采用焚烧或热解吸技术进行修复。

（3）苯污染地下水筛选　止水帷幕 - 疏干排水处理技术能够满足本项目地下水修复要求，主要原因在于相对于土壤修复技术，水处理技术发展更成熟。因此，本项目地下水将先采用止水帷幕 - 疏干排水处理后采用异位水处理技术进行处理，异位水处理技术处理水中的苯。同时，考虑到国内水处理技术发展也相当成熟、配套水处理设备也相当丰富，相关设计及运营人员均具有丰富的经验，本项目对最终拟定的异位地下水处理技术的处理效果在本阶段无需进行测试。

总体上，对于多环芳烃类污染土壤，采用异位焚烧或异位高温热解吸两项技术能够同时满足本项目筛选条件；对于苯、萘类污染土壤，采用低温热解吸、异位焚烧及异位高温热解吸这 3 项技术能够同时满足本项目筛选条件。污染地下水将先采用止水帷幕 - 疏干排水处理后采用异位水处理技术进行处理（表 4.5）。

表4.5　修复技术

修复技术	目标污染物	深度 /m	规模 /m³
原地异位高温热解吸	PAHs	0 ～ 1.5	440393
	苯、PAHs	1.5 ～ 6.5	55175
	萘、PAHs	6.5 ～ 10	9359
原地异位低温热解吸	苯	1.5 ～ 6.5	50270
	苯	6.5 ～ 10	16758
	苯	10 ～ 18	56688
止水帷幕 - 疏干排水 - 异位水处理	苯	10 ～ 18	

三、修复技术方案的设计

1. 污染土壤修复

（1）污染土壤前处理阶段　主要包括筛分、调整含水率及除铁。污染土壤的粒径会影响其受热的均匀程度以及升温效率，因此需要使用震荡筛对待处理的污染土壤进行筛分，筛分后的超规格土块（粒径＞ 50mm）使用破碎机粉碎后再次进行筛分；由于水的比热容较高，污染土壤的含水率会影响热解吸以及后续氧化焚烧系统的能源使用效率，因此当污染土壤含水率超过建议的限值时，必须向其中掺入生石灰、碎麦秆等脱水材料，降低污染土壤的含水率；由于热解吸设备中的温度超过 500℃，足以使部分铁质金属开始熔融并附着在热解吸设备内壁上影响其导热能力并严重降低使用寿命，因此必须使用除铁设备将污染土壤中的铁质金属去除。

（2）污染土壤热解吸阶段　经过前处理的土壤由输送机送入热解吸系统的主要设备回转窑进行加热。回转窑持续旋转，促使土壤在窑内不断地被翻动、加热、干燥，同时使目标污染物气化挥发。经过热解吸净化的土壤自回转窑尾落入出料槽，气化的污染物在系统末端引风机营造的负压作用下，流向除尘系统和气化污染物焚烧净化系统。

（3）净化土壤后处理阶段　经过净化的土壤从出料口，进入土壤湿度调节器，与来自除尘系统的落灰及工艺水混合，降低温度与调整湿度后经由传送设备送待检区堆置待检。

（4）尾气除尘与氧化焚烧处理阶段　含有气化污染物的尾气首先经过布袋除尘器，去除尾气中含有的大部分土壤颗粒，防止其影响氧化燃烧的处置效率；之后尾气进入氧化燃烧室，该区域的工作温度高达 1200℃，尾气在其中停留时间不得低于 2s，确保污染物被完全焚烧，降解为二氧化碳及水蒸气等物质。

（5）尾气冷却降温处理阶段　通过氧化燃烧室的尾气首先会流入急冷塔，通过喷洒冷凝将温度快速降至 200℃以下，防止其中的氯化物等物质在缓慢降温过程中（200 ～ 500℃）生成剧毒物质二噁英，造成尾气排放超标。

（6）尾气脱酸淋洗处理阶段　经过急冷塔的尾气继续流入脱酸淋洗塔，经碱液冲洗去除其中含有的酸性物质。净化处理的尾气通过烟囱排放，在烟囱内设置实时在线监测系统，对尾气中 SO_2、NO_x、CO、O_2、烟尘、苯（低温热解吸设备）进行监测，确保尾气满足北京市《大气污染物综合排放标准》（DB 11/501—2007）要求达标排放。

2. 污染地下水修复

处理的基本过程是通过集水沉淀池进行初步沉淀并均衡进水水质，去除地下水中的泥砂等悬浮物，产生的沉淀泥砂作为污染土壤处理。预处理后的污水将通过主体处理工艺汽提塔，将污染物去除。由于苯的挥发性很强，气提的效果较好，同时原水中苯最高浓度仅为 1mg/L，仅需达到 50% 的去除率即可，处理后的排水满足北京市《水污染物排放标准》（DB 11/307—2013）中排入设置市政污水处理厂城镇排水系统的限值要求，苯浓度不应高于 0.5mg/L。

（1）预处理单元　污染地下水提升至地表后，由运输车运至预处理单元，首先经预处理单元（固相清除）过滤掉水中的固体悬浮颗粒物，再进入地面集水沉淀池。本项目设置一座预处理单元（固相清除），配备过滤设备。

（2）地面集水沉淀池　地面集水沉淀池主要作用是对污染地下水中的泥砂等颗粒物进行初步沉淀，另外也可以起到调节进水水量与水质的作用，污水在地面集水沉淀池内沉淀并充分混合后进入空气汽提塔。

（3）空气汽提塔　空气汽提塔用于脱除水中的挥发性有机污染物苯。即利用鼓风机将气体（载气）通入水中，使二者相互充分接触，使水中挥发性有机污染物穿过气液界面，向气相转移，从而达到脱除污染物的目的。本项目共设置 1 个空气汽提塔，汽提塔处理能力为 20m³/h，内部采用填料塔，填充规整的填料。空气汽提塔在绝压条件下操作，与鼓风机出口压力向匹配。

（4）活性炭吸附设备　活性炭吸附设备是一种干式废气处理设备，它主要利用活性炭对废气的吸附作用来处理废气。吸附单元过滤网采用高强度尼龙网制作，进（出）气口为法兰式接口，整套设备密闭性好，吸附效率高。设备配备有活性炭饱和测定仪，当废气浓度达到指定浓度时探测器即会发生报警，提示工作人员立即更换活性炭。

（5）地面储水池　经汽提塔处理后的污水先进入储水池，定期进行检测，处理后的排水应满足北京市《水污染物排放标准》（DB 11/307—2013）中排入设置市政污水处理厂城镇排水系统的限值要求，即苯浓度不应高于 0.5mg/L，处理后的废水接附近市政管网外排。

（6）事故应急收集池　为防止污水处理站发生事故，在处理站内设置应急收集池一座，用于收集事故过程中排出的污水。污水处理站运行中出现事故故障，应立即停止污水处理工作，同时启动事故应急收集池，将设备内污水泵至应急收集池进行暂存。

3. 总体技术路线

本方案拟分别使用低温热解吸和高温热解吸工艺修复处理不同土壤介质中不同特性的目标污染物；采用异位空气吹脱技术修复处理受苯污染的地下水，总体思路如下（图 4.5）：主要根据目标污染物的污染特性，对 0 ～ 10m 埋深范围内的 13 个污染地块中的 50.49 万立方米多环芳烃污染土壤，采用原地异位高温热解吸技术进行修复；对于 1.5 ～ 18m 埋深范围内的 5 个污染地块中的 12.37 万立方米苯污染土壤，采用原地异位低温热解吸技术进行修复。

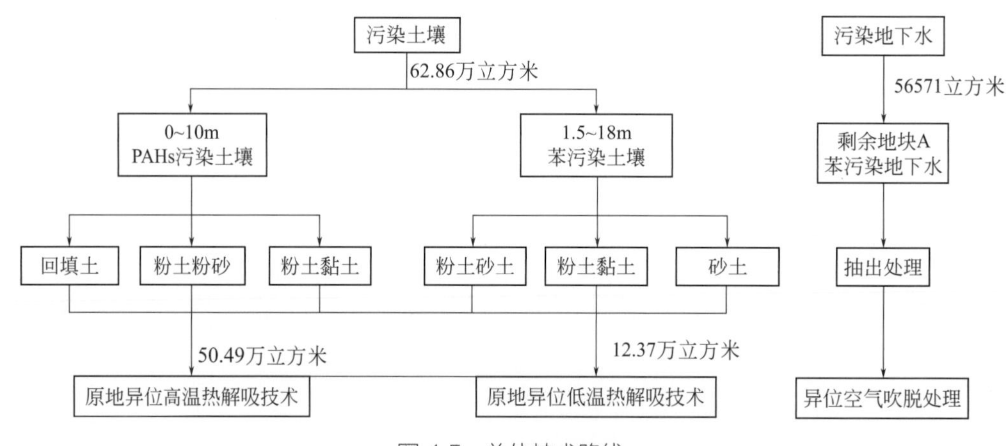

图 4.5　总体技术路线

对于剩余地块 A 涉及的苯污染地下水，拟先采用止水帷幕 - 疏干排水后，采用异位抽出处理技术进行处理。地下水中主要污染物为苯，由于苯的挥发性很强，汽提的效果较好，同时原水中苯最高浓度仅为 1mg/L，仅需达到 50% 的去除率即可，因此拟采用汽提塔的形式对 56571m³ 苯污染地下水进行异位空气吹脱处理。出水中的苯浓度满足北京市《污水综合排放标准》（DB 11/307—2013）中排入公共污水处理系统的水污染物排放限值，苯浓度不应高于 0.5mg/L，达到要求后的废水可通过附近的市政管网排放。

第三节 污染修复方案的实施

一、污染土壤修复方案的实施

1. 污染土壤预处理

污染土壤在进入热解吸处理设备前，需要根据进料要求及物料情况，进行预处理。将土壤中的不同物质进行筛分破碎与均匀给料，以保障后续处理设备的安全稳定运行；通过预处理也可以一定程度降低土壤含水率，减小后续处理时的升温负荷。通过预处理环节，保证进口物料的粒径小于 50mm，含水率控制在 20% 以下。由于苯的沸点较低，挥发性较好，在土壤前处理的过程中有部分轻度污染的土壤就可以达到修复目标值以下，对这部分预处理后达到修复目标要求的土壤可直接进入待验区，而未达到修复目标要求的土壤则进入低温热解吸设备进行修复，土壤进入低温热解吸设备后的工艺流程均与高温热解吸修复技术一样。

考虑预处理过程中的有机物挥发、扬尘、噪声等环境影响防治，需要将预处理过程置于密闭大棚中进行。预处理大棚车间尺寸：长（50m）× 宽（40m）× 高（15m）；面积 $2000m^2$。需要设计全自动的负压保持系统与针对生产工艺需要的通风工艺系统。全自动气压保持系统主要解决和保证铝结构车间内部的负压工况，使车间的有毒害气体不会渗透和释放到外界。铝结构车间应为密闭环境，依靠铝制结构支撑内部使用空间。通过全自动通风工艺系统与有害气体净化装置的协调配合，使车间内部形成良好的空气环境，并对土壤进行初步的干燥处理，保证生产需要。

2. 热解吸修复受污染土壤

在开启设备前检查各部件连接是否紧密，燃料、水电供应是否充足；准备就绪后按操作规程依次开启相应处理系统，包括进出料系统、回转窑、布袋除尘器、尾气氧化燃烧室、淬火冷却装置、脱酸洗涤塔等，保证各设备及传动部位工作正常。本项目建设异位高温热解吸设备共 3 套，每套设备的处理能力为 $30m^3/h$；异位低温热解吸设备 1 套，设备的处理能力为 $20m^3/h$，设备配套能满足在 1 年的工期要求内修复处理完成所有 $62.86m^3$ 的污染土壤。每套热解吸设备的基本配置为预处理系统、物料加热系统、修复后土壤出料系统、尾气净化系统、尾气冷却与脱酸系统、尾气在线监测系统和脱酸系统，其中尾气在线监测系统包括 CO、NO_x、SO_2、O_2、烟尘含量和苯的监测。

对于设备的技术要求为：土壤进料粒径限值＜ 50mm；处置土壤含水率限值＜ 25%，热解吸系统的含氧量 2% ～ 5%，高、低温热解吸的工作温度分别为 500℃（可根据需要在 450 ～ 650℃范围内调节）和 200℃（可根据需要在 100 ～ 300℃范围内调节），污染土停留时间为 20min（可根据需要在 17 ～ 40min 范围内调节），尾气焚烧净化系统温度 ≥ 1200℃，尾气在焚烧系统净化停留的时间 ≥ 2s，高温热解吸的尾气排放物包括苯并［*a*］芘、非甲烷总烃、二噁英、SO_2、NO_x、CO、颗粒物，低温热解吸的尾气排放物包括苯、非甲烷总烃、二噁英、SO_2、NO_x、CO、颗粒物。

气化污染物的尾气首先经过布袋除尘器，去除尾气中含有的大部分土壤颗粒，防止其影响氧化燃烧的处置效率；之后尾气进入氧化燃烧室，确保污染物被完全焚烧，降解为二氧化碳及水蒸气等物质。通过氧化燃烧室的尾气首先会流入急冷塔，通过喷洒冷凝将温度快速降至200℃以下，防止其中的氯化物在缓慢降温过程中（200 ～ 500℃）生成剧毒物质二噁英，造成尾气排放超标。经过急冷塔的尾气继续流入脱酸淋洗塔，经碱液冲洗去除其中含有的酸性物质。经过净化处理的尾气通过烟囱排放，在烟囱内设置实时在线监测系统，对尾气中 SO_2、NO_x、CO、O_2、烟尘和苯（低温热解吸设备）进行监测。

3. 修复后污染土运输与储存

修复后的土壤首先进行加湿处理，控制土壤含尘量，加湿后的土壤使用封闭式环保运输车运至修复后土壤暂存待验区，将修复后的土壤依次按顺序分区暂存，土壤堆放成棱台状，并设置标识牌，标明土壤来源，并采取有效的保护措施防止土壤被交叉污染，实现污染土壤修复的全程可追溯性，便于计量、检测和相关部门的验收。

二、污染地下水修复方案的实施

1. 修复设备及主要参数

拟采用汽提塔的形式对 56571m³ 苯污染地下水进行异位空气吹脱处理。建设 1 套地下水吹脱处理设备，处理能力为 20m³/h，每天运行时间约 15h，确保 200d 时间内处理完成所有 56571m³ 苯污染地下水。该地下水吹脱系统设备由预处理格栅、集水沉淀池、空气汽提塔、活性炭吸附设备、储水池、事故应急池、电气仪表和废水排放组成。其中预处理格栅主要用于固相清除；集水沉淀池主要用于对污染地下水中的泥砂等颗粒物进行初步沉淀，另外也可以起到调节进水水量与水质的作用；空气汽提塔主要用于汽水接触，出脱去除挥发性污染物。空气汽提塔在绝压条件下操作，与鼓风机出口压力相匹配；活性炭吸附设备利用活性炭对废气的吸附作用来处理废气，根据实际运行情况不定期更换活性炭材料。

根据本项目污染地下水的治理特点，对污水处理站的防渗、防爆、排风、配电、上下水、人员办公做出合理化设计。抽水管网设计应符合国家相关设计规范要求，应避免与本场区其他建筑物和其他市政管线相冲突，深化设计时须与建筑及市政设计单位协调。抽水管网的设计内容包括相关设计图纸、相关工艺参数、相关设备设计图纸、相关材料和设备清单、造价表等。本项目地下水中的污染物为苯，若污水处理站设备、管网及建、构筑物发生渗漏将对周围环境及人员身体健康造成影响，因此废水处理站应严格按照《地下工程防水技术规范》(GB 50108—2008）中一级防水标准（即不允许渗水，结构表面无湿渍）等级进行防渗工程。

2. 止水帷幕施工

根据本工程处理区域相关勘探资料，本次治理区域地下水含水层为 5 层细砂、中砂，静止水位标高为 14.07 ～ 16.69m 左右，埋深在 14.20 ～ 16.40m，埋深较深。综合考虑施工工艺的可靠性和经济合理性，本工程选用双排止水帷幕进行隔水，前排和后排止水帷幕全部由长螺旋成孔的高压旋喷桩构成起到隔水效果的目的。帷幕桩钻孔直径一般为 800mm，通过高压旋喷注浆使帷幕桩直径达到 1200mm ；帷幕桩至槽底下 2m，设置两排帷幕，前后排帷幕间距 0.85m，帷幕桩桩间距均为 1.00m，搭接长度 200mm。

3. 地下水修复处理

污水处理站设备安装后，进行地下水修复的处理。优先考虑周边地区是否有配套城市排水管网，以便降低成本，如没有，将采用保障房建设地块地下水的处理方案，将水抽出后送至污水处理厂集中处理。地下水经抽取后，运送至集水沉淀池，通过集水沉淀池进行初步沉淀并均衡进水水质，去除地下水中的泥砂等悬浮物，产生的沉淀泥砂作为污染土壤处理。预处理后的污水将通过主体处理工艺——汽提塔，将污染物去除。处理后的排水应满足北京市《水污染物排放标准》（DB 11/307—2013）中排入设置市政污水处理厂城镇排水系统的限值要求，苯浓度不应高于 0.5mg/L，废水处理达到要求后通过附近的市政管网排放。

三、环境监测及对二次污染的防治

1. 水、噪声和大气污染物排放的监测

（1）水污染物排放监测　在地下水处理设备的污水排放口设立监测点位，确保污水处理达到相关要求，再排入市政污水管网。本项目中异位修复的地下水数量为 56571m^3，处理周期为 7 个月，正常运行后按每星期采样 1 次，每次采集水样 1 个批次。每次样品及时送第三方检测。处理后废水进行日常监测与验收，排水应满足北京市《水污染物排放标准》（DB 11/307—2013）中排入设置市政污水处理厂城镇排水系统的限值要求，苯浓度不应高于 0.5mg/L，废水处理达到要求后通过附近的市政管网排放。将监测结果与污染物排放标准进行比较，若监测结果小于等于其中的标准值，则说明清挖或修复过程水污染物的排放符合国家规定；若大于其中的标准值，需要采取进一步的污染防治措施。

（2）噪声污染监测　噪声的监测主要是确保周围敏感建筑及敏感人群不受施工噪声危害。噪声敏感建筑物是指医院、学校、机关、科研单位、住宅等需要保持安静的建筑物。在施工场界靠近周边居民区的地块设置监测点，一般情况监测点设在建筑施工场界外 1m、高 1.2m 以上位置。依据《声环境质量标准》（GB 3096—2008），进行等效声级 L_{eq}、夜间最大声级监测。施工期间，测量连续 20min 的等效声级，夜间同时测量最大声级。根据现场监测结果，用等效声级 L_{eq} 作为评价值，依据《声环境质量标准》（GB 3096—2008）对施工现场的噪声情况进行分析。各个测点的测量结果应单独评价，最大声级直接评价。

（3）大气污染监测　根据场地修复范围、清挖时段（夏季 - 冬季），以及场地主导风向（北京市夏季主导风向为南风和西南风，秋季和冬季主要风向为北风和西北风），分别在场地的上风向、下风向、场界四周分别设置大气采样点。因为厂区的西面是居民区，需要在靠近居民区的厂区边界布设环境监测敏感点位。同样，厂区北面地铁口处由于人流量相对较大，也需要布置一个环境敏感监测点。并且，还需要在上风向位置选择一个厂区周边环境的背景值采样监测点。每月由环境监理单位进行一次取样监测，检测指标为苯、苯并［*a*］芘、非甲烷总烃、臭气。本项目修复过程中的场界污染物无组织排放的标准执行北京市《大气污染物综合排放标准》（DB 11/501—2007）中的相应标准。厂界臭气排放执行《恶臭污染物排放标准》（GB 14554—1993）中恶臭污染物厂界标准值的二级标准。

当在线监测系统做出预警指示时，需要立即检查设备设施的运行情况，必要时关停设备，

进行相应的排查与维修。若设备设施并无问题，则需要检查修复介质的情况：对于预处理大棚或是土壤贮存大棚，检查是否土壤中挥发性污染物浓度过高，若是则撤离棚内作业人员，加强棚内的抽气强度和速率，直至将棚内空气中污染物浓度降至正常范围。对于热解吸处理设施，检查是否因为上料土壤中污染物浓度过高，若是则采取减少污染土壤的上料速率、延长土壤的停留时间、升高土壤热解吸处理温度等措施，使排放气体浓度降至正常范围以内。

2. 二次污染的防治

（1）大气环境二次污染防治　针对污染土壤清挖过程可能产生的大气污染环节，拟采取以下防治措施：采取分块密闭开挖，分块面积每块不小于 10000m²，污染土清挖在密闭大棚中进行，防止清挖时气味扩散对周边居民造成影响。密闭大棚安装活性炭吸附装置，对清挖过程中散发的挥发性污染物进行吸附，做到达标排放。为防止施工机械产生尾气污染大气环境，本工程全部使用满足国家第三阶段排放标准［即《车用压燃式、气体燃料点燃式发动机与汽车排气污染物排放限值及测量方法（中国Ⅲ、Ⅳ、Ⅴ阶段）》（GB 17691—2005）中的第三阶段排放控制要求］要求的施工机械，降低尾气排放。施工机械产生的尾气对周围空气环境有一定的影响，特别是距离较近时，影响更大。

（2）水环境二次污染防治　深层土壤清挖前支护桩施工时采用长螺旋压灌混凝土后插钢筋笼成桩工艺，借助长螺旋成桩出土和压灌混凝土替代泥浆护壁工艺的连贯性，避免污染物在成桩过程随泥浆进入承压含水层造成二次污染，且保证桩底距离隔水层底板距离不小于 2m，以免造成污染物下渗到承压含水层中造成二次污染。采取措施防治地下水抽取造成污染扩散，为防止地下水中的高浓度污染物在抽取过程中发生迁移导致污染扩散，加剧土壤的污染程度，本工程拟将污染地下水的抽出分阶段进行。防止生活污水及雨水二次污染，现场污水严格按北京市《水污染物排放标准》（DB 11/307—2005）执行。施工现场内设置防渗旱厕，生活污水经收集后派专人定期进行收集并清理。雨水经沉淀后再排入市政污水管网。

（3）土壤交叉污染防治　严格确定清挖现场污染土壤及未污染土壤的清理边界，保证清理土壤质量，将原有清洁污染土壤运至清洁土壤堆放场，在土壤上方覆盖 HDPE 膜，防止土壤之间交叉污染，且定时采取洒水等措施控制清洁土壤堆放区的扬尘。

（4）固体废弃物二次污染防治　对成井及建筑施工过程中产生的建筑材料等，设立专门的废弃物临时贮存场地，废弃物分类存放，包括并对有可能造成二次污染的废弃物单独贮存、设置安全防范措施且有醒目标识。废弃物的运输确保不遗洒、不混放，做到安全妥善处置。施工人员所产生活垃圾经分类收集后，由当地环卫部门统一外运做进一步处置。

（5）声环境二次污染防治　严格执行《建筑施工场界环境噪声排放标准》（GB 12523—2011）中的排放限值。选用噪声小的设备及部件，针对钻机等高噪声设备采取在发动机上加装隔声装置及加装消声器的措施来降低施工机械噪声。在设备的安装、调试、验收和投入运行前要认真执行设备的技术标准，严格控制机械噪声。机械设备作业班组负责对设备定期检修、润滑，使机械正常运转，降低噪声。重点管理高噪声的器具，使设备处于低噪声、良好的工作状态，通过多种措施最大限度地减少噪声对附近居民生活的影响。

施工现场提倡文明施工，建立健全控制人为噪声的管理制度，尽量减少人为的大声喧哗，增强全体施工人员噪声扰民的自觉意识。严格控制作业时间，特殊情况需连续作业

（或夜间作业）的，必须采取有效的降噪措施，并事先做好当地居民的工作。

主要参考文献

[1] 张荣海，李海明，张红兵，等．某焦化厂土壤重金属污染特征与风险评价．水文地质工程地质，2015, 42（05）: 149-154.

[2] 刘磊，王宇峰，李凯琴，等．华北某焦化厂退役场地及其周边地下水环境调查与风险评估．科技创新导报，2019, 16: 128-136.

[3] 王斌，李晓东，王积才，等．美国污染场地修复目标值制定对中国的启示．世界环境，2018, 3: 36-40.

[4] 蒋慕贤，葛宇翔，郭赟．焦化场地典型污染物分布特征研究进展．环境与发展（防治与治理），2016,28（6）: 50-54.

[5] 刘庚．典型焦化场地土壤 PAHs 污染分布表征既不确定研究．晋中：山西农业大学，2013.

[6] 张婧雯．典型煤化工企业污染场地特征污染物健康风险评价．太原：山西大学，2015.

[7] 刘利军，党晋华．焦化场地污染状况调查及风险评估．中国环境科学学会学术年会论文集．2011, 1551-1555.

[8] 苏雪朋．江苏某焦化污染土壤异位 SVE 修复实验．徐州：中国矿业大学，2018.

[9] 孟祥帅，吴萌萌，陈鸿汉，等．某焦化厂地非均质包气带中的多环芳烃（PAHs）来源及垂向分布特征．环境科学，2020, 41（1）: 377-383.

[10] 尹勇，戴中华，蒋鹏，等．苏南某焦化厂场地土壤和地下水特征污染物分布规律研究．农业环境科学学报，2012, 31（8）: 1525-1531.

[11] 殷瑞君．太谷县某焦化场地表层多环芳烃污染状况及评价．晋中：山西农业大学，2018.

[12] 周启星，滕涌，展思辉，等．土壤环境基准 / 标准研究需要解决的基础性问题．农业环境科学学报，2014, 33（1）: 1-14.

[13] 周启星，滕涌，林大松．污染土壤修复基准值推导和确立的原则与方法．农业环境科学学报，2013, 32（2）: 205-214.

[14] 周启星．污染土壤修复基准与标准进展及我国农业环保问题．农业环境科学学报，2010, 29（1）: 1-8.

[15] 李青青．基于健康风险的土壤修复目标研究程序与方法——以多环芳烃污染土壤再利用工程为例．生态与农村环境学报，2010, 26（6）: 610-615.

[16] 贾晓洋，夏天翔，姜林，等．PRA 在焦化厂污染土壤修复目标值制定中的应用．中国环境科学，2014, 34（1）: 187-194.

[17] 余云飞，杨世辉，严浩．污染场地土壤修复目标值差异探讨——以重庆某化工厂遗留场地为例．土壤,2018, 50（5）: 975-980.

[18] 尧一骏，陈樯，龙涛，等．利用背景水平确定污染土壤修复目标的新思路．环境保护，2018, 46（18）: 66-69.

[19] 莫欣岳，李欢，安伟铭，等．基于健康风险的土壤和地下水修复目标分析——以某石油化工污染场地为例．江苏农业科学，2017, 45（10）: 205-208.

[20] 孙潇潇，刘宁，钱新，等．基于健康风险的土壤修复目标值的研究——以某多环芳烃污染场地为例．安徽农业科学，2014, 42（13）: 4012-4014.

[21] 郝丽虹，张世晨，武志花，等．低山丘陵区焦化厂土壤中 PAHs 空间分布特征．中国环境科学，2018, 38（7）: 2625-2631.

[22] 谢荣焕 . 安徽北部某焦化厂场地土壤和地下水环境调查与风险评估 . 中国资源综合利用，2019, 37（5）: 145-147.

[23] 张红振 , 董璟琦 , 吴舜泽 , 等 . 某焦化厂污染场地环境损害评估案例研究 . 中国环境科学，2016, 36（10）: 3159-3165.

[24] 栾景亮 . 大型工业废弃地再开发与工业遗产保护的探讨——以北京焦化厂旧址用地改造为例 . 中国园林，2016, 32（6）: 67-71.

[25] 李凤梅 , 郭书海 , 张灿灿 , 等 . 多环芳烃降解菌的筛选及其在焦化场地污染土壤修复中的应用 . 环境污染与防治，2016, 38（4）: 1-5.

[26] 夏天翔 , 潘吉秀 , 姜林 , 等 . 应用过硫酸盐氧化法预测焦化厂土壤中 PAHs 的生物有效性 . 环境科学研究，2015, 28（7）: 1099-1106.

[27] 魏萌 . 焦化污染场地土壤中 PAHs 的赋存特征及热脱附处置研究 . 北京 : 首都师范大学 , 2013.

[28] 赵丹 . 焦化工业场地有机污染土壤的化学氧化修复技术 . 武汉 : 华中农业大学 , 2010.

[29] 刘继东 , 胡佳晨 , 王欢 , 等 . 某焦化厂旧址氰化物污染地下水修复工程实例分析 . 环境保护科学，2019, 45（4）: 121-126.

[30] 郭江波 , 张永波 , 常丽芳 . 焦化厂对土壤和地下水污染特征及修复技术研究进展 . 煤炭技术，2018, 37（9）:230-232.

[31] 张朝 . 基于目标管理的北京焦化厂地块污染治理修复项目研究 . 北京 : 北京化工大学 , 2018.

[32] 赵一澍 , 廖晓勇 , 李尤 , 等 . 焦化厂建构筑物和生产设施表面 PAHs 的赋存特征及健康风险 . 环境科学，2019, 40（11）: 4870-4878.

第五章　辽宁典型区域土壤污染的治理修复实践及管理策略

东北是我国的老工业基地，是全国的重工业和原材料基地，以冶金、机械、石油化工等行业为主[1]。多年来，由于东北的工业生产、矿山开发和资源利用等产业所导致的废水、废气排放对该地区的土壤环境已造成了不同程度的污染[2]。辽宁是东北老工业基地的核心区域，重化工业分布密集、类型较多。污染场地主要由金属矿冶、石油开采、农药制造等行业形成，数量较多，污染物浓度高，有毒有害物质长期累积[3, 4]。时至今日，辽宁已经成为全球环境基金“中国污染场地管理项目”试点地区；同时，矿山开采及污水灌溉导致农田污染严重，影响了农产品安全和人群健康[5, 6]。据报道，辽宁是北方地区唯一的省级农田污染省份，污染面积大、超标严重[7]。据统计，辽宁省污灌区总面积 10 余万公顷，污灌面积约为 500km^2，灌区土壤分别受重金属、石油类以及其他有机物的污染，其中各灌区均出现 Cd 超标现象，是当地政府高度关注的民生问题[8, 9]。辽宁省于 2016 年在全省环境保护工作会议提出了“沃土工程”和“青山工程”，要全面摸清辽宁省土壤污染状况，建立工业污染场地 / 土壤清单，制定全省污染场地治理修复方案，做好典型污染场地及矿山的生态修复工作。针对《土壤污染防治行动计划》的颁布，深入分析辽宁省的土壤污染状况，提出各类型污染土壤修复方案，能够及时指导全省乃至全国土壤污染修复工作[10]。

第一节　辽宁污染土壤调查及修复技术研发与运用

一、沈阳市污染土壤调查及修复技术运用

1. 原沈阳冶炼厂

原沈阳冶炼厂主厂区位于沈阳市铁西区北二中路，中心位置地理坐标北纬 41° 48′，东经 123° 22′[11]。该厂始建于 1936 年，是新中国成立后我国最早恢复生产的特大型综合性有色金属冶炼企业，占地面积 36 万平方米，20 世纪 80 年代中期在中国 500 家大型企业中排名第 69 位，主要产品有铜、铅、锌、金、银、铟、硫酸等 20 多种产品，年总产量为 20 万吨。原沈阳冶炼厂于 2003 年开始拆迁，该厂由建厂到破产的 66 年间，一直是沈阳市污染排放大户，它每年向大气排放的 SO_2 为 7.4 万吨，占沈阳市总量的 42%；重

金属 66.8t，占沈阳市总量的 98%；其废气污染辐射城市面积 $50km^2$，约占沈阳城区面积的 1/4[12, 13]。

在治理前采集的土样中，Pb、Zn、Cu 和 Cd 4 种重金属的含量都相当高。其中，Pb 的浓度为 1004.3 ～ 9385.1mg/kg、Zn 的浓度为 736.8 ～ 9161.7mg/kg、Cu 的浓度为 376.4 ～ 12531.0mg/kg、Cd 的浓度为 11.2 ～ 197.3mg/kg。这 4 种重金属平均浓度也相当高，分别为 Pb 4020.4mg/kg、Zn 3018.1mg/kg、Cu 2974.8mg/kg、Cd 70.7mg/kg。根据我国《土壤环境质量标准》（GB 15618—1995）规定（Pb、Zn、Cu 和 Cd 的浓度分别不超过 500mg/kg、500mg/kg、400mg/kg 和 1.0mg/kg），可以认为，采集的土壤样本除 8 号样品中的 Cu 外，其他各点的重金属含量均超标，Pb、Zn、Cu 和 Cd 的最大值分别是三级标准的 19 倍、18 倍、31 倍和 197 倍，表明冶炼厂的土壤已受到极为严重的重金属复合污染[11]。表层土壤污染最重的金属元素为 Cd，其次为 As、Cu、Hg 等元素。表层土中最高 As 浓度为 49400mg/kg，超标 1234 倍。据统计，As 超标倍数小于 5 倍的占 75%、超标倍数在 5 ～ 15 倍的占 23%、超标倍数大于 15 倍的占 1.39%[14]。

研究表明，办公区土壤中重金属含量明显低于生产区和仓库区。所有土壤都对植物生长产生毒性，生产区和仓库区土壤的毒性明显大于办公区土壤的毒性。这主要是因为在工厂的拆迁过程中车间内的大量粉尘直接进入土壤，这些粉尘在 70 余年生产中逐渐累积，含有大量的 Pb、Cd、Cu 和 Zn 等重金属。通过对厂区资料的进一步调查，了解到在仓库区选的 4 个采样点恰好是原冶炼厂原料和矿渣的堆放处。矿渣在雨水的淋溶作用下，大量的重金属沉积到矿渣下的土壤中，导致仓库区土壤中金属含量非常高。内梅罗综合污染指数法计算表明，调查区域内土壤重金属综合污染指数最小值为 18.1，最大值为 197.8，平均值为 55.1，综合污染指数均大于 3.0，污染等级超过 5 级，属重度污染。这说明沈阳冶炼厂厂区及周围土壤重金属污染极为严重[12]。

崔爽等在冶炼厂随机取 8 种植物，发现苘麻对 Pb 的吸收和富集能力较强，小白酒花、三裂叶豚草、酸模叶蓼、苘麻、龙葵、绿珠藜和菊芋对 Zn 的吸收和富集效果较好，绿珠藜和苘麻对 Cu 的吸收和富集能力较强，向地上部吸收和富集 Cd 能力较强的植物有龙葵、绿珠藜、苘麻、酸模叶蓼和小白酒花[15]。

运用磷酸、硫化钠、碳酸钙、硫酸亚铁对沈阳某冶炼厂重金属复合污染土壤进行稳定化处理，发现磷酸能较好地稳定复合污染中的 Pb，对 Cu、Zn、Cd 的稳定效果不明显，并能将土壤中 As 活化，增加新的生态风险。添加硫化钠稳定 20 周后复合污染土壤中的 Cd、Cu、Zn、Pb 都一定程度被稳定，其中对 Cu 的稳定效果最好，稳定效率最高可达 83%；Pb、Cd 次之；Zn 的效果最差。硫化钠使 4 种重金属在土壤中的形态由不稳定态转向更稳定的形态。由于硫化钠对土壤 pH 值的影响，使土壤中部分 As 被活化。以磷酸、硫化钠、硫酸亚铁、碳酸钙为添加顺序的复合试剂对土壤中 5 种重金属都起到了稳定效果。不但磷酸、硫化钠起到了稳定相应重金属的效果，被其活化的 As 也在硫酸亚铁的作用下被稳定，碳酸钙调节土壤 pH 值到适宜的范围[16]。

选用 $FeSO_4 \cdot 7H_2O$、$FeCl_3 \cdot 6H_2O$ 和 PFS 作为固定 / 稳定化剂，发现土壤 pH 值是影响各种固定 / 稳定化剂发挥作用的关键因素[14]。碳酸钠和硫化钠的加入对土壤 pH 值贡献较大，但使 As 浸出毒性增强，对土壤中 As 的稳定起负作用；碳酸钙和多硫化钙对土壤中

As 稳定化效果也不明显；氧化钙效果最好，使得该重污染土壤中 As 浸出毒性降低到《危险废物鉴别标准 浸出毒性鉴别》(GB 5085.3—1996) 以内[17]。

2. 原沈阳新城子化工厂

调查点位是原沈阳新城子化工厂生产铬盐和农药的地方，距离新城子区中心约 2km。采集点距铬渣山 15m 左右，采样深度为 0 ～ 20cm。尽管该厂于 1996 年倒闭，但在几十年生产过程中产生了大量铬渣，其占地面积约 $18000m^2$；土壤中总铬浓度高达 154280mg/kg。

杜沛[18]采用淋洗修复的方式修复铬污染土壤，研究发现柠檬酸淋洗液最大浓度为 0.7417mol/L，对应的最大去除率为 59.96%；酒石酸淋洗液最大淋洗浓度为 0.7488mol/L，对应的最大去除率为 56.91%；草酸淋洗液最优浓度为 0.8480mol/L，对应的最大去除率为 57.00%；EDTA 的淋洗浓度无限提升，最大淋洗去除率均为 46.19%。

梁丽丽[19]也采用振荡淋洗方式，对沈阳市沈北新城子化工厂铬渣堆放场地污染土壤进行修复方法研究。在多种淋洗剂中，0.2mol/L 柠檬酸 / 柠檬酸钠（摩尔比为 1 ∶ 1）复合淋洗剂的处理效果最好，在其解吸附和络合的双重作用下总铬的短时间去除效率较高，淋洗 8h 和 24h 的去除率分别为 33.6% 和 36.0%。淋洗 24h 时 Cr（Ⅵ）和 Cr（Ⅲ）的去除率分别达到 38.5% 和 30.0%。淋洗过程土壤铬的形态发生重新分配，弱酸可提取态占总铬比例显著增加，由原土中的 12.8% 增加到淋洗 12h 的 32.9%，而可还原态、可氧化态比例降低，残渣态减小。土壤中铬的形态经该淋洗剂处理后，发生由难淋洗去除形态向易淋洗形态的转化。用该淋洗剂淋洗 4h 淋洗 4 次，土壤中弱酸可提取态和可还原态铬的去除率达到 66.9%，降低了土壤中铬的移动能力和生物有效性，总铬去除率达到 51.3%，较用该淋洗剂处理 24h 时去除率提高了 42.5%。

3. 原沈阳炼焦煤气厂

原沈阳炼焦煤气厂位于沈阳市铁西区肇工街北四西路六号，东临沈阳化工集团股份有限公司，南、西、北均相邻居民区，占地面积约 13 万平方米。该厂建于 1958 年，供气量占沈阳 1/3，整个厂拥有 58 Ⅱ型 4.3m 焦炉 3 座，设计生产能力年产焦炭 45 万吨、煤膏 2.3 万吨、硫酸铵 0.6 万吨、粗苯 0.6 万吨。

电生物修复技术可应用于严重 PAHs 污染土壤的现场修复。研究表明[20]，其不仅有效去除了 PAHs，而且降低了废弃厂土壤的健康风险。此外，极性逆转的电生物修复还能保持土壤 pH 值、PAHs 降解程度和土壤微生物数量的均匀性。温度、降雨等环境条件对电生物修复过程影响不大。李爽[21]于 2017 年采用淋洗修复的方式，在此区域以表面活性剂 Triton X-100 及复合表面活性剂 SDS/Triton X-100 为淋洗剂，淋洗前后土壤中各种 PAHs 含量大幅降低，最低去除效率达 70% 以上，平均去除效率达 80% 以上，个别去除效率达 90% 以上。修复后土壤中 PAHs 含量普遍低于《展览会用地土壤环境质量评价标准》(HJ 350—2007) B 级标准，部分低于 A 级标准。

4. 沈阳张士污灌区

沈阳市农田土壤污染日趋严重，粮食的品质安全受到严重挑战[22]。张士污灌区位于沈阳西部，目前样地主要为菜地，位于灌渠东岸约 200m。1956 ～ 1982 年间样地为水稻田，农灌时节引沈阳西部工业区废水和生活污水并以少量浑河水稀释后进行灌溉，1983 年水田改为旱田，停止污灌并以地下水进行灌溉，是我国主要的重金属污灌区之一[23]。沈阳市张士灌区在多年污灌后形成 2500hm^2 的 Cd 污染农田土壤区，灌区内土壤 Cd 含量普遍超标，其中 330hm^2 土壤含 Cd 达 5 ～ 7mg/kg[24]。

周启星等[25]对沈阳张士污灌区大气、水、土壤和生物各分室中 Cd 的库存量和各分室间 Cd 的循环通量进行了研究，建立了土壤 - 水稻系统中 Cd 流分室模型。模型表明，Ⅱ和Ⅲ闸地区（图 5.1）土壤分室中 Cd 库存增量均为正值。可见，该污灌区近年来 Cd 污染程度由于污水灌溉仍处于加剧趋势。该污灌区 Cd 的污染防治对策主要是减少污水灌溉量、进一步降低灌溉水中 Cd 的浓度和通过富 Cd 植物收获带走 Cd。其中，以野生苋的收获带走 Cd 最有意义，它可使Ⅱ和Ⅲ闸地区 Cd 的下降速率分别达 29.49mg/（m^2 • a）和 2.81mg/（m^2 • a）。

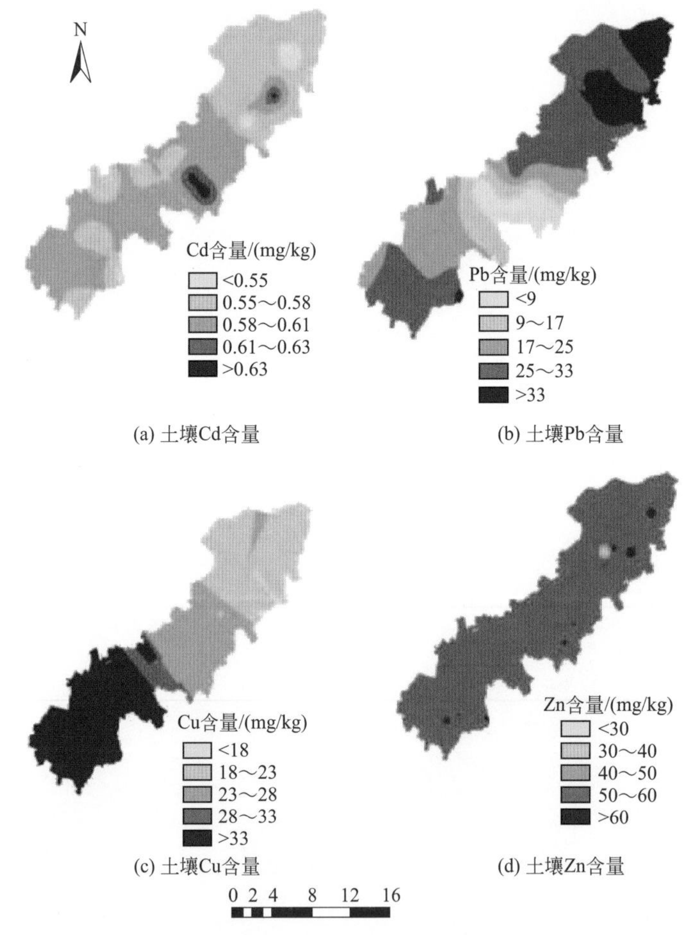

图 5.1 沈抚灌区土壤重金属元素含量空间分布[34]

魏树和、周启星等[26, 27]在沈阳张士灌区采取随机采样的方法采集植物及其根区土壤样品，发现龙葵和球果蔊菜地上部 Cd 富集系数均大于 1.0，而且其转移系数也均大于 1.0，具备了 Cd 超积累植物的主要特征，可用于污染区植物修复。台培东、李培军等[28]认为，杨、柳植物 Cd 富集系数高，在土壤 Cd 平均含量为 4.56mg/kg 的情况下，每年地上部至少可累积 20.20mg/m^2（杨）和 32.68mg/m^2（柳）的 Cd，分别占表层土壤总 Cd 量的 1.64% 和 2.66%，是目前适于张士灌区污染土壤修复较为理想的植物种类。

宋雪英、宋玉芳等[29]研究表明，张士污灌区土壤中Cd存在明显的向亚表层迁移现象，其农田表层土壤中 Cd 历经 30 余年缓慢向土壤亚表层迁移，导致亚表层土壤 Cd 的积累。超积累植物龙葵不仅对表层土壤 Cd 有明显的提取去除作用，对亚表层 Cd 的修复作用更为明显。在野外适宜的农田土壤条件下，龙葵植株可产生最大的生物量，从而提高对 Cd 的积累与运移能力。

孙丽娜、孙铁珩等[30]研究表明，4 种花卉植物施加 EDTA 后，除万寿菊对 Pb 的富集系数增加幅度较小外，其他 3 种花卉对 Pb 的富集系数均大幅升高，值得注意的是，孔雀草对 Pb 的富集系数由对照的 0.06 增至 1.44，提高了 23 倍；矮牵牛和彩叶草对 Pb 的富集系数也大幅增高，分别为对照处理的 18 倍和 8.14 倍。可见，向土壤中施加 EDTA 可以促进植物地上部对 Cd、Pb 的富集能力，但是这种促进作用并不具有普遍性，与植物种类有直接关系。

袁文静和单子豪[31]研究指出，在 Cr、Cu、Ni 和 As 浓度较高的土壤中，可种植丹糯 6 号玉米，并通过叶面喷施硒肥（有效浓度为 3.3g/ 株，喷施浓度为 0.03g/L），既可以控制重金属 Cr、Cu、Ni、As 的含量，又可生产经济价值较高的富硒玉米；张士灌区 Cd 为主要的污染物，叶面硒肥的施用可有效降低玉米籽粒中 Cd 的含量。

5. 沈抚灌区

辽宁省是我国水资源匮乏的省份之一。历史上，污水灌溉作为其解决农业缺水问题的有效方法，已经实施了很长时间。然而，由于长时间大量的污水灌溉使得土壤中污染物不断积累，并可通过多种途径进入食物链，严重危害区域生态安全和人体健康，污染土壤亟待治理与修复。农田土壤生态健康风险评估是开展场地或区域修复等工作的前提，对修复实践起到至关重要的作用[32, 33]。

沈抚污灌区始于 20 世纪 60 年代，是我国最大的工业污水灌溉区之一，起点位于抚顺市东部的抚顺锦纶化工厂，流经李石寨、深井子等村镇后进入沈阳市东陵区，干渠全长约 70km，灌溉面积约为 10000hm^2，是我国污灌历史较长、面积最大的石化工业废水灌区。自 1965 年至 1998 年，沈抚灌区承担着沈抚两市生产、生活污水排放，兼顾沿线广大区域内水田灌溉任务。据统计，共有 10300hm^2 稻田在这 33 年间经历过污水灌溉，大量未经无害化处理的污水被直接用于农田灌溉，使污水中的 Cd、Cu、Zn 和 Pb 等重金属进入农田土壤。多年的污水灌溉，造成了该地区农田土壤环境恶化、水稻秧苗生长慢、根部腐烂、粒瘪和大米品质下降等一系列后果，使当地的生境受到严重破坏，同时污灌区的肝肿大、胃癌等病的发病率较高，对人体健康产生了一定程度的危害。随着政府对污水灌溉后果重视程度不断提高，且人们对其危害性的认识逐渐加强，1995 年沈阳市政府开始投资兴建以浑河水为水源的清水灌渠并于 1999 年建成，沈抚灌区污水灌溉的历史至此结束。尽管该区域已经过近 15 年的清水灌溉，并且通过农田水改旱、土地农转非等措施，但由于多年污灌的积累，该灌区土壤仍存在一定程度的污染[34]。沈抚石油污水灌区，由于长期使用石油污水灌溉，土壤中矿物油和 PAHs 含量超出对照 10 ～ 30 倍。近年来的研究还发现，该地区又受到重金属 Cd、Hg 污染的叠加，在多个采样点土壤中 Cd 含量均较高[35]。

安婧等[34]以沈抚灌区农田土壤为研究对象，沿灌渠主干以行政村为单位布设取样点28个，发现灌区土壤重金属平均浓度（表5.1）为Cd 0.60mg/kg、Pb 38.76mg/kg、Cu 22.39mg/kg、Zn 57.64mg/kg，其中Cd含量超过了国家土壤环境质量二级标准；与文献报道该灌区近15年来土壤重金属污染情况相比，土壤中Cu、Zn含量明显降低，而Cd、Pb含量并无显著变化；土壤中4种重金属元素的空间分布特征各异，灌区土壤重金属综合污染水平属于轻微污染；Cd、Pb在玉米中残留浓度超过国家食品安全限值，对人摄食途径存在健康风险，尤其Cd具有较强的潜在生态危害性。

表5.1　沈抚灌区土壤重金属元素含量[34]

项目	Cd	Pb	Cu	Zn
平均值 /（mg/kg）	0.60	38.76	22.39	57.64
最大值 /（mg/kg）	0.84	54.03	37.42	70.54
最小值 /（mg/kg）	0.38	24.91	13.34	19.49
标准差 /（mg/kg）	0.13	7.98	6.42	8.78
相对标准偏差 /%	21.26	20.59	28.67	15.23
变异系数 /%	20.82	20.59	28.69	15.23
偏度 /（mg/kg）	0.11	0.07	1.01	-3.07
峰度 /（mg/kg）	−0.55	−0.82	0.80	13.54
背景值[14]/（mg/kg）	0.05	10.22	9.87	28.18
二级标准 /（mg/kg）	0.30	80	50	200
2001～2005[7]年 /（mg/kg）	0.21～0.41	49.7～135	18.1～83.9	54.8～114
2006～2010[23]年 /（mg/kg）	0.081～0.956	31.1～86.9	22.1～40.8	—
2011～2014[24]年 /（mg/kg）	0.005～0.88	4.13～49.25	17.14～49.89	32.93～197.85

重金属Cd污染呈现从灌区上游至下游逐渐升高的趋势，浓度高点值主要集中在少量水田种植区，旱田种植区重金属Cd的浓度相对偏低；Pb的浓度集中在上游和下游相对较高，灌区中部地区相对较低；Cu的含量呈现条带状分布，高值点主要集中在下游地区；整个灌区土壤Zn含量大部分集中在50～60mg/kg，高浓度的点主要出现在灌区上游和下游，且呈点状分布[35]。

吴迪等[36]以沈抚灌区农田土壤中6种重金属（Cd、Hg、As、Pb、Cu和Cr）的实测含量作为基础数据进行研究，利用Hakanson潜在生态风险评价法与美国环保署（USEPA）推荐的健康风险评价法对污灌区农田土壤进行生态及健康风险评价。结果表明，该区域Cd、Hg、Pb、Cu、Cr含量均超过了辽宁土壤背景值，且有逐年上升的趋势，其中Hg和Cd污染较严重，超过了国家土壤环境质量二级标准；虽然土壤样品中90%多因子潜在生态风险处于中度危害水平，但不同污灌方式对风险指数也有一定影响，以污灌至采样年地区风险值较高；单因子潜在风险中，以Cd和Hg危害程度较为严重，且也表现出由于污灌而使重金属浓度增加的趋势，土壤样品中分别有60%和100%生态风险指数处于较重危害水平以上。健康风险评价中，研究区域各点6种重金属HQ和HI值均小于1，理论上不存在非致癌健康风险；Cr、Cd和As的CR值和TCR值均超过USEPA提出的土壤治理标准，存在较高的致癌风险。沈阳市沈抚污灌区大深井子村采集石油烃污染的土壤，测试结果pH值为6.9，石油烃含量为357.0mg/kg，容重为1.3g/cm^3，土壤中CEC为22.6mol/kg，持水量25.9%。沈抚污灌区上游某地0～20cm耕作层，该土壤中PAHs总含量为9.1mg/kg。

元妙新[37]采用微生物修复的方式，研究发现高浓度碳源（100mg/L、200mg/L）促进细菌富集PAHs，但抑制细菌对PAHs的降解作用，只有适度浓度碳源（50mg/L）能促进细菌降解PAHs，添加植物残体明显促进土著微生物对土壤PAHs的降解作用。王洪[38]的研究表明，在适宜的营养条件下，固定化菌剂对土壤中多年老化PAHs降解率可达39.97%，对芘和苯并［*a*］芘的降解率可达45.73%和31.93%；研究还发现，不同环数PAHs的去除率与苯环数及PAHs分子量高低存在显著的正相关性（$p < 0.05$）。

王菲[39]研究则表明，对于原位污染土壤，土著微生物中存在污染物的高效降解菌，提高原土中PAHs土著降解菌的活性和添加PAHs高效降解菌均可促进土壤中PAHs的降解，试验中投加PAHs使土壤中污染物的降解率提高了26%～39%，添加PAHs高效降解菌仅在2周内效果突出，降解率比原处理提高20%。从沈抚污染稻田土壤中分离得到3株芘降解细菌D44、D82S和D82Q，通过形态观察、生理生化反应和16SrDNA基因序列分析，初步确定均为戈登氏菌，其生长最适pH值为7。

胡凤钗等[40]的研究结果表明，3株菌对浓度为100mg/L芘的降解率均超过60%，D82Q降解菲的能力最强，D82S对50mg/L苯并芘的降解率高达90%，同时3株菌还可以萘、蒽和荧蒽为唯一碳源和能源生长，菌株D82Q和D82S含有烷烃降解基因alkB，3株戈登氏菌能降解多种PAHs。

姜宇[41]研究表明，生物炭在土壤pH值为7时，土壤中石油烃的降解率为最佳，为16.12%。土壤pH值大于7或小于7时，降解率下降。土壤温度为30℃时，降解率最佳约为19.6%。当降解时间从30d上升到150d左右，降解率变大趋势趋于平缓；在180d时石油烃降解率为65.33%。

6. 浑蒲灌区

浑蒲灌区是辽宁8大污灌区（沈抚灌区、张士灌区、八一灌区、浑蒲灌区、柳壕灌区、宋三灌区和小凌河流域灌区）之一，始于1957年，位于沈阳市西南部，面积约41×10^4hm^2，在浑河和蒲河之间，东起沈山铁路，西至辽中乌伯牛，南起浑河，北至蒲河。浑蒲灌区主要依靠两条灌渠输水，灌溉用水经渠首谟家堡闸流入灌区后，至小于闸（距渠首4km），开始分为两线：一线继续向西，经四台子、高花至东闸止，全长27km，有7条分干，18条直属支（斗）渠，称总干；另一线利用天然河道细河输水至北三台子村与四分干渠首相接[42]。

细河是重工业城市沈阳的主要排污河道，河水及其周边的地下水已受到严重污染[43, 44]。细河在沈大高速公路桥下游汇入浑蒲灌区总干渠，与其共享1.4km渠道。2002年以前整个灌区以大伙房水库、浑河及细河混合水灌溉近40年，是我国典型的污灌区之一[45]。细河是浑蒲灌区的一条重要灌渠，也是城市污水的主要流经渠道，它不仅接纳沈阳市西部污水，还接纳其他细河沿岸家大中型企业排放的工业废水，水中污染物成分复杂，污染负荷高，每日接纳各类污染物总量约 550t。各类污染物排放量约占全市工业污染物排放量的 60% ～ 70%。因此，利用细河污水灌溉不仅直接造成土壤污染，而且污灌中污染物通过各种途径影响农作物质量和地下水水质，进而危害人体健康。2002 年对浑蒲灌区着手治理，基本实现灌溉水与污水清污分流[46]。目前，浑蒲灌区引用浑河水和地下水灌溉，泄水流入浑河，但浑河水和地下水水质受细河的影响已发生明显的变化。此外，浑蒲灌区内正在运作的采油井和废弃的采油井等作为点源污染也可能会影响到灌溉水质，进而造成土壤继续被污染[42, 47-50]。

浑蒲灌区土壤中 PAHs 以低环数的菲、蒽和芴为主。由于淋洗作用，水田土壤中 PAHs 明显低于旱田。相比对照点，浑蒲灌区土壤中微生物量降低，但微生物多样性增加。通过对 PLFAs 的主成分和聚类分析，受油井影响的水田与旱田聚在一起，与对照点距离较远，说明油井附近水田和旱田的微生物结构与对照点存在显著差异，二者同时受到了油田的影响，相应的生态功能也受到同样的影响。尽管水田土壤中 PAHs 明显低于旱田，但其土壤微生物结构也明显受到了石油污染的影响，而且水田地下水健康风险增加，因此建议关注水田风险，并为水田和旱田制订不同的 PAHs 土壤基准值[51]。

二、辽宁省其他城市污染土壤调查及修复技术运用

1. 抚顺市西南部的望花区排土场

辽宁省抚顺市西南部的望花区西排土场，堆积矸石量达 8.6 亿吨，区内矸石主要以绿色泥岩、煤矸物、油页岩为主。经过近 30 年的风化及局部垫土，其表层已形成 5 ～ 15cm 深的风化土层。有 80% 的井水属硬水，硬度最高值达 1483mg/L，超背景值 5.4 倍；80% 的井点矿化度超背景值，最高值达 5200mg/L，超背景值 10.4 倍。

王兵等[52]，在 $6.3hm^2$ 废弃地中，对 14 种乔、灌、草植物各随机选取 50 ～ 80 株，调查各自的造林成活率。结果发现，植物在煤矸石山废弃地的成活率在 21% ～ 85% 之间。其中，白榆和沙打旺的成活率最高，分别为 81% 和 85%；紫花苜蓿、小叶杨、刺槐、栾树的成活率次之，分别为 76%、71%、70% 和 67%；沙棘、樟子松、白蜡、锦鸡儿、胡枝子和文冠果的成活率分别为 49%、38%、40%、28%、45% 和 33%；而日本落叶松和华山落叶松的成活率最低，分别为 15% 和 21%。白榆、沙打旺、小叶杨、刺槐、栾树的成活率均在 70% 左右，适合于在煤矸石山废弃地作为造林树种。

赵旭炜等[53]在试验地内选取面积 $1.2hm^2$ 作为造林试验标准地，同时选取面积 $0.2hm^2$ 的试验地作为对照样地，使其植被自然恢复。在采用保水剂复垦措施的基础上进行造林，造林树种为刺槐、樟子松、火炬树、小叶杨、白榆、栾树、日本落叶松、长白落叶松、中国沙棘、锦鸡儿和文冠果，造林苗木为 2 年生苗。在造林地内先开挖规格为 $0.5m \times 0.5m \times 0.5m$ 定植穴，将树苗放入穴内进行培土并分层踏实，定植树苗后浇灌一次定根水。白榆对有机质、有效磷的改良效果最佳，且脲酶活性显著增加，刺槐对速效钾改良效果最佳；火炬树模式下则是碱解氮增加最为明显，而且蔗糖酶和过氧化氢酶活性增加效果也最为明显。

谭雾凇[54]采用植物修复的方式研究表明，4 种造林模式下的土壤重金属污染程度均有所降低，降低幅度分别为刺槐模式（37.7%）＞火炬模式（7.9%）＞沙棘模式（4.1%）＞白榆模式（1.6%），刺槐对于 Cd、Cr 和 Pb 具有较强的富集能力，火炬对于 Cu 和 Ni 具有强的修复能为，白榆对于 Pb 和 Ni 具有较强的修复能力，沙棘对于 Cu、Pb 和 Ni 具有较强的修复能力，刺槐模式对土壤中的重金属污染的修复效果最好，作为治理矸石山重金属污染的优选模式。

2. 辽河油田作业区

辽河油田在石油开采过程中，土壤及周边地表水产生了严重的石油烃污染，土壤中矿物油含量高达 200 ～ 1560mg/kg，是背景含量的 12 ～ 200 倍[32]。添加营养物质可提高石油烃去除率 11.3%，添加土壤疏松材料可提高石油烃去除率 26.1% ～ 34.2%。玉米秸秆碎屑和生物炭能有效改善土壤容重、孔隙度和田间持水量，与营养物配施可提高营养物质在土壤中的截留比例、停留时间和利用效率，修复后各处理组总石油烃和不同组分烃类物质整体呈下降趋势，生物炭联合处理组效果最佳，其次为玉米秸秆碎屑联合处理组[55]。

与石油烃的自然降解相比较，添加生物炭可有效促进总石油烃及各组分降解，芦苇秸秆生物炭在石油烃污染土壤修复实验中效果最佳[56]。石油烃污染土壤经生物炭 40d 修复后，各处理组修复效果存在明显差异，土壤中总石油烃及各组分去除效率表现为：芦苇秸秆生物炭＞玉米秸秆生物炭＞松针生物炭＞ CK。芦苇秸秆生物炭对石油烃污染土壤中总石油烃的修复效率为 41.58%，生物炭对各石油烃组分去除率表现为饱和烃＞芳香烃＞非烃类物质。

生物炭加入土壤可有效促进石油烃的微生物降解，对修复石油污染土壤起正效应[57]。其中，生物炭原料的选取对烷烃降解影响显著，对 PAHs 影响较小。高温制备生物炭对污染物降解的强化效果较好，这归因于生物炭表面性质和降解微生物种类的不同。土壤中加入生物炭后，低环 PAHs 的降解效率显著高于高环 PAHs。添加典型的土壤易分解有机质（葡萄糖）产生正激发作用，导致生物炭矿化，促进了烷烃降解，抑制了 PAHs 的去除。

采用表面活性剂强化微生物降解能力的修复方式，进行高效降解菌的纯化培养，产表面活性剂的两株菌对稠油的降解效果比其他筛选出的菌株高，单菌最高 14d 降解效率达 35.9% 和 31.6%。在液体培养基中，稠油浓度 0.1%（质量体积比）和 0.2%（质量体积比）时可在 180 h 将稠油降解菌团的稠油降解效率分别从 26% 和 24% 提高到 38% 和 34%，将稠油的降解效率提高约 10%。在土壤强化修复实验中，NS+BC+GBS 处理系列 60d 的处理效率可达 72%，显著高于其他处理方式的强化作用[58]。

3. 辽宁矿区尾矿废弃地

辽宁省内重点矿产资源开发区有海城、大石桥、岫岩一带镁矿、滑石矿区，鞍山、辽阳、本溪一带铁矿区，抚顺、阜新、北票、灯塔、凤城煤矿区，凤城、宽甸硼矿区，葫芦岛钼矿区，大连、本溪石灰石等矿区。省内矿产资源开发利用强度高，矿业经济一直处于全省支柱产业地位。虽然全省经济获得了巨大的发展，但同时也对环境产生了重大影响。由于长期重开采、轻保护，造成当地环境严重恶化，尤其是部分地区掠夺式开采使资源浪费严重，环境问题十分突出：对采矿地地貌造成重大破坏；对矿区及其周边地区的水体、土壤造成严重污染；对原有矿区的土地及邻近地区生物的生存条件造成破坏，并导致当地野生动植物数量的锐减或灭绝。另外，辽宁省的铁矿、煤矿等多采用露天开采，露天采场、尾矿、废石堆放占用土地等形成了较大面积的废弃地（表5.2），并导致水土流失严重，淤塞污染水体，增加了扬尘，严重破坏了生境[59]。

表5.2 辽宁省重点金属矿区废渣堆放情况[59]

矿种		矿区名称	累计堆存量/10^4m^3	占地面积/km^2	年排放量/10^4t	年回收量/10^4t
黑色金属及冶金辅助原料	铁矿	鞍山市城市周边铁矿	113400	29.69	8000	120
		弓长岭矿业公司	31000	4.78	1170	0
		本溪南芬露天矿	9633	15.6	2500	2500
		本溪歪头山铁矿	6050	0.84	1570	54.2
		本溪南芬选矿厂		8.01	134	0
		凌钢集团北票保国铁矿	1572	0.12	184	0
		抚顺钢铁公司小莱河铁矿	29.5		9.3	9.3
有色金属及贵金属	铜矿	丹东万宝铜矿	643.75	0.29		
		抚顺红透山铜矿	2595.9	0.58	16.85	16.85
	铅锌矿	丹东青城子矿业有限公司	700	0.35	14	14
		葫芦岛八家子矿业有限公司	416	0.34	16	0
	金矿	辽宁排山楼金矿	40.5	0.05	62.2	62.2
		中国黄金总公司二道沟金矿	36.8	0.03	8	8
		辽宁五龙金矿	756	0.12	30.53	27.5

根据辽宁省国土资源厅2001年对全省182家大中型矿山企业的调查和统计，累计产生废渣$42.1\times10^8m^3$，占地面积为$2202.6km^2$，破坏土地面积$579.39km^2$，复垦面积仅$32.49km^2$，复垦率只有5.6%。全省11个大中型铁矿区，占地总面积约$119.2km^2$，破坏土地面积$82.3km^2$，采场面积$23.4km^2$，排土场、尾矿库占地面积$58.9km^2$。由于矿区又多处于山区水源上游或城市周围，大大改变了矿区生态系统的物质循环和能量流动，并成为环境污染与生态破坏的重大诱因[58]。

抚顺红透山铜矿尾矿库、凤城青城子铅锌矿尾矿库、丹东五龙金矿尾矿库、葫芦岛八家子铅锌矿尾矿库属重污染，葫芦岛杨家杖子钼矿尾矿库属中污染且偏轻度污染，鞍山铁矿尾矿库无重金属污染。抚顺红透山铜矿尾矿库主要污染因子为Cu、Zn，凤城青城子铅锌矿尾矿库主要污染因子为Cd、Zn、Pb，丹东五龙金矿尾矿库主要污染因子为Zn、As、Cd，葫芦岛八家子铅锌矿尾矿库主要污染因子为Cd、Zn、Cu、Pb，葫芦岛杨家杖子钼矿尾矿库主要污染因子为Zn、Pb、Cd、Cu[59]。

在辽宁省境内土壤重金属污染表现为以Zn、Pb两种重金属为主，同时伴生Cd、As、Cu三种重金属的复合污染，这样极大地增加了重金属污染土壤的治理和土地复垦工作的难度。尾矿废弃地的生态威胁严重，亟待改善，以保证农用田地的食品卫生安全标准。因此，积极有效治理省内金属矿区土壤重金属污染、提高矿区土地复垦率及其生态植被恢复率以实现辽宁省矿业可持续发展和矿区生态系统的良性循环已成当务之急。

（1）青城子铅锌矿　青城子铅锌矿区位于辽宁省凤城满族自治县西北部，地理坐标为东经 123° 37′ 15″，北纬 40° 41′ 37″，年平均温度 6.5 ～ 8.7℃，降水量年均 674.4mm。根据 1949 ～ 1999 年的开采量，历年所供铅锌矿矿石中约含 Cd 共计 2.2×10^6kg。由于开采历史悠久，土壤 Cd 污染在一定区域范围内已非常严重。在局部土壤中，Cd 浓度 A 层最高可达 33.2mg/kg，B 层最高可达 111.4mg/kg。其主要原因在于在该土壤界面存在硫镉矿和方镉矿等含 Cd 独立矿物的风化、溶解作用[60]。矿区主要母岩为大理石和云母片岩，土壤为棕壤土。植被覆盖主要为次生林和稀疏的灌丛及部分人工水衫、刺槐林。矿体以铅锌矿为主，开采地点散布于南山、大东沟、二道沟、喜鹊沟、榛子沟、甸南等较大坑口，各坑口海拔约 270 ～ 405m，开采处距地面约 180 ～ 390m，铅锌矿品位约 70% ～ 80%，Cd 主要在闪锌矿晶格中，平均品位约 0.034%，但不单独成矿。

魏树和[61]研究表明，土壤总 Cd 浓度范围 0.43 ～ 32.1mg/kg，其有效态 Cd 浓度为 0.27 ～ 16.4mg/kg，有效态占总量的 22.0% ～ 74.0%；总 Pb 169.9 ～ 8958.9mg/kg，有效态 Pb 19.1 ～ 1027.2mg/kg，有效态占总量的 4.0% ～ 43.0%；总 Cu 13.1 ～ 119.38mg/kg，有效态 Cu 1.1 ～ 33.2mg/kg，有效态占总量的 8.0% ～ 33.0%；总 Zn 41.2 ～ 3240.4mg/kg，有效态 Zn 10.3 ～ 602.9mg/kg，有效态占总量的 10.0% ～ 54.0%，其中 26 号样点土壤中 Cd 和 Pb 浓度最高，分别约为土壤环境质量标准的 32 倍和 18 倍，6 号样点土样中 Zn 浓度最高，约为土壤环境质量标准的 6 倍，而 Cu 在所有样点中不超标。魏树和、周启星等[62]对青城子铅锌矿各主要坑口周围 17 科 31 种杂草植物进行其积累特性的研究，发现全叶马兰、蒲公英和鬼针草 3 种植物地上部对 Cd 的富集系数均＞ 1.0，且地上部 Cd 含量大于根部含量，具备了重金属超积累植物的基本特征。

顾继光等[63]对辽宁青城子铅锌矿区土壤中重金属污染状况以及在主要栽培作物玉米的根、茎、叶、轴心和籽实不同器官中的积累规律进行研究，结果表明：矿区土壤重金属含量大小为 Zn ＞ Pb ＞ Cu ＞ Cd；用重金属污染指数对矿区土壤的污染程度进行评价，其污染指数的大小为 Cd ＞ Pb ＞ Zn ＞ Cu，Cd 含量已超过土壤环境质量的三级标准，污染程度最重；重金属在玉米体内的含量为 Pb ＞ Zn ＞ Cu ＞ Cd，4 种重金属元素在玉米不同器官中的积累均为根中含量最高，籽实中最低，玉米籽实中 Cd 和 Pb 分别超出食品卫生限量标准的 1.5 倍和 2.0 倍，而 Zn 和 Cu 的含量未超标。

孙约兵、周启星等[64]通过实地调查分析了青城子铅锌矿尾矿废弃地的优势植物对 Cu、Cd、Pb 和 Zn 的吸收、转运和富集特征，发现烟管头草对 Cd、地榆对 Cd 和 Cu、苦荬菜对 Cd、Zn 地上部富集系数和转移系数均大于 1.0，兴安毛连菜、万寿菊、白花败酱的地上部 Pb 含量都超过 1000mg/kg，达到 Pb 超积累植物临界含量标准；同时，这些植物对重金属污染有很强的耐性能力，对污染土壤治理和植被重建具有一定的实践意义。

（2）杨家杖子钼矿区　杨家杖子矿区位于辽宁省葫芦岛市西北 35km，其地理坐标范围为东经 120° 15′～ 120° 45′、北纬 40° 40′ ～ 41° 00′，是我国著名的“矽卡岩型 - 斑岩型”矿集区，矿区内兰家沟钼矿属斑岩型钼矿，岭前钼矿为矽卡岩型钼矿，松树卯钼矿为矽卡岩 - 斑岩型钼矿床。岭前矿作为杨家杖子矿务局的主体矿山，自 1950 年成立到 1999 年末，累计采出矿石 7000 多万吨，生产钼精矿近 15 万吨。历经 50 多年开采保有储量已严重不足，杨家杖子矿务局于 1999 年关闭破产[65]。

尾矿砂中 Zn、Pb 和 Cu 的含量较高，其次为 Cr、Ni、As、Co、Cd 和 Bi，还有少量 Hg。在水平方向，沿排砂方向 Cu、Zn、Co 和 Cd 在排砂口附近富集，Ni 在中间位置富集，Pb、Bi 在坝体附近富集；垂直排砂方向，从尾矿库边缘到中间低洼区 Zn、Pb 和 Cd 在表层出现逐渐富集的现象，Cr、Co 和 Ni 浅层含量低。尾矿砂垂向迁移规律表现为：Hg 主要富集于浅层位置，Cd、Pb、Zn 和 As 下降迁移速度较快，浅层尾砂含量明显减小。尾矿库导致周边地下水和土壤中重金属严重超标，地下水及土壤污染严重，危害性极大[66]。

肖振林等研究表明[67]，葫芦岛市杨家杖子区多家个体钼矿周边果园土壤 Cd、As 和 Hg 的污染严重，土壤中 Pb、Ni、Cu、Cr 和 Zn 污染也比较重，污染程度为：Cd ＞ As ＞ Hg ＞ Pb ＞ Zn ＞ Cr ＞ Cu ＞ Ni，水果也遭到轻微污染，污染程度大小基本与土壤污染结果相一致。采集矿区污染土壤，按内梅罗综合指数评价，各片区土壤重金属污染程度递降的顺序[68]为：选矿区周边农田＞矿区周边农田＞尾矿区周边农田，其内梅罗指数分别为 8.46、6.81、3.87；农田受重金属污染严重，主要污染物为 Cd、Hg、Cr，伴有 Ni、Cu、Zn 污染；矿区周边农田土壤污染强度以选矿区周边农田最高，其次是矿山周边农田及尾矿区周边农田；不同地区土壤重金属化学形态分布相似，残余态＞有机结合态＞氧化结合态＞酸可提取态；Hg 在各片区土壤中的酸可提取态占全量比例较大。

从孚奇等[69]通过植物修复的方式发现，投加磷酸氢二钠 - 柠檬酸缓冲溶液可以促进白菜对土壤中重金属（Cd 除外）的吸收，提高白菜对土壤中重金属的富集系数（Hg、Mo、Zn 最为显著）。投加 pH= 5.2 磷酸氢二钠 - 柠檬酸缓冲溶液可以较好地去除钼矿区污染土壤中的 As、Ni、Zn；投加 pH= 6.4 磷酸氢二钠 - 柠檬酸缓冲溶液可以较好地去除钼矿区污染土壤中的 Cr、Cu。投加 pH= 7.3 磷酸二氢钾 - 磷酸氢二钠缓冲溶液可以较好地去除钼矿区污染土壤中的 Cr、Mo、Ni、Pb；投加 pH = 7.7 磷酸二氢钾 - 磷酸氢二钠缓冲溶液可以提高白菜对钼矿区污染土壤中的 As、Cu、Hg、Zn 的富集系数[70]。

4. 锦州市汤河子铁合金厂

调查锦州市汤河子铁合金厂周边及农田土壤（0 ～ 20cm），其土壤中 Cd（7.9 ± 0.5）mg/kg、Cr（279.7 ± 90）mg/kg、Cu（165.1 ± 11.9）mg/kg、Zn（1870.3 ± 498.2）mg/kg。“十二五”期间，锦州市共监测 12 个区域，66 个点位。用单项污染指数评价 66 个点位的超标情况，超标项目有镉、汞、镍、六六六和苯并芘。通过“十二五”期间土壤的例行监测锦州市土壤主要污染为 Cd 和 Hg，Cd 污染最重。处于中度污染和重度污染的点位均分布在禽畜养殖场周边[71]。

采集铁合金厂周边及大田内正常生长的车前草、蒲公英、皱叶酸模、野艾蒿、灯笼草的地上部和地下部及对应采样点的土壤，发现同种杂草（灯笼草对 Zn 及 Cd 除外）地下部对 4 种重金属的富集系数明显高于地上部；同种杂草对不同重金属的富集作用不同，不同杂草对不同重金属的富集作用也不同；5 种杂草中灯笼草叶对 Zn 和 Cd 的富集作用最强，野艾蒿根对 Cr 的富集作用最强，车前草根对 Cu 的富集作用最强[72]。

5. 葫芦岛锌厂

葫芦岛锌厂位于辽宁省葫芦岛市龙港区，是亚洲最大的锌冶炼厂，始建于 1937 年，是集有色金属冶炼和化工产品生产于一体，并综合回收其他有价值金属的国家特大型有色冶金企业。作为葫芦岛市经济的三大支柱产业之一，葫芦岛锌厂在给葫芦岛地区带来巨大经济效益的同时，也使得当地的重金属污染日趋严重，废水、废气、废渣的排放严重威胁了人们的生命安全。葫芦岛锌厂在生产过程中排放二氧化硫浓度较高的烟囱有 18 根，在矿石焙烧过程中，由于设备腐蚀严重，沸腾炉、余热锅炉、吸收塔等许多设备都存在二氧化硫泄漏现象。街道中 As、Pb 污染主要以葫芦岛锌厂周围为中心向四周辐射状扩散，重金属在锌厂附近表现出很强的危害性，严重影响了周边居民的健康水平。葫芦岛锌厂周边土壤中主要的重金属污染物为 Cd、Hg、Zn、Cu、Ni、As，其中 Zn 的污染最严重；水平分布规律显示重金属污染物主要集中在锌厂四周，距离锌厂越远重金属污染程度越轻；垂直分布规律表现为表层土壤重金属含量高于下层土壤；运用潜在生态危害指数法进行评价，6 种重金属的潜在生态危害由强至弱依次为 Cd ＞ Hg ＞ As ＞ Cu ＞ Zn ＞ Ni，葫芦岛锌厂周边土壤总体处于很强生态危害；运用地积累指数法进行评价，葫芦岛锌厂周边土壤中各种重金属的污染程度由强至弱依次为 Hg ＞ Cd ＞ Zn ＞ Cu ＞ As ＞ Ni，土壤环境总体处于中度污染[73, 74]。葫芦岛锌厂厂区周围 20km 表层和亚表层土壤都受到不同程度 Cd 污染，含量最高达 33mg/kg。该厂锌精矿含 Hg 量 0.023%，其中约 50% 在生产过程中随着“三废”排入环境。葫芦岛锌厂周边土壤 As 含量范围 7.25 ～ 492.61mg/kg，最大污染半径达 6.4km。

许端平等[75]采用淋洗修复的方式，研究发现 CA（柠檬酸）和 SDBS-CA（柠檬酸 - 十二烷基苯磺酸钠复合剂）淋洗修复污染土壤时，最佳的环境条件为水土比 20∶1、淋洗剂浓度 0.2mol/L、温度 45℃、pH=3，此时 CA、SDBS-CA 的 Pb 去除率分别为 55%、27%。研究发现酒石酸、柠檬酸和草酸在液固比为 20、淋洗液浓度为 0.2mol/L、温度为 30℃、pH 值为 3 的实验条件下，对 Pb 和 Cd 的淋洗效果最好；温度升高，导致重金属离子的扩散速率相应提高，从而提高重金属的淋洗率；pH 值降低，有机酸中所含质子数越多，对重金属的活化能力越大，提高重金属化合物的可溶性，从而提高重金属淋洗率；酒石酸、柠檬酸和草酸对酸可提取态的 Pb 和 Cd 均有很好的去除效果，对可还原态和可氧化态有一定程度的去除效果[76]。李晓波[77]采用淋洗修复的方式，研究发现：温度为 55℃、pH=3、$FeCl_3$∶柠檬酸=20mol/L∶200mol/L、$CaCl_2$=200mol/L 时，Pb 和 Cd 的去除率最高，$FeCl_3$- 柠檬酸对酸可提取态和可还原态的 Pb 和 Cd 有较好的去除效果。

第二节 辽宁污染土壤治理与修复案例

辽宁是我国老工业基地，原有工业企业密集，类型众多。由于地方需求，也是国内最早开展污染土壤治理与修复的省份之一[78-81]。辽宁省编制全省土壤污染治理与修复规划，规划分析辽宁省土壤污染状况，确定了 59 个重点项目，总投资超 12 亿元。其中，土壤污染状况调查及相关监测评估项目 6 个，投资 12682 万元；土壤污染风险管控项目 37 个，投资 1900 万元；污染土壤治理与修复项目 14 个，投资 110517 万元；土壤环境监管能力提升项目 2 个，投资 1867 万元。规划安排中央土壤污染防治专项资金项目 8 个，土壤污染治理与修复技术应用试点项目 5 个。土壤污染治理项目正全面推进，污染地块得到有效管控。

一、沈阳市污染土壤治理与修复案例

原环境保护部发布《国家环境保护标准“十二五”发展规划》提出，“十二五”期间要推进重点地区污染场地和土壤修复，对大中城市周边、重污染工矿企业、废弃物堆存场地等典型污染场地开展污染土壤治理与修复试点示范。沈阳市作为东北老工业基地的中心、重工业的核心城市，一些工矿企业厂房搬迁后对原厂址的治理成为一个关键问题。

1. 原沈阳冶炼厂污染土壤治理与修复

原沈阳冶炼厂在 1936 年建厂，是全国最大、最早的铅锌冶炼企业，占地 36 万平方米，主要产品有 Cu、Pb、Zn 等 20 余种。生产期间，企业每年产生大量的工业废渣，其中包括炼铜渣、炼铅渣、炼锌渣及 Cd、As、Pb 等有害元素，企业 1999 年停产后污染已扩散到深层土壤和地下水，有 30 多万平方米的厂区因受到污染不能发挥应有的土地功能。从建厂到破产的 66 年间，冶炼厂一直是沈阳市污染物排放大户。破产后，主厂区形成了 $36 \times 10^4 m^2$ 的重金属污染场地。特别是原冶炼生产区及镉渣、砷渣、铅渣、锌渣等堆放处，由于污染物继续迁移扩散，环境风险不断增大[15]。

2003 年 3 月 23 日凌晨，原沈阳市冶炼厂 3 根大烟囱被炸掉（图 5.2）。2004 年启动治理修复工程，历时 4 年的时间，集成应用 6 项针对性的单元技术，主要以更换土壤等方式，修复污染土壤 15.2 万平方米。工程总投资 1.2 亿元，创造土地价值 7 亿元。这是当时国内规模最大、应用技术最复杂的重金属复合污染修复治理工程。沈阳冶炼厂为国内最早土地污染治理地块之一，土壤修复治理的方法是隔离、阻断和固化，使其恢复生态健康。

(a) 拆迁前

(b) 拆迁后

图 5.2　沈阳冶炼厂拆迁前后[14]

沈阳市环保局与铁西新区组织市环境科学研究院、环境监测中心站专业人员，从 2004 年开始，用 1 年时间对污染土地进行了全面系统的环境状况调查。通过调查弄清了场区范围内土壤、水环境中污染物种类、污染物水平，提出了初步治理思路，形成了场区污染治理方案和可研报告。

治污路线为：污染状况调查与评估→污染场地鉴别→治理前的准备→（特重污染场地治理）（重污染场地治理）（中轻污染场地治理）→（土壤送危险废物填埋场处置）（土壤集中封存处置）（绿化覆盖、硬覆盖）→给排水管道防渗处理→周围回填新鲜土→打井抽取地下水→土壤和地下水的污染修复→治理后的管理与修复→满足住宅、公建、学校等基本建设要求。

在污染土壤治理方面，将不同区块不同污染程度的土壤按照特重污染场地、重污染场地及中轻污染场地三类分别进行治理，其中特重污染地块面积约 1600m^2，该部分污染土壤将参照危险废物进行处理，把被污染的土壤挖出来后封闭式运到沈阳虎石台的固体废物处置中心，经过处理后，填埋投放到填埋坑，填埋坑采用双人工衬层防渗技术，在填埋坑中的危险废物就不会渗透到地下污染地下水，填埋坑旁边还有地下水检测系统。对特重度污染的土壤，则为其加入稳定剂，使其达到填埋标准。每次污染土卸车后，在污染土上盖上防扬尘的膜。所有的污染土都运输完毕后再在上面加上 30 ～ 50cm 厚覆盖层。重污染地块总面积 22400m^2，这部分地块将采用就地密闭封存的方法进行处理。余下的总面积为 27900m^2 中轻污染地块，将采用硬覆盖、绿化覆盖和渗滤液收集处理技术进行处理。

在防控地下水污染方面：工程在地下建设一个特殊的刚性防渗层，建设地下水污染处理设施。在未来土地开发中，采用地下局部阻隔、地下水抽排及处理回用、溶洗等技术，实现控制地下污染水扩散。考虑到给排水、采暖管线发生渗漏产生污染，工程还对排水、采暖管线进地防渗处理。

沈阳冶炼厂污染土地治理工程，尤其是其把污染土地当作固体废物，进行安全填埋的方法，在全国尚属首次。

2．原沈阳炼焦煤气厂污染土壤修复

2011 年沈阳炼焦煤气厂搬迁后，沈阳市环保局对该地块实施“异地”改造（图 5.3）。污染的土地分成两部分，污染较重的原核心生产区的土地，约占总量的 8%；另外一部分为厂区土地，占总量 92% 左右，污染相对较轻。主要污染物 PAHs 的总浓度范围为 290.9 ～ 8492.4μg/kg[82]。

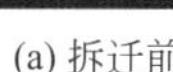

(a) 拆迁前

(b) 拆迁后

图 5.3 沈阳炼焦煤气厂拆迁前后

环保部门对污染较重的土地实施“换土”工程。首先对厂区这部分地面设置起隔离层，建设一个特殊的防渗层，设置地下水污染处理设施；然后对污染较重的土地实施“挖地三尺”，更换原有的污染土地，环保部门将污染较重的泥土运到固体废弃物处理中心，通过焚烧的方式，为土地彻底解毒。而对于污染较轻的土，则被送入泥土蒸发回收车间，通过高温蒸发后，将泥土中的有机污染物蒸出来，整个过程就像蒸馒头一样，在蒸出这部分有机物废气后，这些物质将被活性炭以及水过滤吸收；而蒸出来的新土，被运到沈阳炼焦煤气有限公司新厂区内进行回收利用。

3. 沈阳市祝家污泥“变”改良土壤

沈阳市浑南区祝家镇裴家堡村一处荒山凹地为祝家污泥临时堆放场。2007 年起，沈阳市污水处理厂产生的污泥送至祝家污泥场露天存放。这些污泥的存在对大气、水体环境及附近居民卫生与健康安全造成严重威胁。

祝家堆存污泥处置项目是沈阳市重点环境督查项目之一，在 2019 年年底完成全部堆存污泥的处置。污泥临时堆放场共有 11 个泥坑，占地 31.2hm²，堆存了自 2007 年 5 月至 2013 年 5 月期间沈阳市污水处理厂产生的约 150 万吨污泥（图 5.4）。为了妥善解决污泥堆存的历史问题，沈阳市政府在 2014 年投资建设完成了 1000 t/d 祝家堆存污泥处理项目，主要通过采用 ESP 石灰稳定处理工艺加外运的方法对污泥进行处理，处理规模为每日处理污泥量 1000t，运营期预计为 5 年，处理后的污泥达到标准后外运主要用于土壤改良，即用于绿化等种植回填使用。

(a) 卫星图片

(b) 坑内污泥状况

图 5.4　祝家污泥积存场地卫星图片及坑内污泥情况

2017 年 4 月，为加快推进污泥处置进程，沈阳市政府决定由国电环保公司作为主体实施祝家 150 万吨堆存污泥的综合治理工作，计划在 2019 年年底前全部完成污泥的无害化处置及生态修复。为确保祝家污泥处置项目在 2019 年顺利完成，加快祝家污泥处置进程，市政府决定在中标单位未形成产能前开展应急污泥处置工作。应急处置工作按照多渠道方式处置污泥，分别采取了 ESP 石灰干化、好氧发酵处置、电厂掺烧三种工艺方式，经过 1 个月试运行及电厂试烧，考虑产物出口、处置价格、处置能力及环境影响等因素，经过国内环保专家论证，主要选择了电厂污泥掺烧方式进行应急处置。污泥主要来源于城市污水处理厂，污泥被运来后首先进行水分压缩，将污泥中的含水量降低至“泥饼”状态；然后分别运往煤场、电厂进行处理。截至目前，累计处置污泥量约 8 万吨，完成了 $2^{\#}$、$3^{\#}$ 坑的污泥处置，$6^{\#}$ 坑完成 70%。对已完成的污泥坑开展场地调查，调查结论为满足土壤环境质量要求，可以直接回填。

4．原沈阳市铁西区红梅味精地块污染场地治理与修复

红梅企业集团成立于 1999 年 10 月，是辽宁省重点扶持企业、沈阳市重点扶持的 18 家大型企业集团之一。资产总值 5 亿元，固定资产 3.5 亿元。集团主导产品红梅味精、红梅鸡精、红梅鸡粉、膳源牌酱油、红梅营养盐、饲料蛋白、红梅米醋、红梅陈醋、红梅鲜骨汤、生物防腐剂、焦糖色素、酵母、塑料彩印制品及白酒等产品[83]。

原沈阳红梅味精厂用地有近 70 年的历史，该厂已于 2007 年年底停产。搬迁后形成重金属和有机物污染场地，污染物包含重金属、总石油烃、PAHs、氯苯类、六六六等；重点污染物为 Hg、PAHs 和六六六。需要修复的污染土壤总体积为 5.97 万立方米。长期闲置不进行修复，土壤和地下水中挥发性有机物进入大气，自然降雨造成雨水渗入土壤，导致污染物持续迁移扩散，进而危害周围居民。味精厂生产原料、生产工艺流程及生产产品不涉及土壤或污染场地中常见的重金属及有机污染物。通过分析周围环境发现，场地污染可能来自该场地上油罐及地下油库中原油的泄漏；邻近的沈阳化工厂有机物的挥发沉降或通过地下水向上迁移污染土壤；西侧原沈阳炼焦煤气厂 PAHs 经沉降可能在周边土壤中积累；土壤中的重金属污染可能来自场地上风向的原沈阳冶炼厂影响。

原沈阳红梅味精厂场地（TX2015-06 号）（图 5.5）实施污染土壤修复，将该地块的污染土壤全部清挖后异地修复。采用热脱附、异位化学氧化、异位固化等技术对污染土壤进行修复，修复面积 44000m²，项目总投资 2754.24 万元，拟拨中央专项资金 1350 万元。污染深度最深为 4m，需要进行清理的污染土方量共计 59709m³，污染土壤可划分为有机污染土壤、重金属污染土壤和复合污染土壤三类，以有机污染为主。污染土壤全部清挖土壤，清挖量共计 64236m³，清挖土壤全部采用异地处理方式。

(a) 拆迁前状况

(b) 位置

图 5.5 沈阳红梅味精厂拆迁前状况及位置

该地块土壤中含有重金属、总石油烃、PAHs、氯苯类、六六六等污染物，施工过程可能产生扬尘、有机污染物挥发等，建一个连续的不低于 2.5m 的围挡进行封闭施工。挖出的污染土壤即清即运，全部转运到于洪区开发二十六号路 39 号——盛嘉钢构彩板工程

公司厂房内进行修复，运输路线原则上尽量避开住宅、学校、医院等人群聚集地及饮用水源地保护区等。运输途中将用帆布遮盖，严禁洒漏，最大限度地避免污染物挥发。为防止清挖现场有机污染物挥发，施工单位将喷洒气味抑制剂，还将以地块为单位设置封闭膜结构大棚，防止土壤清挖时挥发性有机气体的污染。

针对项目产生的环境影响或者减轻不良环境影响，环评报告提出，此次项目合理安排了施工期，避开雨季、雾霾天气等不利气象条件；拟定场地修复及运输过程环境风险评价及应急预案；污染土壤开挖完成后，与土地开发方做好衔接工作，开挖场地不能露天停放；开挖阶段实时对土壤样品进行采样检测，本场地污染土壤验收时也对土壤暂存区和土壤修复区内原有无污染的土壤进行验收监测。修复场地建设为住宅和学校，用地较为敏感。由于本场地建成时，周边场地可能尚未得到修复，这些场地拆除或修复过程将对本场地造成影响，本场地投入再利用前谨慎评估周边污染源和风险源对本场地利用的影响。

环评报告显示，场地西侧沈阳化工厂地下水受到较为严重污染，包括 VOCs、六六六等；该污染地下水位于本场地上游，在场地未来的修复和建设过程中，应防范污染地下水向本场地迁移。在本污染场地土壤修复工程结束前，沈阳市第 36 中学不能搬迁到新校区。另外，由于该地块临近区域沈化、味精厂西地块、味精厂东地块均在较为接近的时间进行治理修复，将统筹这几块场地的修复进度，避免先期修复场地受到二次污染。

工程实施后，该修复地块开发建设前，需要对修复后的场地内土壤采样检测，其检测结果均满足相应开发用地标准才能进行开发，项目验收后还将设置长期环境监测。开发建设中的绿化应在硬覆盖层之上覆土进行。开发建设中所有液体管道不得直埋，必须设置防渗管沟对给排水、供暖管道进行安全防护。将给排水、供暖管道设置于防渗沟管内，管沟的防渗等级应达到 S8。本项目污染土壤清挖和运输所需时间约 101d，其中前期准备工作约 60d，清挖和运输 41d。

本项目完工后，委托第三方对修复范围内的土壤进行长期环境监测，项目验收 3 年内，在区域内设置 10 个动态监控点，项目验收 3 年以后将动态监控点减少至 1 ～ 2 个，继续监测评价固化后重金属的浸出情况，以确保场地环境长期安全。沈阳市环保局对该项目场地内污染土壤清挖阶段进行环境影响评价。该地块土壤修复后，拟规划开发红梅广场、住宅及学校。

5．原沈阳市化工股份有限公司南厂区污染场地治理与修复[84]

沈阳铁西区的沈阳化工厂、东北制药厂开始逐步搬迁至沈阳经济技术开发区，原地块采取土壤污染环保治理。辽宁省和重庆市被选作全球环境基金“中国污染场地管理项目”试点省份。其中，辽宁省沈化、东药地块作为示范工程，获全球环境基金赠款 475 万美元。

2014 年 2 月，辽宁省正式纳入污染场地管理项目示范省。辽宁省确定沈阳化工厂、东北制药厂搬迁后地块作为污染场地治理修复示范工程，沈阳化工厂、东北制药厂 DDT、六六六等 POPs 污染场地治理修复作为示范。这两家企业都搬迁至沈阳经济技术开发区，于 2017 年搬完。随着这两地块逐渐搬迁腾出土地后进行土地污染治理，预计治理项目一直持续到 2021 年完成，治理将有别于沈阳冶炼厂地块换土的工艺，主要采取非燃烧治理措施。

沈阳化工厂 POPs 生产时间为 1950 ～ 2000 年，场地面积核心区为 1.5 万平方米，外扩总计约 5.5 万平方米，主要污染物为六六六、林丹、三氯苯、六氯苯和五氯酚。

（1）场地概况　沈阳化工股份有限公司（以下简称“沈化”）位于沈阳市铁西区卫工街，是一家综合性化工原料生产企业。沈化是以原沈阳化工厂为基础改组的股份制企业，是沈阳化工集团的控股子公司。原沈阳化工厂始建于1938年，系国家大型氯碱化工企业。

沈化被北三路分割为南北两个厂区，拥有电解分厂、烧碱分厂、润滑油分厂、气体分厂、漂白粉分厂、氯苯分厂、聚氯乙烯分厂、农药分厂、庆新福利厂等分厂。沈化主要产品有烧碱、盐酸、液氯、漂白粉、糊状聚氯乙烯、润滑油、各种氯化石油增塑剂、白炭黑、农药等几十个品种。本项目以北启工街为界，将南厂区分为东、西两个地块，场地地理位置如图5.6所示。

图5.6　沈阳化工股份有限公司南厂区位置[84]

沈阳化工股份有限公司委托上海傲江生态环境科技有限公司承担本地块土壤治理与修复工作。本污染场地土壤修复工程主要是对沈化南厂区污染土壤进行清挖，清挖的污染土壤全部原地异位修复处置（图5.7）。辽宁万益职业卫生技术咨询有限公司根据监测计划对修复后场地内污染土壤和清挖完的基坑进行了监测。

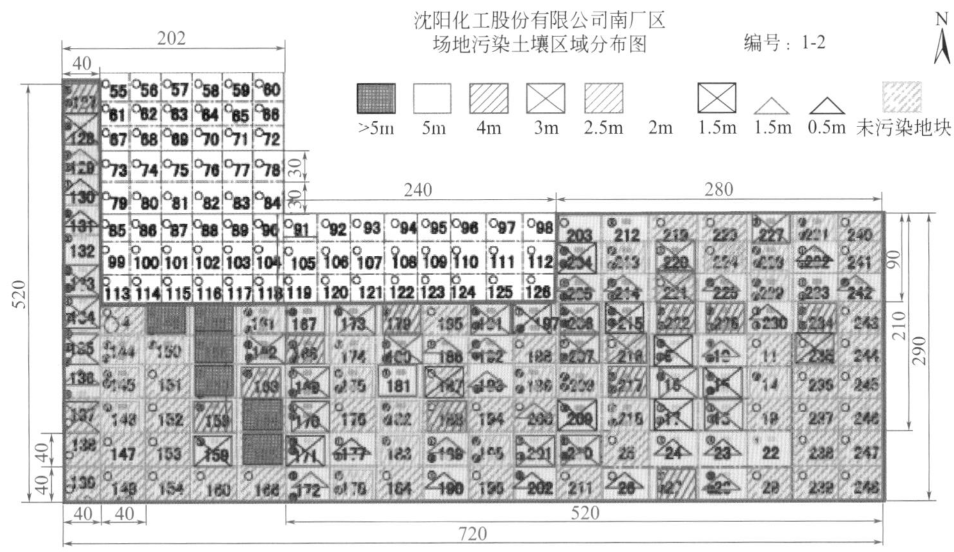

图5.7　场地修复区域（修复范围）[84]

（2）场地环境调查评估　经过详细监测，确定场地土壤关注污染物 50 项（类），包括 6 项重金属（Cr、Ni、As、Pb、Zn、Hg）、总石油烃、13 项 PAHs、8 项氯苯类、8 项氯代烃类、3 种氯酚类、六六六、2,6- 二硝基甲苯、2,4- 二硝基甲苯、1,2,4- 三甲基苯、四氯化碳、苯、苯胺、二噁英为主要关注污染物。场地为有机物、重金属复合污染场地，以有机类为主，重点污染物包括六六六、六氯苯、三氯苯、苯、PAHs 等。场地土壤污染深度最深达到 10m 以下。场地地下水中主要污染物有苯、氯苯、二氯苯、三氯苯、氯乙烯等。

（3）场地修复方案

1）修复技术

① 化学氧化法：对于土壤 POPs（六氯苯、六六六）浓度大于 50mg/kg、苯并［*a*］芘浓度大于 20mg/kg 的污染土壤，土方量大约为 30400m³；对于超过修复目标但 POPs（六氯苯、六六六）＜ 50mg/kg、其他重金属、石油烃、多环芳烃污染土壤，土方量约 120000m³；共计 150400m³，修复后运往老虎冲生活垃圾填埋场填埋处理。

② 固化稳定化法：按照设定的修复目标值，共有 10 个地块层的重金属超标，为 18-2、18-5、18-6、S135-1、S209-2、S218-3、S218-4、S220-5、S221-6、S222-2，均为重金属单独污染土壤，土方量共计为 6800m³，修复后运往老虎冲生活垃圾填埋场填埋处理。

③ 填埋场填埋：对于清挖出来的、但低于制定的修复目标值的土壤，土方量约 74400m³，可直接运往老虎冲生活垃圾填埋场填埋处理。未受污染土壤约 55600m³，直接按照设定的利用用途进行再利用。

2）修复方案　综合考虑场地污染特征、利益相关方需求，确定场地修复思路。

① 本场地采用原位异地的形式，即污染土壤清挖后运输至启工街东部地块进行处置；对于污染土壤，清挖至相应标准，原场地进行验收；污染土壤运输至东部地块后，根据污染物类型和污染程度进行分类治理，至确定的修复目标。

② 东地块污染程度低，污染深度主要在 3m 范围内。主要以多环芳烃、六六六污染为主；考虑后续开发安全性，按照上层土壤清挖标准，东部地块清挖至清洁土壤标准。西地块污染程度高，且污染深度较大，最大深度大于 8m，主要以六六六、PAHs、氯苯类污染为主；完全清挖至较严格标准费用昂贵；因而需要结合场地未来开发设计进行修复；地基以上开发过程中要进行基坑挖掘，挖掘出的土壤应全部修复达标，地基以下土壤未来将为建筑物下发土壤或深层土壤，这部分土壤执行下层土壤清挖标准。

③ 两个地块以有机污染特别是多环芳烃及 POPs 污染为主，应优先采用能够损毁和削减特征污染物的技术进行土壤治理修复。

④ 在资金充裕的情况下，将污染土壤修复至完全“清洁”标准；在资金紧张的情况下，结合处置后土壤用途制定修复目标。

⑤ 东部地块不存在地下水污染，因此无需对该地块地下水进行处理。西地块地下水存在污染，场地地下水不作为饮用水水源和灌溉水源，因而对于未来居住人群来说，仅存在挥发性污染物进入室内外空气的风险；由于铁西区为老工业基地，区域浅层地下水污染较为严重，将本地下水完全修复至“清洁水平”技术和经济上不具备可行性。因此，对本场地地下水采取工程控制方式，确保地下水对未来人居环境不造成影响。

对于污染土壤，清挖至相应标准，原场地进行验收；污染土壤根据污染物类型和污染程度进行分类治理，至确定的修复目标。

（4）环境保护措施

1）大气环境保护措施　修复场地四周设置了 2.5m 高的围挡（图 5.8），防止土壤清挖过程中扬尘外溢，洒水抑尘；施工现场在壤清挖及处理的过程中采用移动式喷雾除尘器喷洒有机物挥发抑制剂，控制挥发性有机气体的扩散；土壤开挖的过程中，按照先挖轻污染再挖重污染地块的顺序，采用分段清挖、即挖即处理的方式，对未开挖到位的裸露基坑断面喷洒有机物挥发抑制剂，对开挖到位后的基坑采用无污染土壤覆盖；在大风等恶劣天气无法施工时，修复区、养护区和土壤暂存区用防雨布覆盖裸露的土壤，减少扬尘的产生，避免发生二次污染；土壤修复后及时清运，不在场地内存放较长时间，对待运输的修复后土壤放置在临时暂存区，并用防雨苫布或者膜遮盖，减少扬尘的产生；对于施工机械和运输车辆加强检修和维护，不使用超期服役和尾气超标的车辆，以减少机械和车辆有害气体排放。

(a) 施工准备期安装厂界围挡

(b) 施工准备期安装厂界围挡

(c) 待处理的堆存土壤覆盖防尘布

(d) 土壤处理中喷洒挥发抑制剂

图 5.8　大气环境保护措施 [84]

2）水环境保护措施　施工期间无降水，基坑无地下水渗出；运输车辆出口处建设洗车场，对施工机械和运输车辆进行清洗，每辆参与运输的车辆出场前必须将车轮及车身残存的土冲洗干净后方可离场，防止车辆将污染土壤带出，造成二次污染；污染土壤修复期间在修复区四周设置标识牌，并由专人进行管理，加强日常巡视，发现意外情况及时解决，防止在污染土壤修复过程中发生安全事故，造成二次污染。本工程在土方暂存区、洗车场等采用了人工防水材料铺设地面的防渗措施（图 5.9）。首先对地面进行硬化处理，后采用 2mm 厚的防渗膜进行焊接铺设。

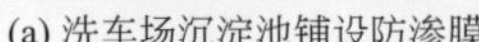

(b) 混凝土铺设洗车场

(c) 土壤修复区铺设防渗膜

图 5.9 水环境保护措施 [84]

3）固体废物污染防治措施 在清挖每一个地块时进行必要的现场甄别，每一类污染土壤清挖时既要确保属于该类别的污染土壤全部挖净，同时又要避免污染较重的土壤混入污染较轻的土壤以及避免不同污染类型土壤的混合，造成较重污染土壤的土方量增加，导致后续处理成本增加；固体废物临时暂存区应设置不同污染类型的土壤暂存区域，避免不同污染类别土壤的混合，增加处理成本或者造成土壤的二次污染。

在污染土壤的清挖、运输出场前应对清挖和运输人员进行相关培训，在清挖、运输过程中建立相应的管理制度，由专人负责监督、记录清挖和运输进度和车次情况；修复后的土壤及时运输至老虎冲生活垃圾填埋场填埋处理，不在场地内长时间贮存，对于未及时运输的土壤暂存在土方暂存区，使用防雨布、防渗膜等材料做好覆盖，严禁裸露堆放，防止扬尘对大气造成污染；修复后土壤每转移一车，填写一份转移单（三联单），写明出发时间、车牌号、运输重量、接受地点。到达目的地后，接收负责人将按转移单填写内容对修复后土壤进行验收，如实填写接受日期并签字；避免二次污染，需加强覆盖，选用性能良好、车厢封闭较好、证件齐全的车辆，严格按照指定的线路行驶。车厢上部全部采用苫布进行覆盖，避免运输过程中渣土散落道路；在污染区出口处设置车辆冲洗设施，运输车辆每次出场前将车辆车轮及车身残存的土冲洗干净后方可离场，冲洗之后的废水在洗车场收集后进入沉淀池循环使用，防止车辆将污染土壤带出而造成二次污染。施工工人产生的生活垃圾交环卫部门清运进行无害化处理，以避免对周围环境造成影响。

6. 原沈阳市东北制药集团污染场地项目北厂区生产区原址土壤修复

东北制药集团股份有限公司前身为东北制药总厂，始建于 1946 年，2015 年 4 月停产搬迁至沈阳经济技术开发区。场地土壤污染物包括重金属（砷、铜、锌、镍、铅、总铬、汞）、VOCs（苯、氯仿）、SVOCs（PAHs、苯胺）、TPH（< C_{16}）和 POPs（滴滴涕和 β-六六六）等。

2018 年 3 月，辽宁昌鑫环保产业集团所属的锦州森淼环保科技有限公司施工的东北制药集团污染场地项目（北厂区生产区）土壤修复工程，为全球环境基金"中国污染场地管理项目"辽宁省示范项目。经辽宁省人民政府同意，辽宁省环境保护厅向生态环境部环境保护对外合作中心提交了参加示范省活动的申请，并得到世界银行和生态环境部环境保护对外合作中心的认可，辽宁省被选择为项目的示范省，并将东北制药集团股份有限公司北二路北厂区生产区列入 POPs 污染示范场地进行治理示范。昌鑫集团还在东药土壤整治项目中联手德国宝峨资源有限公司，探讨实施基地建设投资的可行性。

项目修复面积 11.4 万平方米，修复深度深约 6m，修复规模约 9.5 万立方米。工程采用异位修复方案，根据污染类别和污染程度对土壤进行适当分类，选择针对性技术进行修复。在沈阳经济技术开发区的东北制药集团股份有限公司（以下简称东药）新厂区，有两座用绿色防尘网覆盖的土山。这些运自东药老厂区的土，曾经见证了东药的辉煌，也在东药的发展中遭到了污染。为保障工业退役地块再利用时的环境安全，东药搬迁后挖地 6m，将这些被污染的土一起带到新厂区，进行高标准的土壤修复，即世界银行支持的土壤污染修复项目——"东药 POPs 场地项目"。该项目总工程共计投资 4000 余万元，预计整体修复周期为 300d。昌鑫环保集团已完成了对东药原北二路北厂区生产区进行了详细环境调查与风险评估，并制定了最优的土壤修复计划。目前，设备已经进场，土壤修复工程已经在进行中（图 5.10）。

(a) 搬迁前

(b) 搬迁后

图 5.10 东北制药集团搬迁前后

超出居住用地不超出市政用地土壤清理标准的土壤（不包含 DDT 污染土壤）直接用于建设用土（如筑路、厂区回填等）；0.64 万立方米重金属污染土壤采用固化稳定化技术——修复目标达到《生活垃圾填埋场标准》；1.38 万立方米低浓度有机物污染土壤采用化学氧化处理——修复目标达到居住用地标准；5.33 万立方米高浓度有机物污染土壤采用热脱附工艺——修复目标达到居住用地标准。相较于其他处理方式，热脱附技术具有污染物处理范围广、处理效率高、设备可移动、修复后土壤可再利用等优点。热脱附技术原理是利用高温气化作用，将各种挥发性物质加热挥发，从而实现废弃物的净化处理。本工程所选用的是间接热脱附工艺，其相比直接热脱附避免了加热过程中产生二噁英，对烟气排放造成二次污染等问题。

这项工程相当于把能够污染到的土壤全都已经挖掘出来，运到别的区域进行技术处理，经过科学数据的系统验证，原来厂址的土地百姓可以放心居住，新处理过的土壤也可以用于其他用途。通过本次土壤修复工程的实施，能够在较短的时间内完成场地内土壤污染的修复，场地环境质量满足该地块后续建设用地环境保护要求。不仅如此，通过本次土壤修复工程的实施，将场地调查发现的污染土壤修复至场地风险控制值以下，避免了场地未来按照规划用途进行使用时发生人体健康风险，有效改善土壤的污染，提高土壤肥力实现生态环境的有机循环，达到保护环境、保障人体健康的目的。

7．原沈阳市新城子化工厂铬污染土壤调查及修复

原新城子化工厂所在地，位于辽宁省沈阳市沈北新区沈北街道，离市区约 17km，北临农耕地，南与多家化工厂相连，东至天王北街，西临哈大高速铁路，调查区域总面积约 500 亩。原沈阳新城子化工厂，始建于 1956 年，隶属沈阳市石化局，主要生产铬盐、农药、化学试剂等产品，是我国最早的铬盐企业之一，1996 年宣布破产。目前场地现状主要为空地、干水坑和空置厂房，局部堆有煤渣和杂土，未来规划仍为工业用地。

停产前在厂区西北侧堆存 30 万吨铬渣。铬渣是该厂生产铬盐系列产品工艺过程中浸出的废渣，属危险废物。几十年生产过程中产生的含铬废渣积存总量达 30 万吨，形成占地面积 18000m^2 的铬渣山。铬渣山距沈阳市新城子区城区中心约 2km，周围农田保护地几十米，最近农灌地下水井 1km，距沈阳市黄家水源地约 10km，辽河约 15km，该地区属于环境敏感区域。企业破产后，厂区地面多呈黄色，周围水体也受到严重污染。铬渣中含有 0.9% ～ 1.1% 的水溶性六价铬，极易随雨水冲淋流入河里及渗入地下，对该地区地表水和地下水环境构成严重威胁，可危害人体健康及生态环境，已经成为影响社会稳定的一大隐患，并且铬渣山浪费大量土地资源。1996 年企业破产以来，沈阳市环保局加强了对铬渣山的监管及监测。先后组织五次大规模地对铬渣山封存、覆盖和修复工作，并将分散的铬渣统一封存，前后共投入 300 多万元资金，有效地控制了铬渣的污染和流失。同时，每年定期对场区内外地表水、地下水进行监测，预防污染事故的发生。

2005 年末，国家发改委和国家环保总局联合发布了《铬渣污染综合整治方案》，并列出了专项治理资金。沈阳市新城子化工厂堆存的 30 万吨铬渣治理项目被国家列入《铬渣污染综合整治方案》中，要求必须在 3 年内处置完毕。该项目总投资 8250 万元，资金来源于国家铬渣专项补贴资金和地方政府配套资金。铬渣总处理量 30 万吨，项目拟建于原新城子化工厂内，即新城子区化工工业园，占地 55200m^2。新建一条年处理规模为 10 万吨的立窑生产线及其配套设施。主要包括铬渣、煤和黏土的破碎系统和烘干系统、物料储存及输送系统、物料粉磨系统、粉状物料均化系统和立式干法解毒窑系统。项目采用的技术为铬渣干法解毒技术，它是将铬渣，黏土和煤等按一定量的配比混合粉磨之后，在立式干法解毒窑里进行煅烧，利用高温下碳及一氧化碳的强还原性，将铬渣中的六价铬还原，使其生成无毒的三价铬化合物，将六价铬还原成三价铬，达到彻底解毒的目的。该方法解毒效果彻底，而且解毒渣有一定的强度，可在实施利用作为水泥混合材料，也可填埋或做筑路材料。2007 年 6 月 3 日，沈阳市新城子区 30 万吨堆存铬渣无害化处理工程项目正式开工，沈阳市 30 万吨堆存铬渣无害化处理项目竣工并投入运行。该项目是全国 26 个铬渣处理工程中规模最大的立式解毒窑处理工程。而这个在沈阳存在了半个多世纪的污染“毒瘤”——30 万吨的铬渣山彻底从人们的生活中消失。2009 ～ 2012 年 9 月，完成了 30 万吨铬渣无害化处理，并通过验收。

但是，新城化工厂生产过程和铬渣长期堆存导致厂区内土壤、地下水污染。2018 年 8 月末完成了原新城化工厂区域内第一次铬污染土壤（含地表水）现场调查；2018 年 9 月与生态环境部环境规划院签订了《原沈阳新城化工厂铬污染土壤修复调查评估项目技术咨询合同》；2018 年 10 月末，完成第二次现场调查（详细调查，包括土壤和地下水）采样等相关工作。沈阳市生态环境局沈北新区分局委托生态环境部环境规划院编制《原沈阳新城化工厂铬污染土壤修复调查评估项目场地风险评估报告》，生态环境部环境规划院分别于 2018 年 7 月对位于沈阳市沈北新区原沈阳新城子化工厂地块进行土壤环境初步调查和采样工作，以及 2018 年 10 月和 2019 年 1 月对该地块进行了详细调查和补充详细调查工作。

经过风险评估计算，土壤中的六价铬、砷、铅、氯仿、*α*- 六六六、灭蚁灵、六氯苯，地下水中的苯、氯乙烯、三氯乙烯，对人体健康风险超过可接受风险水平。根据计算得到的风险控制值，同时对比筛选值 / 标准限值和土壤管制值，确定土壤中六价铬、砷、铅、氯仿、*α*- 六六六、灭蚁灵、六氯苯的修复目标值分别为 7.73mg/kg、60mg/kg、800mg/kg、1.29 ～ 1.46mg/kg、0.3mg/kg、0.88mg/kg、1.65mg/kg。地下水中氯乙烯、三氯乙烯和苯的修复目标值分别为 0.1mg/L、0.1mg/L、2.73mg/L。因此，需针对场地土壤和地下水的超修复目标值区域进行风险管控或修复治理。2019 年启动土壤修复项目，2020 年年底前完成土壤修复。

二、辽宁其他城市污染土壤治理与修复案例

1. 原阜新市矿山生态修复

我国矿产资源开发活动由来已久，长期高强度、大规模的矿产开采遗留下来的矿山地质环境问题几乎遍及全国，严重影响了区域生态系统。伴随着绿色经济的理念逐渐深入人心，同时在相继出台的法律法规的正确引导与规范下，很多企业开始走上了积极主动开展矿上生态修复的道路。但矿山生态修复包括的内容很多，涉及废弃矿山综合治理、生产矿山监测、技术标准研制、政策制度研究等全方位的技术支撑与服务。

作为一座“因煤而兴”的城市，阜新曾有“煤电之城”的美誉，然而经过百年煤炭开采后，伴随着煤炭资源枯竭而来的还有采煤沉陷区、废弃矿坑、矸石山等生态难题，2001 年 12 月 28 日，阜新被国务院正式认定为全国第一个资源枯竭型城市。

在破解废弃矿山综合治理和资源枯竭型城市经济转型这道世界性难题的道路上，阜新与中科盛联携手，不断探索绿色发展新模式，取得了重大阶段性成果。2018 年 6 月 6 日，中科盛联采用先进环保土体稳定技术和抑尘技术入驻新邱，以最快速度打造出阜新中科盛联转型试点环保科研基地，积极开展大宗固废资源化处置与研发、大气污染综合防治和生态环境修复三大业务，用科技创新为当地带来了一场经济转型的新革命，采取以产业带动环境治理的新方式，用绿色抚平“地球伤疤”，逐步实现生态修复和城市修补并举的“双修”（图 5.11）。

(a)

(b)

图 5.11　阜新市矿山生态修复项目

在短短一年多的时间里，中科盛联主导的大型矿山生态修复项目——阜新百年国际赛道城不仅完成了调研、论证、概规、可研等全部立项阶段工作，打出了示范样本，明确了切实可行的建设路径，更是取得了实实在在的建设成果。赛道城以环境治理和生态修复为出发点，采取“边治理、边开发”的模式，已经建成 3 条赛道，目前正在建设跨界拉力、摩托车越野、场地越野等多个赛道公园。

阜新百年国际赛道城采取“产业先行、政企合作”的矿山生态修复“新邱模式”。阜新百年国际赛道城要践行绿色发展理念，统筹推进生态修复和资源开发，打造以赛车经济为核心的全新增长点。同时赛道城以赛事为平台，实现招商推介活动常态化。截至 2019 年 11 月末，累计签约赛车产业、汽车产业、汽车后市场、航天大数据、教育培训、餐饮住宿等项目 93 个，不仅实现矿山生态环境的深度修复，而且孕育出蓬勃发展的赛车及相关产业，为创新转型发展提供全新路径。

2019 年，“红旗小镇”杯辽宁阜新 · 中国汽车场地越野锦标赛（COC）总决赛在这里开赛，这是阜新百年国际赛道城 2019 年举办的第四场国家 A 级汽车赛事，也是中国汽车场地越野锦标赛总决赛首次在北方地区举办，在辽西北阜新唱响“冠军之夜”。

废弃矿坑变身越野赛道，阜新市积极探索生态文明与产业发展互融互促，中科盛联未来将不断发挥科技优势，对阜新百年矿山进行科学治理和开发利用，努力把废弃矿山变成金山银山，推进阜新转型振兴和创新发展，将昔日的“煤电之城”真正打造成产业兴旺的魅力之城。

目前我国矿山生态修复工作坚持系统设计、整体推进、分步修复；保障安全、恢复生态、兼顾景观；突出重点、因地制宜、分类施策；自然修复为主、人工修复为辅的原则，根据矿区所在的地理位置、气候条件、生态区域、地质背景、社会经济状况、主要生态问题等因素，评估矿山生态修复潜力，确定生态修复方向，同时针对不同规模、不同矿种、不同开采方式的各类矿山，采用不同的生态修复技术方法。

针对不同种类的矿山需要采取不同的修复方法。目前的矿山生态修复方法主要分为以下几种。

（1）能源矿山生态修复方法　首先重点加强煤炭等能源矿产开采引发的地面塌陷和地裂缝等地质灾害问题的整治修复。在人口稠密能源矿区，优先采取工程措施，利用煤矸石、尾矿等回填治理地面塌陷、地裂缝，待地面达到稳定状态后平整土地，因地制宜开展土地复垦，综合利用客土、原土，选择先锋乡土植物、灌木树种，实施矿区复绿工程，恢复地表植被，重塑地形地貌景观，逐步开展塌陷区、露天采场、排土场、尾砂区和水土流失等区域生态重建；在人口稀疏能源矿区，优先采取以自然修复为主的整治修复措施，逐步实现自然复绿。其次，防治矿山疏排地下水引起的矿区水失衡问题，避免造成地下水过度流失。采取防渗帷幕等工程措施，封堵含水层顶底板破坏处周围的含水层，逐步恢复含水层功能。中科盛联推出的环保土体稳定技术从实际出发，将阜新新邱废弃矿坑进行生态修复（图 5.12），并重新进行经济发展规划，开发出首座建设在废弃矿坑上的赛道城，不仅解决了煤矸石、粉烟煤带来的占据土地等环境问题，同时为当地经济转型提供了新思路与方向。

(a)

(b)

图 5.12 阜新市矿山生态修复

（2）金属矿山生态修复方法 在金属矿区，重点加强采矿弃渣、尾矿的不合理堆放造成的压占损毁土地、泥石流地质灾害以及废水废渣中重金属有害物质造成的水土环境污染问题的整治修复。首先，采取工程手段整治废渣、废石、尾矿堆，加强采场边坡、废弃矿渣堆稳定性，防治水土流失，重建地貌景观，对人口密集区域的泥石流等地质灾害开展预警与防治工作，排除地质灾害隐患；其次，综合采用物理化学生物手段治理水土重金属污染，防止污染通过雨水淋滤、风扬天气等向周边区域扩散。

（3）非金属矿山生态修复方法 在非金属矿区，重点加强山体破损、景观破坏、崩塌滑坡以及地面塌陷等矿山生态环境问题的整治修复。首先，综合利用削坡、卸载、砌墙、续坡等工程手段开展露天矿山综合整治，消除崩塌滑坡等地质灾害隐患；加强废石废渣、尾矿等固体废物的综合处理利用，减轻对土地资源占用破坏；同时结合生态垦殖，开展破损山体复绿工程，恢复地表植被，重塑地形地貌景观。其次，在人口稠密的非金属井工开采矿区，利用废石、废渣、尾矿等固体废弃物回填地下采空区、地裂缝，防治地面塌陷等矿山地质灾害。

2. 原大连市大化集团污染场地修复

大化集团场地搬迁总面积为 335 万平方米，2013 年 11 月至 2017 年年底，该地块不同区域先后进行过四次场地调查和补充调查工作，共布设各类采样点 1200 余个，采集各类样品共 5200 余个。根据 2017 年该区域的场地调查及风险评估报告，全厂区域超标污染物 59 种，包括无机检测指标 3 种、重金属 10 种、TPH2 种、SVOCs30 种、VOCs14 种。另外，厂区土壤的常规检测指标 pH 值也存在一定情况异常。场地地下水中共 9 种物质存在不同程度的超标，分别为镍、锑、砷、汞、氨氮、硫化物、苊、二苯并呋喃和 1,2,4- 三甲苯。场区范围内局部区域地下水呈碱性。场内废渣分布范围较广，废渣厚度较深，但通过专业判断，不具有浸出毒性。建议在场地后续开发建设的过程中，对场内疑似废渣进行进一步的划定，并根据场地西南侧和东侧海岸线附近已开发利用的实际情况，提出切实可行的措施。

为顺利开展该场地污染土壤的修复工作，消除污染隐患，确保人体健康，进一步推动场地的再开发利用进程，2018 年 11 月，大连市土地储备中心委托中国电建集团北京勘测设计研究院有限公司编制《大化集团搬迁及周边改造项目污染场地修复治理项目技术方案》(以下简称《技术方案》)，即依据前期场地内的相关调查结果，编制大化集团搬迁及周边改造项目范围内的污染土壤和地下水修复技术方案，以指导该区域后续修复工程实施工作的开展。

根据大化场地土壤的污染特征、场地水文地质条件、土地利用规划和场地未来的开发建设计划，经修复技术的初步筛选和进一步的可行性评估，确定该场地污染土壤修复采用“常温解吸 + 土壤淋洗 + 稳定化 + 化学氧化 + 原位阻隔”的多技术联合的处置方式。同时，《技术方案》建议不对场地地下水开展修复治理，但需进行相应的制度控制措施，严格限制地下水用途，另外需对场地地下水开展长期监测，以判断地下水水质变化情况，如发现异常，及时采取有针对性的措施。同时在土壤修复过程中，对基坑废水需开展相应的治理工作，达标后排放。

项目区污染土壤的修复方式拟采用原位处理和原地异位处理方式进行；针对场地不同修复深度污染土壤，修复模式拟采用污染源清除为主，辅以工程修复和制度控制，有机结合三种模式，可以安全高质量高效率地完成场地污染土壤的处理处置工作。《技术方案》中明确，在前期场地内不同区块所做的场地调查及风险报告确定的土方量的基础上，最终确定本修复方案涉及开挖异位待修复污染土壤约 441.7 万立方米；原位阻隔方量约 451.8 万立方米，面积为 110.5 万立方米；待处置暂存区废渣类约 87.5 万立方米。

针对暂存废渣的问题，《技术方案》明确，场地内因海底隧道区域建设清挖出的约 87.5 万立方米的废渣，包括碱渣及碱渣混合物、粉煤灰等，该部分废渣建议采用异位填埋处置方式，将满足一般工业固体废物填埋处置设施进场标准的暂存废渣运送至大连市一般工业固体废物填埋处置。

项目初步确定修复工期为 3 年，修复费用约为 37 亿元。在 3 年内将完成场地内污染土壤、废渣的修复治理工作，达到修复目标值，通过第三方的检测和验收，并取得大连市环保主管部门的认可和验收。项目实施后将改善梭鱼湾商务区周边生态环境，会解决大连市遗留已久的环境污染问题，有利于环境保护和生态平衡。项目建成后将会明显改善当地土壤环境，保证当地人民生产生活安全。此外，该项目的实施将增加可利用土地面积、回收可利用资源、促进经济开发。改善区域内的投资环境，增加投资机会，为区域经济社会的健康发展提供保障。

从生态环境角度上看，该项目的实施，对水土流失及水环境都有积极影响。在水土流失方面，由于工程施工过程采取防护措施，水土流失到施工后期将基本稳定。主要是通过对施工场地内的土壤清运、基坑塌方及其他地质病害的调查，分析由于修复施工引起地质类别、地形、地貌等现状的变化对区域水土流失的影响，并提出治理措施或对策建议。

在水环境方面，通过对场地的修复，改善周边区域地面水环境，促进周边水体功能的完善，保护河流的水体质量，改善场地周边生活服务区、居民区及其他区域的环境治理，改善生态环境的协调性。

3．盘锦市北方沥青燃料有限公司原厂区污染地块治理与修复

原盘锦北方沥青燃料有限公司的厂区位于盘锦市辽东湾新区，与东北第二大港口城市营口市城区隔辽河相望，紧邻辽东湾的行政文化中心区，是辽东湾城市发展轴的交汇处，是城市的发展核心，也是盘锦连接营口的重要区域。项目场地面积 200 万平方米，原项目用地全部为三类工业用地。主要污染物为苯并吡和石油烃，治理方法主要采用热脱附、化学氧化工艺等技术。

2012 年，盘锦市对辽东湾新区整体规划的调整，老厂区所在区域被列入搬迁范围。2014 年初，开始组织搬迁工作。2016 年 10 月，老厂区主体装置及配套罐区全部完成搬迁，开展管廊、构建筑物基础等破拆工作。2018 年 6 月 26 日，辽宁省迄今为止最大的土壤修复项目——盘锦北方沥青燃料有限公司原厂区污染地块治理与修复项目正式启动，辽宁昌鑫环保集团负责污染土壤修复。

为了辽东湾新区城市的长远发展，对搬迁的化工企业厂区进行污染调查和土壤治理修复有重要意义，该项目环境效益显著。将原有的废旧厂区进行土壤修复和整治，既美化了城市环境，对整体的城市形象的提升起到了重要的作用。项目所在地位于城市的综合行政中心，是城市的门户，是展示城市魅力与风采的重要节点。对厂区的规划再开发，规划建设为商业与居住用地，完善城市功能，改善城市环境，提升城市品位，满足地方政府和群众“实现以可持续的利用方式，使地方生态与经济价值再生”的强烈愿望与需求。

城市土壤污染的修复治理，并进行二次开发建设，将显著改善项目周边地区的环境条件，从而提升周边地区的土地价值。修复完成后，将原本的荒地规划建设为城市重要的商业和居住用地，具有一定的经济效益。对地块进行在开发，建设大型居住和商业房地产项目，可以促进消费，提高税收，拉动经济增长。本项目作为辽东湾新区的核心区域，它的建设将提升周边滨水生态城的土地价值。根据专家打分和数据处理，项目建设将带动周边地产增值潜力 50% 以上，能够带来的巨大的经济价值。

4．盘锦市盘山县太平镇拥军村及周边污染土壤修复示范

该项目实施地点位于辽宁省盘锦市盘山县太平镇拥军村，是辽河油田总部所在区域。近年来辽河油田实施“一业为主，多元发展”战略，石油化工、建材、机械制造、现代农业、第三产业等五大支柱产业的发展已经初具规模。作为辽东半岛与辽西走廊的枢纽站，在稳步促进经济增长的同时，辽河油田也大力加强了本地区的生态及人文地理环境的治理与保护。

沈阳光大环保科技股份公司成功中标盘山县太平镇拥军村及周边污染土壤修复（一标段、四标段）项目，项目中标总额达 5400 多万元。两个项目实施地点均位于辽宁省

盘锦市盘山县，一标段修复农田面积约 240 亩。其中含高浓度重度污染地块 1 处，面积 2250m^2；清除土壤量约 6000m^2，修复后回填土壤量约 6000m^3。井场周边中低浓度污染土壤 4 处，面积 3680m^2，修复土壤量约 1840m^3。轻度污染农田，面积为 231.1 亩，修复土壤量为 46221.24m^3；四标段修复农田面积约 600 亩，其中含高浓度污染地块 2 处，面积分别为 1000m^2 和 600m^2；清除泥浆量约 3000m^3，修复后回填土壤量约 3000m^3（泥浆处理后土方约为 2000m^3，外购种植土为 1000m^3）井场周边中低浓度轻度污染土壤 3 处，面积 1800m^2，修复土壤量约 10600m^3。原位修复农田 600 亩。基于针对该项目场地的技术比选和可行性分析，得出本场地的污染土壤修复技包括化学氧化修复技术、异位热脱附修复技术、微生物修复技术和农田改良技术。

5. 葫芦岛市龙港区土壤重金属污染防治

葫芦岛市龙港区北港街道稻池村的土壤污染问题由于历史原因造成，社会关注度较高。稻池村农田土壤存在较为严重的重金属污染问题，主要重金属污染物为 Cd、Zn、Hg 和 Pb，采取深翻异位－钝化 / 固定化－植物联合修复技术修复污染农田土壤，修复面积大于 500 亩，建设周期为 15 个月，项目总投资 9397.92 万元，拟拨中央专项资金 4200 万元。

6. 葫芦岛市小槟沟生活垃圾填埋场封场工程

葫芦岛市连山区老官卜村小槟沟垃圾填埋场始建于 20 世纪 90 年代后期，场内垃圾存量约为 160 多万立方米，垃圾堆填已达几十米高，由于历史原因，该垃圾堆场没有设置防渗、导排、截洪、环境监测等污染防治系统，渗滤液对周边水体和土壤造成污染。主要工程内容包括堆体整形、截洪沟、渗滤液收集导排和处理系统、气体收集导排和处理系统、渗滤液调节池、封场覆盖系统、垃圾坝和植被等。建设面积为 57800m^2，建设周期为 12 个月，项目总投资 2327 万元，拟拨中央专项资金 1025 万元。

第三节 辽宁省污染土壤防治立法、调查及管理

辽宁通过开展土壤污染调查、推进土壤污染防治立法、实施农用地分类管理、实施建设用地准入管理等措施，全面推进土壤污染防治工作，农用地和建设用地环境安全得到基本保障。目前我国经济发展已经开始积极转型，已经从过去单纯追求效益向多方面利益兼顾的方向发展，不但要实现经济效益，同时还重视社会效益和环境效益的和谐发展，在这种和谐发展的现实要求下生态修复已经成为必要选择，刻不容缓[85-87]。

一、土壤污染防治立法，建立健全法规标准体系

推进土壤污染防治立法，建立健全法规标准体系，辽宁省已开展制定《辽宁省土壤污染防治条例》的前期调研工作。《辽宁省污染场地管理办法》《辽宁省污染场地治理修复筛选值》等技术规范和标准也已启动编制。

1.《辽宁省土壤污染防治工作方案》

2016 年 8 月 24 日，为贯彻落实《国务院关于印发土壤污染防治行动计划的通知》(国发〔2016〕31 号) 精神，结合辽宁省土壤污染现状及区域经济社会发展特点，重点针对石油、化工、冶炼为主的重工业城市，重点工业场地，历史遗留污灌区和油田矿山的土壤污染问题，切实加强土壤污染防治，逐步改善土壤环境质量，特制定《辽宁省土壤污染防治工作方案》。

2.《辽宁省建设用地土壤污染风险管控和修复管理办法（试行）》

为深入贯彻落实《中华人民共和国土壤污染防治法》和《污染地块土壤环境管理办法(试行)》有关要求，加强全省建设用地土壤环境管理，有效防控建设用地土壤环境风险，保障人居环境安全，辽宁省生态环境厅、省自然资源厅、省住房和城乡建设厅、省工业和信息化厅联合制定下发《辽宁省建设用地土壤污染风险管控和修复管理办法(试行)》(以下简称《办法》)，并于 2019 年 4 月 16 日正式实施。

《办法》共 28 条，适用于全省行政区域内所有建设用地（不含放射性物质污染建设用地）土壤污染风险管控和修复相关活动的环境管理。《办法》明确了生态环境、自然资源、住房城乡建设、工业和信息化等部门建设用地土壤污染防治工作职能，规定了建设用地土壤污染风险管控和修复相关环境管理要求，包括土壤污染状况调查和土壤污染风险评估、风险管控、修复、风险管控效果评估、修复效果评估、后期管理等内容。《办法》的发布标志着辽宁省已经建立和完善了建设用地土壤污染信息沟通机制，正式拉开对建设用地再开发利用实行全方位联动监管的序幕。

3.《辽宁省生态环境损害赔偿制度改革实施方案》

2018 年，中共辽宁省委办公厅、辽宁省人民政府办公厅发布了关于印发《辽宁省生态环境损害赔偿制度改革实施方案》。

辽宁省加快生态文明建设，逐步建立生态环境损害赔偿制度体系。2018 年初步建立生态环境损害赔偿制度体系，开展案例试点。2019 年扩大案例试点范围和深度，通过案例实践进一步完善生态环境损害赔偿制度体系。2020 年力争在全省范围内形成责任明确、途径畅通、技术规范、保障有力、赔偿到位、修复有效的生态环境损害赔偿制度体系，稳妥有序开展生态环境损害赔偿工作。

按照相关法律法规规定，立足辽宁实际，由易到难、稳妥有序开展生态环境损害赔偿制度改革工作。对法律未做规定的具体问题，根据需要提出政策和立法建议。体现环境资源生态功能价值，促使赔偿义务人对受损的生态环境进行修复。生态环境损害无法修复的，实施货币赔偿，用于替代修复。赔偿义务人因同一生态环境损害行为需承担行政责任或刑事责任的，不影响其依法承担生态环境损害赔偿责任。生态环境损害发生后，赔偿权利人组织开展生态环境损害调查、鉴定评估、修复方案编制等工作，主动与赔偿义务人磋商。磋商未达成一致，赔偿权利人可依法提起诉讼。实施信息公开，推进政府及其职能部门共享生态环境损害赔偿信息。生态环境损害调查、鉴定评估、修复方案编制等工作中涉及公共利益的重大事项应当向社会公开，并邀请专家和利益相关的公民、法人、其他组织参与。从辽宁老工业基地和重化工业大省的实际出发，按照国家生态环境损害赔偿改革方案要求积极开展案例实践，逐步建立完善生态环境损害赔偿相关制度，形成生态环境损害赔偿制度体系。

二、土壤污染调查与风险管控

辽宁省从20世纪80年代开始，一直参与土壤环境背景值等全国性科学调查，积累了非常完整的土壤环境质量基准数据及衍生数据系统。因此，深度挖掘和利用该数据系统对全省生态环境保护、土地资源合理利用、农产品安全保障具有重要意义。集成土壤环境数据、土壤理化性质、土地利用方式等多源数据，构建样本量巨大性、数据多源性、指标动态性的土壤环境综合数据库；利用“互联网+”的信息互换模式，摄取与补充土壤环境数据，构建具有数据自我比对、自我更新、自我完善的土壤环境大数据系统；基于数据空间特征与时间变化的分析，建立基于土壤中污染物输入/输出的量化过程控制模型，构建土壤环境污染的风险概率评估方法，提出污染土壤修复适宜性评价方法与风险削减方案，形成土壤环境保护与风险管控的决策系统[2]。

为全面推进土壤污染防治工作，辽宁省积极开展土壤污染状况详查，建设土壤环境监测网络。组织省直五个部门，省、市、县三个层级，出动5000多人次，历时3个多月，完成了全省农用地土壤详查布点与核实工作。全省共布设农用地详查点位18437个，深层土壤点位208个，农产品点位1478个。组织农委等部门开展农产品详查采样工作，历时20多天完成全部农产品采样，成为全国首个完成农产品采样的省份，并且点位准确率为100%。

按照国家统一部署，建成了辽宁土壤环境监测网络，共布设点位1406个，其中风险点位709个、基础点位617个、背景点位80个。2017年对544个点位进行了监测，其中基础点位464个、背景点80个。

通过开展土壤污染调查、推进土壤污染防治立法、实施农用地分类管理、实施建设用地准入管理、加强污染源监管等措施，辽宁省土壤污染防治体系初步建立，农用地和建设用地环境安全得到基本保障，土壤环境质量总体保持稳定。

三、辽宁土壤修复产业技术创新战略联盟

辽宁省土壤污染环境问题集中表现为以下4个方面。

① 有色金属与钢铁冶炼的重金属污染问题突出，并通过水、固废、大气等传输途径，造成土壤污染；

② 不适当的污水资源利用方式，形成了大面积农田污灌区，造成了典型的土壤有机、无机以及复合污染问题；

③ 金属矿开采以及石油能源开发，造成了明显的区域土壤环境问题；

④ 密集型工业城市群导致区域间土壤环境污染的长期积累，待修复污染场地数量巨大[88-95]。

辽宁省充分利用和依托省内大专院校和科研院所，开展土壤污染防治技术研究。辽宁省环境科学研究院、中国科学院沈阳应用生态研究所、沈阳市环境科学院等单位针对辽宁省土壤污染状况，研究开发检测技术和治理修复技术，获得了良好的效果。2018年年底，

东北大学“铝工业典型危废无害化高效利用关键技术研究与示范”“有色行业含氰/含硫高毒危废安全处置与资源化利用技术及示范”、中科院沈阳应用生态所“高浓度石油污染土壤绿色清洗—脱附集成技术与智能化装备”和“场地土壤环境损害鉴定评估方法和标准”4个资源环境领域的国家重点研发计划项目获科技部同时立项批复。以中国科学院沈阳应用生态研究所“场地土壤环境损害鉴定评估方法和标准”项目为例，该项目针对不同典型污染场地，以污染物“性质鉴定-环境行为-损害调查-技术标准”的思路开展研究，通过分子生物学、组学、同位素、空中遥感、原位监测、生物芯片和多相示踪等技术，建立适用于不同污染类型的多尺度、多层次场地污染损害鉴定评估技术体系。

辽宁省环境科学研究院在发挥科研平台基地的辐射和带动作用方面率先发力，与中国科学院省院应用生态研究所在内的21家单位组建“辽宁土壤修复产业技术创新战略联盟”，旨在搭建产学研用一体化平台，促进辽宁省内土壤修复产业健康有序发展，提升土壤修复产业规范化建设。联盟以服务辽宁省生态文明建设，促进绿色发展为前提，以国家和区域产业技术创新需求为指导，以“引领产业发展推动技术创新”为宗旨，以多样化、多层次的自主研发与开发合作创新相结合，以形成产业核心竞争力为目标，围绕优化土壤污染修复产业技术创新链，运用市场机制集聚创新资源，实现企业、大学和科研机构在战略层面的有效结合，共同致力于土壤修复产业技术创新和产业发展的技术瓶颈，提升辽宁省土壤修复产业整体水平。联盟以共同发展需求为基础，以重大土壤修复产业技术创新为目标，以具有法律约束力的契约为保障，联合研发、优势互补、利益共享、风险共担。

四、土地及土壤管理

1. 分类管理，保障农业生产安全

辽宁省在开展农用地土壤污染状况详查的同时，探索建立农用地分类管理相关制度。以全省产粮（油）大县为重点，开展农用地土壤环境保护工作，全省共36个产粮（油）大县，全部启动了土壤环境保护方案编制工作。

2. 准入管理，防范人居环境风险

辽宁积极探索建立建设用地准入制度。对沈阳和朝阳两市的3宗污染地块进行调查整改。对其中朝阳市原凌钢焦化厂地块，开展专项检查，现场督导，促进其加快污染调查和治理整改进度，将潜在的风险消灭在萌芽状态。结合全球环境基金“中国污染场地管理项目”，开展建设用地准入管理试点工作；启动辽宁省污染场地管理办法编制工作。

3. 源头监管，做好土壤污染预防工作

为加强土壤环境重点污染源监管，全省确定了137家重点监管企业，并向社会公布。对重点监管企业进行严格监管，预防土壤污染。

主要参考文献

[1] 陶冶. 辽宁省典型区域土壤污染状况及建议措施. 绿色科技，2017（12）：116-117.

[2] 郭观林，周启星．污染黑土中重金属的形态分布与生物活性研究．环境化学，2005, 24（4）: 383-388.

[3] 周启星，张倩茹．东北老工业基地煤炭矿区环境问题与生态对策．生态学杂志，2005, 24（3）: 287-290.

[4] Shang E, Xu E Q, Zhang H Q, et al. Temporal-spatial trends in potentially toxic trace element pollution in farmland soil in the major grain-producing regions of China. Scientific Reports 2019, 9: 19643.

[5] Zhang H Q, Xu E. An evaluation of the ecological and environmental security on China's terrestrial ecosystems. Scientific Reports，2017, 7: 1-12.

[6] Ren M, Wang J D, Zhang X L. Assessment of soil lead exposure in children in Shenyang, China. Environmental Pollution，2006, 144（1）: 327-335.

[7] Wang S, Guo S, Li F, et al. Effect of alternating bioremediation and electrokinetics on the remediation of *n*-hexadecane- contaminated soil. Scientific Reports，2016, 6: 23833.

[8] Zhang X X, Zha T G, Guo X P, et al. Spatial distribution of metal pollution of soils of Chinese provincial capital cities. Science of the Total Environment, 2018, 643（12）: 1502-1513.

[9] Cheng HX, Li M, Zhao CD, et al. Overview of trace metals in the urban soil of 31 metropolises in China. Journal of Geochemical Exploration，2014, 139（4）: 31-52.

[10] 郭书海，李刚，李凤梅，等．辽宁省土壤污染概况及污染防治技术需求．环境保护科学，2016, 4（42）: 11-13.

[11] Cui S, Zhou Q, Chao L. Potential hyperaccumulation of Pb, Zn, Cu and Cd in endurant plants distribution in an old smeltery, northeast China. Environmental Geology，2007, 51（6）: 1043-1048.

[12] Chao L, Zhou Q, Chen S, et al. Speciation distribution of lead and zinc in soil of Shenyang smeltery, northeast China. Bulletin of Environmental Contamination and Toxicology，2006, 77（6）: 874-881.

[13] 晁雷．污染土壤修复基准建立的方法体系、案例研究与评价．沈阳：中国科学院研究生院（沈阳应用生态研究所），2007.

[14] 赵慧敏．铁盐 - 生石灰对砷污染土壤固定 / 稳定化处理技术研究．北京：中国地质大学，2010.

[15] 崔爽．铅超积累花卉的筛选与螯合强化及其应用．沈阳：中国科学院研究生院（沈阳应用生态研究所），2007.

[16] 刘丹丹．重金属复合污染土壤原位化学稳定化研究．北京：中国地质大学，2010.

[17] 姚敏，梁成华，杜立宇，等．沈阳某冶炼厂污染土壤中砷的稳定化研究．环境科学与技术，2008, 31（6）: 8-11.

[18] 杜沛．有机酸淋洗法修复铬污染土壤．沈阳：沈阳航空航天大学，2011.

[19] 梁丽丽．柠檬酸 / 柠檬酸钠对铬污染土壤多级淋洗修复方法的研究．北京：中国科学院研究生院，2011.

[20] Li F M, Guo S H, Wu B, et al. Pilot-scale electro-bioremediation of heavily PAH- contaminated soil from an abandoned coking plant site. Chemosphere，2020, 244（4）: 1-7.

[21] 李爽．表面活性剂对多环芳烃污染土壤的淋洗修复研究．沈阳：沈阳大学，2017.

[22] Sun L N, Zhang Y H, Sun T H, et al. Temporal-spatial distribution and variability of cadmium contamination in soils in Shenyang Zhangshi irrigation area, China. Journal of Environmental Sciences，2006, 18（6）: 1241-1246.

[23] Zhang Y, Zhang H W, Su Z C, et al. Soil Microbial Characteristics Under Long-Term Heavy Metal Stress: A Case Study in Zhangshi Wastewater Irrigation Area, Shenyang. Pedosphere，2008, 18（1）:

1-10.

[24] Li P J, Wang X, Allinson G, et al. Risk assessment of heavy metals in soil previously irrigated with industrial wastewater in Shenyang, China. Journal of Hazardous Materials，2009, 161（1）: 516-521.

[25] 周启星，高拯民. 沈阳张士污灌区镉循环的分室模型与污染防治对策研究. 环境科学学报，1995, 15（3）: 270-280.

[26] 魏树和，周启星，王新. 超积累植物龙葵及其对镉的富集特征. 环境科学，2005, 26（3）: 167-171.

[27] 魏树和，周启星，任丽萍. 球果蔊菜对重金属的超富集特征. 自然科学进展，2008, 18（4）: 406-412.

[28] 郭艳丽，台培东，冯倩，等. 沈阳张士灌区常见木本植物镉积累特征. 安徽农业科学，2009, 37（7）: 3205-3207，3316.

[29] 殷永超，吉普辉，宋雪英，等. 龙葵野外场地规模 Cd 污染土壤修复试验. 生态学杂志，2014, 33(11): 3060-3067.

[30] 李玉双，孙丽娜，王升厚，等. EDTA 对 4 种花卉富集 Cd、Pb 的效应. 环境科学与技术，2007（7）: 16-17，34，116.

[31] 袁文静，单子豪. 污灌区土壤的可持续利用研究——以沈阳张士污灌区植物修复研究为例. 中国资源综合利用，2019, 37（10）: 57-61.

[32] 周启星，宋玉芳. 污染土壤修复原理与方法. 北京：科学出版社，2004.

[33] 周启星，唐景春，魏树和. 环境绿色修复的地球化学基础与相关理论探讨. 生态与农村环境学报，2020, 36（1）: 1-10.

[34] 安婧，宫晓双，陈宏伟，等. 沈抚灌区农田土壤重金属污染时空变化特征及生态健康风险评价. 农业环境科学学报，2016, 35（1）: 37-44.

[35] Zhang J, Zhang H W, Zhang C G. Effect of groundwater irrigation on soil PAHs pollution abatement and soil microbial characteristics: a case study in northeast China. Pedosphere，2010, 20（5）: 557-567.

[36] 吴迪，蒋能辉，王宇，等. 沈抚污灌区农田土壤生态健康风险评价. 山东科学，2017, 2（30）: 95-105.

[37] 元妙新. 固定化细菌增强修复多环芳烃污染土壤及影响因素. 杭州：浙江大学，2011.

[38] 王洪. 多环芳烃污染农田土壤原位生物修复技术研究. 沈阳：东北大学，2011.

[39] 王菲. 多环芳烃污染土壤的微生物修复对微生物种群的影响. 青岛：中国海洋大学，2010.

[40] 胡凤钗，李新宇，苏振成，等. 三株降解芘的戈登氏菌鉴定及其降解能力. 应用生态学报，2011, 22（7）: 1857-1862.

[41] 姜宇. 牛粪生物炭对沈抚灌区石油烃污染土壤的修复研究. 沈阳：沈阳大学，2018.

[42] 张娟. 污灌区土壤、大气和水中石油烃的分布特征、来源及迁移机制的研究. 济南：山东大学，2012.

[43] Lian M H, Wang J, Sun L N,et al. Profiles and potential health risks of heavy metals in soil and crops from the watershed of Xi River in Northeast China. Ecotoxicology and Environmental Safety，2019, 169（3）: 442-448.

[44] Guo W, He M C, Yang Z F,et al. Aliphatic and polycyclic aromatic hydrocarbons in the Xihe River, an urban river in China's Shenyang City: Distribution and risk assessment. Journal of Hazardous Materials，2011, 186（2-3）: 1193-1199.

[45] 高昌源，刘丹，郭美霞. 辽宁典型污灌区及公路沿线农田土壤多环芳烃污染特征及来源分析. 环境保

护与循环经济，2016, 36（9）: 46-51.

[46] 刘江生. 东北老工业基地浑蒲灌区土壤中多环芳烃污染特征、断代、溯源及风险评价研究. 济南：山东大学，2009.

[47] Zhang S C, Yao H, Lu Y T, et al. Uptake and translocation of polycyclic aromatic hydrocarbons（PAHs）and heavy metals by maize from soil irrigated with wastewater. Scientific Reports，2017, 7（6）: 1-11.

[48] Zhang J, Fan S K. Consistency between health risks and microbial response mechanism of various petroleum components in a typical wastewater-irrigated farmland. Journal of Environmental Management，2016, 174（1）: 55-61.

[49] Zhang J, Dai J L, Du X M, et al. Distribution and sources of petroleum- hydrocarbon in soil profiles of the Hunpu wastewater-irrigated area, China's northeast. Geoderma，2012, 173-174（3）: 215-223.

[50] Zhang J, Dai J L, Chen H R, et al. Petroleum contamination in groundwater/air and its effects on farmland soil in the outskirt of an industrial city in China. Journal of Geochemical Exploration，2012, 118（7）: 19-29.

[51] 张娟，范书凯，杜晓明，等. 浑蒲灌区土壤中多环芳烃的分布及生态响应. 环境科学研究，2014, 27（5）: 505-512.

[52] 王兵，赵广东，苏铁成，等. 极端困难立地植被综合恢复技术研究. 水土保持学报，2006, 2（1）:151-154, 180.

[53] 赵旭炜，贾树海，李明，等. 对矸石山不同植被恢复模式的土壤质量评价. 东北林业大学学报，2014, 42（11）: 98-102.

[54] 谭雾凇. 抚顺矸石山不同造林模式对土壤重金属污染的修复效应研究. 沈阳：沈阳农业大学，2016.

[55] 王艳杰，李法云，荣湘民. 生物质材料与营养物配施对石油污染土壤的修复. 农业环境科学学报，2018, 37（2）: 232-238.

[56] 石丽芳，李法云，王艳杰. 不同生物质炭对辽河油田石油污染土壤总烃及各组分修复效果研究. 生态环境学报，2019, 28（1）: 199-206.

[57] 孔露露，周启星. 生物炭输入土壤对其石油烃微生物降解力的影响. 环境科学学报，2016, 36（11）: 4199-4207.

[58] 伏亚萍. 生物表面活性剂强化稠油污染土壤微生物修复的初步研究. 长春：吉林大学，2007.

[59] 石平，王恩德，魏忠义，等. 辽宁矿区尾矿废弃地及土壤重金属污染评价研究. 金属矿山，2008, 2（15）: 118-121.

[60] 周启星，任丽萍，孙铁珩，等. 某铅锌矿开采区土壤镉的污染及有关界面过程. 土壤通报，2002, 33（4）: 300-302.

[61] 魏树和. 超积累植物筛选及污染土壤植物修复过程研究. 沈阳：中国科学院研究生院（沈阳应用生态研究所），2004.

[62] 魏树和，周启星，王新，等. 某铅锌矿坑口周围具有重金属超积累特征植物的研究. 环境污染治理技术与设备，2004, 5（3）: 33-39.

[63] 顾继光，林秋奇，胡韧，等. 矿区重金属在土壤 - 作物系统迁移行为的研究——以辽宁省青城子铅锌矿为例. 农业环境科学学报，2005, 24（4）: 634-637.

[64] 孙约兵，周启星，任丽萍，等. 青城子铅锌尾矿区植物对重金属的吸收和富集特征研究. 农业环境科学学报，2008, 27（6）: 2166-2171.

[65] 马东梅. 辽宁杨家杖子钼矿床地质特征及尾矿元素分布规律. 长春：吉林大学，2019.

[66] 张梅生，王锡魁，郭巍．兴城地学野外教学实习指导书．北京：地质出版社，2012.
[67] 肖振林，曲蛟，丛俏．杨家杖子钼矿区周边果园土壤和水果中重金属污染评价．吉林农业科学，2011, 36（3）: 58-60.
[68] 曲蛟．钼矿区及周边农田土壤重金属污染现状分析及评价．沈阳：东北师范大学，2007.
[69] 丛孚奇，曲蛟，丛俏．磷酸氢二钠－柠檬酸缓冲溶液调控下白菜对钼矿区重金属污染土壤的修复．环境保护科学，2009, 35（1）: 64-66.
[70] 丛孚奇，曲蛟，丛俏．磷酸二氢钾 - 磷酸氢二钠缓冲溶液调控下白菜对钼矿区重金属污染土壤的修复．环境科学与管理，2008, 15（6）: 24-26.
[71] 高姝．锦州市土壤质量现状及对策建议．绿色科技，2017,3（6）: 73-75.
[72] 曲蛟．锦州市铁合金厂土壤重金属污染分析、修复及植物产后利用的研究．沈阳：东北师范大学，2011.
[73] 常沙，徐文迪，黄殿男，等．葫芦岛锌厂周边土壤重金属污染状况及生态风险评价．湖南生态科学学报，2017,4（3）: 8-14.
[74] 田莉，李国琛，王颜红，等．葫芦岛锌厂周边农田土壤重金属浓度的空间变异及污染评价．生态学杂志，2016, 35（11）: 3086-3092.
[75] 许端平，谷长建，李晓波，等．单一及复合淋洗剂淋洗修复污染土壤实验研究．应用化工，2017, 46（1）: 37-40.
[76] 许端平，李晓波．有机螯合剂对污染土壤中 Pb 和 Cd 淋洗修复研究．地球环境学报，2015, 6（2）: 120-126.
[77] 李晓波．重金属污染土壤强化淋洗修复机理研究．阜新：辽宁工程技术大学，2016.
[78] Ren W X, Xue B, Geng Y, et al. Inventorying heavy metal pollution in redeveloped brownfield and its policy contribution: Case study from Tiexi District, Shenyang, China. Land Use Policy, 2014, 38（3）: 138-146.
[79] Sun L N, Geng Y, Sarkis J, et al. Measurement of polycyclic aromatic hydrocarbons（PAHs）in a Chinese brownfield redevelopment site: The case of Shenyang. Ecological Engineering, 2013, 53（4）: 115-119.
[80] Zhou Q, Sun F, Liu R. Joint chemical flushing of soils contaminated with petroleum hydrocarbons. Environment International, 2005, 31（6）: 835-839.
[81] 刘家女，周启星，孙挺，等．花卉植物应用于污染土壤修复的可行性研究．应用生态学报，2007, 18（7）: 1617-1623.
[82] 杨明明．沈阳市铁西老工业搬迁区土壤健康风险评价．沈阳：沈阳大学，2013.
[83] 吕雪峰．红梅味精股份有限公司清洁生产审核过程与思考．沈阳：东北大学，2007.
[84] 中元国际投资咨询中心有限公司．沈阳市化工股份有限公司南厂区污染场地治理与修复效果评估报告．沈阳：http://www.sychem.com/syhg/xwymt/hhxw/webinfo/2018/01/1514859053750036.htm
[85] Song Y F, Wilke B M, Song X Y, et al. Polycyclic aromatic hydrocarbons（PAHs）, polychlorinated biphenyls（PCBs）and heavy metals（HMs）as well as their genotoxicity in soil after long-term wastewater irrigation. Chemosphere, 2006, 65（10）: 1859-1868.
[86] Zhou Q X, Zhang Q R, Sun T H. Technical innovation of land treatment systems for municipal wastewater in northeast China. Pedosphere, 2006, 16（3）: 297-303.
[87] Song X M, Wen Y J, Wang Y Y, et al. Environmental risk assessment of the emerging EDCs contami-

nants from rural soil and aqueous sources: Analytical and modelling approaches. Chemosphere，2018, 198（3）: 546-555.

[88] Li X Y, Liu L J, Wang Y G, et al. Heavy metal contamination of urban soil in an old industrial city（Shenyang）in Northeast China. Geoderma, 2013, 192: 50-58.

[89] Sun Y B, Zhou Q X, Xie X K, et al. Spatial, sources and risk assessment of heavy metal contamination of urban soils in typical regions of Shenyang, China. Journal of Hazardous Materials，2010, 174（1-3）: 455-462.

[90] Zhu Q H, Wu Y C, Zeng J, et al. Influence of bacterial community composition and soil factors on the fate of phenanthrene and benzo[*a*]pyrene in three contrasting farmland soils. Environmental Pollution，2019, 247, 229-237.

[91] Wang M, Chen S B, Chen L, et al. Responses of soil microbial communities and their network interactions to saline-alkaline stress in Cd-contaminated soils. Environmental Pollution，2019, 252: 1609-1621.

[92] Ou Z Q, Yediler A, He Y W, et al. Effects of linear alkylbenzene sulfonate（LAS）on the adsorption behaviour of phenanthrene on soils. Chemosphere，1995, 30（2）: 313-325.

[93] Zhao X M, Dong D M, Hua X Y, et al. Investigation of the transport and fate of Pb, Cd, Cr（Ⅵ）and As（Ⅴ）in soil zones derived from moderately contaminated farmland in Northeast, China. Journal of Hazardous Materials，2009, 170（2-3）: 570-577.

[94] Yediler A, Grill P, Sun T, et al. Fate of heavy metals in a land treatment system irrigated with municipal wastewater. Chemosphere，1994, 28（2）: 375-381.

[95] Han D C, Zhang X K, Tomar V V S, et al. Effects of heavy metal pollution of highway origin on soil nematode guilds in North Shenyang, China. Journal of Environmental Sciences，2009, 21（2）: 193-198.

第六章　天津大沽排污河治理与修复实践

在城市形成和发展中，城市河流是城市重要的资源和环境载体，是影响城市环境的重要因素。随着城市的高速发展，城市河道水环境受到了严重的污染与破坏，我国城市河道水体浑浊变黑变臭，河道淤积，富营养化现象日趋严重。目前，我国河道 80% 以上的城市河流受到污染。我国城市排污河道水体污染主要包括氮、磷等营养物质污染和有机物污染两个方面，且污染物的来源较为复杂，有自然源和人为源，有外源性和内源性。城市排污河道水体污染通常是有机污染物的超标或水中氮、磷营养元素含量较大造成藻类异常繁殖的富营养化污染。在一些工业城市河道，由于历史原因也同时存在一定程度的河道重金属污染问题。天津作为一个老的工业城市，城市河流也存在严重的污染问题，特别是历史上存在南北两条排污河道，分别为大沽排污河和北塘排污河。城市河道污染的主要问题是淤泥中存在大量污染物，河道的清淤疏浚是解决河道污染和维持河道功能的有效手段。结合大沽排污河的清淤工作，在天津市科委的大力支持下，周启星教授作为项目技术负责人主持了天津市科技创新专项资金课题“大沽排污河污染河道原位修复技术集成及应用”，率先开展了我国特大城市污染河道治理和修复的技术攻关与示范工作，取得预期进展。南开大学的唐景春、王敏及荣伟英参与了项目的部分工作，并开展了相关实验室研究工作[1,2]。

第一节　大沽排污河情况及修复背景

大沽排污河是天津市南系的排污河道，位于天津市海河以南，除主干线外，还包括纪庄子排污河和先锋排污河。其中，纪庄子排污河东起纪庄子污水处理厂，西至西青区四号房，长 3.7km；先锋排污河从北端双林泵站始，向南穿外环线过双港镇、南马集至巨葛庄泵站止，长 12.5km。大沽排污河北起陈台子排水河顶端，流经南开区、西青区、津南区和塘沽区，最终在大沽口入渤海，长 67.5km。3 条排污河总计长约 83.7km（图 6.1）。大沽排污河自 1965 年改造以来，一直是天津市海河以南主要市政污水受纳水体，来水中 60% 为工业废水，40% 为生活污水，特别是海河以南的市区及沿途郊县的自行车厂、化工厂、煤气厂、造纸厂、印染厂、制革厂、染化厂、电池厂等均直接向大沽河排放工业废水，这是造成大沽排污河严重污染的主要原因。由于 50 多年来一直未进行系统的清淤治理，大沽河河底平均淤泥深度达 2 ～ 3m 左右，总泥量约 400 万立方米。大沽排污河表层底泥的颜色主要是深黑色，处于严重厌氧状态。所有表层底泥中均有不愉快气味或强烈恶臭，用恶臭标准来衡量，有时显臭味的占 88.4%，强臭的占 11.6%；强臭底泥大部分在重污染河段，臭气物质主要为氨和硫化氢等。根据泥质调查结果显示，大沽排污河超过 90% 的地段底泥均受到了不同程度的污染，其中重度污染河段占 25%。底泥污染物中重金属成分复杂，呈复合污染态势，包括汞、镉、铅、铜、锌、镍和砷等。研究表明，底泥中有机污染也十分严重，不仅矿物油严重超标，还含有各种多环芳烃、农药残体及其代谢产物以及较高含量的碳水化合物、蛋白质、脂肪、酚和醇等需氧有机污染物，还检出了较高含量的多溴联苯醚、氯丙嗪、土霉素和麝香酮等新型污染物。可见，大沽排污河底泥清淤及河道生态修复与重建工作刻不容缓。然而，据初步估计，河道清淤需处置的底泥量高达 400 万立方米，特别是受到严重污染的底泥约 57.8 万立方米。如果不对这些疏浚的底泥进行合理科学的处理处置，将造成堆放场的二次污染，引发一系列生态环境问题以及造成严重的人体健康问题。

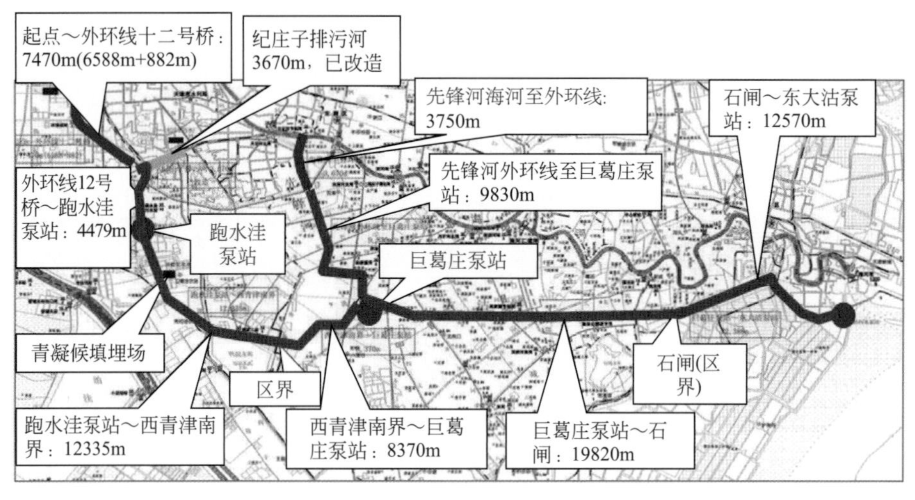

图 6.1 天津大沽排污河现状及其清淤工程

河道底泥疏浚虽然能够将大量的污染底泥在最短时间内从河道移除，并能在一定程度上改善河道的环境质量。然而，这种单单依靠疏浚的方法往往不能从根本上解决河道水质的问题，更不能达到恢复河道原有的生态功能和结构的目的，因而也就不能完全达到河道生态修复的目标。其主要原因是大部分河道经多年淤积后，底泥厚，污染物质往往渗入非淤积层。因此，即使能够把污染的底泥全部清除，但受污染的非淤积层则由于难以辨认是否污染而难以彻底清除，因而二次污染是经常出现的现象。在此种意义上，如何经济有效地实现大沽排污河污染控制与修复，恢复河道生态功能，并长期保持水体的良好生境，是大沽排污和综合整治工作中一项亟待解决的重大科学问题。特别是，天津市尚有很多污水河道在近期亟待改造，河道疏浚将带来大量的污泥。因此，有必要以大沽排污河底泥清淤、处置处理以及河道生态修复工程为依托，建立一套相关技术导则，为天津市其他污水河道的改造提供技术支撑和管理规范。

受污染沉积物的修复技术是当前水体污染研究的热点问题，按修复方式的不同主要分为异位修复和原位修复两类。异位处理是指通过疏浚将沉积物转移到其他地方进行安全处理和处置，这是目前处理受污染沉积物最常用的手段。但是这一技术存在着许多问题，除了工程实施费用昂贵、操作难度大、风险高，污染回复也是经常出现的现象（造成这种状况的主要原因是大部分河道经多年淤积后，沉积物厚度往往较大，因此难以将受污染的沉积物全部清除）。另外，疏浚还可能在一定程度上促进受污染沉积物的迁移以及沉积物中污染物向水体的释放，从而对生态环境产生短期和长期的影响。疏浚所产生的沉积物因量大、污染物成分复杂、含水率高而难以处理，极易造成二次污染，成为又一个环保难题。原位修复技术是指无需将污染底泥移出水体，就在原位进行污染物治理的技术。与异位修复技术相比，原位修复技术具有良好的修复效果、较小的生态风险与低廉的成本，工程实施也相对简单等优点。目前原位覆盖技术的研究已经在美国、德国、日本、澳大利亚等发达国家取得进展，并逐步应用于沉积物治理中，而我国在这一方面的研究相对缺乏，且都停留在实验室研究阶段，没有相关的拥有自主知识产权的技术。

近年来，原位覆盖技术的发展很快，已由传统的原位覆盖技术或处理技术，向更有效的活性原位覆盖、处理结合的技术发展。传统的原位覆盖技术仅通过在受污染的沉积物表面铺设的细砂、黏土、底泥等天然材料形成的物理隔离层，达到减缓甚至阻止污染物向水体中释放的目的。它不能从根本上去除沉积物中的污染物，而且覆盖材料用量大，加上复杂水文环境，覆盖效果不稳定。原位处理技术是指向受污染地区投入化学试剂、微生物、酶制剂等，利用物理化学或生物学的方法，降低受污染的底泥中污染物的含量，或抑制其向水体的迁移释放，或降低污染物溶解度、毒性等。原位处理技术的治理效果一般并不理想，主要是因为处理过程如搅拌的操作控制难度大，搅拌引起的底泥再悬浮也是一个不容忽视的问题，因此其正在逐渐成为沉积物修复研究的主导方向。针对上述两种问题，国内外学者提出了活性反应覆盖技术。活性覆盖技术将原位覆盖和原位处理两种方法有机结合，原位覆盖为原位处理提供降解污染物的活性物质或生物的载体，原位处理则拓宽了原位覆盖材料的应用，使其具有降解污染物的功能。活性覆盖技术是一种非常具有应用前景的沉积物污染综合整治技术，但是目前仍处于研究试验阶段，尚存在许多科技问题。首先，对于原位处理技术中所蕴含的污染物固化和降解机制尚缺乏足够的认识，需要深入探明活性覆盖技术中，污染物从沉积物向上覆水中迁移、转化的过程，以及影响因素的微观机制。其次，该技术大规模推广使用的瓶颈是工程成本受覆盖物或添加剂材料费用的制约。此外，覆盖层材料及添加剂投放的施工技术也直接影响污染物的固化和去除效果，相关的工程技术仍然需要开发。

生物修复主要是利用天然存在的或特别培养的微生物以及其他生物，在可调控环境条件下将有毒、有害的污染物转化为无毒物质的处理技术。生物修复具有很多优越性，它具有投资少、操作简便、不易产生二次污染等特点。随着生物技术的发展，大规模地利用植物、微生物来修复污染底泥前景广阔。

植物修复技术是利用植物对某种污染物具有特殊的吸收富集能力，将环境中的污染物转移到植物体内或对污染物进行降解利用，然后对植物进行回收处理，达到去除污染和修复生态的目的。该方法效率高、成本低、易于操作，而且与生态环境相协调，是一种具有广阔发展前景的环境治理技术，被越来越多地应用于水体修复与净化中。随着河道水体富营养化现象的日趋严重，以脱磷除氮为主要目标的植物修复技术将在城市河道污染水体的治理中发挥关键作用。水生植物根系可为微生物生长提供营养适合的生存环境并能吸附大量的悬浮物质，从而提高水质，近年来被广泛用于富营养化水体修复[3,4]。吴迪[5]等通过植被配置等技术开展了上海青浦大莲湖湿地修复示范工程，修复前后水质指标的变化突出，修复后水体中总氮、硝态氮、总磷等指标均显著下降，水质明显改善，呈现出良好的修复效果。李欲如[6]等研究了美人蕉及水雍菜对不同污染程度水体中氮磷的去除效果，结果显示，不同浓度水样中两种植物的氮磷修复效果有所不同，低浓度中水雍菜对氮磷的去除效果较好，而高浓度下美人蕉对氮磷的净化效果均优于水雍菜。因此利用植物浮床技术净化低浓度污染水体时推荐使用水雍菜，而净化高浓度污染水体则使用美人蕉。利用水生植物净化富营养化水体是污染水体生物治理的途径之一，为了找出适宜水中生长并对磷去除效果较好的植物，杨雁等[7]选择了 5 个品种的水稻及空心菜、茭白和水花生来研究各植物对水体中磷的去除作用。结果显示，植物处理系统对水体中 TP 和水溶性总磷（DTP）的去除效果均显著高于无植物对照组，其中 TP 去除率达到 53.28% ～ 84.07%，DTP 去除率达到 44.99% ～ 88.81%，植物种植均能有效去除磷。

重金属污染水体的修复也是一个亟待解决的关键问题，以往的物理修复和化学修复不仅成本高且修复效果不理想，而利用大型水生植物修复重金属污染水体不但成本低廉、效率高，且能带来较高的环境生态效益，可谓在排污河道的修复中发挥了重要作用[8]。重金属污染水体的修复是目前研究的热点之一，其中生物修复技术尤其得到了关注。具有重金属富集能力的植物有藻类植物、草本植物、木本植物等，其主要特点是对重金属具有较强的抗毒能力和积累能力[9]。申华等[10]研究了 3 种观赏水草对水体镉污染修复的效果，结果表明 3 种植物均对水体镉有一定的抗性并能不同程度地去除水体镉，其中斯必兰对镉污染的耐性最高、修复能力最强。而叶雪均等[11]研究了 3 种草本植物对 Pb-Cd 污染水体的修复情况，结果显示 3 种植物对 Pb-Cd 的去除率均有提高，其中凤眼莲对 Pb 的去除率达到 77.27%，对 Cd 的去除率达到 76.87%，3 种水生植物都明显提高了 Pb/Cd 去除效率。

高效复合菌又称有效微生物群（effective microorganisms，EM）是从自然界筛选出来的多种有益微生物，用特定的方法混合培养所形成的微生物复合体系，其中含有约 5 科 10 属 80 多种微生物，多种好氧微生物和兼氧微生物共存，光合细菌、乳酸菌、酵母菌和放线菌是高效复合菌的代表性微生物。高效复合菌处理污水的过程是通过有效微生物群共生、共存，通过发酵合成、复合发酵使废、污水中的有毒有害物质分解成二氧化碳和水等，最终使废弃污物、泥浆和污泥基本消除。本课题所采用的 BSB 生物霉生化科技技术，曾在台湾高雄地区遭高污染的爱河使用，成功整治了该河的恶臭污染，已被验证是一种符合生态需求、安全、无害的水污染整治技术。

采用植物 - 微生物联合生态修复技术将植物修复与微生物修复两种方法的优点相结合，促进污染物的快速降解与吸收。芦苇根系输氧能促使硝化作用和反硝化作用连续进行，显著提高对氨氮和总氮的去除能力。上海的水利、园林、生态、生物、环境等各方面的专家和学者共同参与了滨水生态系统生物多样性的研究。在水质受到污染或富营养化的情况下，在水体内投放微生物，放养水生软体动物及鱼类，并配置荷花、睡莲、菱等沉水、浮水植物；在水边配植黄菖蒲、千屈菜、香蒲、水葱、芦苇、蒲草、野茭白等挺水植物；在岸边陆域内，考虑水土保持的要求，种植百幕大草皮、黑麦草等固土植被，并配植灌木和乔木。在普陀横港河整治中，配植了约 20 种水生植物及近 20 种水陆草皮、灌木、乔木，随着生态的恢复，野生的植物、动物也越来越多。

第二节 物理化学修复技术与示范

在大沽排污河先锋河河段清淤过程中，对所研究河段进行现场调查，在该河段设置两个断面，分别采集浅层和深层的污染底泥样品，对底泥中的污染物进行分析测定，评价底泥的污染状况。初步确定先锋河底泥中存在多种有机污染物、重金属以及氮、磷等污染物。由于河道多年没有清淤，底泥堆积太厚，清淤后河底局部仍然残留部分黑色淤泥。由于底泥中污染物释放造成水体的二次污染问题，因此以磷为代表开展了底泥中污染物释放规律研究。之后，对河道实施原位活性覆盖修复，将有效抑制和缓解底泥中污染物向河水中的释放，减弱水体污染程度。

一、大沽排污河底泥中总磷的释放规律

使用底泥采样器采集大沽排污河侯台段底泥表层样品，将获得的底泥样品装入密封袋、遮光并立即运回实验室。运回的样品分为两部分：一部分在室温下风干，除去碎石杂物，磨碎过筛，装入密封袋中，用于测定底泥的理化性质；另一部分剔去碎石杂物，滤去底泥表面的水分，用于底泥的释放试验。称取滤过水分的新鲜泥样 25g 于 500mL 烧杯底部铺平。分别进行溶解氧 DO 控制、pH 值调节、温度调节、水动力条件控制、不同含盐量下 5 种底泥释放实验。其中，泥水比例约为 1∶10。

（1）DO 控制

① 好氧状态。将充气管置于上层水中，开动充气泵，使上层处于好氧状态，用溶氧仪测量使其达平衡［$\rho_{DO} > 8mg/L$］。

② 厌氧状态。在相同装置中以高纯氮气［$\omega_{N_2}=99.999\%$］作为充入气体，充气 0.5h，然后用保鲜膜密封，全过程控制在 $\rho_{DO} < 1mg/L$[12]。

（2）pH 值调节　大沽排污河侯台段表层水的 pH 偏酸性。为模拟上层水体 pH 值的极端影响，用 NaOH 和 HCl 调节上层水样起始 pH 值，pH 值分别调节为 4、7、10。

（3）温度调节　为模拟大沽排污河四季的温度状态，将模拟装置放入不同人工气候室内，分别在温度为 5℃、15℃、25℃的环境下培养。

（4）水动力条件控制　第一组不搅拌，第二组每隔 12h 以 60r/min 转率搅动 10min，第三组每隔 12h 以 300r/min 转率搅动 10min，每次在搅动完 12h 后取样。

（5）不同含盐量　大沽排污河侯台段河水的含盐量经测定约为 2mg/L，因此结合实际情况，为了考察上覆水含盐量对底泥释放的影响，用 NaCl 调节上覆水的含盐量分别为 0mg/L、1mg/L、2mg/L、3mg/L。

1. 溶解氧（DO）对TP释放的影响

在 pH 值为 7，$T = 25$℃的条件下，进行好氧条件、自然条件（不曝气、也不充氮气）、厌氧条件实验，结果见图 6.2。从图 6.2 中可以看出，好氧条件和厌氧条件都可以增加底泥对 TP 的释放量，然而底泥的释磷速率基本没有变化。自然条件下底泥释磷量最少，好氧条件下底泥释磷量居中，厌氧条件下底泥对磷的释放能力最强。3 种溶解氧条件下底泥释磷的速率变化趋势基本一致，都是在实验初期释磷速率较快，从实验的第 5 天开始，底泥释磷的速率趋于平缓，并在实验结束时达到相对平衡的状态。

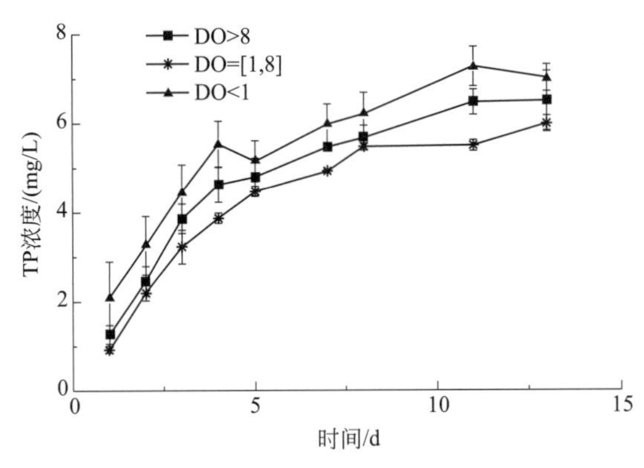

图 6.2　DO 对 TP 释放的影响

DO 对底泥磷释放的影响主要是与底泥中存在可变化合价的铁元素有关，水中 DO 的改变使底泥氧化还原电位（pE）发生改变。当溶解氧降低时，pE 值随之降低，底泥中不溶态的 $Fe(OH)_3$ 易变成溶解态的 Fe^{2+}，以溶解态存在的 Fe^{3+} 易变成 Fe^{2+}，因此底泥中被 $Fe(OH)_3$ 吸附的磷就随着铁元素的还原被释放出来，同时包裹在 $Fe(OH)_3$ 固体内的铁结合态磷就会暴露出来，磷会进一步释放。蔡景波等 [13] 实验时得出，厌氧状态下上覆水的磷浓度约是好氧状态下的 15 倍。

提高上覆水体的 DO 浓度亦可促进底泥释磷的能力，只是释放量要比厌氧状态下小得多。好氧释放的机制主要是底泥的矿化以及有机物质的好氧分解。与普通环境条件相比，通氧过程对水体有一定的扰动作用，从而加速了底泥中可溶态磷向上覆水体的释放。还有文献认为好氧状态由于使 $Fe^{2+} \rightarrow Fe^{3+}$ 反应得以进行，使 Fe^{3+} 与磷酸盐结合成难溶的磷酸铁，从而使底泥释磷能力受到抑制 [14,15]。这种作用在短期内没有通氧条件的扰动对体系的影响大。

2. pH值对TP释放的影响

大沽排污河水体底泥的 pH 值为 6.86，长期监测的结果显示水体 pH 值保持在 7 ～ 8 之间。为了考虑水体环境 pH 值变化对 TP 在底泥 - 水界面迁移的影响，本实验设置了 4、7 和 10 三种 pH 值条件，分别代表酸性、中性和碱性条件。从图 6.3 可以发现，酸性条件下底泥释磷的能力最弱，然后是中性条件，碱性环境底泥释磷量最大。三种 pH 值条件下，中性和碱性环境底泥释磷的速率在整个实验周期内近似相同；对于酸性条件，在实验初期其释放速率与其他两种条件相差不大，都是快速升高，但是从第5天开始，其释放速率基本保持不变，而其他两种条件下底泥释磷的速率有所减缓，但还是呈上升趋势。

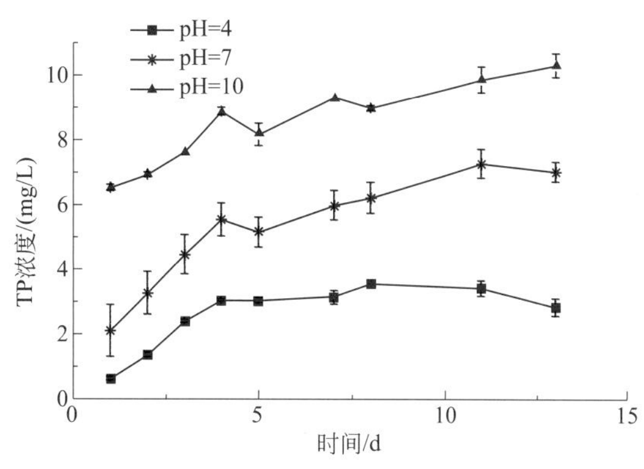

图6.3 pH值对TP释放的影响

通常条件下底泥中的磷可以分为无机磷与有机磷，根据与磷酸根离子结合的金属阳离子类型，又可以将无机磷分为铁结合态磷、钙结合态磷、铝结合态磷等。无机磷中各结合态磷的稳定性与pH值有关。上覆水体呈碱性环境时，水体中的OH^-浓度较高，OH^-与被束缚的磷酸盐阴离子产生竞争，使得与金属阳离子结合的无机磷及与有关阳离子和腐殖质形成的各类复合体发生阴离子交换作用而释放出磷；当上覆水pH值较低时水体呈酸性，酸性水体可以促使钙结合态磷溶解，从而使底泥中的钙磷朝着解吸方向进行，促使磷的释放；当上覆水为中性水体时，磷以最易被吸收的HPO_4^{2-}、$H_2PO_4^-$形态存在，易与金属阳离子结合而生成沉淀，向水体中释放的磷最少。在本实验中，磷的释放能力随pH值的升高而增强，这与文献不一致，这可能是因为大沽排污河底泥中钙磷含量较低，酸性水体对钙磷的溶解导致的底泥释放作用不明显；另外，实验中所用的上覆水为蒸馏水，底泥重金属主要以结合态阴离子向水体释放，因此上覆水体中金属阳离子含量较低，导致易被金属阳离子吸收的HPO_4^{2-}、$H_2PO_4^-$形态进入水体；另外，该实验结果也可能与大沽排污河底泥的组成有关。

3. 温度对TP释放的影响

从图6.4中可以明显地看到，随着温度的升高，底泥释磷量越来越大。在25℃时上覆水的最大TP浓度、底泥的最大释磷量约为5℃时的2.5倍。3种温度条件下，底泥的释磷速率一致，均是先增加后稳定。随着实验时间的延长，15℃时底泥的释磷能力逐渐接近25℃时的释磷能力，在实验结束时两者上覆水中TP的浓度只有极小的差别；而5℃时底泥的释磷能力一直远远低于前两者。

温度升高，底泥中的微生物和生物体活动增强，使有机物质分解加速，结果导致水体中氧气的损耗和氧化还原电位的降低，从而使底泥容易发生$Fe^{3+} \rightarrow Fe^{2+}$的化学反应，不仅易于磷从正磷酸铁和氢氧化铁沉淀物中释放出来，还可以加快含钙沉积物如钙结合态磷的溶解而释放出磷；另外，底栖生物活动的加强，提高了沉积物中有机物的矿化速率和生物扰动作用，促使沉积物中的有机态磷转化为无机态磷酸盐，不溶性磷化物转化为可溶性磷，从而促进底泥磷的释放；最后，由于水体中磷的溶解度

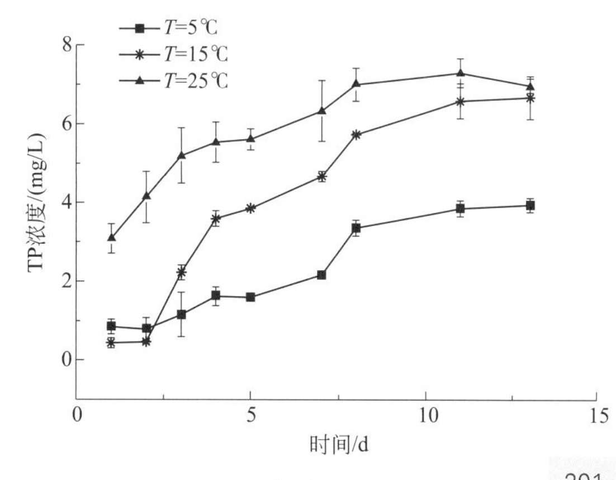

图6.4 温度对TP释放的影响

是各类磷酸盐矿物溶解的决定性因素，磷饱和溶解度与温度有极大的关联。磷的溶解度随温度升高而增大，从而提高了底泥的释磷能力。

4. 扰动速度对TP释放的影响

在水体高速扰动、低速扰动、静置 3 种条件下，底泥释磷在实验进行的前四天相差不大。从第 5 天开始，底泥释磷出现明显差异，高速扰动下底泥的释磷量快速降低并于第 6 天达到一个相对稳定的状态。在整个实验进行期间，低速扰动状态底泥的释磷能力最强，稳定后约为静置状态下的 1.2 倍，高速条件下的 2.8 倍。

扰动对底泥磷释放的影响是一种物理过程，水体扰动引起底泥 - 上覆水系统中磷浓度的变化，原因可能是：扰动加大，会使底泥中的颗粒磷再悬浮，增加颗粒与水体的接触表面积，从而促进磷的释放；底泥间隙水中可溶解的磷远远高于上覆水中磷的浓度，扰动使这部分磷很快扩散到上覆水中，而上覆水与间隙水交换的结果会提高间隙水的 pH 值，pH 值的升高又会促使更多的磷从固相转向间隙水，进一步促使底泥对磷的释放；另外，搅动增加了体系中溶解氧的含量，使体系处于好氧状态，从而使得释放量降低。这种扰动效应对深水体的影响较小，但对浅水体影响较大。

在本实验中，高速扰动下水体的浑浊度明显高于低速扰动下的，据此推测，低速扰动条件下底泥释磷的主要途径是间隙水与上覆水之间的磷交换，而高速扰动时底泥释磷量增大可能是颗粒悬浮引起的。但远高于水体 TP 饱和度的过程不可能长时间维持，释放到水体中的磷随着颗粒物的沉积而被吸附沉积，因此在磷释放量达到峰值后，高速扰动下水体 TP 浓度的变化曲线随着扰动的取消，很快降低。图 6.5 显示，在实验后期，扰动速率为 300r/min 时，TP 的释放能力并没有比静置状态和 60r/min 下扰动高，甚至还要低于它们。一方面与远高于水体总磷饱和度的过程不可能长时间维持有关；另一方面这可能是由于扰动增加了水体的 DO 含量，使得底泥释磷的能力大大减小。

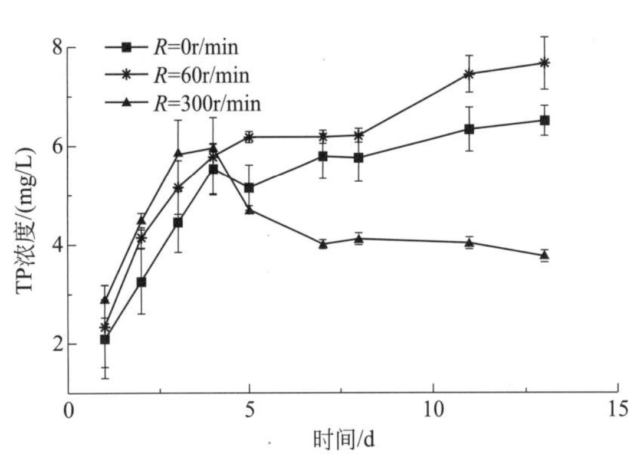

图 6.5　扰动速率对 TP 释放的影响

5. 含盐量对TP释放的影响

关于盐度对磷释放影响的研究还不多，因此参考也比较少。由于大沽排污河盐度大致为 2%，因此设置了盐度 0、1%、2%、3% 的浓度梯度以观察盐度对 TP 释放的影响。从实验结果来看，无论盐度增大还是减小都会使底泥释放磷的能力下降。从图 6.6 可以发现，在整个实验时间内，上覆水

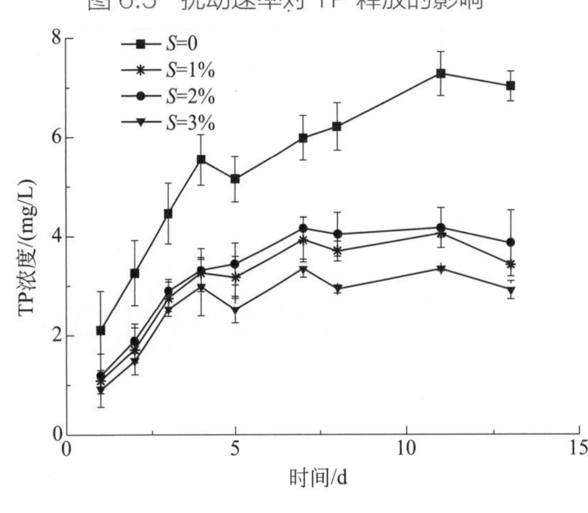

图 6.6　含盐量对 TP 释放的影响

含盐量为 0 的体系底泥释磷能力最强，远远高于含有盐分的其他 3 种情况，其最大释放量是含盐状态下释放量的将近 2 倍。在实验的前 5 天，各体系底泥释磷速率都很大，从第 5 天开始逐渐稳定下来。3 种含盐情况下，含盐量为 2% 时底泥对磷的释放量最大，高于或低于这个值，底泥释磷的能力都有所下降。

水体含盐量的多少直接影响微生物的活动，高盐度和低盐度都会抑制微生物的活动，使得微生物在水体 - 底泥界面的扰动作用降低，从而使底泥间隙水与上覆水之间的磷交换能力下降。研究表明盐度的变化体现在溶液中离子活度的变化，随着盐度的升高，溶液中被吸附离子的活度减小，沉积物中磷释放量增大。这与本实验得出的结果相反，不同含盐量对底泥释磷的影响还可能与底泥的组成和底泥中磷的形态有关，这还需要进一步的实验验证。

二、物理化学修复示范工程

大沽排污河清淤工程的主要技术指标是清淤深度达到河道标高要求，而未对清淤后残余底泥或河道底质土中有机及无机污染物的残留量（或残留浓度）有明确的要求。如果清淤工程无法彻底地清除污染底泥，或由于施工过程中污染底泥的散落等原因，仍然可能导致部分污染底泥残留在河道中，对未来的水环境造成潜在的危害。物理化学修复工程的目的是利用原位活性覆盖技术，防止污染底泥中残留的污染物向河道水体中释放，以保障水质的长期稳定和生态安全性。

采用的原位活性覆盖技术是利用具有化学活性的物质（如活性炭、贝壳粉、方解石等）作覆盖物，从而能够通过活性覆盖材料对污染物的吸附和固定等作用，减缓甚至彻底阻止底泥中有机污染物和重金属污染物的释放。目前美国等国家已经利用这种技术治理受多氯联苯、多环芳烃和重金属等污染的底泥，并取得了较好的成效。

2009 年 5 ～ 6 月，把握先锋河段全面清淤的有利时机，对该河段实施了原位活性覆盖修复。从天津宁河县购买 40 ～ 60 目贝壳粉，从西青区购买炉渣。在物理化学修复河段的底泥疏浚完成之后，由修复工程施工单位按照工程实施方案，将河道进行平整，将活性覆盖材料和砂子按照要求的厚度依次平铺至河底，并进行适当夯实。整个工程在河道通水之前完成。

在前期的室内模拟实验研究的基础上，根据修复效果并综合考虑修复材料的来源、价格等因素，最终选取修复效果好且价格便宜的贝壳粉和炉渣作为原位活性覆盖材料，对先锋河污染底泥实施物理化学修复。选取先锋河柳林桥至地铁线约 500m 河段，在实施工程清淤时挖掘至河道标高 15cm 以下。然后视河道残留底泥的污染情况，在河道表层铺设 2cm 的贝壳粉，然后再铺设 5cm 的炉渣。另外，在活性覆盖层上方铺设 8cm 砂子并夯实。

具体设计方案参见图 6.7。

具体实施步骤：先将活性覆盖材料由材料供应商负责运至工程现场。用铁锹等工具将河底处理平整，再将贝壳粉、炉渣和砂子分三层由下至上依次平整地平铺至河底，厚度分别为 2cm、5cm 和 8cm。最后将活性材料和砂子的覆盖层夯实。

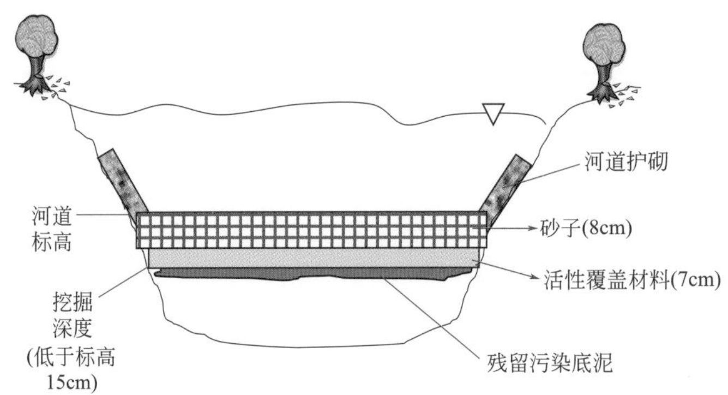

图 6.7　物理化学修复工程实施方案示意

三、修复后监测

从图 6.8 河道原位覆盖及施工前后情况对比可以看出，河道经过修复后受污水质和底泥得到了很好的控制，生态环境和修复前对比有明显好转。

(a) 河道原位覆盖

(b) 施工前

(c) 施工后

图 6.8　河道原位覆盖及施工前后情况对比

在修复工程完成之后，在 2010 全年对修复后的河道进行了连续的调查和监测。1 月、2 月和 12 月，由于河道结冰而未进行采样分析。在先锋河段柳林桥至地铁线一段河段设置4个采样点，分别在该河段的上游、中游、下游和两个水闸附近。共测定5个水质参数，水温、pH 值和 DO 利用美国哈希 Sension156 型便携式水质监测仪进行现场测定，COD_{Cr} 和 NH_4^+-N 采样后在实验室内进行测定，水质参数见图 6.9。

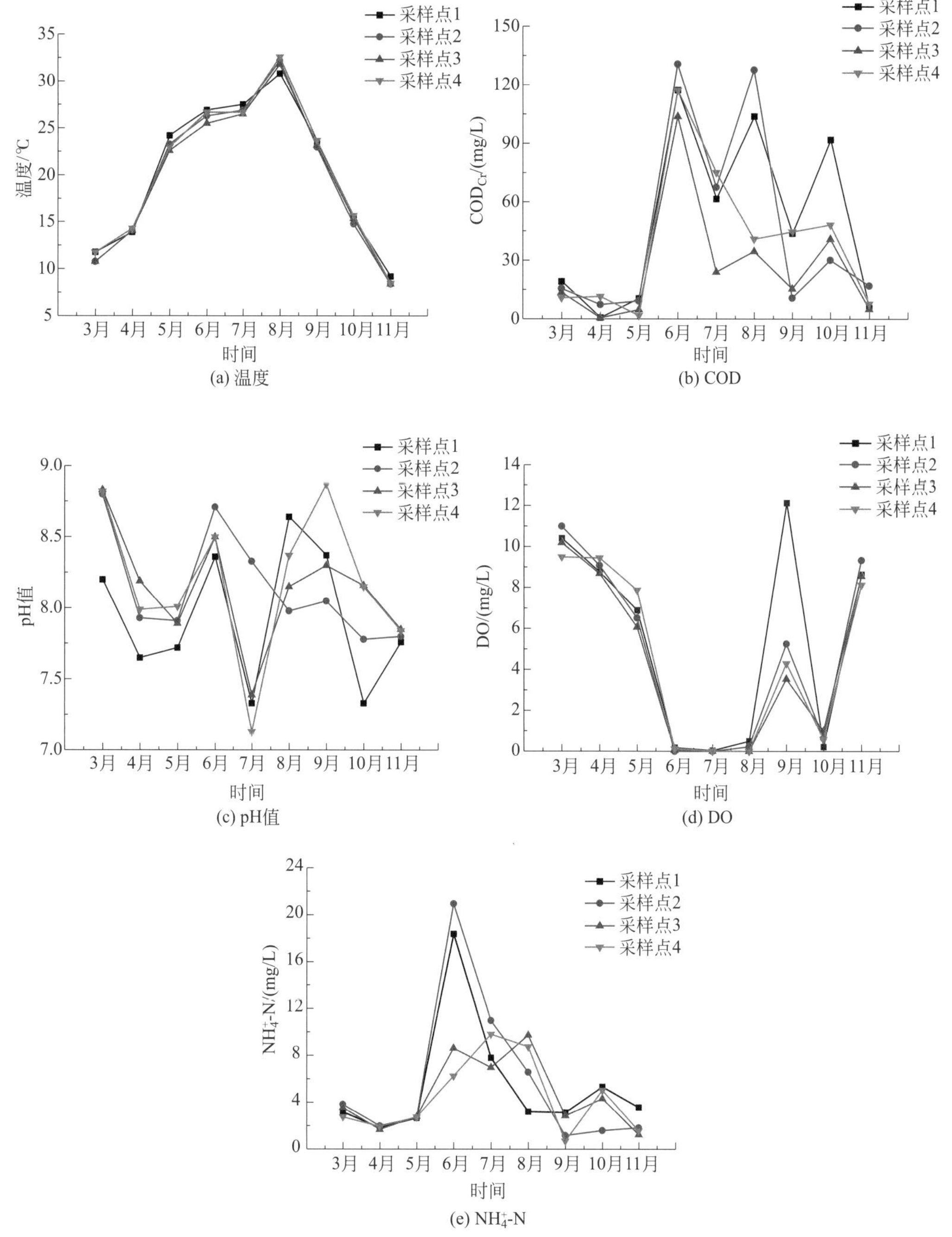

图 6.9 先锋河物理化学修复水质监测结果（四处采样点平均值）

水体的感官性质：全年大部分时间，大部分河段河水呈灰色或绿色，具有一定透明度，夏季有少量绿藻生长。河道内岸边的水生植物生长状况良好，附近有燕子、喜鹊、麻雀等鸟类出现。河段内的两个水闸向河内连续排放污水，水闸附近河水呈黑色并散发臭味，逐渐扩散到其他河段。有污水排放时，水闸附近水质明显不如其他河段水质。

全年从 3 月至 11 月共连续监测水质 9 次，在每个月的下旬监测 1 次。先锋河属于城市景观河道，应符合《地表水环境质量标准》(GB 3838—2002)规定的一般景观用水的第Ⅴ类水体的要求。监测结果表明，4 月、9 月和 11 月水质最好，完全满足第Ⅴ类水体的要求。3 月和 5 月的水质也较好，除 NH_4^+-N 略有超标之外，基本满足第Ⅴ类水体要求。6 ～ 10 月水质较差，均为劣Ⅴ类水体，其中 6 ～ 8 月的水质更差，DO、COD_{Cr} 和 NH_4^+-N 都超标严重。

经过物理化学原位修复之后，水质和河道的生态环境和景观较修复之前有明显的改善；全年大多数时间，水质可以达到Ⅴ类水体的水质国家标准，满足该河流作为城市景观河道的水体功能；夏季(雨季)水体水质较差，与市政下水管道向河内泄漏雨水和污水有关；河流的水质受河道进水水质的影响较大。

第三节
植物修复技术研究与示范

目前对利用水生植物降解有机物和氮磷富营养污染的研究比较多[16-19]，而对于利用水生植物处理重金属污染物的研究相对来说较少。水生植物对很多重金属(如 Zn、Cr、Pb、Cd、Co、Ni、Cu)等都有很强的吸收积累能力。沉水植物和浮水植物能够吸收大量重金属，适合在低污染水体中作为吸收重金属的载体，同时还可以监测水体中重金属的含量[19]。水生植物根部重金属的含量一般比其茎和叶中的含量高得多[20]，但在个别植物中叶、茎重金属的含量接近于根部，个别植物在叶部的含量甚至更高。这可能与它们的吸收途径不同有关，例如苦草，整个植物都沉没在水中，根、茎、叶都能吸收重金属，因此其体内重金属的分布比较均匀。

一、植物修复的实验室研究

供试水样于 2011 年 5 月 7 日取自天津市大沽排污河，测定各项理化指标(COD、BOD_5、TN、TP、NH_4^+-N)。供试植物有旱生美人蕉(HM)、水生美人蕉(SM)、旱伞草(HSC)、鸢尾(YW)、马蔺(ML)、菖蒲(CP)、X(尚未查到植物名称，暂以 X 表示)，植物均购自河北廊坊某园艺公司[21]。

设 7 种水生植物和对照共 8 个处理，对照不种植植物，所有处理均设 3 个重复。采用 1L 的容器进行水培，每个处理根据植物种类的不同放置 1 ～ 3 株植物。试验前用自来水对植物进行 3d 预培养以恢复根系。试验期间不添加 N、P，植物营养完全来源于富营养化水体；每个处理人工加入重金属 Cd、Pb，使得 Cd 浓度为 1mg/L、Pb 浓度为 10mg/L，模拟水体 N、P 和重金属复合污染环境。通过添加蒸馏水补充蒸发、蒸腾和采样所耗的水分。试验持续时间 50d，每 10d 采集一次水样进行分析。

1. 植物生长情况

测定修复前后生物量（种植前后鲜重）、根长、株高（见图 6.10）。植物在污染水体中生长 50d 后，美人蕉、旱伞草和鸢尾的生物量都有所增加，马蔺和菖蒲的生物量变小。其中鸢尾的适应情况最好，生物量增加了 10.13g，增长率达到 32.94%；菖蒲生长情况最差，植株出现一定程度的衰败死亡，呈现负增长；其他植物的增长幅度也较小。说明重金属 Cd、Pb 对马蔺和菖蒲的毒害作用较大，美人蕉、旱伞草、鸢尾对该复合污染水体的耐受性较强。

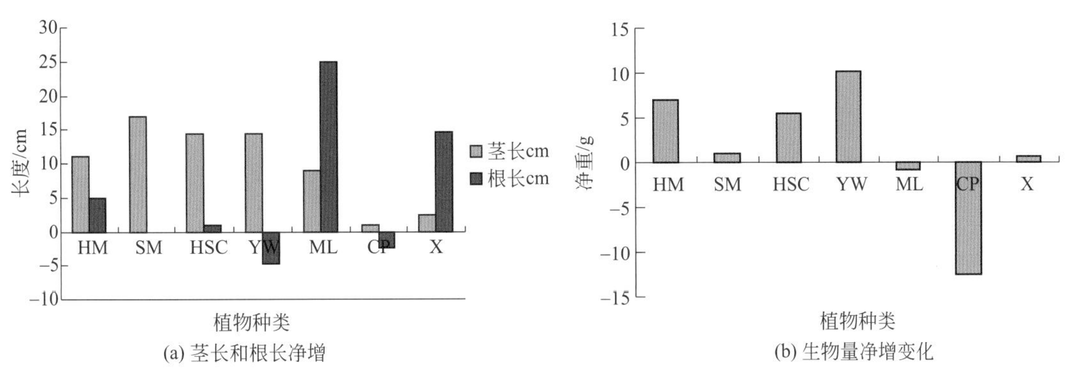

图 6.10 修复前后植物生长情况

2. 水质氮磷净化情况

测定修复过程中水样的 N、P 浓度和修复前后 N、P 的浓度变化情况（图 6.11）。试验表明，所选择的水生植物对污染水体 N、P 均具有很好的修复效果，去除率均较高，具有良好的营养化水体净化能力。对 N、P 的净化能力根据植物种类的不同而呈现出一定的差异性，菖蒲、鸢尾、马蔺对 TN 的修复能力较好；鸢尾、美人蕉和马蔺对 NH_4^+-N 的修复效果较好；而旱伞草、旱生美人蕉和马蔺对 TP 的修复能力最强。总的来说，马蔺和鸢尾对 N、P 营养物质的修复能力较强。各植物对 N、P 的修复能力不一致，存在一定差别，原因可能是由于水体中加入了重金属 Cd、Pb，对植物产生了不同程度的毒害作用，影响了植物的 N、P 吸收能力。由于对 N、P 的修复途径和机理的不同，6 种水生植物的 N、P 的修复能力也不同，水生植物对氮的去除效果总体上比磷好，这可能是由于氮在水体中存在更多的去除途径或是各处理中微生物含高硝化和反硝化强烈作用的缘故。

水体中磷素的去除可以通过沉淀吸附及植物的吸收等作用实现，而水体中氮素的去除有沉积吸附、植物吸收、生物硝化和反硝化等更多种途径[22]。NH_4^+-N 在 N 元素中的比例较大时植物优先吸收水样中的 NH_4^+-N，因此水中的 NH_4^+-N 比 TN 先降低。N 的去除尽管有植物的吸收，但是硝化和反硝化作用仍是主要的去除机制，在厌氧或者缺氧的情况下 TN 中有 60% ～ 95% 是通过反硝化去除的[23]。因此供试水体中 TN 的去除是微生物与水生植物共同完成的，细菌在水质净化中对氮的去除起着重要作用，而植物根区可以为微生物提供生存场所和降解营养物质的条件，从而促进微生物对磷的同化吸收和过量积累[24]，植物的生理代谢活动直接关系到营养物质的迁移转化过程。所以污染水体中重金属对植物的不同毒害作用影响着其对氮磷营养物质的修复。

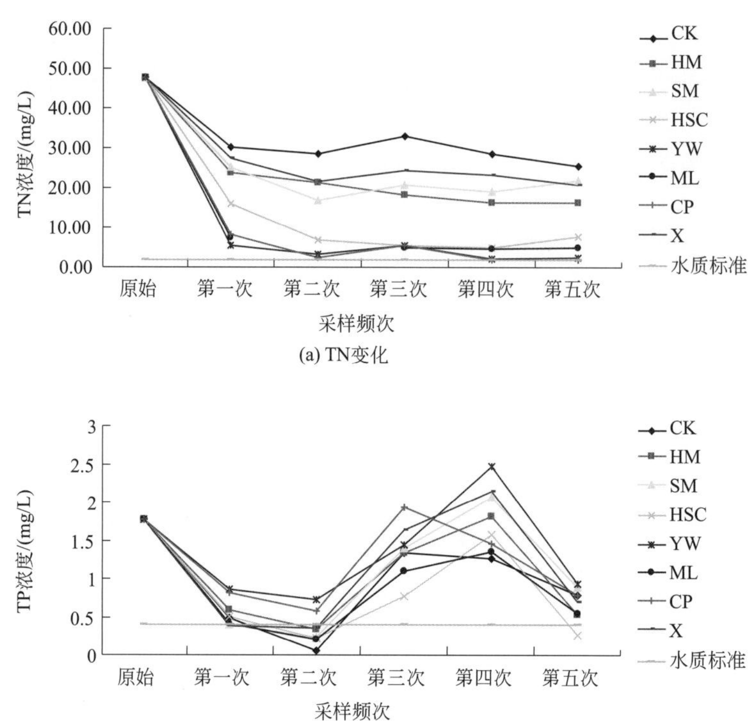

(a) TN变化

(b) TP变化

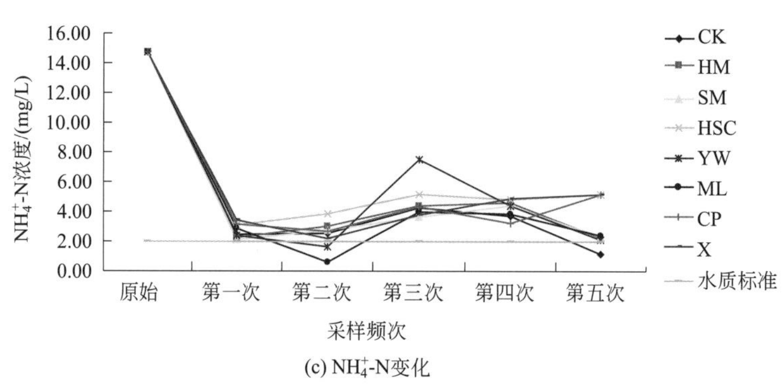

(c) NH_4^+-N变化

图 6.11　修复前后水样氮磷浓度变化

3. 水质重金属净化情况

测定水样中 Cd 含量，计算重金属去除率。图 6.12 可知，水样修复前重金属 Cd 含量为 1.017mg/L，Pb 含量为 10.01mg/L。经 50d 修复后各植物均对水样 Cd、Pb 具有很好的修复作用，修复后 Cd 浓度最低可达到 0.014mg/L，各植物修复后 Cd 浓度虽然仍大于地表水水质标准，但已经很接近于标准，修复效果明显。修复后 Pb 浓度最低达到 0.045mg/L，已低于地表水水质标准 0.1mg/L，其中旱生美人蕉、水生美人蕉、菖蒲以及 X 植物修复后已达到水质标准，对 Pb 的修复效果也较明显。

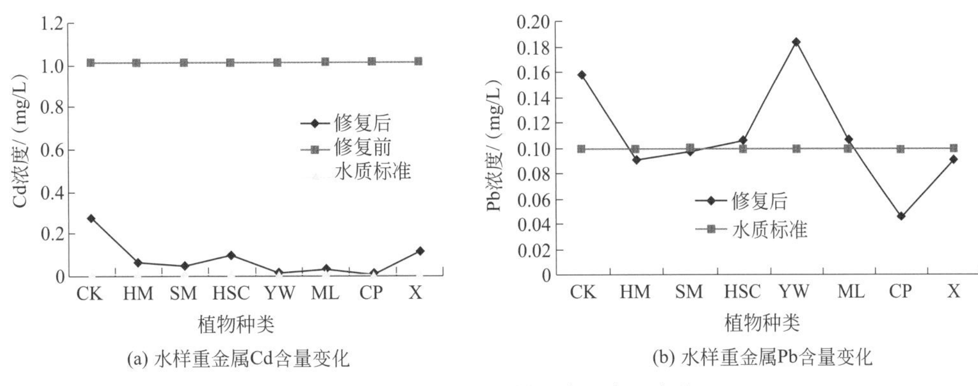

(a) 水样重金属Cd含量变化　　(b) 水样重金属Pb含量变化

图 6.12　修复前后水样重金属含量变化

（修复前水样重金属Pb含量为10.01mg/L）

二、植物修复示范工程

1. 底泥污染调查及水生修复植物的培育

从排污河侯台附近起，经先锋河交叉口，至塘沽万年桥附近，共对排污河 11 个点位的污泥进行了监测，结果见表 6.1。监测项目包括总麝香（佳乐麝香和吐纳麝香）、总有机碳（TOC）、表面活性剂、黑炭。从监测结果看，有机物污染比较严重，各点位都检测出麝香及表面活性剂。点位之间差异比较大且沿排污河的分布并没有一定的规律，说明有机污染可能是由沿途的污染物排放造成。

表6.1　不同点位底泥有机污染物调查结果

采样点（排污河底泥）	总麝香（佳乐麝香和吐纳麝香）/（mg/kg）	TOC/（mg/L）	表面活性剂 /（mg/L）	黑炭 /%
1	6.2	137.66	481.63	4.88
2	0.8	110.72	516.05	15.44
3	0.92	14.36	222.93	12.87
4	2	30.72	172.72	7.39
5	2.14	102.74	332.91	3.39
6	2.13	32.72	89.04	19.6
7	0.7	56.66	235.84	7.06
8	0.95	110.72	340.56	12.57
9	1.74	112.72	340.56	14.65
10	1.02	67.43	78.04	3.24
11	0.73	50.27	316.17	12.45

从 2009 春天开始，经过 3 ～ 5 月的时间，利用已有的花卉培育基地培育水生修复植物，主要培育了马蔺、千屈菜、水葱、菖蒲、慈姑、芦苇、茭白、水生鸢尾、荷花、睡莲、小香蒲、香蒲等集水体修复和景观于一体的水生植物种。

水生修复植物的培育现场见图 6.13。

(a) (b) (c)

图 6.13　水生植物的培育

2．河岸缓冲带对水质净化

河岸缓冲带的植被通常有林地、草地、灌木、混合植被和沼泽湿地等。不同植被类型对河岸缓冲带作用的影响见表 6.2。不同植被类型对河岸缓冲带功能的影响不同。各种植被类型对污染物的去除都有明显的效果。表 6.3 列出了不同研究者得出的不同植被类型的河岸缓冲带对污染物的截污效果。徐成斌等 [25] 研究了无植被带、芦苇带和芦苇香蒲混合带对污染水体的截污效果，其中芦苇香蒲混合带的截污效果最好。对不同类型河岸带对氮素的截留转化效率进行研究，发现森林和草地类型的河岸带的截留转化效果明显高于农田，截留转化率＞ 80%。许多研究认为，林地相比草地对 N 的去除更有效（表 6.4）。植被的生长状况对河岸带净化水质也有很大的影响。吴建强等 [26] 设计了 5 种土著草皮构建草皮河岸缓冲带研究表明，草皮缓冲带对径流污染物的削减效果明显高于空白组，草皮生物量的增加明显增加了缓冲带对径流污染物的削减效果，植被生物量与径流 SS 的去除率呈显著线性相关关系。Mandera 等 [27] 研究了不同年龄河岸缓冲带的 N、P 收支情况，发现输入浓度高时幼龄的河岸带表现了最强的去除效果，原因在于处于生长期的植物吸收养分多，其下土壤微生物活性强，土壤吸附能力强。

表6.2　不同植被类型对缓冲带作用的影响

作用	草地	灌木	乔木
稳固河岸	低	高	中
过滤沉淀物、营养物质、杀虫剂	高	低	中
过滤地表径流中的营养物质、杀虫剂和微生物	高	低	中
保护地下水和饮用水的供给	低	中	高
改善水生生物栖息地	低	中	高
抵制洪水	低	中	高

表6.3　不同植被类型的河岸缓冲带对污染物的截污效果

实验植被类型	最佳植被类型	最佳植被截污效果
无植被带、芦苇带、芦苇与香蒲混合带	芦苇与香蒲混合带	对 COD、TN、TP 和 NH_4^+-N 去除率的周平均值分别为 31% ～ 62%、37% ～ 84%、30% ～ 65% 和 31% ～ 34%
香根草＋沉水植物、湿生植物＋香蒲＋芦苇	香根草＋沉水植物	对 COD、NH_4^+-N 和 TP 的去除率分别为 43.5%、71.1% 和 69.3%
芦苇带、茭白带和香蒲带	芦苇带	对 COD、NH_4^+-N 和 TP 的去除率分别为 43.7%、79.5% 和 75.2%
农田、森林和草地	森林和草地	对 N 的截留转化率＞ 80%

表6.4　林地与草地对氮素的截污效果

林地		草地	
林地类型	截污转化效率	草地类型	截污转化效率
白杨为主	100%	多年生黑麦草	84%
混交阔叶林	40% ～ 100%	芦苇	10% ～ 60%

一般而言，缓冲带宽度越大，坡度越缓和，经过河岸带的地表径流速度减缓得越多，地表径流通过河岸带的时间越长，河岸带对地表径流的净化时间也就越长，其携带的悬浮颗粒物就越能得到有效沉降，截污效果就越好（表 6.5）。河岸缓冲带的宽度对污染物的削减效果有显著的影响。通过在百慕大草皮构建坡度为 2%、3%、4% 和 5% 的滨岸缓冲带，发现坡度与缓冲带径流悬浮固体颗粒物截污效果显著相关。表 6.6 列出了不同的研究者对于不同河岸带功能发挥所需要的河岸缓冲带的宽度的结果。

表6.5　不同宽度的河岸缓冲带的截污效果比较

宽度 /m	拦截的颗粒态污染物		
	输入泥沙	输入氮	输入磷
4.6	74%	54%	61%
9.1	84%	73%	79%
10 ～ 13	＞ 80% 悬浮沉淀物和颗粒状养分 67% 时溶解态氮		
6	5% 的氮、磷、悬浮颗粒物被吸附		
7.1（草本）	＞ 92% 泥沙		
7.1（柳枝稷）	95% 的泥沙、80% 的 TN、62% 的硝基氮、78% 的 TP 和 58% 的 PO_4^{3-}-P		
16.3（柳枝稷 / 林木）	97% 的泥沙、94% 的 TN、85% 的硝基氮、91% 的 TP 和 80% 的 PO_4^{3-}-P		

表6.6　河岸缓冲带不功能发挥所需要的宽度

河岸缓冲带功能		要求的宽度 /m
固岸防止河岸侵蚀		0 ～ 50
控制洪水		75 ～ 200
水质保护	减氮功能	25 ～ 125
		30
	减磷功能	50
泥沙截留		45 ～ 150
		55 ～ 100
调节水温		30
河溪生物多样性维持及生态系统完整性维持	无脊椎动物生物多样性维护	10 ～ 50
		30
		5 ～ 20
	野生动物栖息地保护	50 ～ 300
	鱼类栖息地保护	0 ～ 75
满足各功能发挥		15 ～ 30（美国各州）
		10 ～ 30（瑞典）
		13 ～ 30

3. 植物修复现场示范工程实施

大沽排污河治理工程于 2008 年 12 月 19 日正式施工，于 2009 年 6 月 20 日主汛期到来之前全线恢复通水。经城建、市政、环保、水务等多部门共同研究、专家论证，大沽排污河治理工程包括：全线清淤、截污、固坡护坡、泵站改造和绿化建设，且按环内段和环外段划分（以外环线为界）。修复过程中，天津市科委、市建委、南开大学、天津市市政建设公司及天津市市政工程设计研究院等专门设立课题，探索科学的修复技术。

完成的工程和达到的效果主要有以下几个方面。

（1）清淤截污，改善水质　通过在该河的上游铺设暗渠管道将上游流下来的河水引入地下。然后对原来的河道先排水，再进行清淤处理，污泥进行集中收集处置，并铺置新的河泥，随后引入洁净水源保证河流常年水量充沛。

（2）污泥集中处置，循环利用　由于大沽排污河部分河段污泥中含有重金属和有毒有害物质，对污泥采取了卫生填埋方式，对可再生利用的污泥采取了集中堆放，集中处理的方式。

（3）建设生态护坡，恢复河流自然形态　尽量维持河道的自然状态，对堤岸采取自然土质岸坡、自然缓坡和种植护堤植物等方式，为水生植物的生长创造条件。根据具体情况，在某些河段采用了抛石等生态护砌方式，创建自然型河岸。

（4）种植净水植物净化水质　在河内种植净水植物，提高河水的自净能力，达到河流生态可持续发展的目的。

（5）绿化美化，修复河道生态景观　种植沿河生态林带，采取乔木、灌木和地被植物相结合，并使常绿树种、色叶树种、花灌木形成色块，形成多层次、多景观、错落有致的生态绿化景观效果[28]。

2009 年 4 ～ 5 月进行现场示范工程实施的准备工作，6 月 20 ～ 25 日进行河道和岸坡的杂草清理，7 月 4 日开始栽植植物。

现场示范工程位置及施工设计见图 6.14。

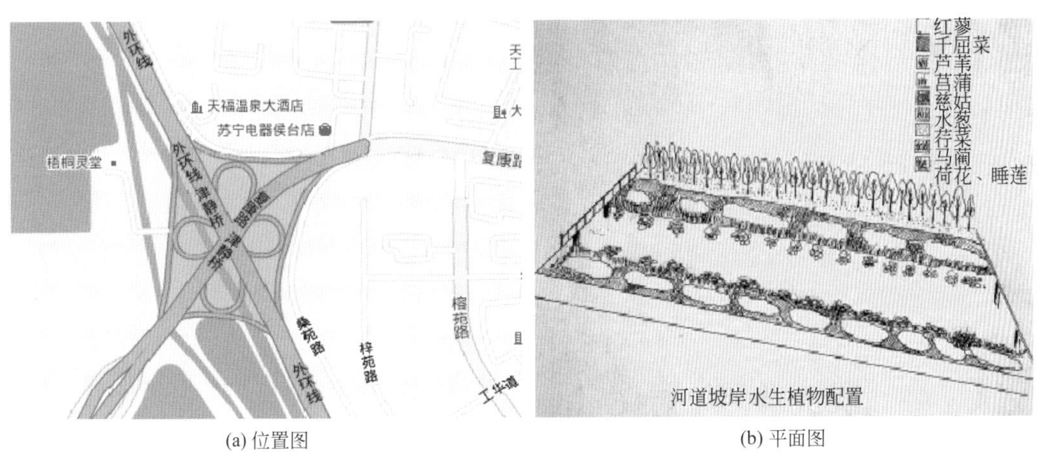

(a) 位置图　　(b) 平面图

图 6.14　现场示范工程位置及施工设计

在岸边水深不超过 0.5m 区域建立挺水植物群落，种植了水葱、菖蒲、慈姑、芦苇、茭白、水生鸢尾、荷花、睡莲、小香蒲、香蒲等植物；在 0.5m 以上深度的水域种植了荇菜、菹草、金鱼藻等沉水植物；在岸坡上栽植花叶芦竹、马蔺、千屈菜、鸢尾、红蓼等深根植物用于岸边护坡。

植物修复现场实施情况见图 6.15。

为了监测大沽排污河侯台段水质、及时了解水质的变化情况以及对该河段的修复效果进行跟踪观测，进行了如下采样布局和采样时间的设置。

1）采样布置　上、下游在桥中央各采一个样，中间河道两边各取一个样。大致在水面下 0.5m 处采样。

2）采样时间　目前一周采样一次，周一上午 8:30。以后采样频率随具体情况而调整。

3）水质的监测指标　电导率、pH 值、DO、悬浮物、COD、TN、TP、Cr、Cd、Pb、Zn，现在已经测得的项目有 pH 值、COD、TP 等[29]。

(a) 现场清理　(b) 水生植物种植

(c) 底泥采样　(d) 荷花种植

图 6.15　植物修复现场实施情况

4. 水体各种指标的测定及结果

（1）pH 值和悬浮物　pH 值和悬浮物随采样时间的变化如图 6.16 所示。很明显，pH 值和悬浮物在采样时间内均有一定的变化。从图 6.16 中可以看出 4 个采样点水样的 pH 值相差不大，趋势均是先升高后降低，并于 2009 年 11 月 26 日达到最低值，然后又开始升高。整个采样时间内 pH 值的变化均较平缓。

pH 值是评价水质好坏的一个重要参数。在监测时间内，4 个采样点 pH 值的变化区间是 7.07 ～ 8.20。与 2009 年 7 月 6 日的 pH 值相比，并无太大变化。许多文献研究表明，水生植物对氮磷营养物质及重金属污染水体具有修复效果，但是很少有文献提出水生植物单独对水体 pH 值的影响。pH 值在修复过程中逐渐升高的趋势，这与一般有机物氧化分解后 pH 值升高的规律是一致的。进入冬季，植物凋零，起不到其应有的作用，因此 pH 值又开始有所上升。

4 个采样点的悬浮物浓度在采样初期相差较大，从 2009 年 11 月 26 日开始各采样点之间的浓度差异逐渐变小。整体上来说，悬浮物在示范工程进水口（N采样点）的浓度大于出水口的（S采样点）。在初期，W、S采样点悬浮物浓度较高，而在采样后期，这种趋势发生了改变，E采样点在2010年7月4日达到采样以来悬浮物浓度的最大值84mg/L。整个采样时间内，2009年10月14日各采样点悬浮物浓度处于相对较低值。

对于悬浮物来说，4个采样点的值，中间虽然有波动，但是总体上还是先下降后上升的趋势。悬浮物浓度降低是由于：水生植物能够降低底泥颗粒的再悬浮，而且可以固定水体中的悬浮物。覆盖于湿地中的水生植物，使风速在近土壤或水体表面降低，从而有利于水体中悬浮物的沉积，降低沉积物质再悬浮的风险，增加水体与植物间的接触时间，同时还可以增强底质的稳定性和降低水体的浊度。悬浮物浓度上升一方面是因为水生植物随气温降低逐渐凋零；另一方面还可能与工程实施后期偷排现象严重有关。

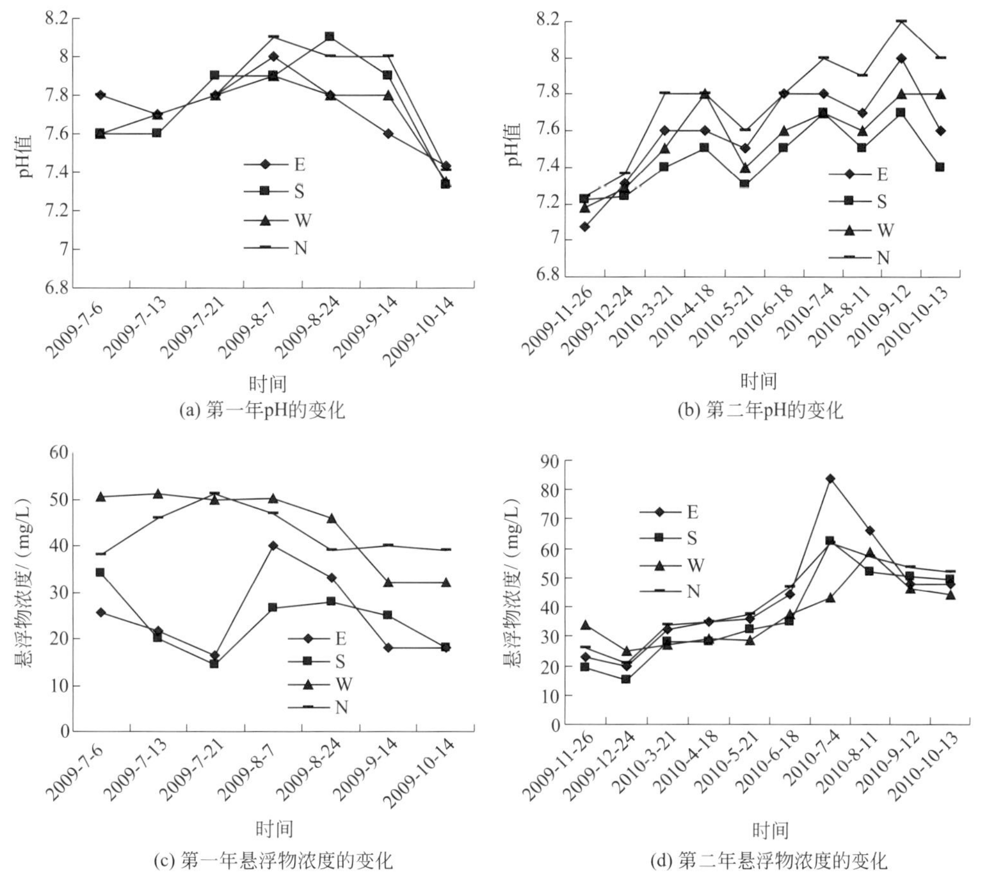

图6.16 pH值和悬浮物浓度随采样时间的变化

（2）水体中COD、NH_4^+-N、TN和TP在2009年7月～2010年10月期间COD浓度的变化如图6.17所示，从图中可以看出，4个采样点的COD、NH_4^+-N、TN和TP浓度均非常接近。在采样初期，COD值较高，并逐渐降低，至2009年10月14日降至最小值，此时这些污染物浓度最低，正是水生植物生长最茂盛的时候，即它们发挥最大作用的时候；然后又开始升高，从2010年3月21日起COD的浓度曲线逐渐平缓，COD值稳定在200mg/L左右。

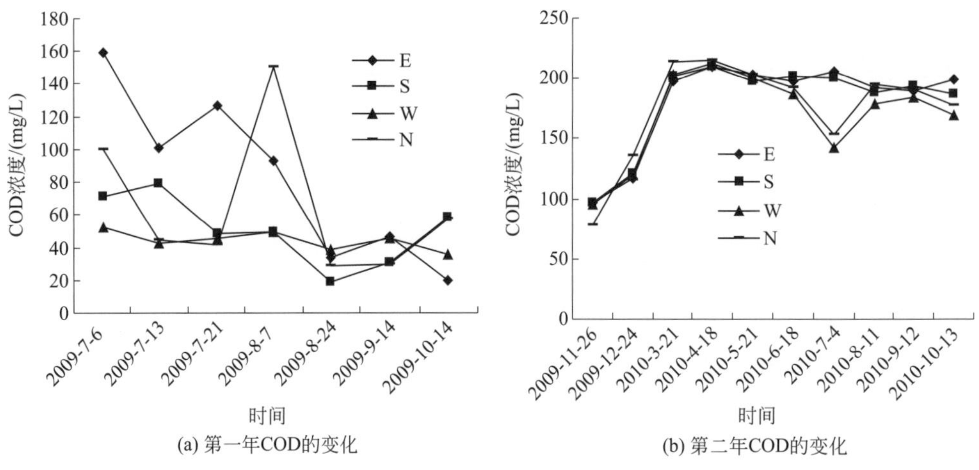

图 6.17 水体 COD 浓度随采样时间的变化

水体 NH_4^+-N、TN 浓度随采样时间的变化如图 6.18 所示，4 个采样点 NH_4^+-N 和 TN 的浓度相差很小，且变化趋势一致。都是先处于一个相对稳定的浓度水平（20mg/L 左右），在 2010 年 3 月 21 日突然增大（从 20mg/L 左右到 65mg/L 左右），然后略有降低，最后又维持在一个相对稳定的浓度水平（50mg/L 左右）。从 NH_4^+-N 和 TN 浓度的变化趋势来看，两种污染物的来源应该相同。

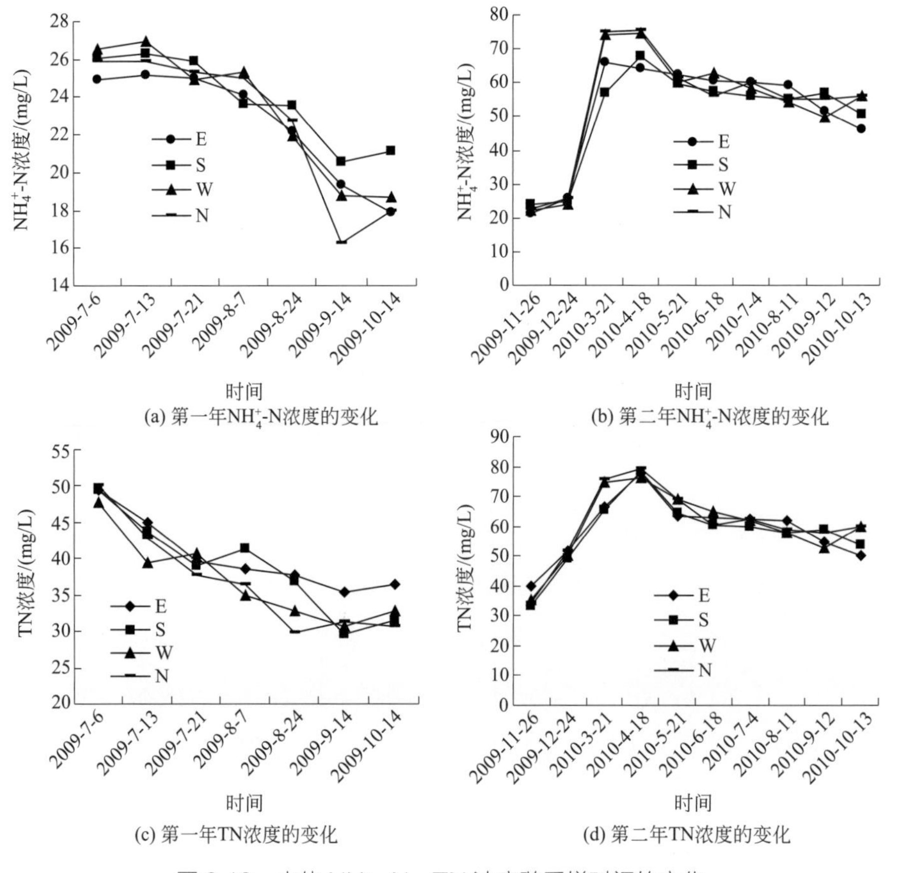

图 6.18 水体 NH_4^+-N、TN 浓度随采样时间的变化

水体 TP 浓度随采样时间的变化如图 6.19 所示，TP 的浓度变化曲线是先降低后升高，然后又降低，最后处于一个缓慢上升的趋势。与 NH_4^+-N 和 TN 不同的是在监测初期 4 个采样点的浓度差异相对较大，这一点与 COD 的变化较为相似。在监测后期，4 个采样点之间的浓度差异逐渐缩小。

研究在 2009 年的监测时间内所得出的结果与文献关于水生植物对 COD、N、P 有很好的去除效果一致。但是从 2010 年开始，COD、P 和 N 的浓度则一直维持在一个较高的水平，一方面与底泥中污染物浓度不断增加，从而导致底泥向水体的释放能力增强有关；另一方面沿岸企业的偷排也是一个关键的因素。

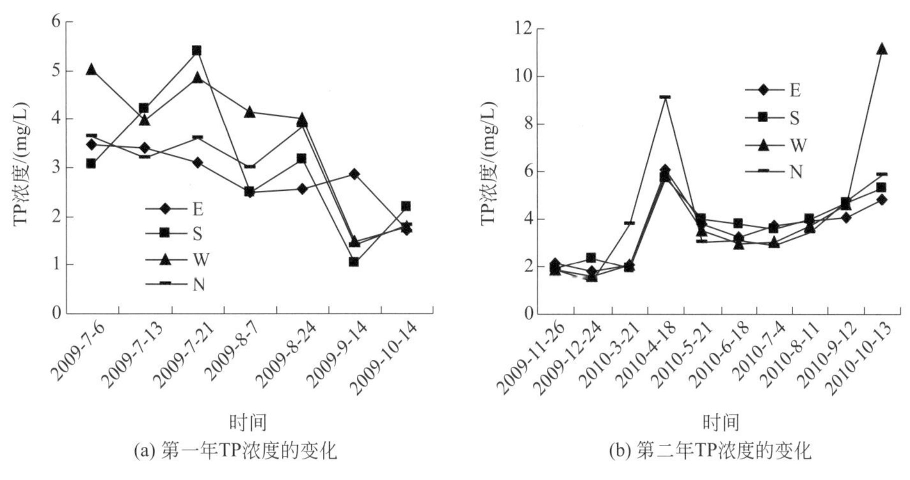

(a) 第一年TP浓度的变化　(b) 第二年TP浓度的变化

图 6.19　水体 TP 浓度随采样时间的变化

刘春光等 [30] 的研究表明，水葱对 N、P 均有很高的去除率。由于水葱有较强的适应性和较快的增长速度，因此是构筑人工湿地修复污染水体的一个很好的选择。石雷等 [31] 发现，在深圳某人工湿地中芦苇对 TN 和 NH_4^+-N 有相似的去除能力。他们还发现芦苇对不同的污染物都有一定的去除率，因此它在修复富营养化水体方面具有很大的潜力。马井泉等 [32] 发现，香蒲和梭鱼草对氮也有很高的去除效率。

国内外很多研究表明大型水生植物对水体中的 COD、P 和 N 有很好的去除能力。高等水生植物在生长过程中，需要吸收大量的 N、P、CO_2 和有机物等营养物质，它们不仅可以通过根部吸收沉积物中的营养盐，而且还可通过茎叶吸收水中的营养盐。这对调节水体的 pH 值、DO 乃至水温，稳定水质等都具有重要意义。大型水生植物可直接吸收和利用可利用态氮、磷，起到去氮、去磷的作用。当水生植物被收割运移出水生生态系统时，大量的营养物质也随之从水体中输出，从而达到净化水体的作用 [33]。水生植物能够通过叶、茎和根将空气中的氧气运送到水体中 [34], 这些氧气一部分被植物根部所消耗，剩下的部分被根际中的好氧或兼氧微生物用来氧化底泥和水中的有机碳 [35]。

当水体中的 N、P 浓度降低时，由于浓度梯度的存在，使得大量的 N、P 从底泥中释放出来并在底泥和水体之间达到一个新的平衡。释放到水体中的 N、P 能够被植物的茎叶吸收吸附。如果能及时清理水生植物并多茬种植，水体中的 N、P 就能逐步去除。因此植物修复是一种有效、彻底的修复方法。

（3）水体中重金属（Cd、Cr、Pb、Zn） 重金属 Cd、Cr 和 Pb 的浓度从监测初期到最后下降非常明显（图 6.20）。且 3 种金属的浓度曲线变化趋势一致，均是先降低至火焰原子吸收仪检测限以下，然后缓慢上升至一个相对稳定的水平。与前面几种污染物相似，4 个采样点的 Cd、Cr 和 Pb 浓度整体上相差不大。重金属 Zn 的浓度在监测时间内基本没有变化。Zn 的这种变化趋势，很可能与它的性质相关，底泥中的 Zn 很容易从铁锰氧化物结合态转变为可交换态，从而进入水体。虽然植物对 Zn 有去除作用，但是内源释放不断地向水体中输入 Zn，从而导致 Zn 的浓度没有发生大的变化。我们还可以发现 4 种重金属的浓度在示范工程进水口（N 采样点）大于出水口（S 采样点）。

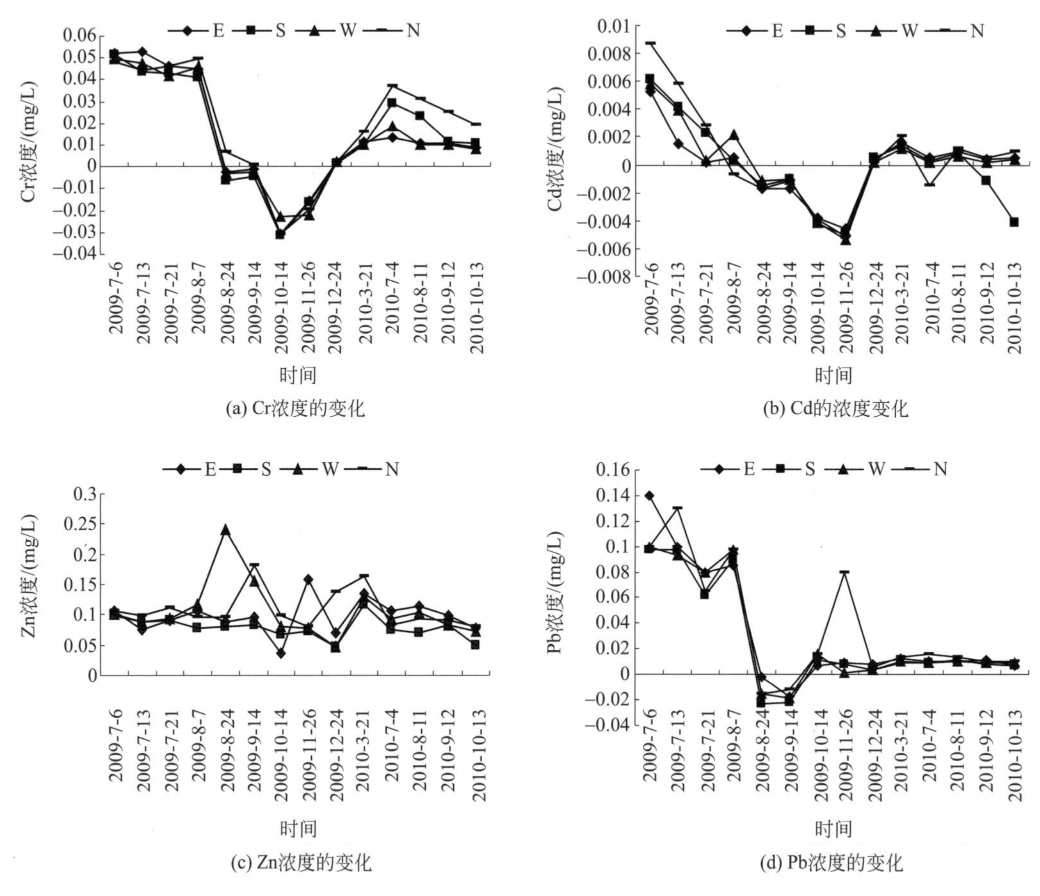

图 6.20 Cd、Cr、Pb 和 Zn 浓度随采样时间的变化

4 种重金属在监测后期的浓度远远低于监测初期的浓度。一方面是由于水体本身的自净能力，但是排污河道水体的自净能力是很有限的；另一方面是由于示范工程水生植物的吸收吸附作用。国内外很多文献表明，许多水生植物对重金属污染水体具有很好的修复效果。芦苇在水培条件下对 Cr^{6+} 的吸收效果很明显，最高可以达到 4000mg/kg，水葫芦、旱伞草和水蓼在对铬具有积累作用的同时还能将有毒的 Cr^{6+} 转变为毒性相对较小的 Cr^{3+}。水葫芦在外界 Pb 浓度为 8mg/L 的条件下体内 Pb 浓度能达到 25800mg/kg。凤眼莲对含 Pb 水溶液有很好的净化效果，经过 4d 的培养，300g 凤眼莲对 4L 浓度为 5 ～ 30mg/L 的 Pb^{2+} 溶液的去除率均可达到 99%。浮萍活体对 Cd 和 Zn 具有一定的富集能力，主要富集于根

部。由于浮萍生长快，产量高，易于繁殖和取材，因此该植物不失为一种有效的水体 Cd 和 Zn 污染的清除材料 [36,37]。

水生植物通过螯合和区室化等作用来耐受并吸收富集环境中的重金属，如重金属诱导就可使凤眼莲体内产生有重金属络合作用的金属硫肽，这些机制的存在使许多水生植物可大量富集水中的重金属。水生植物根系分泌的特殊的有机物能从周围水体环境中交换吸附重金属。被吸附的重金属离子小部分通过质外体或共质体进入根细胞，大部分通过专一的或通用的离子载体或通道蛋白进入根细胞。根系内吸收的重金属主要分布在质外体或者形成磷酸盐、碳酸盐沉淀，或与细胞壁结合。不同类型的水生植物对重金属的吸收能力为沉水植物＞漂浮植物＞挺水植物。利用水生高等植物对重金属污染水体所具有的修复能力，从废水中吸收重金属离子，不仅能够净化水质，还能够对一些贵重金属进行回收利用。

5. 植物修复示范工程植物重金属含量测定

为了更好地了解示范工程植物修复效果，分别在冬（2009 年 11 月）夏（2010 年 7 月）两季选取了 3 种水生植物（千屈菜、香蒲和水葱）进行重金属含量的测定（表 6.7）。

表6.7　千屈菜、香蒲和水葱对重金属Cr、Pb、Zn和Cd的吸收

植物种类	日期	部位	Cr/（mg/L）	Pb/（mg/L）	Zn/（mg/L）	Cd/（mg/L）
千屈菜	2009 年 11 月	根	10.66	1.27	88.44	0.32
		叶	18	8.27	273.32	0.29
		底泥	56.56	32.92	306.64	—
	2010 年 7 月	根	21.98	2.57	136.23	0.46
		叶	32.01	11.8	277.13	0.37
		底泥	83.76	52.77	401.00	0.33
香蒲	2009 年 11 月	根	9.74	5.30	126.4	—
		叶	8.95	4.13	94.53	—
		底泥	49.27	19.45	285.23	—
	2010 年 7 月	根	10.12	5.21	162.35	—
		叶	9.23	4.92	120.03	—
		底泥	58.32	27.88	384.11	0.25
水葱	2009 年 11 月	根	15.66	10.5	103.70	—
		叶	7.33	4.11	114.35	—
		底泥	66.68	40.31	153.80	—
	2010 年 7 月	根	17.33	14.63	122.30	—
		叶	10.08	6.88	129.45	—
		底泥	83.91	66.27	186.55	0.29

千屈菜、香蒲和水葱是三种常见的水生植物，它们均具有很强的去除污染物的能力。从表 6.7 中可以看出，冬夏两季三种水生植物对重金属的吸收量是不同的，这可能是由于随着时间的延长，底泥由于吸附了更多的重金属使得污染更加严重，导致水生植物处于重金属浓度更高的环境，在一定程度上促进了植物对重金属的吸收。三种水生植物对 Zn 的吸收量远大于对其他三种重金属的吸收量，原因一方面可能与三种植物根际底泥重金属 Zn 的含量远远高于其他三种重金属有关；另一方面可能是重金属 Zn 极易从铁锰氧化物结合态转变为易被植物吸收的可交换态，使得植物对 Zn 的吸收量较大。香蒲和水葱两种水生植物对 Cr 的吸收量低于火焰原子吸收仪的检测限（0.05mg/L）。由于地上部分 Zn 的积累量大于地下部分的积累量，水葱可能是重金属 Zn 的一种超积累植物。对于千屈菜来说，其地上部分对重金属 Cr、Pb 和 Zn 的积累量均大于其根部的积累量；对于重金属 Cd，千屈菜根际底泥 Cd 含量测定时低于仪器检测限，但是千屈菜地上部分和地下部分均测出了 Cd 的含量。这说明千屈菜对重金属污染水体的修复具有一定的应用前景。

三、不同部位污染状况分析及生态毒性研究

选取大沽排污河侯台段示范工程 7 处采样点进行底泥 - 上覆水水质状况和生物毒性分析，并在 7 处采样点附近的污水口咸阳路污水厂排放口和南开大学马蹄湖进行采样做对照分析，通过测定水质理化指标、重金属含量、微生物群落及生物毒性等，研究了种植各种水生植物对大沽河污染修复效果。

在大沽河外环河 14 号桥附近河段顺着河流流向由北向南采样（图 6.21），采样点为北桥中间、水葱根部、香蒲根部、水葱根部、芦苇根部、南桥中间、外环河和立交桥交汇处，另外在咸阳路污水厂排污口和马蹄湖采样。样品采集底泥及其上覆水样。采样分 4 次进行，分别在 2010 年 7 月 3 日、2010 年 11 月 17 日、2011 年 5 月 7 日和 2011 年 7 月 4 日进行。

测定了上覆水 10 项水质指标（pH 值、DO、电导率、盐度、NH_4^+-N、TN、TP、总悬浮固体、COD、BOD）。测定方法依据《水和废水监测分析方法（第四版）》，个别项目参考国家标准。

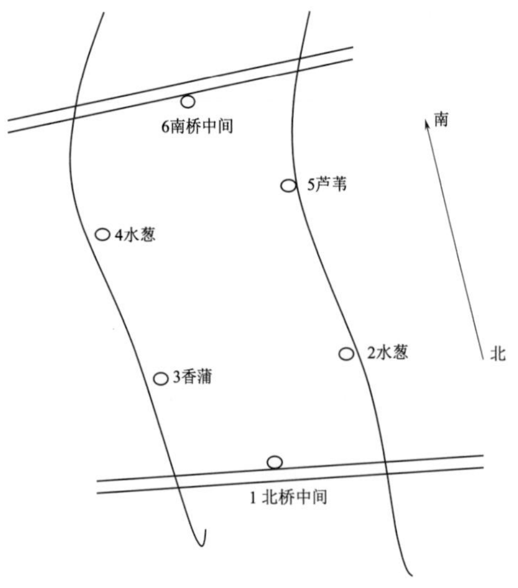

图 6.21　采样点位置示意

重金属污染分析：测定了上覆水及其底泥中 7 种重金属（Cr、Cd、Zn、Pb、Cu、Sn、Ni）的含量，测定方法采用《水和废水监测分析方法（第四版）》，采用原子吸收分光光度法。

1. 四次采样结果比较分析

（1）水质对比分析　对 10 项水质指标（pH 值、DO、电导率、盐度、NH_4^+-N、TN、TP、总悬浮固体、COD、BOD）结果如表 6.8 所列，1 ～ 9 号采样点 pH 基本接近中性，随着采样时间的不同略有波动，但都基本维持在地表水质量标准 6 ～ 9 范围内。各采样点的溶解氧的含量差异很大，2011 年 5 月 7 日采集的马蹄湖中 DO 的含量最高为

8.60mg/L，2010 年 7 月 3 日采集的香蒲根部 DO 的含量最低为 0.04mg/L，而且同一采样点在不同采样时间的 DO 的含量差别很大。2011 年 5 月 7 日采集北桥中间水质的电导率最大为 3.22mS/cm，2011 年 7 月 4 日马蹄湖水质的电导率最小为 1.08mS/cm。另外，不同采样点水质的 COD、BOD、总悬浮固体差别很大，这体现出不同的河段污染水平有很大差异。而且在同一采样点的不同采样时间这些指标差异也很大，水质的 COD、BOD、总悬浮固体受季节和气候等因素影响较大。NH_4^+-N、TN、TP 等指标在不同采样点也有所差异，例如 2011 年 5 月 7 日采集的北桥中间水样中 TN 含量为 47.04mg/L，而 2011 年 7 月 4 日采集的外环河水样中 TN 含量仅为 3.95mg/L，这些指标与河流流向以及污染源汇之间有密切关系。

表6.8 常规水质指标对比分析

监测项目	采样时间	1	2	3	4	5	6	7	8	9	地表水质量标准
		北桥中间	水葱根部	香蒲根部	水葱根部	芦苇根部	南桥中间	外环河	咸阳路污水厂排污口	马蹄湖	
pH 值	2010-7-3	7.3	7.4	7.32	7.47	7.3	7.39	8.47	7.3	7.78	6～9
	2010-11-17	6.31	6.36	6.36	6.34	6.25	6.35	6.82	6.26	7.13	
	2011-5-7	7.18	7.28	7.21	7.24	7.2	7.22	7.66	7.17	9.17	
	2011-7-4	6.94	6.98	7.0	7.07	7.11	6.94	8.41	6.94	7.46	
DO /（mg/L）	2010-7-3	0.35	0.75	0.04	0.12	0.07	0.13	6.14	4.63	1.73	2
	2010-11-17	2.89	1.57	1.62	1.41	1.91	2.51	6.33	5.82	8.52	
	2011-5-7	3.67	3.23	4.07	4.68	4.48	4.01	1.41	3.12	8.60	
	2011-7-4	0.24	0.24	1.17	0.11	0.20	0.19	1.92	0.98	0.24	
电导率 /（mS/cm）	2010-7-3	2.29	2.29	2.3	2.28	2.28	2.28	2.63	2.3	1.31	
	2010-11-17	2.56	2.57	2.57	2.57	2.55	2.55	1.69	2.59	1.158	
	2011-5-7	3.22	3.03	3.05	3.09	2.95	2.99	2.63	2.85	1.68	
	2011-7-4	2.22	2.19	2.16	2.05	2.13	2.11	2.19	2.24	1.08	
总盐度 / ‰	2010-7-3	1.1	1.1	1.1	1.1	1.1	1.1	1.3	1.2	0.6	
	2010-11-17	1.3	1.3	1.3	1.3	1.3	1.3	0.9	1.3	0.6	
	2011-5-7	1.73	1.5	1.54	1.59	1.54	1.66	1.28	1.37	0.86	
	2011-7-4	1.17	1.14	1.16	1.10	1.15	1.16	1.08	1.10	0.51	
COD /（mg/L）	2010-7-3	155.94	141.48	149.16	138.31	116.62	142.38	138.99	162.72	67.8	40
	2010-11-17	128	59	59	99	69	115	112	95	16	
	2011-5-7	62	66	72	61	61	59	70	74	46	
	2011-7-4	41	54	71	37	46	29	63	58	160	
BOD_5 /（mg/L）	2010-7-3	120	100	60	60	60	60	40	130	30	10
	2010-11-17	29	23	22	23	16	26	26	24	4	
	2011-5-7	8.6	＜2	＜2	＜2	＜2	＜2	＜2	3.7	＜2	
	2011-7-4	21.7	16.7	14.8	11.9	9.9	8.8	15.1	15.1	68	

续表

监测项目	采样时间	1	2	3	4	5	6	7	8	9	地表水质量标准
		北桥中间	水葱根部	香蒲根部	水葱根部	芦苇根部	南桥中间	外环河	咸阳路污水厂排污口	马蹄湖	
TN/（mg/L）	2010-7-3	16.75	17.23	16.54	20.25	15.24	16.41	13.66	13.59	7.06	2.00
	2010-11-17	33.30	29.27	33.31	32.33	32.92	33.70	11.30	37.75	0.99	
	2011-5-7	47.04	49.19	47.10	51.36	43.86	47.95	28.97	51.38	0.54	
	2011-7-4	13.88	15.37	17.60	17.14	11.56	16.42	3.95	13.14	8.74	
NH_4^+-N /（mg/L）	2010-7-3	16.45	17.30	16.09	22.67	13.77	15.84	10.96	10.84	0.48	2.00
	2010-11-17	20.24	18.62	19.16	20.43	22.43	22.89	13.24	14.81	3.32	
	2011-5-7	41.19	42.51	38.30	38.54	33.41	38.81	21.49	42.54	1.59	
	2011-7-4	5.63	6.00	7.07	6.68	6.37	3.10	7.07	5.80	6.49	
TP/（mg/L）	2010-7-3	5.64	7.86	6.97	19.17	5.40	5.07	2.25	4.65	0.70	0.40
	2010-11-17	2.92	3.53	3.07	2.90	3.00	3.32	0.88	3.16	0.30	
	2011-5-7	0.82	0.81	0.81	0.91	0.93	0.81	0.80	1.22	0.21	
	2011-7-4	3.25	4.79	4.27	3.88	3.94	3.99	0.95	3.82	0.72	
总悬浮固体 /（mg/L）	2010-7-3	50	138	179	679	16	—	—	—	—	150
	2010-11-17	6.5	15.5	14	0.5	2.5	27.5	7.5	14	4	
	2011-5-7	15.67	17	410.67	113.33	145.33	8.67	71.67	417	9.67	
	2011-7-4	17.50	10.67	38.50	14.33	8.50	7.00	19.33	12.67	2.00	

上覆水测定7种重金属（Cr、Cd、Zn、Pb、Cu、Sn、Ni）的含量如表6.9所列，所有采样点中Zn的含量相比其他6种重金属最高，其中水葱根部水样检测到Zn含量最高为0.84mg/L，而采集于南开大学马蹄湖水样中Zn含量最低为0.05mg/L，但与地表水质量标准中Zn的含量2mg/L相比都没有超标。而对比地表水质量标准中重金属含量，Cr含量在2010年7月3日采集的北桥中间、水葱根部、香蒲根部、水葱根部、芦苇根部、南桥中间、外环河水样中均比地表水质量标准中Cr含量（0.1mg/L）高，最高的香蒲根部水样中为0.19mg/L。从表中也同样明显看出不同的采样时间下同一采样点水样中重金属含量差异很大。

表6.9 水样重金属对比分析

监测项目	采样时间	1	2	3	4	5	6	7	8	9	地表水质量标准
		北桥中间	水葱根部	香蒲根部	水葱根部	芦苇根部	南桥中间	外环河	咸阳路污水厂排污口	马蹄湖	
Cr /（mg/L）	2010-7-3	0.14896	0.18695	0.19077	0.44139	0.12288	0.10974	0.06569	0.12296	0.08334	0.1
	2010-11-17	0.024	0.02675	0.031	0.02875	0.0245	0.0445	0.022	0.028	0.02275	
	2011-5-7	0.08932	0.02872	0.03770	0.04504	0.04977	0.06748	0.06004	0.04339	0.03346	
	2011-7-4	0.01630	0.01700	0.01900	0.02230	0.02590	0.01270	0.01300	0.02110	0.01150	

续表

监测项目	采样时间	1	2	3	4	5	6	7	8	9	地表水质量标准
		北桥中间	水葱根部	香蒲根部	水葱根部	芦苇根部	南桥中间	外环河	咸阳路污水厂排污口	马蹄湖	
Cd /(mg/L)	2010-7-3	0.0001	0.00211	0.00232	0.01219	—	—	—	—	—	0.01
	2010-11-17	—	0.0005	—	0.00125	0.0025	0.00225	0.0005	0.0005	—	
	2011-5-7	0.00163	0.00011	—	0.00038	0.00013	0.00019	0.00011	0.00016	0.00097	
	2011-7-4	0.00020	—	—	—	—	—	—	—	—	
Zn /(mg/L)	2010-7-3	0.1753	0.38505	0.41425	0.84385	0.1655	0.20605	0.08093	0.1245	0.05532	2
	2010-11-17	0.0912	0.11905	0.107275	0.12815	0.168525	0.13665	0.03955	0.116975	0.0856	
	2011-5-7	0.14194	0.04849	0.01918	0.09811	0.08274	0.07493	0.07891	0.07272	0.08554	
	2011-7-4	0.14685	0.11817	0.11948	0.09820	0.12048	0.07807	0.06444	0.13083	0.06961	
Pb /(mg/L)	2010-7-3	0.0337	0.0289	0.0306	0.0489	0.0169	0.0012	0.0228	0.0376	0.0110	0.1
	2010-11-17	—	—	—	—	—	—	—	—	—	
	2011-5-7	—	—	—	—	—	0.00002	0.00004	0.00003	0.00015	
	2011-7-4	0.010	0.015	0.013	0.011	0.013	0.011	0.012	0.015	0.009	
Cu /(mg/L)	2010-7-3	0.037	0.126	0.118	0.429	0.035	0.029	0.001	0.025	0.001	1
	2010-11-17	0.004	0.005	0.004	0.004	0.003	0.006	0.002	0.005	0.002	
	2011-5-7	0.002	0.007	—	0.003	0.023	—	—	—	—	
	2011-7-4	0.019	0.018	0.019	0.017	0.019	0.016	0.010	0.017	0.007	
Sn /(mg/L)	2011-5-7	—	—	—	—	—	—	—	—	—	
	2011-7-4	0.206	0.125	0.150	0.119	0.199	0.163	0.224	0.294	0.304	
Ni /(mg/L)	2011-5-7	0.045	0.036	0.024	0.028	0.032	0.034	0.006	0.023	0.003	
	2011-7-4	0.037	0.037	0.037	0.037	0.037	0.037	0.037	0.037	0.0367	

（2）底泥重金属污染对比分析

1）重金属含量　底泥中 7 种重金属（Cr、Cd、Zn、Pb、Cu、Sn、Ni）的含量如表 6.10 所列，2010 年 11 月 17 日采集北桥中间底泥中 Cr 含量最大为 253.96mg/L，但没有超过地表水质量标准中 Cr 含量 0.1mg/L。2011 年 5 月 7 日采集的所有底泥样品中除马蹄湖外，所有 Cd 含量均超过地表水质量标准中 Cd 含量 1.00mg/L，其中外环河底泥中 Cd 含量最大为 5.86mg/L。不同采样时间下，同一地点底泥中 Cd 含量差异很大，基本呈现的趋势是随着采样时间的推进，Cd 含量先增大后减少。2010 年 11 月 17 日和 2011 年 5 月 7 日采集的北桥中间底泥中 Zn 的含量远超过其他采样点，分别为 860.45mg/L 和 782.95mg/L，高于地表水质量标准中 Zn 含量 500.00mg/L。虽然所有采集的底泥样品中 Pb、Cu、Sn、Ni 的含量没有超过地表水质量标准，但是在不同采样点和在同一采样点的不同采样时间下，这些底泥样品中重金属含量差异很大，因此对不同采样时间下动态监测重金属含量的变化十分必要。

表6.10 底泥重金属含量对比分析

监测项目	采样时间	1 北桥中间	2 水葱根部	3 香蒲根部	4 水葱根部	5 芦苇根部	6 南桥中间	7 外环河	8 咸阳路污水厂排污口	9 马蹄湖	地表水质量标准
Cr/（mg/kg）	2010-7-3	42.17	15.22	23.25	20.98	39.76	148.78	24.84	39.06	60.64	400.0
	2010-11-17	253.96	122.94	146.33	123.63	135.89	221.14	141.44	143.78	84.65	
	2011-5-7	222.60	91.014	143.72	85.80	101.42	237.30	150.22	112.48	49.74	
	2011-7-4	0.016	0.017	0.019	0.022	0.025	0.012	0.013	0.021	0.011	
Cd/（mg/kg）	2010-7-3	nd	nd	nd	0.10	nd	1.50	nd	nd	nd	1.00
	2010-11-17	5.64	nd	0.55	0.15	0.15	1.50	3.71	1.59	nd	
	2011-5-7	5.089	1.083	2.229	1.284	1.337	4.162	5.867	2.016	0.18	
	2011-7-4	0.0002	—	—	—	—	—	—	—	—	
Zn/（mg/kg）	2010-7-3	472.85	218.16	246.39	466.83	183.77	694.01	261.27	266.18	202.20	500.0
	2010-11-17	860.45	255.82	353.67	245.83	229.22	444.03	405.14	454.08	111.09	
	2011-5-7	782.95	358.97	727.85	338.42	282.21	1179.1	510.38	400.09	155.8	
	2011-7-4	0.147	0.118	0.119	0.098	0.120	0.078	0.064	0.131	0.070	
Pb/（mg/kg）	2010-7-3	45.91	13.47	3.28	74.59	22.98	85.37	31.86	39.96	11.99	500.0
	2010-11-17	100.99	27.99	29.27	24.83	24.39	27.49	39.56	34.83	17.33	
	2011-5-7	0.5367	0.2460	0.2958	0.1890	0.2163	0.6114	0.3428	0.3063	0.24	
	2011-7-4	0.010	0.015	0.013	0.011	0.013	0.011	0.012	0.015	0.009	
Cu/（mg/kg）	2010-7-3	31.59	15.72	7.60	6.51	10.69	12.73	8.96	12.04	4.75	400.0
	2010-11-17	50.50	17.99	18.85	18.37	17.92	34.98	15.33	29.35	8.91	
	2011-5-7	206.49	53.86	94.02	58	69.26	250.37	80.098	122.78	23.03	
	2011-7-4	0.019	0.018	0.019	0.017	0.019	0.016	0.010	0.017	0.007	
Sn/（mg/kg）	2011-5-7	16.43	0.32	7.42	5.54	13.72	36.30	14.29	14.14	0	
	2011-7-4	0.206	0.125	0.150	0.119	0.199	0.163	0.224	0.294	0.304	
Ni/（mg/kg）	2011-5-7	108.39	44.89	66.59	50.53	49.09	140.90	129.05	68.61	27.74	
	2011-7-4	0.037	0.031	0.028	0.029	0.028	0.027	0.007	0.029	0.005	

注：nd 代表低于原子吸收仪检测线。

2）重金属来源分析　在同一功能区内，各重金属含量不尽相同。若金属元素之间存在显著性相关关系，说明它们的来源可能是相似的。为阐明各样点沉积物中重金属之间的相关关系，对底泥中 5 种重金属进行相关性分析，采用皮尔逊相关系数分析[38]，由此推测重金属的来源是否相同，结果如表 6.11 ～表 6.14 所列。通常若元素间相关，说明它们出自同一来源的可能性大。

2010 年 7 月 3 日沉积物重金属检测中（表 6.11），Cr-Cd、Cd-Zn、Zn-Pb 在 p=0.01 时均呈现显著正相关，Cr-Zn、Cd-Pb 在 p=0.05 时呈现显著正相关。可见，除了 Cu 元素，Cr、Cd、Zn、Pb 4 种元素两两都有极强的相关性。这表明 Cr、Cd、Zn 和 Pb 的来源相似。Cu 和其他 4 种金属的相关系数很小，Cu 很可能是另外的污染来源，而其他 4 种可能是同一个来源。

表6.11　2010年7月3日沉积物中重金属元素之间的相关系数

项目	Cr	Cd	Zn	Pb	Cu
Cr	1				
Cd	0.931**	1			
Zn	0.704*	0.806**	1		
Pb	0.573	0.686*	0.897**	1	
Cu	0.034	0.003	0.325	0.156	1

注：* 表示 p=0.05 时显著相关；** 表示 p=0.01 时显著相关；n=9。

2010 年 11 月 17 日沉积物重金属检测中（表 6.12），5 种重金属元素均呈现显著正相关，这表明 5 种重金属具有同源性，很可能是同一个污染源所致。第一次分析结果与第二次略有不同，即 Cu 的来源问题。这需要对周围河段进行污染源调查分析，可能是时间不同污水排放口排出的污水中所含元素发生了变化。

表6.12　2010年11月17日沉积物中重金属元素之间的相关系数

项目	Cr	Cd	Zn	Pb	Cu
Cr	1				
Cd	0.738*	1			
Zn	0.898**	0.899**	1		
Pb	0.768*	0.896**	0.931**	1	
Cu	0.942**	0.717*	0.927**	0.823**	1

注：* 表示 p=0.05 时显著相关；** 表示 p=0.01 时显著相关；n=9。

表6.13　2011年5月7日沉积物中重金属元素之间的相关系数

项目	Cr	Cd	Zn	Pb	Cu	Sn	Ni
Cr	1						
Cd	0.822**	1					
Zn	0.937**	0.658	1				
Pb	0.942**	0.732*	0.897**	1			
Cu	0.942**	0.651	0.906**	0.951**	1		
Sn	0.835**	0.633	0.822**	0.828**	0.882**	1	
Ni	0.892**	0.937**	0.816**	0.845**	0.790*	0.830**	1

注：* 表示 p=0.05 时显著相关；** 表示 p=0.01 时显著相关；n=9。

表6.14　2011年7月4日沉积物中重金属元素之间的相关系数

项目	Cr	Cd	Zn	Pb	Cu	Sn	Ni
Cr	1						
Cd	0.088	1					
Zn	0.763*	0.484	1				
Pb	0.690*	0.186	0.677*	1			
Cu	0.923**	0.041	0.860**	0.767*	1		
Sn	0.512	0.196	0.295	0.113	0.295	1	
Ni	0.590	0.681*	0.724*	0.444	0.528	0.209	1

注：* 表示 p=0.05 时显著相关，** 表示 p=0.01 时显著相关；n=9。

2011 年 5 月 7 日沉积物重金属检测中（表 6.13），除了 Cd-Zn、Cd-Cu、Cd-Sn 之间无显著相关性，其他重金属两两之间均呈现显著正相关。可见，除了 Cd 元素，Cr、Zn、Pb、Cu、Sn、Ni 6 种元素两两都有极强的相关性。这表明这 6 种重金属的来源相似。Cd 和其他 Zn、Cu 和 Sn 的相关系数不显著，Cd 很可能是另外的污染来源，而其他 6 种可能是同一个来源。

2011 年 7 月 4 日沉积物重金属检测中（表 6.14），Cr 同 Zn、Pb、Cu 显著正相关，同 Cd、Sn、Ni 无显著相关；Cd 仅同 Ni 显著正相关；Zn 同 Cr、Pb、Cu、Ni 显著正相关；Pb 同 Cr、Zn、Cu 显著正相关；Cu 与 Cr、Zn、Pb 显著相关；Sn 与 Cd、Zn 相关性显著。说明 Cr、Zn、Pb、Cu 之间具有同源性，Cd、Ni 之间具有同源性，Sn、Cd、Zn 之间可能来自同一污染源。

3）重金属污染程度评价（地累积指数法）　对于水体沉积物中重金属污染的评价方法有很多，德国学者 Müller 于 1969 年提出的地积累指数法（index of geoaccumulation，I_{geo}）是最广泛的方法。利用某一种重金属的总含量与地球化学背景值的关系来确定重金属的污染程度的定量指标，能比较直观地反映外源重金属在沉积物中的富集程度。这里选择天津市土壤环境背景值来作参比值（表 6.15）。根据 I_{geo} 值的计算结果，重金属的污染程度共分为 7 级（表 6.16）。

表6.15　天津市土壤重金属背景值[39]　　单位：mg/kg

重金属元素	Cr	Cd	Zn	Pb	Cu
背景值	84.2	0.09	79.3	21	28.8

注：引自刘申等，2010。

表6.16　地积累指数及污染程度分级

I_{geo}	≤ 0	0 ～ 1	1 ～ 2	2 ～ 3	3 ～ 4	4 ～ 5	＞ 5
级数	0	1	2	3	4	5	6
污染程度	无	无～中度	中度	中度～强	强度	强～极强	极强

由本科研项目 2010 年 7 月 3 日底泥重金属污染地积累指数 I_{geo} 及分级表 6.17 可见，除了 6 号点 Cr 轻微污染和 Cd 强度污染外，所有点都不存在 Cr 和 Cd 污染；Zn 的 I_{geo} 值在 1 ～ 3 级，属于中度污染到强度污染的程度；Pb 的污染水平都在无～中等程度之间，即

I_{geo}值在0～2级，是污染程度较轻的元素；对于Cu所有点均无污染。综合分析上述重金属的地积累指数分级，各样点中重金属的污染程度由强至弱依次为Zn、Pb、Cd、Cr、Cu。

表6.17 2010年7月3日底泥重金属污染地积累指数I_{geo}及分级

采样点	位置	Cr		Cd		Zn		Pb		Cu	
		I_{geo}	分级	I_{geo}	分级	I_{geo}	分级	I_{geo}	分级	I_{geo}	分级
1	北桥中间	-1.58	0	—	—	1.99	2	0.54	1	-0.45	0
2	水葱根部	-3.05	0	—	—	0.88	1	-1.23	0	-1.46	0
3	香蒲根部	-2.44	0	—	—	1.05	2	-3.26	0	-2.51	0
4	水葱根部	-2.59	0	-0.43	0	1.97	2	1.24	2	-2.73	0
5	芦苇根部	-1.67	0	—	—	0.63	1	-0.45	0	-2.01	0
6	南桥中间	0.24	1	3.47	4	2.54	3	1.44	2	-1.76	0
7	外环河	-2.35	0	—	—	1.14	2	0.02	1	-2.27	0
8	咸阳路污水厂排污口	-1.69	0	—	—	1.16	2	0.34	1	-1.84	0
9	马蹄湖	-1.06	0	—	—	0.77	1	-1.39	0	-3.19	0
平均		-1.799	0	—	—	1.347	2	-0.306	0	-2.025	0

对于2010年11月17日采样（表6.18），Cr的I_{geo}值在0～2级，污染程度较轻；大部分点位Cd污染较重，I_{geo}在1～6级；大部分点位受Zn中度污染；而Pb和Cu污染很轻，尤其是Cu各点位基本不存在Cu污染。综合分析各重金属的I_{geo}值，各样点中重金属的污染程度由强至弱依次为Cd、Zn、Cr、Pb、Cu。评价结果同夏季采样具有一定差异，且冬季底泥重金属污染比较严重。这可能是两个原因导致：一个是由于季节不同导致水的理化性质差异进而影响了重金属在河道中的迁移转化行为；另一个可能是污染的来源发生变化，排放出的重金属量增多以致加重了重金属污染。

表6.18 2010年11月17日底泥重金属污染地积累指数I_{geo}及分级

采样点	位置	Cr		Cd		Zn		Pb		Cu	
		I_{geo}	分级	I_{geo}	分级	I_{geo}	分级	I_{geo}	分级	I_{geo}	分级
1	北桥中间	1.01	2	5.38	6	2.85	3	1.68	2	0.23	1
2	水葱根部	-0.04	0	—	—	1.10	2	-0.17	0	-1.26	0
3	香蒲根部	0.21	1	2.03	3	1.57	2	-0.11	0	-1.20	0
4	水葱根部	-0.03	0	0.15	1	1.05	2	-0.34	0	-1.23	0
5	芦苇根部	0.11	1	0.15	1	0.95	1	-0.37	0	-1.27	0
6	南桥中间	0.81	1	3.47	4	1.90	2	-0.20	0	-0.30	0
7	外环河	0.16	1	4.78	5	1.77	2	0.33	1	-1.49	0
8	咸阳路污水厂排污口	0.19	1	3.56	4	1.93	2	0.14	1	-0.56	0
9	马蹄湖	-0.58	0	—	—	-0.10	0	-0.86	0	-2.28	0
平均		0.2041	1	—	—	1.4475	2	0.0119	1	-1.0414	0

对于2011年5月7日采样（表6.19），Cr的I_{geo}值在0～1级，污染程度较轻；大部分点位Cd污染较强，I_{geo}在1～6级；大部分点受Zn中度～强度污染；而Pb污染很轻，

基本不存在Pb污染；Cu的I_{geo}值在0～3级，1和6号点位污染程度最大，2～5号点位污染稍轻，说明了植物对底泥重金属的修复作用。综合分析各重金属的I_{geo}值，各样点中重金属的污染程度由强至弱依次为Cd、Zn、Cu、Cr、Pb。评价结果同前次采样具有一定差异，且本次重金属污染结果比较严重。

表6.19 2011年5月7日底泥重金属污染地积累指数 I_{geo}及分级

采样点	位置	Cr		Cd		Zn		Pb		Cu	
		I_{geo}	分级	I_{geo}	分级	I_{geo}	分级	I_{geo}	分级	I_{geo}	分级
1	北桥中间	0.82	1	5.24	6	2.72	3	−5.87	0	2.26	3
2	水葱根部	−0.47	0	3.00	3	1.59	2	−7.00	0	0.32	1
3	香蒲根部	0.19	1	4.05	5	2.61	3	−6.73	0	1.12	2
4	水葱根部	−0.56	0	3.25	4	1.51	2	−7.38	0	0.43	1
5	芦苇根部	−0.32	0	3.31	4	1.25	2	−7.19	0	0.68	1
6	南桥中间	0.91	1	4.95	5	3.31	4	−5.69	0	2.53	3
7	外环河	0.25	1	5.44	6	2.10	3	−6.52	0	0.89	1
8	咸阳路污水厂排污口	−0.17	0	3.90	4	1.75	2	−6.68	0	1.51	2
9	马蹄湖	−1.34	0	0.42	1	0.39	1	−7.04	0	-0.91	0
平均		−0.08	0	3.73	4	1.91	2	−6.68	0	0.98	1

2011年7月4日采样（表6.20）结果中，Cr的I_{geo}值均为0级，无Cr污染；大部分点位Cd污染较强，I_{geo}在2～5级，属中度到强度污染；大部分点位受Zn中度～强度污染，I_{geo}值均为3级；而Pb污染较轻，I_{geo}值均为0～1级；Cu的I_{geo}值为1～3级，大部分属于中度或中度到强污染程度。综合分析各重金属的I_{geo}值，各样点中重金属的污染程度由强至弱依次为Cd、Zn、Cu、Pb、Cr。评价结果同前次采样具有一定相似性。

表6.20 2011年7月4日底泥重金属污染地积累指数 I_{geo}及分级

采样点	位置	Cr		Cd		Zn		Pb		Cu	
		I_{geo}	分级	I_{geo}	分级	I_{geo}	分级	I_{geo}	分级	I_{geo}	分级
1	北桥中间	−0.43	0	3.57	4	2.93	3	0.78	1	2.50	3
2	水葱根部	−0.14	0	—	—	2.41	3	0.60	1	2.54	3
3	香蒲根部	−0.59	0	1.88	2	2.59	3	0.01	1	2.31	3
4	水葱根部	−1.01	0	—	—	1.82	2	-0.46	0	1.33	2
5	芦苇根部	−1.12	0	—	—	2.14	3	-0.10	0	1.80	2
6	南桥中间	−0.54	0	—	—	2.23	3	0.87	1	2.18	3
7	外环河	−0.94	0	4.15	5	2.39	3	0.41	1	1.57	2
8	咸阳路污水厂排污口	−0.68	0	—	—	2.52	3	0.93	1	2.41	3
9	马蹄湖	−2.39	0	—	—	0.90	1	-0.60	0	0.16	1
平均		−0.87	0	1.07	2	2.22	3	0.27	1	1.87	2

（3）潜在生态风险评价　对于沉积物重金属的生态危害评价[40]，瑞典学者 Hakanson 于 1980 年提出了潜在生态危害指数法（risk index，RI）[41]，是目前较多学者采用的方法。该方法利用沉积物中重金属相对于工业化以前沉积物的最高背景值的比值及重金属的生物毒性系数进行加权求和得到生态危害指数。指数反映了 4 个方面的情况：a. 沉积物重金属的浓度效应，即 *RI* 值随重金属污染程度的加重而增加；b. 多种重金属污染物的协同效应，即沉积物中重金属的生态危害具有加和性，多种重金属的污染具有更高的潜在生态风险；c. 不同重金属的毒性效应；d. 水体对不同重金属污染物的敏感性，即生物毒性强和敏感性大的金属具有较高的权重值。

Hakanson 提出的重金属的生物毒性系数、参比值和评价标准见表 6.21 和表 6.22。

表6.21　重金属的参比值及生物毒性系数

元素	Cr	Cd	Zn	Pb	Cu
参比值	60	0.5	80	25	30
生物毒性系数	2	30	1	5	5

表 6.22　生态危害系数、指数及危害程度分类

Ei	*RI*	生态危害程度
＜ 40	＜ 150	轻微
40 ～ 80	150 ～ 300	中等
80 ～ 160	300 ～ 600	强
160 ～ 320	≥ 600	很强
≥ 320		极强

计算后的 4 次采样各采样点底泥中 5 种金属的潜在生态危害系数（*Ei*）和潜在生态危害综合指数（*RI*）见表 6.23 ～表 6.26。

表6.23　2010年7月3日底泥重金属生态危害评价指数

采样点	位置	*Ei*					*RI*	生态危害程度
		Cr	Cd	Zn	Pb	Cu		
1	北桥中间	1.41	0	5.91	9.18	5.27	21.76	轻微
2	水葱根部	0.51	0	2.73	2.69	2.62	8.55	轻微
3	香蒲根部	0.78	0	3.08	0.66	1.27	5.78	轻微
4	水葱根部	0.70	6	5.84	14.92	1.09	28.54	轻微
5	芦苇根部	1.33	0	2.30	4.60	1.78	10.00	轻微
6	南桥中间	4.96	90	8.68	17.07	2.12	122.83	轻微
7	外环河	0.83	0	3.27	6.37	1.49	11.96	轻微
8	咸阳路污水厂排污口	1.30	0	3.33	7.99	2.01	14.63	轻微
9	马蹄湖	2.02	0	2.53	2.4	0.79	7.74	轻微
均值		1.54	10.67	4.18	7.32	2.05		

表 6.24　2010 年 11 月 17 日底泥重金属生态危害评价指数

采样点	位置	Ei					RI	生态危害程度
		Cr	Cd	Zn	Pb	Cu		
1	北桥中间	8.47	338.40	10.76	20.20	8.42	386.24	强
2	水葱根部	4.10	0.00	3.20	5.60	3.00	15.89	轻微
3	香蒲根部	4.88	33.00	4.42	5.85	3.14	51.29	轻微
4	水葱根部	4.12	9.00	3.07	4.97	3.06	24.22	轻微
5	芦苇根部	4.53	9.00	2.87	4.88	2.99	24.26	轻微
6	南桥中间	7.37	90.00	5.55	5.50	5.83	114.25	轻微
7	外环河	4.71	222.60	5.06	7.91	2.56	242.85	中等
8	咸阳路污水厂排污口	4.79	95.40	5.68	6.97	4.89	117.73	轻微
9	马蹄湖	2.82	0.00	1.39	3.47	1.49	9.16	轻微
均值		5.09	88.60	4.67	7.26	3.93		

表6.25　2011年5月7日底泥重金属生态危害评价指数

采样点	位置	Ei					RI	生态危害程度
		Cr	Cd	Zn	Pb	Cu		
1	北桥中间	7.42	305.37	9.79	0.11	34.42	357.10	强
2	水葱根部	3.03	64.96	4.49	0.05	8.98	81.51	轻微
3	香蒲根部	4.79	133.73	9.10	0.06	15.67	163.35	中等
4	水葱根部	2.86	77.01	4.23	0.04	9.67	93.81	轻微
5	芦苇根部	3.38	80.24	3.53	0.04	11.54	98.73	轻微
6	南桥中间	7.91	249.70	14.74	0.12	41.73	314.20	强
7	外环河	5.01	352.01	6.38	0.07	13.35	376.81	强
8	咸阳路污水厂排污口	3.75	120.95	5.00	0.06	20.46	150.22	中等
9	马蹄湖	1.66	10.80	1.95	0.05	3.84	18.29	轻微
均值		4.42	154.97	6.58	0.07	17.74		

表6.26　2011年7月4日底泥重金属生态危害评价指数

采样点	位置	Ei					RI	生态危害程度
		Cr	Cd	Zn	Pb	Cu		
1	北桥中间	3.12	96.19	11.37	10.82	40.85	162.35	中等
2	水葱根部	3.82	0	7.89	9.56	41.92	63.19	轻微
3	香蒲根部	2.79	29.82	8.96	6.36	35.79	83.72	轻微
4	水葱根部	2.10	0	5.26	4.59	18.13	30.08	轻微
5	芦苇根部	1.94	0	6.57	5.88	25.14	39.53	轻微

续表

采样点	位置	*Ei*					*RI*	生态危害程度
		Cr	Cd	Zn	Pb	Cu		
6	南桥中间	2.89	0	6.96	11.53	32.55	53.94	轻微
7	外环河	2.20	143.86	7.78	8.39	21.31	183.54	中等
8	咸阳路污水厂排污口	2.62	0	8.52	12.03	38.30	61.47	轻微
9	马蹄湖	0.80	0	2.78	4.16	8.04	15.78	轻微
均值		2.48	29.99	7.34	8.15	29.11		

对于2010年7月3日采样，只有南桥中间点位的Cd的*Ei*值在40～80之间，达到中等生态危害程度，其他各点重金属生态危害均属于轻微程度。根据总的*RI*值看出，各点的生态危害都属于轻微程度，即潜在生态风险很低，这跟生物毒性的结果相吻合。综合生态评价结果可看出，2～5号植物种植河段的*Ei*值总体上偏低，说明植物种植区域的底泥重金属的生态危害略为降低，植物通过吸收底泥中的重金属减小了其生态危害风险。

对于2010年11月17日采样，有3个点的Cd生态危害程度强，其中1号*Ei*值达到了338.40，其他重金属均属轻微生态危害。冬季样点Cd对*RI*值的关系最突出。由综合指数*RI*来看，1号和7号点生态危害较强，其他点轻微危害。2～4号植物种植河段综合指数较小但稍高于马蹄湖，表明植物种植降低了底泥重金属的生态危害风险，但生态危害程度依然高于马蹄湖清洁水域。

对于2011年5月7日采样，所有点位的Cd的*Ei*值均大于40，达到中等生态危害程度，尤其1号和7号达到了极强危害程度，总体上Cd污染严重，对生态的潜在风险巨大。除了Cd，只有6号点的Cu的*Ei*值大于40，达到中等危害，其他均为轻微危害。根据总的*RI*值看出，各点的生态危害程度各异，其中1号点和6号点、7号点生态危害程度强，3号点和8号点为中等危害。综合生态评价结果可看出，2～5号点植物种植河段的*Ei*值以及*RI*值总体上偏低，说明植物种植区域的底泥重金属的生态危害略为降低，植物通过吸收底泥中的重金属减小了其生态危害风险。

对于2011年7月4日采样，1号点和7号点的Cd生态危害程度强，其中7号点*Ei*值达到了143.86；1号点和2号点的Cu的*Ei*值略大于40，属生态危害中等程度；其他重金属均属轻微生态危害。由综合指数*RI*值来看，1号点和7号点生态危害中等，其他点轻微危害。2～5号点植物种植河段整体上各重金属*Ei*值以及综合指数*RI*值较小但稍高于马蹄湖，表明植物种植降低了底泥重金属的生态危害风险。

2. 底泥-上覆水微生物群落对比分析

如图6.22所示，第一次和第二次采样的微生物数量较第3次、第4次高，后两次采样水样和底泥中微生物数量均很低，尤其是水样中菌落。对水样中微生物而言，第2次采样微生物数量大于第1次，随后微生物数量降到很低；而底泥中第1次样品比第2次微生物数量多，大体上随着采样次数的增加细菌数量大幅降低、真菌逐步降低。整体上底泥中微生物多于水样，细菌数量多于真菌。1～6号点位的微生物多于其他点位，说明植物种植增加微生物的数量，丰富了微生物的类群。

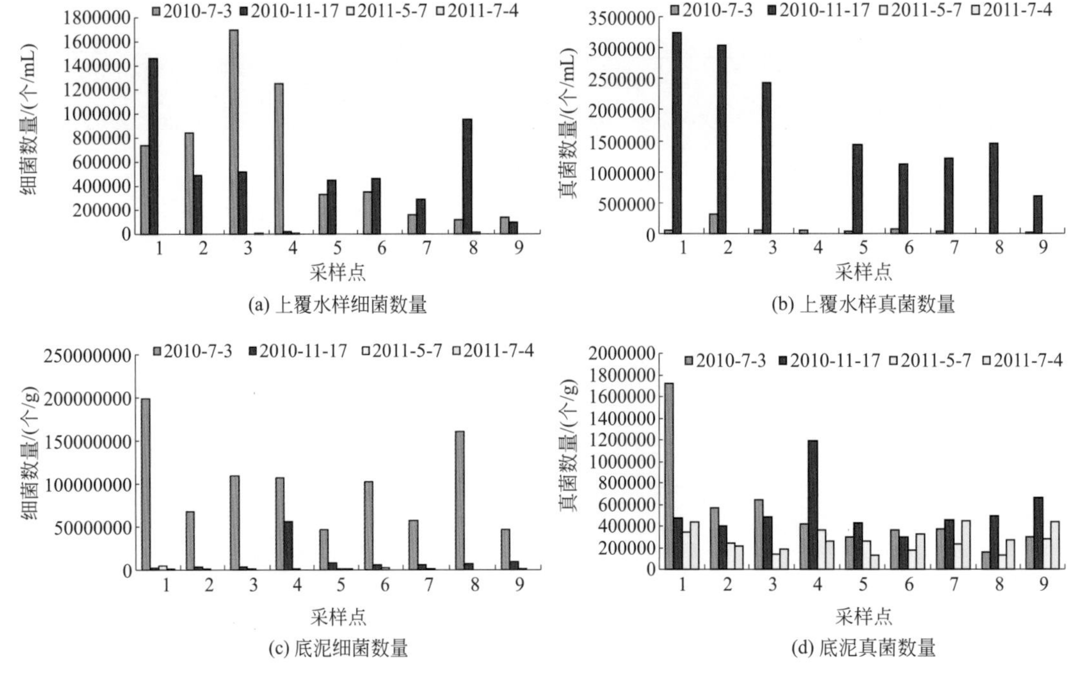

图 6.22 4 次采样微生物数量变化

3. 底泥-上覆水生物毒性对比分析

河水和底泥的小麦毒性在不同采样时间存在着较大差异，这是由于不同采样时间水质和底泥中成分均发生了改变，毒性大小是由水样和底泥中含有的物质而决定的。整体上随着采样时间的推移，水样和底泥浸出液对小麦的毒性变小，尤其是第 4 次采样水样和底泥浸出液对小麦的芽长和根长均无毒性作用，而很大程度地促进小麦发芽生长。从小麦毒性来看，由图 6.23 看出，水样对小麦的芽长、根长具有较大抑制作用，且芽长抑制作用大于根长。芽长抑制率最高达到 37.36%，根长抑制率最高达到 30.37%。而底泥对小麦的抑制作用不明显，很多点位促进小麦发芽，表明部分底泥浸出液对小麦不但无毒性反而具有促进作用。底泥的植物毒性之所以大于水样可能是因为实验所用的是底泥浸出液，很多污染元素没有溶出到浸出液里，也可能是底泥中重金属污染较普遍但含量较少危害不很严重。综合分析可知，1 ～ 6 号点位植物种植河段的水样及底泥毒性较 7、8 号点低，与马蹄湖点差异不大，这表明植物种植降低了河水和沉积物的生物毒性，且修复后毒性与清洁水域差距较小。

只对第 1 次和第 2 次的水样进行了发光菌毒性测定（图 6.24）。以发光菌毒性来看，水样对发光菌的毒性较大，最大的发光菌抑制率达到了 80% 多，表明发光菌对水样很敏感。2010 年 7 月 3 日夏季水样发光菌毒性高于 2010 年 11 月 17 日冬季，且 1 ～ 6 号植物种植河段发光菌抑制率较小，表明植物种植一定程度上降低了大沽河的发光菌毒性，这与对小麦的毒性影响相吻合。所有采样点的水样和底泥浸出液对大型溞均无致死效应，但是可能对其生理生化指标产生影响，说明大型溞可以在大沽河内生存繁衍，水样对大型溞动物的毒性较小。

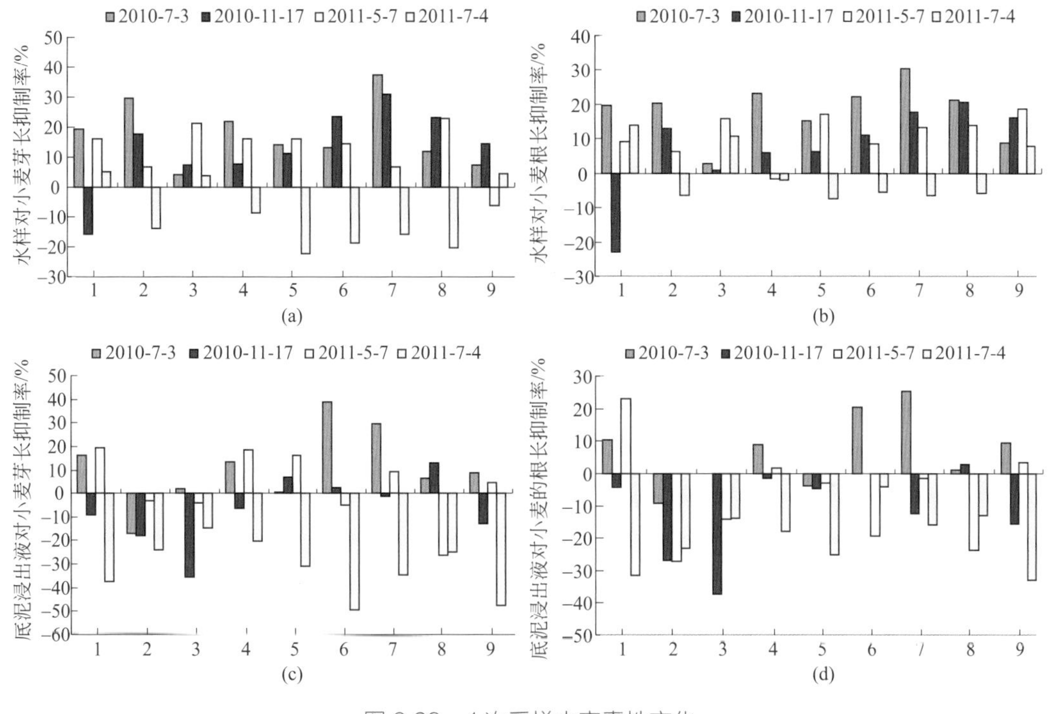

图 6.23 4 次采样小麦毒性变化

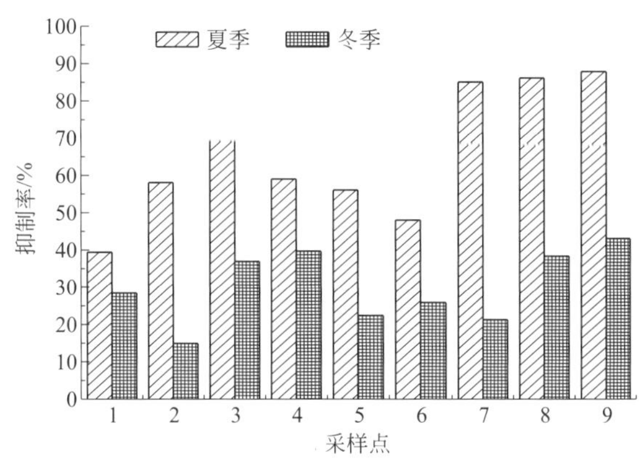

图 6.24 前两次采样水样发光菌毒性变化

四、植物修复工程实施后的效果

1. 水质改善

从 COD 及 TP 的监测结果看，与种植开始相比，水质有逐渐改善的趋势，东西南北四个方位中，以西方位置水质最好，可能是污水的流动性造成的。pH 值在修复过程中是呈逐渐升高的趋势，这与一般有机物氧化分解后 pH 值升高的规律是一致的。当然河道水质的改善是一个长期的过程，一些偶然因素如偷排等也会对实验结果产生影响，因此需要对示范现场进行长期的监测才能确定植物修复对河道水质改善的效果。

2. 景观改善

大沽河植物种植后的环境美化效果见图 6.25，而未修复前河道坡岸杂草丛生，给人以荒凉的感觉。水面上也无任何植物及景观。经过修复和植物的种植，形成一个整齐的坡岸、各种不同层次的植物错落相间，对坡岸起到一定的保护作用。水面上的植物与荷花形成一种错落有致的点缀，高低不同，形态各异，同时每种不同的植物相对集中于同一区域，给人以整齐的感觉。总之，景观改善虽然不是植物修复的主要目的，但在净化水质的同时的确起到了景观改善的作用。

图 6.25　大沽河植物种植后的环境美化效果

示范工程不同植物生长情况为挺水植物＞护坡植物＞沉水植物；挺水植物生长情况为慈姑＞芦苇＞水葱＞菖蒲＞水生鸢尾；浮水植物生长情况为睡莲＞荷花；通过实验室研究和现场示范的生长结果，确立了以慈姑 - 菖蒲 - 鸢尾为主要植物组合的轻度污染水体净化体系和以芦苇 - 水葱 - 鸢尾 - 菖蒲为主要植物组合的中 - 重度污染水体净化体系，确定了千屈菜、马莲作为岸边和水体两用修复植物的应用效果。

五、人工生物浮岛的设计与试制

国内外对人工浮岛的研究已有 50 余年的历史，其名称和材质各有不同，但总体上就像筏子一样漂浮在水面，上面栽培水生或驯化后的陆生植物。

1. 原材料筛选

国内外制作“人工浮岛”所选的原材料种类很多，芦苇、竹子、纤维增强塑料、不锈钢加发泡聚苯乙烯、聚苯乙烯发泡板、陶瓷、白色塑料泡沫板和废旧轮胎等，经考察各存缺点，如有的使用寿命短、造价高或产生“白色污染”，我们选择的标准是原材料广泛易得、质量轻、造价低、使用寿命长、浮力强、承载力强、无污染并可循环利用。最终选择了高密度聚苯乙烯发泡塑料，其成本为 55.25 元 / m²，使用寿命为 6 ～ 8 年，承载力达 60 kg/m²，且无污染还能循环利用。

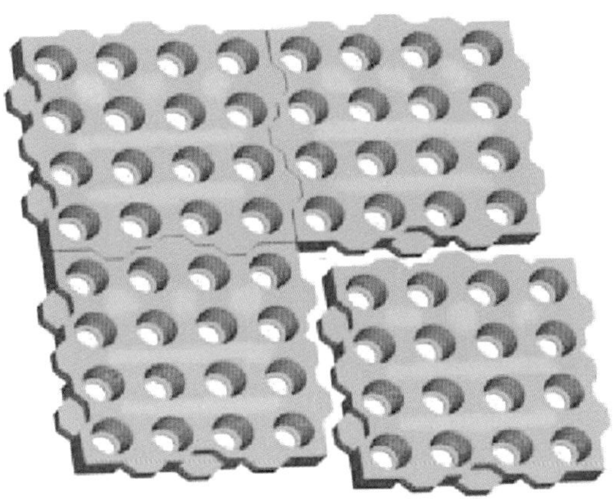

图 6.26　人工浮岛所用材料

2. 浮岛模块的设计

人工生物浮岛是单个模块拼接而成，模块四方形，边长各为 80cm，厚度 12cm，每边有模齿 3 个，模齿长 5cm，厚 6cm（详见图 6.26）。有 16 个等距离倒圆锥形栽植穴，穴底为环形或阔四角星形，口径 15cm，深 11.5cm。现已制成模具，并采用流水线一次成型工厂化批量生产，省工、省时、省料，便于包装运输。

3. 锁固连接插件

为了使模块拼接后坚固牢靠，特设计了“锁固连接插件”（图 6.27），材质选用高硬度的工程塑料。该插件有上、下夹板（2mm）和锁固穿杆构成，已成型并批量生产。

图 6.27　锁固连接插件

4. 生物浮岛的构建

首先，将模块与模块之间相邻的错位齿对正相叠加，采取“齿合错位插接式”将单个模块拼接成片，用“锁固连接插件”上、下板对准并盖在四块模块锁固连接插孔上，用四根锁固穿杆穿过上板、模块和下板旋转锁固，成为坚固的整体；浮岛载体不摇不晃不分离，工作人员可数人在上面行走作业与管护。除此，为了使浮岛在水面上不为白色筏子，调配一种环保型与植物颜色相近的专用着色剂，喷上后在水面成了一个绿色岛屿。

5. 人工生物岛综合性能比较

经过多次试验与改进，终于达到成型产品，其综合性能优于市场上同类产品，详见表 6.27。

表6.27 大沽河修复所用生物浮岛与常见浮岛性能比较

项目	绿舟牌	常见浮岛
原材料	聚苯乙烯发泡塑料	纤维、工程塑料、废旧轮胎
材质密度 / (g/cm^2)	20	12 ～ 13
成本 / 元	55.25	70 ～ 200
重量 / (g/m^2)	1562	640 ～ 700
承载力 / (kg/m^2)	60	30
浮岛单元面积 / m^2	无限大	100 ～ 150
栽植穴数 / (个 / m^2)	23	9
使用年限 /a	6 ～ 8	3 ～ 6
应用性能	无污染、循环利用 整体坚固、浮岛上行人作业	有污染、无法循环利用，上面无法行人作业
衔接方式	齿合错位插接	纤维捆绑、尼龙锁扣
每 100m^2 所需工时 / 个	14	40

从表 6.27 看出，生物浮岛选用高密度（20g/cm^2）聚苯乙烯发泡塑料板作原料，显示出 1m^2 模块重量比常见模块重量提高 55.5% ～ 59%，使得承载力提高 1 倍，使用年限延长 3 ～ 5 年；通过“齿合错位插接”方式组装浮岛，简便易行，快速组装，使得整体坚固耐用，上面可行走作业与管护。组装面积根据需要无限大，常见浮岛最大面积为 150m^2，解决了水面大面积应用的难题；本生物浮岛成本并不高，比常见浮岛节约 21.1% ～ 72.4%，每平方米面积栽植穴为常见浮岛的 2.5 倍，增加了株数，扩大了使用面积。安装 100m^2 浮岛，本研究浮岛比常见浮岛节省工时 65%。目前，与大沽河修复工程相关的生物浮岛步入市场深受欢迎，不到三年已有 7 省市 16 家单位使用，所建浮岛面积达 10000m^2。

目前，水生植物除需要泥土培养的种类外，几乎均适宜，在我国北方能正常生长的有小香蒲、水生鸢尾、千屈菜、水葱、芦苇、菖蒲、慈姑、水生美人蕉、旱伞草、藨草、泽泻、灯芯草、纸莎草、茭白、梭鱼草 15 种；陆生植物已驯化成功的有紫叶苋、万寿菊、一串红、金叶薯、空心菜、水稻、美人蕉、牵牛花、鼠尾草、福禄考、菊花、茼蒿、玉带草、红蓼、生菜 15 种，按品种计算达 85 种。特别是美人蕉，据江苏大学谢建华测试，美人蕉在水中 28d 静态试验，水中 COD_{Cr} 降低 71.6%，TP 降低 91.7%，TN 降低 80.8%，NH_4^+-N 降低 29.4%。看出美人蕉对治理污染净化水质效果相当好，同时也是美化环境的优质材料。为此，作为重点驯化种，从全国收集 11 个美人蕉品种，经驯化后完全能在浮岛上栽植：从颜色看有深粉、浅粉、纯红、紫红、红黄相间、亮黄、橘黄等；从叶形看，有狭叶、阔叶、芭蕉叶、紫绿斑纹、黄绿斑纹、纯紫色等，远看万绿丛中出彩虹。除此，为了解决我国耕地日趋减少的困境，进行了水上农业的试验，结果水稻亩产达 450kg，空心菜 300kg。不仅创造出土耕方式的经济效益，还能净化水质，美化环境，产生更大的生态效益。

浮岛上栽植穴地呈环形或阔四角星形未封闭，只能移栽幼苗，并要求苗木根系丰满能与土形成团，苗木还不宜大，移栽时才快速方便。经多次试验，终于找到快速驯化诱导生根控制苗长的工厂化批量生产营养钵育苗方法。大沽河示范现场浮岛安装及种植植物后人工浮岛见图 6.28。

(a) 人工浮岛安装现场

(b) 种植植物后的人工浮岛

图 6.28 大沽河示范现场浮岛安装及种植植物后人工浮岛

依据每个种生物学特性，做好种子处理，播于营养钵（口径 13cm，深 12cm）中，培养基质为素土。在地面上作畦（畦高 15cm，畦宽随意），畦底铺一层塑料薄膜，防水渗漏，薄膜上铺 1 ～ 1.5cm 肥土层（肥与土比 1∶9 混合），目的借助植物的趋肥、水习性，促进根系生长。播种后营养钵整齐摆放在畦内，依据每个种生物学特性给予水培或湿地诱导生根。生长旺盛期间采取控水或修剪，控制苗木健壮生长而促进根系发育。当根系与土能抱成团，幼苗长出 3 ～ 4 片叶时，即可向浮岛上移植。此时，个体小包装和运输方便，操作时整团拔起，迅速移植，快速简便，不伤根系，几乎无缓苗期，成活率高达 98.5%，使“人工生物浮岛”快速成为水上绿色小岛。

为了验证生物浮岛生态修复效果，在廊坊市环城水系光明桥北侧，安装 $300m^2$ 生物浮岛，上面全部栽植美人蕉。因缺乏测试手段，只好用肉眼直视。5 月上旬安装，水透明度仅 0.1m，待 10 月底拆除时，水下 1.1m 出的乌龟清晰可见，说明净化效果明显。同年，在天津大沽河候台段建起 $1300m^2$ 生物浮岛，上面栽植美人蕉、花叶芦竹、马蔺、菖蒲、千屈菜、水生鸢尾等。为了科学地分析净化水质效果，在长 200m 的河道上、中、下选择了 4 个固定采样点，从 2009 年 7 月 6 日至 2009 年 10 月 14 日，两次的采样监测结果（表 6.28）表明，天津市大沽河污染严重，富营养程度比较高，在 200m 的候台段设置绿舟牌浮岛 $1300m^2$。通过 4 个月监测，水中富营养状况有了明显的改善。特别是化学耗氧量（COD）下降 56.06%，说明还原物质减少，水质变好了。其次，TP 含量下降也比较明显，达 51.06%，NH_4^+-N、TN 也有一定程度下降。说明利用浮岛栽植花卉，既美化了环境，还通过植物根系吸收和吸附水中富营养物质，使水质变好，达到变害为宝、化害为利的目的。

表6.28　生物浮岛净化水质效果

采样时间	采样点	水中营养物质含量 /（mg/L）			
		COD	NH_4^+-N	TN	TP
2009-7-6	A	160	25	50	3.6
	B	100	26	50	3.1
	C	76	27	48	5.0
	D	52	26	50	3.8
	平均	97	26	49.5	3.88
2009-10-14	A	20	18	37	1.8
	B	30	21	23	2.2
	C	60	19	35	1.8
	D	60	18	34	1.8
	平均	42.5	19	34.75	1.9
下降 /%		56.19	26.92	29.79	51.06

第四节

大沽排污河微生物修复技术研究与示范

一、大沽河修复区域微生物检测及有效微生物的筛选

针对大沽河现场的情况，对水体中的微生物进行了检测。采样点位分别为修复区域的上游（1 号点）和下游（2 号点），平板计数法检测状况（表 6.29）：主要针对可培养细菌数量检测。

表6.29　平板计数法测得的大沽河细菌数目

样品编号	1 号点	2 号点
细菌检测数量 /（个 /mL）	867000	542000

流式细胞检测状况（表 6.30）：总的细菌数量检测。

表6.30　流式细胞仪计数法测得的大沽河细菌数目

样品编号	1 号点	2 号点
细菌检测数量 /（个 /mL）	9848500	19236000

我们把大沽河上游（1 号点）和下游（2 号点）的细菌状况利用流式细胞仪进行了检测，图谱分别如图 6.29 和图 6.30 所示。

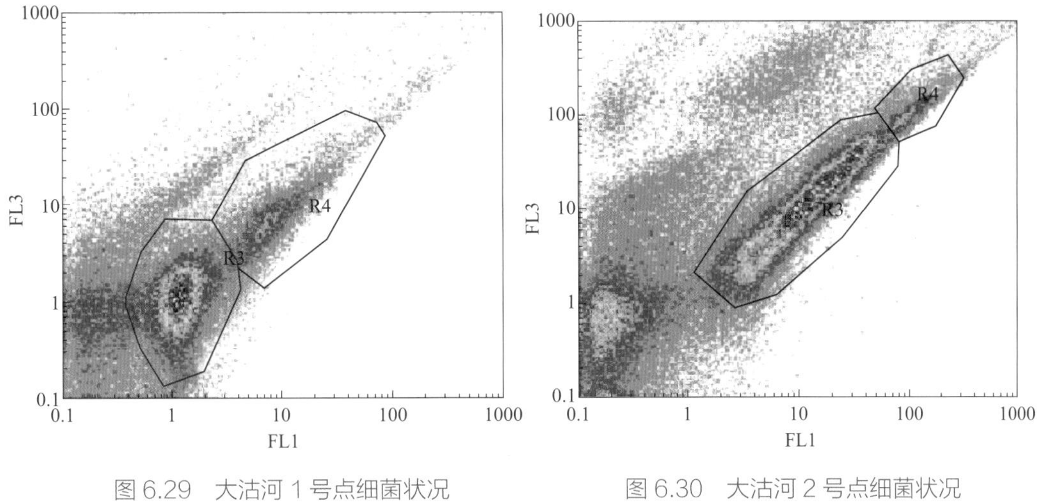

图 6.29 大沽河 1 号点细菌状况　　图 6.30 大沽河 2 号点细菌状况

从图谱中看出两个点位的细菌生长状况有明显的不同，无论是细菌组成还是细菌数量都各有特点。

从大沽河水体及其他污染环境进行了微生物筛选，根据微生物的特性及对污染物的去除效果得到了不同种类的微生物，利用分子生物学技术对微生物种类进行了鉴定，主要种类有枯草芽孢杆菌、地衣芽孢杆菌、植物乳杆菌、热带假丝酵母、贝雷斯酵母、沼泽红假单胞菌。

水质修复过程中用到的主要微生物及其相互作用见图 6.31。

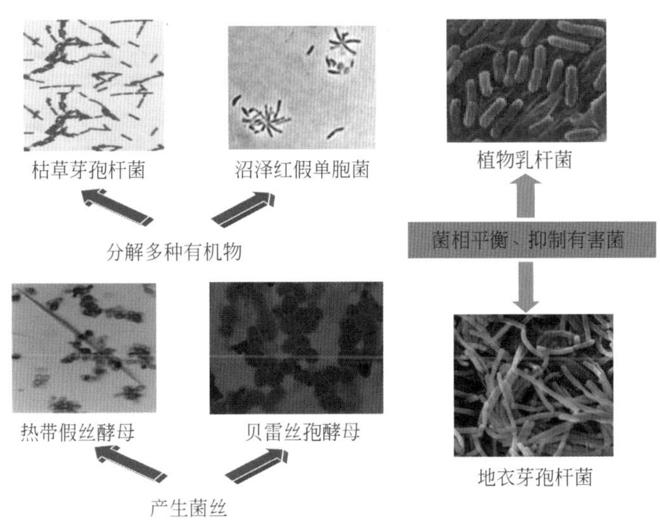

图 6.31 水质修复过程中用到的主要微生物及其相互作用

1. 枯草芽孢杆菌

菌落表面粗糙不透明，污白色或微黄色，在液体培养基中生长常形成皱膜，是需氧菌。可以利用蛋白质、多种糖类及淀粉，具有淀粉酶和中性蛋白酶。

① 可产生枯草菌素、多粘菌素、制霉菌素、短杆菌肽等活性物质。这些活性物质对致病菌和内源性感染的致病菌有明显的抑制作用。

② 消耗游离氧，造成肠道低氧，促进有益厌氧菌的生长（如乳酸菌、双歧杆菌等）并产生乳酸等有机酸类，降低肠道 pH 值，间接抑制其他致病菌生长。

③ 刺激动物免疫器官的生长、发育，激活 T、B 淋巴细胞，提高免疫球蛋白和抗体水平，增强细胞免疫和体液免疫功能，提高群体免疫力。

④ 能合成 B1、B2、B6、烟酸等多种维生素，提高动物体内干扰素和巨噬细胞活性。

2. 地衣芽孢杆菌

菌落扁平，边缘不整齐，白色，表面粗糙皱褶。兼性厌氧菌。具有调整菌群结构、促进机体产生抗菌活性物质、杀灭致病菌的作用。具有独特的生物夺氧作用，抑制致病菌生长、繁殖。活菌进入肠道后对葡萄球菌、酵母菌等有抗衡作用，而对双歧杆菌、乳酸菌、拟杆菌、消化性链球菌有促生长作用，从而可以调整菌群失调，维持机体肠道微生态平衡。

3. 贝雷丝孢酵母与热带假丝酵母

大多数酵母菌的菌落特征与细菌相似，但比细菌菌落大而厚，菌落表面光滑、湿润、黏稠，容易挑起，菌落质地均匀，正反面和边缘、中央部位的颜色都很均一，菌落多为乳白色，少数为红色，个别为黑色。酵母菌能在 pH 值为 3.0 ～ 7.5 的范围内生长，最适 pH 值为 4.5 ～ 5.0。在低于水的冰点或者高于 47℃的温度下，酵母细胞一般不能生长，最适生长温度一般为 20 ～ 30℃。

酵母菌在有氧和无氧的环境中都能生长，即酵母菌是兼性厌氧菌，在有氧的情况下它把糖类分解成二氧化碳和水，有氧存在时酵母菌生长较快；在缺氧的情况下，酵母菌把糖类分解成酒精和二氧化碳。酵母属于简单的单细胞真核生物，易于培养，且生长迅速，被广泛用于现代生物学研究中，是遗传学和分子生物学的重要研究材料。

贝雷丝孢酵母和热带假丝酵母经培养干燥后，常用来制备饲料酵母。饲料酵母不具有发酵力，细胞呈死亡状态的粉末状或颗粒状。它含有丰富的蛋白质（30% ～ 40% 左右）、B 族维生素、氨基酸等物质，广泛用作动物饲料的蛋白质补充物，能促进动物的生长发育，缩短饲养期，增加肉量和蛋量，改良肉质和提高瘦肉率，改善皮毛的光泽度，并能增强幼禽畜的抗病能力。另外，贝雷丝酵母分离于盐碱土壤，因此具有很强的盐碱耐受性，有促进根毛生长的作用。

4. 植物乳杆菌

植物乳杆菌系引进中国台湾高新生物科技技术研发菌种，植物乳杆菌是乳酸菌的一种，此菌与别的乳酸菌的区别在于此菌的活菌数比较高，能利用葡萄糖产酸，使水中的 pH 值稳定不升高。

由于此菌是厌氧细菌（兼性好氧），在繁殖过程中能产出特有的乳酸杆菌素，乳酸杆菌素是一种生物型的防腐剂。在养殖中后期，由于动物的粪便和残饵料增加，会下沉到池塘的底部，并且腐烂，滋生很多病菌，生成大量的氨氮和亚硝酸盐，使底部偷死现象严重。如果长期使用植物乳酸杆菌，就能很好地抑制底部粪便和残饵料的腐烂，也就降低了氨氮和亚硝酸盐的增加，大量减少了化工降解素的用量，使养殖成本降低。

功能：a. 净化水质，特别是养殖中后期，有机质过多，黑水、老水、浓茶水、铁锈水等水质老化池塘；b. 分解塘底有机物，除臭，消除藻类毒素，营造良好栖息环境；c. 降解水体氨氮、亚硝酸盐等有害物质，降低有机耗氧量，间接增氧，改良水质；d. 维持藻相、菌相平衡，稳定水体 pH 值。

5. 沼泽红假单胞菌

沼泽红假单胞菌属于光合细菌的一种，光合细菌简称 PSB，是地球上最古老的菌种之一；PSB 菌体营养丰富，蛋白质含量高达 65%，且富含多种维生素、辅酶等生物活性物质和微量元素，适应性强，对高浓度的有机废水有较强的耐受性和分解转化能力，对酚、氰等毒物也有一定的耐受和分解能力。

沼泽红假单胞菌的分类：按照《伯杰细菌鉴定手册》（1974 年第 8 版）将不产氧光合作用的光合细菌列为细菌门真细菌纲红螺菌目（Rhodospirillales），细菌门真细菌纲红螺菌目又下分为红螺菌亚目（Rhodospirillineae）和绿菌亚目（Chlorobiineae），红螺菌亚目下分为红螺菌科（Rhodospirillaceae）和着色菌科（Chlorobiaceae），绿菌亚目下分为绿硫杆菌（*Chlorobiaceae*）和绿色丝状杆菌（*Chloroflexaceae*）共 18 属，约 45 种。沼泽红假单胞菌属于红螺菌科、红假单胞菌属。

沼泽红假单胞菌的用途很多，可用于水质净化、污水处理、饲料级微生物添加剂等。在饲用微生物方面，我国已有明确规定，根据我国农业部第 105 号公告公布的允许使用的饲料添加剂品种目录中，饲料级微生物添加剂有 12 种，我国农业部公布的允许使用的饲料级微生物中，沼泽红假单胞菌（*Rhodopseudanonas palustris*）就在其内。

二、微生物修复现场示范

1. 微生物修复示范现场

在植物修复的上游 100m 长的河道共设置 5 道过滤网（图 6.32），同时在水体中加入以麦饭石为载体的微生物菌剂。菌剂分 5 次加入，每次间隔时间 1 周，每次加入菌剂 20t，共计加入菌剂 100t。每次菌剂加入后 1d 采取水样，测定主要水质指标的变化。本生物菌剂的一大特点是采用麦饭石作为微生物载体。麦饭石是一种对生物无毒、无害并具有一定生物活性的复合矿物或药用岩石。麦饭石的母岩常为中、酸性岩浆岩。其化学成分除常见的 Ca、Mg、Si、Al、Fe、K、Na 外，还有少量稀有元素、稀土元素、放射性元素。麦饭石具有吸附性、溶解性、pH 调节性、生物活性和矿化性等性能。它能吸附水中游离的金属离子。麦饭石中含 Al_2O_3 约 15%，是典型的两性氧化物，在水溶液中遇碱起反应降低 pH 值，遇酸起反应提高 pH 值，具有双向调节 pH 值的功能。经水泡过的麦饭石，可溶出对人体和生物体有用的常量元素 K、Na、Ca、Mg、P 及 Si、Fe、Zn、Cu、Mo、Se、Mn、Sr、Ni、V、Co、Li、Cr、I、Ge、Ti 等微量元素。麦饭石在水溶液中还能溶出人体所必需的氨基酸。

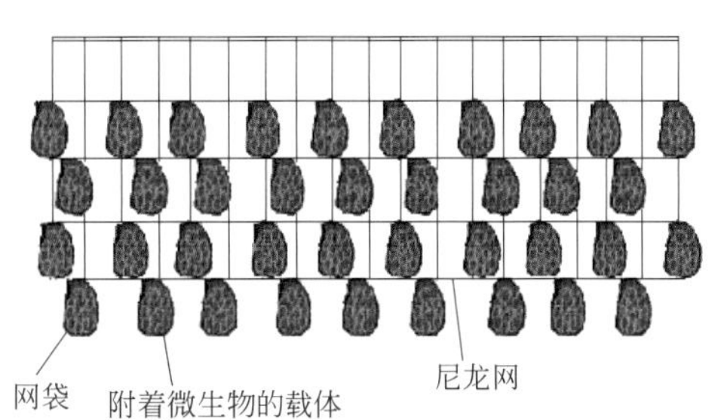

图 6.32 微生物滤网的设计

2. 微生物过滤网的设计

根据微生物的净化能力和河道水质状况设计

微生物滤网。基本原理是将尼龙网横跨在河道之上，网上悬挂具有水质净化功能的微生物载体和其他可供微生物栖息的材料，如人工水草、碳素纤维等，当污水流过滤网时水中的污染物被微生物降解；同时滤网还可形成微生物膜，有利于本土微生物的附着和生长。

碳素纤维，类似活性炭，但不同于普通活性炭，它无毒无味，性能稳定，不溶解于水，能在 5 ～ 10 年内有效。碳素纤维净化水质的原理是：在水中分散后形成的比表面积大得惊人，有强大的吸附作用，能有效吸引水中的微生物在纤维上大量增殖，激活微生物活性，从而形成生物膜，促进生态链多样性，达到恢复水体生态环境的目的。生物膜以碳素纤维为载体，上面的好氧和厌氧微生物能消耗分解水中大量营养物质和微量元素，从而抑制水华发生。每 3 个月能使水质提升一个级别，且能克服频繁清淤带来的难题。此外，碳素纤维有着极强的生物亲和性，是鱼、虾、贝类的优良产卵孵化场所，从而形成良性循环。

3. 麦饭石用于水质净化及菌载体具有的特点

（1）吸附力强　所谓吸附乃是具有多孔性、巨大表面积的固体全部溶化作用，而发生化学的、物理的反应。麦饭石作为中药对皮肤病，特别是拔脓效果很好。麦饭石是多孔性的，主要成分为二氧化硅、氧化铝，因此吸附能力很强。麦饭石微细粉末的电子显微镜照片中，呈现海绵状多孔性，具有巨大表面积，且由于长石部分风化，成高岭土状，故始终保持很强的吸附作用、交换作用。

（2）溶出矿物质　矿物质是人体不可缺少的微量元素，它们对维持生命的饮料水是非常重要的，这一事实随着近年来对矿物质的研究，已逐渐被人们所认识。当饮料水中含有适量的矿物质时，可以改善水质，也有抑制细菌和吸附有机物质的作用。因此，当将麦饭石投入水中时，可将水中的游离氯和杂质、有机物、杂菌等吸附、分解，而供给水中的矿物质，从而能防止水腐败等。

（3）调节水质　以铁、镁、氟等矿物质为例，当水中不存在铁、镁、氟时，麦饭石则溶出铁、镁、氟；相反，水中存在过多矿物质时，麦饭石则吸附矿物质。这种作用与 pH 值有关，除了过于酸性和过于碱性的水以外，往净水中投入麦饭石，在多数情况（碱性）采用投入方式，在少数情况（酸性）采用循环方式可使水接近中性。而且，使水在麦饭石层循环几次后，即使是水量较大，也能调节 pH 值。

（4）丰富水中溶解氧量　麦饭石对需氧生物体起到非常有效的作用。从麦饭石的这种作用来看，它与我们的日常生活和身体机能调节有密切的关系。据研究表明，麦饭石可能与生命起源有关。

（5）净化水体　麦饭石通过往水里溶出微量矿物质，改善水质；还能通过自身多孔性和巨大表面积，吸附水中游离氯、杂质和有机物等有害物质，起到净化水质的作用。

示范区在修复期间水质指标 COD、BOD、TN 及 TP 的变化见图 6.33。由图 6.33 可见微生物在修复开始阶段 COD 值和 BOD 值高于水环境质量标准 5 级值，修复开始后 COD 和 BOD 值降低到 40mg/L 以下，低于水环境质量标准 5 级。第 4 周时 COD 值和 BOD 值出现升高，但第 5、第 6 周后由继续降低，修复期间多数时间 COD、BOD 值都小于水环境质量标准 5 级的规定。TN 和 TP 值虽在修复期间有所降低，但仍高于水环境质量标准的规定，需要进一步采用其他技术进行处理。

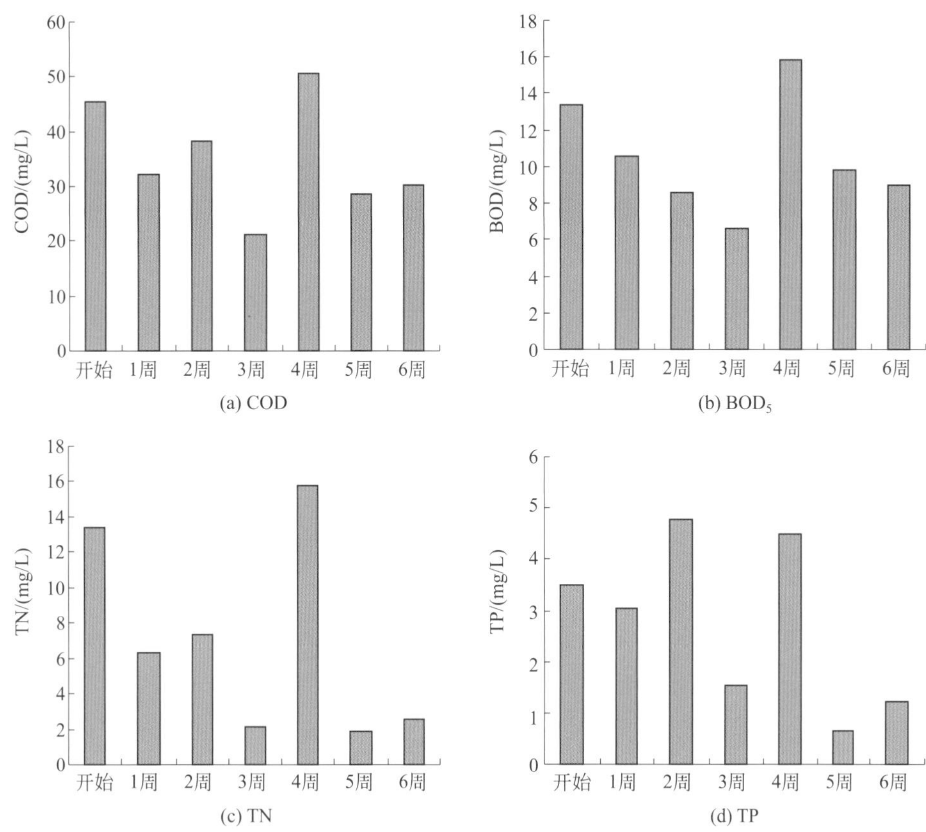

图 6.33 微生物修复区域在修复过程中水质变化

微生物修复现场示范见图6.34。

图 6.34 微生物修复现场示范

主要参考文献

[1] 王敏．污水水质毒性评价及排污河道生态修复效果研究．天津：南开大学，2012.

[2] 荣伟英．大沽排污河植物修复示范工程段水质变化及室内模拟实验．天津：南开大学，2011.

[3] 方云英，杨肖娥，常会庆，等．利用水生植物原位修复污染水体．应用生态学报，2008,19（2）:407-412.

[4] 陈小鸟，王海珍. 人工种植水生植物对淀山湖水质的影响研究. 环境科学与技术，2011, 34（5）: 30-34.
[5] 吴迪，岳峰，罗祖奎，等. 上海大莲湖湖滨带湿地的生态修复. 生态学报，2011, 31（11）: 2999-3008.
[6] 李欲如，陈娟. 浮床植物对不同污染程度水体中氮、磷的去除效果. 水资源保护，2011, 27（1）: 58-62.
[7] 杨雁，李永梅，王自林，等. 漂浮栽培水生植物对入滇河流污水中磷的去除效果研究. 农业环境科学学报，2010,29（9）:1763-1769.
[8] 王谦，成水平. 大型水生植物修复重金属污染水体研究进展. 环境科学与技术，2010, 3（5）: 96-102.
[9] 梁帅，颜冬云，徐绍辉. 重金属废水的生物治理技术研究进展. 环境科学与技术，2009, 32（11）: 108-114.
[10] 申华，黄鹤忠，张皓，等. 3种观赏水草对水体镉污染修复效果的比较研究. 水生态学杂志，2008, 1(1): 52-55.
[11] 叶雪均，邱数敏. 3种草本植物对Pb、Cd污染水体的修复研究. 环境工程学报，2010, 4（5）: 1023-1026.
[12] Alkorta1 J, Hernández-Allica J.M., Becerril I, et al. Chelate-enhanced phytoremediation of soils polluted with heavy metals. Environmental Science and Bio/Technology, 2004, 3: 55-70.
[13] 蔡景波，丁学锋，彭红云. 环境因子及沉水植物对底泥磷释放的影响研究. 水土保持学报，2007, 21（2）: 151-154.
[14] Rysgaard S. Effects of salinity on NH_4^+ adsorption capacity, nitrification, and denitrification in Danish estuarine sediments. Estuaries, 1999, 22（1）: 21-30.
[15] 胡刚，王里奥，袁辉，等. 三峡库区消落带下部区域土壤氮磷释放规律模拟实验研究. 长江流域资源与环境，2008, 17（5）: 780-784.
[16] 王正兴，沈耀良. 受污水体水生植物修复技术的应用及其发展. 四川环境，2006, 25（3）: 77-80.
[17] Gregor K, Sophie V. Eutrophication and endangered aquatic plants: an experimental study on Baldellia ranunculoides（L.）Parl.（Alismataceae）. *Hydrobiologia*, 2009, 635: 181-187.
[18] 由文辉，刘素媛，钱小燕. 水生经济植物净化受污染水体的研究. 上海：华东师范大学（自然科学版），2000,（1）: 99-102.
[19] Mahujchariyawong J, Ikeda S. Modelling of environmental phytoremediation in eutrophic river-the case of water hyacinth harvest in Tha-Chin River, Thailand. Ecol Model, 2001, 142（1/2）: 121-134.
[20] 黄亮，李伟，吴莹，等. 长江中游若干湖泊中水生植物体内重金属分布. 环境科学研究，2002, 15(6): 1-4.
[21] 王敏，唐景春，王斐. 常见水生植物对富营养化和重金属污染水体的修复效果研究. 水资源与水工程学报，2013，24（2）: 50-56.
[22] 王春景，杨海军，刘国经. 菰和菖蒲对富营养化水体净化效率的比较. 植物资源与环境学报，2007,16（1）:40-44.
[23] Lee Chang-gyun, Fletcher T D, Sun Guang-zhi. Nitrogen removal in constructed wetland systems. Engineering Life Science, 2009,9（1）: 11-22.
[24] Stottmeister U, Wiener A. Effects of plants and microorganism in constructed wetlands for wastewater treatment. Biotechnology Advances, 2003, 22: 93-117.
[25] 徐成斌，于宁，马溪平，等. 不同河岸植物带对非点源污染河水污染物降解试验研究. 气象与环境学报，2008, 24（6）: 63-66.

[26] 吴建强，黄沈发，吴健，等. 缓冲带径流污染物净化效果研究及其与草皮生物量的相关性. 湖泊科学，2008, 20（6）: 761-765.

[27] Mandera U, Kuusemets V, Ivask M. Nutrient dynamics of riparian ecotones: A case study from the the Porijogi River catchment, Estonia. Landscape and Urban Planning, 1995, 31（1-3）: 333-348.

[28] 李振川，薛杨，邹南昌. 天津大沽排污河治理工程与综合效益. 城市道桥与防洪，2010, 7: 64-65.

[29] 王敏，唐景春，朱文英，等. 大沽排污河生态修复河道水质综合评价及生物毒性影响. 生态学报，2012,32（14）: 4535-4543.

[30] 刘春光，王春生，李贺，等. 几种大型水生植物对富营养水体中氮和磷的去除效果. 农业环境科学学报，2006, 25（增刊）: 635-638.

[31] 石雷，王宝贞，曹向东，等. 沙田人工湿地植物生长特性及除污能力的研究. 农业环境科学学报，2005, 24（1）: 98-103.

[32] 马井泉，周怀东，董哲仁. 水生植物对氮和磷去除效果的试验研究. 中国水利水电科学研究院学报，2005, 3（2）: 130-134.

[33] Dierberg F F, DeBusk Jr, T A. Goulet Jr. N A. Removal of copper and lead using a thin film technique.In: Reddy, K.B, Smith, W.H.（Eds.）, Aquatic Plants for Water Treatment and Resource Recovery. Magnolia Pub. Inst, Florida，1987.

[34] Howes B L, Teal J M. Oxygen loss from Spartina alterniflora and its relation to salt marsh oxygen balance.Oecologia, 1994, 97: 431-438.

[35] Venkata Mohan S, Mohanakrishna G, Chiranjeevi P, et al. Ecologically engineered system（EES）designed to integrate floating, emergent and submerged macrophytes for the treatment of domestic sewage and acid rich fermented-distillery wastewater: Evaluation of long term performance. Bioresource Technology, 2010, 101: 3363-3370.

[36] Qian J H, Zayed A, Zhu Y L, et al. Phytoaccumulation of trace elements by wetland plants: III. Uptake and accumulation of ten trace elements by twelve plant species. Journal of Environmental Quality, 1999, 28:1448-1455.

[37] Khan S Ahmad I, Shah M T, Rehman S, et al. Use of constructed wetland for the removal of heavy metals from industrial wastewater. Journal of Environmental Management, 2009（90）: 3451-3457.

[38] 任若恩，王惠文. 多元统计数据分析 - 理论、方法、实例 . 北京：中国计划出版社，1999.

[39] 刘申，刘凤枝，李晓华. 天津公园土壤重金属污染评价及其空间分析. 生态环境学报，2010, 19（5）: 1097-1102.

[40] 胡国成，许木启，许振成，等. 府河 - 白洋淀沉积物中重金属污染特征及潜在风险评价. 农业环境科学学报，2011, 30（1）:146-153.

[41] Hakanson L. An ecological risk index for aquatic pollution control-A sedimentological approach. Water Research,1980,14（8）: 975-1001.

第七章 云南高原湖泊治理与修复模式

高原湖泊是云南省众多山间盆地生态系统的重要组成部分，在涵养水源、净化水质、蓄洪防旱、调节气候、保护生境、调节湖泊水陆生态系统循环、栖息繁衍水生动植物、维护生物多样性和旅游观光等方面发挥着重要作用。作为高原明珠的云南省高原湖泊，是云南省建设生态文明、和谐发展的重要基础和基本条件。然而，随着经济和社会的快速发展，特别是城市化进程的加快，环境污染日趋严重，给云南省高原湖泊尤其是九大高原湖泊带来不堪承受的污染负荷，水质逐渐下降。

近些年来，由于中央和地方各级政府高度重视环境保护，并把生态文明建设落实到湖泊的保护与治理中，很多受损高原湖泊的水质得到了一定改善。

第一节 云南高原湖泊资源

云南省地处中国西南边陲，滇西为横断山脉地区，滇东则为云贵高原的云南区域。在地形多样的云南省境内，水资源丰富，湖泊众多，但空间分布不均衡。受地理位置、地形地貌及气候等因素的影响，云南省高原湖泊相比平原地区的湖泊具有其独特性。云南省的众多湖泊，如同高原璀璨明珠，点缀着彩云之南的这片红土地，并成为壮美山河美景的一部分。

一、云南高原湖泊状况

云南省湖泊众多，是我国天然湖泊最多的省份之一。面积在 1km^2 以上的湖泊有 37 个，面积在 30km^2 以上的湖泊有 9 个，湖泊水域面积从大到小依次为滇池、洱海、抚仙湖、程海、泸沽湖、杞麓湖、星云湖、阳宗海和异龙湖，简称为“九湖”。

云南高原湖泊的成因可归为褶被断层、侵蚀冲积和陷落冲积三类。每一湖泊的形成虽有一个主要因素，但通常需要几个因素的同时作用，大部分湖泊都是由几次造山运动的褶被断层和陷落所形成。如滇池是由于断层下陷后受侵蚀冲积所成，在西山还可以明显地看到大的断层面。在阳宗海之西岸陡坡和抚仙湖之东西两岸山坡上，可看出明显的断层面。总体上云南主要湖泊的成因如下：以断层褶被为主的有阳宗海、抚仙湖；以断层冲积为主的有滇池、星云湖；以沉降、侵蚀为主的有洱海、异龙湖；仅以侵蚀为主的有杞麓湖[1]。

九大高原湖泊对于云南省的社会经济发展具有重要的作用，其基本概况如下。

（1）滇池　滇池位于昆明市西南，是中国第六大淡水湖，也是云南省面积最大的淡水湖，有高原明珠之称。流域面积 2920km²，湖面高程 1887.5m，水域面积约 309.5km²，平均水深 5.3m，最大水深约 10.2m，湖容 15.6 亿立方米。由海埂分为草海和外海两个部分。滇池是典型的半封闭宽浅型湖泊，属长江水系，湖水在西南海口洩出，称螳螂川，为长江上游干流金沙江支流普渡河上源。

（2）洱海　洱海是云南省第二大高原淡水湖泊，位于大理市境内，因为形似人的一只耳朵而得名。洱海属澜沧江水系，流域面积 2565km²，湖泊面积 252km²，平均水深 10.8m，最大水深 21.5m，湖面高程 1974m，蓄水量 28.8 亿立方米。洱海水质清澈，风景优美，不仅为周围的工农业提供了水源，更是大理的一道美景。

（3）抚仙湖　抚仙湖是中国第二深水湖，是云南省蓄水量最大的湖泊，也是云南省内陆淡水湖中水质最好、蓄水量最大的深水型淡水湖泊。其位于玉溪市澄江县、江川县、华宁县三县交界处，属珠江流域南盘江水系。湖面海拔高程 1722.5m，湖泊面积 216km²，流域面积 674.69km²，最大水深 158.9m，平均水深 95.2m，蓄水量 206.2 亿立方米，其中入湖主要河道有 34 条，湖水经海口河流入南盘江。

（4）程海　古名程河，又称为黑伍海，位于云南省永胜县中部，是一个内陆封闭型高原深水湖泊，没有进水和出水河道，地处金沙江干热地带，湖区为中亚热带气候，全年无霜，湖水为重碳酸钠镁型水，偏碱性。程海南北长而东西窄，湖水面积 75.97km²，海拔 1503m，平均水深 24.98m，最深 35.87m，蓄水量 16.8 亿立方米；南北长 24.98km，东西最大宽约 5.205km，流域面积 318.3km²。

（5）泸沽湖　是中国第三深水湖，位于云南省西北部的丽江市宁蒗县和四川省西南部凉山州盐源县的两省交界处，是云南省海拔最高的湖泊。湖面海拔高程 2692.2m，湖面面积 50.1km²，其中云南境内 30.3km²，流域面积 247.6km²，平均水深 38.4m，最大水深 105.3m，而且至今尚未受到污染，仍保持原始状况，水质稳定维持在 I 类水质。湖畔居住着摩梭人、彝族和普米族。

（6）杞麓湖　位于玉溪市通海县境内，属于珠江流域南盘江水系，是一个封闭型高原湖泊。湖面海拔高程 1795.7m，流域面积 354.2km²，湖泊面积 36.95km²，最大水深 6.84m，平均水深 4m，蓄水量 1.47 亿立方米。主要入湖河流四条，洪水年湖水经湖东南面的岳家营落水洞岩溶裂隙泄洪至曲江。

（7）星云湖　也称浪广海，位于玉溪市江川县境内，属于珠江流域南盘江水系，是抚仙湖的上游湖泊，通过 2.2km 的隔河与抚仙湖相连。湖泊面积 34.7km²，流域面积 386km²，平均水深 6.01m，最大水深 10.8m，蓄水量 2.098 亿立方米。大小入湖主要河流有约 12 条。

（8）阳宗海　古称“大泽”，奕休湖，位于玉溪市澄江县、昆明市呈贡区、宜良县境内，属于珠江流域南盘江水系。湖面海拔高程 1769.9m，流域面积 192km²，湖面南北长约 12km，东西宽约 3km。湖面积 31.49km²，平均水深 20m，最深 28.59m。阳宗海为高原断陷湖泊，湖岸平直，湖底凹凸不平，有岩洞暗礁，水色碧绿，透明度高，为淡水湖，湖内盛产著名的金线鱼。湖水主要依靠阳宗大河、七星河等入湖河道补给。

（9）异龙湖　原名“邑罗黑”，位于红河哈尼族彝族自治州石屏县境内，属珠江流域南盘江水系，是云南省九个高原湖泊中最小的湖泊。湖面海拔高程1414m，流域面积360.4km^2，湖泊面积约30km^2，平均水深3.9m，最大水深5.7m，蓄水量1.149亿立方米。

云南省大多数湖泊位于崇山峻岭之中，部分位于高山之巅。湖光山色秀丽，风光旖旎，如同一颗颗明珠散落高原，亦如一块块碧玉镶嵌在山间，是云南壮丽自然风景的重要组成部分。滇池、洱海、抚仙湖、泸沽湖、茈碧湖、拉市海、纳帕海和碧塔海等湖泊风景秀丽，驰名中外，吸引着众多游客前来观光游览。

二、云南高原湖泊特征

受地理位置、地形地貌及气候等因素的影响，云南省高原湖泊相比平原地区的湖泊具有其独特性。

1. 空间分布不均衡

云南省的大小湖泊众多，但空间分布不均衡，主要分布在滇中、滇西和滇西北。其中，滇中湖群代表性的湖泊有滇池、抚仙湖、星云湖、阳宗海、杞麓湖和异龙湖；滇西湖群代表性的湖泊有洱海、茈碧湖、腾冲北海；滇西北代表性的湖群有泸沽湖、程海、剑湖、拉市海、纳帕海和碧塔海。

2. 多为断陷成湖，位于汇水区的最低处

云南省大多数为断陷型湖泊，形成于第三纪喜马拉雅山造山运动期间，如滇池、洱海、抚仙湖、泸沽湖、程海等均属于断陷型湖泊。这些湖泊位于汇水区的最低处。雨旱季节入湖污染负荷压力大。此外，有少量湖泊为季节性湖泊，如纳帕海、腾冲北海等。

3. 湖泊无大江大河补给，封闭性较高，换水周期长

云南省水系众多，水资源丰富，但多数水系分布于滇西横断山脉的高山峡谷间。而滇中及滇东高原的水系，也普遍位于区域的低洼处。云南省的大多数湖泊是金沙江、澜沧江、红河等水系的支流组成部分，没有大江大河的水量补给。这些湖泊的补给河道源头近、流程短，补水量小，湖泊出水口少，有的没有汇出口，封闭性相对较高。换水周期长。

九大湖泊位于流域的最低处，多数湖泊位于城市的下游，是城市和沿湖地区各类污水及地表径流的纳污水体。且入湖河道源头近，流程短，九湖入湖总河道约180条，最长的河道长约42km，最短的仅有3km，这些河道大多都流经城镇、村落和农田区域，大多数河道水质受污染严重，水质较差。

云南省九大高原湖泊基本特征详见表7.1。

以滇池为例，流域面积2920km^2，大小入湖河流有35条，但多数为季节性河流，主要补给河流为盘龙江。在牛栏江补水滇池之前，由于昆明城市人口众多，需水量大。滇池缺少洁净的水源补给。即便是补充了汇入河道的径流及污水厂的尾水，换水周期仍需近4年。补水后，仍需要近2年，洱海换水周期需要近3年，抚仙湖换水周期需要约30年。

表7.1 云南省九大高原湖泊基本特征

名称	面积/km²	平均长度/km	平均宽度/km	最大水深/m	平均水深/m	岸线长度/km	蓄水量/10^8m^3	换水周期/a	森林覆盖率/%
滇池	309.5	41.2	7.56	9.3	5.3	163	15.6	3.0	50.6
洱海	251.3	42.5	5.9	21.3	11.4	127.8	28.8	3.3	35.6
抚仙湖	216.6	31.8	6.8	158.9	95.2	100.8	206.2	166.9	27.2
程海	74.6	17.3	4.3	35.0	25.7	45.1	19.8	—	17.0
泸沽湖	50.1	9.5	5.2	91.0	45.0	44.0	22.52	42.6	45.0
杞麓湖	37.3	10.4	3.6	6.8	4.5	32.0	1.6	82.2	21.6
星云湖	34.3	9.1	3.8	10.8	6.1	38.8	2.10	8.8	31.4
阳宗海	31.9	12.7	2.5	29.7	18.9	32.3	6.04	12.6	22.8
异龙湖	29.6	13.8	2.1	5.7	3.9	62.9	1.15	7.2	34.2

注：表中“—”表示封闭湖泊，无法统计。

4．地处低纬度的高原地区，相同富营养化条件下藻类拥有更高的生产力

云南地处中国西南边陲，位于东经97° 31′～106° 11′，北纬21° 8′～29° 15′之间，北回归线横贯本省南部，属低纬度内陆地区。云南气候基本属于亚热带高原季风型，立体气候特点显著，类型众多、年温差小、日温差大、干湿季节分明、气温随地势高低垂直变化异常明显。滇西北属寒带型气候，长冬无夏，春秋较短；滇东、滇中属温带型气候，四季如春，遇雨成冬；滇南、滇西南属低热河谷区，有一部分在北回归线以南，进入热带范围，长夏无冬，一雨成秋。在一个省区内，同时具有寒、温、热（包括亚热带）三带气候，一般海拔高度每上升100m，温度平均递降0.6～0.7℃，有“一山分四季，十里不同天”之说，景象别具特色。全省平均气温，最热（7月）月均温在19～22℃之间，最冷（1月）月均温在6～8℃，年温差一般只有10～12℃。同日早晚较凉，中午较热，尤其是冬、春两季，日温差可达12～20℃。全省无霜期长，南部边境全年无霜，偏南地区无霜期为300～330d，中部地区约为250d，比较寒冷的滇西北和滇东北地区也长达210～220d。

由于地处低纬度地区，且海拔相对较高，全年无霜期较长，使云南省高原富营养化湖泊的浮游藻类生产力远高于我国东部、中部和北部的其他湖泊的生产力。研究表明，在同等富营养化条件下，经过同期对比研究，相同季节和同等富营养化条件下，滇池浮游藻类的生产力远高于太湖和巢湖。主要原因为在云南低纬度地区，多数湖泊在冬春季节水温较高，蓝藻出现休眠的现象不明显；或水温低于14℃的时间段较短，使藻类初始生物量维持在较高水平。而到夏秋季节，由于光照强度及水温等较高，使蓝藻生产力相对较高。

第二节 云南高原湖泊面临的主要问题及其诊断

云南省是世界生物多样性保护的热点地区、全球碳库重要区域和"亚洲水塔"，是长江、珠江、澜沧江等具有重大战略价值的江河流经之地，境内分布的众多高原湖泊成为影响江河水环境的关键区域；湖泊水质直接影响地方经济社会的发展；湖泊水环境质量对地处江河下游我国黄金经济带的水环境安全和经济社会安全产生影响。

高原湖盆区是云南省开发较早、利用强度较大、人口特别密集的关键地段；九湖流域面积只占全省面积的2.1%，人口约占全省人口数的11%，却是云南人口最稠密、人为活动最频繁、经济最发达、发展最具活力的地区，每年创造的生产总值占全省的1/3以上。九湖流域还是云南粮食的主产区，汇集全省70%以上的大中型企业，云南省的经济中心、重要城市昆明和大理也位于九湖流域内，对全省的国民经济和社会发展起着至关重要的作用。

一、云南高原湖泊的先天缺陷

云南省属于典型的山地高原地形，境内高原湖泊众多，分属长江、珠江、红河、澜沧江水系，具有重要的战略地位，是我国黄金经济带上游，也是众多国际大河的上游。作为"山水林田湖草生命共同体"中的重要一环，高原湖泊在区域生态系统组成中占据重要地位，既是云南发展资源本底，也是珠江上源重要水体，在区域及流域经济社会发展中起着非常重要的支撑作用。

云南高原湖泊生态系统敏感脆弱、污染源复杂，较一般湖泊其治理更具复杂性、艰巨性和长期性。

1. 高原湖泊生态系统自身的脆弱性

云南高原湖泊以构造断陷湖为主，湖体狭长，南北向伸展。湖泊多处于大的断裂带和大河水系分水岭地带，地势高于周围地区，流域面积小，水资源匮乏，具有封闭与半封闭的特点，加之受降雨季节性及人类活动双重影响，生态系统表现出很明显的脆弱性。以抚仙湖为例，其流域面积较小，植被覆盖率不足30%，加上地处干旱缺水地区，汇水量较少。目前抚仙湖生态系统已经逐步退化，水体一旦发生污染则极难恢复。

2. 高原湖泊生态系统的易受胁迫性

高原湖泊地处本流域最低处，输入湖泊的物质容易在湖泊中积聚，实际上承担着流域内一切社会经济活动的压力。随着高原湖泊流域内人口增加、城镇化、工业化与农业现代化进程加快，旅游业快速发展，流域污染负荷还在增加，导致水环境系统与陆生生态系统破坏严重，而且水土资源呈过度开发态势。以大理洱海为例，截至2016年1月30日，洱海周边区域共有客栈490家，在建121家。由于市政基础设施不完善，加上部分客栈经营者及游客生态意识淡薄，大量固体垃圾、生活污水等直接或间接排入洱海，致使洱海生态污染加剧。

3. 云南高原湖泊治理具有复杂性、艰巨性和长期性

云南高原湖泊治理是一个庞大的系统工程，是复杂、艰巨、长期的过程[2]。

（1）云南高原湖泊水体更换周期长　云南高原湖泊没有大江大河的导入，汇水面积小、产水量少、蒸发量大、降雨集中，大多要依靠回归水循环和外流域调水才能维持水量平衡，水资源十分短缺，湖泊调蓄能力差，由于本身缺乏外来水源，水体更换缓慢，供需矛盾突出。

（2）云南高原湖泊为纳污水体　云南高原湖泊多数处于城市下游，是城市和沿湖地区各类污水及地表径流的最终纳污水体。同时入湖河道流程短，九湖主要入湖河道（沟渠）约有 180 条，最长的河道仅有 40 多千米，短的只有 3 千米，这些河道大都流经城镇、村庄和农田，有 2/3 以上的河道处于Ⅴ类、劣Ⅴ类水平，遭受了严重污染，入湖后增加了污染负荷。此外，污染控制、特别是对农业与城市面源污染的控制难度较大。

（3）云南高原湖泊进入老龄化阶段　在长期的自然演化过程和频繁的人类活动中，长期以来大量泥沙和污染物排入湖中，加上历史原因造成的“围湖造田”等不合理的开发活动，致使湖面缩小，湖泊的水面不断缩小，湖盆变浅，进入老龄化阶段，一些湖泊出现沼泽化趋势。因此，高原湖泊内源污染物堆积，污染严重，水体自净能力差，生态条件脆弱，经济活动容易导致生态环境的破坏。此外，云南湖泊大多为深水湖泊，大型水生植物分布面积小[3]，难以对输入的营养物质起吸收和调节的自净作用。

（4）云南九湖流域内森林覆盖率不高　由于历史上对森林资源的过度砍伐，致使流域森林植被遭到破坏，九湖流域森林覆盖率不高，除异龙湖以外都在 20% 以下，土壤侵蚀严重，保土、保水和保肥的能力差[4]。虽然经过二十余年来的封山育林、植树造林的生态建设活动，森林覆盖率有大幅提升，滇池流域 53.55%（2014 年）、泸沽湖流域 45%（2013 年）、程海流域 44%（2015 年）、洱海流域 39.33%（2016 年）、抚仙湖流域 27.03%（2017 年），但还是低于云南省森林覆盖率（55.7%）。此外，生态建设过程中植树造林的林种单一，大多以针叶林为主，植被蓄水保土性能差，水土流失严重；且流域内的林地普遍数量型增长和质量型下降并存，原生植被和优质森林面积小，生物多样性低、林相结构较差的现象并没有改变，难以满足流域水源涵养和保持水土的功能要求。

二、云南高原湖泊的后天不足

20 世纪 90 年代以来，云南省开始重视高原湖泊保护与治理，但治理速度比不上污染速度，导致新问题不断出现，因此，流域人口较多、开发较大的湖泊更为严重，主要表现在以下几个方面。

（1）湖体萎缩加快，水位下降　自然湖体水域的减少和垦田的增加，元代疏浚凿修滇池出水海口河，海口河是云南高原初步开发湖泊的活动，明清时期，对滇池、洱海、抚仙湖、异龙湖、阳宗海、星云湖、杞麓湖、矣帮池（即知府塘）、中原泽、嘉丽泽、大屯海、长桥海等大小湖泊都进行了以防洪垦田为主的开发利用。主要是开挖出水口，疏泄

湖泊、草海积水，减少洪灾，稳定和增加湖泊周围垦田数量，以此达到增加农业收成的目的，这一行为直接导致云南高原自然湖泊水域面积逐渐变小，湖周垦田面积逐渐增多的单向变化。随着湖泊老龄化的推进，湖泊水位不断下降。以抚仙湖为例，根据抚仙湖2001 ～ 2013 年的平均水位统计，水位总体上呈现出下降趋势，自 2009 年云南连续干旱以来下降趋势尤为明显，2012 年甚至低于法定最低运行水位，说明抚仙湖已经处于亏水状态运行。此外，根据考古工作推测与统计资料，滇池水面变化较大，从表 7.2 可见，滇池水面海拔、水域面积、南北长及湖岸线均发生了很大变化，其中水域面积由 1000km² 缩减约为 300km²。

表7.2　滇池水面基本情况变迁统计表

时代	水面海拔 / m	水域面积 / km²	南北长 / km	湖岸线 / km
3 万年前旧石器时代	1940	1000	68	520
汉代	1900	662.8		＞ 240
唐宋	1890	510.1	49	
元至元十二年	1888.5	410	43	180
明朝	1888	350	42	171
清代	1887.2	320.3		164
新中国成立后至 1980 年	1886.3	299.7		150
《滇池保护条例》正常水位	1887.5	309.5	40	163.3
	1885.5	292.5		

（2）城市用水挤占水资源　随着九湖流域城镇化和工业化的发展，挤占了流域内的部分水资源量，入湖清水急剧减少，有些入湖河道基本靠再生水补给，缺乏充足的洁净水对湖泊水体进行置换，水体对污染物的稀释自净能力下降。可见，流域生态用水更是难以保证，因此需要明确管控生态流量，让湖泊水域活起来、流起来，使湖泊流域生态环境从根本好转。经调查统计，洱海流域苍山十八溪年用水量 5198 万立方米，其中居民生活用水量约为 594 万立方米、畜禽养殖用水量约为 278 万立方米、农业用水量约为 3182 万立方米、企业用水量约为 1144 万立方米，分别占总用水量的 12%、5%、61% 和 22%。由于受生活、生产所需用水量增加及沿途流失、蒸发等损耗的影响，入湖水量呈逐年减少的趋势且不同程度地遭受点源和面源污染[5]。

（3）城市与农村生活污水处理率不高　由于快速的城市化进程，大量城市生活污水来不及处理就被排放到自然水体，尤其是雨季这种现象更明显，湖区生活污水直排加剧了湖泊水质恶化，尤其是近岸水体污染更为严重，造成目前杞麓湖、异龙湖都是劣Ⅴ类水质；即使经过城市生活污水处理厂处理后的尾水仍属《地表水环境质量标准》（GB 3838—2002）Ⅴ类，甚至某些指标为劣Ⅴ类。因此，湖泊面临的污染负荷较大，常常超过湖泊自身的环境承载力，使湖泊生态系统难以恢复。云南省部分村落旱季收集不到污水，大部分污水通过沟渠排入农灌沟或者下游水体，污水处理设施没有进水，无法正常运行。部分村落 TN 和 TP 出水水质很不稳定，出水反而超过进水。运行好时，A^2/O 一体化设备工艺对 COD 的去除率可达 40% 以上；

对 BOD_5 的去除效果为 70% 以上；对 NH_4^+-N 的去除率达 17.4% ～ 32.0%；对 SS 的去除率为 61.6% ～ 100%[6]。

（4）水质污染严重，水生态系统退化　随着流域工业发展和城镇化推进，流域内人口数量逐年增加，形成农业 - 城市面源复合污染，大量好氧物质、营养物质和有毒物质排入湖体，使水体富营养化，湖水的自净能力下降，导致湖体溶解氧不断下降，透明度降低，原有的水生植被群落因缺氧和得不到光照而成片死亡[7]，水体中其他水生动物、底栖生物的种类也随之减少，生物量降低，取而代之的是以浮游植物（藻类）为主体的富营养型的生态体系，水生生态系统不断退化。通过分析发现，2005 ～ 2014 年杞麓湖水质偏差，其中 TN、高锰酸盐指数、生化需氧量和叶绿素 a 呈显著增长趋势，NH_4^+-N、TP 和透明度波动较大，2015 年整体水质有所改善，但仍为劣Ⅴ类[8]。

（5）湖泊承载力与流域经济社会快速发展的矛盾日趋深化　湖泊的水质下降，出现富营养化，其根本原因是流域产业结构及发展模式与水环境承载力之间存在矛盾[9]，发展模式粗放带来结构型污染，人口密度超过承载力限制；城市化高速发展，总体规划不合理，土地过度开发利用，水土流失严重，都导致了湖泊的污染压力剧增，直至超出其承载力。如滇池，按水资源的承载对象，从水量、人口、经济社会、生态环境等几方面得出流域的综合水资源承载指数已呈现逐年下降趋势。此外，由于流域内人口增长与耕地锐减的矛盾，构成了粗放型的农业生产方式。根据调查，云南九大湖泊流域 23.3 万公顷耕地的化肥年施用量约 30 万吨，高出全省平均水平近 2 倍，农田产生的污染物对湖泊 N、P 的贡献率占 85% ～ 90%。

（6）综合管理不到位，各方保障措施不力　云南省在湖泊综合管理方面做了大量工作，出台了一系列管理办法，构建了多个管理机构，筹措了大量资金等，但还是存在不足，主要表现在多个环节：a. 对湖泊的基本机理及监测预警、分类评估等支撑技术研究还不够深入；b. 管理机构与行政区域存在交叉，体制机制需要针对性创新；c. 大量的管理政策与管理办法协调性不够，加强治污问责与官员政绩考核协调性不够；d. 在管理手段上尚欠缺具有针对性的标准体系、管理目标及分类指导策略，即还未形成湖泊与治理的模式；e. 流域环境监管、执法能力还有待进一步加强。

三、高原湖泊水环境质量与污染问题

根据《2017 年云南省环境状况公报》，九大高原湖泊中泸沽湖、抚仙湖水质为优，符合Ⅰ类标准；洱海、阳宗海水质良好，符合Ⅲ类标准；程海（氟化物、pH 值不参与评价）水质轻度污染，符合Ⅳ类标准；滇池草海、杞麓湖水质为中度污染，符合Ⅴ类标准；滇池外海、异龙湖、星云湖水质为重度污染，劣于Ⅴ类标准。云南省湖泊水质总体良好，优良率为 86.0%。但也存在水污染问题。

1. 由于择水而居，多数湖泊汇水区内人口密集

2014 年九大高原湖泊流域的人口总量为 573.84 万人，占云南省总人口的 12%；九湖流域城镇人口数量为 429.86 万人，城镇化率为 75%，高于云南省平均水平（42%）；九湖流域的人口密度为 716 人 /km^2，是云南省平均人口密度 120 人 /km^2 的近 6 倍。

在九湖流域中，滇池流域的人口数量最多，占九湖流域总人口的70%；其次是洱海流域，占15%，其余7个高原湖泊流域占15%；从人口密度的空间分布看，滇池流域是人口密度最高的流域（1384人/km²），泸沽湖流域最小（60人/km²），人口空间分布差异较大；从城镇化率看，滇池流域和杞麓湖流域的城镇化率均超过50%，其余低于50%，其中滇池流域最高，达到91%，程海流域最低几乎为零。九大高原湖泊流域以占全省2%的土地面积承载了云南12%的总人口，其中云南省1/5以上的城镇人口集中于该流域范围内，是云南省人口的主要集中区域。

2．水资源压力大，湖泊污染负荷较重

云南高原湖泊多处于高山之间，或位于盆地的最低洼区域。降雨量不充沛，水资源缺乏，补给系数小。特别是滇池、杞麓湖、程海以及异龙湖等，处于贫水地区，加之周边工农业生产需水量大，有些地区人口密度极高，导致区域水资源压力很大。湖泊缺少洁净的生态补给水，而周边的生产生活导致的污染负荷较高，使湖泊污染负荷较重。

以滇池为例，在牛栏江补水前，流域内多年水资源量9.7亿立方米，而流域内人口接近400万，人均水资源量为250m³/（人·年），人均水资源量为全国人均水资源量的十分之一。城市供水紧张，滇池缺少洁净的补给水。流域内扣除湖面蒸发量，多年入滇池水资源量约为5.3亿立方米，且多为劣Ⅴ类水质。经过牛栏江补水滇池后，滇池水资源增加5.6亿立方米，但换水周期依然接近2年。

洱海流域，多年洱海多年平均入湖水量为11.93亿立方米。其中，主要入湖河道水量为9.66亿立方米，依据洱海库容，换水周期需要近3年。而洱海周边城镇化进程快速发展，人口增长快速，对洱海需水量极大。洱海水环境污染负荷也日益加大。

抚仙湖多年入湖水量为3.54亿立方米，扣除湖面蒸发水量2.88亿立方米，实际入湖水量约为0.66亿立方米。

3．湖泊良性水生态系统退化，自净能力减弱

云南省很多高原湖泊，在未污染和破坏前，水质清澈，湖中分布有沉水植物。然而，由于水体富营养化，浮游藻类开始成为湖泊中的初级生产者，而原来的初级生产者则是高等水生植物。浮游藻类的大量滋生，使湖泊水体透明度下降，大量沉水植物开始出现退化，湖泊自净能力减弱。

以云南省九大高原湖泊为例，目前仅有泸沽湖还分布有海菜花等大量喜清水的水生植物。而滇池草海和外海，在20世纪60年代以前水质为Ⅱ类，水体透明度保持在2m以上，全湖90%以上的水域仍然分布有大面积的沉水植物，草海全湖均分布有海菜花，湖泊有良性健康的水生态系统，对入湖的生活污染源和面源污染具有很强的净化作用。然而，20世纪70年代开始，由于围湖造田，很多水生态系统遭受了破坏，加上人口增长和城市化进程，使湖泊出现环境污染和生态破坏问题。水体透明度下降至1m，大量沉水植物开始消退。到20世纪80年代末，外海水体透明度低于1m，草海则由于蓝藻、绿藻等的大量季节性增殖，水体透明度持续下降，原先水草风貌的草海成为名不副实的无草之湖。目前，滇池草海和外海的水体透明度低于1m，外海水生植物盖度不足3%，草海水生植物盖度低于15%。

洱海多年来水质保持在Ⅱ类，水体透明度维持在2m以上。但进入21世纪后，由于城市化迅猛，旅游设施和餐饮业如雨后春笋，在洱海周边快速蔓延，2010年后洱海水质开始下降，多数年份水质为Ⅲ类；下关、大理古城和双廊等城镇周边水域的水质相对较差，在部分时段为Ⅳ类水质，湖泊由贫营养状态进入中营养状态，甚至部分水域为富营养化，近岸带蓝藻水华也开始季节性出现，水体透明度下降至1m。很多区域的沉水植物开始消退，湖泊自净能力下降[10]。

其他湖泊如星云湖、杞麓湖等，也由于水体富营养化，透明度大幅度下降，良性水生态系统遭受破坏，湖泊生态系统的稳定性和自净能力均大幅下降。

4. 农业面源污染等问题依然比较严重

面源污染一直是驱动湖泊富营养化发展的重要力量，它以污染源头多、范围广、污染的产生和输移过程复杂、时空变动的不确定等特点，成为包括滇池在内的湖泊污染削减和环境治理的难题。随着滇池流域工业污染源和昆明城市生活源的有效治理，农村及面山的污染对滇池水环境治理及富营养化防治的制约作用日趋突出。滇池治理中，城市点源和生活源下降很快，但流域面源污染依然居高不下。2005年以来，面源污染TN 2000t、TP 300t、COD_{Cr} 12000t，占流域污染物总量的25%～30%。大理、玉溪等市（州）未严格按照《云南省“十三五”生态农业发展规划》要求调整种植业结构，洱海、抚仙湖、星云湖、杞麓湖等流域大蒜、蔬菜、花卉种植面积居高不下，面源污染问题突出。

5. 生物多样性下降

滇池、洱海、星云湖、杞麓湖和异龙湖等众多高原湖泊，在历史上水草风貌、植物和动物种类和数量繁多。但随着水质下降、湖泊面积缩小、大规模引入外来鱼类、湖滨带被开发等诸多因素的影响，原有水生植被多已消退。鸟类、鱼类、两栖类等动物的栖息地丧失，导致很多珍惜、濒危保护动物的种类和数量在自然水体中难觅踪影。

滇池原有土著鱼类26种，其中有11种为特有种。但目前，滇池湖体中只有4种土著鱼类，特有种则除在上游龙潭还有，湖体中近些年来鲜有捕获。金线鲃等鱼类由于丧失了越冬场和产卵场（主要为原来滇池边的泉眼山洞），在滇池水体中难以得到恢复。

早些年，湖泊是很多动物越冬和生活的场所，滇池及周边地区也有大量候鸟，其中有很多为保护动物。但由于湖泊及周边生态系统的破坏，云南闭壳龟、绿头鸭、白天鹅、灰雁、鸬鹚、钳嘴鹳、彩鹮等动物在湖泊及周边逐步消失。

6. 水环境功能下降

湖泊在调节气候、防洪排涝、饮用水保障、水产、工农业生产等方面发挥着重要作用。滇池作为昆明的母亲湖，孕育了四季如春的气候，并孕育了滇中地区灿烂的历史文明。但由于水体污染问题严重，很多湖泊虽然仍作为战略备用饮用水源地，但水质下降严重，很多湖泊如滇池、阳宗海、星云湖、杞麓湖和异龙湖等，这些湖泊水质多为劣Ⅴ类，远远达不到生活饮用水的水质标准要求。

然而，由于滇中地区是严重缺水的区域。在水环境功能区划上，滇池草海为Ⅳ类水质功能，担负着工农业用水的供给。外海则为Ⅲ类水质功能，不仅担负着工农业用水的供给，还作为了战略备用饮用水源地，在特殊干旱等年份保障昆明市的饮用水供给。

四、高原湖泊水环境问题的综合诊断

目前，云南九大高原湖泊水环境问题主要存在于严重过载、极度超容、高度缺水、高度污染四个方面。以滇池为例，得出水环境问题判识如下。

（1）问题出在湖泊里，根子还在流域中　先天缺陷不足、后天扰动破坏、湖泊老化程度高、流域先天缺水、湖水换水周期长、上游来水量少质劣、生态破坏严重、经济快速发展、长期超载运行等因素导致滇池成为我国水环境质量最严峻、治理难度最大的湖泊之一。

（2）污染问题出在水面上，根子还在城、镇、乡、村的陆地中　陆地问题不解决，水域问题不可能解决；复杂多元的面源污染问题不解决，水体污染负荷难以显著削减流域面源污染贡献因素多重复杂，治理难度大，周期长，成为当前和未来制约滇池水环境改善的决定因素。

（3）湖泊水环境问题最根本的原因还是经济社会发展方式问题　发展理念、增长方式、城市规模、产业结构、产业布局、产业链接、产业效益、需求压力与约束条件、环境承载力、支撑能力与发展条件等从根本上影响高原湖泊水环境质量。

为此，结合高原湖泊特点，在解决高原湖泊水环境问题上，在认识上需要在以下 3 个方面着力，在源头上为湖泊治理创造相应的社会经济条件：a. 跳出以水体治理水污染误区，提高陆地生态系统对湖泊水资源的再生性维持能力；b. 跳出以湖泊解决湖泊问题误区，降低城市和城镇及其发展对湖泊生态系统的环境和污染负荷；c. 跳出以环境问题解决环境问题误区，优化流域生态经济结构和空间布局。

五、高原湖泊水环境问题解决思路

对比十八大提出生态文明建设要求，提出了新时期基于生态文明建设的云南九大高原湖泊保护与治理思路，以期为破解九湖流域区经济社会发展与资源环境约束日益尖锐的矛盾。

1. 创新治水理念

维持湖泊生态系统健康，应该从传统的“就水治水”思路向通过人工积极干预以创造条件帮助恢复湖泊及流域生态健康转化。基于“山水林田湖草”生命共同体，湖泊水环境已经与其所在流域形成了一个相互支撑、相互影响、互动发展的生态经济系统，如何进行优化使该生态经济系统能够满足流域生态系统健康的需要，在当前经济社会快速发展时尤显重要。

2. 重构治湖技术路线图

维持湖泊生态系统健康的工作重点是揭示高原湖泊生态系统能够良性运转的条件；寻找人类良性干预帮助湖泊实现这个自然过程的关键切入点、弄清已开展和正在开展的环湖截污、点源控制、内源清理、生态修复等技术和工程手段在湖泊生命挽救和健康恢复产生的作用和效应；在新的理念下，编制未来湖泊水环境治理的技术方案、工程措施及其时空优化方案。

3. 立足湖泊生态健康，调整治理和防控对策

提高陆地生态系统对湖泊水资源的再生性维持能力，尽快构建绿色流域，实现清水产流。降低城市及其发展对湖泊生态系统的污染负荷，低水城市与低碳经济应成为未来流域

发展的定位。优化流域生态经济结构和空间布局至为关键，环湖造城应该终止，避免工程代替环保的行为。

第三节 云南高原湖泊的治理历程

九大高原湖泊是云南省生态体系的重要组成部分，保护治理好九大高原湖泊，对争当生态文明建设排头兵、筑牢西南生态安全屏障意义重大。近年来，云南省财政厅紧紧围绕中央和云南省委、省政府决策部署，多措并举，全力支持九大高原湖泊保护治理。

一、云南高原湖泊的治理历史回顾解析

云南湖泊保护的工作起步较早。早在 20 世纪 60 年代，周恩来总理在昆明时就指出要保护好云南的森林和湖泊。1961 年周总理针对普坪村电厂和一些水泥厂、造纸厂及螳螂川出现的污染问题，对云南省委书记阎红彦说："你们要好好治理一下，保护好滇池首先要注意源头的污染，对防污治污工作要及早抓，防患于未然。"1972 年 7 月周恩来总理到昆明时，发现滇池出现污染问题，便再次强调要保护滇池，治理"三废"。他说：滇池问题要尽快地解决，发展工业一定要保护环境，废水、废气、废渣的问题不解决，会影响昆明市的整个建设，影响人民群众的身体健康，一定要好好解决污染问题。随后指出"滇池是高原明珠，要珍惜！"当时，当地政府也采取了一些措施，但要向滇池要地要粮，改善昆明粮食供应，所以整体成效不是很突出。和滇池一样，云南其他湖泊也是在这个阶段缺乏湖泊保护的意识，使湖泊水污染和生态破坏问题日益加速。进入 20 世纪 80 年代以后，星云湖和滇池草海率先进入富营养化阶段，水体富营养化带来了蓝藻水华季节性发生这一必然生物学现象，蓝藻水华的季节性出现，严重影响了水体景观及水质，并造成了一系列生态环境问题。这期间，滇池出台了《云南省滇池保护条例》。

1. "九五"期间高原湖泊水污染防治

按照国务院批准的《滇池流域水污染防治"九五"计划及 2010 年规划》，"九五"期间云南省加大了滇池治理力度，建成了 4 座污水处理厂、完成盘龙江中段截污、大观河整治、西园隧洞工程；完成了滇池草海底泥疏浚一期工程，疏浚底泥 424 万立方米。以滇池为重点的九大高原湖泊水污染综合防治工作取得了阶段性成果。

云南省政府于 2000 年 9 月召开了九大高原湖泊水污染防治现场办公会，成立了省以滇池治理为重点的"云南省九大高原湖泊水污染综合防治领导小组"，并决定本届政府任期后两年，每年投资 5000 万元专项资金用于九大高原湖泊水污染综合防治。这次会议的成功召开，极大地鞭策和推动了"九大高原湖泊"水污染防治工作全面开展。

2. "十五"期间高原湖泊水污染防治

在"十五"期间，九大高原湖泊水质基本保持稳定，洱海、阳宗海、程海的湖泊水质

有所改善。

云南省针对以滇池为重点的九大高原湖泊水污染，开展综合治理，将以削减污染物为核心，实施“环湖截污和交通、外流域调水及节水、入湖河道整治、农业农村面源治理、生态修复与建设、生态清淤”六大重点工程，以使湖泊水质和生态景观得到改善。

3. “十一五”期间高原湖泊水污染防治

“十一五”期间，云南省相关各级政府积极创新湖泊治理思路、切实加大湖泊治理资金投入、不断强化科技支撑、加强湖泊流域监管，九湖水污染防治工作得到全面推进。

在国家层面上，有水体污染控制与治理科技重大专项的支持，滇池与洱海分别立项，从湖泊主题与城市主题两个类别的技术研究与工程示范，开展流域水污染治理与富营养化综合控制技术研究，并进行规模化工程示范，以科技进步引导建立严格、有效的全流域污染控制管理体系。“十一五”末,“滇池项目”和“洱海项目”在组织管理、工作机制创新、示范治污工程推进、实现科技支撑等方面都取得了一定成效，为云南九湖治理工作又好又快发展做出积极贡献。

昆明市积极实施入湖河道整治、农业农村面源污染治理、生态修复与建设、生态清淤、环湖截污和交通、外流域调水及节水六大工程，滇池治理全面提速，昆明主城区污水处理能力实现了翻番；同时昆明市还强力推行“异地种植、异地养殖”和“三退三还”的重大举措，努力实现了环湖截污、环湖生态、环湖交通基本闭合，使滇池水体景观、入湖河流水质及周边环境明显改善。

阳宗海实施了湖体除砷及砷污染源截断工程，取得显著成效；洱海治理与保护获得重大进展；抚仙湖编制完成《流域水环境保护与水污染防治规划》，异龙湖退塘还湖万余亩；杞麓湖、程海确定了治理思路和措施；异龙湖、程海、杞麓湖的治理步伐大大加快。

“十一五”期间，九大湖流域环境监管得到明显加强，各湖泊管理条例提升为保护条例，省政府成立了滇池、九湖治理督导组，省环保厅机关联合玉溪市、通海县率先在杞麓湖开展“河道保洁周”活动，带动了各湖泊旱季入湖河道保洁工作的开展。九湖流域相继建立了入湖河道综合整治“河（段）长负责制”，进一步明确和细化了治理责任。

4. “十二五”期间高原湖泊水污染防治

“十二五”期间，滇池与洱海污染防治有水体污染控制与治理科技重大专项的继续支持，滇池项目的科技支撑和示范带动作用为“污染治理向生态修复逐步转变、实现水质根本好转”的阶段做出了重大贡献；洱海项目的相关技术成果已经在洱海保护治理工程建设、洱海抢救性保护“七大行动”中得到了广泛应用，为云南省九湖治理提供了很好的经验借鉴与技术储备。

云南高原湖泊保护和开发纳入法制轨道，实现了“一湖一法”。云南省根据地处高原、资源丰富且生态脆弱的实际，先后制定和批准了《云南省滇池保护条例》《云南省抚仙湖保护条例》《云南省阳宗海保护条例》《云南省星云湖保护条例》《云南省杞麓湖保护条例》《云南省宁蒗彝族自治县泸沽湖风景区保护管理条例》《云南省红河哈尼族彝族自治州异龙湖保护管理条例》;《云南省大理白族自治州洱海保护管理条例（修订）》《云南省程海保护条例》等 9 个关于高原湖泊保护的地方性法规，做到了“一湖一法”，把高原主要湖泊的保护和开发纳入了法制轨道。

初步建立云南省高原湖泊流域生态补偿机制。对于居住在湖泊流域周围的群众，环境保护力度的提高必然会影响到他们的经济利益。这种环境保护与经济利益关系的扭曲，不仅使云南的环境保护面临很大困难，而且也破坏了地区之间以及利益相关者之间的和谐。要解决这类问题，必须建立湖泊流域生态补偿机制，以调整相关利益主体之间的关系，保护和调动群众保护水环境、防治水污染的积极性，否则，处在生存和发展压力下的群众很可能会成为环保的阻力，这将导致生态环境保护难以奏效。

5. “十三五”期间高原湖泊水污染防治

“十三五”期间，云南省全力支持九大高原湖泊保护治理工作，严守生态保护红线，实现以九大高原湖泊为重点的水环境质量持续好转，《云南省九大高原湖泊流域水环境保护治理“十三五”规划》突出“一湖一策”，分类施策，以把做好九湖流域水环境保护工作，成为其争创生态文明建设排头兵的表率。

滇池保护治理进入攻坚阶段，根据《滇池流域水环境保护治理十三五规划》（2016—2020 年），以提高水环境质量为核心，以“区域统筹、巩固完善、提升增效、创新机制”为方针，实现山水林田湖草综合调控，重点开展深化产业结构调整，完善治污体系，构建健康水循环，修复生态环境，创新管理机制，加强科技支撑与发动全民参与 7 个方面的工作。规划到 2020 年，滇池湖体富营养水平明显降低，蓝藻水华程度明显减轻，流域生态环境明显改善，滇池外海水质稳定达到Ⅳ类水平（COD ≤ 40mg/L）。

二、云南高原湖泊治理方式的转变

进入 20 世纪 90 年代，滇池水污染进程加速，进入“九五”期间，滇池被列入了国家“三湖三河”治理重点环保工程。滇池和其他高原湖泊的治理也开始从单一措施到开展逐步转变。主要总结为以下几个方面。

1. 从单一措施转向流域综合整治

在“九五”期间，滇池等湖泊的治理，主要是点源污染控制，兴建污水处理厂，逐步关停一些明显的排污设施，治理手段主要体现为单一的末段治理。对水质恶化速度有一定的缓解。“十五”期间，对农业面源污染也开始重视，并在面源污染治理方面有尝试。

从“十一五”开始到“十二五”，滇池及其他高原湖泊在治理方面，开始意识到要从整个流域综合整治，继而开展了对水源涵养保护区、河道、截污、农村面源污染、底泥疏浚（内源污染清除）、生态恢复建设、外流域调水及节水工程等的治理。对污染负荷的削减发挥了重要作用，遏制住了湖泊水质恶化的趋势。

进入“十三五”后，湖泊治理上升到了更高的层次。习近平总书记提出，云南要保护好山水林田湖，力争成为全国生态文明建设的排头兵。省委书记陈豪指出，依托于云南得天独厚的气候和地理优势，我们要把云南建设成为全国最美丽的省份，我们对于云南的高原湖泊，必须要搞大保护，不搞大开发。省长阮成发就洱海等湖泊的保护工作中指出，现在要跳出围湖建城的误区，要在整个区域科学规划，切实保护好高原湖泊，不让一滴污水进入到湖中。昆明市委书记程连元就滇池保护治理提出，昆明的发展，必须遵循自然规律，考虑水环境容量，要“以水定城，量水发展”，在湖泊治理中，要力求“科学治滇，精准治污”。

2. 建立湖长制和河长制，严格层层落实责任

为了治理云南高原湖泊，领导要发挥带头和指挥作用，并建立严格的问责制度。为此，在云南大力实施湖长制和河长制，到2017年年底，省、州（市）、县、乡镇、村五级河长和省、州（市）、县三级河长制湖长制已覆盖全省7127条河流、41个湖泊、7103座水库、7992座塘坝、4549条渠道，六大水系及牛栏江、九大高原湖泊均已设立省级河（湖）长，全省67928个河（湖）长全面到位，开展巡河巡湖工作。其中省委书记陈豪担任了抚仙湖的湖长，省长阮成发担任了洱海的湖长，昆明市委书记程连元担任滇池的湖长，对湖泊治理工作负全责。

湖长与流域内的河长，河长与区段河长和支流沟渠的河长层层签订责任书，将任务落实到各级部门，将湖、河的治理任务纳入了年度工作考核目标中，并启动严厉的问责制度。

3. 一湖一法规，依法保护不断完善

早在20世纪60～70年代，周恩来总理就对滇池的保护敲响了警钟，并一再强调要保护好“高原明珠”，在经济发展上也要做出调整。但遗憾的是滇池等湖泊的保护并没有得到重视。

直到20世纪80年代末，水污染和水华问题出现后湖泊的保护治理才得到重视，相关湖泊保护的法律法规也逐步开始出台。《云南省滇池保护条例》制定于1988年，在2012年进行了修订，纳入了分级保护区的细化保护；修订版在2012年9月28日云南省第十一届人民代表大会常务委员会第三十四次会议通过，2013年01月01日起实施。

《云南省大理白族自治州洱海保护管理条例》1988年3月19日云南省大理白族自治州第七届人民代表大会第七次会议通过；1988年12月1日云南省第七届人民代表大会常务委员会第三次会议批准；1998年7月4日云南省大理白族自治州第十届人民代表大会第一次会议修订；1998年7月31日云南省第九届人民代表大会常务委员会第四次会议批准；2004年1月15日云南省大理白族自治州第十一届人民代表大会第二次会议修订；2004年3月26日云南省第十届人民代表大会常务委员会第八次会议批准；2014年2月22日云南省大理白族自治州第十三届人民代表大会第二次会议修订；2014年3月28日云南省第十二届人民代表大会常务委员会第八次会议批准。

《云南省抚仙湖保护条例》在2007年5月23日云南省第十届人民代表大会常务委员会第二十九次会议通过。根据2016年9月29日云南省第十二届人民代表大会常务委员会第二十九次会议《关于修改〈云南省抚仙湖保护条例〉的决定》修正，并颁布。而早在1993年9月25日云南省第八届人民代表大会常务委员会第三次会议通过的《云南省抚仙湖管理条例》同时废止。

《云南省阳宗海保护条例》在1997年12月3日云南省第八届人民代表大会常务委员会第三十一次会议通过，随后进行修订，在2012年11月29日云南省第十一届人民代表大会常务委员会第三十五次会议通过。

《云南省星云湖保护条例》云南省第十届人民代表大会常务委员会第三十一次会议于2007年9月29日审议通过，自2008年1月1日起施行；1996年3月29日云南省第八届

人民代表大会常务委员会第二十次会议通过的《云南省星云湖管理条例》同时废止。

《云南省杞麓湖保护条例》自 2008 年 3 月 1 日起施行。云南省第八届人民代表大会常务委员会第十七次会议通过的《云南省杞麓湖管理条例》自此废止。

《云南省宁蒗彝族自治县泸沽湖风景区保护管理条例》1994 年 4 月 19 日云南省宁蒗彝族自治县第十二届人民代表大会第二次会议通过，1994 年 11 月 30 日云南省第八届人民代表大会常务委员会第十次会议批准；2009 年 1 月 15 日云南省宁蒗彝族自治县第十五届人民代表大会第二次会议修订，2009 年 3 月 27 日云南省第十一届人民代表大会常务委员会第九次会议批准。

《云南省红河哈尼族彝族自治州异龙湖保护管理条例》1994 年 3 月 28 日云南省红河哈尼族彝族自治州第七届人民代表大会第二次会议通过，1994 年 9 月 24 日云南省第八届人民代表大会常务委员会第九次会议批准，2007 年 2 月 11 日云南省红河哈尼族彝族自治州第九届人民代表大会第五次会议修订，2007 年 5 月 23 日云南省第十届人民代表大会常务委员会第二十九次会议批准，2007 年 6 月 19 日云南省红河哈尼族彝族自治州人民代表大会常务委员会公告公布，自 2007 年 7 月 1 日起施行。

《云南省程海保护条例》由云南省第十届人民代表大会常务委员会第二十四次会议于 2006 年 9 月 28 日审议通过，自 2007 年 1 月 1 日起施行；1995 年 5 月 31 日云南省第八届人民代表大会常务委员会第十三次会议通过的；《云南省程海管理条例》自此废止。

此外，还依据当前治理需要，增加制定了一些管理规定和办法。针对滇池当前湖滨带管理存在的问题及迫切需要解决的问题，在 2016 年 3 月 21 日，在昆明市人民政府第 111 次常务会议上，通过了《昆明市环滇池生态区保护规定》，并于 2016 年 6 月 1 日起实施。本规定明确了滇池生态区的范围，保护内容，管理方法。科学划定了永久禁渔区、重点鸟类分布区和土著、稀有水生植物保护区。对湿地的保护与管理发挥了重要作用。当前，还制定了《滇池保护治理三年攻坚行动实施方案 (2018—2020 年)》，并制订了《滇池湖滨湿地建设规范》《滇池湖滨湿地监测规程》《滇池湖滨湿地植物物种应用推荐名录》和《滇池湖滨湿地管护规程》4 个地方标准。

这些法律法规和地方规范的制定，为湖泊的保护治理提供了有力的法律保障，有力的约束和科学的指导。

三、云南高原湖泊治理的重要性

高原湖泊及其所在区域是云南省自然禀赋最好、人口最密集、开发强度最大、发展速度最快的关键地区，也是全省水资源和土地资源最紧张、水环境矛盾最突出的敏感地区，目前还是面临城镇化快速推进、产业密集布局、发展压力最大的重点地带。如果不能尽快理顺这里有限资源承载力、环境容量与大规模快速发展的紧张关系，破解保护与发展之间的矛盾，势必引起大量环境资源问题快速持续堆积。如果这样，作为云南经济社会发展的黄金地带，未来将面临极其严峻的复合型、结构性生态环境问题，不仅影响所在区域的建设和发展，而且影响整个云南的生态文明进程及美丽云南的蓝图实现。经过多年的艰苦努力，高原湖泊治理取得了显著的成绩，在支持所在城市和流域经济社会快速大规模发展的同时，水环境整体表现比较平稳，部分湖泊水质开始出现趋稳向好的方向发展，但与此同时，湖泊治理正处在临近登顶的关键时刻，处在治理好转与污染恶化的临界点上，努力一步高原湖泊治理将进入柳暗花明的状态，稍加懈怠或治理不善湖泊水环境将进入漫长的黑洞当中。问题的紧迫性和严重性主要表现在以下几个方面。

（1）经济与社会快速发展，其规模和速度超过了湖泊所在流域的环境承载力　以滇中地区的7个湖泊为例，其流域面积只占全云南省国土面积的1.89%，却积聚了全省11.73%的人口，人口密度是全省平均水平的4.8倍，经济总量占到云南全省的23.5%，人均GDP是全省平均水平的1.26倍，经济增长速度高于全省近20%，单位面积产值高于全省6.2倍。如何解决湖泊流域经济快速发展与环境保护之间的矛盾是一直以来的难题。

（2）治理能力赶不上污染发展的要求，大多湖泊水环境缺乏持续向好的支撑动力　根据调查分析，云南高原湖泊“十二五”治理情况并不乐观。对7个重点湖泊的同济分析表明，规划的273个项目中，投入运行的项目目前只有26个，完工率只有21.55%，目前在建的项目、开始前期工作的项目、开工建设的项目比例分别占整个项目总数的39%、25%和69%；特别重要的是，规划治理投资542亿元，实际到位资金只有184亿元，资金到位率只有33.96%，投资完成率只有41.14%。治理资金短缺、治理项目难以落实，污染将持续发展和产生，湖泊水环境好转的可能性逐渐渺茫。

（3）水资源、水环境已经成为制约区域发展的重大瓶颈，高原湖泊的难以持续的发展模式影响了云南的发展潜力　九大高原湖泊的流域面积共8172.7平方千米，虽然只占全省面积39.4万平方千米的2%，但沿湖区域每年创造的国内生产总值却占全省的1/3以上。九湖流域还是云南粮食的主产区，汇集全省70%以上的大中型企业，云南的经济中心、重要城市大多位于九湖流域内。湖泊水环境质量对云南经济社会的发展起着举足轻重，不可替代的作用。高原湖泊是云南省经济社会发展的心脏和大脑，区域可持续发展的能力和水平将对整个云南的发展产生至关重要的影响。

因此，云南省要深刻认识到高原湖泊保护与治理的重要性、紧迫感、艰巨性，聚焦突出问题，精准施策抓治理，注重源头管控，强化标本兼治，创新保护治理体制机制，借鉴成功经验，探索引入第三方参与生态建设和环保监督，走出一条政府与市场力量有机结合的新路子。知责履责尽责，强化责任抓保护，各级各部门要上下协同形成合力，各级河（湖）长要切实做到巡河巡查、发现问题、整改落实“三个到位”，在高质量发展中实现高水平保护，在高水平保护中促进高质量发展。要严守生态红线，科学规划抓发展，对相关规划再优化、再提升，引导各类要素科学配置，坚定不移走生态优先、绿色发展路子。要坚持依法治湖，动真碰硬抓管理，让制度长牙、让铁规发力，以刚性制度守护青山绿水。

第四节 云南高原湖泊的治理模式

一直以来，环境作为公共物品，由于外部性的存在，其治理通常由政府主导并负责具体执行，但实践证明，政府在主导环境治理过程中由于其固有属性及部分外部因素会出现种种问题，并不适合作为环境治理的主导者，高原湖泊作为环境的重要组成部分也不例外。

一、国内外高原湖泊保护及治理探究

环境治理是一个系统工程，湖泊保护与修复具有艰巨性、复杂性、紧迫性等特点，目前国内外主要有政府主导、企业主导（市场机制）与政府－市场－社会三位一体的三种不同治理主体开展环境保护与治理。

传统的环境治理仅由政府这一个主体通过法律法规、行政命令等强制性手段来完成。随着环境问题的逐渐加剧，环境治理任务对于政府来说变得异常繁重，环境问题的实际状况也变得复杂起来。为此部分学者主张让市场来负责环境治理任务，例如实行排污权交易、征收庇古税❶等。但完全通过市场进行污染治理的前提是有明晰的产权，虽然在摸索特许经营体制，但这一点目前很难达到。还有学者认为全民均有责任保护与治理环境，应该在政府主导下，调动和发挥企业与社会参与保护的积极性。因此，在环境治理的参与主体这一问题上，学者们普遍认为应该包括政府、市场和社会（包括公众和社会组织），但在由谁主导这一问题上，即在采用何种环境治理模式上学者们产生了分歧[11]。

有学者认为应以政府为主导进行环境治理。马亚斌指出，受限于中国经济的发展水平以及宣传程度，社会公众及民间组织不足以承担环境治理的重任，现阶段还应由政府作为环境治理的主力。同时他认为，政府应通过完善政策体制、推动市场机制、加强宣传教育等手段发挥主导作用[12]。张力耕认为，政府作为环境治理中最关键的角色，必须要有所担当。因此他提出，在县域环境治理中，政府应承担起公共物品的主要供给者、市场机制的建设者、外部性的协调者、生态文明的落实人等角色[13]。

有的学者则认为环境治理应着重发挥市场机制的作用。鲍莫尔认为，单一的政府管制手段已然没有办法满足新时期下环境治理的需要，只有丰富环境治理手段，综合运用市场机制，扩大公众参与，才能达到高效的治理目标[14]。只有积极推广市场手段，才能有效实现水环境的高效治理[15]。我国政府在生态文明建设中一直起着主导作用，即使开展了排污权交易等市场化行为，也基本都是政府的“拉郎配”，因此，要充分发挥生态环境的治理效果，就必须建立健全市场机制，明确界定自然资源和生态环境产权，从而发挥市场的决定性作用[16]。

还有的人认为应该政府、市场、社会三者并重，实行多中心治理。朱香娥指出了市场化治理存在弊端以及公众未充分参与到环境治理中来，提出了政府通过引入市场竞争机制，得到公众支持，三位一体，三者共同担负起环境治理的重任[17]。严丹屏等指出，通过增强地方政府间的协同作用，让企业增强环境治理的责任感，从而促进私人部门参与到环境治理中来，提高环境治理效率[18]。在高原湖泊程海的治理新模式中，提出政企合作模式，将环境保护治理与相关产业化发展有机结合，实行政府主导、企业参与的综合治理渠道，企业拥有运营权且需尽到管护的义务，示范效果明显，效果持续可靠，实现资源利用、经济效益、生态效益的统一和多方的共赢，达到了治理和保护环境的目的[19]。

---

❶ 庇古税（Pigovian tax），是根据污染所造成的危害程度对排污者征税，用税收来弥补排污者生产的私人成本和社会成本之间的差距，使两者相等。由英国经济学家庇古（Pigou，Arthur Cecil）最先提出。

二、云南高原湖泊治理策略

高原湖泊是云南省生命系统的重要支撑，其保护与治理工作已历经二十余年，保护与开发之间的博弈如何平衡，一直是关键点及难点所在。考虑到云南省高原湖泊现状问题，要使其生态系统步入良性发展轨道，问题着眼点不能仅局限于高原湖泊的单一保护与治理，而应跳出湖泊治理的惯有思维，从全流域角度统筹考虑山、水、林、田等与湖泊生态系统相关的生态要素，秉持复合系统观，寻求高原湖泊良性发展之对策。

要充分认识湖泊保护和修复的紧迫性，转变治理方式，把生态文明建设纳入湖泊保护治理和区域经济社会发展的全过程，从源头查问题，从根子上抓治理。根据区域水环境容量与行业特点等，做到减压发展、优化发展、清洁发展、跨越发展。坚持“让湖泊休养生息”的理念，坚持“一湖一策、全流域系统保护”的原则，抓好源头预防、过程控制和末端治理三个环节，全力推进湖泊水环境治理工作[20]。

1. 分类施策，抓住重点，推进“一湖一策”

“一湖一策”的湖泊保护方式，就是在湖泊治理的同时要尊重自然规律谋发展[21]。开展每个湖泊的生态系统特征、污染物类型及其空间分布研究[22]，核算其生态环境承载能力，根据不同湖泊的环境问题及其成因，明确治理的重点和难点，科学确定湖泊保护与治理思路、总目标和阶段任务，综合治理措施和技术解决方案，以及管理对策、保护对策、标准对策和科技对策，对症下药、有的放矢地制订“一湖一策”保护战略。对于水质优良的湖泊泸沽湖和抚仙湖，建立国土开发空间保护制度，加快解决业已形成的环境问题，重点控制旅游污染和新的污染源；对受到轻度污染且基本可以达到湖泊功能要求的湖泊（洱海、阳宗海），进行以总量控制为基础的污染源控制，深化点源、面源污染治理，努力将社会经济发展总量控制在环境承载力之内。对于污染较重且未达水质功能的湖泊，如滇池、杞麓湖、星云湖、异龙湖、程海，强化解决城市生活污染、农业农村面源污染、工业污染和内源污染问题，控制社会经济发展总量，实现污染物不断削减，形成湖泊流域生态系统良性运转条件，让湖泊休养生息，采用适当的人工措施帮助湖泊依靠自身的水生态系统适应和调节能力修复生态，重建良性循环的湖泊流域生态系统。

2. 建立湖泊流域国土空间开发保护制度

要实现湖泊流域人与自然关系的调整，优化国土空间开发格局是生态文明建设的根本途径[23]。需要针对不同湖泊及其流域自然环境状况、生态系统状况、经济规模、产业门类、人口密度等特征，以各个湖泊生态环境承载力为约束条件，统筹考虑湖泊流域、资源、社会、经济、政治、人文、技术等诸多因素，统筹规划社会经济发展速度和规模，统筹规划经济结构调整和生产力布局，调整人与自然的关系[24]。

3. 实施产业结构调整

绿色发展、低碳发展与循环发展是采取对环境友好的发展方式，以最小的成本获得最大的经济效益和环境效益，发展循环经济的过程，既是优化经济的过程也是整个流域内污染减排的过程。从系统微观层次上来说，它包括在企业推行清洁生产，建立小循环模式，使每个企业在寻找对环境危害最小的原料替代上，在工艺流程、技术支撑、人员与设备配置，生产过程的管理上，都要立足资源的充分循环利用，构建企业绿色发展、集约发展的生产方式。从系统中观层次上说，它包括在湖泊流域内建立中循环模式，即建立生态工业园区和生态种植养殖园区。

4. 建立高原湖泊区域生态红线

中共中央十八届三中全会把划定生态保护红线作为改革生态环境保护管理体制、推进生态文明制度建设最重要、最优先的任务，结合《“生态保护红线、环境质量底线、资源利用上线和环境准入负面清单”编制技术指南（试行）》，可见，划定生态红线当作高原湖泊水环境治理和生态保护领域的重点工作，成为维护区域生态安全和经济社会可持续发展的基础性保障。云南省发改、环保、国土等部门根据高原湖泊水环境保护和区域经济社会发展的需要，已编制《云南省生态保护红线划定方案》，划定了各湖泊的生态保护红线，即为高原湖泊及牛栏江上游水源涵养生态保护红线。该区域位于云南省中西部，地势起伏和缓，涉及昆明、玉溪、红河、大理、丽江 5 个州、市，面积 0.57 万平方千米，占全省生态保护红线面积的 4.81%，是云南省构造湖泊和岩溶湖泊分布最集中的区域。已建有云南苍山洱海国家级自然保护区、金殿国家森林公园、抚仙－星云湖泊省级风景名胜区、石屏异龙湖省级风景名胜区等保护地。

以湖泊流域为单元，根据发展维护生态底线、保护为发展留下空间的思路，统筹兼顾经济、资源、环境、生态四个领域的重大问题，建立区域生态红线体系，把它作为高原湖泊治理、优化区域发展的关键内容。在生态红线及其保护区域中，以湖泊保护要求的生态功能进行统领，统一管理体制和运行机制，避免由于机制体制等原因，实际操作中多数都以追求经济效益为第一目标，旅游开发远重于自然保护，生态破坏情况常见的现象。同时，建立高原湖泊流域生态红线控制区与其他发展区域利益共建共享机制，构建横向生态补偿机制，为持续维护生态贡献提供机制和体制保障。

5. 加强农村污水处理设施建设，恢复生物多样性

① 加快湖泊流域农村排污管网系统、污水处理设施、垃圾清运和处理设施建设，增强农村生活污水和生活垃圾处理能力，及时有效地处理农村生活污水和生活垃圾，避免生活污水和生活垃圾直接排放进入湖泊，破坏湖泊生态环境。

② 根据当地生活污水和畜禽养殖废水的特点，选择适宜的污水处理工艺。基于目前农村生活污水处理设施不健全的情况，在污水处理工艺上应尽量选择操作维护较简单的处理技术。土地处理技术、FBR 生态处理工艺、“厌氧＋生物滴滤池＋混凝土生物槽”工艺对各项污染物有较高的去除率，出水可以达到直接回用标准。“厌氧＋生物滴滤池＋混凝土生物槽”组合工艺进行好氧处理是采用自然通风曝气方式，其余采用动力曝气。因此，各地应根据地方的特点选择适宜的生活污水处理技术。

③ 按照湖泊生态完整性和连续性的原则，针对湖泊生态系统特点，依据生态演替和生态位原理，在选择适宜的先锋植物的基础上，通过人工动植物群落建造和调控，利用湖泊流域的自我修复能力来恢复湖泊生态系统功能。在生物多样性退化较为严重、自我恢复能力弱、自然恢复难度较大的区域，应合理配置动植物群落在退化生态系统中的布局，实现人工优化调控，当动植物群落发展到具有良好自我恢复力后封湖养护。同时，应根据当

地水文地质条件，尽量选用具有高生产力和高经济价值的本地物种。

6. 开展湖泊流域全系统保护

习近平总书记强调，环境治理是一个系统工程，必须作为重大民生实事紧紧抓在手上。按照系统工程的思路，想要从湖泊中持续获得自己需要各种资源和享受优良的水环境，必须实现人与湖泊的和谐相处。维持湖泊的生态系统健康，是人湖和谐的底线；通过休养生息，降低湖泊的生存压力，促进湖泊的自我修复，是湖泊治理的基本出发点。

在高原湖泊治理中，正确处理好经济社会发展与环境保护的关系，贯穿如下系统工程的思想十分重要。

（1）要减压发展　坚持保护优先，离湖建设，借湖发展，湖泊流域保护要从源头查问题，从根子上抓治理。控制湖泊流域城市人口和产业（特别是旅游、养殖）发展规模及化肥、农药的使用，调整产业结构，转变生产方式和经营方式，合理整合布局产业，实现经济与生态建设的协调发展；制定流域生产、生活、生态空间开发管制界限，严格控制新增污染性的建设项目用地规模，严控临湖开发搞旅游，逐步实施湖周边部分自然村搬迁安置工程。

（2）要优化发展　根据湖泊休养生息和未来湖泊提质保护的需要，适当扩大保护范围，根据划定的高原湖泊及牛栏江上游水源涵养生态保护红线，加大离湖功能区的配套建设。在总体规划、项目布局、项目选址上，尊重自然规律和经济发展规律，充分考虑湖泊水资源和流域土地资源的承载力，充分考虑水环境敏感性和环境容量。如滇池治理就要充分认识全流域经济社会发展的环境容量和整体优化布局的问题，大理洱海东部区域的开发建设首先要服从于洱海保护的需要，立足长远，科学规划，稳妥慎重。泸沽湖的旅游开发应着眼整体规划，系统设计，尽量离湖搞建设，实现环境负荷减量化，避免造成新的破坏。

（3）要清洁发展　在知识经济的时代，以信息、知识、服务创造财富，是云南省经济社会发展对中心城市昆明最主要的需求。因此滇池流域内的昆明市，从区域水环境容量和省会城市的功能需要出发，打造和提升城市功能，寻找发展新动力，如面向东南亚、南亚形成区域性的国际商贸城市；面向云南社会经济发展形成信息中心、金融中心、管理中心、社会服务中心；面向西南成为重要的高新技术产业孵化中心、科教文化基地；面向全国和世界旅游市场塑造特色、以山光水色、人文风情、历史文化铸造旅游精品，形成国内外重要的旅游休闲基地。而洱海流域的大理市利用自身区位优势，借助旅游知名度，发展成为面向滇西的科技产业孵化中心，吸引优势企业发展现代生物产业和高端 IT 行业，以减少传统工业、农业和产业转移带来的污染。

（4）要跨越发展　调整与高原湖泊治理相关的经济社会发展的战略布局，抓好源头预防、过程控制和末端治理三个环节，全力推进湖泊水环境治理工作。

三、云南省高原湖泊治理模式

《“十三五”生态环境保护规划》进一步强化了生态环保建设这一重要主题，提出要加大环境治理力度，实行最严格的环境保护制度，强调了水生态保护的重要性。在推进山水林田湖草生态保护与修复工程时，突出“一湖一策”，根据不同湖泊水环境质量现状和富营养化阶段，以问题为导向，按照预防、保护和治理三种类型分类施策。

1. 水质优良型湖泊实行预防措施

对水质优良的抚仙湖和泸沽湖，通过划定生态保护红线，坚持预防为主、生态优先、保护优先，以环境承载力为约束，突出流域管控与生态系统恢复，严格控制入湖污染物总量，维护好生态系统稳定健康，实行最严格的保护，确保水质稳定。

玉溪市紧紧围绕稳定保持抚仙湖Ⅰ类水质的目标，始终坚持“五个坚定不移”，大力实施抚仙湖综合保护治理三年（2018 ～ 2020 年）行动计划，保持定力、聚焦问题、精准施策；着力实施关停拆退、环湖生态建设、镇村两污治理、面源污染防治、入湖河道综合整治、城镇规划建设、产业结构调整、新时代“仙湖卫士”八大行动，扎实开展突出问题整治的“百日雷霆行动”，以最严格的组织领导、最严格的保护措施、最严格的执法监督、最严格的责任追究，全力打好新时代抚仙湖保卫战。

2. 轻度污染型湖泊实行保护措施

对受到轻度污染的洱海、程海及阳宗海，通过产业结构调整、农业农村面源治理及村落环境整治、控污治污、生态修复及建设等措施进行综合治理，强化污染监控和风险防范，全面提升水环境质量，主要入湖污染物总量基本得到控制。

2016 年 12 月，云南省委省政府做出“采取断然措施、开启抢救模式，保护好洱海流域水环境”的重大决策，大理州全面打响洱海抢救性保护治理攻坚战，采取一切措施，实行最严格的保护制度，加快实施流域“两违”整治行动、村镇“两污”整治行动、面源污染减量行动、节水治水生态修复行动、截污治污工程提速行动、流域执法监管行动、全民保护洱海行动七大行动，实现了 148km 环湖岸线和 29 条入湖河流岸上、水面、流域网格化管理全覆盖，基本遏制了入湖污染负荷快速增长的势头和水质下降趋势，水质指标上升幅度有所减缓，洱海水环境功能得到恢复，水质总体保持稳定。2018 年 1 ～ 5 月洱海水质为Ⅱ类，6～10月为Ⅲ类，洱海水质年内为6个月Ⅱ类。随着流域截污体系的闭合运行、农业面源污染综合防治等测试的不断实施，河流入湖污染负荷逐渐减少，较 2017 年同期减少 750t，减少了 16.5%。

3. 污染较重湖泊实行治理措施

对污染较重的滇池、星云湖、杞麓湖、异龙湖，采取全面控源截污、入湖河道整治、农业农村面源治理、生态修复及建设、污染底泥清淤、生态补水等措施综合治理，使入湖污染负荷得到有效控制。滇池水体水质为劣Ⅴ类，由于地处重要的经济、政治、文化中心，因此滇池水环境问题是云南省生态建设和可持续发展中的关键问题。“十一五”以来，科学诊断，系统分析寻找滇池治理存在的问题，到从全流域生态系统的角度，把点源治污、面源减负、底泥清理与恢复湖泊生命特征有机结合起来，把污染治理、生态修复与全流域经济发展方式的改变和调整结合起来，把区域经济社会发展规模、方式与全流域水资源承载力及水环境容量有机结合起来，真正把滇池治理融合到经济社会发展的当中。

滇池治理持续推进环湖截污等“六大工程”建设，2016 年，国家考核组对滇池流域开展 2015 年度考核，流域内 33 个考核断面中，有 21 个达标，达标断面比例达 63.6%。经过多年的艰苦鏖战，虽然取得了一些成绩，但治理成效依然差强人意。

昆明市全面启动《滇池保护治理三年攻坚行动实施方案（2018—2020年）》，湖体水质不断改善，已由重度富营养转变为中度富营养，主要河道综合污染指数下降，蓝藻水华程度持续减轻，水华爆发时间推迟、周期缩短、频次减少、面积缩小、藻生物量减少，流域生态环境明显改观。云南省将继续推进滇池流域生态修复，加大调水力度，实施氮磷控制。优先对北部流域实施控源截污和入湖河道整治，取缔滇池机动渔船和网箱养鱼，实施退耕还林还草、退塘还湖、退房还湿，推广生物菌肥、有机肥和控氮减磷优化平衡施肥技术。滇池治理正在走出一条重污染湖泊水污染防治的新路子，为深化中国湖泊水污染防治提供了有益借鉴。

四、云南高原湖泊治理成效

由于中央和地方各级政府的高度重视，当前云南省高原湖泊治理取得了很大成效。主要体现在如下几个方面。

1. 污染控制初显成效，湖泊及入湖河道水质均有所改善

高原湖泊治理力度在不断加大，治理也更加寻求科学性和综合性。各个湖泊水质改善显著。根据2018年云南省环境状况公报，全省湖库水质总体良好，优良率为85.1%。67个开展水质监测的主要湖库中，49个水质优，符合Ⅰ～Ⅱ类水质标准，占73.1%，比2017年提高5.9%；8个水质良好，符合Ⅲ类水质标准，占11.9%，比2017年下降6.9%；3个水质轻度污染，符合Ⅳ类水质标准，占4.5%，比2017年上升3.9%；3个水质中度污染，符合Ⅴ类水质标准，占4.5%，比2017年下降1.7%；4个水质重度污染，劣于Ⅴ类水质标准，占6%，比上年下降0.2%。

在“十三五”之前，滇池、异龙湖、星云湖、杞麓湖等总体为劣Ⅴ类，多数属重度富营养化。但进入“十三五”之后，湖泊水质有了明显改善。到2018年年底，全省67个主要湖库中，11个处于贫营养状态，46个处于中营养状态，6个处于轻度富营养状态，4个处于中度富营养状态。目前，九大高原湖泊中，抚仙湖、泸沽湖为Ⅰ类水质标准；洱海、程海和阳宗海稳定在Ⅲ类水质。杞麓湖为Ⅰ类水质，部分水质指标达Ⅳ类。星云湖和异龙湖水质仍然为劣Ⅴ类，未达水环境功能要求。

值得一提的是，滇池曾经为我国富营养化发展最迅速、富营养化污染最严重的湖泊，经过30年的持续治理，进入2018年，滇池草海和外海主要水质考核指标均达到Ⅳ类水质标准，水质提升效果突出，滇池从重度富营养化转中度富营养化，并在2018年转为轻度富营养化，综合营养指数历史性首次低于60。以TP为例，在2009年，滇池草海TP达峰值，年均值高达1.46mg/L，但到2018年，降低至0.08mg/L以下；外海在1999年TP达峰值，年均值达0.33mg/L，但到2018年降低至0.1mg/L以下。滇池水质改善显著。

2. 湖泊生态环境有所提高，生物多样性恢复显著

由于湖泊水质和生态恢复均得到了较好恢复，很多湖泊生物多样性显著提高。洱海、异龙湖等周边越冬鸟类逐年增多。由于大力开展环湖生态建设，改写了滇池则在湖泊演化历史上一直都是“人进湖退”的局面，第一次实现了“湖进人退”，生物多样性恢复显著。

受20世纪末人类频繁的生产生活活动的干扰，滇池湖滨区天然湿地几乎消失殆尽，

湖滨带被改造为农田、大棚和鱼塘。通过持续开展环湖生态建设，在湖滨带内开展了“四退三还”工作，并在这个区域内建成33km²的生态区。生态区的建设，使植被覆盖率从13%提高至80%。植物物种大幅度增加，从原来的232种增加至约290种。其中，20世纪70、80年代曾经报道消失的轮藻群落、微齿眼子菜、穿叶眼子菜、苦草、荇菜、水鳖等群落，由于原有种子库萌发而又得以出现，目前在滇池部分湖湾仍然有一定面积存在。而原来消失多年的土著植物——海菜花也在人工引种的情况下得到一定恢复和保护。

在过去的半个多世纪里，滇池鸟类群落和其赖以生存的生态环境都经历了巨大变化，大量的水塘、沼泽消失，滇池湖滨带几乎丧失殆尽，很多水禽失去了理想的栖息地，滇池部分水禽消失了。近年来，大力开展了滇池生态湿地建设。滇池生态环境的改善，使得在滇池栖息、越冬的鸟类明显增多。近年来在滇池周边记录到鸟类140多种，其中包括多种云南省新纪录的鸟类，如钳嘴鹳、彩鹮、三趾鸥、灰翅鸥、须浮鸥、白翅浮鸥、铁嘴沙鸻、蒙古沙鸻、中杓鹬、弯嘴滨鹬、黑腹滨鹬、斑胸滨鹬、小滨鹬、大滨鹬、翻石鹬等。在消失30多年的野生鸬鹚、灰雁、绿头鸭等鸟类在近几年也再现滇池。鸟类数量也显著增加到了140种以上，滇池边的鸟类中，有7种为国家Ⅱ级保护鸟类。由于湿地的恢复和生物多样性的逐年回升，滇池也在2016年被中央电视台评为中国十大最美湿地，并位列榜首。

3．蓝藻水华防控效果明显，环境景观逐步提升

当前，由于湖泊水质持续改善，滇池、星云湖、杞麓湖、洱海的蓝藻水华发水频次和程度显著降低。洱海在2018年未发生大范围的蓝藻水华。

以滇池为例，滇池蓝藻水华防控是中国富营养化湖泊中公认的难点问题。但近些年来，由于滇池水质得到明显改善，水体转为轻度富营养化，滇池蓝藻水华发生的频次大幅度降低，持续时间缩短，发生的范围和强度也在大幅度的降低。主要体现在如下几个方面。

（1）第一次发生重度蓝藻水华的时间明显后延　在2005年、2006年，在3月中下旬，滇池外海北部近岸带就已经出现了蓝藻重度富集状况。但2007～2009年，推迟到了4月才出现蓝藻重度富集状况。2010～2012年到5月底才出现蓝藻重度富集。2013年之后，直到下半年滇池外海北部才第一次出现重度富集状况。2018年，在7月23日才第一次出现蓝藻重度富集状况。

（2）蓝藻水华发生时段大幅度缩小　在“十五”期间，浮游藻类发生明显富集的时间段一般是在3～11月。每年3月以后，水体叶绿素a浓度就超过了400mg/L，蓝藻中度和重度富集发生持续时间长达近9个月。在“十一五”期间，浮游藻类发生明显富集的时间变为4～11月，比“十五”期间缩小了约1个月。在“十二五”期间，浮游藻类发生明显富集的时间为6～10月，比“十五”期间缩小了约4个月，比“十一五”期间的持续时间段缩短了约3个月。“十三五”期间，浮游藻类发生明显富集的时间段为7～9月，蓝藻水华发生的主要时段大幅度减小。

（3）滇池外海北部近岸带历年发生水华的天数逐年降低　从2010年开始，对滇池外海北部水域重点开展蓝藻动态观测，并统计蓝藻出现中度和重度富集的天数。从2010年开始，蓝藻出现明显富集的天数呈现下降的趋势。在2010年，全年出现明显富集的天数达137d；到2012年，下降到了71d；2013年则为63d；2014年仅为46d；2015年为

32d；2016 年为 21d；2017 年为 17d；2018 年为 6d。

（4）蓝藻水华分布面积明显缩小 “十二五”之前，滇池蓝藻水华面积相对较大，主要集中在外海北部近岸水域，离岸边约 500 ～ 2000m 的近岸水域，蓝藻出现重度富集的频次较高。“十二五”后，则一般分布在离岸边约 50 ～ 500m 的范围较为常见；“十三五”之后，一般在近岸带约 30 ～ 200 范围富集（富集的点位与风向和湖流相关联）。

4. 水体功能逐步得到恢复，接近或达到水体功能区划目标

2018 年，列入云南重要水源和备用水源地的 67 个重要湖库中，达到水环境功能区划的有 52 个，达标率为 77.6%，相比 2017 年上升 4.2%。

2018 年，云南省重要水源保障湖泊抚仙湖、泸沽湖一直保持在Ⅰ类地表水质，洱海则稳定在Ⅲ类水质，部分月份达Ⅱ类。滇池草海和外海主要水质考核指标也提升为Ⅳ类，草海达到Ⅳ类水质功能要求。外海在个别月份到Ⅲ类水质的功能需求。阳宗海、程海等也满足水环境功能要求。

其他一些小型湖泊，如茈碧湖、拉市海、剑湖、鹤庆草海等水体功能也有保障，云南高原湖泊治理取得了阶段性显著成果。

五、云南高原湖泊治理经验

2015 年以来，云南省按照党中央决策部署，坚持规划引导、生态优先、科学治理、绿色发展，以河长制、湖长制为主要抓手，以改善九大高原湖泊水环境质量为核心目标，深入实施九大高原湖泊保护治理攻坚战。

1. 健全的法规规章提供了政策保障，实现依法保护

为了能够对九湖加强保护，针对各湖的情况，制定了相应的保护条例，形成“一湖一法”，这些条例的颁布实施，在湖泊保护中发挥了法律效力。云南省昆明市 1988 年颁布了《滇池保护条例》，2013 年《云南省滇池保护条例》作为省级地方性法规正式颁布实施，提升了《滇池保护条例》法律层级。2010 年《昆明市河道管理条例》正式颁布实施，强化了河道管理，并将河（段）长责任制纳入法律法规。各种法规规章为滇池流域水污染防治工作提供了有力的政策保障。针对滇池当前湖滨带管理存在的问题及迫切需要解决的问题，在 2016 年 3 月 21 日，在昆明市人民政府第 111 次常务会议上，通过了《昆明市环滇池生态区保护规定》，并于 2016 年 6 月 1 日起实施。

2. 健全的机构体制保障，完善湖泊治理长效机制

九湖流域现行的保护与管理体制与我国水环境管理体制一致，主要是通过《环境保护法》《水污染防治法》和《水法》等国家法律授权，以及国务院两次重大机构改革“三定方案”的行政授权，经过近 20 年的时间逐步形成了“流域管理与区域管理相结合、地方政府负责、环保部门监管、多部门合作管理”的管理模式。

云南省成立了九大高原湖泊水污染综合防治领导小组，成立由省级领导和专家组成的水污染防治专家督导组，加强对流域水环境治理工作的统筹协调。省委、省政府领导多次开展九湖治理工作调研，对九湖治理工作及时做出指导，省市各级政府每年召开湖泊水污染防治的工作会议，由主要领导直接部署，现场推动，及时解决湖泊保护治理工作中的重大问题。

云南在九湖流域全面推进“省州市监察、县市区监管、单位负责”的环境监管网格管理，实现监管责任全覆盖，对污水直排的单位“零容忍”。此外，全面加强九湖流域水环境监测网络体系、生态环境监测网络、监控预警系统、流域水环境数据中心建设、建立数据集成共享机制、建立流域水环境综合管理平台和流域水环境管理决策支持系统，逐步形成九湖保护与治理的长效管理机制。

3．严格的目标责任考核制度，保证了湖泊保护措施的到位

创新政府政绩考核制度，进一步完善政绩考核评价体系，增加湖泊保护与治理绩效指标权重，制定“一湖一策”差别化的管理目标和责任，强化分类管理，通过分阶段、分类制定差别化的考核管理指标来进一步落实“一湖一策”治理思路。

2017年年底，云南省、州（市）、县、乡镇、村五级河长和省、州（市）、县三级河长制办公室组织体系全面构建，省、州（市）、县党委副书记担任总督察、人大、政协主要负责同志担任副总督察的三级督察体系全面建立，河长制湖长制覆盖全省7127条河流、41个湖泊、7103座水库、7992座塘坝、4549条渠道。云南在河长制湖长制组织责任体系全面建立后，即把九大高原湖泊保护治理作为湖长制工作的重中之重。

为确保滇池“十二五”“十三五”规划实施和项目的落实，建立了从省到市的多层次领导协调机构，签订了省、市、县、区及有关部门和相关企业的目标责任书，明确了区域内各级政府、相关部门责任，按照“科学治水、铁腕治污”的要求，层层落实责任，严格考核，严肃问责，极大地推动和保障了滇池水污染防治各项工作，为规划的顺利实施提供了有力的支持保障。

4．建立“纵向到底，横向到边”的网格化、精细化环境监管体系

形成以流域为一级网格，流域内各行政区为二级网格，行政区内各镇街道所辖区域为三级网格，行政村（社区）为四级网格的精细化管理网格；完善九湖流域水环境监测网络，提高环境风险防控技术支撑能力。完善国家督查、省级巡查、地市检查的环境监督执法机制，对排污单位实施“红牌”“黄牌”制度，依法实现全面达标排放。建立严格的责任监管和责任追究的制度体系，坚持部门联动、环境日常监管和专项行动相结合，加大各类污染源、治理设施的监督检查。

5．构建科技攻关技术支撑体系，实现湖泊治理科学决策

在湖泊治理中，要积极吸纳国内外水污染治理的专家和技术人才，依托于国家重大科研项目成果，以及国内外先进治理技术和经验，针对每个湖污染成因，针对性地制定湖泊科学治理的策略、规划和方案。滇池治理作为国内外共同破解的难题，得到了国际社会的经验、技术、资金等多方面支持；德国、瑞士、芬兰等国家先后在滇池治理上提供了技术支持。国内针对滇池的科技研究起步较早，早在20世纪80年代初滇池水质开始出现恶化趋势时，便对滇池的水生生物进行了调查研究，对滇池生态系统的脆弱性进行了初步评价。随着滇池污染和富营养化程度的加重，在国家和省、市政府高度重视下，先后开展了国家“七五”“八五”“九五”和“十五”科技攻关项目，着力于滇池污染源、富营养化成因、藻类生长规律、饮用水源地保护、面源污染控制技术以及蓝藻水华控制等方面的研究，形成了滇池面源污染与蓝藻水华控制的成套技术等一系列污染综合治理及富营养化控

制技术。“十一五”和“十二五”期间，国家“863计划”“973计划”以及“国家水体污染控制与治理科技重大专项”以实现滇池流域水污染与富营养化控制为目标进行了大量的研究和技术示范，提供了一整套城市污水处理、污水处理厂提质增效、河道综合治理、面源治理、湖滨带生态修复、底泥清除等技术[25]并进行了工程示范。

6. 坚持保护优先，湖泊生态功能不断提升

坚持预防和保护优先，同步治理。把维护湖泊生态系统完整性放在首位，划定生态红线，严格控制开发利用对湖泊生态环境的影响。通过湖滨区“四退三还”、湖滨湿地恢复与建设、入湖河道综合整治、退耕还林、面山植被恢复、小流域综合治理等生态措施和工程措施，加强管理，九湖流域森林覆盖率逐步提高、水源涵养、水土保持、生物多样性维持等生态功能持续增强，河流生态廊道体系逐渐完善，湖滨带土地利用格局等到进一步优化，为湖泊保护构筑了坚实的绿色屏障。

六、云南高原湖泊流域生态环境治理建议

在湖泊治理成功经验和成效显著的基础上，结合高原湖泊流域特点提出下一步治理建议。

1. 创新治湖理念

云南省在全面分析调查研究的基础上，提出坚持规划引导、生态优先、科学治理、绿色发展、铁肩担当的“五个坚持”原则，明确实行四个“彻底转变”。按照新治湖思路，确定了坚决打赢过度开发建设治理、矿山整治、生态搬迁、农业面源污染治理、水质改善提升、环湖截污、河道治理、环湖生态修复“八大攻坚战”。

2. 构建适合高原湖泊治理特点的体制机制

首先，根据《调整优化九大高原湖泊管理体制机制的方案》，将保护治理情况纳入生态文明建设目标评价，优化了领导决策机制，整合多个涉及水资源保护治理的议事协调机构，增设了专门管理机构，由河（湖）长制统筹水资源保护治理工作，通过加强基层力量，创新乡镇综合执法指挥机制，建立基层新型治理模式，增强了管理保护能力；其次，创新跨省湖泊保护治理机制；第三是创新投资治理模式。

3. 实现全要素全环节的系统治理

近年来，云南省加大对九大高原湖泊综合治理，通过“一湖一策”、落实河湖长制、专项治理以及督促问题整改等措施推进系统治理九大高原湖泊。紧扣高原湖泊流域产业链的污染控制需求，研发满足核心环节的关键技术，集成整装形成全要素联控、全过程布控、全环节削减的技术体系；以削减面源污染为目标，实现污染的全要素控制、全过程削减。

4. 高度重视农业农村面源污染治理

丰厚的自然条件让湖泊周边种植业发达，但高耗水、高耗肥的耕作方式也带来了严重的农业面源污染。无论是昆明的滇池、大理的洱海，还是玉溪的抚仙湖、星云湖、杞麓湖，都面临着破解农业面源污染的难题。例如，在抚仙湖径流区，蔬菜和烤烟种植面积占农业总种植面积的65.5%，根据抚仙湖“十三五”规划测算，农田化肥污染负荷占流域农

业农村污染源的95%。2016年，星云湖流域耕地面积11.27万亩，化肥施用量3.75万吨；杞麓湖流域耕地面积14.84万亩，化肥施用量4.8万吨。因此农业面源污染成为云南高原湖泊治理中的突出问题。

近年来，包括滇池在内的云南高原湖泊地区经济社会形势发生了很大变化，城市快速发展挤占了农业空间，流域内农田面积萎缩，农田耕种强度加大，化肥农药使用量增加，单位面积污染负荷增大；大规模连片的设施农业遍地开花，带来的面源污染目前和今后依然是包括滇池在内的高原湖泊农田面源污染的关键问题，从水-肥-种-管-经多环节降低农田面源输出十分迫切；过去面源治理很多采取的方式是“把面源转化为点源处理”，这种高成本、难持续的治理方式必须要回归到“面源污染应按面源的防控方式治理”；要进一步统筹面源污染防控与水动力、水资源条件，统筹山水林田路塘库等全过程，打破传统点线面的剥离，形成网络化、系统化、一揽子通盘解决面源污染的技术体系和工作方案；流域面源污染防控的管理要从宏观模糊化向数字化、精准化、可控化发展，实现对农业发展与面源污染防控的实质性支撑。

主要参考文献

[1] 黎尚豪，俞敏娟，李光正．云南高原湖泊调查．海洋与湖沼，1963, 5(2): 87-113.

[2] 张召文．云南九大高原湖泊治理的复杂性、艰巨性和长期性．环境科学导刊，2012, 31: 19-20.

[3] Pan Y, Jin L, Wei Z -H. Experimental evidence that water-exchange unevenness affects individual characteristics of two wetland macrophytes Phalaris arundinacea and Polygonum hydropiper. Ecological Indicators,2019, 107: 1-10.

[4] 金相灿，刘鸿亮，屠清瑛．中国湖泊富营养化．北京：中国环境科学出版社，1990.

[5] 翟羽佳，周常春，刘春学．水权视角下水资源分配管理研究——以苍山十八溪流域为例．昆明理工大学学报（自然科学版），2017, 42: 136-144.

[6] 张春敏，金竹静，赵祥华．云南省农村生活污水处理设施运行现状调查分析．环境科学导刊，2019, 38(4): 45-50.

[7] 张云，王圣瑞，段昌群．滇池沉水植物生长过程对间隙水氮、磷时空变化的影响．湖泊科学，2018, 30(2): 314-325.

[8] 普军伟，赵筱青，顾泽贤．云南高原杞麓湖流域的景观顾与水质变化．水生态杂志，2018, 39(5): 13-21.

[9] 肖俞，戴丽，段昌群．滇池流域不同类型农业经济环境效益研究．生态经济，2016, 32(1): 139-147.

[10] 史玲珑，王圣瑞，段昌群．洱海沉积物溶解性有机氮释放及环境影响机制．中国环境科学，2017, 37(7): 2715-2722.

[11] Garrick D, Bark R, Connor J. Environmental water governance in federal rivers: opportunities and limits for subsidiarity in Australia’s Murray-Darling River. Water Policy,2012, 14 (6): 915-936.

[12] 马亚斌．政府主导下的武汉市水环境综合治理对策研究．武汉：湖北工业大学，2014.

[13] 张力耕．我国县域环境治理中的政府角色．昆明：云南师范大学，2013.

[14] 鲍莫尔，布林德张．经济学概要：原理与政策．Essentials of Economic : Principles and Policy：国际版．大连：东北财经大学出版社，2011.

[15] Tietenberg T H. Reflections-In Praise of Consilience.Review of Environmental Economics & Policy, 2011, 5(2): 314-329.

[16] 黄贤金 . 生态文明建设应注重发挥市场主导作用. 群众，2014, 9: 15-16.

[17] 朱香娥 . 三位一体的环境治理模式探索. 价值工程 , 2018, 11 : 9-11.

[18] 严丹屏，王春风 . 生态环境多中心治理路径探析. 中国环境管理 ,2010, 4: 19-22.

[19] 刘成安 . 从利用德国促进贷款云南程海湖水体综合治理保护示范项目谈高原湖泊治理新模式 . 中国水利学会 2014 学术年会论文集，2014, 514-516.

[20] 段昌群 . 高原湖泊治理是生态保护的关键 . 社会主义论坛，2017, 5: 19.

[21] 舒川根 . 太湖流域生态文明建设研究 - 基于太湖水污染治理的视角. 生态经济，2010, 6: 174-179.

[22] Pan Y, Liu C, Li F. Norfloxacin disrupts Daphnia magna-induced colony formation in Scenedesmus quadricauda and facilitates grazing. *Ecological Engineering* 2017, 102: 255-261.

[23] 陈迎 . 从安全视角看环境与气候变化问题. 世界经济与政治 ,2008, 4: 45-51.

[24] 董云仙，吴学灿，盛世兰 . 基于生态文明建设的云南九大高原湖泊保护与治理实践路径 . 生态经济 ,2014, 30(11): 151-155.

[25] 王莹 . 滇池内源污染治理技术对比分析研究. 昆明 : 昆明理工大学 , 2012.

第八章　白银市污灌农田的治理与修复实践

西北地区位于亚欧大陆的腹地，占我国陆地总面积的 1/3，有色金属矿产资源丰富，开采的矿山数以千计。然而，由于矿物仅占采矿原料中极小的部分，加之早期粗放的采矿方式，因而一些和原生矿物伴生的金属通常会以副产物的形式被输出[1]，然后通过粉尘沉降、工业废弃物和尾矿的堆积以及废水的排放等形式污染矿区及周边的土壤[2]，进而导致重金属在土壤中不断积累。因此，西北地区是我国重金属污染土壤修复的热点区域之一。

干旱、土地盐渍化以及高风蚀是西北地区的典型生境特征。在此生境条件下，呈带状或斑块状分布的绿洲是该区域工农业生产的主要基地。尽管绿洲面积不足西北干旱区总面积的 5%，但却养育了干旱区 90% 以上的人口，创造了 95% 以上的工农业产值[3]; 同时，绿洲更是预防沙尘暴和阻止沙漠前进的“桥头堡”。因此，绿洲区有限的可耕种土地一旦受到重金属的污染，其后果十分严重。如果继续在受污染土地上耕种，其产出的粮食产品必然会带来严重的人体和动物健康风险。若要寻求更为清洁的土地，必然会破坏大面积的森林或草地，其进而会造成生物多样性的降低和水土流失的加剧，恶化干旱区绿洲原本极为脆弱的生态环境。如果大面积的土地被弃耕，伴随着绿洲区人民外迁寻求更加适宜的生存环境，最终必然会造成“人退沙进”的景观演替态势。

白银市作为我国西北地区典型的工矿型绿洲，其是我国污灌重金属污染农田土壤重点监控区域之一。因此，本章将梳理白银污灌区的污灌历史，探明重金属的迁移转化规律和潜在影响，并总结现有的治理与修复实践经验，以期为包括我国西北地区在内的广大干旱、半干旱地区特殊生境条件下重金属污染土壤的治理提供一定的理论和实践依据。

第一节　白银市自然资源概况及农田污灌背景

一、白银市自然资源概况

白银市（35°33′ ～ 37° 38′ N，103° 33′ ～ 105° 34′ E）地处黄河上游、甘肃省中东部，属于腾格里沙漠与祁连山余脉向黄土高原的过渡地带。地势由东南向西北倾斜，东西宽 147.75km，南北长 249.25km，海拔 1275 ～ 3321m。气候为温带干旱、半干旱大陆性气候，处在季风气候的边缘带，年均气温 3.1 ～ 9.1℃，年降水量 160 ～ 450mm，年蒸发量 1600 ～ 2200mm。黄河自南向北呈“S”形在腰中贯穿全境，流经长度 258km，流域面积 1.47 万平方千米。土壤类型以灰钙土为主，占土地总面积的57.62%，土壤肥力低下、呈弱碱性，质地多为砂壤土。

白银矿产资源极为丰富，因矿得名、因企设市，是我国重要的有色金属工业基地，曾创造了铜（Cu）产量、产值以及利税连续18年同行业全国第一的业绩。截至2016年年底，全市已发现的矿种达53种，查明资源储量的矿产33种；各类矿山414个，其中大型矿山4个，中型矿山14个，小型矿山和小矿396个[4]。矿产资源的开发利用为白银的城市发展和新型城镇化建设起到了重要支撑作用。

二、农田污灌背景

白银市铜矿开采过程中产生的“三废”中含有大量的镉（Cd）、铅（Pb）和砷（As）等重金属/类金属。白银区作为白银市重金属产生和排放量最多的地区，据统计，该区每年Cd、Pb和As通过废水的排放量分别为2.00t、5.29t和0.92t，通过废气的排放量分别为4.69t、48.32t和2.61t，每年含重金属危险废物的产生量为146.62万吨[5]。这些排放出来的重金属污染物主要会通过粉尘沉降、工业废弃物和尾矿的堆积以及废水的灌溉等形式污染矿区及周边的土壤[2]。

根据灌溉用水的来源，白银区的农田可以划分为东大沟污灌区、西大沟污灌区和黄河水清灌区三大区域。东大沟源于白银市区西北约13km的白银公司深部铜矿，自北向南穿过白银市市区东侧，经郝家川、梁家窑、民勤村，于四龙镇汇入黄河，全长约38km。东大沟沿途主要汇集了白银有色集团股份公司所属深部矿业公司、第三冶炼厂、西北铅锌冶炼厂、铜冶炼厂、银光化学工业公司以及甘肃双赢化工有限公司等20余家大中小型企业的工业废水，以及市区东部的城市生活污水。西大沟源于灰土涝池，自北向南穿过白银市市区西侧，经黄茂井、刘家梁、吊地沟，于水川镇汇入黄河，全长约50km。西大沟沿途主要汇集了上游的西北铜加工厂、排洪沟两侧的长通电缆厂、白银针布厂以及棉纺厂等小型加工企业的工业废水和市区西部的城市生活污水[6-8]。

20世纪50年代以前，东、西大沟没有常年性地表径流，自1956年白银公司建立后，这两条沟谷接纳了城区工业和生活废水，成为常年性排水通道。由于当地干旱少雨的气候条件和污水灌溉的低成本特性，加之人们对土壤污染认识的历史局限性，在长期的矿产开采、加工以及工业化进程中，东、西大沟中上游的农田普遍采用了排洪沟中的污水进行灌溉，污灌历史从20世纪60年代一直持续至21世纪初，时间跨度长达50余年。东大沟下游的四龙镇和西大沟下游的水川镇，由于它们紧邻黄河，因而并未采用污水灌溉，属于黄河水清灌区。

第二节 农田土壤污灌影响与重金属污染及其风险

一、污灌对农田土壤理化属性的影响

钙质土壤占全球陆地总面积的30%以上，碳酸盐含量高、有机质含量低以及植物养分有效性低是其典型特征[9]。通常，碳酸钙（$CaCO_3$）的沉淀和溶解通过反应式 $CaCO_3 + H^+ \longrightarrow Ca^{2+} + HCO_3^-$ 处于平衡当中，当土壤 pH 值大于 8 时，$CaCO_3$ 以沉淀为主；反之则以溶解为主[10]。针对正常钙质农田土壤而言，当降水发生时或者在灌溉过程中，$CaCO_3$ 会部分溶解，进而导致钙离子（Ca^{2+}）向土壤剖面深处迁移[11]。然而，在干旱气候条件和作物蒸腾作用驱动下，下层土壤中的 Ca^{2+} 也会随着毛管水向土壤表层迁移，在碱性的土壤 pH 条件下重新生成 $CaCO_3$ 的沉淀进而沉积在土壤表层。同时，耕作活动以及凋落物的分解释放等也会弥补表层土壤 Ca^{2+} 的亏缺[12]，这就使得表层钙质土壤中 $CaCO_3$ 的含量始终处于一个正常的范围内。

对白银钙质土壤而言，其表层土壤 $CaCO_3$ 的含量通常在 150g/kg 的阈值范围内[13]。然而，2018 年我们通过对白银东、西大沟的农田土壤系统采样发现，表层土壤 $CaCO_3$ 的含量相较于其背景水平下降了 35%（表 8.1）。显然，污灌农田表层土壤 $CaCO_3$ 含量的大幅下降与土壤 pH 值的显著降低密不可分。白银钙质土壤的 pH 值通常大于 8.5[13]，此时 $CaCO_3$ 以沉淀为主。在污灌初期 1987 年和随后的 1998 年，酸性废水灌溉均未显著改变土壤的 pH 值，这主要是由 $CaCO_3$ 的沉淀 - 溶解平衡所产生的土壤酸碱缓冲作用所致。然而，2018 年的调查却发现，尽管当时当地的农田已经停止了污灌，改为黄河水灌溉，但土壤 pH 值却远低于 8.5，相较于污灌早期的 1987 年下降了 0.83 个 pH 单位。其可能的原因是，长期的污灌导致土壤酸碱平衡被打破，土壤 pH 值显著下降，其进而不可逆地抑制了土壤 $CaCO_3$ 的沉淀过程，最终造成表层土壤 $CaCO_3$ 含量的显著下降。

表8.1 白银污灌农田土壤理化属性和重金属含量随时间的变化

项目	pH 值	$CaCO_3$/(g/kg)	SOM/(g/kg)	重金属 /(mg/kg)				文献来源
				Cd	Cu	Pb	Zn	
背景值	>8.50	150	5 ～ 10	0.18	26	20	57	[13], [14]
1987 年	8.53	–	11.00	2.82	84	75	149	[15]
1998 年	8.66	–	14.50	3.16	99	84	147	[16]
2018 年	7.70	97	15.35	21.75	104	145	488	未发表

注：$CaCO_3$ 为土壤碳酸钙相当物的含量；SOM 为土壤有机质。

相较于表层土壤 $CaCO_3$ 含量的变化，土壤有机质（SOM）的含量在白银污灌农田土壤上并未减少（表 8.1）。具体来看，白银钙质土壤的 SOM 含量较低，通常为 5 ～ 10g/kg。然而，随着污灌时间的延长，SOM 的含量从污灌初期 1987 年的 11.00g/kg 增长到了 1998 年的 14.50g/kg，污灌停止后的 2018 年 SOM 的含量依然增加到了 15.35g/kg。相较于 SOM 区域背景值的最大水平，上述 3 个时间节点 SOM 的增幅依次达到了 10%、45% 和 53.5%。白银污灌农田 SOM 的增加可能与灌溉水的组成有很大的关系，因为当地灌溉废水的组成除了 50% 以上的工业废水外，仍有 40% 多属于生活污水[17]。

二、污灌农田重金属含量的时空变化

重金属不能被微生物降解，加之钙质土壤中 $CaCO_3$ 对重金属具有很强的吸附和共沉淀作用，因而在长期的污灌过程中，重金属会在表层土壤中不断积累[2]。根据早期调查[14]，白银钙质土壤中Cd、Cu、Pb和Zn的背景含量分别为0.18mg/kg、26mg/kg、20mg/kg和57mg/kg。很明显，随着时间的延长，白银污灌农田土壤中重金属的含量是不断增加的。具体来看，从1987年到2018年，污灌农田土壤中Cd、Cu、Pb和Zn的含量分别较其背景值增加了15.67～120.83倍、3.23～4.00倍、3.75～7.25倍和2.61～8.56倍（表8.1），其中Cd的积累最为显著，这主要是由Cd相较于其他重金属更易被$CaCO_3$吸附或生成$CdCO_3$的沉淀所致[18]。与最新的《土壤环境质量标准-农用地土壤污染风险管控标准（试行）》（GB 15618—2018）相比，我们在2018年的调查发现，白银污灌农田土壤中Cd、Cu和Zn的含量均超过了风险筛选值，其中Cd的含量甚至超过了风险管制值，其值分别是筛选值（0.6mg/kg）和管制值（4mg/kg）的36.25倍和5.44倍。

根据灌溉用水来源以及污水组成的差异性，白银市农田土壤中重金属的含量在空间尺度上存在很高的异质性。整体而言，白银污灌区土壤重金属的含量要远高于清灌区土壤。其中在东大沟流域，污灌区土壤中Cd、Cu、Pb和Zn的含量分别是清灌区土壤的41.44倍、5.73倍、11.00倍和3.72倍，而西大沟流域污灌区土壤中上述重金属的含量分别是其清灌区土壤的3.63倍、3.36倍、1.33倍和3.06倍（表8.2）。显然，以工业废水为主要灌溉用水来源的东大沟流域污灌区土壤重金属的污染更加严重。

表8.2　白银不同水源灌区农田土壤中重金属的含量

项目		Cd/(mg/kg)	Cu/(mg/kg)	Pb/(mg/kg)	Zn/(mg/kg)
东大沟	污灌区	10.36 ± 4.42	199 ± 67	240 ± 70	235 ± 73
	清灌区	0.25 ± 0.04	34.72 ± 16.38	21.80 ± 5.19	63.14 ± 8.55
西大沟	污灌区	0.58 ± 0.28	87.40 ± 62.24	27.48 ± 5.74	161 ± 130
	清灌区	0.16 ± 0.02	26.03 ± 2.56	20.71 ± 2.89	52.53 ± 6.32

注：数据来源于参考文献[14]。

当灌溉废水距离源区的距离不同时，相应位置灌区土壤中重金属的含量亦存在空间上的异质性。从表8.3中可以看出，矿区附近的灌溉废水中重金属的含量是最高的，随着灌溉废水距离矿区距离的增加，废水中重金属的含量大幅降低。相较于距离矿区100 m处的废水，距离矿区5km、10km、20km和30km处的废水中Cd的含量分别下降了13.54%、61.17%、73.81%和84.76%；相应地，上述位置处的污灌农田土壤中Cd的含量分别下降了58.28%、78.31%、90.37%和95.64%。这种污灌农田土壤中Cd的含量随所采用灌溉废水距离增加而逐渐降低的现象同时也存在于Cu、Pb和Zn等重金属当中。

表8.3　白银市灌溉废水及农田土壤中重金属含量随距离矿区远近的变化

项目	距矿区距离	Cd	Cu	Pb	Zn
灌溉水/(mg/L)	100 m	8.86 ± 2.14	4.67 ± 2.12	6.23 ± 1.24	17.26 ± 3.67
	5 km	7.66 ± 2.18	3.21 ± 1.04	4.24 ± 1.12	15.44 ± 3.87
	10 km	3.44 ± 1.75	3.11 ± 0.99	3.10 ± 0.88	13.21 ± 4.12
	20 km	2.32 ± 0.99	2.65 ± 0.67	1.47 ± 0.93	10.61 ± 3.80
	30 km	1.35 ± 0.65	1.21 ± 0.32	0.83 ± 0.65	9.21 ± 4.11

续表

项目	距矿区距离	Cd	Cu	Pb	Zn
农田土壤 /(mg/kg)	100 m	77.9 ± 43.8	500 ± 218	313 ± 99	498 ± 213
	5 km	32.5 ± 24.8	322 ± 179	217 ± 88	408 ± 140
	10 km	16.9 ± 8.9	211 ± 79	110 ± 76	299 ± 125
	20 km	7.5 ± 3.7	199 ± 77	57 ± 25	207 ± 88
	30 km	3.4 ± 1.8	98 ± 21	33 ± 21	100 ± 65

注：数据来源于参考文献 [19]。

在排污沟渠的上游尤其是东大沟的上游，其污灌农田土壤重金属的污染程度最为严重。为了全面掌握这一区域污灌农田土壤的重金属污染状况，2019 年我们选择了一处目前仍在耕作种植小麦、胡麻和蔬菜等的农田进行了详细布点采样，具体样点布设如图 8.1 所示。其中，污灌农田土壤是核心区，共计 50 亩，布设了 21 个点位；外围第一个小圆圈属于过渡区，主要为荒地、滩涂和少量农田；第二个大圆圈属于外围区，主要为尾矿（31 ～ 33 号点）和荒地，过渡区和外围区分别布设了 6 个样点。

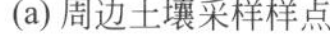

(a) 周边土壤采样样点

(b) 重度污染农田

图 8.1　白银东大沟流域上游重金属重度污染农田及周边土壤采样样点布控图

经过采样分析，污灌农田、过渡带以及外围区土壤中 Cd 的含量分别为 54 ～ 139mg/kg、0.64 ～ 102mg/kg 和 0.14 ～ 7.66mg/kg（图 8.2），Pb 的含量分别为 65 ～ 2135mg/kg、31 ～ 629mg/kg 和 10 ～ 442mg/kg（图 8.3）。可见，核心区污灌农田土壤中重金属的含量最高，过渡带次之，外围区的尾矿和荒地却最低。具体来看，污灌农田土壤中 Cd 的含量是标准 GB 15618—2018 所规定的 Cd 风险筛选值的 90 ～ 232 倍，是风险管制值的 13.5 ～ 34.75 倍；Pb 的含量则是相应风险筛选值（170mg/kg）和管制值（1000mg/kg）的 0.38 ～ 12.56 倍和 0.065 ～ 2.14 倍。可以看出，东大沟流域上游的污灌农田土壤中 Cd 的污染程度达到了极端重度污染的情形，与其他污灌区如日本的神通川流域 [20]、沈阳张士灌区 [21] 以及广东大宝山矿区 [22] 等的土壤 Cd 污染程度相比，其污染程度之重在全球范围内实属罕见 [2]。可见，在经历了 50 余年不间断的污灌后，白银市的污灌农田，尤其是东大沟上游矿区附近的污灌农田早已完成了从“重金属的汇”向“重金属的源”的角色转变。

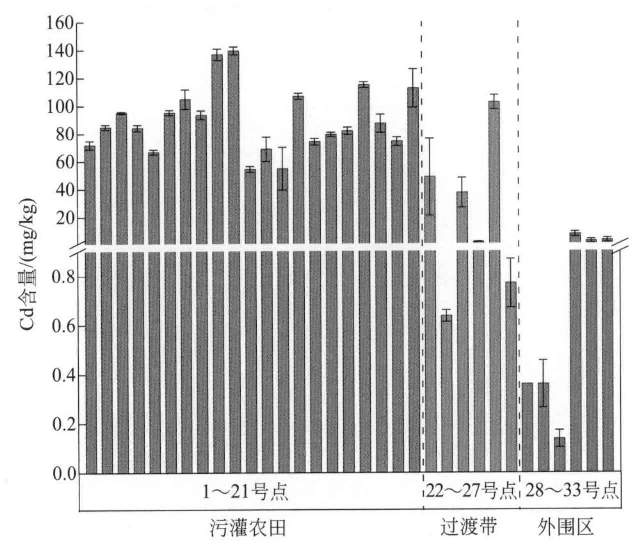

图 8.2　白银东大沟流域污灌重度污染农田及周边土壤中 Cd 的含量

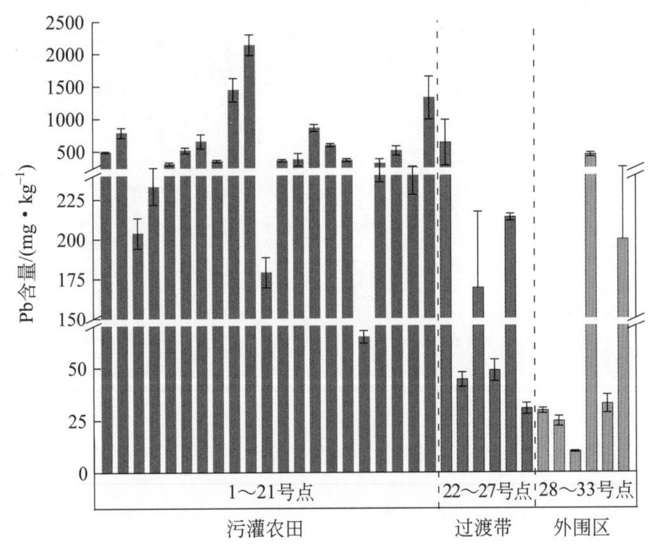

图 8.3　白银东大沟流域污灌重度污染农田及周边土壤中 Pb 的含量

相较于重金属的总量，其赋存形态更有利于反映其潜在生态环境风险[9, 23]。从图 8.4 中可以看出，污灌农田土壤中 Cd 的主要赋存形态为铁锰氧化物结合态（FMO）、碳酸盐结合态（CAB）和可交换态（EXC），它们占土壤总 Cd 的比例分别为 32.94%、29.18% 和 24.16%。相反，过渡带和外围区的土壤中 Cd 主要以残渣态（RES）为主，其占土壤总 Cd 的比例分别为 58.89% 和 46.03%。对 Pb 而言，无论是污灌农田土壤，还是过渡带和外围区的土壤，其赋存形态均是以 FMO 和 RES 为主，二者之和均超过了土壤 Pb 总量的 70% 以上。上述重金属赋存形态分布特征说明，Cd 相较于 Pb 其流动性和生物有效性更高，尤其是在长期污灌的农田土壤上，Cd 的三种主要赋存形态（EXC、CAB、FMO）均较为活跃，加之土壤中 Cd 的总量极高，因而这一区域存在严重的 Cd 污染风险。

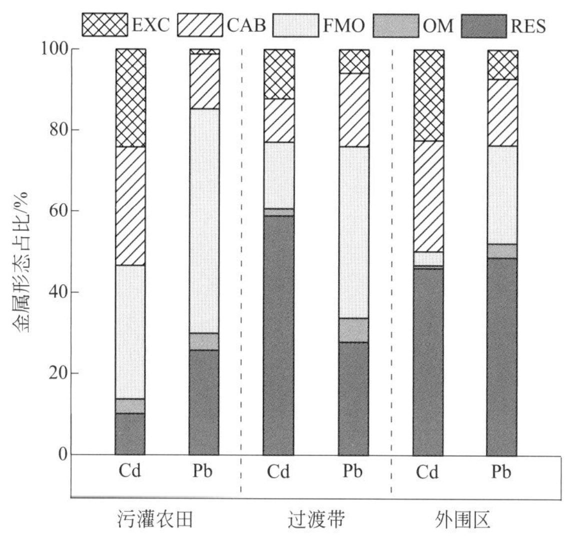

图 8.4 白银东大沟流域污灌重度污染农田及周边土壤重金属赋存形态

EXC—可交换态；CAB—碳酸盐结合态；FMO—铁锰氧化物结合态；OM—有机结合态；RES—残渣态

经过长期的污水灌溉后，白银钙质农田土壤的 pH 值和 $CaCO_3$ 含量均显著下降，这意味着这一区域的土壤对重金属尤其是 Cd 的固定效应已经大大减弱，重金属的释放风险进一步增大[24]。尽管有机结合态（OM）的重金属含量占土壤重金属总量的比例不高，其中 Cd 所占比例＜ 4%，Pb 所占比例＜ 6%（图 8.4），但由于金属 - 溶解性有机碳（DOC）络合物的溶解度高，其会提高重金属的生物有效性[9]。在养分有效性较低的钙质土壤上，植物为获取养分，其会释放大量以小分子有机酸为主要组分的 DOC[23]，这将大大增加重金属的环境风险[24]。因此，在黄河流域生态保护和高质量发展的国家战略中，地处黄河上游的白银市污灌重金属重度污染农田应该成为未来国家重点监控和治理的对象。

三、农田土壤重金属污染的潜在风险

农田土壤一旦受到污染，若继续耕作或者弃耕，重金属会通过土壤—作物 / 牧草 / 杂草—动物 / 人体途径进行迁移，进而带来潜在的人体、动物健康风险[25]。从表 8.4 可以看出，东大沟污灌土壤上小麦、玉米籽粒中 Cd 的含量分别是其清灌土壤的 15.25 倍和 10.40 倍，Pb 则为 9.21 倍和 9.41 倍。这表明土壤一旦受到严重污染，重金属就会通过根系进入作物体内，进而向籽粒中迁移。同时，表 8.4 中数据也表明 Cd 相较于 Pb 其更易被作物吸收，亦即其更易带来潜在的健康风险，这除了与元素本身的属性相关外[2]，还与白银污灌土壤上 Cd 的活性较高有密切的关系（图 8.4）。这种现象在西大沟也得到了证实，其污灌区土壤上小麦、玉米籽粒中 Cd 的含量分别是清灌区的 4.00 倍和 1.67 倍，而 Pb 则仅为 0.67 倍和 1.69 倍（表 8.4）。

表8.4 白银不同水源灌区作物籽粒中重金属的含量

项目		小麦 /(mg/kg)		玉米 /(mg/kg)	
		Cd	Pb	Cd	Pb
东大沟	污灌区	0.61	1.29	0.52	2.07
	清灌区	0.04	0.14	0.05	0.22
西大沟	污灌区	0.04	0.14	0.05	0.27
	清灌区	0.01	0.21	0.03	0.16

注：数据来源于参考文献 [14]。

根据我国《食品安全国家标准 - 食品中污染物限量》(GB 2762—2017)，谷物中 Cd 和 Pb 的限值分别为 0.1mg/kg 和 0.2mg/kg。显然，东大沟污灌土壤上生产的小麦和玉米均出现了严重的 Cd、Pb 超标现象，而西大沟污灌土壤上仅玉米出现了轻微的 Pb 超标情况。前述已表明白银污灌区土壤的重金属污染程度在距离矿区不同位置的空间尺度上存在极高的异质性(表 8.3)。相似地，随着距离矿区距离的增加，白银污灌区杂草中 Cd、Pb 的含量亦是逐渐降低的(表 8.5)。这说明土壤污染程度即土壤中重金属的总量越高，植物吸收与积累越明显，潜在的健康风险也越大。

表8.5 白银污灌区杂草中重金属含量随距离矿区远近的变化

距离矿区的距离 /km	Cd/(mg/kg)	Cu/(mg/kg)	Pb/(mg/kg)	Zn/(mg/kg)
0.1	32.7 ± 16.9	40.3 ± 12.5	180 ± 107	496 ± 212
5	20.7 ± 9.5	37.6 ± 9.8	138 ± 99	379 ± 124
10	10.8 ± 3.8	29.7 ± 7.9	67 ± 22	231 ± 98
20	6.9 ± 2.2	26.4 ± 5.8	44 ± 13	135 ± 76
30	5.4 ± 1.7	13.9 ± 5.7	34 ± 17	100 ± 35

注：数据来源于参考文献 [19]，杂草包括冰草、芨芨草和禾草等。

梳理已有的白银污灌区人体、动物健康风险的相关研究发现，土壤污染最为严重的矿区及其周边区域的健康风险是最大的。刘宗平[26]通过动物活体解剖实验，选取了 1 ~ 3 岁龄矿区附近具有典型中毒症状的病羊和来自与矿区气候、土壤条件相同的非污染区的健康羊做对比实验，发现病羊的不同组织中 Cd 和 Pb 的含量均显著高于健康羊，而肾脏作为重金属的主要积累器官其增幅也是最大的，其中病羊肾脏 Cd 的含量是健康羊的 13.88 倍，Pb 为 9.79 倍(表 8.6)。另外，根据甘肃省环保监测站[27]早期针对白银污灌区土壤重金属污染的人体健康影响调查研究，发现污灌区居民的尿液和头发中 Cd 的含量显著高于对照区，但并未显现出“痛痛病”的特征。进一步的调查发现，上述人体、动物的健康风险均与食用受重金属污染农田土壤上生产的粮食、牧草以及杂草等有主要的关系[26, 27]。值得注意的是，包括白银在内的广大西北地区都有食用“羊杂碎”的习惯，因而以牛、羊等动物脏器作为食物也是重金属进入人体的重要途径。

表8.6 白银矿区附近重污染区域羊组织中重金属的含量

组织	Cd/(mg/kg)		Pb/(mg/kg)	
	病羊	健康羊	病羊	健康羊
肌肉	0.63 ± 0.20	0.17 ± 0.09	1.85 ± 0.71	0.62 ± 0.21
肝脏	7.92 ± 3.36	0.50 ± 0.25	5.30 ± 1.14	1.73 ± 1.14
肾脏	25.4 ± 10.5	1.83 ± 0.55	9.50 ± 2.86	0.97 ± 0.40
肺脏	3.02 ± 1.25	0.61 ± 0.11	4.35 ± 1.68	1.46 ± 0.88
肋骨	3.90 ± 1.60	2.50 ± 0.80	13.3 ± 3.90	11.1 ± 4.20
桡骨	4.70 ± 1.00	2.90 ± 0.70	21.6 ± 5.20	10.2 ± 2.10
牙齿	4.70 ± 0.60	2.30 ± 1.20	24.6 ± 5.70	9.90 ± 5.00

注：数据来源于参考文献[26]，其中具有典型中毒症状的病羊来自白银东大沟流域上游的重污染区，健康羊来自兰州市榆中县，该县气候条件和土壤类型均与污染区相同。

然而，根据李红霞等[28]的调查发现，白银城市儿童血Pb的平均含量为151μg/L，血Pb超标率（血Pb含量大于100μg/L）为57.45%；农村儿童血Pb的平均含量为85μg/L，血Pb超标率为26.67%，且无论血Pb平均含量还是血Pb超标率，城市与农村儿童之间的差异均是显著的。沈玉荣[29]在对白银市区593名0～6岁儿童微量元素的全面分析后也发现，市区儿童的血Pb含量是超标的，但血Cd的含量在正常范围内。这说明食物链传递尤其大气降尘是人体血Pb超标的重要途径。另外，这也反映出尽管白银污灌区土壤Cd的污染较为严重，但其实际带来的人体不利健康效应却是有限的。这一方面是因为白银污灌区作物重金属的超标程度要远低于“痛痛病”的发生地日本神通川流域的污灌区[20]；另一方面，这可能与当地群众多面食、少蔬菜的膳食结构有很大的关系，因为即使污灌区土壤上生产的小麦、玉米Cd是超标的，但其超标程度与蔬菜相比仍然是极低的[2]。

在经历了长达30余年的污灌实践后，韩冰[30]在白银污灌区的调查中发现，污灌仍能大幅提高作物产量，相较于清灌田，污灌田的小麦平均产量增产50kg/hm^2，增产率约为1.3%。然而，随着社会经济的快速发展和城镇化建设步伐的不断加快，农民的收入多元化，加之重金属污染的土壤尤其是在污染较重的矿区附近存在明显的农作物死苗、减产等现象，因而白银污灌区尤其是东大沟流域存在大面积农田弃耕的现象（图8.5）。

(a) (b)

图8.5 白银东大沟上游矿区附近植株矮小和弃耕的玉米田

值得注意的是，根据我们在2018年针对白银污灌区土壤、小麦对应采样分析发现，土壤有效态金属的含量（0.01mol/L $CaCl_2$ 浸提）相较于其总量更能有效预测作物对重金属的吸收，尤其是在污染较轻的西大沟流域。另外，我们也发现在东大沟流域，土壤有效态金属的含量是高于小麦籽粒中金属的含量，而在西大沟流域这一现象截然相反且二者之间的差距更加明显（图8.6），这反映出西大沟流域的污灌土壤尽管污染程度较低，但是重金属更易被作物吸收进而向籽粒中迁移。根据最近全球尺度上的研究，针对初始土壤有机碳（SOC）水平较低的干旱、半干旱地区，相较于其他气候类型地区，外源活性碳（LOC）的输入会促进SOC的转化，并使得土壤中的DOC始终维持在一个较高的水平[31]。因而，在灌溉水以生活污水为主的西大沟流域，大量外源LOC的输入和相较于东大沟流域更加频繁的土地耕作活动促使其SOC的转化速率可能要远高于灌溉水以工业废水为主的东大沟流域，其结果是先前有机结合态的重金属会释放进入土壤溶液，同时DOC与重金属的结合也会进一步提高金属的有效性，促进植物的吸收[9]。

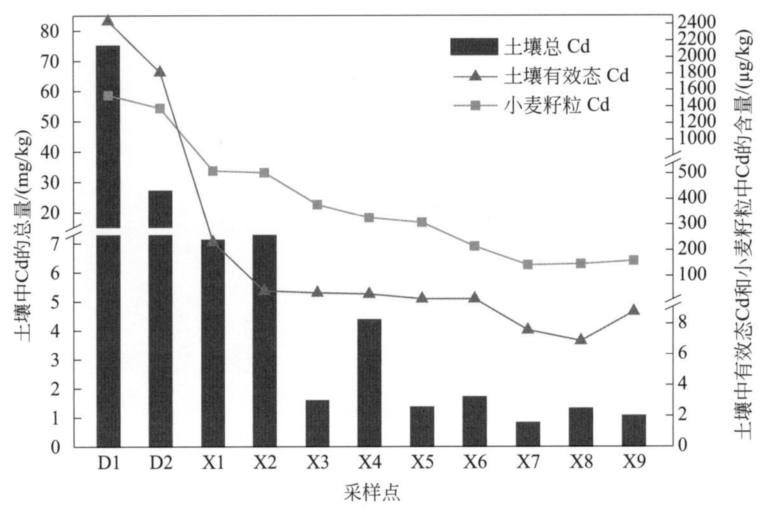

图8.6 白银污灌区种植春小麦土壤上Cd的污染与作物吸收特征

（D为东大沟、X为西大沟）

白银污灌区目前已经全面停止了污水灌溉，改用黄河水灌溉，但是长期的污灌对土壤理化属性造成了不可逆的改变（表8.1），土壤固相对重金属的吸附固定能力大大减弱，重金属进入土壤溶液的机会增加，因而该区域土壤中的重金属存在很高的溶迁风险[24]。

前述已表明白银污灌区尤其是东大沟流域的农田土壤重金属污染极为严重，而这些农田要么仍然采用传统的一季种植的耕作制度（3月中下旬至7月中旬，农作物收获后翻耕土地进行晾晒），要么被弃耕撂荒（图8.5和图8.7），亦即地表常年或者超过半年的时间（上一年度的7月末至次年的3月初）是裸露的。然而，根据白银污灌区所在区域的气候条件，其年均降水量不足200mm，且全年降水量的65%以上多集中在7～9月；同时，该区域北邻腾格里沙漠边缘，地势开阔，便于风的形成及扩散，长年多风且以春季风最多，主要以北风为主，最大风速为4.5m/s，全年大风平均日数为20d。可见，受污染农田的利用现状与当地不利气候条件的耦合使得白银污灌区土壤存在严重的重金属风蚀、水蚀释放风险。尽管白银当地政府已经在东大沟流域开展底泥疏浚和护坡治理工作（该项目起止时间为 2015 ～ 2020 年，总投资 2.99 亿元），但是若不重视该流域污灌农田的治理与修复，未来东大沟的水体和底泥中重金属的含量依然会增加，并最终会威胁到黄河上游的水质安全。

图 8.7 白银东大沟排污渠（底泥有明显的盐分析出现象）及其旁边耕种的农田

干旱、高风蚀以及由于引黄灌溉和含盐废水灌溉引起的土地盐渍化是白银污灌区的典型生境特征[32, 33]。一方面，白银市地处干旱草原向荒漠的过渡带，天然植被稀疏低矮，覆盖度低于 15%。然而，土壤重金属的不断积累会造成土壤环境质量的持续恶化，生物一旦难以存活，生物多样性也会随之降低，最终会造成大面积地表的裸露。另一方面，目前白银污灌区所在区域 3 处露天矿的现存采矿废石约 9300 万立方米，2.5 亿吨，同时还有 3 个尾矿库，合计占地约 13km^2[33]。由于废石和尾矿的堆积直接造成了天然植被的压埋，加之重金属、盐分以及渗滤液的毒害作用对先锋物种定植的抑制，矿区和尾矿的地表近乎裸露（图 8.8）。因而，在当地典型的气候条件下，裸露地表的侵蚀作用首先会直接威胁其邻近区域的居民区和农田（图 8.1 和图 8.8）。其次，土壤侵蚀的加强必将会造成土壤颗粒的扩散，进而诱发重金属的迁移，对下风向和下游绿洲区土壤的安全构成严重的威胁，并最终影响到绿洲区人民的身体健康和区域生态环境安全[24]。

图 8.8 白银尾矿库及其周边环境

第三节
重金属污染农田的植物与化学联合修复与实践

一、重金属污染农田土壤的植物修复

植物修复技术（phytoremediation）是指利用植物及其根际圈微生物体系的吸收、挥发、转化、降解等的作用机制来清除环境中污染物质的一项污染环境治理技术[34]。该技术自Chaney[35]提出以来，在全球范围内已有近40年的发展历程，在我国也经历了20余年的发展，目前已在受污染农田土壤的修复方面积累了一些成功的案例。从已有的研究来看，能够广泛应用于重金属污染农田土壤修复的植物主要有三类，即重金属超富集植物、重金属排异植物和生物能源类植物。但从目前的研究来看，在类似白银污灌区这样污染程度较重的土壤上，植物的生长会受到明显的抑制，超富集植物常会表现出修复效率低、修复时间长等方面的不足[36,37]，排异植物（绝大部分属于重金属低积累的农作物）则表现出地上部分（可食部分）重金属含量急剧增加的风险[38, 39]。另外，污灌区的土壤通常表现出多金属复合污染的特征，然而排异植物和绝大多数超富集植物通常只对某一种重金属具有排异或超量富集的能力，因而它们在真实污染土壤修复实践中的应用往往会受到限制[37]。

超富集植物是植物修复技术的核心，然而，目前发现的超富集植物种数依然较少，仅500余种，不足维管植物的0.2%[39]，且绝大多数是在湿润地区发现的，以对水分需求较高的草本植物为主，它们在干旱区的引种要么难以适应当地的气候条件要么会带来潜在的生态环境风险。石炭酸灌木、黑芥子、羊茅、草香豌豆等是干旱地区发现的重金属超富集植物[40]，但面对异质性高、污染类型复杂多样且环境条件苛刻的干旱区土壤和气候条件，将它们直接推向干旱区大面积受污染土壤的修复实践中仍有很长的路要走。

事实上，包括白银污灌区在内的我国西北干旱区，尽管地域辽阔，但只有呈带状或斑块状分布的绿洲才是该区域工农业生产的主要基地。一旦绿洲土壤环境因重金属污染产生不可逆的灾难性变化，将导致大面积绿洲区土地被弃耕，绿洲区人民为寻求更加适宜的生存环境将被迫外迁，最终必然会造成“人退沙进”的景观演替态势[41]。可见，绿洲农田土壤重金属污染的修复显得必要且紧迫。与湿润地区的土壤相比，绿洲土壤表现出含水率低、肥力低、盐分含量高、重金属流动性差等特点，因而耐旱、耐碱、耐贫瘠、对重金属胁迫耐性高、对重金属富集能力强或者对重金属排异能力强的植物是干旱区重金属污染土壤植物修复所需的理想植物材料[42-44]。

树木作为一种重要的生物能源类植物，生物量大、生长速率快、蒸腾速率高、金属耐性高以及扎根较深等特点使其相比于超富集植物和农作物在重金属污染土壤修复方面具有较大优势。目前，杨树[45-47]、柳树[48-50]、大叶桃花心木[51]、栎树[52]和杨桃[53]等树木被证实具备植物修复的潜能。杨树和柳树是这些树木中研究最多的两种植物，这是因为它们同属于杨柳科，在全世界的分布极为广泛，且其种数较多，其中柳属植物有400种[54]，杨属植物有100余种[55]。树木用于重金属污染土壤的修复，其机理主要涉及植物提取和植物固定两个方面（见表8.7）。具体选择何种修复策略，需要综合考虑土壤重金属污染状况、土地未来利用类型以及当地的气候、经济和社会状况等各个方面的因素。

表8.7　树木应用于重金属污染土壤修复的主要机制

项目	植物提取	植物固定
修复原理	通过集约化种植或者正常人工林栽培，土壤中的重金属被植物根系吸收后在强大蒸腾流的驱动下被转移至地上部分，然后通过刈伐、皆伐或者间伐的方式采伐树木地上部或者整个植株，进而去除土壤中的重金属	（1）通过植物根系的吸收和富集、根表的吸附或者根区的沉淀作用将重金属固定在土壤中； （2）通过植物根系、植被覆盖以及凋落物层阻止由风蚀、水蚀、淋滤等诱发的土壤扩散带来的重金属的迁移
植物特性	生物量大、重金属耐性高和富集能力强、生长速率快的树木	根系庞大且扎根较深、蒸腾速率高、金属耐性高、能够在贫瘠土壤上正常生长的树木
富集特征	$BCF>1$	$BCF<1$
转移特征	$TF>1$	$TF<1$
临界含量	Cd ≥ 100；As、Cu、Pb ≥ 1000；Zn、Mn ≥ 10000	As ≤ 30；Cd ≤ 10；Cu ≤ 40；Mn ≤ 2000；Pb ≤ 100；Zn ≤ 500
土壤条件	有利于植物的生长和重金属向植物根区的移动；土壤酸化剂和螯合剂等可用来提高土壤中重金属的活性，进而促进植物的吸收	有利于植物的成功定植和正常生长；对于酸性且养分极度匮乏的土壤，土壤添加剂如有机肥、石灰等的施加有助于降低重金属的流动性
优点	可彻底将重金属从土壤中去除，收获的植物体可用于重金属的回收	可防止重金属对地下水及周围环境的危害，凋落物可增加土壤有机质，生物体可作为生物质能源的原料
缺点	树叶中较高含量的金属如Cd、Zn可通过落叶的形式返回地面，树叶腐败后重金属又重新释放到土壤表层，对土壤微生物、土壤动物等产生毒害作用，也可通过哺乳动物的采食经食物链对人体健康构成威胁	重金属污染物仍然保留在土壤中，从长远来看，这可能是一种临时性的修复措施；植物根系分泌物可能会活化重金属，进而增加金属的渗滤风险；植被系统长期的维护可能需要持续投加肥料和其他的添加剂

注：改自参考文献[56]，其中BCF为生物富集系数；TF为转移系数；临界含量的单位为mg/kg。

杨树耐旱耐贫瘠，在全球干旱和湿润地区都有分布，因而从中容易筛选出适合修复以弱碱性、碳酸盐含量高以及有机质含量低为主要特征的钙质土壤的杨树品种。如Robinson等[48]的调查发现，在重污染的土壤上杨树树叶中Cd的含量可以达到300mg/kg，其值远远超过了Cd超富集植物的临界含量100mg/kg的水平。Laureysens等[45]、Mertens等[57]和Madejón等[58]的研究结果也都证实了杨树在钙质土壤上对重金属具有较高的吸收和富集能力。尽管杨树对重金属的吸收能力整体上可能要低于超富集植物，但其生长速度快，刈伐可再生，通过集约化种植在短期即可形成较大的生物量，这既能够为当地农民带来收益，又可以修复退化的受污染农田，保障了污染土地“边生产边修复”的可持续性[59-62]。可见，杨树具备修复干旱区重金属污染钙质土壤的潜能和进行区域性大面积推广的潜质。

针对以钙质土壤为主的白银污灌区重金属污染农田，我们选择荒漠和干旱地区大面积种植且对病虫害、干旱以及盐碱胁迫具有极强抗性的新疆杨（*Populus alba* L.var.*pyramidalis Bunge*）作为供试杨树品种，设置了 Cd 单一污染和多金属复合污染两种污染模式，进而研究其对重金属的修复潜能。我们发现，无论是何种污染模式、何种污染水平，新疆杨的地上部器官在整个生长期内（4 ~ 10 月）均未表现出肉眼可见的毒性特征（图 8.9）。另外，新疆杨的生物量干重仅在土壤污染水平最高时才会显著降低[18, 44]，这些均表明新疆杨对重金属具有很高的耐受性。

图 8.9　室外盆栽实验杨树生长情况

单一污染模式下，新疆杨不同器官中 Cd 的含量均是随着污染程度的增大而显著增加，且整体上表现出树叶＞树干＞根的趋势，亦即 Cd 主要富集在杨树的地上部分（树叶和树干），其最大的 Cd 含量（35mg/kg）出现在 100mg/kg 的 Cd 污染水平下（图 8.10）。另外，不管是何种污染程度下，新疆杨对 Cd 均具有极强的从根部向地上部器官转移的能力（图 8.11），这可能与其强大蒸腾流的驱动有很大的关系[48, 63]。同时，单一污染模式下，当土壤中 Cd 的含量不高于 10mg/kg 时，新疆杨对 Cd 的 *BCF* 值均是大于 1 的。综合分析耐性特征、富集特征、转移特征以及临界含量特征，可以看出，尽管新疆杨还达不到 Cd 超富集植物的标准（表 8.7），但是考虑到其生长速度快和生物量大的特点，加之其作为乡土植物同时兼具防风固沙、生物固碳、生产木材等的生态环境和经济功能，因而其是适于干旱区 Cd 轻度污染钙质土壤植物提取修复的优良植物材料[64]。

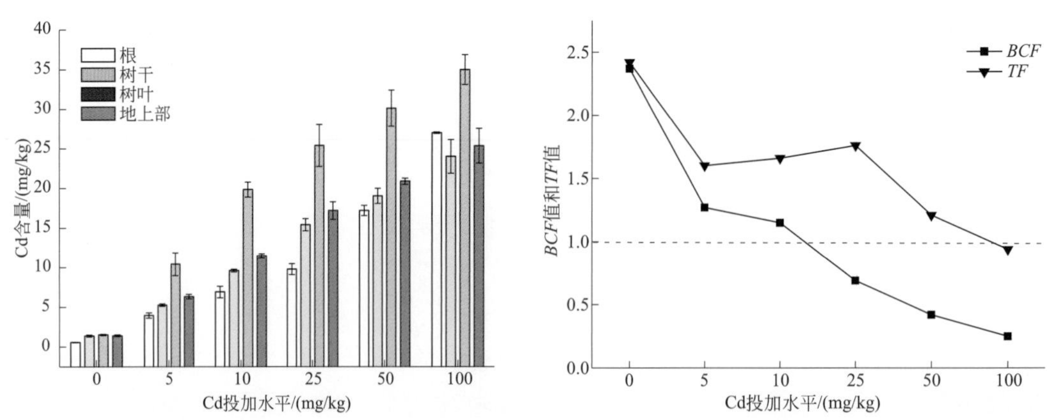

图 8.10　单一污染模式下杨树不同器官对 Cd 的吸收　图 8.11　单一污染模式下杨树对 Cd 的富集和转移特征

多金属复合污染模式下，我们发现新疆杨不同器官对 Cd 的吸收格局发生了改变，表现为树叶＞根＞树干的趋势，其中 Cd 的最大值（40.76mg/kg）出现在 T5 处理下（图 8.12），此时土壤中 Cd 的含量为 80mg/kg，其峰值高出 Cd 单一污染模式下相应吸收峰值的差值为

5.76mg/kg。其他重金属中，Zn 的吸收格局与 Cd 相同，但是其在树叶中的含量要远远高于树干和根，而 Cu 和 Pb 则主要富集在杨树的根中。与 Cd 单一污染模式下新疆杨根部对 Cd 的线性吸收模型不同，多金属复合污染模式下，新疆杨根部对 Cd 的吸收转变为指数模型（图 8.13）。这种多金属复合污染模式下，杨树根部、树叶中 Cd 含量同时增加的现象可能与钙质土壤上Cd-Zn的协同吸收机制[65]以及Cd-Pb的土壤吸附位点竞争机制[2, 44]有很大的关系。

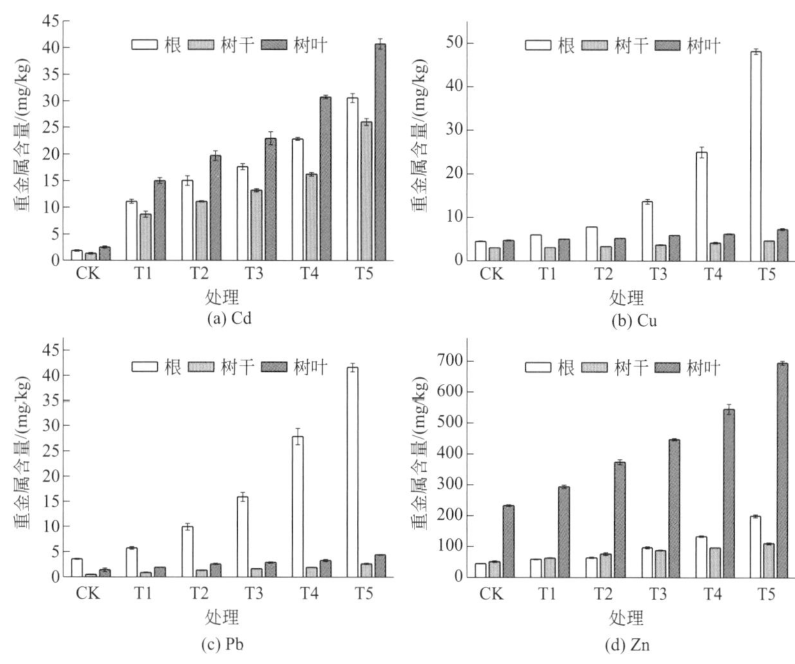

图 8.12 多金属复合污染模式下杨树对不同重金属的吸收

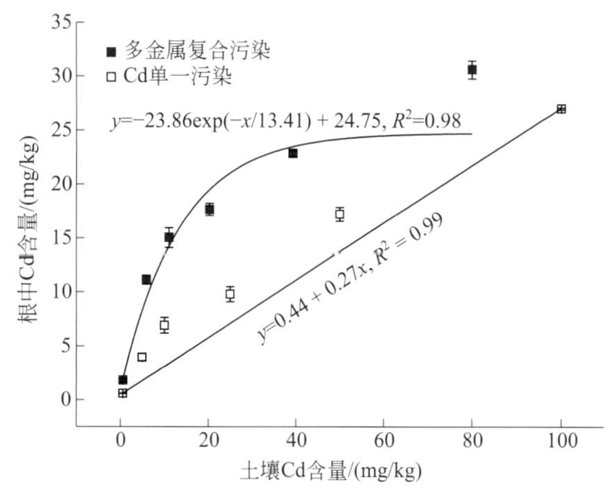

图 8.13 不同污染模式下杨树根部对 Cd 的吸收模型

在白银污灌区，以 Cd 为主的多金属复合污染是其典型污染特征。尽管在多金属复合污染模式下新疆杨地上部尤其是树叶对 Cd 的吸收能力会增加，但是当土壤污染程度较重时其修复效率仍然是较低的。根据图 8.12 中新疆杨对 Cd 的吸收情况，同时结合其地上部不同器官的生物量干重，经核算，要将 T1 处理下 5.92mg/kg 的 Cd 污染水平降到 1mg/kg 至少需要

24 年的时间[44]。根据 Keller[42] 的建议，10 年是经济上比较可行的植物提取修复期限，可见，新疆杨具备修复轻度污染钙质土壤的潜能，但是其修复效率依然需要进一步的提升。

二、重金属污染土壤的植物与化学联合修复

在前期研究基础上，我们通过向土壤中施加螯合剂，考察了其对杨树修复效率的影响。从表 8.8 可以看出，在两种不同污染程度的多金属复合污染钙质土壤上，螯合剂的投加均能有效提升杨树对 Cd 的富集和转移能力。根据图 8.11 的实验结果，新疆杨在土壤 M 和 S 上对 Cd 的 *BCF* 值应该是小于 1 的，而 *TF* 值则应该是大于 1 的，因而表 8.8 中不投加螯合剂的 CK 处理下所取得的实验结果是符合预期的。然而，在土壤 M 上，3mmol/kg 和 9mmol/kg 的 EGTA 处理下 *BCF* 值是大于 1 的；在土壤 S 上，9mmol/kg 和 3 × 3mmol/kg 的 EDTA 处理以及所有的 EGTA 处理下 *BCF* 值也均是大于 1 的。在上述处理下，较高的 *BCF* 值使得新疆杨对高 Cd 污染的钙质土壤的修复更加有效。相比于 *BCF* 值，两种土壤上 *TF* 值在所有处理下均是大于 1 的，尤其是 EDTA 和 EGTA 的处理下 *TF* 值更大。在土壤 M 上，3mmol/kg 的 EGTA 处理下 *TF* 值最大，其值为 6.46；在土壤 S 上，3 × 3mmol/kg 的 EGTA 处理下 *TF* 值最大，其值为 6.28。本研究结果表明合成螯合剂 EDTA、EGTA 对 Cd 的富集及促进 Cd 向植物地上部迁移的作用要强于 CA[66-68]。

表8.8 不同螯合剂处理下杨树对Cd的富集特性和修复潜能

处理	投加水平/(mmol/kg)	*BCF* 值		*TF* 值		*RF* 值 /%	
		土壤 M	土壤 S	土壤 M	土壤 S	土壤 M	土壤 S
CK	0	0.41	0.36	1.25	1.15	0.59	0.47
EDTA	1	1.00	0.78	3.44	2.71	0.70	0.49
	3	0.83	0.98	3.85	3.67	0.60	0.48
	9	0.78	1.11	3.48	5.75	0.49	0.41
	3 × 3	0.91	1.24	3.79	5.65	0.57	0.46
EGTA	1	0.70	1.21	3.73	4.91	0.44	0.63
	3	1.03	1.13	6.46	4.37	0.54	0.51
	9	1.18	1.27	4.68	5.94	0.66	0.53
	3 × 3	0.92	1.04	5.89	6.28	0.54	0.43
CA	1	0.61	0.37	2.68	1.30	0.58	0.43
	3	0.43	0.44	1.82	1.92	0.47	0.40
	9	0.52	0.64	2.13	2.48	0.55	0.44

注：*RF* 为修复因子，其是杨树对 Cd 的积累量与土壤中 Cd 总量的比值；土壤 M 和 S 均为多金属复合污染土壤，其中 Cd 在它们中的含量分别为 29mmol/kg 和 80mg/kg；CK 为对照处理，无任何螯合剂的添加；CA 为柠檬酸；3 × 3mmol/kg 的投加水平是每次 3mmol/kg，共进行 3 次投加，合计 9mmol/kg。

尽管螯合剂的投加极大地提高了新疆杨对 Cd 的 *BCF* 值和 *TF* 值，但是本研究的 *RF* 值均是低于 1% 的（表 8.8）。根据 Komárek 等[69] 的研究结果，在土壤 Cd 含量为 4.86mg/kg 的土壤上，投加 3mmol/kg 和 9mmol/kg 的 EDTA 处理下杨树一个生长期对 Cd 的 *RF* 值分别

为 1.06% 和 1.27%。*RF* 值的大小通常是由多个因素共同决定的，如土壤中重金属的总量及生物有效态的含量、植物地上部生物量的大小以及其重金属的含量 [69-71]。可见，本研究中较低的 *RF* 值主要是由土壤中 Cd 的含量较高所导致的。有趣的是，土壤 M 和 S 最高的 *RF* 值均是在最低的投加水平（1mmol/kg）下获得的，其中土壤 M 为 0.70%（EDTA 处理下）、土壤 S 为 0.63%（EGTA 处理下），这样可避免高剂量的螯合剂投加所带来的重金属渗滤等二次污染的风险 [72]。由于在 CA 处理下土壤 M 和 S 上杨树对 Cd 的 *RF* 值均较小，因而其不适于 Cd 污染钙质土壤的植物强化修复。

针对以植物提取修复策略为核心的植物修复技术，如果植物对目标重金属的 *BCF* 值是小于 1 的，那么其植物提取修复通常是不成功的，因为无论其地上部生物量有多大，这都将需要更长的植物修复期限，因而在经济上是很难被大众所能接受的 [73]。从上述研究来看，新疆杨不适于高 Cd 污染的钙质土壤的植物提取修复，因为此时其对 Cd 的 *RF* 值是很小的，尽管在某些螯合剂处理下其 *BCF* 值会超过 1。因此，在整个白银污灌区，杨树更适于以植物提取的修复策略修复以 Cd 为主且污染程度较轻的西大沟流域的污灌农田土壤，而在污染程度以中、重度为主的东大沟流域，应该结合杨树重金属耐受性高的特点，建设以杨树生态经济林为主的受污染土壤植物管理体系。

三、重金属污染农田土壤的植物管理修复实践

植物管理（phytomanagement）是近十年发展起来的一种新兴的绿色、经济和可持续性污染土壤修复技术，其是传统植物修复技术应用于中、重度污染土壤的一种新范式 [25, 74-76]。重金属污染土壤的传统植物修复技术包括植物提取、固定和挥发等修复机制，但植物管理更加注重对土壤中重金属生物有效性的调控，进而最大限度地提高修复效率和降低环境风险，并带来重要的经济、社会和生态价值，最终保障受污染土壤修复体系的可持续性发展。

植物管理的内涵如图 8.14 所示，由于重金属的生物有效性是表征受污染土壤质量与安全的重要指标，其与重金属的毒性、迁移、渗滤以及植物吸收等环境行为密切相关 [77]，因而探明其调控机制是植物管理的核心 [25]。杨树具有良好的根系形态特征，这使得杨树根部的 Cd^{2+} 可以达到同等污染水平下草本植物的 100 倍 [78]。出众的重金属吸收能力使得即使杨树植物管理体系运行至 28 年时，其对钙质土壤中 Cd 的去除能力依然能够维持在年均 1.12% 的水平，同时叶中 Cd 的含量始终保持在 30mg/kg 以上 [9]。从根本上来看，这可能得益于杨树较强的蒸腾能力，如一棵 5 年生的杨树每天吸收的水分可达 100L[79]。考虑到土壤溶液是重金属在土壤中流动的载体，杨树在其快速生长期对重金属的高效吸收可大大减小生物有效态重金属的库，进而有效降低重金属的渗滤风险与生态毒性 [63, 77]。

杨树生长速率快，其作为先锋物种在受污染土壤上能够快速建立起植被覆盖工程 [77, 80]，进而降低由风蚀、水蚀作用诱发的重金属的迁移与扩散风险。在全球大气 CO_2 浓度持续升高背景下，作为多年生落叶乔木，杨树的光合作用也将会被加强，未来会有更多的碳以凋落物和根系分泌物的形式输入土壤，进而增加土壤的有机碳 [81, 82]。基于钙质土壤本身较低的初始 SOC 含量，长期植物管理过程中 SOC 的积累可能会更加明显 [83]，这势必会加强 SOM 对重金属的固定，抑制重金属从土壤固相向土壤溶液的分配，减小生物有效态重金属的库，进而降低受污染土壤的潜在环境风险 [9, 84]。

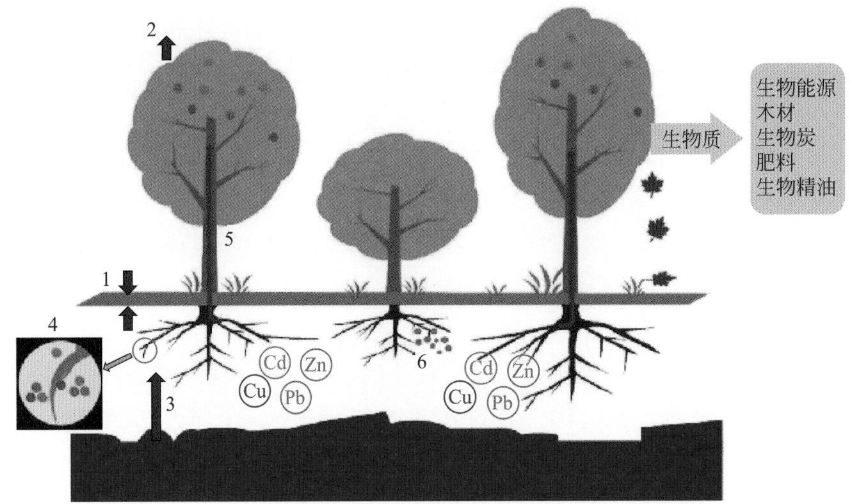

图 8.14　植物管理的内涵

1—根系固定；2—蒸腾作用；3—根系吸收；4—植物固定；5—植物吸收；6—根系分泌

近年来，碳的减排促使生物质燃料乙醇的需求不断增加[81]，而在受污染绿洲土壤上进行杨树植物管理实践，其不会挤占绿洲区有限的可耕种土地，也不会威胁区域粮食安全，同时还能生产生物质燃料乙醇的原料[85]，这大大增加了受污染土壤植物管理的边际效益。在全球尺度上，杨树的功能也早已突破了作为薪柴的用途，其作为全球人工种植面积最大的树种，如在我国"三北"防护林体系和京津风沙源治理工程中杨树都是首选树种，未来其在包括受污染土壤在内的边际土地的治理与恢复方面将发挥不容忽视的作用[86-88]。

2010 年，我们针对白银东大沟中游的一处杨树短期植物管理地块进行了采样，现场发现在杨树人工林成功定植后，该地块逐渐形成了"杨树—白刺—骆驼蓬"乔、灌、草三位一体的立体植物体系。该植物管理体系是乔木、灌木和草本植物通过不同的比例和方式混交而形成的一种具有特定群落结构和功能的立体修复模式。与单一乔木人工林相比，在生态功能方面，立体修复模式可以提高乔木的树高、胸径和林分生物量；改善土壤理化性质，促进表层土壤有机质和养分的累积；提高土壤含水率，使乔木根系分布更深、更均匀[89]。在重金属风险管控方面，立体修复模式可以避免单一乔木林建立早期因风蚀、水蚀等作用诱发的土壤扩散带来的重金属的迁移风险；立体修复模式也更有利于通过根系的吸收和富集、根表的吸附或者根区的沉淀作用将重金属固定在土壤当中，进而降低其渗滤和溶迁风险[2]。

从表 8.9 中可以看出，7 年生的杨树根区（30cm 深）土壤中 Cd 和 Zn 的含量相较于 3 年生的分别下降了 6.85% 和 15.56%，而 Cu 和 Pb 的含量则并未发生显著变化，这说明杨树对该地块土壤中重金属的去除作用是有限的，其原因可能与该地块的污染程度极为严重有关，因为此时杨树的修复效率是低下的（图 8.11，表 8.8）。相较于土壤中重金属总量的变化，我们发现有效态 Cd、Cu 和 Zn 的含量是随着树龄的增加而逐渐降低的（表 8.9）。考虑到土壤的异质性，以有效态金属含量占其总量的百分比来表示植物根区土壤中重金属含量随树龄的变化，则结果更具说服力。通过计算，可以看到，3 年生的杨树根区土壤中有效态 Cd、Cu 和 Zn 的含量占它们各自总量的百分比分别为 5.6%、

0.97% 和 1.25%；而当其生长至 7 年时，此时根区土壤中上述重金属有效态含量的占比则分别下降至 4.02%、0.84% 和 0.83%。可见，对短期杨树植物管理体系而言，尽管其对重度污染土壤中重金属的去除作用有限，但是由于其此时纵向生长速率远大于径向生长速率，因而在强大蒸腾流的驱动下，其能够有效降低土壤中重金属的有效性和流动性，进而降低重金属的渗滤和迁移风险 [44]。

表8.9 杨树短期植物管理体系中根区土壤重金属含量随树龄的变化

项目		3 年	5 年	7 年
重金属总量 /(mg/kg)	Cd	31.26 ± 4.84	30.48 ± 5.11	29.12 ± 6.87
	Cu	309 ± 129	380 ± 75	306 ± 77
	Pb	334 ± 156	459 ± 55	338 ± 98
	Zn	739 ± 253	790 ± 237	624 ± 170
有效态重金属含量 /(mg/kg)	Cd	1.75 ± 0.44	1.27 ± 0.38	1.17 ± 0.35
	Cu	3.01 ± 0.72	3.00 ± 0.47	2.57 ± 0.60
	Pb	ND	ND	ND
	Zn	9.24 ± 3.75	5.70 ± 2.62	5.21 ± 2.90
有效态占总量的比例 /%	Cd	5.60	4.17	4.02
	Cu	0.97	0.79	0.84
	Pb	—	—	—
	Zn	1.25	0.72	0.83

注：数据来源于参考文献 [44]；有效态含量采用 1mol/L NH_4NO_3 浸提；ND 为未检出。

在极端重度污染情形下，杨树是否也能用于受污染土壤的植物管理修复，其一方面取决于杨树是否能够成功定植，另一方面则取决于杨树对土壤中重金属生物有效性的调控和解毒机制。从图 8.15 中杨树在春季萌发前的生长情况来看，在东大沟上游矿区附近重金属极端重度污染农田土壤上杨树能够成功定植，尽管其生物量明显偏小，但其仍能存活。据测定，上述植物管理体系的林间空地土壤中 Cd 和 Zn 的含量分别为 101mg/kg 和 2759mg/kg（表 8.10），其污染程度之重，实属罕见，这说明杨树对重金属胁迫具有极高的耐受性。

图 8.15 白银东大沟上游矿区附近重金属重度污染农田杨树植物管理体系

当杨树生长于重金属极端重度污染地块时，其根区土壤中重金属的含量随树龄逐渐降低且树龄越大降幅越明显。具体来看，28 年生时杨树根区土壤中 Cd 和 Zn 的含量相较于非根区土壤分别减少了 31.05% 和 45.31%，年均去除率达到了 1.11% 和 1.62%，这反映出即使在极端重度污染情形下杨树也能表现出极强的植物提取修复潜能。这可能与杨树对重金属的持续、高水平吸收特性有关 [9]，因为在整个生长期内树叶中 Cd 的含量始终高于 30mg/kg，Zn 的含量最高时可达 906mg/kg；另外，这也与杨树树皮贮存、树叶凋落等生长过程对重金属的解毒作用有很大的关系[90]。

表8.10　杨树长期植物管理体系中土壤重金属含量随树龄的变化

项目		非根区土壤	根区土壤		
			7 年	13 年	28 年
重金属总量 /(mg/kg)	Cd	101 ± 0.34	93.94 ± 11.27	91.06 ± 9.51	69.39 ± 6.68
	Zn	2759 ± 190	2113 ± 147	2033 ± 66	1509 ± 48
有效态金属含量 /(mg/kg)	Cd	0.86 ± 0.09	1.30 ± 0.21	0.96 ± 0.02	1.86 ± 0.07
	Zn	2.57 ± 0.12	3.50 ± 0.02	1.92 ± 0.06	2.57 ± 0.19
有效态占总量的比例 /%	Cd	0.85	1.38	1.06	2.64
	Zn	0.09	0.16	0.09	0.17

注：数据来源于参考文献 [9]，有效态含量采用 0.01 mol/L $CaCl_2$ 浸提。

相较于短期杨树植物管理体系，杨树在长期生长过程中，其反而会活化根区土壤中的重金属。从表 8.10 中可以看出，杨树根区土壤中的重金属尤其是 Cd 的有效态含量及其占比在所有树龄下均是显著高于非根区土壤。为探明重金属的活化机制，我们采用冗余分析发现（图 8.16），根区土壤中 Cd 的活化与土壤中 P 有效性的变化有密切的关系[9]。根据我们的分析，在此杨树长期植物管理体系中，不同树龄杨树根区土壤中有效 P 的含量与非根区土壤相比差异均不显著，其含量始终保持在 60mg/kg 以上[9]，其值要远高于 Nan 等[15]调查的这一区域农田土壤中有效 P 的水平（19.74mg/kg）。然而，随着树龄的增加，杨树根区土壤中 TP 的含量（0.72 ～ 0.88g/kg）却在逐渐降低且相较于非根区土壤（1.06g/kg）其差异是显著的[9]，这说明杨树在长期生长过程中对 P 有很高的需求。

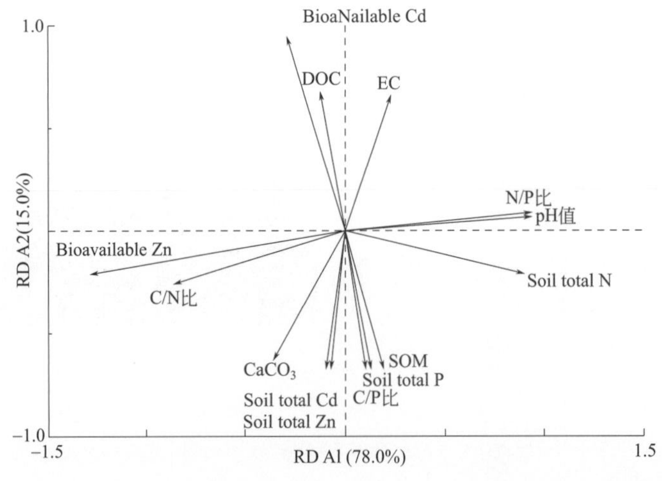

图 8.16　杨树长期植物管理体系中重金属生物有效性的驱动机制

Bioavailable Cd和Zn—有效态的金属含量；C/N比、C/P比和N/P比—土壤碳、氮、磷化学计量比；DOC—溶解性有机碳；EC—土壤电导率；Soil total Cd和Zn—重金属总量；Soil total N和P—土壤总N和P；SOM—土壤有机质

由于有机 P 是造林钙质土壤中 P 的重要储库，杨树为了获取 P，其会通过根系释放大

量小分子有机酸（表现为DOC的含量是增加的）诱导SOM的分解，进而将P释放出来供根系吸收。然而，P的转化过程中同时也伴随着先期被SOM固定的重金属的释放，其结果是重金属反而被活化[9, 90]。这虽然保证了生物有效态重金属库的稳定，亦即杨树在长期生长过程中都有可吸收利用的重金属，但这也使得当杨树的吸收速率赶不上重金属的活化速率时，重金属存在渗滤的风险。还需注意的是，叶凋落物的返还会带来表层土壤重金属的二次污染[90]。同时，根系吸收深层土壤的矿质养分（如Ca、Na）后通过叶的凋落返还也会造成表层土壤重金属的竞争释放[12]。

为了深入探究P有效性变化与重金属活化之间的内在联系，我们选择一处低磷（土壤TP含量仅为0.43g/kg）钙质土壤杨树长期植物管理体系进行了深入的研究。该地块上营造的杨树人工林如图8.17所示，可以看出，杨树树叶嫩绿、树干粗壮挺拔，其长势明显好于上述高磷污染土壤植物管理体系中杨树的长势。其原因可能与土壤的污染程度有很大的关系[23]，因为在该地块的林间空地土壤中首要污染物Cd的含量仅为4.91mg/kg。在该地块，我们观察到一个有趣的现象，即表层（0～20cm）和下层（20～40cm）根区土壤中Cd的含量均是显著高于非根区土壤的，且下层根区土壤中Cd的含量反而是随着树龄的增加而逐渐增加的[23]。经分析发现，这可能与杨树的避害机制有关，生长于受污染土壤上的杨树会在秋季来临时将大量重金属转移至叶中，然后通过叶凋落的方式带出体外，加之其生长过程中也会产生大量巯基化合物参与解毒，这样就有效避免了重金属对其机体的损伤[91]。因此，叶凋落物的分解释放与杨树根系通道帮助下重金属的渗滤可能是下层根区土壤中Cd含量随树龄增加的重要原因之一。

图8.17 低磷钙质土壤杨树长期植物管理体系

从土壤中重金属生物有效性的变化来看（表8.11），随着树龄的增加，根区土壤中重金属的有效性是逐渐增加的，这一趋势与上述高磷土壤杨树植物管理体系相似。特别值得注意的是，在25年生的高树龄下杨树根区土壤中有效态重金属的含量要显著高于非根区土壤，其生物有效态Cd、Ni、Pb和Zn的含量分别是相应非根区土壤的6.77倍、1.85倍、1.23倍和1.50倍。随着根区土壤中生物有效态重金属含量的增大，加之杨树对重金属的吸收速率随树龄增加会不断下降，重金属在土壤剖面中的渗滤作用会加大，因而这也是下层根区土壤中重金属含量随树龄增加的重要原因之一。

表8.11 低磷钙质土壤杨树植物管理体系中有效态重金属含量随树龄的变化

项目	非根区土	根区土			
		10年	15年	20年	25年
Cd/(μg/kg)	8.15±0.40	2.10±0.24	3.56±0.07	8.35±1.08	55.16±5.47
Ni/(μg/kg)	34.00±6.01	39.75±6.25	24.78±1.53	46.37±8.17	62.76±16.63
Pb/(mg/kg)	0.52±0.04	0.42±0.04	0.41±0.02	0.52±0.04	0.64±0.02
Zn/(mg/kg)	0.12±0.03	0.08±0.02	0.07±0.01	0.09±0.01	0.18±0.02

通过对土壤中 P 素含量的变化分析，我们发现不同树龄根区土壤中 TP 的含量与非根区土壤相比差异并不显著，但 10 年、15 年和 20 年生杨树的根区土壤中有效 P 的含量却显著低于非根区土壤，25 年生的有效 P 含量则显著高于非根区土壤和其他树龄的根区土壤[23]。这说明土壤中 P 有效性的变化的确与重金属的环境行为密切相关，这也得到了我们冗余分析结果的证实（图 8.18）。可以看出，在低磷钙质土壤杨树长期植物管理体系中，植物根区土壤中生物有效态 Cd、Pb 和 Zn 的含量与有效磷的含量呈显著正相关关系。

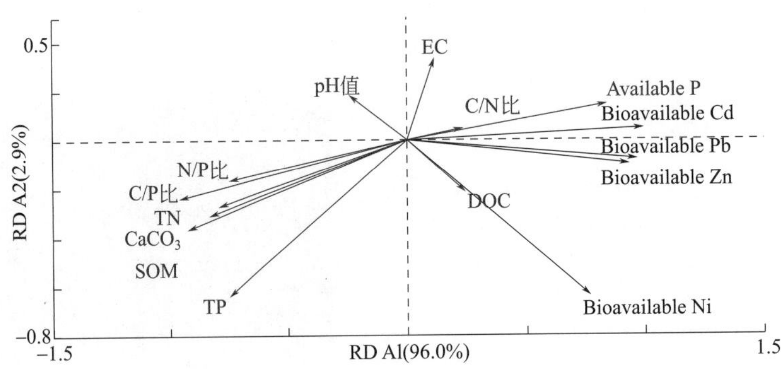

图 8.18 低磷钙质土壤杨树长期植物管理体系中重金属的活化机制

（Bioavailable Cd、Ni、Pb和Zn—有效态的金属含量；Available P—土壤有效P；其余指标含义同图8.16）

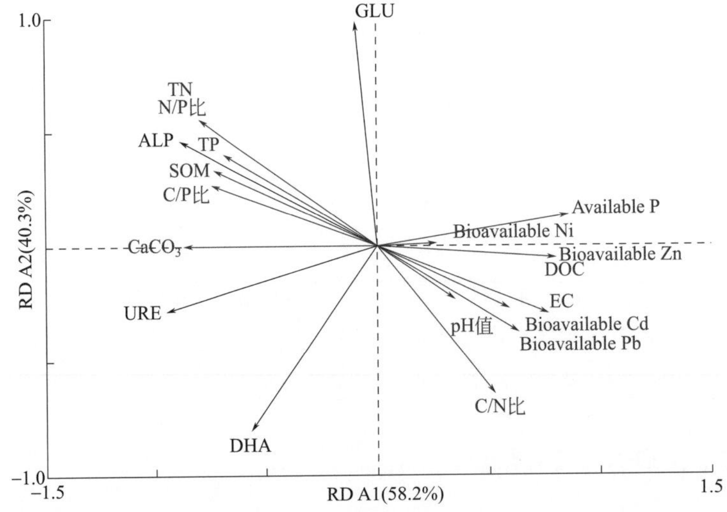

图 8.19 杨树长期植物管理体系中重金属生物有效性变化的土壤生物学指标

（ALP—碱性磷酸酶；DHA—脱氢酶；GLU—葡糖苷酶；URE—脲酶；其余指标含义同图8.16和图8.18）

因此，在钙质土壤杨树植物管理体系中，杨树根区土壤中 P 有效性的变化与重金属的生物有效性息息相关[9, 23]。由于重金属生物有效性的变化与其环境行为密切相关，因而当重金属尤其是生物非必需的 Cd、Pb 等重金属被活化后，其一定会带来毒害作用，如对土壤碱性磷酸酶（ALP）的活性会产生抑制作用（图 8.19）。然而，由于 ALP 同时也参与了土壤养分尤其是 P 的转化，因而其可作为表征杨树长期植物管理体系中重金属生物有效性变化的重要生物学指标。综合来看，杨树特别适于白银污灌区重金属中、重度污染农田土壤的植物管理修复，亦即其适于白银东大沟流域受污染农田的治理与修复。

第四节 重金属污染农田的物化修复示范工程

一、基本概况

根据《白银市土壤污染治理与修复“十三五”规划》[92]，白银东大沟流域重金属污染农田面积为 7870 亩，土壤污染深度为 0 ～ 60cm，Cd 是首要污染物。另据白银市人民政府办公室 [93] 印发的《黄河上游白银段东大沟流域重金属污染整治与生态系统修复规划》显示，针对受污染的农田，白银市投资 6.5 亿元（2013 ～ 2015 年）将部分受污染农田的土地利用类型调整为绿地和工业工地，具体涉及居民安置、绿地绿化等工作；另外还将投资 7.33 亿元（2013 ～ 2020 年）针对轻度和中 - 重度污染农田分别采用土壤改良—植物修复和物化原位阻控—生物修复的工艺进行治理。为了能够成功开展污灌重金属污染农田土壤的全面修复工作，白银市先后在东大沟流域启动了一批农田土壤修复示范工程，进行技术的遴选和适用性研究，以便总结成功经验进行后期推广使用。

土壤洗脱（soil washing）是利用物理或者化学技术将污染物从土壤或者沉积物当中分离出来的过程，洗脱水可以是纯水或者是含有添加剂如酸、碱、表面活性剂、溶剂、螯合 / 络合剂等的溶液 [94]。通过洗脱修复，颗粒细小且占比极低的黏粒（占土壤总量的比例不高于 25%）上附着的污染物从土壤中分离出来，实现了减量化，洗脱废水则按照废水处理方法去除污染物后回用或者达标排放。土壤洗脱修复技术在美国、加拿大、欧洲以及日本等国家和地区已有较多的应用案例，国内也有相应的工程案例。然而，该技术主要应用在污染场地的修复中，针对污染面积大且修复后需要继续耕作的农田而言，目前仍然没有可直接借鉴的成功经验。土壤洗脱修复技术若要应用于重金属污染农田土壤的修复，必须要满足 [20]：a. 所选择的洗脱材料环境负担小、效率高、成本低；b. 需要现场作业的洗脱和废水处理系统；c. 不损害或能提升土壤肥力，且能够确保作物的正常生长；d. 洗脱效果持续稳定。

固化稳定化（solidification/stabilization，S/S）也是白银污灌区重金属污染农田治理中用到的核心修复技术，其是美国污染土壤异位修复工程案例当中使用最多的一项技术，我国也有一些工程案例。S/S 技术的原理是通过向污染介质中添加固化剂 / 稳定化剂，在充分混合的基础上，使其与污染介质、污染物发生物理、化学作用，进而将污染土壤固封在结构完整具有低渗透系数的固化体当中或者将污染物转化为化学性质不活泼的形态，最终降低污染物在环境中的迁移和扩散。白银东大沟流域的极端重度污染土壤，应该以固化为主，常用的无机固化剂有水泥、飞灰、石灰、溶解性硅酸盐以及硫基固化剂等，有机固化剂有沥青、环氧化合物、聚酯以及聚乙烯等 [95]。白银西大沟流域轻微和轻度污染土壤，应该以稳定化为主，在前期污染详查的基础上，原位修复可能要比异位修复的成本低，可以选用的稳定化剂有磷酸盐化合物、石灰材料、有机堆肥、金属氧化物以及生物炭等[96]。

二、物化修复示范工程

2011 年，在国家重金属污染防治专项资金的资助下，环保部重金属污染农田土壤修复示范工程在白银污灌区开工实施。该工程总投资 1100 万元，工期两年，选择白银区四龙镇民勤村 65 亩重金属严重污染的农田进行修复。该地块位于白银东大沟流域的中游，有长期污灌的历史，由于小麦、玉米等农作物生长受到明显抑制且产量逐年下降，该地块的农田后期被转为杨树人工林，但不幸的是杨树也出现了大面积死亡的现象（图 8.20），最终该地块被撂荒。经调查，该地块土壤中 Cd、Cu、Pb 和 Zn 的含量分别为 20 ～ 39mg/kg、183 ～ 497mg/kg、202 ～ 568mg/kg 和 417 ～ 1148mg/kg，污染深度集中在土壤表层的 20cm 范围内[44]。

(a) 修复前　(b) 修复后　(c) 施加药剂　(d) 洗脱废水

图 8.20　白银东大沟重金属重度污染农田土壤洗脱修复示范工程施工现场

在具体修复过程中，上述 65 亩污染地块均采用了现场异位修复的方法，其中 27 亩采用了“化学洗脱—化学固定—生物质改性”的施工工艺；另外 38 亩则采用了“化学洗脱—土壤改良”的工艺（图 8.21）。从施工现场来看，化学洗脱的工艺采用了多种药品复配的混合药剂，洗脱产生的废水则储存在做了防渗处理的蓄水池当中进行后续处理（图 8.20）。据报道，在经过化学洗脱的核心修复工艺后，该地块土壤中的首要污染物 Cd 的含量降到了 2mg/kg 以下，但其值仍高于国家土壤环境质量标准的限值标准；同时，根据我们前期的调查，在此污染水平的土壤上若继续种植粮食作物如小麦，依然存在籽粒重金属超标的风险（图 8.6）。因而，“化学固定—生物质改性”或者“土壤改良”的工艺主要是用来降低化学洗脱修复后残留重金属的活性，同时提高土壤的肥力。

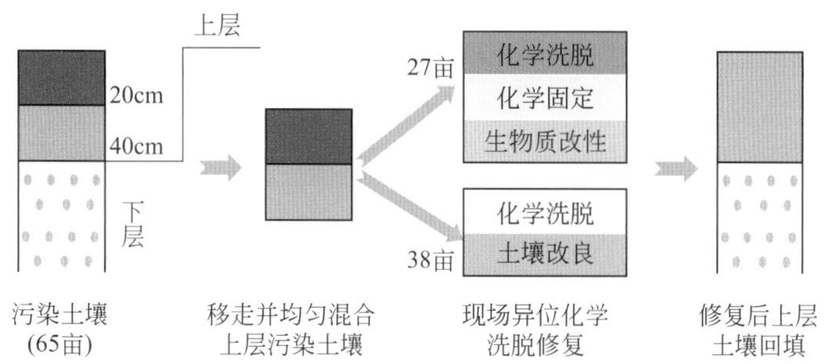

图 8.21 白银东大沟重金属重度污染农田土壤洗脱修复示范工程施工工艺

在白银污灌区，土壤重金属的污染存在极高的空间异质性，主要表现为距离矿区的距离不同，污染程度则不同，因而在具体的修复实践中应该依据土壤重金属污染程度进行有针对性的精准修复。基于这一修复策略，从 2015 年开始，白银市计划利用 5 年的时间，投资 1.26 亿元用于修复东大沟流域上游矿区附近约 1734 亩（土方量为 66.75 万立方米）污染农田[92]。修复工程采用的施工工艺如图 8.22 所示，针对重金属轻微和轻度污染的土壤，经过异位固化稳定化处理后重新回填；对中度污染土壤则直接挖掘并运至新建的危险废物填埋场进行安全填埋；对重度污染土壤则先进行异位固化稳定化处理，然后再进行与中度污染土壤一样的处理，即安全填埋。

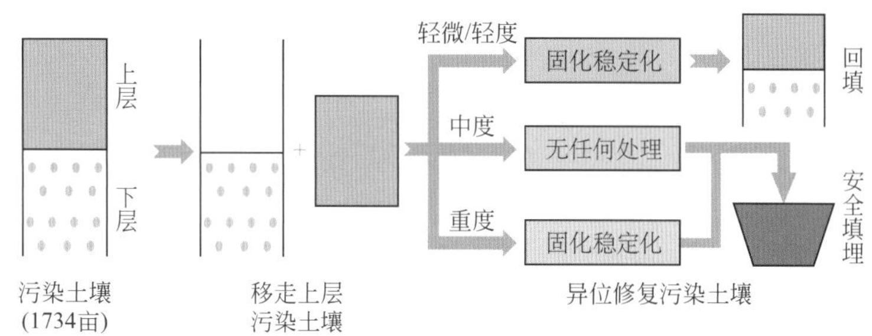

图 8.22 白银东大沟不同程度重金属污染农田土壤修复示范工程施工工艺

从施工工艺（图 8.22）和施工现场（图 8.23）来看，这部分地块的修复利用的是以物理方法为主的修复技术，除了轻微和轻度污染土壤修复后会被回填外，中、重度污染土壤的处理工艺均是将重金属连同其污染介质一起彻底从原先的位置移除。事实上，在土地资源极为紧缺的日本，“痛痛病”的发生地神通川流域 $6389hm^2$Cd 污染稻田的修复主要采用的也是以“客土法”为主的物理性修复方法[20]。具体做法是将表层（20 ～ 40cm）受污染的土壤与深层未污染的土壤置换，然后再在被置换至上层的深层土壤上覆盖 20cm 厚的清洁土壤，最后进行有机肥改良后可继续用于耕作[20]。显然，白银污灌区农田土壤修复示范工程充分利用了我国西北地区地广人稀以及当地灰钙土母质黄土土层深厚的特点。

(a) (b) (c) (d)

图 8.23　白银东大沟上游矿区附近重金属污染农田土壤修复示范工程施工现场

综合来看，修复成本高是两项示范工程共有的特点，其中以土壤洗脱为主的化学修复方法每亩的造价是 17 万元，以“挖掘—固化稳定化—回填 / 填埋”为施工工艺的物理修复方法每亩的造价则为 7.25 万元。然而，在不考虑人工、耕作、施肥、灌溉、除草以及收获等管理成本的情形下，白银当地农田每亩的收入每年最高也不会超过 0.05 万元，亦即上述示范工程的投入完全不计经济成本，因而很难在后续大面积受污染农田土壤的修复工作中进行推广。尽管土壤洗脱修复技术在短期内能大幅去除土壤中的重金属，但乙二胺四乙酸（EDTA）、乙二醇二乙醚二胺四乙酸（EGTA）、$FeCl_3$、含硫添加剂等修复药剂的残留会带来二次污染[97]，同时洗脱修复过程中也会造成土壤矿质元素无差别的流失和破坏土壤的结构，进而严重影响土壤肥力，使得修复后的土壤可耕作性大大降低。对 S/S 技术而言，其并未将重金属从污染介质中去除，而且其中固化剂的加入会增加受污染土壤的体积，因此应用于大面积农田土壤修复时对填埋场的库容是一个巨大的挑战，同时渗滤液也会影响固化体的结构和稳定性，存在重金属二次释放的风险。稳定化剂在短期内虽然能降低重金属的有效性，但随着耕作环境和稳定化剂本身的变化，重金属依然存在重新被活化的风险，因而需要监测重金属钝化效果的长期稳定性[96]。

第五节

结论与展望

白银污灌绿洲农田土壤重金属污染时间长、范围广、程度重、深度深，长期污灌也造成当地钙质土壤的 pH 值、$CaCO_3$ 和盐分含量等重要理化性质发生了不可逆的改变。此外，该区域受污染农田土壤中重金属的有效性和流动性较高，存在严重的渗滤、溶迁和作物吸收等风险，已在一定程度上威胁到人体和动物健康，并对脆弱的区域生态环境安全带来了极大的挑战。近十年来，当地通过物化修复示范工程的建设取得了一些治理经验，然而，修复成本高、药剂的二次污染、重金属的重新释放以及土壤结构与肥力的破坏等问题限制了物化修复技术的大面积推广。适应当地生境条件且生长速度快的生物能源类树木如杨树对重金属的胁迫具有很高的耐受性，其对重金属尤其是 Cd 和 Zn 具有良好的植物提取修复潜能，其可用于西大沟流域轻、中度污灌污染农田土壤的修复。针对土壤以重度污染为主的东大沟流域污灌农田，在其上营造杨树人工林植物管理体系，短期内其能够有效降低重金属的活性，抑制重金属的渗滤、溶迁等带来的潜在生态环境风险；长期内其能够形成良好的植被覆盖，减缓因风蚀、水蚀等因素诱发的土壤扩散带来的重金属的迁移风险，并能实现受污染土壤的净化。然而，树叶凋落分解造成的重金属在表层土壤中的重新释放、养分转化诱发的根区土壤中重金属的活化以及根系通道帮助下重金属的剖面下迁等也是利用杨树进行植物修复和管理过程中不容忽视的问题。

未来，白银市污灌重金属污染农田土壤的治理与修复实践，应该加强以下几个方面的工作：

① 多金属复合污染情景下钙质农田土壤中重金属的环境行为与释放机制；

② 污染钙质农田土壤重要理化属性恢复至其污灌前水平的技术措施及重金属的稳定化机制；

③ 植物生长过程中基于土壤养分尤其是磷素转化过程的钙质农田土壤上重金属生物有效性的调控机制；

④ 重金属污染钙质农田土壤上杨树等生物能源类树木木材的安全生产与叶凋落物的安全处置技术；

⑤ 重金属重度污染尤其是极端重度污染情形下矿区—绿洲过渡带土壤重金属污染阻断技术；

⑥ 基于土壤污染程度和污染模式的干旱区绿洲重金属污染农田的安全利用与修复技术。

主要参考文献

[1] Adriano, DC. Trace Elements in Terrestrial Environments: Biogeochemistry, Bioavailability and Risks of Metals. second ed. New York: Springer-Verlag, 2001, 276.

[2] Hu, Y., Nan, Z. Soil contamination in arid region of northwest China: Status mechanism and mitigation. In: Luo, Y., Tu, C. (Ed.), Twenty Years of Research and Development on Soil Pollution and Remediation in China. Singapore: Springer Nature Singapore Pte Ltd, 2018, 365-374.

[3] 王涛 , 刘树林 . 中国干旱区绿洲化、荒漠化调控区划（纲要）. 中国沙漠 , 2013, 33: 959-966.

[4] 甘肃省白银市自然资源局 . 白银市矿山地质环境恢复和综合治理规划 , 2019.

[5] 白银市环境保护局，兰州大学．白银市重金属污染综合防治“十二五”规划，2012.
[6] 郦桂芬，李惠娟，张崇德．兰州市白银区污灌土壤重金属迁移富集机制的研究．甘肃环境研究与监测，1982, 1: 28-36.
[7] 南忠仁，李吉均．干旱区耕作土壤中重金属镉铅镍剖面分布及行为研究——以白银市区灰钙土为例．干旱区研究，2000, 17: 39-45.
[8] 李红英，郭良才，党春霞．白银市土壤重金属污染综合整治．环境研究与监测，2006, 19: 37-39.
[9] Hu Y, Huang, Y, Su, J, et al. Temporal changes of metal bioavailability and extracellular enzyme activities in relation to afforestation of highly contaminated calcareous soil. Science of the Total Environment, 2018, 622-623: 1056-1066.
[10] Chesworth W, Arbestain M.C, Macías F. Calcareous soils. In: Chesworth, W. (Ed.), Encyclopedia of Soil Science. Dordrecht: Springer, 2008, 77-78.
[11] Spaargaren, O. Calcisols. In: Chesworth, W. (Ed.), Encyclopedia of Soil Science. Dordrecht: Springer, 2008, 79-80.
[12] 李舒琦．钙质土壤上杨树对 Cu 和 Pb 的修复机制研究．兰州：兰州大学，2018.
[13] 龚子同，黄荣金，张甘霖．中国土壤地理．北京：科学出版社，2014.
[14] 南忠仁，李吉均，张建明，等．白银市区土壤作物系统重金属污染分析与防治对策研究．环境污染与防治，2002, 24: 170-173.
[15] Nan Z, Zhao C, Li J, et al. Relations between soil properties and selected heavy metal concentrations in spring wheat (Triticum aestivum L.) grown in contaminated soils. Water, Air, and Soil Pollution, 2002, 133: 205-213.
[16] 南忠仁，李吉均，张建明．干旱区土壤小麦根系界面 Cd 行为的环境影响研究—以甘肃省白银市区耕作灰钙土为例．土壤与环境，2001, 10: 14-16.
[17] 汤中立，李小虎．白银大型金属矿山环境地质问题及防治．国土资源，2005, 8: 4-7.
[18] Hu Y, Nan Z, Jin C, et al. Phytoextraction potential of poplar (*Populus alba* L. var. *pyramidalis* Bunge) from calcareous agricultural soils contaminated by cadmium. International Journal of Phytoremediation, 2014, 16: 482-495.
[19] Liu, Z.P. Lead poisoning combined with cadmium in sheep and horses in the vicinity of non-ferrous metal smelters. Science of the Total Environment, 2003, 309: 117-126.
[20] Arao T, Ishikawa S, Murakami M, et al. Heavy metal contamination of agricultural soil and countermeasures in Japan. Paddy and Water Environment, 2010, 8: 247-257.
[21] Wu Y, Zhou Q, Adriano DC. Interim environmental guidelines for cadmium and mercury in soils of China. Water, Air, and Soil Pollution, 1991, 57-58: 733-743.
[22] Zhuang P, Zou B, Li NY, et al. Heavy metal contamination in soils and food crops around Dabaoshan mine in Guangdong, China: implication for human health. Environmental Geochemistry and Health, 2009, 31: 707-715.
[23] Hu Y, Gao Z, Huang Y, et al. Impact of poplar-based phytomanagement on metal bioavailability in low-phosphorus calcareous soil with multi-metal contamination. Science of the Total Environment, 2019, 686: 848-855.
[24] 胡亚虎，杨潇焱，马双进，等．一种矿区—绿洲交错带重金属污染土壤的风险管控方法．中国专利，2019, 专利号：ZL201910924096.3.

[25] Robinson B.H, Bañuelos, G, Conesa, H.M, et al. The phytomanagement of trace elements in soil. Critical Reviews in Plant Sciences, 2009, 28: 240-266.

[26] 刘宗平 . 环境铅镉污染对动物健康影响的研究 . 中国农业科学 , 2005, 38: 185-190.

[27] 甘肃省环保监测站 , 甘肃省环保研究所 , 白银公司劳动卫生研究所 . 白银地区镉污染对人体健康影响的调查研究 . 环境研究 , 1984, 1: 15-21.

[28] 李红霞 , 陈建 , 孙德兴 , 等 . 白银市儿童血铅水平调查与分析 . 甘肃医药 , 2008, 27: 65-66.

[29] 沈玉荣 . 白银市区 0 ～ 6 岁儿童微量元素分析 . 甘肃科技 , 2009, 25: 178-179.

[30] 韩冰 . 白银市污水灌溉对农田环境及小麦产量质量的影响研究 . 甘肃农业科技 , 2000, 6: 46-47.

[31] Bastida F, Garcia C, Fierer N, et al. Global ecological predictors of the soil priming effect. Nature Communications, 2019, 10: 1-9.

[32] 吴国振 . 白银区沿黄灌区盐碱土的现状调查及改良措施 . 农村生态环境 , 2000, 16: 62-64.

[33] 陈彩虹 , 吴锦奎 . 黄土高原矿业城区生态环境的退化与修复——以甘肃省白银市区为例 . 水土保持研究 , 2007, 14: 129-132.

[34] 周启星 , 魏树和 , 张倩茹 . 生态修复 . 北京 : 中国环境科学出版社 , 2006.

[35] Chaney, R.L. Plant uptake of inorganic waste. In: Parr, J.E., Marsh, P.B., Kla, J.M. (Ed.), Land Treatment of Hazardous Wastes. Park Ridge: Noyes Data Corporation, 1983: 50-76.

[36] Van Nevel L, Mertens, J, Oorts K, et al. Phytoextraction of metals from soils: How far from practice?. Environmental Pollution, 2007, 150: 34-40.

[37] 胡亚虎 , 陈帅 , 杨潇焱 , 等 . 一种修复矿区—绿洲交错带镉污染土壤的方法 . 中国专利 , 2019, 专利号 : ZL201910924089.3.

[38] Baker, A.J.M. Accumulators and excluders–strategies in the response of plants to heavy metals. Journal of Plant Nutrition, 1981, 3: 643-654.

[39] van der Ent A, Baker, A.J.M, Reeves, R.D, et al . Hyperaccumulators of metal and metalloid trace elements: Facts and fiction. Plant and Soil, 2013, 362: 319-334.

[40] Padmavathiamma, P.K., Ahmed, M., Rahman, H.A. Phytoremediation–A sustainable approach for contaminant remediation in arid and semi-arid regions–a review. Emirates Journal of Food and Agriculture, 2014, 26: 757-772.

[41] 南忠仁 , 刘晓文 , 赵转军 , 等 . 干旱区绿洲土壤作物系统重金属化学行为与生态风险评估研究 . 北京 : 中国环境科学出版社 , 2011.

[42] Keller, C. Factors limiting efficiency of phytoextraction at multi-metal contaminated sites. In: Morel, J.H., Echevarria, G., Goncharova, N. (Ed.), Phytoremediation of Metal-contaminated Soils. Springer Netherlands, 2006: 241-266.

[43] Mendez, M.O., Maier, R.M. Phytostabilization of mine tailings in arid and semiarid environments–An emerging remediation technology. Environmental Health Perspectives, 2008, 116: 278-283.

[44] Hu Y, Nan Z, Su J, et al. Heavy metal accumulation by poplar in calcareous soil with various degrees of multi-metal contamination: implications for phytoextraction and phytostabilization. Environmental Science and Pollution Research, 2013, 20: 7194-7203.

[45] Laureysens, I., Blust, R., De Temmerman, L., et al. Clonal variation in heavy metal accumulation and biomass production in a poplar coppice culture: I. Seasonal variation in leaf, wood and bark concentrations. Environmental Pollution, 2004, 131: 485-494.

[46] Castiglione S, Todeschini V, Franchin C, et al. Clonal differences in survival capacity, copper and zinc accumulation, and correlation with leaf polyamine levels in poplar: A large-scale field trial on heavily polluted soil. Environmental Pollution, 2009, 157: 2108-2117.

[47] Wu F, Yang W, Zhang J, et al . Cadmium accumulation and growth responses of a poplar (Populus deltoids × Populus nigra) in cadmium contaminated purple soil and alluvial soil. Journal of Hazardous Materials, 2010, 177: 268-273.

[48] Robinson B.H, Mills T.M, Petit D, et al. Natural and induced cadmium-accumulation in poplar and willow: Implications for phytoremediation. Plant and Soil, 2000, 227: 301-306.

[49] Mertens J, Vervaeke P, Meers E, et al. Seasonal changes of metals in willow (*Salix* sp.) stands for phytoremediation on dredged sediment. Environmental Science & Technology, 2006, 40: 1962-1968.

[50] Dos Santos Utmazian, M.N., Wenzel, W.W. Cadmium and zinc accumulation in willow and poplar species grown on polluted soils. Journal of Plant Nutrition and Soil Science, 2007, 170: 265-272.

[51] Fan K.C, His H.C, Chen C.W, et al. Cadmium accumulation and tolerance of mahogany (Swietenia macrophylla) seedlings for phytoextraction applications. Journal of Environmental Management, 2011, 92: 2818-2822.

[52] Domínguez M.T, Madrid F, Marañón T, et al. Cadmium availability in soil and retention in oak roots: Potential for phytostabilization. Chemosphere, 2009, 76: 480-486.

[53] Li J.T, Liao B, Dai Z.Y, et al. Phytoextraction of Cd-contaminated soil by carambola (Averrhoa carambola) in field trials. Chemosphere, 2009, 76: 1233-1239.

[54] Pulford I.D, Watson C. Phytoremediation of heavy metal-contaminated land by trees—a review. Environment International, 2003, 29: 529-540.

[55] 尹伟伦 . 中国杨树栽培与利用研究 . 北京 : 中国林业出版社 , 2005.

[56] 胡亚虎 . 杨树对干旱区重金属污染农田土壤的修复研究 . 兰州 : 兰州大学 , 2013.

[57] Mertens J, Vervaeke P, De Schrijver A , et al. Metal uptake by young trees from dredged brackish sediment: limitations and possibilities for phytoextraction and phytostabilisation. Science of the Total Environment, 2004, 326: 209-215.

[58] Madejón P, Ciadamidaro L, Marañón T, et al. Long-term biomonitoring of soil contamination using poplar trees: Accumulation of trace elements in leaves and fruits. International Journal of Phytoremediation, 2013, 15: 602-614.

[59] Bañuelos G.S. Phyto-products may be essential for sustainability and implementation of phytoremediation. Environmental Pollution, 2006, 144: 19-23.

[60] Ruttens A, Boulet J, Weyens N, et al. Short rotation coppice culture of willows and poplars as energy crops on metal contaminated agricultural soils. International Journal of Phytoremediation, 2011, 13(S1): 194-207.

[61] Evangelou M.W.H, Deram A, Gogos A, et al. Assessment of suitability of tree species for the production of biomass on trace element contaminated soils. Journal of Hazardous Materials, 2012, 209–210: 233-239.

[62] Van Ackera R, Leplé J.C, Aerts D, et al. Improved saccharification and ethanol yield from field-grown transgenic poplar deficient in cinnamoyl-CoA reductase. Proceedings of the National Academy of Sciences of the United States of America, 2014, 111: 845-850.

[63] Lettens S, Vandecasteele B, De Vos B, Vansteenkiste, D., Verschelde, P. Intra- and inter-annual variation

of Cd, Zn, Mn and Cu in foliage of poplars on contaminated soil. Science of the Total Environment, 2011, 409: 2306-2316.

[64] 胡亚虎，苏洁琼，南忠仁，等．重金属镉污染钙质农田土壤的植物提取修复方法．中国专利，2014, 专利号：ZL201410381136.1.

[65] Nan Z, Li J, Zhang J, Cheng, G. Cadmium and zinc interactions and their transfer in soil-crop system under actual field conditions. Science of the Total Environment, 2002, 285: 187-195.

[66] Blaylock M.J, Salt D.E, Dushenkov S, et al. Enhanced accumulation of Pb in Indian mustard by soil applied-chelating agents. Environmental Science & Technology, 1997, 31: 860-865.

[67] Lesage E, Meers E, Vervaeke P, et al. Enhanced phytoextraction: II. Effect of EDTA and citric acid on heavy metal uptake by *Helianthus annuus* from a calcareous soil. International Journal of Phytoremediation, 2005, 7: 143-152.

[68] Liu D, Islam E, Li T, Yang X, et al. Comparison of synthetic chelators and low molecular weight organic acids in enhancing phytoextraction of heavy metals by two ecotypes of *Sedum alfredii* Hance. Journal of Hazardous Materials, 2008, 153: 114-122.

[69] Komárek M, Tlustoš P, Száková J, et al. The use of poplar during a two-year induced phytoextraction of metals from contaminated agricultural soils. Environmental Pollution, 2008, 151: 27-38.

[70] Vysloužilová M, Tlustoš P, Száková J. Cadmium and zinc phytoextraction potential of seven clones of *Salix* spp. planted on heavy metal contaminated soils. Plant, Soil and Environment, 2003, 49: 542-547.

[71] Neugschwandtner R.W, Tlustoš P, Komárek M, Száková, J. Phytoextraction of Pb and Cd from a contaminated agricultural soil using different EDTA application regimes: Laboratory versus field scale measures of efficiency. Geoderma, 2008, 114: 446-454.

[72] Hu Y, Nan Z, Su J, Wang S. Chelant-assisted uptake and accumulation of Cd by poplar from calcareous arable soils around Baiyin non-ferrous metal smelters, northern China. Arid Land Research and Management, 2014, 28: 340-354.

[73] McGrath S.P, Zhao FJ. Phytoextraction of metals and metalloids from contaminated soils. Current Opinion in Biotechnology, 2003, 14: 277-282.

[74] Van Slycken S, Witters N, Meiresonne L, et al. Field evaluation of willow under short rotation coppice for phytomanagement of metal-polluted agricultural soils. International Journal of Phytoremediation, 2013, 15: 677-689.

[75] Gerhardt K.E, Gerwing P.D, Greenberg B.M. Opinion: Taking phytoremediation from proven technology to accepted practice. Plant Science, 2017, 256: 170-185.

[76] Pandey V.C, Bajpai O. Phytoremediation: From theory toward practice. In: Pandey, V.C., Bauddh, K. (Ed.), Phytomanagement of Polluted Sites. Elsevier, 2019: 1-49.

[77] Krumins J.A, Goodey N.M, Gallagher F. Plant–soil interactions in metal contaminated soils. Soil Biology and Biochemistry, 2015, 80: 224-231.

[78] Luo Z.B, He J, Polle A, Rennenberg H. Heavy metal accumulation and signal transduction in herbaceous and woody plants: Paving the way for enhancing phytoremediation efficiency. Biotechnology Advances, 2016, 34: 1131-1148.

[79] Isebrands J.G, Aronsson P, Carlson M, et al. Environmental applications of poplars and willows. In: Isebrands, J.G., Richardson, J. (Ed.), Poplars and Willows: Trees for Society and the Environment. FAO,

2014: 258-336.

[80] Zalesny Jr R.S, Stanturf J.A, Gardiner E.S, et al. Environmental technologies of woody crop production systems. BioEnergy Research, 2016, 9: 492-506.

[81] Qin Z, Dunn J.B, Kwon H, et al . Soil carbon sequestration and land use change associated with biofuel production: empirical evidence. Global Change Biology Bioenergy, 2016, 8: 66-80.

[82] Zheng J, Chen J, Pan G, et al . A long-term hybrid poplar plantation on cropland reduces soil organic carbon mineralization and shifts microbial community abundance and composition. Applied Soil Ecology, 2017, 111: 94-104.

[83] Quinkenstein A, Jochheim H. Assessing the carbon sequestration potential of poplar and black locust short rotation coppices on mine reclamation sites in Eastern Germany-Model development and application. Journal of Environmental Management, 2016, 168: 53-66.

[84] Qasim B, Motelica-Heino M, Bourgerie S, et al. Rhizosphere effects of *Populus euramericana* Dorskamp on the mobility of Zn, Pb and Cd in contaminated technosols. Journal of Soils and Sediments, 2016, 16: 811-820.

[85] Asad, M, Menana Z, Ziegler-Devin I, et al. Pretreatment of trace element-enriched biomasses grown on phytomanaged soils for bioethanol production. Industrial Crops and Products, 2017, 107: 63-72.

[86] Qiao N, Schaefer D, Blagodatskaya E, et al. Labile carbon retention compensates for CO_2 released by priming in forest soils. Global Change Biology, 2014, 20: 1943-1954.

[87] Zeng X, Zhang W, Liu X, et al. . Change of soil organic carbon after cropland afforestation in ‘Beijing-Tianjin Sandstorm Source Control’ program area in China. Chinese Geographical Science, 2014, 24: 461-470.

[88] Pleguezuelo C.R.R, Zuazo V.H.D, Bielders C, et al. Bioenergy farming using woody crops. A review. Agronomy for Sustainable Development, 2015, 35: 95-119.

[89] 胡亚虎 , 苏洁琼 , 南忠仁 , 等 . 重金属铜、铅污染钙质土壤的植物固定修复方法 . 中国专利 , 2014, 专利号 : ZL201410381135.7.

[90] 高卓 . 重金属重度污染钙质土壤上杨树的修复机制研究 . 兰州 : 兰州大学 , 2018.

[91] 黄昱 . 杨树植物管理过程中低磷钙质土壤上重金属环境行为的变化 . 兰州 : 兰州大学 , 2019.

[92] 白银市环境保护局 , 兰州大学应用技术研究院有限责任公司 . 白银市土壤污染治理与修复“十三五”规划 , 2018.

[93] 白银市人民政府办公室 . 黄河上游白银段东大沟流域重金属污染整治与生态系统修复规划 , 2012.

[94] Interstate Technology and Regulatory Council (ITRC). Technical and regulatory guidelines for soil washing. Metals in Soils Work Team, Washington, DC, 1997.

[95] United States Environmental Protection Agency (USEPA). Superfund Remedy Report, 14th Edition, 2013.

[96] Bolan N, Kunhikrishnan A, Thangarajan R, et al. Remediation of heavy metal(loid)s contaminated soils - To mobilize or to immobilize?. Journal of Hazardous Materials, 2014, 266: 141-166.

[97] 胡亚虎 , 魏树和 , 周启星 , 等 . 螯合剂在重金属污染土壤植物修复中的应用研究进展 . 农业环境科学学报 , 2010, 29: 2055-2063.

第九章　我国农田重金属污染的治理与修复实践

农业是国民经济的基础，是社会经济发展的压舱石，更是全面建成小康社会的助推器，事关全局，事关长远。土壤是农业生产最基本的生产资料，但随着近年来国家工业化、城镇化进程快速推进和农用品的不合理施用，土壤重金属污染问题日益突出，已成为严重制约我国农业可持续稳健发展的重要因子。2014 年，国土资源部和环境保护部发布的《全国土壤污染状况土壤调查公报》[1] 指出，我国土壤环境状况总体不容乐观，部分地区土壤污染较重，耕地土壤环境质量堪忧，工矿业废弃地土壤环境问题突出。近年来，我国重金属污染事件频发，农产品超标现象较为突出，相继爆发“镉（Cd）米”“镉（Cd）小麦”等农产品质量安全事件，给我国粮食安全生产敲响了警钟。我国大面积耕地重金属污染修复工作起步较晚，2014 年，农业部、财政部启动“长株潭重金属污染耕地修复与产业结构调整试点”项目，连续 3 年在长株潭地区投入 40 多亿元用于重金属污染耕地修复。2016 年，在长株潭 26 个县市区共安排 180 万亩，其中 26 个千亩示范片 +1 个万亩示范片 [2]。2012 ～ 2016 年，农业部、财政部启动“全国农产品产地重金属污染防治实施方案”任务，在天津、辽宁、河北、湖南、安徽、湖北、贵州、广西、云南等 9 省市开展 2 万亩重金属耕地修复治理工作。2015 年，由农业部环境保护科研监测所牵头，启动了我国南方地区稻米重金属污染综合防控协同创新项目，涉及中国农业科学院 11 个协同创新团队，实现了跨学科集群、跨学科领域、跨研究所的科研团队开展联合攻关，形成了以“净源”“失活”“减量”“低吸”技术为主要途径，采用技术集成、应用与验证示范相结合的方法，构建低成本、可复制、易推广的稻米重金属污染综合防控技术体系。特别是党的十九大以来，我国耕地重金属污染修复治理和安全利用工作进入全新工作局面，农田重金属污染修复技术取得长足进步，大面积耕地修复治理技术日臻成熟，有效地保障了我国农产品质量安全。

第一节　重金属污染农田钝化修复技术及应用

一、技术原理

重金属钝化修复技术是指向污染土壤中添加一种或多种活性物质，如黏土矿物、磷酸盐、有机物料等，通过调节土壤理化性质，与重金属镉（Cd）、汞（Hg）、砷（As）、铅

（Pb）、铬（Cr）、铜（Cu）、镍（Ni）、锌（Zn）等发生吸附、沉淀、离子交换、腐殖化、氧化-还原等一系列反应，改变重金属元素在土壤中的化学形态和赋存状态，抑制其在土壤中的可移动性和生物有效性，从而降低重金属对环境受体（如微生物、植物等）的毒性，以达到治理污染土壤的目的[3,4]。在实际应用过程中，最典型的钝化剂可分为无机、有机和有机-无机复合3种类型：

① 无机钝化修复材料，包括黏土矿物类（凹凸棒石、膨润土和海泡石等）、磷酸盐（羟基磷灰石）和磷肥、磷矿粉和工业副产品类（飞灰、赤泥和磷石膏等）等。

② 有机钝化修复材料，有机物质可通过形成不溶性金属-有机复合物、增加土壤阳离子交换量（CEC）和降低土壤中重金属的水溶态及可交换态组分，从而降低其生物有效性。

③ 无机-有机配体钝化修复材料，利用有机化合物具有优良的分子剪裁与修饰功能，通过复合、组装以及杂化合成具有功能性物质结构与性能关系的新型修复材料，可有效提高无机材料表面的物理和化学可调控性。

（一）重金属修复剂类型

在实际应用过程中，重金属钝化修复材料可分为有机材料、无机材料和有机-无机复合材料3种类型。

1. 无机钝化修复剂

无机钝化修复材料包括黏土矿物类（海泡石、蒙脱石、凹凸棒石、膨润土和等）、磷酸盐（羟基磷灰石、磷肥、磷矿粉等）和工业副产品类（飞灰、赤泥和磷石膏等）等（表9.1）。

表9.1　无机钝化材料及作用机制

材料	重金属	来源	主要钝化作用机制
石灰或生石灰	Cd、Pb、Hg、Cr	石灰厂	降低重金属离子迁移性
磷酸盐	Pb、Zn、Cd、Cu	磷肥和磷矿	增加重金属离子吸附与沉淀
羟磷灰石	Pb、Zn、Cd、Cu	磷矿加工	
磷矿石	Pb、Zn、Cd	磷矿	
骨炭	Pb、Zn、Cd、Cu	骨头	
粉煤灰	Pb、Zn、Cd、Cr	热电厂	提高土壤pH值，增加土壤表面可变负电荷，增强修复作用
炉渣	Pb、Zn、Cd、Cr	热电厂	减少离子淋溶
赤泥	Pb、Zn、Cd	铝厂	提高土壤pH值，增加重金属沉淀
黏土、沸石、凹凸棒石	Cd、Pb、Cr、Zn	天然矿物	矿物表面带有负电荷，具有较强的吸附性能和离子交换能力
无机肥	Pb、Zn、Cd、Cr	硅肥	增加土壤有效硅的含量，缓解重金属对植物生理代谢的毒害
铁钒石	Pb、Zn、Cd、Cr	钒土	增加重金属离子沉淀
生物质炭	Cd、Pb、Cr	植物秸秆	增加对金属离子的吸附容量

（1）黏土类材料　黏土是一类在环境中分布广泛的天然非金属矿产，主要包括海泡石、膨润土、蒙脱石、坡缕石、硅藻土、蛭石、沸石、高岭土等。该类物质一般是碱性多

孔的铝硅酸盐类矿物，结构层带电荷，比表面积相对较大，主要通过吸附、配位和共沉淀反应等作用，降低土壤重金属有效性和迁移性，减少作物对重金属吸收累积，从而达到重金属污染土壤修复和安全利用。

（2）石灰类物质材料　主要包括生石灰、$CaCO_3$、$Ca(OH)_2$、粉煤灰等石灰类材料，可以显著地降低土壤中 Cd、Cu、Zn、Pb 等金属元素的活性并降低植物对其吸收和积累。石灰类材料通过增加土壤中 pH 值，增加土壤表面负电荷，从而促进其对重金属阳离子的吸附；另一方面，也可以通过促进重金属离子形成沉淀而降低其有效性。

（3）富硅物质　硅可以显著缓解 Cd、Zn、Mn、Al、As 等金属离子对植物的毒害。硅缓解重金属毒害的主要调节机制有：富硅类碱性材料施入土壤后，提高了土壤 pH 值，从而降低了 Cd、Cu、Zn 等多种金属的活性；疏松多孔材料通过吸附作用降低了金属的活性；在植物体内可以降低金属离子从根系向地上部的运输，并通过调节植物抗氧化酶系统和光合系统，以及在植物体内 Si 与金属离子形成共沉淀等方式来缓解金属离子的胁迫。

（4）含磷物质　主要包括磷酸、磷酸盐和非水溶性磷灰石、氟磷灰石、磷矿粉等材料。这些材料对土壤中重金属都有很好的固定效果，其主要通过增大土壤表面积、增强阴离子专性吸附以及与金属离子形成磷酸盐沉淀而实现重金属的固定。

（5）金属及金属氧化物　主要包括 Fe、Al、Mn 的氢氧化物、水合氧化物、羟基氧化物等，是土壤的天然组分之一，主要以晶体态、胶膜态等形式存在，其粒径小、溶解度低，在土壤化学过程中扮演着重要作用。金属氧化物主要通过专性吸附、非专性吸附、共沉淀以及在内部形成配合物等途径实现对土壤重金属的钝化固定。

2. 有机钝化修复剂

有机物料的来源主要有生物固体、动物粪便等。有机物料既是优良的土壤肥力改良剂，也可作为土壤重金属吸附、络合剂，被广泛应用于土壤重金属污染修复中。有机物料中一般含有较高的腐殖化有机物，可通过形成不溶性金属 - 有机复合物、增加土壤阳离子交换量（CEC）和降低土壤中重金属的水溶态及可交换态组分，从而降低其生物有效性（表 9.2）。

表9.2　有机钝化材料及其钝化机制

材料	重金属	来源	钝化作用机制
城市固体废弃物	Cd、Pb、Zn、Cr	人类城市活动	降低重金属离子迁移性
猪粪、鸡粪、牛粪等	Cd、Pb	有机体	络合和吸附，降低金属离子生物有效性
活性污泥	Cd	污水处理厂	降低可交换态 Cd 含量
泥炭	Cd、Cr、Hg、Pb	不同降解阶段富含有机质的土壤组分	络合和吸附金属离子
黄酸盐吸附剂	Cd、Hg、Cr	纤维、蛋白和二硫化碳等人工合成	增加金属离子的吸附容量

3. 无机–有机配体钝化剂

利用有机化合物具有优良的分子剪裁与修饰功能，通过复合、组装以及杂化合成具有功能性物质结构与性能关系的新型修复材料，可以有效提高无机材料表面的物理和化学可调控性。

（二）主要作用机制

重金属钝化过程与钝化剂有关（图 9.1）。吸附、络合、沉淀等反应为其主要钝化机理，并伴随着氧化还原和离子交换。向土壤中添加海泡石等黏土矿物碱性材料后，一方面，pH 值升高，土壤颗粒表面负电荷增加，对重金属镉、铅、铜、锌和汞等离子吸附增强；另一方面，pH 值升高可以使某些重金属离子形成碳酸盐结合态沉淀或氢氧化物沉淀。当向土壤中施加有机钝化剂时，重金属离子可以同有机质表面数量庞大的极性基团如羟基、氨基、巯基、羧基等基团形成稳定的络合物，从而降低重金属污染风险。

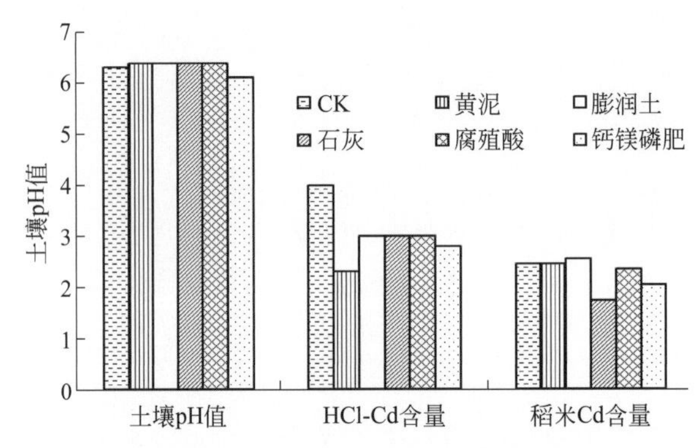

图 9.1　不同钝化剂作用效果 [5]

[土壤Cd有效态（HCl-Cd）含量和稻米Cd含量单位均为mg/kg]

1. 吸附作用

土壤溶液中的金属离子可通过专性吸附和非专性吸附保留在土壤中。专性吸附是通过化学结合的方式将溶液中离子固定在土壤胶体中，而非专性吸附是指溶液离子与土壤胶体所带电荷通过产生的静电吸附与平衡，土壤特性如有机质、离子、铁 / 锰氧化物等对其吸附性能也会产生影响。

2. 沉淀作用

当土壤 pH 值或含氧根阴离子（SO_4^{2-}、CO_3^{2-}、OH^-、HPO_4^{2-}）含量较高时，金属离子在土壤中主要以沉淀和共沉淀的方式固定。含磷化合物及磷矿石等物质被广泛用于土壤中 Pb 的固定，源于生成了难移动的氯磷铅矿、氟磷铅矿、羟基磷铅矿等物质 [$Pb_5(PO_4)_3X$，X =F, Cl, B, OH]。石灰等富含碳酸盐物质通过提高土壤 pH 值，而促进金属离子生成碳酸盐或氢氧化物沉淀。

3. 氧化/还原

As、Cr、Hg 和 Se 在土壤中普遍会发生氧化还原反应。氧化还原反应可以分为同化反应和异化反应。在同化反应中，金属作为微生物新陈代谢反应的电子终端接受者。在异化反应中，金属不参与微生物的生理反应，偶然的还原与微生物氧化有机酸、醇类等物质相耦合。

二、应用实践案例

（一）重金属污染水稻土钝化修复应用

1. 北方Cd污染稻田修复应用

我国最早大面积 Cd 污染耕地治理工作开展于 20 世纪 80 年代初。沈阳西郊张士灌区自 20 世纪 60 年代引污水灌溉，导致污染耕地面积达 $2800hm^2$，上游土壤含 Cd 浓度达到 5 ～ 10mg/kg；糙米中 Cd 含量为 0.4 ～ 1.0mg/kg，个别区域高达 5mg/kg，达到 Cd 米标准。1981 年，沈阳市政府拨款 5 万元，在张士灌区一闸附近开展约 6000 亩 Cd 污染稻田修复治理工作，施用材料为 100 ～ 125kg/ 亩石灰，土壤 pH 值增加 0.4 个单位，糙米达标率由 1980 年的 19.4% 增加到 1981 年的 61.5%，合格粮食增加 61.7 万千克。同时，在杨士十一队的重污染区施用黄泥、膨润土、腐殖酸、钙镁磷肥和石灰等钝化修复材料，与对照相比，0.1mmol/L HCl 提取态 Cd、Pb、Cu 和 Zn 含量降低了 25.0% ～ 42.5%、26.7% ～ 33.3%、23.3% ～ 50.0% 和 3.3% ～ 10.0%（黄泥处理下土壤酸提取态 Pb 和 Zn 含量则分别增加了 10.0% 和 38.7%），其中在石灰、腐殖酸和钙镁磷肥处理下，糙米 Cd 含量由对照前的 2.45 mg/kg 分别降低至 1.75mg/kg、2.35 mg/kg 和 2.05 mg/kg，相应的糙米超标率分别为 71.42%、95.91% 和 83.67%（对照区为 100%）。

在张士灌区三闸地区，土壤 pH 值为 5.93，土壤 Cd 均值为 2.16mg/kg，稻米 Cd 含量为 0.77mg/kg。采用 $200m^2$ 大田小区试验，添加钙镁磷肥和硅肥比例为 1 ∶ 1，施用剂量为 100kg/ 亩、200kg/ 亩、300kg/ 亩、500 kg/ 亩和 1000kg/ 亩。研究发现，土壤 pH 值增加 0.12 ～ 1.5 个单位，当复合添加量浓度为 1000 kg/ 亩时土壤 pH 值达到 7.43。随着钝化剂施用剂量的增加，土壤有效 Cd 含量随之降低（$Y=-0.0014X+1.7456$; $R^2=0.9067$），茎叶 Cd 含量随之降低（$Y=-0.0008X+1.152$; $R^2=0.9707$），糙米 Cd 含量随之降低（$Y=-0.001X+1.3534$; $R^2=0.6854$）。与对照相比，土壤有效态 Cd 含量降低了 20.7% ～ 73.1%，茎叶 Cd 含量降低幅度达到 38.6% ～ 71.0%。虽然稻米 Cd 含量最高可降低 66.3%，但仍高于国家食品卫生标准（0.2mg/kg）（表 9.3）。

表9.3 改良剂钝化修复效果[6]

添加量 /（kg/ 亩）	糙米 Cd 含量 /（mg/kg）	茎叶 Cd 含量 /（mg/kg）	土壤 Cd 有效态含量 /（mg/kg）	pH 值
0	1.222	1.76	1.93	5.93
100	1.02	1.08	1.53	6.05
200	0.967	1.06	1.5	6.33
300	0.956	0.98	1.33	6.54
500	0.744	0.55	0.81	6.79
1000	0.412	0.51	0.52	7.43

2. 南方酸性Cd污染稻田修复应用

湖南省某地，土壤类型为红壤（图 9.2）。每个小区面积 30m^2。每个小区分别加入 0、22.5kg、45.0kg 和 67.5kg 膨润土。按 20 cm 土层算，添加量分别为 0、5g/kg、10g/kg 和 15g/kg。共 4 个处理，每个处理 3 次重复。施入材料 60 d 后插秧，按照稻田日常管理进行种植管理。不同膨润土添加对大田小区土壤 Cd 形态含量影响见图 9.3，与未施加膨润土对照相比，交换态（SE）Cd 分别减少了 7.9%、4.1% 和 24.6%；碳酸盐结合态（WSA）Cd 分别减少了 50.0%、39.9% 和 48.6%；残渣态（RES）分别增加了 75.2%、56.2% 和 74.0%。

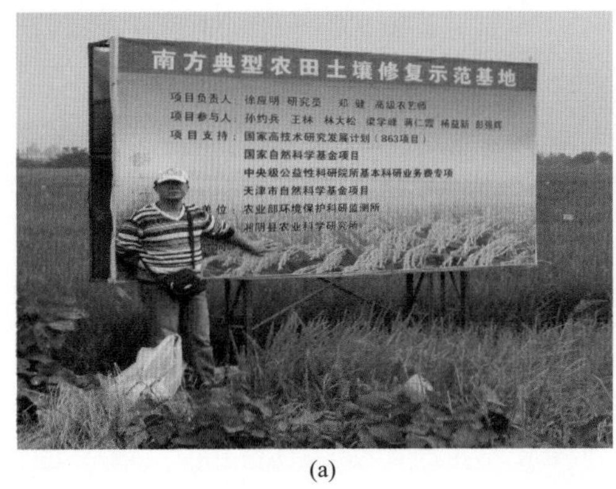

(a)

(b)

图 9.2 Cd 污染稻田修复试验

施加膨润土后水稻各部分 Cd 含量均有所降低，与对照相比，根、茎、叶和糙米中 Cd 含量分别减少 21.5% ～ 35.3%、36.1% ～ 48.8%、15.5% ～ 36.0% 和 24.1% ～ 40.9%，其中，投加膨润土后糙米中 Cd 含量显著降低（$p < 0.05$），但施用不同膨润土后，糙米 Cd 含量仍然超过国家食品卫生标准 2.7 ～ 3.5 倍。大田中改良剂效果次于盆栽效果，这与王凯荣等的研究结果一致[7]，造成这种结果的主要原因是灌溉、施肥以及各种气候使水稻长期重复暴露于 Cd 环境中。沉积物中重金属扮演着源与汇的作用，通过再悬浮会造成重金属的二次释放。因而，在污染源头尚未完全控制下重金属污染农田的修复效果较为有限。

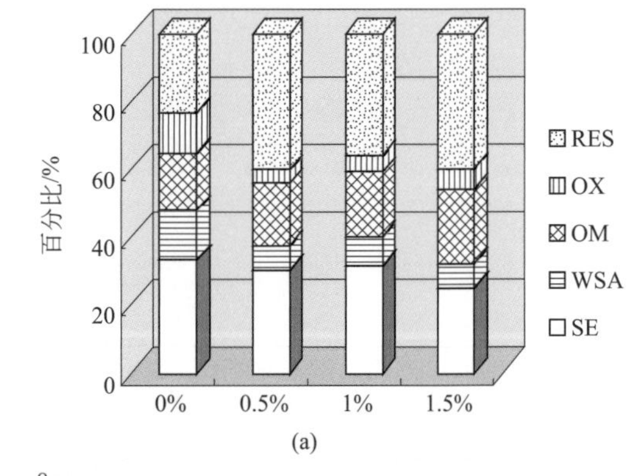

(a)

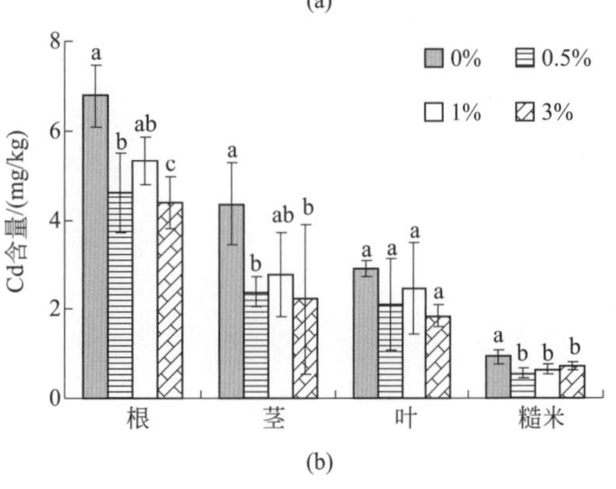

(b)

图 9.3 膨润土对土壤 Cd 形态分布和水稻体内 Cd 含量的影响

海泡石（SEP）和坡缕石（PAL）等材料对酸性水稻土 Cd 污染具有很强的修复潜力。韩君等[8] 采用大田小区试验，每个小区面积约为 30m^2，长 × 宽为 5m×6m，坡缕石设置 3 个不同施用剂量，分别为 1.00kg/m^2(PAL- Ⅰ)、1.50kg/m^2(PAL- Ⅱ)、2.00kg/m^2(PAL- Ⅲ)；海泡石设置 3 个不同施用剂量，分别为 0.75kg/m^2(SEP- Ⅰ)、1.50kg/m^2(SEP- Ⅱ) 和 2.25kg/m^2(SEP- Ⅲ)。随机区组田间排列，采用覆塑料薄膜 (埋深 20 cm) 的泥巴埂分隔，外设保护区。

施加两种黏土矿物的土壤 pH 值均有不同程度的提高。坡缕石可使土壤 pH 值增加 0.33 ～ 0.43；海泡石提高土壤 pH 值的作用较坡缕石明显，最高可使土壤 pH 值提高至 7.02。施用坡缕石和海泡石均显著降低有效态镉含量（$p < 0.05$），HCl 浸提条件下，坡缕石处理 Cd 降幅为 14.6% ～ 29.2%，海泡石处理降幅为 21.3% ～ 56.3%；TCLP 浸提下，PAL- Ⅲ处理使有效态 Cd 降低至 0.73 mg/kg（$p < 0.05$）。未添加材料的稻田土壤中可交换态 Cd 占总 Cd 含量达 70%，施用海泡石和坡缕石可明显降低可交换态镉含量，增加残渣态镉含量，碳酸盐结合态镉含量有明显增加，铁锰氧化物结合态和有机物结合态镉含量无明显变化（图 9.4）。施用坡缕石和海泡石后，糙米 Cd 含量明显降低，海泡石处理使糙米 Cd 含量降低 52.2% ～ 73.5%，坡缕石处理的糙米 Cd 含量降幅为 22.9% ～ 54.6%；其中，坡缕石 2.00kg/m^2 处理可以使糙米 Cd 含量降低至 0.32mg/kg。

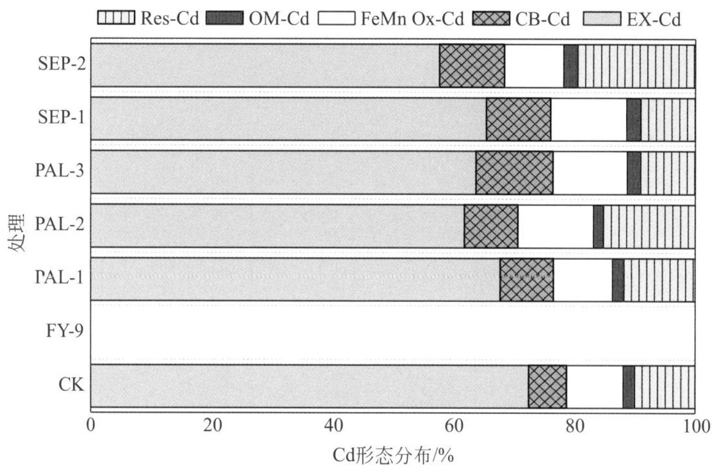

图 9.4 不同材料处理对土壤 Cd 形态的影响 [8]

（二）矿区周边Cd、Pb复合污染修复应用

广西壮族自治区河池市南丹县城关镇中平村的某稻田（图 9.5），试验点位于刁江流域上游，距河源 15km，由于引江水灌溉导致土壤受到 Cd 和 Pb 污染。试验土壤为发育于河流冲积物的水稻土，Cd 含量为（3.75±0.036）mg/kg，Pb 含量为（639±57）mg/kg。供试钝化修复材料为海泡石、磷肥和石灰。设置 6 种钝化修复处理：a. CK(对照，不添加任何钝化材料)；b. P(磷肥 45kg/90m^2)；c. L(石灰 9 kg/90 m^2)；d. S（海泡石 202.5kg/90m^2)；e. S+P（海泡石 202.5kg+ 磷肥 45kg/90m^2)；f. S+L（海泡石 202.5kg+ 石灰 9kg/90m^2)。每个处理设置 3 个重复，总计 18 个小区，每个示范小区面积 90m^2，总示范面积 1620m^2。在插秧前 30d 均匀撒施钝化材料，然后耙地 (深度大约 20 ～ 30 cm) 混匀。

不同钝化材料处理下稻米镉、铅含量见图 9.6。钝化材料单一处理均未能显著降低稻米镉含量，而钝化材料复合处理下稻米镉含量则显著低于对照处理，分别比对照降低55.8%和65.1%；另外，根据标准GB 2762—2005规定，大米中的Cd含量限定值为0.2mg/kg，而海泡石与磷肥复合处理以及海泡石与石灰复合处理镉含量分别为0.191mg/kg和0.153mg/kg，符合食品卫生要求。

(a)

(b)

图9.5　大田实验情况

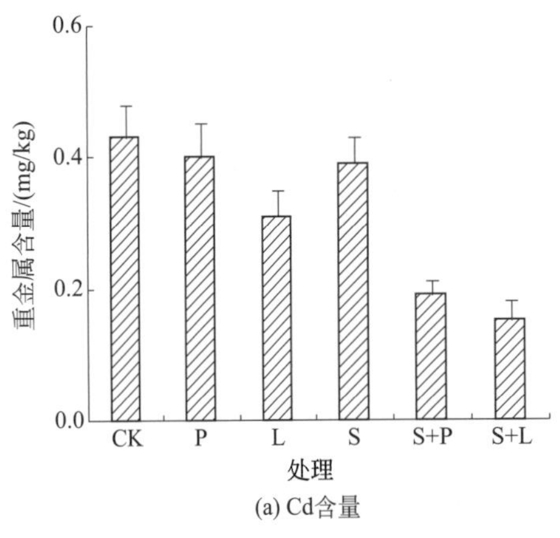

(a) Cd含量

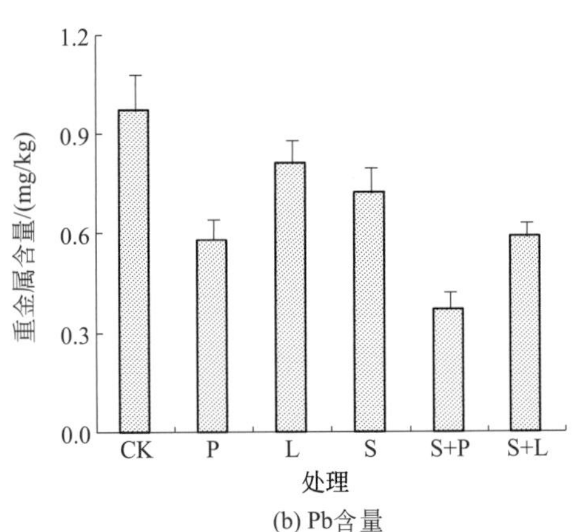

(b) Pb含量

图9.6　不同钝化材料对稻米重金属含量的影响[9]

由图9.6可知，钝化材料对稻米Pb含量的影响与Cd不同。磷肥单一处理、海泡石与磷肥复合处理以及海泡石与石灰复合处理均显著降低了稻米Pb含量，使其分别比对照降低40.2%、61.9%以及39.2%；而石灰以及海泡石单一处理下稻米Pb含量虽然也低于对照处理，但是降低效果并不显著。钝化材料复合处理可以显著降低稻米中的镉、铅含量，降低效果明显优于钝化材料单一处理；而且海泡石与磷肥复合处理降低稻米Pb含量的效果较好，而海泡石与石灰复合处理降低稻米Cd含量的效果较好。石灰单一处理、海泡石与磷肥复合处理以及海泡石与石灰复合处理可显著降低土壤TCLP（浸出毒性浸出方法）提取态Cd含量，使其比对照分别降低21.2%、28.9%以及20.1%（见图9.7）。而就TCLP提取态Pb含量来看，磷肥单一处理、海泡石与磷肥复合处理以及海泡石与石灰复合处理可以显著降低土壤TCLP提取态Pb含量，使其比对照分别降低 49.7%、45.6% 以及 29.7%。总的来看，钝化材料复合处理可有效降低土壤中镉、铅的迁移性，效果明显优于钝化材料单一处理。

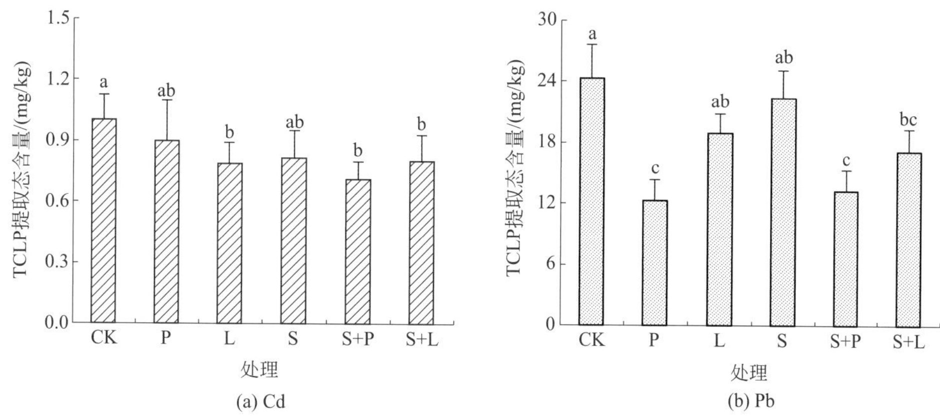

图 9.7 不同钝化材料对土壤 TCLP 可提取态镉、铅含量的影响 [9]

[不同小写字母代表各处理组间差异显著（$p<0.05$）]

（三）地质高背景区Cd污染农田修复应用

试验地点位于四川某县农田[10]，周边存在矿区，土壤 Cd 含量为（0.81±0.05）mg/kg。选用钝化剂为：0.15kg/m^2 石灰（T1）；1.12kg/m^2 海泡石；0.15kg/m^2 石灰 +1.12kg/m^2 海泡石；150kg/m^2 石灰 +30kg/m^2 偏硅酸钠 +7.5kg/m^2 七水硫酸镁；0.15kg/m^2 石灰 + 腐殖酸；秸秆生物炭；螯合铁肥。水稻品种为超级稻 4727（DY）和普通杂交稻川优 6203（CY）。试验共 8 个不同处理（图 9.8），包含不添加钝化剂的对照处理组 CK，每个处理 3 个重复，随机排列，共 24 个小区（3m×9m），小区之间用土夯实并覆盖薄膜防止渗透，不同品种之间空行隔离，外设保护区。结果发现，与对照相比，种植德优 4727 和川优 6203 两个品种的土壤可交换态 Cd 含量均有不同程度降低，分别为 0.8%～26.1% 和 0.7%～2.9%。与之相反，可氧化态含量增加 0.7%～6.2%，残渣态 8.4%～23.6。

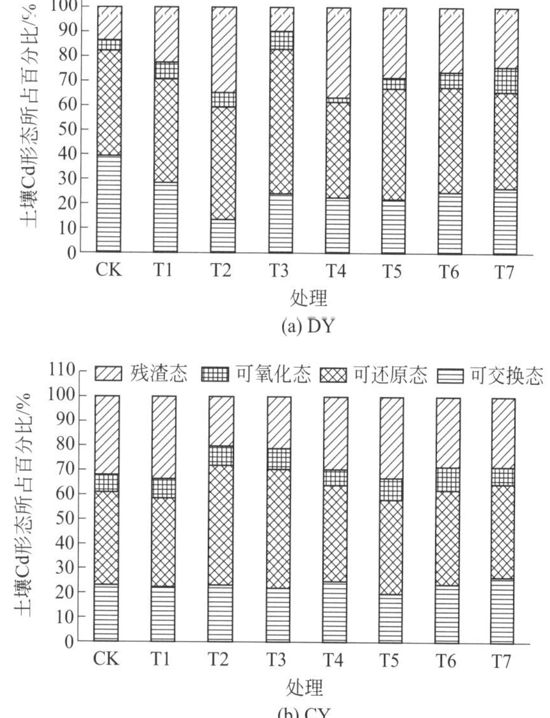

图 9.8 不同处理下土壤 Cd 形态分布 [10]

（四）污灌区菜地Cd/Pb污染钝化修复应用

试验田因污水灌溉导致镉污染，土壤基本理化性质如下：pH 值为 7.8，CEC

为 17.3cmol/kg，有机质含量为 6.14%，总镉含量为 2.9mg/kg，总铅含量为 102.2mg/kg。根据 GB 15618—1995，供试土壤为二级镉轻度污染土壤。供试钝化材料为海泡石、膨润土、磷肥；供试蔬菜为油麦菜（*Lactuca sativa* L），品种为四季油麦菜。设置 6 种钝化修复方案：a. CK(对照，不添加任何钝化材料)；b.SSP（磷肥 15kg/30m^2）；c.Sep（海泡石 67.5kg/30m^2）；d.Sep+SSP（海泡石 67.5kg+磷肥 15kg/30m^2）；e.Bent（膨润土 67.5kg/30m^2）；f.Bent+SSP（膨润土 67.5kg+磷肥 15kg/30m^2）。每组设置 3 个重复，总计 18 个小区，每个示范小区面积 30m^2，总示范面积 540m^2。在种植作物前 30d 均匀撒施钝化材料，然后耙地（深度大约为 0 ～ 15cm）；作物栽培管理措施和正常生产一致。

钝化材料能有效降低油麦菜地上部镉、铅含量，其抑制率顺序为：

① 镉：海泡石 / 磷肥复配＞膨润土＞膨润土 / 磷肥复配＞磷肥＞海泡石，其中海泡石 / 磷肥复配、膨润土可显著降低油麦菜对镉的吸收，与对照相比降幅可达 51.78%（$p < 0.01$）和 38.33%（$p < 0.01$）（图 9.9）。

② 铅：磷肥＞海泡石 / 磷肥复配＞膨润土 / 磷肥复配＞海泡石＞膨润土，其中磷肥、海泡石 / 磷肥复配效果最为明显，与对照相比降幅可达 55.18%（$p < 0.01$）和 45.05%（$p < 0.01$）。以海泡石 / 磷肥复配同时降低油麦菜对镉、铅的吸收效果最佳。

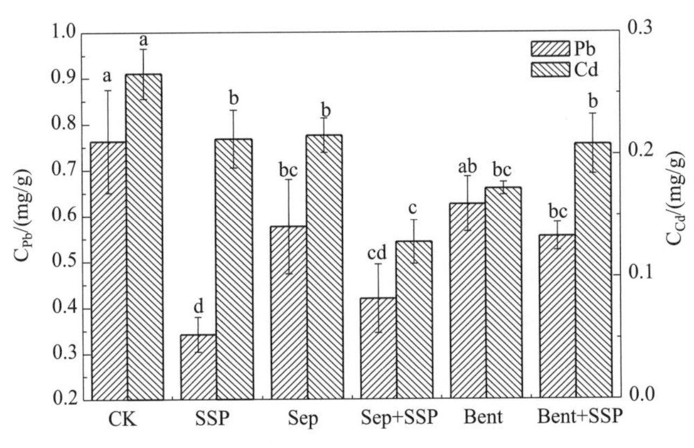

图 9.9　不同处理下油麦菜 Cd 含量[11]

从表 9.4 可以发现，各种钝化材料对菜地土壤可交换态镉的降低大小顺序为：海泡石 / 磷肥复配＞磷肥＞海泡石＞膨润土 / 磷肥复配＞膨润土；对供试蔬菜地土壤可交换态铅的降低程度顺序为：磷肥＞海泡石 / 磷肥复配＞海泡石＞膨润土＞膨润土 / 磷肥复配；土壤添加钝化材料后，可交换态与碳酸盐结合态之和占总形态量的比例降低，因而能直接减少蔬菜对重金属的吸收。磷肥与对照相比可降低油麦菜土壤中可交换态铅 36.68%、碳酸盐结合态铅 13.49%、可交换态镉 21.08%，提高残渣态镉 94.00%（$p < 0.05$）。磷肥以外四种钝化修复措施中，以海泡石 / 磷肥复配和膨润土 / 磷肥复配钝化效果较好，与对照相比可分别降低油麦菜土壤中可交换态铅 26.96% 和 5.08%、交换态镉 39.73% 和 8.10%、增加残渣态铅 7.69% 和 8.39%、残渣态镉 102.6% 和 131.23%；海泡石在磷肥的共同作用下，可能通过表面吸附作用，膨润土通过离子交换或共沉淀，促使土壤中镉铅由活性高的可交换态向活性低的残渣态转变，从而降低土壤中镉铅的生物有效性，以达到原位钝化修复土壤镉、铅污

染的目的。

表9.4 添加不同钝化材料下土壤重金属Tessier分级提取铅含量[11] 单位：mg/kg

重金属	处理	可交换态	碳酸盐态结合态	铁锰氧化物结合态	有机结合态	残渣态
Cd	CK	0.91±0.07a	0.87±0.06a	0.67±0.02c	0.28±0.01bc	0.15±0.05b
	SSP	0.72±0.09c	0.80±0.02a	0.70±0.01bc	0.33±0.01ab	0.28±0.03a
	Sep	0.76±0.06bc	0.68±0.02b	0.73±0.05abc	023 ± 0.04c	0.33 ± 0.06a
	Sep+SSP	0.55 ± 0.03d	0.77 ± 0.07ab	0.71 ± 0.01bc	0.37 ± 0.02a	0.0 ± 0.03a
	Bent	0.84 ± 0.03ab	0.85 ± 0.01a	0.82 ± 0.08ab	0.29 ± 0.02bc	0.30 ± 0.04a
	Bent+SSP	0.84 ± 0.02ab	0.69 ± 0.03b	0.83 ± 0.06a	0.28 ± 0.05bc	0.34 ± 0.04a
Pb	CK	2.10 ± 0.06a	9.78 ± 0.13a	30.25 ± 2.58a	20.72 ± 0.60ab	36.06 ± 7.54a
	SSP	1.33 ± 0.04d	8.46 ± 0.38c	36.37 ± 4.95a	18.02 ± 1.34b	36.16 ± 7.41a
	Sep	1.78 ± 0.21bc	8.98 ± 0.54bc	33.94 ± 6.11a	20.04 ± 0.99ab	38.39 ± 7.47a
	Sep+SSP	1.53 ± 0.18cd	9.18 ± 0.11ab	34.45 ± 5.03a	21.67 ± 0.95ab	38.84 ± 2.41a
	Bent	1.96 ± 0.02ab	9.50 ± 0.21ab	33.95 ± 2.46a	23.75 ± 3.81a	35.04 ± 4.14a
	Bent+SSP	1.99 ± 0.09ab	9.31 ± 0.16ab	31.06 ± 3.02a	21.19 ± 2.67ab	39.07 ± 2.92a

注：表中不同小写字母代表各处理组间差异显著（$p < 0.05$）。

（五）弱碱性Cd污染玉米地钝化修复应用

试验区位于天津市某重金属污染农田（39° 21′N,117° 29′E），属海河流域。该地区属温带半湿润大陆性季风气候，年平均气温 13.5℃，年均降水量 643.8mm，无霜期 237d，土壤类型为潮土。土壤理化特征为：pH 均值为 8.52（弱碱性土壤），碱解氮含量为 91.1mg/kg，有效磷含量为 6.45mg/kg，速效钾含量为 320mg/kg。土壤中重金属 Cr、Ni、Cu、Zn、As、Cd 和 Pb 含量分别为 36.27mg/kg、61.19mg/kg、13.97mg/kg、39.67mg/kg、60.49mg/kg、0.5mg/kg 和 29.85mg/kg。改性生物炭的制备：将稻壳放置于网室内自然风干，去除砂砾和杂物，放入高速万能粉碎机内进行粉碎，将粉碎稻壳放置于 1mol/L$CaCl_2$ 溶液中浸渍 24h，其中 Ca^{2+} 和生物质质量比为 1∶25；将改性后生物炭烘干，置于连续式炭化机中，在 600℃缺氧条件下热解 2h，待温度冷却到室温时取出，装袋备用。大田示范基地种植 3 种供试玉米品种（普通玉米品种为郑单 958；低积累玉米品种为蠡玉 16 和三北 218）。

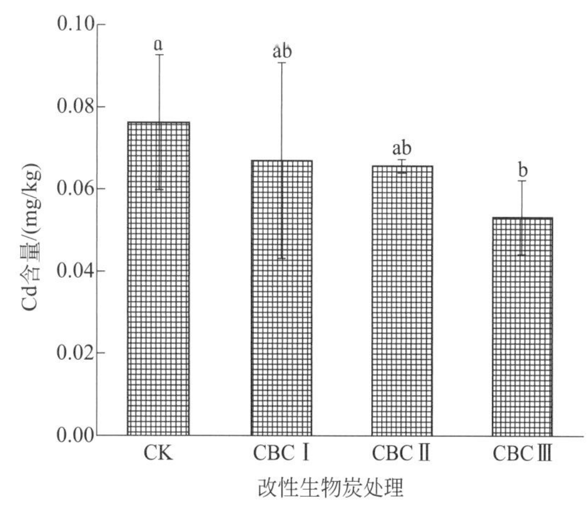

图 9.10 不同处理下土壤有效态 Cd 含量

如图 9.10 所示，与对照组相比，施加钝化剂后土壤中 DTPA-Cd 有效态含量随添加量增加而降低，在 CBC Ⅲ处理下土壤中有效态 Cd 含量显著受到抑制（$p < 0.05$），较对照处理降低了 30.2%。不同处理下土壤重金属 Cd 形态分布中，不添加生物炭土壤中重金属 Cd 形态主要以可交换态（31.96%）和可还原态（31.92%）为主，残渣态仅占 23.03%，具有一定的潜在生物有效性。施用改性生物炭后，不同程度地降低了土壤中可交换态和可还原态比例，在 CBC Ⅰ、CBC Ⅱ和 CBC Ⅲ处理下，可交换态 Cd 比例分别降低 7.9%、7.3% 和 5.1%，可还原态 Cd 比例分别降低 8.98%、10.01% 和 8.05%，残渣态比例有不同幅度的增加，随着钝化剂施加量的增加，分别升高了 26.5%、27.7% 和 20.9%。

由图 9.11 可知，由于不同玉米品种重金属累积基因型存在着明显差异。比较未添加改性生物炭处理下 3 个玉米品种籽粒中富集重金属 Cd 含量，其排列顺序为郑单 958 ＞蠡玉 86 ＞三北 218。本试验中，3 种玉米籽粒中 Cd 累积量均在 0.23 ～ 1.0mg/kg 之间，均超过《食品安全国家标准 食品中污染物限量》（GB 2762—2017）中 Cd 限量指标（≤ 0.1mg/kg）（中华人民共和国国家卫生与计划生育委员会，国家食品药品监督管理总局，2017）的规定。3 种玉米品种根、茎、叶和籽粒积累重金属 Cd 含量表现出不同的变化趋势，但整体上重金属 Cd 在三种玉米各部位的累积量呈现根＞茎、叶＞籽粒的趋势，这与前人研究结果相似。当重金属被根系细胞吸收时，与原生质中的蛋白质、核苷酸和多肽等化合物结合，随后进入液泡中被沉淀储存，因此重金属在根

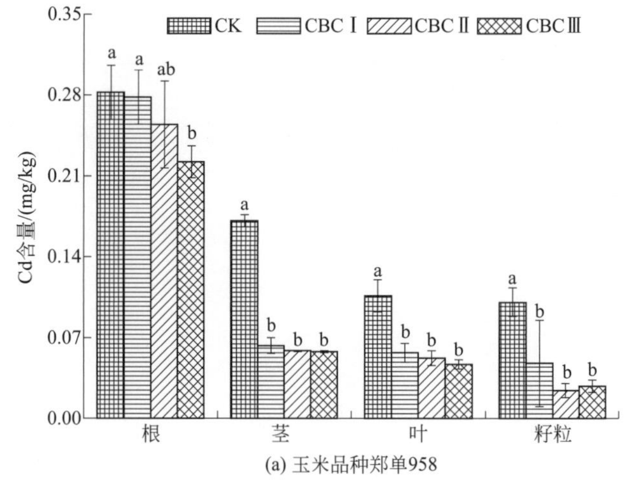

(a) 玉米品种郑单958

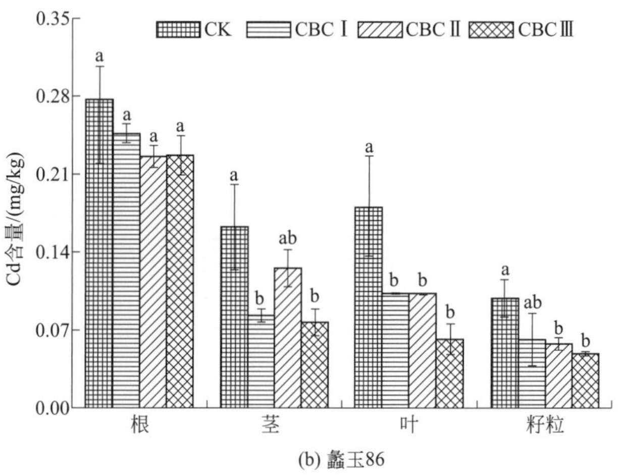

(b) 蠡玉86

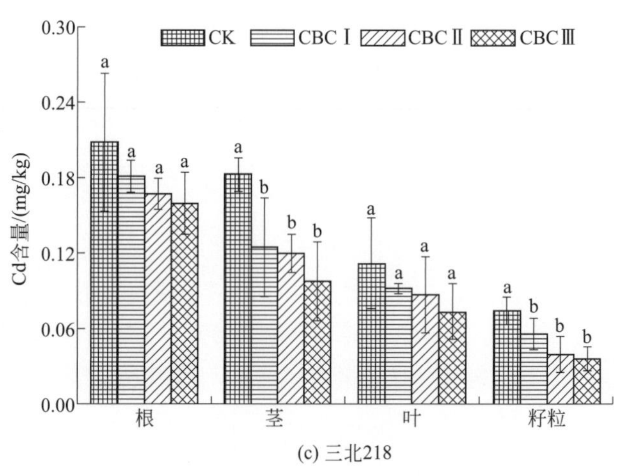

(c) 三北218

图 9.11 改性生物炭处理对玉米各部位 Cd 含量的影响

［不同小写字母代表各处理组间差异显著（$p<0.05$）］

部被大量固定而失活。本试验中添加改性生物炭后，根、茎、叶和籽粒中重金属明显减少，改性生物炭处理下玉米（郑单 958 和三北 218）茎和籽粒中 Cd 含量与 CK 相比均呈显著性差异（$p < 0.05$），在 0.5% 施加量时，玉米 (蠡玉 16) 茎、叶和籽粒中 Cd 含量达到极值，与 CK 呈显著性差异（$p < 0.05$）。在 CBC Ⅰ、CBC Ⅱ和 CBC Ⅲ处理下，3 种玉米籽粒中 Cd 含量较对照分别下降了 52.65% ～ 72.56%（郑单 958）、37.54% ～ 50.8%（蠡玉 86）和 23.6% ～ 51.2%（三北 218）。可以看出，改性生物炭处理后对郑单 958 籽粒中 Cd 抑制效果最大，这可能与不同玉米体内基因型和耐受机制有关。

三、技术应用前景及展望

重金属污染农田钝化修复技术因具有投入低、见效快、环境友好、操作简单等特点，易被农民接受，受到环境工作者的广泛关注，当前对于轻中度重金属污染农田修复及农作物安全生产利用具有较好的应用前景。从国内外的研究与修复实践来看，钝化修复技术可以较好地固定重金属，降低重金属的活性和环境风险，但是该技术在实际应用中尚有一些亟待深入研究的问题。

1. 钝化修复的持续性与稳定性

钝化材料的加入也只改变了重金属在农田土壤中的存在形态，并未减少农田土壤重金属的总量，且土壤 pH 值或有机质的改变可能会导致修复效果退化，其生物有效性也可能发生变化。在钝化修复过程中，如果土壤酸化加重，重金属释放的风险会进一步加大，而 pH 值逐渐升高，会使得稳定的磷酸盐沉淀反应物的晶格结构逐渐变差。施加有机物料可以吸附和固定土壤中重金属，植物地上部重金属吸收累积量降低，但随着有机物质的矿化分解，形成易于植物吸收的小分子有机物结合态重金属，植物对重金属的吸收量也随之增大。在土壤中，生物有效态重金属离子形成一个动态库，在惰性态与生物活性态之间形成动态平衡，当土壤中生物活性态离子含量降低后，随着时间的延长，被固定重金属离子会被重新释放出来进行动态库的补充，从而趋于相对平衡。

2. 钝化修复的效率问题

污染土壤常是多种重金属共存的体系，同时地域、气候等环境因素对钝化剂的要求不完全相同，单一钝化修复技术可能存在不同程度的缺陷。一方面是加强新型高效环保钝化剂研发，在提高其修复效率的同时必须考虑其环境负面效应，降低二次污染风险；另一方面是筛选适用于不同复合污染农田的钝化材料组合，提高实地修复效率。

3. 钝化修复生态环境影响

施加外源钝化修复材料可能产生潜在的次生生态风险。利用磷素钝化修复土壤时，其施入量远高于土壤正常磷素需要量才能达到理想的钝化效果，这无疑会造成大量磷素淋失和浪费，带来水体富营养化风险。施用钝化修复剂对土壤 pH 值的影响也很大，并直接影响土壤的理化性状和微量营养元素的吸收。研究发现，添加钝化修复材料会改变土壤孔隙结构和结构组合，影响土壤的持水性能，甚至降低土壤中养分含量。研究还发现添加修复剂在一定程度上改变土壤酶活性和微生物区系。在农田重金属污染土壤治理中，需兼顾钝化修复效率和生态环境效应，保障农产品达标生产优先前提下，农产品不减产，土壤环境不退化。

4. 钝化修复与其他技术联合应用

加强化学修复、植物提取及农艺措施等的联合运用，发挥各自所长，实现重金属污染土壤的理想修复效果。如可以采取植物提取后再进行钝化修复，或采用以钝化修复为主，植物间作形式的辅助修复技术，也可以将低积累作物品种与钝化修复技术相结合等开展各种配套辅助修复，以最大化降低土壤重金属在农作物中的吸收累积。

5. 加强钝化修复机理的探究

农田土壤重金属污染钝化修复的反应机制仍需补充完善，随着现代分析仪器的迅速发展和技术的不断完善，利用 XRD、SEM/EDS 和 EXAFS 等技术的加强重金属钝化机制的研究。

6. 钝化修复评价体系的完善

在进行污染土壤修复效果评价时，污染物总量的增减仍然是主要评价指标，应结合历史资料和数据，以保护生态环境和人体健康为原则，以健康毒理学和生态毒理学的剂量—效应关系为基础，运用重金属不同形态指标或有效态指标、结合全量指标等，建立土壤钝化修复技术评价方法等量化评价技术体系。

第二节 重金属污染农田植物提取修复技术及实践

一、技术原理

植物提取是指利用某种特定的植物对土壤中的污染元素具有特殊的吸收富集能力，将该种植物种植在重金属污染的土壤上，植物收获并进行妥善处理（如灰化回收）后，即可将污染物移出土体，达到污染治理与生态修复的目的 [12,13]。提取修复重金属的植物可分为两种：一种是对重金属具有超富集吸收能力的植物，如印度芥菜、蜈蚣草、东南景天、龙葵等；另一种是具有较大生物量的植物，如玉米、树木、花卉等。

（一）超富集植物

目前，超富集植物的定义采用较多的是 Brooks 等 [14] 提出来的，它指能超量吸收重金属并能将其不断运移到地上部的植物，同时植物的生长发育和繁殖不受影响。之后 Baker 和 Brooks 定义了其他几种重金属的临界含量标准 [15]，即 Cd 吸收量为 100mg/kg，Ni、Cu、Co 和 Pb 吸收量为 1000mg/kg，Zn 和 Mn 吸收量为 10000mg/kg。超积累植物的临界含量大大超过非超积累植物体内重金属含量。迄今为止，世界上已发现超积累植物约 400 种，其中以镍的超积累植物最多，占 75% 左右，重要的超积累植物主要集中在十字花科，研究最多的主要在芸薹属、庭荠属及遏蓝菜属。大多数的超积累植物都生长在金属富集的土壤上（矿山区、成矿作用带等），而在自然状态下的分布是很有限的，并且还表现出受污染影响的特殊性，这种较窄的生态适应性和特有的生态性限制了超积累植物在重金属污染土壤修复中的广泛应用。

（二）超富集植物特征

周启星及其研究团队在前人研究基础上，进一步对超富集植物的特征（标准）重新予以准确定义[15-17]，其衡量标准包括以下几个特征：

① 具有临界含量特征，广泛采用的参考值是植物茎或叶中重金属的临界含量 Zn 和 Mn 为 10000 mg/kg，Pb、Cu、Ni 和 Co 为 1000 mg/kg；Au 为 1 mg/kg；Cd 为 100 mg/kg（魏树和等，2004）。

② 具有转移系数（translation factor，TF）特性，植物体地上部（主要指茎和叶）重金属含量大于其根部含量，即 $TF > 1.0$。

③ 具有富集系数（bioaccumulation factor，BF）特征，植物地上部重金属含量高于土壤中重金属含量，即 $BF > 1.0$。

④ 具有耐性特征，植物体尤其是地上部能够忍耐和富集高含量的重金属，也就是说在一定的重金属含量的土壤中植物地上部分生物量没有下降，至少当土壤中重金属浓度高到足以使植物地上部重金属含量达到超富集植物的临界含量标准时地上部生物量没有变化。

（三）植物修复强化措施

植物修复技术以其不破坏土壤物理结构、能够维持土壤原有的基本化学性状、基本保持土壤生物学活性和无二次污染等工艺特点而备受青睐，植物修复在治理污染土壤的同时还能美化环境。然而在修复实践中，受复杂的土壤环境和植物因素的限制，植物修复往往存在着以下问题：

① 目前发现的超富集植物绝大多数都植株矮小、生物量低、生长缓慢，而且生长周期长；

② 由于污染土壤往往是重金属 - 有机污染物共同作用的复合污染，必须筛选耐受复合污染的修复植物，既能富集重金属又能去除土壤中的有机污染物；

③ 增进修复植物对污染物质的耐性，尤其要增进对复合污染的忍受程度，当土壤中其他浓度较高的重金属出现时也能不表现出中毒症状，从而促进植物修复技术在重金属复合污染土壤治理中的应用。

上述这些因素导致了利用植物提取修复的技术效率通常较低，需要采取一系列强化措施，从土壤环境和植物两个环节来提高污染土壤植物修复的效率。在土壤环境方面：通过添加络合剂、表面活性剂、施肥等一系列土壤调控措施，改良土壤的理化性状，提高土壤肥力，缓解重金属污染对植物的毒害，同时提高土壤重金属的生物有效性，使其易于被植物吸收富集。在植物方面，通过一系列植物育种栽培技术以及基因工程技术，驯化野生种，改良现有的超积累 / 富集植物，使其成为适用于植物修复的优良栽培种，摸索出一整套适合于高效植物修复的植物田间管理措施，使植物修复逐步走向实用化[17,18]。

1. 微生物强化植物修复重金属污染土壤

根分泌物可以通过改变根际 pH 值、*Eh* 值等条件而影响重金属的活性。有机酸、氨基酸、多肽等根分泌物能够与重金属螯合，改变重金属在土壤中的结合形态以及活性，根际微生物的种群变化，微生物与根系的相互作用以及微生物分泌物等，都有可能对土壤重金属的生物有效性带来深刻影响。Siegel 等报道[19]，真菌可以通过分泌氨基酸、有机酸以及其他代谢产物溶解重金属及含重金属的矿物。Huang 在对铀污染土壤的植物修复的研究中表明[20]，芥菜（*Brassica juncea*）对铀的吸收量与根分泌物中有机酸的含量呈线性相关，这些有机酸可以增加铀从土壤颗粒中的解吸，提高植物体内 U 的积累。在分泌的 3 种有机酸（苹果酸、柠檬酸和乙酸）中，柠檬酸的效果最佳，可见根分泌物在重金属污染的植物修复过程中作用十分明显。

微生物可以通过多种直接或间接作用影响环境中重金属的活性，如细菌可以通过电性吸附和专性吸附直接将重金属富集于细胞表面，降低重金属在环境中的生物有效性；细菌的氧化还原作用可以改变变价重金属离子的价态，降低重金属在环境中的毒性；成矿沉淀作用固定重金属离子；淋滤作用滤除污染环境中的重金属；改变环境中重金属的形态及其在固液体系的分配，促进超富集植物对重金属离子的吸收，合理利用细菌的这些作用，可以有效地进行环境重金属污染的生物修复。Whiting 等[21]报道，由于根际细菌 *Microbacteriumsaperdae*、*Pseudomonas monteilii* 和 *Enterobacter cancerogenes* 产生的一些促进 Zn 溶解的化合物（例如螯合物），根际土壤中的水溶性、生物有效态 Zn 含量显著增加，从而促进了 Zn 超富集植物 *Thlaspicaerulescens* 对 Zn 的吸收，与对照相比，地上部 Zn 含量增加了 2 倍，Zn 积累量增加了 4 倍。添加放线菌使 Ts37 蜈蚣草地上部 As 含量和积累量分别达到 837mg/kg 和 5804μg/pot，与对照相比，分别高出对照 206% 和 136%（赵根成等，2010）。盛下放等[22]研究发现，镉抗性菌株芽孢杆菌属 RJ16 接种处理的番茄吸收的镉含量比不接菌对照增加 107.8%，提高了 Cd 向植株地上部的转移。内生菌根真菌（AMF）和外生菌根真菌（ECM）也可以通过分泌分泌物的形式改变根际环境，提高重金属的生物有效性，降低重金属对植物的毒性，提高植物对重金属的耐性。

2. 化学强化

（1）螯合剂强化植物修复重金属污染土壤　常用的螯合剂大致可分为合成螯合剂和天然螯合剂两类：合成螯合剂包括乙二胺四乙酸 (EDTA)、二乙基三胺五乙酸 (DTPA)、羟乙基替乙二胺三乙 (HEDTA)、乙二醇双四乙酸 (EGTA)、乙二胺二乙酸 (EDDHA)、氨基三乙酸 (NTA) 和环己烷二胺四乙酸 (CDTA) 等；天然螯合剂包括柠檬酸（CA）、丙二酸（PA）、组氨酸（His）、苹果酸（MA）、乙酸（HAc）以及其他类型天然有机物质。污染土壤中的大部分金属不是以液相形式存在而是被土壤中黏土等成分牢固地吸附在固相中，这部分金属离子的生物可获得性极低，只有当它们变成极易被植物吸收的液相状态时才能被植物吸收和转移。有研究发现根际土壤中有效态的重金属浓度同植物富集的重金属的量成正相关，表明增加根际土壤中重金属的生物有效性有利于提高植物的修复效率[23,24]。因此向土壤中添加螯合剂或活化剂（EDTA、DTPA、EGTA、柠檬酸等）可打破重金属在土壤液相和固相之间的平衡，减弱金属 - 土壤键合常数，使平衡关系向着重金属解吸的方向发展，使大量的重金属离子进入土壤溶液，同时以金属螯合物的形式保护金属不被土壤重新吸附，从而提高土壤溶液中活性金属的浓度，促进植物吸收和从根系向地上部运输金属，有效地提高了植物提取修复效率土壤溶液中金属的浓度，促进植物对金属的吸收和富集 [12]。螯合剂的主要作用体现在 3 个方面：

① 增溶作用，即增加土壤中重金属等污染物的生物可获得性；

② 提高重金属等污染物的根际扩散能力；

③ 促进重金属等污染物自根系向植物地上部器官转移。

Huang 等 [20] 指出有机酸的螯合诱导效果受到重金属类型、植物种类以及土壤类型等因素的影响，加入柠檬酸（20mmolkg）后，土壤中 U 浓度增加 200 倍，植物（*B. juncea, B. chinensis, B.narinosa* 和 *B. amarath*）中增加 1000 倍，污染土壤 pH 值下降 0.5 ～ 1.0。柠檬酸活化 U 的能力显著高于 EDTA、EDDHA、HEDTA、DTPA 和 EGTA。蒋先军等在印度芥菜收获前 1 周加入 EDTA，收获后测定植物根和地上部的生物量，以及 H_2O、NH_4NO_3 和 EDTA 3 种提取剂提取的 Cd 浓度。结果表明，EDTA 加入土壤 1 周后，土壤水溶态 Cd 增加了 400 倍以上，交换态 Cd 增加了 40 倍以上。Sun 等 [25] 研究发现，在苗期、开花期和成熟期投加 0.1g/kg EDTA，龙葵地上部 Cd 含量分别增加了 51.6%、61.1% 和 35.9%。投加 5 和 10 mmol/kg 柠檬酸，Cr 的富集系数比对照分别增加了 2 倍和 3.5 倍。

然而，在使用螯合物活化土壤重金属，提高其生物可利用性的同时也带来潜在的环境风险：重金属的淋湿可能会引起严重的重金属渗漏，造成了地下水污染的风险；螯合剂提高了土壤重金属的生物毒性，加上螯合剂本身的植物毒性，会严重抑制植物生长甚至导致植物迅速死亡，影响强化修复效果。目前所使用的螯合剂大多数都是非专性的，可能引起非目标金属的溶解，如 Fe、Mn、Ca、Mg 等，使这些元素的淋失量增加，导致土壤肥力下降；螯合剂一般比较昂贵，它的大量使用必然增加植物修复成本。因此，在使用螯合剂时一定要进行环境风险评价，以防出现二次污染，同时也要兼顾经济效益。

（2）表面活性剂强化植物修复重金属污染土壤　表面活性剂（Surfactant）是指能明显改变体系的界面性质与状态的化学物质，其分子结构的特征表现出既亲油又亲水的两亲分子，这使得表面活性剂具有其他物质难以比拟的优势，既可以用于修复有机污染又可以用来修复重金属等无机污染物。在环境科学与工程中，表面活性剂表现为气泡剂、絮凝剂、改性剂和脱水剂，但主要还是以增效剂来修复污染土壤。表面活性剂 - 增效修复技术是 20 世纪 90 年代后期开展起来的，其实质是利用表面活性剂溶液对憎水性有机污染物的增溶作用和增流作用，将重金属从土壤表面置换出来，以络合、螯合物的形式存在于土壤溶液中，增加重金属在土壤溶液中的流动性，使其生物可利用性增加，从而促进植物吸收，提高污染土壤修复效率。使用阴离子型 SDS、阳离子型 CTAB、非离子型 TX100 三种表面活性剂修复 Cd、Pb 和 Zn 污染土壤，发现 SDS、TX100 能显著促进重金属的解吸，而 CTAB 则相反。在表面活性剂浓度低于临界胶束浓度 (cmc) 时，其对重金属的去除率随浓度的增加而线性增加，超过 cmc 时则保持相对稳定 [26]。从 *Torulopsisbombicola* 中制备的槐苷脂生物表面活性剂修复含 110 mg/kg Cu、3300 mg/kg Zn 的沉积物，发现 0.5% 鼠李糖脂可去除 65% 的 Cu 和 18% 的 Zn，4% 的槐苷脂可去除 25% 的 Cu 和 60% 的 Zn [27]。Hong 等 [28] 用皂角苷去除3种不同土壤（黏土、砂土和含有大量有机质的土壤）中的重金属，研究发现皂角苷对Cu和Zn的去除率分别达到了90%～100%和85%～98%。

表面活性剂是一种可溶性、两亲性的特殊脂类化合物，不同于构成生物膜成分的不溶性和具膨胀性的脂类化合物，它在水中有较高的单体溶解度，其两亲性使之能与膜中成分的亲水和亲脂基团相互作用，从而改变膜的结构和透性，促使植物对重金属的吸收。水培条件下，添加阴离子型LAS、阳离子型CTAB和非离子型Tween80 3类表面活性剂处理小麦，使小麦叶片中镉含量分别由对照的1.21mg/kg增加到4.59mg/kg、5.13mg/kg和3.73mg/kg，都达到了极显著水平[29]。植物对Cd的吸收量表现为SLS≈TX100＞CTAB，茎和叶Cd吸收量呈Logistic方程增长[27]。然而，使用表面活性剂修复污染土壤还存在一些问题：

① 表面活性剂本身被土壤吸附而不容易解吸，使得部分污染物仍存在于土壤中；

② 表面活性剂处理后，增加了污染物的渗漏，形成了二次污染；

③ 表面活性剂本身也存在一定的毒性，如破坏土壤微生物细菌的细胞膜和蛋白质发生反应，抑制植物光合作用等。

3. 植物激素强化

植物激素是植物自身产生的调节物质。极低浓度（＜1mmol或＜1μmmol）时，就能调节植物的生理过程。目前公认的植物激素有5类，即生长素(IAA)、赤霉素(GA)、细胞分裂素(CTK)、脱落酸(ABA)和乙烯(ET)。研究表明，植物激素可以提高植物耐胁迫性能。许多研究发现ET、GA、ABA、CTK和IAA参与对植物-病原相互作用的调控，使植物针对入侵者的类型与种类启用最合适的防御反应。植物激素如ABA、CTK、GA等可以提高植物对盐的耐受性，研究认为，CTK可以清除H_2O_2，缓解植物盐渍伤害的效应。植物激素通过促进植物生长、调节植物的生理代谢或与重金属螯合，以达到大量吸收重金属或降低重金属的毒性提高植物的修复效果。Cu-IAA和Zn-IAA形成的植物激素的金属配合物，可提高植物生理活性，对植物生长有促进作用，同时还会降低重金属的毒性，促进植物对重金属的吸收和累积。López等[30]研究发现，在0.2mmol Pb的培养液中加入100μmmol/L IAA和0.2mmol/LEDTA时，非超富集植物*Medicago sativa*（alfalfa）叶片中Pb的含量比未加任何物质和仅加EDTA分别增加了28倍和6倍。Liu等[31]在溶液中仅投加EDTA，地上部Pb含量增加了87.1%，而投加EDTA和10μmol/L或者100μmol/L IAA时，其地上部分别增加了149.2%和243.7%，比投加单一EDTA分别增加了33.2%和83.7%，显示出EDTA和IAA在植物吸收Pb方面取到协同的促进作用。然而，投加激素可能加重重金属（Ni和Cd）对植物细胞膜的毒害作用，从而使得Ni或Cd在植物组织中的含量进一步增加，因而对植物根、苗生长量的影响也随之增大。研究还发现，在土壤Ni、Cd污染条件下，向玉米幼苗喷施植物激素类除草剂2,4-D，发现低剂量除草剂使植物根中Ni和Cd含量分别较未施加组增加28.7%和29.3%，地上部Ni和Cd含量分别增加11.6%和10.5%；高浓度处理则使植物根中Ni和Cd含量分别增加73.5%和57.4%，地上部Ni和Cd含量增加54.2%和41.2%，即植物激素类除草剂强化了植物对重金属的吸收[32]。

4．基因工程强化

为了使植物修复具有更高的实际应用价值，除了继续寻找理想的超富集植物以外，人们逐渐意识到基因工程技术应用到植物修复领域中的潜力。

基因工程技术在植物修复领域内的潜在应用如下。

① 应用分子生物学及基因工程技术改良超富集植物的生物学性状和植物对重金属的积累特性，以提高植物修复污染环境的效率。Pilon SE，Pilon M 报道[33]，在耐性植物印度芥菜上表达 ATP 硫酸化酶 (APS) 基因，结果转基因印度芥菜的 APS 的活性是野生型的 4 倍，富集 Se 的能力是原来的 3 倍。Banuelos 等[34]在田间试验条件下研究了转基因植物印度芥菜 *Brassica juncea* (L.) Czern. 对 Se 富集能力，结果表明，与野生型印度芥菜相比，转基因型印度芥菜的富集能力几乎提高了近 1 倍。

② 通过降低重金属的毒性进行植物修复，一些金属离子可在植物体内通过形态的转化降低其本身的毒性。例如 Hg、Se 和 As 在细菌及转基因植物体内的转化挥发和降解，途径为：

$$R\text{-}CH_2\text{-}Hg^+ \xrightarrow[-CH_3]{MerB} R\text{-}CH_3+Hg^{2+} \qquad Hg^{2+}+NADPH \xrightarrow{MerA} Hg\uparrow + NADP^++H^+$$

$$SeCys \xrightarrow{SMTA} MeSeCys \longrightarrow MeSe\text{-}SeMe\uparrow$$

$$AsO_4^{3+}+2GSH \xrightarrow{ArsC} GS\text{-}SG+H_2O+AsO_3^{3+} \longrightarrow As(SR)_3(\text{区室化})$$

将 MerA 转基因烟草在不到 1 周的时间内可将水体中的汞含量由 5μg/L 降到 1μg/L，去除汞污染的能力比非转基因对照高 3 ～ 4 倍[33]。

③ 将超积累植物中的积累重金属基因克隆到微生物中，使之产生高效表达菌株，利用这些菌株处理环境中的污染物，增强修复效果。来自酵母菌 YCF1 基因使得拟南芥对 Pb 和 Cd 的耐性分别提高 2 倍和 1.8 倍[35]。基因工程技术用于强化植物修复的主要问题是基因扩散问题。由于人们对转基因植物普遍的关注与怀疑，担心外源基因扩散至其他植物，特别是农作物，所以使用基因技术强化植物修复必须十分谨慎。

二、应用实践案例

（一）施肥强化植物提取修复重金属污染土壤

1．氮肥强化

湖南长沙县某污染农田，pH 为 5.0，有机质、CEC、全氮、总 Cd、$CaCl_2$-Cd 含量分别为 33.8 g/kg、7.9 cmol/kg、3.4 g/kg、1.5 mg/kg 和 0.4 mg/kg。小区面积 2.4 m^2，试验共设计 5 个氮肥用量处理，施氮量分别为 0、90 kg/hm^2、120 kg/hm^2、150 kg/hm^2、180 kg/hm^2，分别记为 CK、N1、N2、N3、N4。氮肥用尿素 (含 N 46%)，氮肥用尿素（含 N2 46%）。磷肥采用过磷酸钙，钾肥用硫酸钾。所有处理均施用磷肥（P_2O_5）90 kg/km^2，钾肥（K_2O）120 kg/km^2，于油菜移栽前 1d 施入，品种为湘杂油 743 和沣油 682，每小区 54 株。

施肥是提高强化植物修复效率的重要农艺措施之一。氮是植物生长必需的营养元素之一，施用氮肥显著提高植物修复镉污染土壤的效率。施加氮肥后显著提高湘杂油

743 和沣油 682 地上部生物量（$p < 0.05$），且随施氮量增加而增加，与对照相比，分别增加了 4.7 ～ 10.6 倍和 4.1 ～ 11.6 倍。土壤 pH 值随施氮量增加而降低，$CaCl_2$-Cd 含量则随施氮量增加而增加，高湘杂油 743 和沣油 682 分别比对照 2.9% ～ 8.6% 和 6.5% ～ 29.0%。施氮处理湘杂油 743 和沣油 682 根系镉含量分别增加 1.5% ～ 21.9% 和 6.0% ～ 26.3%，地上部镉含量分别显著增加 22.2% ～ 82.8% 和 19.5% ～ 45.8%，地上部镉累积量分别显著增加 598.5% ～ 1912.4% 和 518.6% ～ 1547.3%，镉转移系数分别增加 1.7% ～ 19.3% 和 18.5% ～ 65.1%。油菜根系镉含量与土壤 $CaCl_2$-Cd 含量显著正相关（图 9.12）。

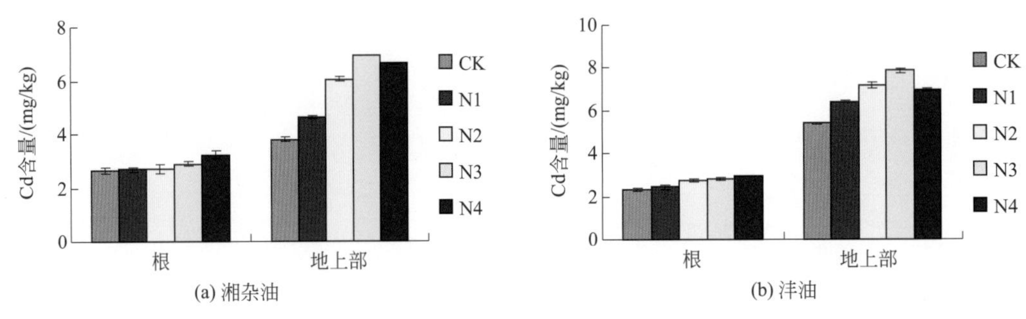

图 9.12　施加氮肥处理后油菜 Cd 含量 [36]

2. 石灰和泥炭强化

试验点位于广西崇左市某一铅锌矿区。崇左市地处广西西南部，位于 21° 35′ ～ 23° 22′N、106° 33′ ～ 108° 07′E。属亚热带湿润季风气候区。供试区域为水稻种植区，土壤为赤红壤土。试验共设 6 个处理（表 9.5），每个处理 3 次重复。每个小区面积 2.5m × 3.5m。每小区施加 N 0.15g/kg、P 0.075g/kg、K 0.15g/kg 作为底肥，浇水平衡 7d，施加石灰、泥炭，混合均匀后，浇水平衡 7d，种植玉米，并移栽东南景天。玉米采用播种种植，行距 0.6m，株距 0.4m，种植密度为 7 株 /m^2。东南景天采用移栽种植，株距 0.15m，种植密度为 49 株 /m^2。

对照处理下，玉米地上部 Zn 含量和 Cd 含量最高，分别达 463mg/kg 和 19mg/kg（表 9.5）。这可能是因为土壤 pH 值较低导致土壤 Zn 和 Cd 生物有效性处于较高水平。在添加石灰后，土壤 pH 值增加导致土壤中重金属有效性的降低，进而影响玉米地上部对重金属的积累。石灰 + 泥炭处理组的东南景天地上部 Zn 含量和 Cd 含量最高，分别是玉米的 51 倍和 66 倍，这说明添加石灰和泥炭均能促进东南景天地上部 Zn 和 Cd 的积累。石灰 + 泥炭处理组的玉米和东南景天的 Zn 去除量均最高，其次为石灰处理组，空白对照组最低。相比较而言，各处理组的东南景天 Zn 去除量均高于玉米，其中石灰 + 泥炭处理组的东南景天 Zn 去除量是玉米的 15 倍，占总去除量的 94%。从总去除量上看，在施用石灰 + 泥炭改良土壤后采用东南景天套种玉米模式，可以获得最高的 Zn 去除效果；其次是单独施用石灰后采用东南景天套种玉米模式，石灰和泥炭处理均可显著增加东南景天对 Cd 的去除。不同处理组相比较，石灰 + 泥炭处理组的东南景天的 Cd 去除量达到最高；其次是单独施用石灰；空白对照最低。从总去除量上看，石灰 + 泥炭处理组的东南景天 Cd 去除量占总去除量的 95%，而玉米仅占总去除量的 5%。

表9.5 不同处理提取修复效果[37]

处理	套种方式	Zn			Cd		
		玉米 /（mg/kg）	东南景天 /（mg/kg）	总去除量 /（kg/hm^2）	玉米 /（mg/kg）	东南景天 /（mg/kg）	总去除量 /（kg/hm^2）
对照	玉米	463.7	—	9.7	18.7	—	0.39
石灰	玉米	483.4	—	8.8	16.3	—	0.37
石灰 + 泥炭	玉米	397.5	—	10.6	14.7	—	0.39
对照	玉米 + 东南景天	423.0	20945	68.8	19.3	973	3.19
石灰	玉米 + 东南景天	385.9	21255	140.5	16.3	1013	6.45
石灰 + 泥炭	玉米 + 东南景天	434．8	21982	198.2	15.1	998	8.75

（二）化学强化植物修复重金属污染农田应用

试验地位于南京市东郊汤山镇老伏牛村铜矿附近 Cu 污染农田[38]，A、B 和 C 地块 Cu 含量分别为 387mg/kg、399mg/kg 和 1984mg/kg。小区面积 $12m^2$，种植玉米，生长 62d 后处理，分别为：先施加常温水 2d 后施加常温水（CK）、先施加 EDDS 2d 后施加热水、先施加常温水 2d 后施加热水。施加 EDDS 浓度为 3mmol/kg 浓度为土壤，以表层土壤计算，土壤容重以 $1.3g/cm^3$ 计算。

施加 2d 后施加热水的处理，在污染相对较轻的地块，玉米地上部含量分别是其对照的 2.5 倍和 1.8 倍左右；而污染相对较重的地块，则是对照的 6.1 倍，从对照的 15.8mg/kg 增加到 96.2mg/kg。在这 3 块地中各处理对玉米 Cu 含量影响均不大。从单株玉米的提取量来看，在地块中施加 2d 后施加热水（E2H）的处理虽然也提高对单株玉米对 Cu 的提取量，但与对照组的差异不显著。而在 B、C 地块中，显著地提高了单株玉米对 Cu 的提取量，其中 B 地块是对照的 1.6 倍而 C 地块为对照的 2.4 倍。显然在 Cu 含量较高的地块下，E2H 取得了更好的提取效果。E2H 在处理下，地块的单株提取量最大，为每株 2982μg，而 C 地块最小，每株仅为 767μg。在施加后 1d，土壤表层土壤中可溶性 Cu、Zn 含量达到 123 mg/kg 和 11mg/kg 分别为对照的 412 倍和 32 倍。在施加 22d 后，其引起的可溶性金属含量、土壤溶解有机碳含量接近对照水平。

（三）间作和轮作强化植物提取修复重金属污染农田

1. 油菜–海州香薷轮作修复铜镉复合污染

试验地点位于浙江省杭州郊区 (29° 57.189′ N,119° 55.523′ E, 海拔高度 11.0 m）[39]，该地的污染源主要为周围作坊式小铜矿的粉尘。土壤的理化性质如下：土壤 pH 值为 7.58(水土比 1∶2.5)，土壤有机质含量为 32.3g/kg，TN 含量为 2.06g/kg，速效磷含量为

13.99mg/kg，速效钾含量为49.94mg/kg，全镉含量为7.75mg/kg，全铜含量为262mg/kg。对照国家《土壤环境质量　农用地土壤污染风险管控标准（试行）》（GB 15618—2018）二级限量值（pH＞7.5）镉为0.6 mg/kg，铜为100mg/kg。第一茬供试作物为高积累镉油菜（*Brassica juncea* L.），本项目通过苗期土培试验筛选出的高积累镉油菜品种川油Ⅱ-10；第二茬为高积累铜植物海州香薷（*Elsholtziasplendens*）。由于油菜和海州香薷自身的生长特性，其生长季节在该地区可以错开，可以实现一年种植两种植物，在小区中随机采集5株样品，称重后计算单株植株重。

油菜成熟收获-海州香薷体系地上部带走的镉总量为35.16g/hm^2，其中油菜带走镉的量占83%，该体系上茬油菜与下茬海州香薷吸收镉的总量比油菜盛花收获-海州香薷体系高24%。而对铜的吸收主要取决于海州香薷，前茬油菜的收获时间对油菜地上部分吸铜量影响不大，但油菜成熟收获再种植海州香薷的处理，从土壤中吸收铜的总量为400.68g/hm^2，比前茬盛花时收获处理的轮作体系吸铜量高21%，其中海州香薷吸铜量占73%。在油菜成熟收获-海州香薷轮作体系中，植物镉的提取效率为0.2%，铜的提取效率仅为0.07%（图9.13）。

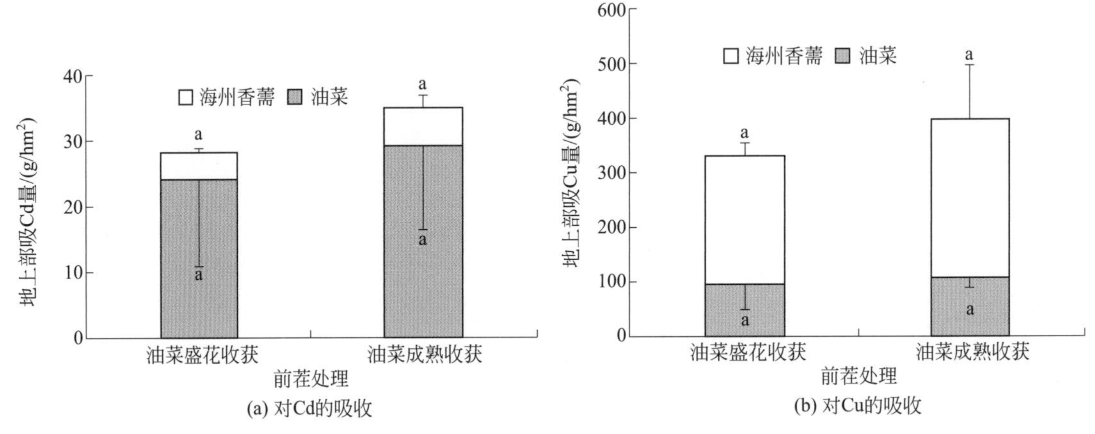

图9.13　油菜-海州香薷轮作体系植物对Cd和Cu的吸收量[39]

2. 玉米与籽粒苋间作

围绕“边生产，边修复，边收益”的理念，植物间作修复技术的研究越来越多。间套作可以提高土地资源利用率，充分利用光能、水、热量等的自然资源，充分利用植物生长的空间和时间，可以在不提高成本甚至降低成本的同时增加收入、提高产量、减少病虫害、保持水土和防止环境退化。在植物修复重金属污染中应用间作模式，间套作可以改变植物根系分泌物、土壤酶活性和土壤微生物等，间接改变重金属的有效性，影响植物对重金属的吸收，可实现对污染土壤的边修复边治理。试验地位于辽宁沈阳市西南部辽中区宽场村（40° 37′N，123° 03′E），处于张士污灌区（41° 38′～41° 49′N，123° 3′～123° 17′E）的边缘地带。该村灌溉用水主要来自细河，20世纪60年代以来，细河长期接纳沈阳市内部分工业污水和生活污水，污水灌溉造成了农田污染。土壤理化性质：pH值为5.55，有机质含量26.25g/kg，总Cd含量为1.57mg/kg，DTPA-Cd含量为0.73mg/kg。

玉米选取试验地常用玉米品种为东单 118 号 (Dongdan118)，籽粒苋选取 Cd 超富集植物品种 K112 号。小区面积 49m^2（7m × 7m），种植模式分为 7 种：交替宽窄行玉米宽行间作单行籽粒苋 (T1)，交替宽窄行玉米宽行间作双行籽粒苋 (T2)，等行距双行玉米间作单行籽粒苋 (T3)，等行距双行玉米间作双行籽粒苋 (T4)，玉米 / 籽粒苋等 4 行距玉米间作 (T5)；玉米单作 (CK1)、籽粒苋单作 (CK2) 为对照。

与单作相比，T1 玉米的籽粒产量增加了 10.5%，T4 和 T5 则分别减少 6.3% 和 5.4%，T2 和 T3 基本稳产（图 9.14）。各间作模式籽粒苋地上部单株生物量及单位面积产量均下降，降幅分别为 69.5% ～ 95.7% 和 83.9% ～ 96.9%。成熟期根 Cd 含量降幅最大的间作模式为 T4，茎、叶和籽粒均为 T2，根、茎、叶和籽粒分别较 CK1 显著减少 24.5%、39.5%、32.8% 和 36.4%。与玉米间作后，籽粒苋体内的 Cd 含量呈增加趋势，其中地上部和地下部增幅最大的间作模式均为 T1，分别较 CK2 显著增加 141.9% 和 58.0%。交替宽窄行玉米宽行间作单行籽粒苋 (T1) 间作模式可最大限度地保障玉米产量，而玉米 / 籽粒苋等 4 行距 (T5) 间作模式的 Cd 修复效率最高。

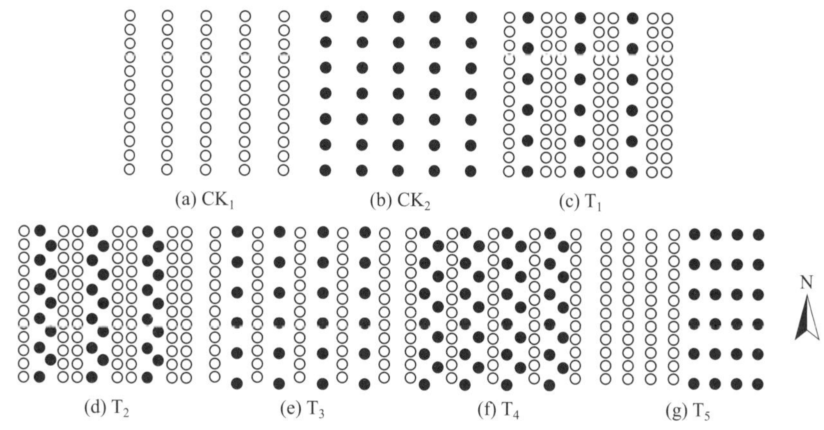

图 9.14 玉米 / 籽粒苋单、间作模式的种植示意 [40]

三、技术应用前景及展望

植物提取修复属于原位修复技术，处理费用很低，与常规的工程措施和物理化学措施相比具有明显的优势，避免了大量的挖土对土壤结构的破坏，具有保护表土、减少侵蚀和水土流失的功效，对环境影响小，可广泛应用于矿山的复垦、重金属污染土壤的改良，是目前最清洁的污染处理技术。目前已发现的大多数超累积植物虽然能忍耐和超富集污染物，但其生长较缓慢、植株较矮小、地上部生物量较小、只能修复单一污染物，从而限制了这些植物在复合污染土壤修复中的应用。因此，为了重金属污染土壤的植物修复技术在生产实践中得到大面积的推广应用，目前急需要解决的关键科学问题有以下几方面。

① 筛选忍耐和超富集污染物且生物量较大的植物。力求筛选出能超富集多种污染物的植物，解决土壤复合污染的突出问题。特别是要通过现代生物技术克隆出既能修复各种污染土壤且具有较大生物量的超富集植物。

② 通过农艺和水肥管理措施提高现有超富集植物的生物量，满足水田和旱地、矿区

周边农田、地质高背景等不同形式重金属污染土壤修复治理需求。

③ 大多数超富集植物修复效率较低，植物提取修复技术主要应用与矿山周边重度污染农田，而且我国农田重金属污染普遍呈现轻微轻度污染，植物提取修复效率极低，影响农业生产，适用性较差。

④ 通过各种强化措施来加强植物修复效率，但需注意带来的潜在环境问题。

第三节 植物阻隔修复技术及实践

一、技术原理

植物阻隔修复技术是指在污染土壤中种植对重金属低累积的植物，其可食部重金属含量符合国家食品卫生标准，从而达到安全生产的目的[41-43]。植物阻隔修复技术是一种低成本、资源品种丰富、易于推广的重金属污染修复技术，得到广大科研工作者和农业推广部门的认可。

（一）重金属低积累作物及其标准

Baker 根据土壤与植物之间的关系[44]，将植物分为三类，即积累植物（accumulators）、指示植物（indicators）和排异植物（excluders）。与重金属积累和超积累植物不同，排异植物即便是生长于广泛范围的污染环境中，植物地上部污染物的含量基本保持稳定且非常低，但是一旦土壤污染物浓度超过了一定阈值，该植物的排异机理将无法继续限制污染物向地上部的转移。例如，菊科婆罗门参属植物（*Trachypogonspicatus*）能够在铜含量高达 1200 ～ 2600mg/kg 的土壤上生活，将 Cu 大部分束缚在根部，叶片中 Cu 含量只有 2 ～ 16mg/kg。周启星及其研究团队[42,45]认为，低积累植物通常符合如下标准：

① 该作物的地上部和根部的重金属含量都很低或者可食部位低于有关标准，尽管其他部位可能重金属含量较高；

② 该作物的富集系数（*BF*）＜ 1.0，即植物体内重金属浓度低于土壤中重金属浓度；

③ 该植物的转运系数（*TF*）＜ 1.0，即植物吸收的重金属主要累积在根部，向地上部转运较少；

④ 该植物具有较高的重金属耐性，在较高的重金属污染下能够正常生长且生物量无显著下降。

在实际条件下，由于土壤理化特性和不同作物对重金属吸收能力的差异，通常存在以下 4 种情况：a. 土壤重金属含量超标，农作物重金属不超标；b. 土壤重金属含量超标，农产品重金属也超标；c. 土壤重金属含量不超标，农作物重金属超标；d. 土壤和农作物重金属均不超标。

基于重金属污染农田安全生产的目的，在重金属污染农用地污染修复实践中重金属低积累农作物品种的范畴可以适当延伸：在重金属含量特征上，相同条件下作物的可食部重金属含量必须明显低于常规品种，甚至可达国家食品卫生标准要求；在产量上，符合《耕地污染治理效果评估准则》（NY/T 3343—2018）要求，即治理区域农产品单位产量与治理前同等条件对照相比减产幅度应≤ 10%。由于我国农用地土壤重金属污染面积大、范围广，以中轻度污染为主，农产品重金属含量超标突出，影响广大群众身体健康，急需开展大面积污染农田治理，这样不仅有助于扩大可选低积累农作物范围，使得种质资源更为丰富，而且大部分农产品超标程度较轻，通过替代种植低积累作物或辅助其他修复技术即可达标生产，最为重要的是有助于基层农业推广部门、种植大户理解，真正达到产学研用结合。

（二）作物低吸收重金属的机制

植物可以通过根系和叶片吸收生长环境中的重金属离子，植物通过根部和地上部主动或被动吸收重金属离子，其中根系是植物吸收重金属离子的主要器官。植物根系对 Cd 的吸收包括主动（代谢）和被动（非代谢）两种机制：主动吸收是依靠代谢能量逆浓度梯度进行的；被动吸收机制又可分为扩散和阳离子交换两个过程。其中，扩散过程主要负责 Cd^{2+} 的迁移，即 Cd^{2+} 从细胞外穿过细胞壁，通过质膜上的内在蛋白进入细胞；阳离子交换分为可逆和不可逆两种情况，一部分被吸收的 Cd 能被不含 Cd 的溶液从根表皮细胞的细胞壁上解吸下来，另一部分则通过螯合作用与大分子不可逆结合。

（三）低积累品种的筛选与确定

大量研究证实，不同基因型作物对重金属的吸收、积累水平差异较大，甚至同一种作物的不同品种间重金属吸收、积累能力也可能有较大差异。目前筛选重金属低积累品种的方法仍在探索阶段，筛选方法主要有土培法和水培法。土培法在重金属污染的土壤中原位筛选，通过植株的生长状态和重金属的积累程度判断耐重金属能力的高低；水培法则是在溶液中加入重金属，观察植株的生长状态和重金属的积累程度判断耐重金属能力的高低[46]。

1. 大宗作物类

研究证实，作物吸收和积累重金属的能力不仅在种间呈现了显著的差异，在种内即基因型间也呈现显著的差异。Arthur 等依据植物体对镉的积累把作物分为如下几个类型[47]。

① 高积累型：十字花科［芜菁（*Brassica rapa* L.）、萝卜、油菜（*Brassica campestris* L.）］、茄科（番茄、茄子）、菊科（莴苣）、藜科。

② 中等积累型：禾本科［高粱（*Sorghum vulgare* L.）、玉米、水稻、小麦］、葫芦科［南瓜（*Cucurbita moschata Duch.*）、黄瓜］、百合科［韭菜（*Allium odorum* L.）、洋葱（*Allium cepa* L.）］、欧芹［*Petroselinum crispum*（Mill.）Hill］、伞形科［胡萝卜（*Daucus carota* L.）］。

③ 低积累型：豆科［豌豆（*Pisum sativum* L.）、大豆］。

蒋彬等[48]研究了 239 份常规稻水稻品种对 Cd、Pb 和 As 的累积量，发现其存在极显著的基因型差异，并筛选出了一系列重金属低积累的水稻品种，其中秀水 519 和甬优 538 是两种低 Cd 和低 As 积累的水稻品种。张玉烛等[49]2014 ～ 2016 年在湖南省重金属污染严重的长株潭区域，及省内其他典型镉污染区，进行了镉低积累水稻品种筛选及验证试验，共筛选出应急性镉低积累水稻品种 25 个，其中早稻品种 12 个，晚稻品种 13 个。王林友等[50]测定了 78 份水稻品种糙米中镉、铅、砷 3 种元素的含量，同时将 20 个品种种植在 3 个不同镉、铅、砷含量的土壤中，比较了镉、铅、砷含量的变化情况，结果发现，不同品种水稻籽粒对重金属的积累存在显著的品种差异性，并筛选得到 Cd、Pb 含量低的基因型 5 个，Cd、As 含量低的基因型 1 个，As、Pb 含量低的基因型 2 个，Cd、Pb、As 含量均低的基因型 1 个。黄道友等[51]研究指出，适于湖南省中轻度污染耕地种植的低积累水稻品种主要有湘早籼 42 号、湘早籼 45 号、中嘉早 17、株两优 189、株两优 813、湘早优 143 等早稻品种，湘晚籼 12 号、湘晚籼 17 号、中优 9918、C 两优 87、两优 336、C 两优 266、C 两优 7 号、金优 284 等晚稻品种，Y 两优 19、德香 4103、C 两优 7 号、C 两优 386、C 两优 651 等中稻品种。

杨刚等[52]对四川省主推的 21 个玉米品种籽粒中 Hg、As 质量比进行了分析，并通过聚类分析对玉米籽粒 Hg、As 低积累品种进行了筛选，结果表明川单 15、金玉 308、雅玉 10、正红 311 为 Hg 低积累品种，雅玉 10、金玉 308、科玉 3、东单 60、敦玉 518 为 As 低积累品种。杜彩艳等[53]以 8 个玉米（*Zea mays* L.）品种（云瑞 88、云瑞 6 号、云瑞 518、云瑞 220、云瑞 10 号、红单 6 号、红单 3 号、鄂玉 10 号）为试验材料，采用田间试验，探讨重金属砷 - 铅 - 镉（As-Pb-Cd）复合污染土壤条件下，8 个玉米品种生物量、产量变化及籽粒 As、Pb、Cd 含量的差异，并通过聚类分析分别获得籽粒 As 低积累的品种 2 个，Pb 低积累的品种 1 个，Cd 低积累的品种 3 个；综合分析，最终筛选出云瑞 88、云瑞 220、云瑞 6 号、云瑞 10 号作为 As、Pb、Cd 低积累的品种。黄道友等[51]研究指出，适于湖南省中轻度污染耕地种植的低积累玉米品种主要有中科 10 号、登海 669、登海 605、渝单 8 号、豫丰玉 88、湘康玉 2 号、康农 668、新中玉 801 等品种。

李乐乐等[54]研究了 47 个不同品种冬小麦对重金属镉吸收的差异性，并筛选出籽粒含镉量符合国家标准（GB 2715—2016，≤ 0.10 mg/kg）的品种 42 个。陈亚茹等[55]采用重金属污染农田原位筛选方式，研究了 261 份小麦微核心种质的籽粒对重金属铅（Pb）、镉（Cd）、锌（Zn）积累的差异，筛选出 13 个 Pb 低积累品种（品系）（Pb 含量低于 0.020mg/kg），10 个 Cd 低积累品种（品系）（Cd 含量＜ 0.1 mg/kg），6 个 Zn 低积累品种（品系）和 1 个 Pb、Zn、Cd 低积累品种。夏亦涛[56]通过 2 年多的大田试验，以成熟期籽粒镉含量为主要指标，从 134 个中国小麦品种（系）中筛选出籽粒镉、低积累品种各 15 个，并初步发现小麦籽粒镉含量与苗期地下部至地上部的镉迁移系数呈显著正相关。

张彦威等[57]研究收集 120 份大豆种质，连续 2 年在济南和滨州两地不同环境种植，测定各品种大豆籽粒中铅（Pb）、铬（Cr）、砷（As）、镉（Cd）和汞（Hg）的含量。结果表明：大豆籽粒不同重金属含量存在很大差异，总体表现为 Cr ＞ Pb ＞ As ＞ Cd ＞ Hg；各重金属元素在不同大豆品种籽粒中的含量均存在很大差异，对不同元素具有高或低积累特性品种的积累能力在不同环境下具有稳定性。基因型、环境及基因型与环境互作对大豆籽粒 Pb、Cr、As、Cd、Hg 含量均具有极显著影响，且大豆籽粒 Pb 含量与产量显著负相关。赵云云等[58]采用盆栽试验比较研究了华南地区 11 个春大豆品种 Cd 抗性的差异，发现桂春 8 号、华春 1 号属于 Cd 耐性品种。智杨等[59]采用盆栽方法，研究了 16

个选定的大豆品种对铅的耐性，垦丰16号、绥农28号、中黄35号和黑河35号被发现符合低铅积累大豆品种的标准。有研究表明，适于中湖南省轻度污染耕地种植的低积累大豆品种主要有湘春豆26、湘春豆21、湘春豆13、湘春豆22、桂油2008-6、天隆一号等品种[51]。

张洋等[60]以近年来在湖南省大面积推广的以及常德市农林科学研究院筛选出的试验表现较好的32个油菜品种(组合)为材料，油菜各部位镉积累量由高到低依次为茎>根>果壳>籽粒；筛选出高积累品种创杂油5号、金黄油99、渝黄4号和低积累品种(组合)S15、G212A/P9、沣油958，可作为镉污染地区食用油品种推广种植。赵丽芳等[61]以Cd、Cu复合污染农田为基地，通过田间试验，对比14个油菜品种对重金属Cd和Cu积累和富集的差异，综合油菜产量、籽粒重金属含量和富集系数，筛选出适合试验区Cd、Cu复合污染农田安全利用替代种植的油菜品种有浙油51、赣油杂6号和纯油王1号3个。黄道友等研究指出适于湖南省中轻度污染耕地种植的低积累油菜品种主要有中双10号、核杂6号、蜀油168、德新油59、常油杂83等品种。

2.蔬菜类

研究表明，不同蔬菜对不同重金属元素的富集能力不同。Alexander等[62]对6种常见蔬菜对Pb、Cd、Zn和Cu的积累差异研究显示，不同蔬菜对重金属的积累在几个污染梯度中均表现出显著差异。其中叶菜类（藜科和菊科）呈现高积累，根菜类（百合科和伞形科）呈现中等积累，而豆科蔬菜呈现低积累。张永志等[63]研究发现，蔬菜对于镉的积累规律为叶菜>茄果>根茎类>瓜类，其中，根茎类，莴笋>萝卜；茄果类，茄子>辣椒>番茄；瓜类，丝瓜>黄瓜>长瓜。Wang等[64]通过探究6种蔬菜对Cd和Pb的吸收积累规律发现，非叶菜类蔬菜［豇豆（*Vigna sinensis* L.）、茄子（*Solanum melongena* L.）和丝瓜（*Luffa cylindrica* Roem.）］比叶菜类蔬菜［蕹菜（*Ipomoea aquatica Forsskal*）、青菜（*Brassica chinensis* L.）和大白菜（*Brassica pekinesis* L.）］富集系数低。

其次，蔬菜对重金属的积累不仅存在种间差异，同时存在种内差异，即同种（Species）蔬菜的不同品种（Cultivars）或不同基因型（Genotypes）对重金属的积累能力不尽相同[65]。Zhang等[66]通过盆栽试验从27个芹菜（Apium graveolens L.）品种中筛选出了1个“Cd+Pb”低积累品种。Qiu等[67]从31个菜心品种中筛选得到6个Cd低积累品种。除此以外，通过盆栽试验筛选得到的Cd低积累蔬菜还有青菜、芥蓝（*Brassicca alboglabra* L. H. Bailey）、蕹菜（*Ipomoea aquatic* Forsk.）、番茄、茄子、萝卜等。有研究发现蔬菜在盆栽试验条件下对Cd的富集系数远高于大田试验。鉴于此，研究人员在盆栽试验的基础上又结合田间试验进行验证筛选。例如：Liu等[42]通过盆栽试验初筛，然后又选择重金属污染的农田进行田间试验，进一步验证其低积累特性，通过此方法共筛选出3个Pb低积累大白菜品种和2个Cd低积累大白菜品种；Wang等[68]和Chen等[69]用以上方法分别从35个和50个品种中筛选得到2个和3个低积累青菜品种。适用于湖南省中轻度污染耕地种植的低积累型蔬菜品种主要有LJ-87、中椒4号、湘研3号、湘研9号、湘研15号等辣椒品种，德日2号、武杂3号、春不老和浙大长等白萝卜品种，佳粉15号、毛粉802号等西红柿品种，湘早茄6号、湘早茄9号等早熟系列茄子，以及泰国黄叶苋菜、四月慢小白菜和夏优1号、鲁白早熟系列大白菜等[51]。

3. 经济作物类

刘泽航[70]在大田镉污染（1.43～3.36mg/kg）条件下，以73个苎麻种质为材料，研究苎麻种质镉富集特性，结果表明苎麻镉富集性基因型差异不同品种苎麻镉富集性存在差异，筛选出镉高积累长纤维、镉高积累高细度和镉低积累长纤维、镉低积累高细度等4类苎麻种质资源，其中镉低积累长纤维种质资源有坐蔸麻4号、1394-52、毕节圆麻、红花青麻、青柄大叶泡；镉低积累高细度种质资源有分宜野麻、1313-03-02、红花青麻、青皮苎、古夫线麻、资兴绿麻。李智鸣[71]研究了347花生品种对重金属铬积累差异，筛选得到籽粒铬高积累花生品种大英鸡咀花生，其籽粒Cr含量为10.62mg/kg，富集系数为0.490；籽粒铬低积累花生品种什钩花生，其籽粒Cr含量为0.02mg/kg，富集系数为0.001。王学礼等[72]在广西环江典型的砷、铅复合污染农田上开展了低积累高耐性甘蔗品种的筛选，发现不同甘蔗品种的产量差别较大，桂引9号的蔗茎产量和含糖量在所有7个参试品种中表现最好的，而且蔗汁中的砷、铅含量均低于国标《食品中污染物限量》所规定的限值，在重金属中低污染农田上种植桂引9号能获得较大的蔗茎产量和安全的农产品。刘登璐[73]以93份烟草材料为研究对象，通过水培和土培试验，筛选烟草镉低积累材料，以叶部镉含量为指标进行聚类筛选，获得两个镉处理下均为烟草镉低积累、中积累和高积累材料分别为4份、7份和2份，其中低积累材料分别为“CF986”“RG11”“91-58#”和“960116#”。周泉等[74]进行了镉低积累西瓜品种筛选试验，湘西瓜11号（洞庭1号）、湘西瓜19号（洞庭3号）、金丽黄、绿虎、蜜童、东方娇子、泉鑫2号、黑迷人等8个西瓜品种，在土壤镉含量9.480mg/kg以下均可作为镉污染地区耕地修复及种植结构调整的优选品种。黄道友等[51]指出适于湖南省重度污染耕地种植的强耐性经济作物有苎麻（主要有富顺青麻、湘苎3号、中苎1号、湘苎2号、华苎3号、华苎4号、华苎5号、川苎5号、川苎7号、川苎8号、赣苎4号等品种）、红麻（主要有中红麻13号、中红麻12号、中红麻11号、中杂红305、ZH-01、浙红3号、福红13号、闽红298、闽红964红麻等品种）、黄麻（主要有湘黄麻3号、中引黄麻2号、黄麻179、福黄麻3号、闽黄1号黄麻等品种）、亚麻（主要有黑亚18号、黑亚14号、黑亚10号、吉亚3号和云亚1号等品种）、桑树（主要有湘桑6号、蚕专4号、吴花 × 湉星、华秋 × 明昭等品种）。

二、应用实践案例

1. 植物阻隔修复技术应用

植物阻隔修复作为一种低成本、易于推广且环境友好的修复技术，近几年来多位学者推荐其用于重金属中轻度污染农田的治理，以保障中轻度重金属污染农田土壤粮食的安全生产。

朱光旭等[75]通过田间微区试验，研究了富顺青麻（浅根串生）、大红皮2号（中根散生）和湘苎3号、湘苎2号、中苎1号（均为深根丛生）等9个苎麻不同根型品种对镉的耐受能力、累积特性及其对镉污染耕地的修复潜力。微区为砖砌水泥粉面结构，内空1m × 1m × 1.1m。供试土壤取自湖南省株洲市市郊，为红壤性水稻土，有机碳25.8g/kg，全氮2.46g/kg，速效钾152.04mg/kg，速效磷7.03mg/kg，Cd 1.72mg/kg，pH=5.23，基本模拟田间状态分层填充。以 $CdCl_2$ 溶液的形式向微区上层土壤（0～20cm）添加 Cd，按 225kg 的上层土重，设置 8 个浓度梯度的 Cd 添加量：CK、2mg/kg、5mg/kg、10mg/kg、20mg/kg、35mg/kg、65mg/kg、100mg/kg；5d 后再翻耕，使微区内 Cd 含量均匀一致；15d 后移栽扦插苗，每区 6 穴。试验设 3 次重复。按常规进行中耕、施肥和病虫害防治等田间管理。发现 Cd 添加量在 65mg/kg 以内，随着 Cd 浓度增加，地上部和原麻对 Cd 的吸收量也增大。在 100mg/kg 处理时，虽然地上部 Cd 含量只比 65mg/kg 处理降低 8.14%，但地上生物量也下降，总吸 Cd 量则降低了 24.0%。苎麻地上部对 Cd 吸收率却随着 Cd 浓度增加而持续下降。各处理中原麻对 Cd 的吸收量都不多，仅占地上部吸收总量的 5.0%～10.5%，平均为 8.2%（表 9.6）。苎麻收获时，作为优良纺织原料的原麻被带走，而在生产中，吸 Cd 总量超过 90% 的叶、骨、壳等其他组织多直接还土，造成循环污染。因此在实施苎麻生物净化的漫长过程中要对苎麻地上部麻叶、麻壳等妥善处理，确保其吸收的 Cd 能够完全脱离原土壤系统，完成植物修复的最后一环。

表 9.6 苎麻对Cd吸收量及吸收率[75]

处理浓度 /（Cdmg/kg 土）	土壤 Cd 总量 /mg	地上部对 Cd 的吸收		原麻对 Cd 的吸收	
		吸收量 /mg	吸收率 /%	吸收量 /mg	吸收率 /%
CK	387	5.737	1.48	0.284	4.95
2	837	12.634	1.51	0.806	6.38
5	1512	14.077	0.93	1.126	8.00
10	2637	14.635	0.56	1.340	9.15
20	4887	19.591	0.40	2.060	10.53
35	8262	25.979	0.31	2.200	8.46
65	15012	32.004	0.21	2.700	8.44
100	22887	24.313	0.11	2.430	9.98

注：土壤 Cd 总量表示微区土壤的总 Cd 量，计算公式是土壤 Cd 量 = 施加 Cd 后土壤 Cd 浓度 × 微区土壤总质量；Cd 吸收量 = 苎麻地上部 Cd 含量 × 地上部干重；吸收率 =Cd 吸收量 / 土壤 Cd 总量。

研究结果表明：

① 低浓度 Cd 处理促进苎麻生长，超过一定浓度则起抑制作用，但 Cd 添加量达到 100mg/kg 土时苎麻仍可完成正常的生理周期，表现出对 Cd 的强耐受性。

② 在 Cd 添加浓度 65mg/kg 土处理以内，苎麻的原麻和地上部 Cd 含量随土壤 Cd 浓度的升高而提高，富集系数均＞1，最高达 4.55，对高浓度的 Cd 胁迫具有一定的耐性，对 Cd 表现出较强的吸收、富集能力。

③ 在 Cd 添加浓度 65mg/kg 处理以内，随着处理浓度增加，苎麻地上部和原麻对 Cd 的吸收量也增大。苎麻地上部对 Cd 吸收率随着 Cd 浓度的增大而降低，其中原麻的 Cd 吸收量仅占植株地上部吸 Cd 总量的 10% 左右，因此收获的苎麻植株地上部要脱离土壤系统，防止二次污染。

④ 在保证切断污染循环和不再有新污染的前提下，种植苎麻使土壤 Cd 含量从

100mg/kg 降至 0.3mg/kg 的标准需要 354 年，修复试验地本底（1.91mg/kg）土壤亦需要 39 年，因此需结合其他措施。

杜彩艳等 [53] 采用田间试验，以 8 个玉米 (Zea mays) 品种 (云瑞 88、云瑞 6 号、云瑞 518、云瑞 220、云瑞 10 号、红单 6 号、红单 3 号、鄂玉 10 号) 为试验材料，筛选了玉米籽粒 As、Pb、Cd 低积累玉米品种。试验地位于个旧市鸡街镇石榴坝村污染农田 (103° 9′40.89″ E，23° 32′26.57″ N，海拔 1145m)。属亚热带气候类型区，年平均气温 19.39℃，平均降水量 637.00mm。供试土壤基本理化性质：有机质 25.4g/kg，碱解氮 105mg/kg，速效磷 33.8mg/kg，速效钾 240mg/kg，pH 值为 6.75，Cd、Pb、As 含量分别为 0.43mg/kg、345.85mg/kg、86.77mg/kg。试验设 8 个玉米品种，于 2014 年 5 月 17 日点播，5 月 28 日间苗，9 月 11 日一次性收获。每个玉米品种小区面积为 10.0m×3.2m，每个品种均设 3 次重复，随机区组排列，每个小区四周均设置 2 行玉米 (同每个小区之中的玉米品种) 作为保护行，以消除边际效应和防止不同玉米品种间交叉授粉。种植密度和田间管理参照当地农业生产实际情况进行。

结果表明，8 个玉米品种的生物量和产量均存在显著的差异性（$p < 0.05$）。As-Pb-Cd 复合污染的条件下，云瑞 88、云瑞 6 号、云瑞 518 和云瑞 10 号的地上部质量、地下部质量和籽粒质量相对较高，鄂玉 10 号最低，其中云瑞 88 的地上部质量、地下部质量和籽粒质量最高，分别是鄂玉 10 号的 1.03 倍、1.09 倍和 1.29 倍；在 As-Pb-Cd 复合污染胁迫下，8 个玉米品种产量按递减顺序为云瑞 88 ＞云瑞 518 ＞云瑞 6 号＞云瑞 10 号＞云瑞 220 ＞红单 6 号＞红单 3 号＞鄂玉 10 号。新复极差分析结果表明，云瑞 88(CK) 产量和其余 7 个玉米品种间产量均达显著差异水平（$p < 0.05$），云瑞 6 号、云瑞 518 和云瑞 10 号间差异不明显，其余各品种间产量均达显著差异水平。研究结果还表明，As-Pb-Cd 复合污染的条件下，8 个参试玉米品种中，除了云瑞 518 籽粒中重金属 Cd 含量为 0.6338 mg/kg，不符合国家《饲料卫生标准》（GB 13078）外，其他 7 个参试玉米品种籽粒中 As、Pb、Cd 含量都很低，均符合国家饲料卫生标准。该研究使用的对比标准为饲料卫生标准而非国家食品卫生标准，原因是试验区种植的玉米 100% 都作动物饲料。通过对 8 个玉米品种籽粒 As、Pb、Cd 含量聚类分析，筛选出云瑞 88、云瑞 220、云瑞 6 号、云瑞 10 号和红单 6 号 5 个玉米品种作为籽粒重金属低积累的品种。在进行重金属低积累作物筛选过程中，除了考虑作物供食用部分的重金属含量外，还得综合考虑作物的生物量、产量。本研究综合分析 8 个玉米品种生物量、产量及各玉米品种籽粒 As、Pb、Cd 含量，最后筛选出云瑞 88、云瑞 220、云瑞 6 号和云瑞 10 号作为玉米 As、Pb、Cd 低积累品种。

2. 联合修复技术应用

选择适宜的植物构建作物互作体系，利用超积累重金属植物较强的吸附和富集土壤重金属的能力，减少土壤中重金属的含量，实现污染地块边生产边修复，是重金属污染修复的有效措施。

于玲玲等 [76] 研究了水稻与重金属高积累油菜轮作，对油菜镉的积累量和稻子粒镉的含量的影响。试验地位于浙江省杭州郊区（29° 56.378′N，119° 55.656′E），该地区的主要轮作方式是油菜水稻，试验田土壤的基本理化性如下：土壤 pH7.76（水土比 1∶2.5），土壤有机质含量39.59g/kg，TN含量2.36g/kg，速效磷含量33.38mg/kg，速效钾含量76.38mg/kg，土壤全镉含量0.82mg/kg。依据国家标准GB 15618—1995二级限量值（pH＞7.5）为0.6mg/kg，该试验地土壤全Cd含量超出标准限值36.7%。供试作物第一茬为油菜（*Brassica juncea* L.），品种分别是课题组通过苗期土培试验筛选出的高积累镉油菜品种朱苍花籽（代号ZC）和低积累镉油菜品种川油Ⅱ-93（代号CY）；油菜收获后第二茬为低积累镉水稻（*Oryza sativa* L.），品种秀水113。油菜和水稻轮作是当地的一种主要农业生产方式。田间试验共设置12个小区，每小区面积3.8m×3.5m。试验小区共设置4个处理：a. 土壤休闲不种油菜（CK）；b. 种植油菜ZC并在盛花期时收获；c. 种植油菜ZC并在成熟后收获；d. 种植油菜CY并在成熟后收获。每个处理设置3次重复，油菜收获后，下茬均种植水稻。油菜于10月播种育苗，11月移栽至小区内，每个小区种植油菜212株。第二年5月成熟收获，油菜生长期间按照当地油菜正常管理，进行病虫害防治和施肥等。油菜收获后进行小区翻耕，淹水后于6月种植水稻，水稻抽穗时采样1次，并于9月收获，生长期按当地水稻生长所需进行田间管理。

结果表明不同吸镉特性的油菜品种在田间条件下表现出累积镉的差异，高积累镉油菜品种朱苍花籽籽粒中镉的含量达到了0.29mg/kg，超过食品污染物标准限值，而低积累镉油菜品种川油Ⅱ-93籽粒中镉含量符合标准限值，通过品种筛选可以达到安全生产目的。不同油菜品种根际对土壤有效态镉有不同程度的活化作用，对后茬水稻籽粒的镉含量有一定影响。朱苍花籽成熟期收获后种植水稻的轮作体系中糙米镉的含量为0.22mg/kg；朱苍花籽盛花期收获-种植水稻以及川油Ⅱ-93成熟期收获-种植水稻的轮作体系中，糙米中镉的含量均低于0.20mg/kg的标准限值。通过不同品种轮作体系的设置也可以调控下茬作物的食品安全。

菜地修复大田试验于2012年在天津市郊某污灌菜地进行（图9.15），试验点位于天津市北排污河灌区，曾长年使用受镉、铅、汞、铜、锌等多种重金属污染的污水进行灌溉，土壤Cd污染较为严重[77]。试验点土壤为湖沼相沉积物发育的潮土，其基本理化性质为：pH值为7.61，阳离子交换量为15.8 cmol/kg，黏粒为24.9%，砂粒为22.1%，粉粒为53.0%，有机质为3.22%，TN为1.46g/kg，速效磷为45.4mg/kg，速效钾为109mg/kg，总Cd 2.47为mg/kg。供试的叶用油菜(Brassica chinensis)品种为Cd低积累品种川田惠子以及在当地广泛栽种的普通品种寒绿。供试的钝化材料为海泡石、膨润土以及鸡粪。

本试验采用双因素随机区组设计。其中，油菜品种作为一个因素，有2个处理分别对应普通品种和Cd低积累品种。而钝化措施作为另一个因素，设有6个处理，分别为：a. 对照(CK)，不添加钝化剂；b. 单一海泡石处理(S)，海泡石添加量为2.25kg/m；c. 单一膨润土处理(B)，膨润土添加量为2.25kg/m^2；d. 单一鸡粪处理(M)，鸡粪添加量为2.25kg/m^2；e. 海泡石与鸡粪复配处理(SM)，海泡石和鸡粪添加量都为2.25kg/m^2；f. 膨润土与鸡粪复配处理(BM)，膨润土和鸡粪添加量都为2.25kg/m^2。每个处理设3次重复，共计36个小区，每个小区面积为10m^2，按随机区组排列，采用覆塑料薄膜（埋深20cm）的田埂分隔，外设保护区。

(a)

(b)

图 9.15　天津菜地修复示范

两种油菜在不同钝化处理下地上部鲜重表现出相似的变化规律（图 9.16）。施用鸡粪的处理，包括 M、SM 以及 BM，使普通品种寒绿和低积累品种川田惠子的地上部产量显著提高（$p < 0.05$），与对照处理相比增幅分别为 22.66% ～ 42.79% 和 106.46% ～ 127.78%；而黏土矿物单一处理下两种油菜地上部鲜重没有显著变化。虽然 t 检验表明不同钝化处理下两个品种地上部产量没有显著差异，但是从增产比率来看，钝化处理对低积累品种的增产效果明显优于普通品种。对于普通品种寒绿，与对照处理相比，不同钝化处理下地上部 Cd 含量降幅为 4.27% ～ 50.48%，其中钝化材料复配处理的降低效果显著优于单一处理。与 GB 2762—2012 规定的叶菜类 Cd 含量最大限值 0.2mg/kg 相比，在对照以及钝化剂单一处理下，寒绿油菜的可食部位 Cd 含量超标，而在钝化剂复配处理下，其可食部位 Cd 含量低于最大限值。

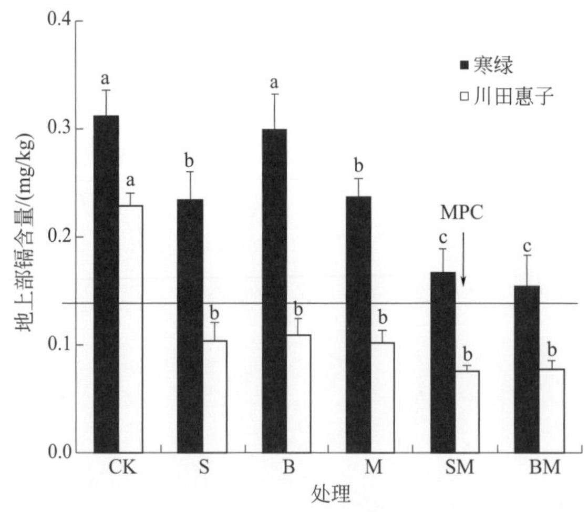

图 9.16　不同钝化处理对两种油菜地上部镉含量（鲜基）的影响[77]

［MPC是食品安全标准GB 2762—2012规定的叶菜类蔬菜镉含量限值；不同小写字母代表各处理组间差异显著（$p<0.05$）］

Cd 富集系数为植物地上部 Cd 含量与土壤 Cd 含量的比值，它反映了植物对土壤 Cd 的累积能力。与对照处理相比，施用鸡粪的单一和复合处理均可显著降低寒绿油菜的 Cd 富集系数，最大降幅为 53.92%，而黏土矿物单一处理下寒绿油菜的 Cd 富集系数没有显著变化。对于低积累品种川田惠子，所有钝化处理均可显著降低油菜的 Cd 富集系数，最大降幅为 67.84%。

三、技术应用前景及展望

在轻度重金属污染农田上种植低积累品种，对重金属污染土壤的粮食安全生产，保障人类健康具有重要的意义。但当前对作物重金属低积累的研究多侧重于作物吸收积累的差异、低积累品种筛选和作物单重金属积累，并缺乏作物对复合重金属积累的研究。关于重金属低积累品种筛选的标准仍需要深入研究加以细化和完善，如稳定性品种的确定应在试验室或盆栽试验研究的基础上，推广到大田进行试验等，并建立相应的重金属低积累品种筛选的行业标准或国家标准。利用分子生物技术可以较快地选育出可食用部位重金属低积累的作物品种，深入探究并明确其生理生化机理，根据选育结果在大田中进行测试验证，确保筛选结果可靠，并根据当地的气候和土壤等条件筛选适宜的栽培调控措施以增加修复效果，综合考虑该品种的产量和品质等，从而保证该重金属低积累品种运用的适应性和实用性。

第四节 农艺调控修复技术及实践

一、水肥调控修复技术

1. 技术原理

水肥调控修复技术是指通过水肥措施来调节土壤 pH 值、*Eh* 值、CEC、有机质、$CaCO_3$、质地等因素，改变土壤中重金属污染物的活性，通过土壤吸附更多的重金属污染物，降低其生物有效性，减少土壤中的重金属污染物向植物体内的转移，以达到治理污染土壤的目的。水肥措施是影响土壤中污染物迁移及分布的重要因素。土壤水分具有调节根区土壤氧化还原电位（*Eh*）和土壤酸碱度（pH）的作用，会对土壤中重金属的活性产生较大的影响。施肥可以通过调节土壤的酸碱度影响植物根系对重金属离子的吸收。

2. 水肥调控修复重金属污染农田的案例

王惠明等[78]研究了不同灌溉模式对稻田土壤及糙米重金属积累的影响。试验地位于江西省萍乡市湘东区东桥镇某村，地处湘赣边界，属亚热带季风气候区，光热充足，雨量充沛，气候温和，无霜期长，年平均气温在 17 ～ 18℃之间，年平均降雨量约 1600mm。当地习惯稻 - 油轮作或稻 - 稻种植模式，试验田前茬作物为油菜，土壤为潜育型水稻土。土壤耕作层（0 ～ 20cm）基本理化性质：土壤有机质含量为 30g/kg，土壤 pH 值为 5.1，土壤阳离子交换量为 11.23cmol/kg，土壤 Cd 含量为 0.72mg/kg，土壤有效态 Cd 含量为 0.40mg/kg，土壤 Pb 含量为 34.90mg/kg，土壤 Cr 含量为 66.21mg/kg。在水稻品种、育秧、移栽、施肥、用药等技术措施及基础地力相同的条件下，设计习惯性灌溉（农户常规管理）和长期淹水灌溉两种灌溉模式。

（1）习惯性灌溉　即浅水分蘖灌溉或间歇性灌溉，在分蘖盛期够苗时排水晒田，以后干湿交替灌溉，孕穗和抽穗扬花期保持浅水层，后保持田间湿润至收割。

（2）长期淹水灌　即水稻插秧开始一直维持3～5cm水层，直至黄熟期后自然落干至收割。

试验供试水稻品种为一季稻“谷优527”，大田育秧。小区间田埂用塑料薄膜覆盖向地下内嵌至犁底层，以防小区间肥、水互渗，每个小区均单设相互独立的排灌系统。从不同灌溉模式对糙米重金属含量的影响可以看出（图9.17），与习惯性灌溉相比，长期淹水灌溉条件下的稻田糙米Cd含量降低42.79%，糙米Pb含量降低3.70%，糙米Cr含量降低44.81%，而糙米Hg含量增加200%，糙米无机As含量增加3.29%。长期淹水灌溉的糙米Cr含量显著低于习惯性灌溉［p=0.03，图9.17（c）］，而长期淹水灌溉的糙米Hg含量显著高于习惯性灌溉［$p < 0.01$，图9.17（d）］，但长期淹水灌溉的糙米Cd、Pb和无机As含量与习惯性灌溉没有明显差异（$p > 0.05$）。

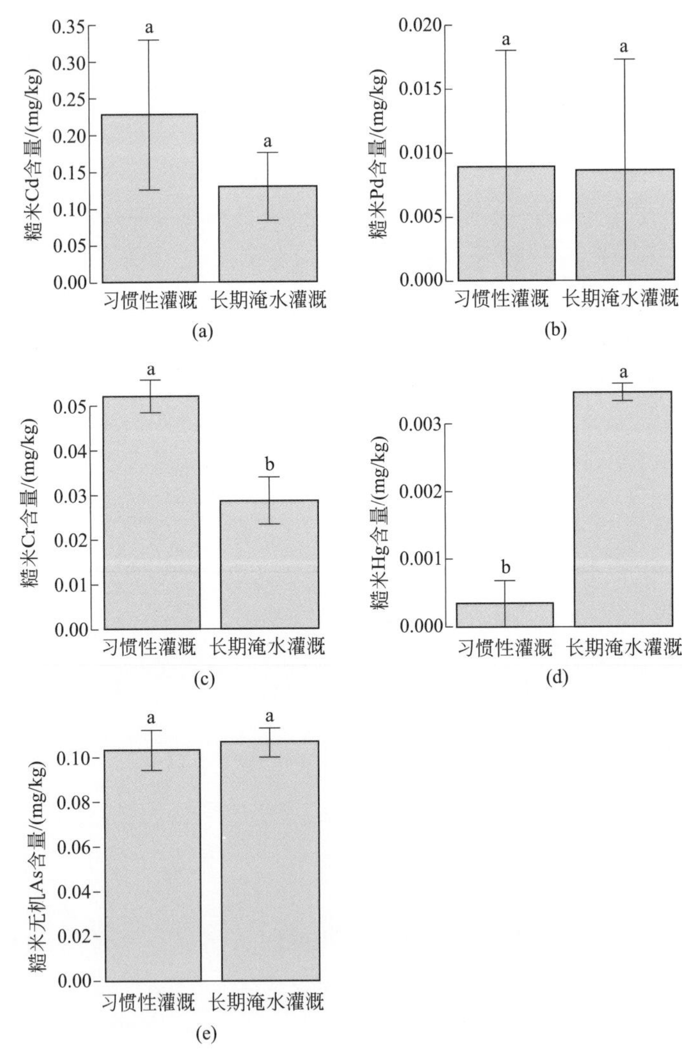

图9.17　不同灌溉方式下稻米重金属含量[78]

（不同小写字母代表处理组间差异显著）

土壤的物理组成和化学性质直接影响重金属的存在形态。与习惯性灌溉相比，长期淹水灌溉条件下的糙米 Cd 和 Pb 含量分别降低 42.79% 和 3.70%，并且 Cr 含量显著降低 44.81%，而 Hg 含量显著增加 200%，无机 As 含量增加 3.29%。水分管理通过调控土壤中重金属的生物有效性，可以促进或抑制植物生长发育。通过减少土壤有效态 Cd 积累，使水稻不易吸收土壤中 Cd，从而降低了糙米中 Cd 的积累量。这主要是由于不同水分管理措施通过影响土壤 pH 值、碳酸盐含量等导致土壤镉有效性产生差异，从而影响水稻对镉的吸收。由于淹水后土壤 pH 值的增加，胶体对镉的吸附增强，有利于生成重金属沉淀，土壤 Cd 的迁移和生物有效性降低，从而导致稻米中镉含量下降。随着 pH 值、有机质含量的上升，大部分微量元素通常会吸附作用或形成络合物而导致其浓度降低，土壤中重金属的生物可利用性下降。长期淹水灌溉可能通过降低土壤阳离子交换量，使土壤成为还原状态，减少土壤有效态 Cd 所占比例，使水稻不易吸收土壤中 Cd，从而降低了稻谷和糙米 Cd 的积累量。而水分条件会影响 Hg 在土壤中的形态及其重新分配，并改变对植物的可利用性和对环境的风险。试验结果表明，灌溉模式的改变显著影响了土壤阳离子交换量与有效态 Cd 含量。与习惯性灌溉相比，长期淹水灌溉条件下降低了土壤 Cd、有效态 Cd 含量和阳离子交换量，但增加了土壤 pH 值和有机质。水稻灌溉模式的改变显著影响了重金属 Cr 和 Hg 含量在糙米中的累积。与习惯性灌溉相比，长期淹水灌溉条件下的降低了糙米 Cd、Pb 和 Cr 含量，但是增加了糙米 Hg 和无机 As 含量。

徐一兰等[79] 研究了不同施肥措施对双季稻田土壤和大麦植株镉累积的影响。该定位试验位于湖南省宁乡县农技中心（112° 18′E，28° 07′N），海拔 36.1m；试验土壤为水稻土，用河砂泥土种植。种植制度为大麦 - 双季稻，土壤肥力中等，排灌条件良好。试验田年均气温 16.8℃，年平均降雨量 1553.70mm，年蒸发量 1353.9mm，无霜期 274d。试验田开始于 1986 年，定位试验开始时耕层土壤（0 ～ 20cm）基本理化性质为：有机质为 29.39g/kg、全氮为 2.01g/kg、全磷为 0.59g/kg、全钾为 20.60g/kg、碱解氮为 144.10mg/kg、有效磷为 12.87mg/kg、速效钾为 33.0mg/kg 和 pH 为 6.85；化肥过磷酸钙和秸秆中 Cd 含量分别为 1.8mg/kg 和 0.88mg/kg。

试验设以下 5 个施肥处理。

① 化肥处理（MF）：施氮、磷、钾化肥，不施任何有机肥。

② 秸秆还田 + 化肥处理（RF）：施用稻草秸秆与化肥处理。

③ 30% 有机肥处理（LOM）：有机肥的氮含量占总施氮量的 30%，其余 70% 的氮为化肥氮。

④ 60% 有机肥处理（HOM）：有机肥的氮含量占总施氮量的 60%，其余 40% 的氮为化肥氮。

⑤ 对照（CK）：不施任何肥料。

每个小区长 10.00m，宽 6.67m，面积 66.70m^2，小区间用水泥埂（宽 35cm）隔开，埋深 100cm，高出田面 35cm，各小区具有独立的排灌系统。由于该长期试验开始于 30 多年以前，受当时条件的限制没有设置重复。大麦供试品种为通 0612（*Hordeum vulgare* L.），于 2016 年 11 月 20 日耕地和施基肥，11 月 22 日播种大麦，2017 年 1 月 20 日追肥，5

月 5 日收获。各施肥处理组每一年大麦季的 N、P_2O_5 和 K_2O 施肥量均保持一致，总施 N 量为 157.5 kg/hm^2、P_2O_5 量为 43.2kg/hm^2 和 K_2O 量为 81.0kg/hm^2。施用有机肥均为腐熟后的鸡粪（鲜重，含水率 50%），30% 有机肥和 60% 有机肥处理的有机肥施用量分别为 2670.0kg/hm^2、5340.0kg/hm^2（有机肥养分含量均为 N1.77%、$P_2O_5$0.80%、K_2O1.12% 和 Cd 0.55mg/kg）；化肥处理 N、P_2O_5 和 K_2O 的肥料种类分别为尿素、过磷酸钙和氯化钾；秸秆还田 + 化肥处理的秸秆还田量为 3000.0kg/hm^2（秸秆养分用量 N 27.3kg/hm^2、$P_2O_5$3.9kg/hm^2、K_2O 56.7kg/hm^2）；各处理以等氮量为基准，不足的氮、磷、钾肥用化肥补足，保证大麦季各施肥处理 N、P_2O_5 和 K_2O 施用量均一致；各施肥处理秸秆和有机肥均于稻田耕地时作基肥一次性施入；N 和 K_2O 作基肥和追肥 2 次施入，基肥在耕地时施入，追肥在分蘖期施用，基追肥比例均按 7∶3 施用；P_2O_5 均在耕地时作基肥一次性施入。其他管理措施同常规大田生产。

经过 31 年定位施肥后，不同施肥处理下稻田耕层（0 ～ 20cm）土壤 Cd 全量的变化如图 9.18 所示。长期施肥对稻田耕层土壤 Cd 全量具有一定的影响，60% 有机肥配施 40% 化肥（HOM）和 30% 有机肥配施 70% 化肥（LOM）处理土壤 Cd 全量均显著高于化肥（MF）、秸秆还田 + 化肥（RF）和无肥处理（CK）。HOM 和 LOM 处理土壤 Cd 全量均高于 CK 处理，分别比 CK 处理高出 36.67% 和 80.91%；而 MF 和 RF 处理土壤 Cd 全量均低于 CK 处理，分别比 CK 处理减少 0.61% 和 5.76%；各处理土壤 Cd 全量大小顺序表现为 HOM ＞ LOM ＞ CK ＞ MF ＞ RF。对不同施肥稻田土壤 Cd 有效态含量进行比较发现，不同处理下 Cd 有效态含量变化差异明显。各施肥处理土壤有效态 Cd 含量均高于 CK 处理，其大小顺序表现为 HOM ＞ LOM ＞ RF ＞ MF ＞ CK；其中 HOM、LOM 和 RF 处理有效态 Cd 含量较高，均明显高于 CK 处理，分别比 CK 处理高出 141.86%、79.07% 和 34.11%；MF 处理土壤有效态 Cd 含量高于 CK 处理，但无明显差异。本研究结果表明，长期采取有机肥与化肥配合施用均显著提高了大麦成熟期稻田耕层（0 ～ 20cm）土壤 Cd 全量和有效态含量，这说明施用有机肥（鸡粪）对稻田 Cd 的积累作用明显。其原因可能是当前有机肥肥源主要来源于集约化的养殖场，养殖饲料含有 Zn、Cu、As 等重金属元素的饲料添加剂，而鸡粪便中重金属含量（Cd 含量 0.55mg/kg）与饲料中重金属含

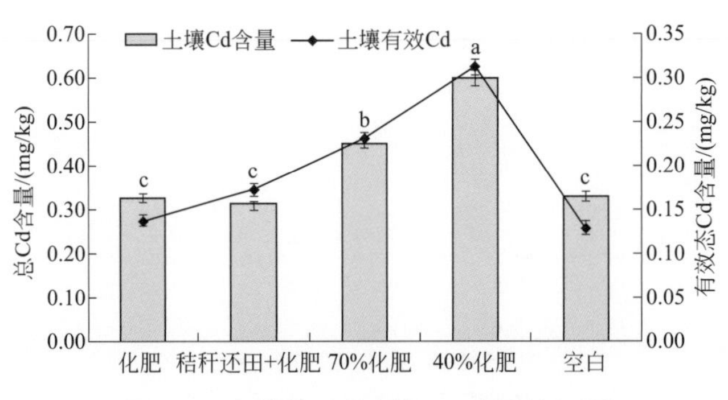

图 9.18 长期施肥后土壤 Cd 含量特征 [79]

（图柱上不同小写字母表示差异达到5%的显著水平）

MF—化肥；RF—秸秆还田；LOM—30%有机肥+70%化肥；HOM—60%有机肥+40%化肥；CK—无肥。

量有直接的联系，故施用有机肥处理（HOM和LOM处理）稻田重金属Cd富集趋势不断加大，HOM和LOM处理耕层土壤Cd全量和有效态含量分别比CK处理高出36.67%、80.91%和141.86%、79.07%。与无肥处理相比，长期施用化肥和秸秆还田配施化肥处理没有增加稻田耕层土壤Cd全量，这可能与所施用的国产磷矿粉和磷肥Cd含量较低有关。

由表 9.7 可知，大麦植株不同部位 Cd 的积累量存在明显的差异，其中以根系的含量为最高；其次是叶和茎；籽粒的含量均为最低。不同施肥处理对大麦植株根系 Cd 含量具有明显的影响，各处理间均存在显著性差异。其中以 LOM 处理为最高，显著高于 RF、HOM 和 CK 处理（$p < 0.05$）；MF、HOM 和 RF 处理植株根系 Cd 含量均显著高于 CK 处理（$p < 0.05$），分别比 CK 处理高出 61.80%、57.82% 和 41.38%。各处理植株籽粒的 Cd 含量均存在显著性差异，以 LOM 处理为最高，显著高于其他处理（$p < 0.05$）；其次是 HOM 和 MF 处理，RF 和 CK 处理含量均为最低。与施用秸秆还田和化肥处理相比，长期采取有机肥与化肥配合施用均显著提高了大麦植株根、茎、叶和籽粒等部位重金属 Cd 的累积量，但均未超过国家食品安全国家标准中所规定的谷物食品 Cd 含量标准。其原因可能是一方面长期施用有机肥配施化肥增加了稻田土壤中 Cd 含量，Cd 被大麦吸收后，从而增加了植株各部位 Cd 的含量；另一方面，有机 - 无机肥配施可改善稻田土壤结构，促进大麦植株的生长发育，同时促进植株对土壤中各元素的吸收利用，导致植株 Cd 含量的增加。

表9.7 长期施肥大麦不同部位Cd含量[79] 单位：mg/kg

处理	根	茎	叶	籽粒
MF	0.610±0.018ab	0.091±0.05c	0.360±0.010b	0.014±0.000c
RF	0.533±0.019c	0.171±0.002a	0.340±0.010bc	0.006±0.001d
LOM	0.647±0.011a	0.128±0.003b	0.433±0.006a	0.045±0.000a
HOM	0.595±0.015b	0.079±0.004d	0.323±0.013c	0.017±0.000b
CK	0.377±0.017b	0.052±0.002e	0.198±0.009d	0.006±0.001d

注：表中不同小写字母代表各处理组间差异显著（$p < 0.05$）。

作为生理酸性肥料，铵态氮肥可降低土壤 pH 值，进而提高土壤中重金属的活性，促进植物吸收。研究表明，不同的铵态氮肥由于伴随阴离子的不同，对土壤重金属的溶出作用亦不同，同时也影响到植株对重金属的吸收。在一系列铵态氮肥中，硫酸铵经常被用于强化植物修复。与氮肥不同，磷肥强化植物修复主要是基于磷与重金属元素的交互作用。一般认为大量施用磷肥能够通过吸附、沉淀作用，降低重金属毒性，因此可以用于强化植物稳定修复[80]。施用钾肥强化植物修复主要是基于 K^+ 及其伴随离子与土壤重金属元素的交互作用。Tu 等[81]的研究表明，K^+ 可通过与 Cd^{2+}、Pb^{2+} 竞争土壤颗粒表面的吸附位点，增加镉、铅的水溶态和可交换态的含量，进而提高其有效性。

二、翻耕修复技术

1. 技术原理

翻耕用于轻度污染地区，可以使表层和深层土壤得到有效的混合，使土壤表层堆积的大量腐殖质快速均匀的分散到土壤中，并可通过土壤自身的物理和化学作用，在一定时间内使污染物得到分散[82]。同时，翻耕还可以将深层重金属污染物翻到土壤表层植物根系分布较密集的区域，这样既有利于根系的生长发育又能改变重金属的空间分布，促进植物与重金属的接触，提高植物修复效果[80]。

2. 翻耕修复重金属污染农田案例

王科等[83]研究了不同耕作措施对土壤和水稻籽粒重金属累积的影响。试验地点位于成都市某地，该地地势平坦、灌排水方便、土壤肥力均匀、土壤总镉含量轻度超标（根据2006～2009年成都市耕地质量普查结果选择）。土壤类型为水稻土类冲积黄泥田土，土壤Cd含量呈现轻度污染（Cd含量高于0.3mg/kg）。本试验于2016年5月开始至2016年9月完成，水稻生育期内按照当地生产习惯进行管理并及时防治病虫害。本试验水稻品种为成都平原播种面积较大的F优498。本试验供试肥料有硫钾型三元复合肥（15—15—15)及鸡粪为主要原的商品有机肥（N 1.4%、P_2O_5 3.5%、K_2O1.8%），肥料质量均符合国家重金属限量标准。试验随机区组排列，小区面积$20m^2$，设置5个处理，3次重复（具体见表9.8），其中T1处理为当地常规（CK）耕作方式。秸秆及有机肥均在试验前一次性施用，各处理在水稻播种前均一次性施用50kg/亩硫钾型三元复合肥。

表9.8　不同耕作措施实验设计[83]

处理	耕作措施	备注
CK	不深翻土壤＋秸秆还田	秸秆还田：300 kg/亩
T1	深翻土壤＋秸秆还田	播栽前深翻土壤40 cm左右，秸秆还田300 kg/亩
T2	深翻土壤＋秸秆不还田	播栽前深翻土壤40 cm左右
T3	不深翻土壤＋秸秆不还田	
T4	深翻土壤＋施用有机肥	播栽前深翻土壤40 cm左右，商品有机肥（鸡粪位置）：450 kg/亩

在不同耕作措施下水稻籽粒砷、汞含量差异不显著，而铅、镉含量差异显著。水稻籽粒Pb、Cd含量均以T1（CK）处理最高；深翻处理（T2、T3、T5）的水稻籽粒Pb、Cd含量均显著低于不深翻处理（T1、T4）；T5处理水稻籽粒Cd含量最低，比T1～T4处理分别低56.4%、35.4%、24.7%、56.1%，上述差异均达显著水平($p < 0.05$)；T2与T3处理水稻籽粒各重金属含量差异均不显著，T1与T4处理水稻籽粒重金属含量差异也不显著，说明是否秸秆还田对水稻籽粒重金属含量影响较小。试验点耕层土壤具有轻度镉污染（表9.9），T1、T2、T4处理下水稻籽粒镉含量超标（≥0.2mg/kg），在T3及T5处理下水稻籽粒镉含量未超标（＜0.2mg/kg）。综上所述，深翻土壤及施用有机肥的耕作措施可以显著降低水稻籽粒Pb、Cd含量，减轻土壤Cd对水稻污染。

表9.9　不同耕作措施对水稻籽粒重金属含量[83]　　单位：mg/kg

处理	砷（As）	汞（Hg）	铅（Pb）	镉（Cd）
T1（CK）	0.064 ± 0.008 a	0.0014 ± 0.001 a	0.084 ± 0.007 a	0.335 ± 0.036 a*
T2	0.068 ± 0.001 a	0.0014 ± 0.001 a	0.044 ± 0.005 b	0.026 ± 0.005 b*
T3	0.063 ± 0.007 a	0.0015 ± 0.001 a	0.050 ± 0.008 b	0.194 ± 0.019 bc
T4	0.061 ± 0.006 a	0.0014 ± 0.001 a	0.082 ± 0.003 a	0.333 ± 0.028 a*
T5	0.065 ± 0.008 a	0.0013 ± 0.001 a	0.039 ± 0.001 b	0.146 a*0.008 c

注：1. 表中不同小写字母代表各处理组间差异显著（$p < 0.05$）。
2. “*”表示重金属含量超过我国食品安全标准（0.2mg/kg）。

不同耕作措施下土壤 pH 值和重金属总量如表 9.10 所列。由表 9.10 可知，耕作措施对土壤 pH 值及重金属 Pb、Cd 含量的影响显著。T5 处理下，耕层土壤 pH 值、总 Pb 含量及总 Cd 含量发生显著变化，与 T1（CK）处理相比，T5 处理 pH 值升高 14.9%，Pb 含量降低 21.6%，Cd 含量降低 54.5%，差异显著（$p < 0.05$），而且与其他处理（T1 ～ T4）相比，T5 处理的 Pb、Cd 含量均最低，说明深翻土壤 + 施用有机肥对降低土壤 Pb、Cd 含量效果显著；深翻处理（T2、T3、T5）的土壤 Pb、Cd 含量均显著高于不深翻处理（T1、T4），而不同耕作措施下土壤的 As、Hg 含量无显著差异，这说明深翻土壤 Pb、Cd 含量影响显著，对砷、汞含量影响较小。以我国 GB 15618—1995 标准中的二级标准来看，所有处理土壤的砷、汞、铅含量均远低于该标准，处于安全等级，T1、T4 处理的土壤 Cd 含量高于该标准，T2、T3、T5 处理土壤 Cd 含量低于该标准。综上所述，深翻土壤及施用有机肥的耕作可以降低土壤 Cd 污染水平，使土壤重金属含量处于安全等级内。试验结果表明：与不深翻土壤的耕作措施相比，深翻土壤可以显著降低耕层土壤及水稻籽粒中的 Pb、Cd 含量。深翻土壤将亚耕层 (20 ～ 40 cm) 低重金属含量的土壤与耕层 (0 ～ 20 cm) 高重金属含量的土壤混合从而降低耕层土壤重金属含量，缓解土壤 Cd 对水稻的毒害，降低水稻籽粒 Pb、Cd 含量。

表9.10　不同耕作措施下土壤pH和重金属总量[83]　　单位：mg/kg

处理	pH 值	砷（As）	汞（Hg）	铅（Pb）	镉（Cd）
T1	6.25±0.26 b	5.06±0.34 a	0.078±0.017 a	34.91±1.37 a	0.422±0.041 a*
T2	6.82±0.04 ab	6.22±0.16 a	0.081±0.003 a	29.99±1.44 b	0.315 ± 0.005 b*
T3	6.71 ± 0.13 ab	5.54 ± 0.17 a	0.080 ± 0.010 a	28.08 ± 1.41 b	0.281 ± 0.032 b
T4	6.26 ± 0.22 b	5.60 ± 0.29 a	0.088 ± 0.009 a	30.62 ± 1.29 b	0.466 ± 0.017 a*
T5	7.18 ± 0.09 a	5.21 ± 0.46 a	0.080 ± 0.005 a	27.36 ± 1.09 b	0.192 a*0.018 c

注：1. 表中不同小写字母代表各处理组间差异显著（$p < 0.05$）。
2. “*”表示重金属含量超过我国土壤环境质量（GB 15618—1995）二级标准。

三、pH值调控修复技术

1. 技术原理

pH 值是影响土壤中重金属生物有效性和植物对其吸收的最重要因素之一。pH 值调控修复主要是通过提升土壤 pH 值，增加土壤表面负电荷，促进对重金属阳离子的吸附；也可以形成重金属碳酸盐、硅酸盐、磷酸盐和氢氧化物沉淀，降低土壤重金属的迁移性和生物有效性，以达到修复污染土壤的目的。此外，降低土壤 pH 值，可以通过溶解土壤矿物、促进解吸等作用，提高土壤中重金属的生物有效性，促进植物对重金属的吸收，以提高植物修复效率。

2. 利用pH值调控修复重金属污染农田案例

李明等[84]采用石灰钝化法原位修复酸性镉污染菜地土壤。实验地点位于湖南省湘潭县 Cd 污染蔬菜田（27°44′25″N，112°51′44″E），该地块约 0.067hm^2，土壤 pH 值为 5.47±0.64，有机质含量为（32.2±2.14）g/kg，属于粉砂质黏土。土壤中 Cd、As、Pb、Cu、Ni、Cr 6 种金属含量见表 9.11，该蔬菜地属于重度 Cd 污染蔬菜田。实验自 2017 年 3 月起，至 2018 年 1 月结束。根据季节变换和当地农民种植习惯，种植的蔬菜包括叶菜类蔬菜如菠菜、苋菜、生菜、木耳菜、韭菜、空心菜、葱以及芹菜［因芹菜的国家食品安全标准限值（GB 2762—2017）与叶菜类蔬菜相同，均为 0.2mg/kg，为方便起见，本研究作图时将芹菜归入了叶菜类蔬菜］；豆类蔬菜如扁豆、豇豆、四季豆；茄果类蔬菜如茄子、苦瓜、丝瓜、香瓜以及根茎类蔬菜白萝卜。春季种植的蔬菜包括菠菜、苋菜、木耳菜、空心菜、葱、豆类蔬菜和茄果类蔬菜；收割后，当年秋季继续种植的蔬菜包括生菜、韭菜、芹菜和根茎类蔬菜。为便于蔬菜 Cd 含量比较，根据食品安全国家标准（GB 2762—2017），将安全限值相同的春、秋季种植的蔬菜统一作图。每种蔬菜设 3 个处理：处理 1，对照即 CK；处理 2，施加 $CaCO_3$ 4500kg/hm^2；处理 3，施加 CaO 3000kg/hm^2，每个处理 3 次重复，各小区面积 6 m^2，随机区组排列。各小区间田埂用塑料薄膜铺盖至田间土表 30cm 以下，防止小区间串水串肥。$CaCO_3$ 和 CaO 于 2017 年 3 月蔬菜种植前 1 周施入土壤、翻耕，与表层土壤（0～20cm）混匀。各小区均于种植前施入 375kg/hm^2 复合肥（以 N、P_2O_5、K_2O 计，各组分含量分别为 15%、15% 和 15%）作为基肥，整个生育期不再施加肥料。其他蔬菜栽培管理措施保持与当地蔬菜种植习惯一致，期间并未喷洒农药。

表9.11　实验蔬菜地土壤中6种重金属（类金属）的含量[84]

重金属（类金属）	含量 /（mg/kg）	pH < 6.5 土壤环境质量标准（mg/kg）
Cd	1.06±0.08	0.3
As	16.1±3.11	30
Pb	40.9±0.82	50
Cu	26.8±0.46	50
Ni	40.9±0.82	70
Cr	60.2±9.11	150

与对照相比，施用 $CaCO_3$ 或 CaO 均可显著提高（$p < 0.05$）蔬菜地 pH 值，分别提高了1.48和1.73，$CaCO_3$与CaO处理相比，二者对于土壤pH值的提升无显著差异（图9.19）。施用 $CaCO_3$ 或 CaO 均能显著降低（$p < 0.05$）土壤有效态 Cd 含量，与对照相比，分别降低了 87.8% 和 78.1%，$CaCO_3$ 与 CaO 处理相比，二者对于土壤有效态 Cd 含量的降低无显著差异。

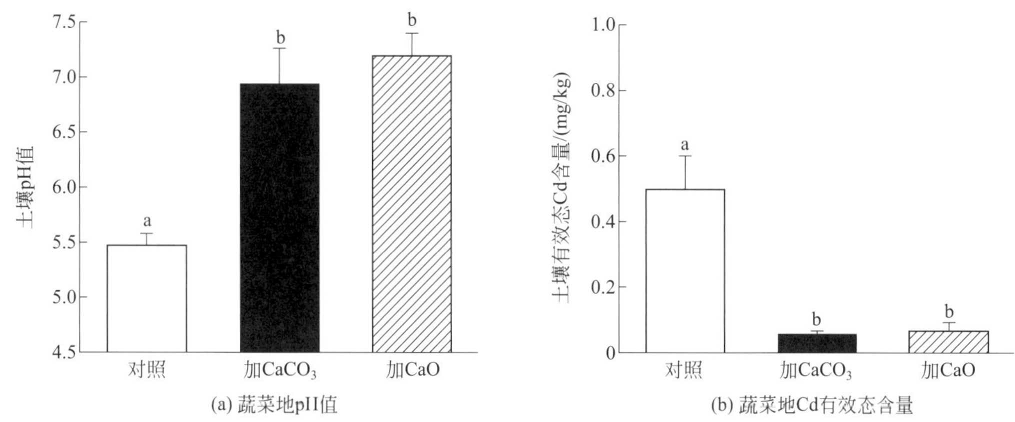

图 9.19 施用 $CaCO_3$ 或 CaO 对土壤 pH 值和 Cd 有效态含量的影响 [85]

[不同小写字母代表各处理间差异显著（$p<0.05$）]

施用 $CaCO_3$ 或 CaO 后，各种蔬菜 Cd 含量如图 9.20 所示。不施用 $CaCO_3$ 或 CaO，蔬菜 Cd 积累量从高到低为叶菜类＞根茎类＞茄果类＞豆类，叶菜中菠菜 Cd 含量高达1.39mg/kg，超过食品安全国家标准（GB 2762—2017）Cd 污染物限值 0.2mg/kg 近 7 倍，叶菜类蔬菜超标率高达 87.5%；茄果类蔬菜中丝瓜、苦瓜 Cd 含量均低于相应的标准限值0.05mg/kg（GB 2762—2017），但茄子 Cd 含量可达 0.54mg/kg，远远高于相应的茄果类蔬菜限值，茄果类蔬菜超标率达 50%；豆类蔬菜 Cd 的限值为 0.1mg/kg（GB 2762—2017），本实验所种植的各种豆类蔬菜 Cd 含量均未超过相应的限值。施用 $CaCO_3$ 或 CaO 后，所有种类的蔬菜 Cd 含量均有所降低。施用 $CaCO_3$ 时叶菜类蔬菜中木耳菜和葱降幅最大，分别为 46.7% 和 44.6%，施用 CaO 时，葱和苋菜降幅最大，分别为 70.5% 和 39.6%；施用 $CaCO_3$ 或 CaO 时在豆类和根茎类蔬菜中，白萝卜 Cd 含量降低最明显，分别达 59.8% 和65.8%，茄果类蔬菜中，茄子 Cd 含量降幅最大，分别达 46.3% 和 50.0%。与食品安全国家标准污染物限值（GB 2762—2017）相比，施用 $CaCO_3$ 或 CaO 后，叶菜类蔬菜即使 Cd 含量有最大降幅的木耳菜、葱和苋菜，Cd 含量也不能满足国家标准限值，施用 $CaCO_3$ 或 CaO 均能使白萝卜 Cd 含量稳定地降低到污染限值以下，丝瓜、苦瓜不施用 $CaCO_3$ 或 CaO 时，Cd 含量也未超出相应限值，施用后 Cd 含量进一步降低，降幅分别达 15.0%、37.5% 和 50.0%、46.7%，豇豆、四季豆等豆类蔬菜无论是否施用 $CaCO_3$ 或 CaO，蔬菜 Cd 含量均符合相应的食品安全国家标准要求，施用 $CaCO_3$ 或 CaO 后，豇豆、四季豆 Cd 含量可以进一步降低，分别达 35%、65% 和 58.2%、76.4%。

在酸性 Cd 污染农田中施加石灰被认为是有效减少作物中 Cd 积累的重要措施，石灰钝化剂（$CaCO_3$ 或 CaO）相比其他类型钝化剂，不仅能够提高土壤 pH 值，增加土壤表面的可变电荷来固定土壤中的 Cd，同时石灰中的 Ca^{2+} 由于价态高，离子半径与 Cd 接近，极大地影响了 Cd 在土壤中的化学行为。施用 $CaCO_3$ 或 CaO 钝化土壤中的 Cd，作用机理类似，都是生成碱性氢氧化物，提高土壤中盐基离子的含量，最终这些盐类水解后生成 OH^- 从而提高了土壤 pH 值 [85]。土壤 pH 值上升既有利于 Cd 形成氢氧化物或碳酸盐结合态沉淀及共沉淀，也可增加土壤颗粒表面负电荷，从而促进了对 Cd 的吸附作用。$CaCO_3$ 或 CaO 处理后土壤中有效态 Cd 含量与蔬菜可食部位 Cd 含量呈显著正相关，施用 $CaCO_3$ 或 CaO 可显著降低土壤有效态 Cd 含量，从而降低蔬菜可食部位 Cd 含量。

(a) 叶菜类(包括芹菜)

(b) 豆类和根茎类

(c) 茄果类

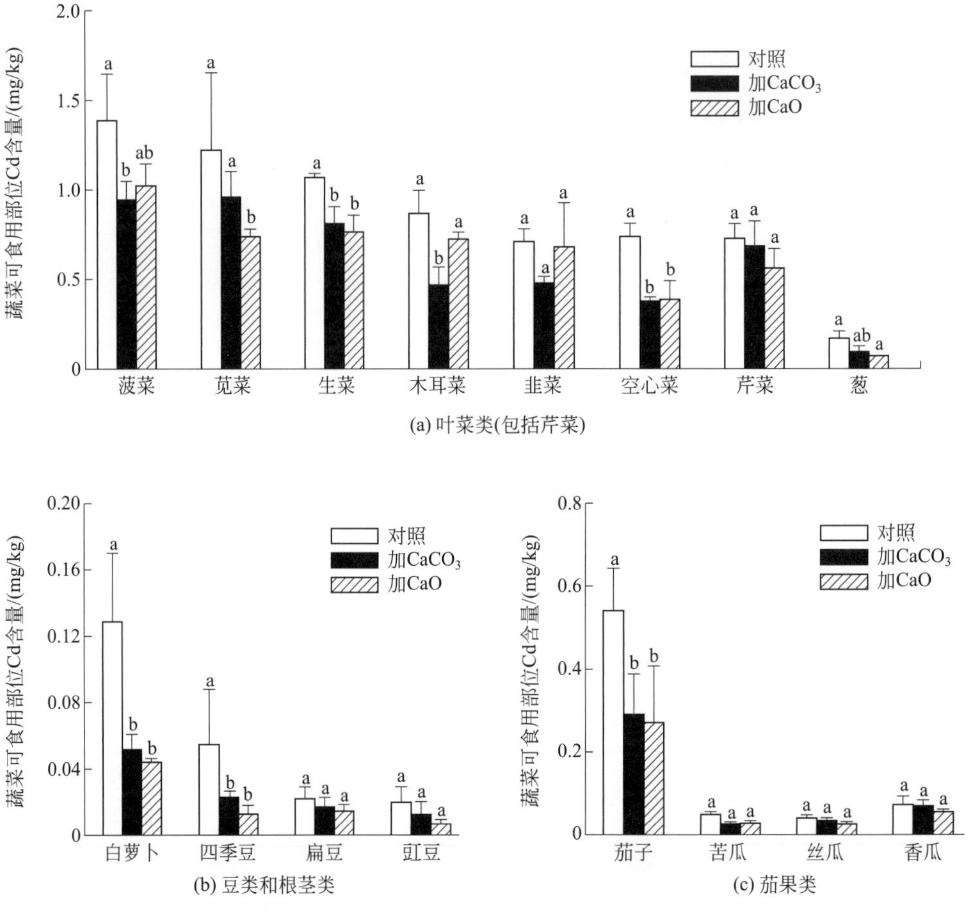

图 9.20　施用 $CaCO_3$ 或 CaO 蔬菜 Cd 含量 [84]

（不同小写字母代表各处理间差异显著 $p<0.05$）

四、叶面调控修复技术

（一）技术原理

通常指通过向农作物叶面喷施叶面剂以调节其生理代谢，从而降低农作物对重金属的吸收或降低重金属向作物可食用部位的转运。目前有关喷施硅、硒和锌实现阻隔修复的研究报道较多，此外还有关于铁、稀土、硫和植物调节剂（水杨酸、柠檬酸、苹果酸、脱落酸、脯氨酸等）相关研究。一般来说，对 Cd 而言，不同类型叶面肥的调控机制主要有：a. 叶面 Si 肥的抵抗作用；b. 叶面 Zn、Se 肥的拮抗作用；c. 叶面铁、钼肥的缓解作用；d. 叶面壳聚糖的吸附和螯合作用[86]。

Se/Si、Fe 和 Zn 元素在植物体内具有阻隔 Cd 转运的作用，在植物体内 Si 和 Cd 之间能够形成复杂的络合物并沉积于细胞壁上，使 Cd 的可移动性降低，同时 Si 的沉积增强了植物细胞壁的强度和刚度，并为重金属提供结合位点，使经非原生质体路径运输的 Cd 总量减少，从而降低了 Cd 在地上部组织中的富集[87]。Se 在植物体内结合 Cd 形成络合物的能力很强，因而外源添加 Se 能够显著降低 Cd 由植物根部向地上部迁移[88]；同时 Se 的喷施为植物细胞壁提供了更多的 Cd^{2+} 结合位点，使大量的 Cd 在细胞壁积累，并且 Se 的存在促进了木质素的合成，提高细胞壁的机械强度，使细胞壁加厚，抑制植物细胞对 Cd 的吸收[89]。因此喷施 Se/Si 型叶面阻控剂使 Se 和 Si 元素经由水稻和小麦的叶片吸收进入植物中，与植物体内的 Cd 发生相关反应，引起相应生理或物理变化，阻碍 Cd 由茎叶向籽粒中转运，降低籽粒中 Cd 的浓度。Cd 与 Zn、Fe 在植物体内存在着拮抗作用。在植物根系吸收阶段 Fe^{2+} 与 Cd^{2+} 之间竞争吸收转运位点，当 Cd^{2+} 进入植物体后 Cd^{2+} 与 Fe^{2+} 之间竞争运输载体，当 Fe^{2+} 含量充足的情况下 Fe^{2+} 的竞争性更强，因而能够减少根系对 Cd^{2+} 的吸收以及 Cd^{2+} 向地上部转运。此外，通过叶面喷施 Fe 基阻控剂为植物提供了充足的 Fe^{2+}，使 Fe 相关转运基因表达下调，从而减少 Cd^{2+} 与 Fe 转运蛋白的结合，从而阻碍 Cd^{2+} 在植物体中的转运[90]。

植物的根系质膜对 Zn、Fe 与 Cd 的转运共用同一个运输通道，且转运载体对 Cd^{2+} 的亲和力更强[91]。由于 Zn 和 Fe 均为植物生长所必需的微量元素，在作物正常生长期间必须从土壤中吸收一定量的 Zn 和 Fe 供给植物生长所需，而在吸收 Zn 和 Fe 的同时也促进了水稻对 Cd 的吸收。通过向植物叶面喷施含 Zn/Fe 叶面肥，可使植物通过叶片吸收足量的 Zn/Fe 元素，从而减少根部对营养物质的吸收，同时降低对 Cd 的吸收。与 Zn、Fe 不同，尽管植物体通过不同的转运蛋白吸收 Cd 和 Se，但是 Se 能够诱导吸收转运 Cd 的相关基因下调，如调节 Cd 转运蛋白和木质素合成基因的表达来提高细胞壁的机械强度，增加 Cd 在细胞壁中的积累，以此减少细胞对 Cd 的吸收[92]。

（二）叶面肥类型

根据叶面肥的作用和功能等，可以分为以下 4 类。

（1）营养型叶面肥　主要含有氮、磷、钾及微量元素等养分。如常用的尿素、磷酸二氢钾、稀土微肥等。主要功能通过促进作物的生长发育和提高离子拮抗作用，抑制重金属从土壤进入根系和根系向茎叶和籽粒的转运。

（2）调节型叶面肥　含有调节植物生长的物质，如生长素、激素类等成分。常见的有赤霉素、复硝酚钠、芸苔素内酯、2.4D、DA-6（乙酸二乙氨基乙醇酯）、生根剂、多哮矬等。其主要功能是调控作物生长发育，加快作物体内的生化反应，提高作物营养体对有害重金属的固定和封存。

（3）生物型叶面肥（或称有机营养型）　含微生物体及其代谢物，如氨基酸、核苷酸、核酸、固氮菌、分解磷、生物钾等。主要功能是刺激作物生长，促进作物新陈代谢，减轻和防止病虫害的发生，另外，提高作物对有害重金属耐胁迫能力。

（4）复合型叶面肥　由复合、混合形式多种多样，基本上就是以上各种叶面肥的科学组合。其功能有多种，既可为作物提供营养，又可刺激生长和调控发育。

（三）不同叶面剂类型及修复应用实践

1. 叶面硅肥修复应用

张世杰等[93]于2015年10月在河北省保定市望亭乡小望亭村（3849′31.5″N；11539′20.4″E）开展研究，以冬小麦－夏玉米轮作种植制度为主，一年两熟。供试小麦品种为沧核030，购于当地小麦种子经销公司。供试硅肥：液体硅肥，购于深州市中科启润生物有机肥料厂，水溶硅（以SiO_2计）≥25%，自测SiO_2含量142g/L。供试肥料：冬小麦专用复合肥（18—22—7），尿素（含N量为46%）。设置6个硅肥处理，S1拔节期施用2次（共2次）；S2拔节期-灌浆期 各施用1次（共2次）；S3拔节期-抽穗期各施用1次（共2次）；S4抽穗期 施用2次（共2次）；S5抽穗期-灌浆期各施用1次（共2次）；S6灌浆期施用2次（共2次），每个处理3个重复，以该硅肥推荐施用量使用，每个时期叶面施硅量（以SiO_2含量计算）均为106.5g/hm^2，原硅肥稀释1000倍后喷施。

结果表明，任何时期叶面施硅均可显著增加冬小麦产量，与对照相比增幅为11.9%～18.57%，拔节期和灌浆期各施1次（S2）硅肥产量最高。拔节期叶面施硅2次（S1）、拔节期-灌浆期叶面施硅各1次（S2），冬小麦籽粒中Cd、Pb含量最低，拔节期-灌浆期叶面施硅各1次（S2）、拔节期-抽穗期叶面施硅各1次（S3），冬小麦籽粒中As含量最低。从产量和重金属含量两方面考虑，拔节期叶面施硅2次（S1），既可以明显降低冬小麦籽粒和秸秆中Cd、Pb、As含量，又可以增加冬小麦产量。硅作为植物生长的有益元素，可提高植物叶片叶绿素含量、提高根系活力、降低细胞膜的透性，显著促进作物的生长发育、改善作物的抗逆性、从而提高植物对重金属毒害的抵抗能力。同时，也有研究表明硅在内皮层的沉积阻塞了根部的质外体旁通流量，限制了Cd的质外体运输过程，从而减少了Cd向植物地上部的转移。硅从叶片进入水稻体内后可向根部移动，硅可与镉发生沉淀反应，阻止镉的向上运输，从而减少作物地上可食用部位镉的含量。

2. 叶面锌肥修复应用

应金耀等[94]采取3种锌施用处理（即不施锌、土施锌肥与喷施锌肥）组合而进行研究。每一处理3个重复，小区总数为27个。土施锌肥($ZnSO_4$)的用量为30kg/hm^2，试验前与表土充分混匀。叶面喷施锌肥在分蘖、拔节期与抽穗期各进行2次（共6次）；喷施$ZnSO_4$溶液的浓度为0.1%，每次喷施至叶面湿润为止。各小区的其他管理措施均相同，其中化肥用量：15—15—15复合肥80kg/hm^{2}作基肥，尿素30kg/hm^2、硫酸钾30kg/hm^{2}在拔节期施用。

试验结果（表9.12）表明，叶面喷施锌肥能有效抑制不同污染土壤上生长水稻籽粒中镉的积累。对于镉污染较轻的土壤，土施锌肥和叶面喷施锌肥均增加了水稻根部镉的积累，但降低了秸秆和籽粒中镉的积累，并以土施锌肥对秸秆和籽粒中镉积累的降低效果较为明显，土施锌肥与叶面喷施锌肥后水稻籽粒中镉含量比对照分别下降了37.04%和

25.93%；对于镉中度污染的土壤，土施锌肥和叶面喷施锌肥对降低水稻根部、秸秆和籽粒中镉的积累均有一定的效果，土施锌肥与叶面喷施锌肥后水稻籽粒中镉含量比对照分别下降了 28.21% 和 20.51%；对于镉污染较重的土壤，土施锌肥和叶面喷施锌肥增加了水稻根部和秸秆镉的积累，同时，土施锌肥也增加了籽粒中镉的积累(比对照增加了 13.23%)，而叶面喷施锌肥可降低籽粒中镉的积累(比对照下降了 16.17%)。由于镉与锌的吸收和运输可能共用细胞质上的同一个转运子，当两种离子同时存在时将竞争转运子的结合位点，因此由施肥引入的高浓度锌可优先竞争结合位点，阻止镉向韧皮部的转运，这与叶面喷施锌肥增强了锌的竞争能力、减弱了镉的竞争能力有关，从而使进入植物体内的镉多滞留在根部和秸秆中。

表9.12 施锌对水稻秸秆和籽粒中锌、镉含量的影响[94] 单位：mg/kg

处理	镉含量			锌含量		
	根	秸秆	籽粒	根	秸秆	籽粒
Cd0-N	1.01 e	0.39 d	0.27 e	131.45 d	97.45 d	37.14 c
Cd0-S	1.17 de	0.31 d	0.17 f	284.54 a	179.56 c	51.47 b
Cd0-P	1.23 d	0.37 d	0.20 f	145.62 bc	247.12 b	64.51 a
Cd1-N	1.98 c	0.57 c	0.39 c	133.54 cd	99.65 d	35.48 c
Cd1-S	1.89 c	0.52 c	0.28 de	296.87 a	187.36 c	54.25 b
Cd1-P	1.92 c	0.54 c	0.31 d	155.23 b	261.14 ab	67.25 a
Cd2-N	3.18 b	1.15 b	0.68 ab	137.45 cd	94.26 d	34.65 c
Cd2-S	3.64 a	1.28 a	0.77 a	299.48 a	182.54 c	49.24 b
Cd2-P	3.25 ab	1.19 ab	0.57 b	141.23 bc	273.25 a	64.25 a

注：表中不同小写字母代表各处理组间差异显著（$p < 0.05$）。

3. 叶面硒肥修复应用实践

在湖南浏阳市的 3 块农田进行了叶面硒肥试验[95]。供试水稻品种为 Y 两优 150，于 2013 年 6 月 20 日移栽。实验处理分为对照组（CK）、处理 1 和处理 2 分别喷施叶面肥 A 和 B，各处理组设置 3 个平行，共 9 个小区，随机分布。每个小区面积 4m × 5m，水稻种植密度 20cm × 26cm。富硒叶面肥为湖南永清环保研究院有限责任公司自主研发的富硒叶面肥 A、B。施用量均为 200mL/ 亩，稀释 150~200 倍。在孕穗期、抽穗初期各喷施 1 次叶面肥，每次 3mL（100mL/ 亩），均对水 500mL 摇匀后喷施。对照组（CK）在孕穗期、抽穗初期各喷施 1 次清水，每次 500mL。

试验结果表明，喷施叶面富硒肥能显著降低稻米中重金属镉含量（表 9.13），有助于缓解镉对水稻的毒性效应，同时能降低水稻镉的转移系数，降低镉向土壤地上部转移。3 块试验田在叶面硒肥处理下稻米中镉含量均能达到国家标准限值（0.2mg/kg），3 块试验田分别较对照降低了 31.82% ～ 40.91%、44.12% ～ 47.06% 和 25.93% ～ 26.92%。喷施叶面肥后试验田籽粒硒含量均显著增加（$p < 0.05$），达到国家富硒大米标准。试验田 1 中转移系数由 0.2 都降到 0.16，试验田 2 中转移系数由 0.54 都降低到 0.23，试验田 3 中转移系数由 0.4 分别降低到 0.18 和 0.21。与对照相比，3 块试验田喷施含硒叶面肥水稻重金属镉转移系数显著下降（$p < 0.05$），说明喷施一定浓度的叶面肥能显著降低重金属镉在水稻体内迁移、吸收，降低重金属镉对水稻的毒性作用。

表9.13 水稻稻米镉和硒的含量变化[95]

试验田处理		全镉		全硒	
		含量 /(mg/kg)	降低率 /%	含量 /(mg/kg)	增加率 /%
1	1-CK	0.22 ± 0.004 a	0	0.04 ± 0.01 b	0
	1-1	0.13 ± 0.002 b	40.91	0.13 ± 0.02 a	225.00
	1-2	0.15 ± 0.005 b	31.82	0.11 ± 0.01 a	175.00
2	2-CK	0.34 ± 0.002 a	0	0.08 ± 0.02 b	0
	2-1	0.19 ± 0.01 b	44.12	0.21 ± 0.02 a	162.50
	2-2	0.18 ± 0.03 b	47.06	0.24 ± 0.03 a	200.00
3	3-CK	0.27 ± 0.02 a	0	0.03 ± 0.02 b	0
	3-1	0.20 ± 0.03 b	25.93	0.15 ± 0.01 a	400.00
	3-2	0.19 ± 0.02 a	29.62	0.17 ± 0.03 a	466.67

注：表中不同小写字母代表各处理组间差异显著（$p < 0.05$）。

五、技术应用前景及展望

为不影响污染地区农业生产与农民收益，“边生产、边治理”是实现区域性大面积轻（中）度重金属污染耕地农业安全利用的基本技术路径。因此，围绕田间肥水科学管理、叶面喷施阻控、农作物秸秆离田等问题开展相关研究，构建轻（中）度污染耕地农业安全利用的农艺综合调控技术意义重大。

水肥措施与物理、化学、生物措施相结合是重金属污染土壤植物修复的有效途径。过去围绕单一的修复技术进行了大量研究，但综合考虑多种技术驱动的联合修复技术研究较少，特别是以水肥为主要调控手段的超富集植物多过程（如植物的生长发育阶段、土壤 - 植物 - 大气连续体系统等）和多技术（如工程、物理、化学、生物技术等）联合修复技术还尚未见报道。

通过探索清楚土壤污染后水肥调控技术作用下的土壤物理、化学和生物的变化规律、结合农艺、生物及管理节水技术进行有利于植物修复重金属污染土壤的最佳水肥资源配置、建立基于节水灌溉技术和水肥调控技术的植物修复重金属污染土壤的新模式、开拓基于污染土壤最佳修复效果的不同生长阶段的植物水肥高效利用与调控的新途径。

以水肥调控技术与污染土壤 - 植物之间的互作效应关系研究为核心，以植物修复重金属污染土壤的效果为研究主线，通过点面结合、室内外结合、定位试验与现场示范相结合，理论研究与技术开发应用相结合，系统探索基于农艺、生物及管理节水技术和水肥调控技术的重金属污染土壤植物最佳修复效果的推广应用模式。

第五节 耕地重金属修复评估技术及应用

一、耕地重金属污染防治存在的问题

1. 耕地土壤重金属污染特点

根据原国土资源部和原环境保护部发布的《全国土壤污染状况调查公报》[1]可以看出，我国耕地土壤污染具有以下特点。一是污染面积大，耕地土壤点位超标率为 19.4%，全国受污染的耕地约有 1.5 亿亩，污灌污染耕地 3250 万亩，固废堆占地 200 万亩，合计约占 10% 的耕地面积重金属超标问题突出。二是污染波及范围广，原农业部对全国 24 省市 320 个重点污染区农田的监测结果表明，重金属是土壤与农产品中的主要污染物，占污染物超标土壤总面积和农产品总产量的 80% 以上。农业环境重金属污染主要分布在长三角、珠三角等经济发达区，中南、西南重金属矿区及东北等老工业基地，南方酸性水稻土区，大中城市郊区和一些高投入农业集约化生产基地。三是污染元素多，湖南因工矿发展，造成湘江整个流域遭受 Cd、As 等重金属污染；华南地区部分城市有 50% 的农地遭受 Cd、As、Hg 等重金属污染；广州近郊因污水灌溉而污染的农田面积达 2700hm^2，因施用污染的底泥造成 1333hm^2 的土壤被污染，污染面积占郊区耕地面积的 46%；在东南沿海一些地区，Hg、As、Cu、Zn 等元素的超标土壤面积占污染总面积的 45.5%，上海农田耕层土壤 Hg、Cd 含量增加了 50%；天津近郊因污水灌溉导致 2.3 万公顷农田受污染；沈阳张士灌区污染土壤超过 2500hm^2；西南、西北、华中等地区也存在较大面积的 Cd、Hg、As、Cu 等重金属污染土壤。总之，耕地土壤污染呈现出污染范围大、波及广、污染要素多、污染来源复杂及局部地区污染程度深的特点。

2. 制约我国农业绿色发展的关键瓶颈问题

稻米、小麦、玉米等大宗农产品及蔬菜等食用农产品中重金属含量超标问题突出，土壤污染已成为继有机质退化、酸化盐碱化后，制约我国农业绿色发展的关键瓶颈问题。

（1）南方稻米镉超标问题严重　近年媒体报道的南方大米镉超标问题是我国当前面临的最突出农业环境问题之一。湖南等省份生产的大米镉超标问题严峻已引起社会的广泛关注。湖南大米镉超标，有土壤背景值较高的客观因素，但最主要的还是因为湖南矿区的大面积开采引起周边农区污染，以及采矿冶炼产生的废水流入湘江等河流，再经过污水灌溉引起农田大面积重金属污染。

（2）城市郊区蔬菜重金属污染普遍　大中城市郊区，主要种植附加值高的蔬菜，然而，城市郊区，往往承载着城市的工业生活污水等，由于历史污灌，天津周边农田普遍存在镉、汞超标，蔬菜镉超标也比较严重。沈阳张士灌区，农田遭受重金属的严重污染。

（3）采矿冶炼周边农区重金属污染严重　矿山的开采和冶炼，将地下矿物暴露于地表环境，同时向环境中释放重金属，它们在自然环境中过度积累，会导致河流底泥以及地表水和地下水甚至空气污染。湖南水口山、广东大宝山、湖北大冶、江西德兴、云南个旧等地方，因为采矿冶炼造成本地区农田重金属的严重复合污染，给农业生产带来了严重危害。

（4）污灌区农田重金属累积　据全国污水灌区农业环境质量普查协作组 20 世纪 80 年代的调查，我国 86% 的污灌区水质不符合灌溉要求，重金属污染面积占到了污灌总面积的 65%，其中以 Hg、Cd 的污染最为严重，污灌水中重金属 Hg、Cd、Pb 含量的高低与相对应的灌区土壤中重金属累积量基本一致。污灌引起农田重金属污染，比较典型的有沈阳张士污灌区、辽宁沈抚污灌区、天津灌区、西安灌区等，这些污灌区生产的农产品也普遍存在重金属污染。

全国受重金属污染的农业土地约 2500 万公顷，每年被重金属污染的粮食多达 1200 万吨。对全国 24 省、市 320 个严重污染区 8223 万亩土壤调查发现，大田类农产品污染超标面积占污染区农田面积的 20%，其中重金属占超标污染土壤和农作物的 80%，局部地区相继发生“镉米”“镉小麦”事件。有关部门统计结果表明，全国每年因农田土壤的污染就直接造成粮食减产 1000 万吨，仅被重金属污染的粮食就多达 1200 万吨，单两者经济损失就超过 200 亿元。因灌溉用水污染而造成粮食减产 400 万吨，近百万吨稻谷因农药超标而影响出口，直接经济损失超过 100 亿元。所贵惟贤，所宝惟谷。粮食事关国运民生，粮食安全是国家安全的重要基础。中共中央、国务院关于《坚持农业农村优先发展做好“三农”工作的若干意见》指出，实施重要农产品保障战略，将稻谷、小麦作为必保品种，稳定玉米生产，确保谷物基本自给、口粮绝对安全。因此，开展大面积耕地污染修复和安全利用工作对保障粮食安全和社会发展都具有重要意义。

3. 耕地污染治理和修复存在问题

与工业场地污染修复相比，耕地污染治理和修复技术和要求更为复杂，修复成本更高、周期更长、成效缓慢。耕地土壤污染主要存在以下问题。

（1）耕地土壤重金属污染来源复杂，源头控制难度大　工业布局不合理，产业结构调整不到位，涉重行业准入门槛低，环境污染隐患较多；北方干旱地区采用城市生活污水和工业污水灌溉、南方工矿企业污染河水灌溉，污灌区面积广，污染程度深；农业投入品的不合理施用，交通运输以及大气沉降等因素对土壤重金属污染都存在一定的贡献。

（2）重金属污染具有隐蔽性或潜伏性特点，人们对污染危害认识不足　水体和大气的污染比较直观，直接通过感官感知，易引起警觉。但由于土壤对重金属有一定缓冲能力，重金属的危害通过农作物以及摄食的人或动物的健康状况才能反映出来，产生的恶果存在逐步累积的过程，其危害难以察觉并引起足够重视。

（3）法规制度建设滞后，标准体系不完善　我国尚未形成系统的土壤污染防治体系，包括法律法规与管理体系、标准体系、监测监控体系、土壤修复技术体系等。耕地土壤污染防治立法工作进展缓慢，亟需建立并完善污染土壤调查和监测制度、环境影响评价制度、整治与修复制度、土壤污染整治基金制度以及土壤污染的法律责任制度。

（4）环境监管能力不足，监督管理不到位　重金属污染防治管理机制不完善，各部门分工不明确。监管链条长、环节多，由于职能交叉或不清晰带来监管缺位或不到位。耕地土壤重金属污染督查力度不够，重金属污染环境监测和应急体系建设不健全。

（5）重金属污染防治基础工作薄弱，技术支撑能力不足　当前，耕地土壤重金属污染面积、污染种类、污染程度不清楚，涉重金属污染排放标准与环境质量标准不衔接，环境标准与健康标准之间脱节，成熟的重金属污染源头控制技术、过程阻隔技术以及末端治理技术匮乏。

（6）耕地产出价值不高，市场化运行局面尚未形成　与工商业场地修复潜在的高预期收益而言，污染耕地的安全利用往往很难带来高回报，社会资本进入该领域的意愿不强。当前耕地污染修复和安全利用工程均以财政资金支持，资金缺口较大，制约着我国土壤修复产业的发展。

二、耕地重金属污染修复与安全利用原则

耕地是不可再生资源。一方面中国是人多地少的国家，人均耕地面积仅为世界平均水平的40%。中国耕地面积18.26亿亩，人均不足1.4亩，耕地资源十分稀缺，保护耕地是基本国策。另一方面耕地污染导致的区域退化严重，中低产田占耕地总面积的70%。我国耕地污染面积大、中轻度污染比例高，耕地创造的实际价值低，如果要兼顾保障粮食数量安全和质量安全，就必须走出一条中国特色的耕地重金属污染修复与安全利用道路。

1.《中华人民共和国土壤污染防治》要求

《中华人民共和国土壤污染防治法》[96]要求，国家建立农用地分类管理制度，按照土壤污染程度和相关标准，将农用地划分为优先保护类、安全利用类和严格管控类。《中华人民共和国土壤污染防治法》的第五十三条规定：对安全利用类农用地地块，地方人民政府农业农村、林业草原主管部门，应当结合主要作物品种和种植习惯等情况，制定并实施安全利用方案。安全利用方案应当包括下列内容：

① 农艺调控、替代种植；

② 定期开展土壤和农产品协同监测与评价；

③ 对农民、农民专业合作社及其他农业生产经营主体进行技术指导和培训；

④ 其他风险管控措施。

《中华人民共和国土壤污染防治法》的第五十四条规定：对严格管控类农用地地块，地方人民政府农业农村、林业草原主管部门应当采取下列风险管控措施：

① 提出划定特定农产品禁止生产区域的建议，报本级人民政府批准后实施；

② 按照规定开展土壤和农产品协同监测与评价；

③ 对农民、农民专业合作社及其他农业生产经营主体进行技术指导和培训；

④ 其他风险管控措施。

各级人民政府及其有关部门应当鼓励对严格管控类农用地采取调整种植结构、退耕还林还草、退耕还湿、轮作休耕、轮牧休牧等风险管控措施，并给予相应的政策支持。

2.《土壤污染防治行动计划》（“土十条”）相关要求

为了切实加强土壤污染防治，逐步改善土壤环境质量而制定的法规，2016 年 5 月 28 日，《土壤污染防治行动计划》[97] 由国务院印发，自 2016 年 5 月 28 日起实施。从 10 个方面提出了达到上述目标的“硬任务”：

① 开展土壤污染调查，掌握土壤环境质量状况。深入开展土壤环境质量调查，并建立每 10 年开展一次的土壤环境质量状况定期调查制度；建设土壤环境质量监测网络，2020 年底前实现土壤环境质量监测点位所有县、市、区全覆盖；提升土壤环境信息化管理水平。

② 推进土壤污染防治立法，建立健全法规标准体系。2020 年，土壤污染防治法律法规体系基本建立；系统构建标准体系；全面强化监管执法，重点监测土壤中镉、汞、砷、铅、铬等重金属和多环芳烃、石油烃等有机污染物，重点监管有色金属矿采选、有色金属冶炼、石油开采等行业。

③ 实施农用地分类管理，保障农业生产环境安全。按污染程度将农用地土壤环境划为三个类别；切实加大保护力度；着力推进安全利用；全面落实严格管控；加强林地草地园地土壤环境管理。

④ 实施建设用地准入管理，防范人居环境风险。明确管理要求，2016 年底前发布建设用地土壤环境调查评估技术规定；分用途明确管理措施，逐步建立污染地块名录及其开发利用的负面清单；落实监管责任；严格用地准入。

⑤ 强化未污染土壤保护，严控新增土壤污染。结合推进新型城镇化、产业结构调整和化解过剩产能等，有序搬迁或依法关闭对土壤造成严重污染的现有企业。

⑥ 加强污染源监管，做好土壤污染预防工作。严控工矿污染，控制农业污染，减少生活污染。

⑦ 开展污染治理与修复，改善区域土壤环境质量。明确治理与修复主体，制定治理与修复规划，有序开展治理与修复，监督目标任务落实，2017 年年底前，出台土壤污染治理与修复成效评估办法。

⑧ 加大科技研发力度，推动环境保护产业发展。加强土壤污染防治研究，加大适用技术推广力度，推动治理与修复产业发展。

⑨ 发挥政府主导作用，构建土壤环境治理体系。在浙江省台州市、湖北省黄石市、湖南省常德市、广东省韶关市、广西壮族自治区河池市和贵州省铜仁市启动土壤污染综合防治先行区建设。

⑩ 加强目标考核，严格责任追究。国务院与各省区市人民政府签订土壤污染防治目标责任书，分解落实目标任务。

为保障农业生产环境安全，“土十条”对农用地实施分类管理，按污染程度将农用地划为三个类别，未污染和轻微污染的划为优先保护类，轻度和中度污染的划为安全利用类，重度污染的划为严格管控类，以耕地为重点，分别采取相应管理措施。到 2020 年，轻度和中度污染耕地实现安全利用的面积达到 4000 万亩，重度污染耕地种植结构调整或退耕还林还草面积力争达到 2000 万亩，受污染耕地治理与修复面积达到 1000 万亩。农用地分为优先保护类、安全利用类和风险管控类。

（1）优先保护类（未污染和轻微污染的） 各地要将符合条件的优先保护类耕地划为

永久基本农田，实行严格保护，确保其面积不减少、土壤环境质量不下降，除法律规定的重点建设项目选址确实无法避让外，其他任何建设不得占用。严格控制在优先保护类耕地集中区域新建有色金属冶炼、石油加工、化工、焦化、电镀、制革等行业企业。

（2）安全利用类（轻度和中度污染的） 根据土壤污染状况和农产品超标情况，安全利用类耕地集中的县（市、区）要结合当地主要作物品种和种植习惯，制定实施受污染耕地安全利用方案，采取农艺调控、替代种植等措施，降低农产品超标风险。

（3）严格管控类（重度污染的） 加强对严格管控类耕地的用途管理，依法划定特定农产品禁止生产区域，严禁种植食用农产品；对威胁地下水、饮用水水源安全的，有关县（市、区）要制定环境风险管控方案，并落实有关措施。

3. 《土壤环境质量农用地土壤污染风险管控标准（试行）》（GB 15618—2018）规定

为贯彻落实《中华人民共和国环境保护法》，保护农用地土壤环境，管控农用地土壤污染风险，保障农产品质量安全、农作物正常生长和土壤生态环境而制定的。自 2018 年 8 月 1 日起实施[98]。

（1）农用地土壤污染风险筛选值 指农用地土壤中污染物含量等于或者低于该值的，对农产品质量安全、农作物生长或土壤生态环境的风险低，一般情况下可以忽略；超过该值的，对农产品质量安全、农作物生长或土壤生态环境可能存在风险，应当加强土壤环境监测和农产品协调监测，原则上应当采取安全利用措施。其中重金属含量范围见表 9.14。

表9.14 农用地土壤重金属筛选值[98] 单位：mg/kg

序号	污染物项目①②		风险筛选值			
			pH ≤ 5.5	5.5 < pH ≤ 6.5	6.5 < pH ≤ 7.5	pH ≥ 7.5
1	Cd	水田	0.3	0.4	0.6	0.8
		其他	0.3	0.3	0.3	0.6
2	Hg	水田	0.5	0.5	0.6	1.0
		其他	1.3	1.8	2.4	3.4
3	As	水田	30	30	25	20
		其他	40	40	30	25
4	Pb	水田	80	100	140	240
		其他	70	30	120	170
5	Cr	水田	250	250	300	350
		其他	150	150	200	200
6	Cu	果园	150	150	200	200
		其他	50	50	100	100
7	Ni		60	70	100	190
8	Zn		200	200	250	300

① 金属和类金属砷均按元素总量计。

② 于水旱轮作地，采用其中较严格的风险筛选值。

（2）农用地土壤污染风险管制值　农用地土壤污染风险管制值（表 9.15）是指农用地土壤中污染物含量超过该值的，食用农产品不符合质量安全标准等农用地土壤风险高，原则上应当采取严格管控措施。

表9.15　农用地土壤污染风险管制值[98]　　单位：mg/kg

序号	污染物	风险筛选值			
		pH ≤ 5.5	5.5 < pH ≤ 6.5	6.5 < pH ≤ 7.5	pH ≥ 7.5
1	Cd	1.5	2.0	3.0	4.0
2	Hg	2.0	2.5	4.0	6.0
3	As	200	150	120	100
4	Pb	400	500	700	1000
5	Cr	800	850	1000	1300

（3）农用地土壤污染风险筛选值和管制值的使用

① 当土壤中污染物含量高于或低于风险筛选值时，农用地土壤风险低，一般情况可以忽略；高于风险筛选值时，可能存在农用地土壤污染风险，应加强土壤环境监测和农产品协同监测。

② 当土壤中重金属含量高于风险筛选值、等于或低于风险管控制值时，可能存在食用农产品不符合质量安全标准等土壤污染风险，原则上采取农艺调控、替代种植等安全利用措施。

③ 当土壤中重金属含量高于风险管制值时，食用农产品不符合质量安全标准等农用地土壤污染风险高，且难以通过安全利用措施降低食用农产品不符合质量安全标准等农用地土壤污染风险，原则上应当采取禁止种植食用农产品、退耕还林等严格管控措施（图 9.21）。

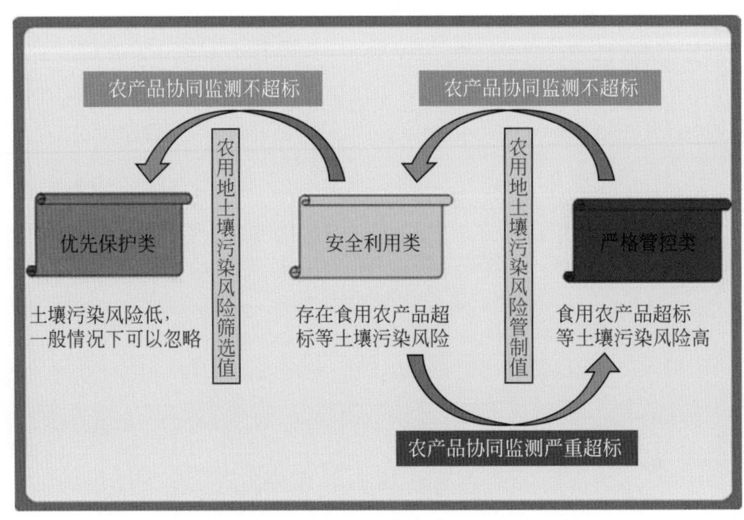

图 9.21　农用地土壤污染风险筛选值和管制值的使用

（来源：生态环境部公众号）

三、耕地重金属污染修复效果评估技术标准

迄今，重金属污染环境治理仍是世界的一大难题，尤其是耕地重金属污染土壤修复则更为突出。目前，防治土壤重金属污染、保障农产品品质安全的途径主要有 3 种：

① 在重金属污染土壤中种植重金属低积累作物，尤其可食部重金属含量极低的农作物品种；

② 从利用超富集植物从土壤中吸收重金属，以达到降低土壤中重金属含量的目的；

③ 改变重金属在土壤中的存在形态，使其固定，降低其在环境中的迁移性和生物有效性。

围绕上述几种治理途径，国内外根据采用方法与原理的不同，将土壤重金属污染修复的方法主要分为工程措施 (物理和物理化学修复)、化学修复、生物修复以及综合修复。作为耕地土壤重金属污染修复技术，重金属总量消减技术有植物提取修复技术、淋洗修复技术，有效态降低的钝化修复技术，以及抑制作物重金属吸收的阻隔修复技术、农艺调控修复等，不同修复技术的效果评价存在较大的差异。

（一）耕地土壤污染修复效果评价标准

1. 农产品达标生产

耕地的首要目的是生产粮食，因此决定了污染土壤修复技术是否成功实施的标准是农产品达标生产情况。《受污染耕地治理与修复导则》(NY/T 3499—2019) 规定，治理后，当季农产品中目标污染物单因子污染指数均值显著大于 1 (单尾 *t* 检验，显著性水平一般小于或等于 0.05)，或农产品样本超标率大于 10%，则当季效果为不达标；同时不满足以上两个条件则判定当季效果为达标。

2. 土壤重金属风险标准

《土壤环境质量标准》(GB 15618—1995) 和现有的《土壤环境质量　农用地土壤污染风险管控标准 (试行)》(GB 15618—2018) 规定了不同土地利用类型和 pH 值条件下土壤重金属总量要求，该标准适合于土壤重金属总量消减修复技术，而不适合于降低重金属有效性的修复技术。

3. 土壤健康指标

作为一个动态生命系统具有的维持其功能的持续能力，同时还认为有生物活力的和具有功能的土壤才可定义为健康的土壤。一是土壤中 N、P、K 等大量营养元素和 P、Zn、Mn、Mo 等微量元素含量丰富且均衡；二是土壤团粒结构很好，土壤孔隙度和通透性良好，土壤持水能力和保肥能力号，使农作物能够保持健康、平衡生长，形成的农产品内容物更充实；三是土壤没有有毒有害物质或者对作物生长没有影响，受《污染耕地治理与修复导则》(NY/T 3499—2019) 规定，同等条件对照相比减产幅度应≤ 10%。

4. 《受污染耕地治理与修复导则》(NY/T 3499—2019) 规定

① 耕地污染治理以实现治理区域内食用农产品可食部位中目标污染物含量降低到 GB 2762 规定的限量标准以下 (含) 为目标。

② 治理效果分为两个等级，即达标和不达标：达标表示治理效果已经达到了目标；不达标表示耕地污染治理未达到目标。

③ 根据治理区域连续 2 年的治理效果等级，综合评价耕地污染治理整体效果。

④ 耕地污染治理措施不能对耕地或地下水造成二次污染。治理所使用的有机肥、土壤调理剂等耕地投入品中镉、汞、铅、铬、砷 5 种重金属含量，不能超过 GB 15618—2018 规定的筛选值，或者治理区域耕地土壤中对应元素的含量。

⑤耕地污染治理措施不能对治理区域主栽农产品产量产生严重的负面影响。种植结构未发生改变的，治理区域农产品单位产量（折算后）与治理前同等条件对照相比减产幅度应≤ 10%。

（二）耕地重金属污染修复评估指标体系构建

1. 指标构建的原则性

重金属污染耕地修复效果评估指标应紧紧围绕农产品质量安全和产地环境安全，主要遵循以下几点。

（1）全面性　要耕地的属性功能，不仅从土壤重金属总量或有效态的改变，还要分析土壤理化特性、肥力特性、微生物群落等，最为关键要重点监测农产品是否符合安全标准，在达标生产的同时保证农产品不明显减产。

（2）客观性　用于重金属污染耕地修复效果评价的指标应是客观的，可以最大限度地反映修复效果。

（3）易测性　重金属污染耕地修复效果评价指标是现行的标准方法，或国内外公认的检测方法。

（4）可评估性　重金属污染耕地修复效果评价指标测定后，通过标准值或参考值可以作为评价的依据。

2. 指标体系内容

根据现有标准体系和规范，从耕地土壤的环境质量、肥力质量、健康质量三个方面推荐我国耕地土壤重金属污染修复效果推荐评价指标体系（表 9.16）。

表9.16　耕地土壤重金属污染修复效果评价推荐指标体系(有修改)[99]

指标类型	指标名称	指标意义	指标性质
土壤环境质量	总量	评价修复技术降低总量特征，外源污染是否明显增加重金属总量	约束性
	生物有效态	评价修复后土壤重金属生物有效性是否降低	约束性 / 参考性
	浸出毒性	评价土壤修复后是否产生二次污染	
土壤肥力	(1) 有效磷； (2) 碱解氮； (3) 速效钾； (4) 微量元素； (5) 微生物； (6) 质地	(1) 评价土壤修复后土壤和作物营养元素的变化； (2) 土壤微生物活性是否促进； (3) 土壤质地是否受到影响	参考性

续表

指标类型	指标名称	指标意义	指标性质
土壤健康质量	（1）农作物可食部总量；（2）农作物饲料部分重金属总量	经过修复后是否达标	约束性
其他指标	单位面积产量	修复后农作物是否减产	约束性 / 参考性

吴霄霄[100]以镉污染原位修复前后土壤-作物-修复材料整个系统为对象，从文献数据、大田试验数据和相关标准出发，运用理论分析、文献分析、德尔菲与层次分析等研究方法筛选指标，借助三种方法确定指标标准：第一种是利用现有标准制定，如全 Cd、糙米含 Cd 量指标标准；第二种是根据相关研究结果确定，如有效 Cd 消减量、糙米含 Cd 消减量指标标准；第三种是参考当地平均水平或常规要求制定，如水稻产量、修复材料含 Cd 量指标标准。结合设计问卷和专家咨询后建立南方酸性水稻土镉污染修复效果评估指标体系，建立的修复效果评估指标体系。包括 1 个目标层指标，4 个准则层指标，14 个具体评估指标。

① 4 项准则层指标（权重），包括：土壤肥力指标（0.12）；重金属污染指标（0.34）；水稻生长安全指标（0.43）；修复剂指标（0.11）。

② 土壤肥力指标（7 项评估指标），包括：碱解 N（0.009）；有效 P（0.012）；速效 K（0.006）；有机质（0.021）；pH 值（0.034）；阳离子交换量（0.018）；次生污染问题（0.018）。

③ 重金属污染指标（2 项评估指标），包括：土壤全镉量（0.121）；有效镉消减量 %（0.219）。

④ 水稻生长安全指标（3 项评估指标），包括：糙米含镉量（0.253）；糙米含镉消减量 %（0.111）；稻米产量（0.067）。

⑤ 修复剂指标（2 项评估指标），包括：修复性价比（0.051）；修复剂含镉量（0.059）。

（三）耕地重金属污染修复评估技术实施

耕地污染治理效果评价总体流程包括制定评价方案、采样与实验室检测分析、治理效果评价 3 个阶段[101]。

1. 制定评价方案

在审阅分析耕地污染治理相关资料的基础上，结合现场勘探结果，明确采样布点方案，确定耕地污染治理效果评价内容，制定评价方案。

2. 采样与实验室检测分析

在评价方案的指导下，结合耕地污染治理措施实施的具体情况，开展现场采样和实验室分析工作。布点采样与实验室分析工作由评价单位组织实施。

3. 评价治理效果

在对样品实验室检测结果进行审核与分析的基础上，根据评价标准，评价治理效果，并做出评价结论。

4. 评价时段

在治理后（对于长期治理的，在治理周期后）2 年内的每季农作物收获时，开展耕地污染治理效果评价；根据 2 年内每季评价结果做出评价结论。

5. 评价技术要求

（1）资料收集　在治理效果评价工作开展之前，应收集与耕地污染治理相关的资料，包括但不限于以下内容。

① 区域自然环境特征：气候、地质地貌、水文、土壤、植被、自然灾害等。

② 农业生产土地利用状况：农作物种类、布局、面积、产量、农作物长势、耕作制度等。

③ 土壤环境状况：污染源种类及分布、污染物种类及排放途径和年排放量、农灌水污染状况、大气污染状况、农业废弃物投入、农业化学物质投入情况、自然污染源情况等。

④ 农作物污染监测资料：农作物污染元素历年值、农作物污染现状等。

⑤ 耕地污染治理资料：耕地污染风险评估及治理方案相关文件、治理实施过程的记录文件及台账记录、治理中所使用的耕地投入品情况、二次污染监测记录、治理项目完成报告等。

⑥ 其他相关资料和图件：土地利用总体规划、行政区划图、农作物种植分布图、土壤类型图、高程数据、耕地地理位置示意图、治理范围图、治理措施流程图、治理过程图片和影像记录等。

（2）治理所使用的耕地投入品采集检测　依据随机抽样原则采集治理措施中所使用的有机肥、化肥、土壤调理剂等耕地投入品，检测镉、汞、铅、铬、砷 5 种重金属。检测方法按照相关标准的规定执行，如无标准则参照 GB 18877 的规定执行。

（3）治理效果评价点位布设　以耕地污染治理区域作为监测单元，按照 NY/T 398 的规定在治理区域内或附近布设治理效果评价点位。

（4）治理效果评价点位农产品采样及检测　治理或一个治理周期结束后，在治理效果评价点位采集农产品样品，采样方法按照 NY/T398 的规定执行，检测方法按照 GB 2762 的规定执行。

（5）治理效果评价　根据耕地污染治理效果评价点位的农产品可食部位中目标污染物的单因子污染指数算术平均值和农产品样本超标率判定治理区域的治理效果。治理后，当季农产品中目标污染物单因子污染指数均值显著大于 1（单尾 t 检验，显著性水平一般 $\leqslant 0.05$），或农产品样本超标率 $> 10\%$，则当季效果为不达标；同时不满足以上两个条件则判定当季效果为达标。如耕地污染治理措施如不符合 1.4 ④或 1.4 ⑤，则直接判定为不达标。连续 2 年内每季的效果等级均为达标，则整体治理效果等级判定为达标。2 年中任一季的治理效果等级不达标，则整体治理效果等级判定为不达标。若耕地污染治理效果评价点位农产品目标污染物不止一项，需要逐一进行评价列出。任何一种目标污染物的当季或整体治理效果不达标，则整体治理效果等级判定为不达标。

6. 评价报告编制

耕地污染治理效果评价报告应详细、真实并全面的介绍耕地污染治理效果评价过程，并对治理效果进行科学评价，给出总体结论。评价报告应包括治理方案简介、治理实施情况、效果评价工作、评价结论和建议以及检测报告等。

主要参考文献

[1] 中华人民共和国环境保护部，中华人民共和国国土资源部．全国土壤污染状况调查公报，2014.

[2] http://news.eastday.com/c/20180806/u1a14134996.html.

[3] 郭观林，周启星，李秀颖．重金属污染土壤原位化学固定修复研究进展．应用生态学报，2005, 16(10): 1990-1996.

[4] Sun Y B, Sun G H, Xu Y M,et al. Assessment of sepiolite for immobilization of cadmium-contaminated soils. Geoderma, 2013, 193-194: 149-155.

[5] 吴燕玉，陈涛，孔庆新，等．张士灌区镉污染综合防治．环境保护科学，1982 (4): 22-32.

[6] 喻猛，张炜．张士灌区镉污染复合改良剂治理研究．辽宁农业职业技术学院学报，2006, 8(2): 11-12.

[7] 王凯荣，张玉烛，胡荣桂．不同土壤改良剂对降低重金属污染土壤上水稻糙米铅 Cd 含量的作用．农业环境科学学报，2007, 2: 476-481.

[8] 韩君，梁学峰，徐应明，等．黏土矿物原位修复镉污染稻田及其对土壤氮磷和酶活性的影响．环境科学学报，2014, 34(11): 2853-2860.

[9] 王林，徐应明，梁学峰，等．广西刁江流域 Cd 和 Pb 复合污染稻田土壤的钝化修复．生态与农村环境学报，2012, 28(5): 563-568.

[10] 袁林，赖星，杨刚，等．钝化材料对镉污染农田原位钝化修复效果研究．环境科学与技术，2019, 42(3): 90-97.

[11] 梁学峰，徐应明，王林，等．天然黏土联合磷肥对农田土壤镉铅污染原位钝化修复效应研究．环境科学学报，2011, 31(5): 1011-1018.

[12] 周启星，宋玉芳．污染土壤修复原理与方法．北京：科学出版社，2004.

[13] 孙约兵，周启星，郭观林．植物修复重金属污染土壤的强化措施．环境工程学报，2007, 1(3): 103-110.

[14] Brooks RR. Plants that hyperaccumulate heavy metals: their role in phytoremediation, microbiology, archaeology, mineral exploration and phytomining. Oxford, UK: CAB International, 1998.

[15] Baker AJM, Brooks RR. Terrestrial higher plants which hyperaccumulate metallic elements - a review of their distribution, ecology and phytochemistry. Biorecovery, 1989, 1：811-826.

[16] Wei SH, Zhou QX, Wang X, et al. A newly-discovered Cd-hyperaccumulator *solanum nigrum* L. 科学通报（英文版），2005, 50(1): 33-38.

[17] Sun YB, Zhou QX, Wang L, et al.Cadmium tolerance and accumulation characteristics of *Bidens pilosa* L. as a potential Cd-hyperaccumulator. Journal of Hazardous Materials, 2009, 161: 808-814.

[18] 周启星，魏树和，张倩茹．生态修复．北京：中国环境科学出版社，2006.

[19] Siegel SM. Keller P, Siegel B Z, et a1. Metal speciation, separation and recovery. Proc Intern Syrup. Chicago: Kluwer Academic Publishers. 1986, 77-94.

[20] Huang J W，Blaylock M J, Kapulnik Y, et al.Phytoremediation of Uranium contaminated soils：role of organic acid in triggering Uranium hyperaccumulation in plant. Environmental Science and Technology，1998，32: 2004-2008.

[21] Whiting SN, de-Souza MP, Terry N. Phizosphere bacteria mobilize Zn for hyperaccumulation by *Thlaspi*

caerulescens. Environmental Science and Technology. 2001, 35: 3144-3150.

[22] 盛下放，白玉，夏娟娟，等．镉抗性菌株的筛选及对番茄吸收镉的影响．中国环境科学，2003, 23(5): 467- 469.

[23] Sun YB, Zhou QX, An J, et al. Chelator-enhanced phytoextraction of heavy metals from contaminated soil irrigated by industrial wastewater with the hyperaccumulator plant (*Sedum alfredii Hance*). Geoderma, 2009, 150: 106-112.

[24] Li ZW, Zhang RS, Zhang HM. Effects of plant growth regulators (DA-6 and 6-BA) and EDDS chelator on phytoextraction and detoxification of cadmium by *Amaranthus hybridus* Linn. International Journal of Phytoremediation, 2018, 20(11): 1121-1128.

[25] Sun YB, Zhou QX, Diao CY. Effects of cadmium and arsenic on growth and metal accumulation of Cd-hyperaccumulator Solanum nigrum L. Bioresource Technology, 2008, 99: 1103-1110.

[26] Nivas BT, Sabatini DA, Shiau BJ et al. Surfactant enhanced remediation of subsurface chromium contamination. Water Research, 1996, 30(3): 511-520.

[27] 陈玉成，熊双莲，熊治廷．表面活性剂强化重金属污染植物修复的可行性．生态环境．2004, 13(2): 243-246.

[28] Hong KJ, Tokuna GAS, Kajiuchi T. Evaluation of remediation process with plant - derived biosurfactant for recovery of heavy metals from contaminated soils. Chemosphere, 2002, 49(4): 379-387.

[29] Gadelle F, Wan J, Tokunaga T. Remove of uranium (VI) from contaminated sediments by surfactant. Journal Environmental Quality, 2001, 30: 470-478.

[30] López ML, Peralta VJR, Benitez T, et al. Enhancement of lead uptake by alfalfa (*Medicago sativa*) using EDTA and a plant growth promoter. Chemosphere, 2005, 61: 595-598.

[31] Liu D, Li T, Yang X, et al. Enhancement of lead uptake by hyperaccumulator plant species *Sedum alfredii* Hance using EDTA and IAA. Bulletin of Environmental Contamination, 2007, 78(3-4): 280-283.

[32] 郭栋生，席玉英，王爱英．植物激素类除草剂对玉米幼苗吸收重金属的影响．农业环境保护，1999, 18(4): 183-184.

[33] Pilon SE, Pilon M. Breeding mercury-breathing plants for environmental cleanup. Trends in Plant Science, 2000, 5(6): 235-236.

[34] Banuelos G, Leduc DL, Pilon-Smits EAH,et al. Transgenic Indian mustard overexpressing selenocysteinelyase or selenocysteine methyltransferase exhibit enhanced potential for selenium phytoremediation under field conditions. Environmental Science and Technology, 2007, 41(2): 599-605.

[35] Song WJ, Sohn EJ, Martinoia E,et al. Development of transgenic yellow poplar for mercury phytoremediation. Nature Biotechnology, 1998, 16: 925-928.

[36] 王辉，许超，罗尊长，等．氮肥用量对油菜吸收积累镉的影响．水土保持学报，2017, 31(6): 305-308.

[37] 何冰，陈莉，李磊，等．石灰和泥炭处理对超积累植物东南景天清除土壤重金属的影响．安徽农业科学，2012, 5: 2948-2951.

[38] 王爱国．美洲商陆（*Phytolacca americana* L.）对 Mn、Cd、Cu 的积累特性和 EDDS 螯合诱导植物修复研究．南京：南京农业大学，2012.

[39] 朱俊艳，于玲玲，黄青青，等．油菜 - 海州香薷轮作修复铜镉复合污染土壤：大田试验 [J]. 农业环境科学学报，2013, 32(6): 1166-1171.

[40] 郭楠，迟光宇，史奕，等．玉米与籽粒苋不同种植模式下植物生长及 Cd 累积特征 [J]. 应用生态学报，

2019, 30(9): 3164-3174

[41] Liu WT, Zhou QX, Sun YB,et al. Identification of Chinese cabbage genotypes with low cadmium accumulation for food safety. Environmental Pollution, 2009, 157: 1961-1967.

[42] Liu WT, Zhou QX, An J, et al. Variations in cadmium accumulation among Chinese cabbage cultivars and screening for Cd-safe cultivars. Journal of Hazardous Materials, 2010, 173: 737-743.

[43] 冯英，马璐瑶，王琼，等．我国土壤 - 蔬菜作物系统重金属污染及其安全生产综合农艺调控技术．农业环境科学学报，2018, 37(11): 8-19.

[44] Baker AJM. Accumulators and excluders-strategies in the response of plants to heavy metals. Journal of Plant Nutrition, 1981, 3: 643–654.

[45] 刘维涛．镉、铅排异大白菜品种的筛选和鉴定及安全生产的调控技术，博士毕业论文，沈阳，2009.

[46] 于力．豇豆（*Vigna unguiculata* L.）铝毒害及耐性机理．南京：南京农业大学，2012.

[47] Arthur E, Crews H, Morgan C. Optimizing plant genetic strategies for minimizing environmental contamination in the food chain. International Journal of Phytoremediation, 2000, 2(1): 1-21.

[48] 蒋彬，张慧萍．水稻精米中铅镉砷含量基因型差异的研究．云南师范大学学报 (自然科学版), 2002, 3: 37-40.

[49] 张玉烛，方宝华，滕振宁，等．应急性镉低积累水稻品种筛选与验证（英文）. Agricultural Science & Technology, 2019, 20(3): 1-10.

[50] 王林友，竺朝娜，王建军，等．水稻镉、铅、砷低含量基因型的筛选．浙江农业学报，2012, 24(1): 133-138.

[51] 黄道友，朱奇宏，朱捍华，等．重金属污染耕地农业安全利用研究进展与展望．农业现代化研究，2018,39(6):1030-1043.

[52] 杨刚，吴传星，李艳，等．不同品种玉米 Hg、As 积累特性及籽粒低积累品种筛选．安全与环境学报，2014,14(6):228-232.

[53] 杜彩艳，张乃明，雷宝坤，等．砷、铅、镉低积累玉米品种筛选研究．西南农业学报，2017, 30(1): 5-10.

[54] 李乐乐，刘源，李宝贵，等．镉低积累小麦品种的筛选研究．灌溉排水学报，2019, 38(8): 53-58.

[55] 陈亚茹，张巧凤，付必胜，等．中国小麦微核心种质籽粒铅、镉、锌积累差异性分析及低积累品种筛选．南京农业大学学报 ,2017,40(3):393-399.

[56] 夏亦涛．小麦镉高低积累品种筛选及其镉吸收转运的差异机制．华中农业大学，2018.

[57] 张彦威，张军，徐冉，等．籽粒有毒重金属低富集大豆品种筛选及与环境作用效应分析．大豆科学，2019, 6: 839-846.

[58] 赵云云，钟彩霞，方小龙，等．华南地区 11 个春播大豆品种抗镉性的差异．华南农业大学学报，2014, 3:111-113.

[59] 智杨，孙挺，周启星，等．铅低积累大豆的筛选及铅对其豆中矿物营养元素的影响．环境科学学报，2015, 35(6): 1939-1945.

[60] 张洋，罗晓玲，魏廷龙，等．镉高 (低) 积累油菜品种的筛选．湖南农业科学，2017, 8: 1-3.

[61] 赵丽芳，黄鹏武，宗玉统，等．适于镉铜复合污染农田安全利用的油菜品种筛选．浙江农业科学，2019, 60(9): 1614-1616.

[62] Alexander PD，Alloway BJ，Dourado AM. Genotypic variations in the accumulation of Cd，Cu，Pb and Zn exhibited by six commonly grown vegetables. Environmental Pollution，2006, 44: 736-745.

[63] 张永志，郑纪慈，徐明飞，等．重金属低积累蔬菜品种筛选的探讨．浙江农业科学，2009, (5): 872-

875.

[64] Wang G，Su MY，Chen YH，et al. Transfer characteristics of cadmium and lead from soil to the edible parts of six vegetable species in southeastern China. Environmental Pollution，2006, 144: 127-135.

[65] 刘维涛 , 周启星 , 孙约兵 , 等 . 大白菜 (*Brassica pekinensis* L.) 对镉富集基因型差异的研究 . 应用基础与工程科学学报 , 2010, 18(2): 226-236.

[66] Zhang K, Yuan J, Kong W, et al. Genotype variations in cadmium and lead accumulations of leafy lettuce (*Lactuca sativa* L.) and screening for pollution-safe cultivars for food safety[J]. Environmental Science: Processes & Impacts, 2013, 15(6): 1245.

[67] Qiu Q, Wang Y, Yang Z, et al. Responses of different Chinese flowering cabbage (*Brassica parachinensis* L.) cultivars to cadmium and lead exposure: Screening for Cd-Pb pollution - safe cultivars. CLEAN–Soil, Air, Water, 2011, 39(11): 925-932.

[68] Wang L , Xu YM, Sun YB, et al. Identification of pakchoi cultivars with low cadmium accumulation and soil factors that affect their cadmium uptake and translocation. Frontiers of Environmental Science & Engineering, 2014, 8(6): 877-887.

[69] Chen Y, Li TQ, Han X,et al.Cadmium accumulation in different pakchoi cultivars and screening for pollution-safe cultivars. Journal of Zhejiang University Science B (Biomedical &Biochenology), 2012, 13(6): 494-502.

[70] 刘泽航 . 苎麻镉富集性基因型差异及其与产量、品质、化学成分的相关性研究 [D]. 湖南农业大学 , 2018.

[71] 李智鸣 . 不同花生品种对铬的吸收差异及调控措施研究 . 广州：华南农业大学 , 2016.

[72] 王学礼 , 陈同斌 , 雷梅 , 等 . 通过选种重金属低积累甘蔗品种实现污染农田的生态修复 (英文). Journal of Resources and Ecology, 2012, 3(4): 373-378.

[73] 刘登璐 . 烟草镉低积累材料筛选及其镉积累特性研究 . 雅安：四川农业大学 , 2017.

[74] 周泉 , 马陆平 , 易学赛 , 等 . 镉低积累西瓜品种筛选研究 . 中国蔬菜 , 2016, 10: 41-43.

[75] 朱光旭 , 黄道友 , 朱奇宏 , 等 . 苎麻镉耐受性及其修复镉污染土壤潜力研究 . 农业现代化研究 , 2009, 30(6): 752-755.

[76] 于玲玲 , 朱俊艳 , 黄青青 , 等 . 油菜 - 水稻轮作对作物吸收累积镉的影响 . 环境科学与技术 , 2014, 37(1): 1-16.

[77] 王林 , 徐应明 , 梁学峰 , 等 . 生物炭和鸡粪对镉低积累油菜吸收镉的影响 . 中国环境科学 , 2014, 34(11): 2851-2858.

[78] 王惠明 , 林小兵 , 黄欠如 , 等 . 不同灌溉模式对稻田土壤及糙米重金属积累的影响 . 生态科学 , 2019, 38(3): 152-158.

[79] 徐一兰 , 金自力 , 刘唐兴 , 等 . 不同施肥措施对双季稻田土壤和大麦植株镉累积的影响 . 生态环境学报 , 2017, 26(7): 1235-1241.

[80] 冯子龙 , 卢信 , 张娜 , 等 . 农艺强化措施用于植物修复重金属污染土壤的研究进展 . 江苏农业科学 , 2017, 45(2): 14-20.

[81] Tu C, Zheng CR, Chen HM. Effect of applying chemical fertilizers on forms of lead and cadmium in red soil. Chemosphere, 2000, 41: 133-138.

[82] 陈俊英 , 吴普特 . 翻耕法对土壤斥水性改良效果 . 排灌机械工程学报 , 2012, 4: 479-484.

[83] 王科 , 李浩 , 任树友 , 等 . 不同耕作措施对土壤和水稻籽粒重金属累积的影响 . 四川农业科技 , 2017, 2:

32-34.

[84] 李明 , 陈宏坪 , 王子萱 , 等 . 石灰钝化法原位修复酸性镉污染菜地土壤 . 环境工程学报 , 2018, 12(10): 2864-2873.

[85] 刘丽 , 吴燕明 , 周航 , 等 . 大田条件下施加组配改良剂对蔬菜吸收重金属的影响 . 环境工程学报 , 2015, 9(3): 1489-1495.

[86] 邓思涵 , 龙九妹 , 陈聪颖 , 周一敏 , 李永杰 , 雷鸣 . 叶面肥阻控水稻富集镉的研究进展 . 中国农学通报 ,2020,36(01):1-5.

[87] Farooq MA , Ali S, Hameed A, et al. Alleviation of cadmium toxicity by silicon is related to elevated photosynthesis, antioxidant enzymes; suppressed cadmium uptake and oxidative stress in cotton. Ecotoxicology and Environmental Safety, 2013, 96: 242-249.

[88] Wan Y, Yu Y, Wang Q,et al. Cadmium uptake dynamics and translocation in rice seedling: influence of different forms of selenium. Ecotoxicology and Environmental Safety, 2016, 133: 127-134.

[89] Cui JH, Liu TX, Li FB, et al. Silica nanoparticles alleviate cadmium toxicity in rice cells: mechanisms and size effects. Environmental Pollution, 2017, 228: 363-369.

[90] 王辉 , 许超 , 黄雪婷 , 等 . 混配铁肥喷施对小白菜镉铅含量的影响 . 湖南农业科学，2018, 1: 30-36.

[91] 孟璐 , 孙亮 , 谭龙涛 , 等 . 水稻锌铁转运蛋白 ZIP 基因家族研究进展 . 遗传，2018, 40(1): 33-43.

[92] Zhang LH, Hu B, LiW, et al. Os PT2, a phosphate transporter, is involved in the active uptake of selenite in rice. New Phytologist, 2014, 201: 1183-1191.

[93] 张世杰 , 孙洪欣 , 薛培英 , 等 . 叶面施硅时期对冬小麦镉铅砷累积的阻控效应研究 . 河北农业大学学报 , 2018, 41(3): 1-6.

[94] 应金耀 , 徐颖菲 , 杨良觎 , 等 . 施用锌肥对水稻吸收不同污染水平土壤中镉的影响 . 江西农业学报 , 2018, 30(7): 51-55.

[95] 贺前锋 , 李鹏祥 , 易凤姣 , 等 . 叶面喷施硒肥对水稻植株中镉、硒含量分布的影响 . 湖南农业科学 , 2016, 1: 37-39.

[96] 中华人民共和国环境保护部 . 中华人民共和国土壤污染防治法 .2018.

[97] 国务院办公厅 . 土壤污染防治行动计划 , 2016.

[98] GB15618—2018.

[99] 王涛 , 李惠民 , 史晓燕 . 重金属污染农田土壤修复效果评价指标体系分析 . 土壤通报 ,2016, 47(3):725-729.

[100] 吴霄霄 . 典型酸性水稻土镉污染钝化修复效果评估体系建立 . 北京：中国农业科学院，2019.

[101] NY/T 3499—2019.

第十章　国外典型污染场地修复案例及分析

随着全球经济的迅速发展，世界上不少国家都遭遇了土壤、水环境污染的难题，这引起各国高度重视。一些国家的土壤环境管理工作起步较早，形成了较为完善的土壤、水环境管理体系（包括法律法规、技术、工程和管理），建立了相对完善的污染场地识别、评价和处理体系，利用先进的技术与严格的法规进行生态治理，积累了大量经验[1-3]。从 20 世纪 70 年代开始，随着基于风险的环境管理理念得到广泛接受，污染土壤、水治理修复策略从高能耗、高干扰的治理修复技术转向绿色、可持续的修复策略[4-6]。美国国会 1980 年通过了《环境应对、赔偿和责任综合法》，批准设立污染场地管理与修复基金即“超级基金”，授权环保署对全国“棕地”进行管理。德国的生态治理模式属于典型的“先污染后治理”模式。从 20 世纪中叶开始，英国就陆续制定了相关的污染控制和管理的法律法规，同时进行土壤改良剂和场地污染修复研究。荷兰建立了土壤可持续管理利用工作机制，完善了土壤环境管理的法律及相关标准。类似的很多经验都值得我们学习和借鉴，总结国外土壤、水修复的经验和启示，可对我国土壤、水修复技术的理论研究及实践探索提供一定的借鉴参考。总体来说，目前，国外土壤、水修复技术已从修复周期较短的物理修复、化学修复和物理化学修复发展为生物修复、植物修复和基于监测的自然修复，即从单一修复技术发展为联合修复技术[7-10]。

第一节　微生物修复技术案例及分析

一、碳铁强化污染场地四氯乙烯的降解过程中微生物特征变化

1. 背景

纳米零价铁颗粒（nZVI）的应用是一种新兴技术，用于原位修复受有毒和持久性氯化乙烯污染的含水层。近年来，碳铁材料被开发出来，它由含有纳米级零价铁结构的胶体活性炭组成，由于其具有复合结构，碳铁克服了传统 nZVI 的一些局限性，其组成和粒径导致胶体颗粒具有良好的传输和表面性质、高的化学反应性和在碳表面强吸附疏水性有机污染物的能力[11]。在现场条件下，脱氯效率变化很大，取决于污染物的氯取代基数量。该过程涉及有机卤化物呼吸细菌，它能够将 H_2 或其他电子供体的电子转移耦合到有机卤化物的卤素去除中。不同属的有机体，如硫螺菌、脱硫杆菌、土杆菌或脱卤杆菌，可以将四氯乙

烯（PCE）脱氯为顺式二氯乙烯（DCE）。由于ZVI非生物驱动的修复作用不能与微生物过程分开考虑，因此有必要对ZVI颗粒和有机卤化物呼吸细菌的相互作用有更深入的了解。研究表明，ZVI具有支持脱氯生物的潜力，例如通过提供分子氢，有机卤化物呼吸细菌可将其用作还原脱氯的电子供体。然而，还发现nZVI对微生物具有毒性作用，并在升高的ZVI浓度下引起氧化应激以及细胞膜破坏。暴露于nZVI导致脱氯率下降以及还原性脱卤酶基因*tceA*和*vcrA*表达下调。nZVI颗粒除了影响有机卤化物呼吸菌的生长和活性外，还可能影响含水层微生物群落的组成和活性。nZVI被证明引起了群落组成的变化或基因表达的变化。这种影响很大程度上取决于所使用的ZVI浓度，以及被测土壤及其微生物群落的特性。目前，只有少数研究涉及了nZVI与受氯乙烯污染的含水层中微生物降解活性的相互作用[12, 13]。本案例通过分析碳铁处理对德国萨克森州某氯乙烯胺化现场微生物过程的影响，研究碳铁改性对复合材料注入后含水层条件的影响，以及对PCE微生物降解的影响[14]。

2. 修复方案及样品采集

以德国萨克森州的一个被大型干洗设施氯化乙烯［主要是四氯乙烯（PCE）］污染的地点为修复场地。这里曾是一个军事区，干洗设施引起的污染发生在修复工程开始前20年。先前进行的现场环境评估结果表明约有1100kg氯化烃污染了约10000m^{2}的区域，其中在污染严重区域，PCE浓度高达720μmol/L。该场地的特点是水力变化明显，南部的平均流速为30cm/d，北部为6cm/d。0.5m以下含水层由人工砂填充层组成，再下面是25～30m厚的混合砂夹层和一些黏性粉土层。PCE浓度在地下6m左右的上部砂层中最高，并随着深度的增加浓度逐渐下降。修复所用主要材料碳铁颗粒由21 %的ZVI、55%的活性炭和24%的氧化铁组成，经计算，充水多孔颗粒的有效密度约为1.7g/cm^3。在中试规模现场研究的第一阶段，将20kg的碳铁悬浮在2m^{3}氮气冲洗的脱氧自来水（$C_{碳铁}$=2g/L）中，用4kg的低黏度羧甲基纤维素（CMC）稳定，注入地下6 m深处，测量最高污染浓度，另外用1m^{3}水随后冲洗。第二阶段投加材料是在450d后，使用110 kg碳铁（$C_{碳铁}$=15 g/L，C_{CMC}=1.5g/L），其中悬浮液被分成18个监测井。其中，选取采样深度为地下8.5m的地下水监测井和7口连续多道油管监测井以及参比井（采样深度同样为地下8.5m）作为监测井点，参比井位于PCE污染区内、碳铁影响半径之外。采用直接推送技术采集地下水样品，在注入前、在初次注入后600d的时间内频繁采集。在取样过程中，取40mL玻璃小瓶完全充满地下水，并通过涂有聚四氟乙烯的橡胶隔膜和铝盖压接密封，样品储存在4℃下。在600d的监测期结束时，通过冲击钻井采集监测井和参考井沉积物样品，深度为地下5～9m，用40mL的玻璃小瓶装满了沉淀物，并用螺旋盖密封，螺旋盖内衬聚四氟乙烯隔膜，并储存在−18℃下。

3. 修复效果

（1）PCE及其降解产物的监测　在向现场热点区域注入碳铁之前，发现PCE浓度高达720μmol/L，TCE的浓度为最高2μmol/L，而顺式DCE仅在微量元素中发现，氯乙烯（VC）没有被检测到。部分氯化产物未出现显著浓度，表明在注入碳铁之前，除氯球菌等生物的完全还原脱氯只起了很小的作用。在碳铁注入之前，连续多通道油管监测井中PCE的碳同位素特征从地下5m到15m为δ_{PCE}=−2.55%±0.05%，而在地下18m及以下区域，测量到δ_{PCE}=−2.1%±0.05%的同位素特征。由于欧洲轻汽油生产的PCE的典型碳

同位素特征通常在 -2.5% ～ -2.6% 范围内，可以认为上层含水层没有发生 PCE 降解。这意味着，PCE 污染的主要区域位于约地下 6m，无法进行微生物降解，因此在正常条件下不可能对现场进行生物修复，在更低的含水层中，PCE 的碳同位素特征表明污染物可被降解。由于微生物脱氯和铁矿物诱导的化学还原都会导致强烈的分馏，因此不可能在此基础上区分这两种过程。然而，由于降解主要发生在了对有机卤化物呼吸有机体特别有利的区域，因此微生物活性似乎与污染物的降解有关。在注入碳铁后，在碳铁的影响下监测井中观察到 PCE 损耗以及大量乙烯和乙烷的峰值，而未发现降解产物，在整个观察时间内未检测到 VC。在注射碳铁 200d 后，仅发现痕量 DCE（≈ 50nmol/L）。乙烯、乙烷和少量部分脱氯产物的存在与实验室条件下发现的 PCE 降解产物谱相对应，这意味着观察到的降解主要归因于碳铁的化学活性。在各监测井中，长期未发现部分脱氯产物，而在地下 12.5 ～ 25m 深度的连续多通道油管监测井中，注入后约一年检测到显著浓度的 DCE（主要是顺式 DCE）。

（2）污染物降解菌的检测　在地下 25m 深度的连续多通道油管监测井中，使用针对这些生物体的 16SrRNA 基因的特异性引物，证实了脱氯硫螺菌和脱硫杆菌的亲缘关系（表 10.1）。该监测井中检测到的有机卤化物呼吸细菌的存在，加上地下 12.5 ～ 25m 之间顺式 DCE 的形成，支持了碳铁能够促进微生物脱氯 PCE 的说法（图 10.1）。利用广泛特异性 16SrRNA 基因扩增子焦磷酸测序显示，在野外现场存在一种与假单胞菌菌株 JS666 相关的生物体（98% 的同源性），它是迄今为止已知的唯一能够用来作为唯一碳源和能量的氧化顺式 DCE 的微生物。在我们的研究中，顺式 DCE 的氧化降解可能补充了碳铁微生物降解 PCE。这种降解途径的一个优点是防止 VC 的形成。碳铁具有的温和的特点和长期的还原活性是有利的，它创造了适合有机物卤化呼吸细菌生长的条件。

表10.1　各监测点监测数据概要[14]

监测指标	对照	GWM	CMT
地面以下深度 /m	8.5	7 ～ 8.5	25
是否检测到碳铁颗粒	否	是	是
是否检测到顺式 DCE	否	痕量	是
有机卤化物呼吸细菌的存在	否	否	脱氯硫螺菌 脱硫杆菌
与假单胞菌株 JS666 关系最密切的 OTU 相对丰度 /%	5	1	1

在监测期结束时，即注射后约 600d，在现场沉积物中寻找特征性生物，发现碳铁影响井中存在与铁还原菌相关的生物。这种生物体能够在其呼吸过程中使用 Fe（Ⅲ）作为电子受体，在地下水监测井，该物种的丰度从地下 5 ～ 6m 时的 11% 下降到地下 6 ～ 7m 的 9%，然后在地下约 8m 时下降到 1%。在地下 25m 深度的连续多通道油管监测井中也发现了 1.5% 的铁还原菌群落，而在对照处理中没有发现这种铁（Ⅲ）还原菌。在碳铁老化过程中，Fe^{2+}

和 Fe^{3+} 的生成有助于铁还原菌的生长和活性的保持。

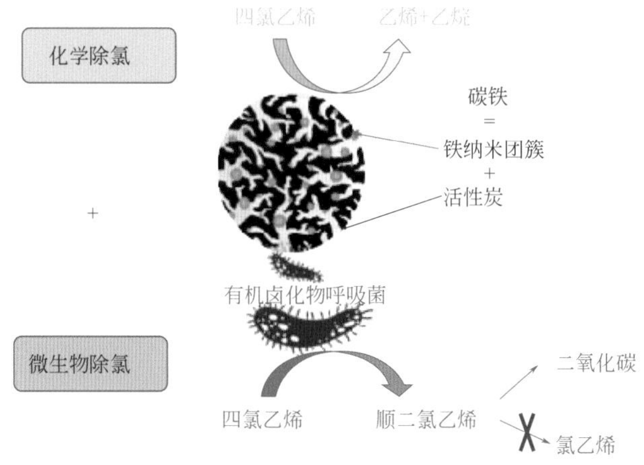

图 10.1 PCE 主要去除机制[14]

在位于注入点下游的连续多通道油管监测井和地下水监测井，在注入数周后发现少量可移动的碳铁颗粒，而在参考点没有观察到悬浮颗粒。为了帮助识别沉淀物中的颗粒和悬浮在孔隙水中的颗粒附着的微生物。图像结果显示，细菌附着在颗粒表面，即使是在化学反应阶段从现场收集到的碳铁仍含有金属铁。在碳铁复合材料中，ZVI 组分大部分嵌入活性炭的孔隙中，因此微生物与活性金属表面直接接触的可能性比 nZVI 小。这比传统的 nZVI 有很大的优势，因为 nZVI 直接附着在微生物细胞膜上被认为是具有金属细胞毒性的原因。微生物在颗粒表面的附着有可能导致微生物生物膜的形成，它具有多种特性并优于浮游悬浮液，如更高的毒性的更高耐受性、营养物质的最佳获取和对机械和环境胁迫的抵抗力。此外，碳铁可能具有促进物种间直接电子转移的潜力，这一点仅从活性炭方面就可以知道。此外，复合活性炭对疏水性污染物的吸附亲和力可大幅降低污染物在自由溶解状态下的浓度，从而降低污染物的毒性浓度。碳铁还具有比 nZVI 大的优势，因为它可以吸附形成其他有机有毒中间体，从而防止它们从处理区逃逸。

4. 小结

现场研究数据表明，在受 PCE 污染的含水层中应用碳铁可促进化学和生物修复途径。碳铁为 PCE 降解为完全脱氯产物乙烯和乙烷提供了化学反应活性。此外，它似乎还支持有机卤化物呼吸细菌，它可以在较长时间内将 PCE 转换为顺式 DCE，后者可由 ZVI 诱导的氢释放和 / 或活性炭的表面和吸附特性来支持。传统的 nZVI 具有高反应性、高腐蚀倾向和短寿命的特点，而碳铁的还原作用较慢，但作用时间持久。顺式 DCE 由与假单胞菌菌株 JS666 相关的生物体氧化降解。尽管碳铁为有机卤化物呼吸细菌提供了温和的环境条件，但它仍然为后续的氧化步骤提供了可能。ZVI 诱导的微生物减少 PCE 的耦合与顺式 DCE 的后续氧化是很有前途的策略，在渗透性稍好的含氧含水层中应该是优选的。

二、寒冷气候条件下石油烃污染场地的生物修复

1. 背景

化石燃料是迄今为止人类活动的最大能源来源，2010 年占全球能源消费总量的 81%。在化石燃料的储存、运输和燃烧过程中，大量的污染烃类化合物被释放到周围环境中，其中燃料泄漏是主要的污染途径[15-17]。在加拿大，大约 60% 的污染场地涉及石油烃污染。在过去几年中，由于石油烃类化合物的暴露而引起的健康风险和环境影响已让土壤污染成为一个主要环境问题。棕色地带中的一些地点需要进行广泛的清理，以防止污染物进一步迁移到水、土壤、空气中，从而对人类健康造成威胁。据估计，仅在加拿大，就有约 22000 个受烃类化合物污染的场所，环境负债和补救成本达数十亿美元。因此，石油污染土壤的生物修复已成为一项重要的环境活动，作为一种经济和环境上可行的解决方案，可使环境恢复到温带气候背景水平[18-20]。在寒冷气候下，它也越来越被视为一种合适的补救方案。生物修复利用微生物降解烃类化合物污染，减轻对人类健康和环境的危害。异位生物修复作为一种主要的修复技术，在过去的几十年里已经成为一个相当受欢迎的研究课题。在大多数情况下，通过异位生物修复处理污染土壤涉及两种主要策略：将石油降解微生物添加到土壤基质中的生物强化和引入必需营养素或生物表面活性剂的生物刺激来促进微生物石油降解。生物刺激和生物强化都可以通过引入碳酸氢盐分级细菌和 / 或使用非均质附加材料（如堆肥）辅助受污染的土壤或污泥来单独或组合完成土壤修复。然而，用生物修复去除土壤中的石油烃仍然是一个挑战，特别是在寒冷的气候条件下。安大略省气候寒冷，由于温度对控制微生物代谢和碳氢化合物生物利用度起着重要作用，因此，异位生物修复技术仅限于每年 4 ～ 11 月温度高于冰点的时间。近年来，在寒冷的气候条件下，人们采用各种方法对石油污染土壤进行有效的降解。这些发现证实了不同策略的可行性，如通过营养物质修正生物刺激，使用膨胀剂和强制通风，以及通过对微生物进行无害化处理，以在寒冷天气条件下提高降解烃类化合物的生物强化速率。评估加拿大等寒冷气候的生物修复策略和提高寒冷气候条件下降解率，对于成本效益高的污染土壤净化具有重要意义。考虑到上述情况，本案例的主要目的是评估和比较在寒冷天气条件下使用生物堆技术，在石油污染土壤中总石油烃（TPH）以及不同组分［包括易挥发组分（F1:C_6 ～ C_{10}）、半挥发性组分（F2:C_{10} ～ C_{16}）和非挥发性组分（F3:C_{16} ～ C_{34}）］的生物降解性。构建了现场规模的生物堆，并将微生物联合接种和成熟堆肥技术作为生物强化和生物刺激的策略，并进行了 94d（2012 年 11 月至 2013 年 2 月）的监测[21]。

2. 污染场地

受石油烃类化合物影响的场地位于加拿大魁北克省乌塔市区的瓦勒德布瓦得，该场地位于白金汉以北的杜利埃河东岸。在整个历史中，加热油（C_{14} ～ C_{20}）作为燃料源储存在地上储罐（ASTs）中。由于泄漏，AST 于 1994 年被拆除，并进行了环境评估。目前的结果表明，在地表以下 11.5 ～ 13.5m 之间的污染区域，覆盖面积约 1600m^2。初步样品表明，根据魁北克省法规发布的指南，土壤中的石油烃高于标准，估计浓度在 6000 ～ 15000μg/g 干重之间。受污染的土壤于 2012 年 10 月被挖掘并运至加拿大安大略省穆斯克里克的一个处理设施，其 pH 值为 7.79。土壤分类为砂，其中 12.7% 为砾石，81.3% 为砂，3.3% 为

粉土和黏土。初步化学分析表明，污染土壤中含有（924±127）μg/g 的 TPH，挥发性组分（F1）为（27±4）μg/g，半挥发性组分（F2）为（455±67）μg/g，非挥发性组分（F3）为（442± 62）μg/g。

3. 生物堆设计

分别建造了 4m×4m×1m（$16m^3$）的原位生物堆。处理包括：仅土壤（S），土壤和堆肥联合（S+C），土壤和微生物联合（S+M），以及土壤+堆肥+微生物联合（S+C+M）。所有生物织物均位于 24m 的衬垫上，覆盖沥青表面，沥青表面包括合成土工膜，以减少渗滤液向地下环境的潜在迁移。污染的土壤是由前端装载机混合 10 次后，以 10：1（土壤：堆肥）的比例加入成熟堆肥，以获得均匀的基质。然后，用挖掘机将土壤运输并分层铺设，每层 30cm 高，覆盖在每个生物桩底部的穿孔管上。放置每层土壤后，在顶部喷洒初始浓度为 10^7CFU/mL 的微生物联合体溶液。重复这个过程，直到达到所需的高度。使用的微生物联合体是一种商业液体产品，是含有一种加拿大本土细菌菌株的浓缩混合物，被定义为碳氢化合物降解剂，以 0.05%（体积分数）稀释率与水混合。它被认为是非致病性的，并在加拿大环境部国内物质清单上的有机体清单中被确认。在所有的生物制剂建立之后，安装监测和取样管来测量生物制剂内的氧（O_2）和二氧化碳（CO_2）。在施工过程中，安装在生物纤维底部的穿孔管网连接到一个再生鼓风机系统，向一侧产生低气流喷射，在另一端产生等效真空，从而在分离箱中提取和收集渗滤液，并中和向环境中排放的无组织排放物，因为土壤可以通过易挥发物的再循环充当其自身的过滤器。为了提供足够的氧气，使土壤保持在氧气限制条件以上，以 15% ～ 20% 的氧气浓度为目标，每个生物堆的平均气流速度为 $30m^3/h$。建造完成后，用 5mm 厚的黑色绝缘膜覆盖生物纤维，以保护生物纤维不受风和降水的影响，并保持细菌生长所需的适当湿度和温度（图 10.2）。

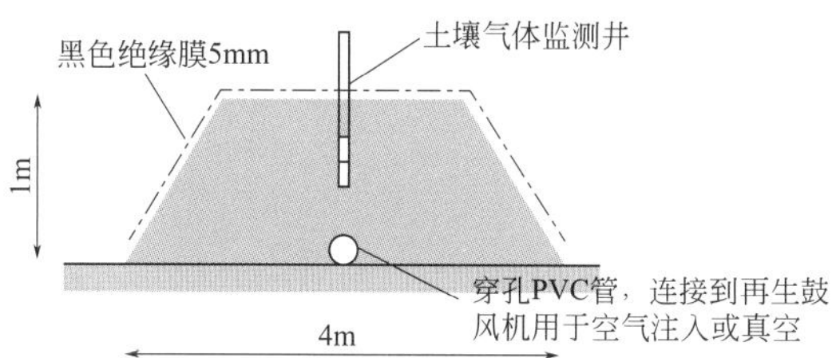

图 10.2 生物反应堆设计 [21]

4. 土壤取样、分析与监测

在运行期间实施了土壤和空气采样监测计划。一开始，从受污染土壤中随机采集 5 份复合样品，立即放入密封的 250mL 玻璃罐容器中，以防止挥发和光降解，并立即将容器放入冷却器中，将样品保存在 4℃环境中，然后 24h 内运输至加拿大实验室协会认证的实验室进行认证（CALA）。在第 6 天、第 25 天、第 39 天、第 67 天和第 94 天，通过汇集和均匀化不同深度的 6 个子样本，从每个生物堆中收集复合土壤样本。对土壤样品进行不同的分析，包括粒径、pH 值、异养菌平板计数和 F1 ～ F3。

5. 温度变化

根据从加拿大环境部获得的安大略省穆斯克里克（加拿大环境部，2013 年）的历史数据，处理期间的环境温度为 3.5℃～ 24.1℃，平均温度为 11.3℃。同时，不同试验装置的内部土壤温度在处理期间保持在冻结条件以上。成熟堆肥改良剂的放热反应和烃类化合物的降解有助于保持生物材料的内部温度，促进细菌的生长。黑色隔热膜还将对流热损失和累积的太阳辐射热降低到最小，从而使土壤变暖。在整个处理期间，不同设置生物织物内的氧气浓度和水分含量分别在 16% ～ 21% 和 30% ～ 50% 之间变化。这代表了促进微生物活性和高效石油烃生物降解的最佳条件。塑料覆盖物也有助于保持土壤中的水分条件，因为它可以避免土壤干燥，从而限制烃类化合物的降解。

6. 石油烃降解

成熟堆肥与微生物联合体的无害化相结合，在生物刺激和生物强化策略下，烃类化合物的生物降解能力明显增强，降解率较高。试验处理 S、S+M、S+C 和 S+C+M 实施 94d 后，TPHs 的平均去除率分别为 48%、55%、52% 和 82%。结果表明，仅添加微生物群的生物强化（S+M）或仅添加成熟堆肥的生物刺激（S+C）对 TPHs 的生物降解没有明显的促进作用，且与对照生物堆相比，去除率仅提高了 4% ～ 5%。考虑到生物降解是烃类化合物去除的主要机制，在实验装置 S+C 和 S+M 中观察到的降解可能受来自土壤、堆肥或能够降解烃类化合物的接种微生物群落的本地微生物区系的影响。寒冷天气条件下，曝气的挥发是次要的反应机制。与生物刺激或生物强化的个别应用相反，生物刺激和生物强化（S+C+M）的组合显著增强和促进了烃类化合物矿化，在寒冷环境下达到了总 82% 的 TPHs 去除率，而对照生物堆（S）仅为 48% 的 TPHs 去除率。烃类化合物的浸出似乎不是主要的机制，因为生物回收覆盖并没有观察到明显的渗滤液。在四种不同的处理中，最终 TPHs 浓度的测量值之间存在显著差异（$p < 0.05$）。生物堆施工两周后，收集土壤样本并用于微生物评估分析。异养平板计数超过每克土壤 10^7CFU，并且在整个处理期间存在碳氢化合物降解剂，平均为 4.7lg MPN/g，以确定烃类化合物降解剂的存在是否适合环境内部条件，处理结果表明生物膜中存在生物活性物质。在设置 S+C 和 S+C+M 时，与 S 和 S+M 相比，S+C 和 S+C+M 处理时 CO_2 的产量更高。处理 S+C+M 在整个处理过程中表现出最高的 CO_2 产量，最大值为 0.20% 体积，这证实了接种细菌对土壤中的固有条件的成功适应，提高了烃类降解效率。这些结果与去除效率一致，即去除率越高，二氧化碳产量越高。

7. 总石油烃和烃类组分的生物降解速率

本案例数据结果表明 TPH 在土壤中的降解是微生物作用的结果，石油烃的生物降解采用了不同的策略。在 S 处理过程中，TPH 降解率最低，分别为 0.004d^{-1}、0.184d^{-1} 和 0.079d^{-1}，相应的半衰期分别为 173.3d、3.8d 和 8.8d。S+C、S+M 和 S+C+M 的降解率和半衰期呈下降顺序（表 10.2）。这些结果表明，在 S+C+M 处理中观察到的生物强化和生物刺激策略的组合在促进和增强生物降解方面更有效。结果还表明，与实验装置 S+C+M 的非挥发性（F3）组分的 0.209d^{-1} 相比，半挥发性（F2）组分的 0.491d^{-1} 的生物降解率更高。在装置 S+M 和 S+C 中观察到类似的趋势，表明 F2 组分的降解速度比 F3 组分快得多。

与非挥发性（F3）组分相比，半挥发性（F2）组分的降解率可能因其生物利用度和较低的分子量而优先提高。

表10.2　不同修复处理条件下总石油烃和烃类组分的降解率 (k_1)和半衰期 ($t_{1/2}$)[21]

项目	生物堆设计	原始浓度/（μg/g 干重）	最终浓度/(μg/g 干重）	k_1/d^{-1}	$t_{1/2}$/d	R^2
总石油烃	S	924 ± 127	478 ± 105	0.004	173.3	0.32
	S+M		418 ± 10	0.009	77	0.72
	S+C		442 ± 110	0.008	86.6	0.72
	S+C+M		166 ± 44	0.016	43.3	0.86
F1	S	27 ± 4	ND			
	S+M		ND			
	S+C		ND			
	S+C+M		ND			
F2	S	455 ± 67	156 ± 25	0.184	3.8	0.77
	S+M		156 ± 11	0.240	2.9	0.87
	S+C		147 ± 41	0.236	2.9	0.89
	S+C+M		33 ± 11	0.491	1.4	0.97
F3	S	442 ± 62	249 ± 81	0.079	8.8	0.47
	S+M		262 ± 1	0.128	5.4	0.63
	S+C		295 ± 69	0.100	6.9	0.51
	S+C+M		128 ± 32	0.209	3.3	0.78

注：ND 表示未检出。

仅在处理 S+C+M 的情况下，这两种组分的浓度均降低至低于省级标准，其中 F2 组分为 80×10^{-6}，F3 组分为 300×10^{-6}。经过 40d 的修复后就发生了这种情况。然而，实验装置 S+M 和 S+C 不符合这些标准，在处理过程中，浓度值仍高于 F2 组分的标准，部分低于 F3 组分的标准。此外，在不同实验装置的 94d 处理期间，观察到了 F2 和 F3 组分的同时生物降解。污染土壤中烃类化合物的降解行为可能会受到组分的生物有效性、微生物群落的特性和相互作用的影响。

8. 小结

本修复案例表明，采用微生物联合体和成熟堆肥（10∶1 的堆肥和土比）作为生物强化和生物刺激的方法，是一种有效地增强石油烃污染沙土在寒冷天气条件下降解效果的方法，田间试验的去除率达 82%。相比之下，对照生物堆（S）的 TPHs 去除率为 48%，生物刺激单独应用（S+C）的 TPHs 去除率为 52%，生物强化单独应用（S+M）的 TPHs 去除率为 55%。结果经统计学分析，两组间无显著性差异。然而，联合应用（S+C+M）与对照处理显著不同。二氧化碳的产生和烃类化合物降解剂的存在证实了微生物对环境基质的适应性，表明烃类化合物的生物降解或矿化是处理装置的主要机制。结合黑色绝缘塑料膜的内部反应可有助于在不同的处理装置中保持高于冰点的温度。在处理期间，氧和水分不是限制因子，有助于提高微生物活性。实验装置 S+C+M 对 TPHs、F2 和 F3 组分的降解率显著较高，分别显示 0.016/d、0.491/d 和 0.209/d。此外，经过 40d 的处理后，获得的 F2 和 F3 组分的最终浓度符合省级标准，允许土壤用于其他目的。与 F3 组分相比，F2 组分的动力学速率更高，因为生物利用度和分子量影响了有机降解的优先途径。在寒冷的天气条件下，F2 和 F3 组分的同时生物降解与先前的研究结果一致，其中生物降解在修复过程中起着重要作用。从这项修复案例中获得的信息表明，在异位修复项目中，成功地使用了生物修复策略来生物降解烃类污染物。然而，对于不同类型的土壤基质在寒冷气候条件下的应用，还需要进一步研究。因此，与垃圾填埋和焚烧等破坏性处理方法相比，在寒冷天气下使用成熟堆肥和联合体接种进行生物修复，可以促进土壤的可持续性和石油烃污染土壤的再利用。

第二节 植物修复技术实践案例及分析

一、高寒阿尔卑斯山地区污染环境的治理与修复

1. 工业染料/颜料废水污染物的去除/降解

由于水和水力发电厂的密集分布，阿尔卑斯地区建立了许多工业区，特别是在罗恩河上游和莱茵河谷，存在着一些包括染料和颜料之类的精细化学品工业生产厂，这些工厂排放的废水通常含有难降解的化合物。染料至少含有一个磺酸基，而且通常还含有不同的取代基，例如硝基，所以这些化学物质不易受到生物脱色和生物降解的影响。因此，来自染料、纺织和洗涤剂工业的废水，以及来自垃圾填埋场的渗滤液，经常含有磺化芳烃类污染物，对环境特别是淡水产生了巨大影响。从工业废水中去除 / 降解磺化外源化合物是一个主要的挑战，不仅是因为颜色，还因为它们的持久性和毒性。物理或化学处理方法存在着成本高、效率低、不适用于多种染料以及形成副产物多等缺点。此外，包括偶氮和蒽醌衍生物在内合成染料的微生物降解，通常需要在单一细菌或真菌物种中，但该条件很难达到。微生物降解磺胺芳香族化合物的能力有限，因此无法处理这些异种化合物的各种混合物，因此也限制了其在活性污泥的传统废水处理厂的使用。在此背景下，人工湿地和植物根际过滤技术被选择来去除和降解这些工业废水中的有机污染物，它们都通过使用合适的植物种类，提供一种低成本、低维护的方法来处理难降解的外源化合物。

本案例中修复植物为生产天然蒽醌的植物大黄，由于修复植物可从水体介质中去除污染物并不意味着它完全是由植物自身积累和降解的，还需要研究植物可能的吸附、吸收、代谢和降解性能，所以本案例分析了所用修复植物大黄去除 / 降解磺化外源化合物的可能机制 [22]。修复工程结束后，通过毛细管电泳测定，在大黄叶片中发现了磺化蒽醌，表明污染物是被这些植物吸收和转运的。与不含磺化蒽醌的植物叶片提取物相比，在含有这些外

源物质的植物中发现了新的代谢物，这表明至少有一部分是由该种植物转化的。此外，所产生的代谢物的分布取决于所使用的植物，所以在任何植物修复之前仔细筛选植物物种、生态型或品种是很有必要的。磺化蒽醌类化合物可能是通过植物中经典解毒途径的酶来转化的，而谷胱甘肽转移酶的研究结果表明，这类酶与磺化蒽醌的代谢无明显关系。相反，细胞色素 P450 单加氧酶参与磺化蒽醌的解毒，糖基转移酶也可以参与合成磺化蒽醌的代谢的后续步骤，植物体内天然蒽醌通常也可被糖基化。大黄是一种耐寒的多年生植物，废水处理案例表明其在开发新的植物处理方法以净化含有磺化芳香化合物的废水方面具有广阔的应用前景。

2. 石油烃污染土壤修复

在意大利北部的一个由于陆地油井井喷造成石油烃类化合物污染的农业土壤上进行了植物修复工程。在这项修复工程开始之前，被污染的土壤被广泛地用生物堆进行处理，以促进烃类化合物的降解，然后回填到原来的位置。被污染的土壤（$15hm^2$，$1hm^2=1000m^2$，下同）被分成若干小块。

整个案例实施的主要目的是评估植物处理在实际条件下去除石油烃的潜力；比较土壤修复的改良处理、自然衰减与植物修复之间效率的差别；将污染物浓度降低到农业土壤可接受的水平；选择污染土壤中降低原油烃能力最高的作物。本案例还同时设置了室内试验补充研究，以比较在田间和其他环境中获得的结果。在这里，我们对比分析工程实施前三个生长季节（1998 年夏季、1998 ～ 1999 年冬季和 1999 年夏季）的修复结果，当时种植了 11 种农业物。夏季选择的植物有苜蓿、羊茅、三叶草、玉米、黑麦草、高粱和大豆；冬季选择的植物有羊茅、油菜、黑麦草、黑麦、野豌豆和小黑麦。土地耕作区的处理主要是定期翻动土壤。此外，研究还包括自然衰减（杂草区）的评估，包括在种植地块之间自然生长的杂草（杂草生长、无作物、无耕作）（图 10.3）。

(a) 修复前

(b) 修复后

图 10.3　场地修复前后对比 [22]

① 第一个夏季阶段修复结果表明，净化过程的开始是缓慢的。事实上，土壤总石油烃（TPH）和多环芳烃（PAH）浓度在整个种植区、耕作区和自然衰减区都有所下降，但只有玉米和红三叶草的土壤 TPH 和 PAH 浓度明显下降。土壤 TPH 的平均减少量为 721 ～ $2849kg/hm^2$。土壤中多环芳烃减少量在 1.3 ～ $12kg/hm^2$ 之间。在这个季节，所有的农业植物都受到了胁迫，表现出生物量减少、植株高度减小和叶片发黄（表 10. 3）。

表10.3 污染土壤中总石油烃(TPH)和多环芳烃(PAH)的去除[22]

季节		原始 TPH /(mg/kg)	最终 TPH /(mg/kg)	去除 TPH (kg/hm²)	原始 PAH /(μg/kg)	最终 PAH /(μg/kg)	去除 PAH /(kg/hm²)
第一个夏季	苜蓿	3380	2405	2168	6329	4960	3.3
	玉米	3235	2227	2419	6680	4017	12.0
	红三叶草	3414	2227	2849	8687	4373	10.4
	黑麦草	3715	3451	721	8351	6655	4.1
	土地耕作	3322	2681	1538	6846	6298	1.3
冬季	羊茅	3134	1144	4777	6855	3960	6.9
	油菜	2403	908	3588	4183	1953	5.4
	黑麦	3055	1208	4432	5784	5037	1.8
	黑麦草	2687	1081	3854	6258	2785	8.3
	黑小麦	4202	1930	6478	6317	5794	1.6
	野豌豆	2152	765	3330	5224	2916	5.9
	杂草	2440	701	4173	5213	1692	8.5
	土地耕作	1716	1031	1644	4428	2156	5.5
第二个夏季	苜蓿	1786	861	2221	3673	2273	3.4
	羊茅	2055	826	2950	3861	2408	3.5
	玉米	2932	561	5692	4100	1927	5.2
	红三叶草	1564	677	2127	4442	2720	3.7
	高粱	2749	486	5431	5230	1829	8.2
	大豆	2952	1155	4313	3432	1201	7.0
	杂草	2507	472	4885	3467	1703	6.1
	土地耕作	1009	735	104	2558	1634	2.2

② 在冬季，耕作地块和杂草区土壤 TPH 的下降率明显高于自然衰减区。现场土壤 TPH 的从 1644kg/hm²（填埋）减少到 6478kg/hm²（小黑麦）。种植区、耕作区和杂草区土壤多环芳烃含量均降低。黑麦和小黑麦对土壤多环芳烃的去除量最小，黑麦草和杂草对土壤多环芳烃的去除量最高。作物生长受到的影响小于第一季。

③ 在第二个夏季，土壤 TPH 和 PAH 的浓度仅在土地耕作区略有下降。在几乎所有其他条件下，TPH 的平均去除量均具有统计学意义，种植地块的 TPH 去除量为 2127kg/hm²（红三叶草）到 5692kg/hm²（玉米）不等，而填埋地块的 TPH 去除量仅为 104kg/hm²。土壤中多环芳烃的去除范围为 2.2kg/hm²（填埋）～ 8.2kg/hm²（高粱）。与前两个季节相比，土壤 TPH 浓度的降低与植物生长增加的变化规律一致。

同时，苜蓿、三叶草和羊茅（与污染区使用的种子相同）在温室环境中，在取自污染区的土壤中生长。结果表明，温室条件下种植的植物对土壤 TPH、PAH 的还原速率和植物 PAH 的吸收速率的影响大于对照组在野外条件下生长的植物。因此，必须谨慎地将在温室（缩小规模）中获得的植物修复结果外推到田间（全面规模），因为影响田间研究结果的所有环境条件在温室条件下都不占优势。

在三个生长季节，植物多环芳烃浓度在第一个季节最高，在第三个季节最低，但与对照植物的数量级相同。植物中多环芳烃浓度和土壤中多环芳烃降解速率的平行测定表明，多环芳烃的降解（主要是 2 ～ 4 环、萘、菲、芘和荧蒽）是由根际细菌引起的。相比之下，植物根系吸收土壤中多环芳烃的能力似乎有限。当作物在污染土壤上种植时，TPH 的降解比在填埋条件下更快，这可以归因于植物对根际微生物的积极作用以及对下层土壤的翻耕作用。植物修复处理，特别是对玉米和高粱的修复，其效率远高于填埋处理，也优于自然衰减处理。轮作玉米 / 黑麦草对土壤中石油烃的去除效果最好。本项植物修复工程共进行了 6 年，修复后的土壤可以重新用于农业生产。因此，作物种植和轮作的联合运用是一种成功的修复烃类化合物污染的农业土壤方法，即使是在高寒条件下也适用。

3. 小结

包括高寒地区在内的世界范围内，控制使用适当的植物，必将对污染和退化生态系统的修复和恢复、环境质量的监测和评估、防止景观退化和改善食品质量发挥重大作用。上述两个不同的案例研究和方法很有希望为清理阿尔卑斯山非常特殊的环境和气候中受污染的土壤、棕色地带和废水提供有效和环境友好的工具。目前最重要的挑战之一是利用基础科学知识提高植物技术在该领域的应用效率。传播功效、风险评估、公众认识和接受这项绿色技术，以及促进科学家、环境工程师、工业界、利益相关者、最终用户、非政府组织和地方当局之间的相互联系，可以更好地确保植物修复工程的执行。植物技术为包括高山地区等在内污染场地环境修复、人类健康和可持续发展提供了充满希望和可持续的方法。

二、日本放射性铯污染土壤治理与修复

1. 背景

2011 年 3 月日本大地震和海啸之后，大量来自福岛第一核电站（F1NPP）放射性核素被释放到环境中[23,24]。释放的主要放射性核素是放射性铯 ^{134}Cs（$t_{1/2}$=2.07 年）、^{137}Cs（$t_{1/2}$=30.1 年）以及放射性碘 ^{131}I（$t_{1/2}$=8.1 d）。^{137}Cs 和 ^{131}I 释放量估计分别约为 1.3×10^{16}Bq 和 2×10^{17}Bq，尤其是，^{137}Cs 的半衰期相对较长，其污染对人类来说是一个严重的问题。这些放射性核素广泛分布和沉积，主要集中在福岛州，森林覆盖 70% 的面积。靠近农业和居住区的森林，位于山麓和可耕地之间的边界地带，可以提供木材和食物（主要为食用植物和蘑菇），在生物多样性保护方面非常重要。在这些林区已采取净化措施，将受污染物质从森林边缘移到森林内 20m 处，尽管如此，放射性铯仍然存在于森林土壤中。事实上，在一些蘑菇中它的浓度超过食品中规定的允许含量（100Bq/kg 鲜重）。此外，森林中的 ^{137}Cs 中有一部分可以转移最后到达海洋并影响海洋生物，因此，森林中的放射性铯净化是一个关键问题。利用植物去除环境中污染物，被认为是一种环境友好的去污技术，植物修复可分为几个子过程，其中植物提取对清除土壤中的放射性铯最有效[25]。植物提取是指植物通过根系从土壤中吸收特定的

元素，并将其有效地运输到地上组织中进行积累；在吸收和积累之后，收获地上组织，然后焚烧或分解。这个过程可以大大减少被污染的废物的数量。作为第二种选择，木片生物修复方法已经被研究。土壤中的放射性铯可以被土壤微生物转移到地表有机质中，并在木片中积累。但是，这两种方法处理效率较慢，植物提取要想有效，修复植物不仅要有较高的积累能力，而且要有快速的生长特性以及巨大的生物量。土壤改良剂的使用也有效地促进了污染物的吸收。对于放射性铯，从土壤颗粒中解吸是提高植物提取生物利用度的重要步骤。在本案例中，我们通过土壤改良完成对土壤中植物吸收和放射性铯转移的影响，最终目的是为放射性铯污染森林土壤设计一种有效的植物修复和生物修复方法[26]。

2. 方案设计

植物处理组：a. 栽植锯齿栎；b. 栽植鱼腥草；c. 覆盖稻草作为凋落物；d. 未种植 / 未覆盖作为对照 (CK)（图 10.4）。其中，锯齿栎是日本森林中常见的落叶树种，鱼腥草是一种生长在森林地面的多年生草本植物。土壤处理组包括：a. 施用硫酸铵，表土达到 25g/kg 鲜重（FW）（40g/m^2）；b. 施用元素硫，表土达到 50g/kg FW（80g/m^2）；c. 不施作对照（CK）。试验进行了 136d（2014 年 5 月 27 日～9 月 29 日）。土壤剖面包括 5cm 的有机质（O）层、22cm 的表土（A）层和 25cm 以上的底土（B）层。去除 O 层后，采集 A、B 层土壤表层 15cm。

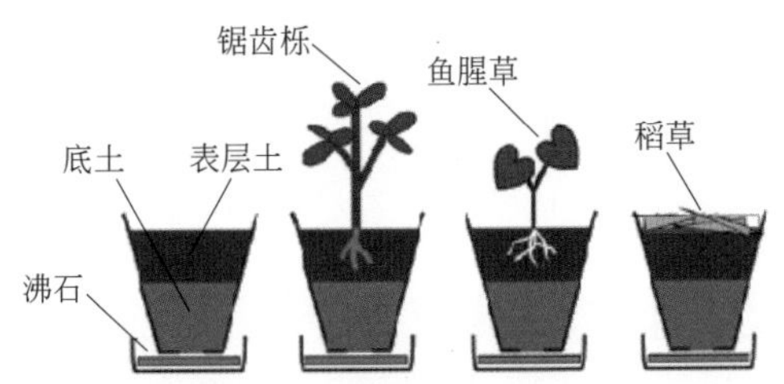

图 10.4　方案设计[26]

3. 修复效果

硫处理后的土壤 pH 值低于硫酸铵和对照处理后的土壤 pH 值，硫酸铵和对照处理的土壤 pH 值增加。在所有土壤处理中，硫处理后的 ^{137}Cs 活性往往低于硫酸铵处理和未种植植物处理后的活性，然而，其中仅未种植植物组的差异为显著性。在所有处理中，锯齿栎的地上生物量都是鱼腥草的 3 倍多。实验结束时，硫处理的植物锯齿栎枯萎。锯齿栎和鱼腥草的地上生物量在硫处理后也低于硫酸铵和 CK 组。对于地下生物量，不同土壤处理间没有明显差异。值得注意的是，观察到大约 10 种不同的萌发的草本植物，优势种是苔草属和牛叠肚，在不同的处理中，没有发现物种或其生长的模式。各处理锯齿栎和鱼腥草的 ^{137}Cs 无显著差别。发芽种地上组织 ^{137}Cs 浓度值比锯齿栎和鱼腥草的浓度值高一个数量级。对于所有组别的发芽物种，硫处理后的 ^{137}Cs 浓度高于任何其他处理后的浓度。在地下组织中，未种植植物 / 硫处理和稻草覆盖 / 硫处理组合的 ^{137}Cs 浓度显著高于对照组、硫酸铵和对照处理组合的浓度。与表层土壤的初始 ^{137}Cs 活性值相比，硫处理后的所有组合包括锯齿栎 / 对照、锯齿栎 / 硫酸铵和稻草覆盖 / 对照组合的 ^{137}Cs 活性值都较低。表层土壤 ^{137}Cs 转运中，发芽种地上组织 ^{137}Cs 活性值最高。

锯齿栎和鱼腥草地上组织 ^{137}Cs 含量在不同处理间无显著差异，在 4 个月的修复处理期间，土壤改良剂对提高这两种植物对 ^{137}Cs 的吸收并不十分有效。其中鱼腥草积累的 ^{137}Cs 浓度高于锯齿栎，鱼腥草的根冠比似乎也大于锯齿栎的根冠比，该植物根系发育活跃，可吸收和转运 ^{137}Cs。然而，对于地上部分，锯齿栎中的 ^{137}Cs 浓度较高。值得注意的是，未

种植植物 / 硫处理和稻草覆盖 / 硫处理组合的地上发芽植物组织中 ^{137}Cs 的浓度往往高于其他处理。

在土壤中施用硫提高了萌发植株对 ^{137}Cs 的吸收。硫酸铵处理的有限效果可归因于硫酸铵的渗透和损失或施用量不足。在森林中，植物中的 ^{137}Cs 通过凋落物的下降和凋落物的分解重新供应到土壤中。凋落物分解产生的有机物对放射性铯的吸附可能是可变的。此外，腐殖物质覆盖黏土矿物并中断 Cs 吸附。因此，假定由硫氧化引起的低土壤 pH 值将中断 Cs 在黏土矿物层间的吸附。不同处理间 ^{137}Cs 从表层土壤向底层土壤和沸石的迁移没有明显差异，这一结果表明，解吸后的 ^{137}Cs 立即被植物根系和（或）真菌菌丝吸收，不影响 ^{137}Cs 向下淋溶。植物根系生长引起的土壤颗粒的迁移也可能导致 ^{137}Cs 的迁移。

4．修复管理

元素硫的提前施用促进了杂草对 ^{137}Cs 的吸收，因此回收这些杂草可以将 ^{137}Cs 从土壤中清除。元素硫的作用从施用开始持续几月，因此早春（3 月下旬）是施用的合适时间。在本案例中，元素硫在这一时期并没有增加锯齿栎和鱼腥草对 ^{137}Cs 的吸收。假定元素硫的施用对落叶松有效，疏伐和收集凋落物也会导致 ^{137}Cs 的消除。在森林管理方面，里山每 15 ～ 30 年进行一次间伐。FFPRI（2014）建议，在里山主要是阔叶落叶树木，如锯齿栎，不应进行自由砍伐，而应在小范围内进行有计划砍伐，以促进森林采伐。在间伐前促进 ^{137}Cs 在植物体内的积累有利于土壤净化。此外，间伐后引入木本 ^{137}Cs 蓄积体，如石竹也是合适的。由于锯齿栎的芽苗生长迅速，应保护引进的物种，使其定居下来。为了保护幼苗和幼树免受鹿的侵害，还建议在镀铜区域周围安装鹿防护围栏。因为新出现的组织含有高浓度的放射性铯，围栏功能不仅可以保护树木，还可以通过食物链防止野生动物受到污染。如果由于施用元素硫、过量割草和收集垃圾而导致营养不良，则需要施肥，特别是施钾有助于降低 ^{137}Cs 污染产品的风险。

5．小结

综上，在本案例中，通过向土壤中施加硫降低了土壤的 pH 值，提高了森林土壤中天然种子萌发植株对 ^{137}Cs 的吸收。萌发植物对 ^{137}Cs 的吸收效率高于经硫处理的锯齿栎和鱼腥草。虽然没有确定具有最高 ^{137}Cs 吸收潜力的特定植物物种，但提出了利用存在于森林地面的天然植物和元素硫作为土壤改良剂的 ^{137}Cs 植物修复方法。将植物修复与森林管理过程相结合，如修剪和疏伐，将有利于森林环境的净化和保护。

第三节

物理修复技术实践案例及分析

一、沉积物原位活性炭修复技术处理多氯联苯污染

沉积物中的天然和人为黑色碳质颗粒，包括煤烟、煤和木炭，都与疏水性有机物

（HOC）有强烈的结合作用，沉积物中这些颗粒的存在已被证明可大大减少生物吸收和暴露[27]。使用工程炭黑（如活性炭）可增强沉积物的天然固存能力，从而降低HOC的原位生物利用度。当活性炭以最佳的、特定的剂量（通常与沉积物中天然有机碳含量相似）施用时，HOCs的孔隙水浓度和生物利用度可降低70%～99%。

1. 纽约马塞纳格拉斯河下游污染沉积物修复

2006年，对在格拉斯河下游约0.2hm^2的淤泥和细砂沉积物实施活性炭处理技术，该地块平均水深约5m。具体技术操作为：

① 用活性炭浆液浸没过沉积物表面，然后使用旋耕机式机械混合设备将材料混合到近表层沉积物中；

② 使用耙齿橇装置将活性炭泥浆直接注入近地表沉积物中；

③ 将活性炭浆液涂敷在临时罩壳内的沉积物表面上，不与泥沙混合。

这3种操作技术都成功地将活性炭泥浆输送到沉积物表面或内部。通过化学氧化方法可以定量描述输送到沉积物中或进入沉积物中的活性炭剂量。三种材料施加方式中，耙齿橇的应用使空间剂量更均匀，平均活性炭浓度被输送到约0～15cm的沉积物层，其约为6.1%活性炭，该应用剂量大约是格拉斯河天然有机碳含量的1.5倍。2007～2009年对活性炭试验区进行了详细的施工后监测，主要结论如下[28]：活性炭的加入降低了沉积物孔隙水多氯联苯（PCBs）的浓度，并且在3年后的监测期内减少量有所改善。在放置后监测的第3年，当0～15cm层的活性炭剂量为4%或更大时，观察到PCBs水平衡浓度下降了99%以上，有效地证明了从沉积物到地表水的多氯联苯通量几乎被完全控制。施用后，底栖动物迅速生长，活性炭修正图中的底栖动物群落结构或个体数量与背景无关。对于大于5%活性炭处理，沉积物中水生植物以适度降低的速率生长（比对照少约25%），减少的生长率可能归因于沉积物的养分稀释。在试验区的3年监测期内，泥沙表面堆积了几厘米相对清洁的新沉积泥沙。取样测量显示，在整个施工后监测期间，自由溶解的多氯联苯从上覆水柱向下流入经活性炭处理的沉积物，这表明，从长期来看活性炭处理将继续减少沉积物中多氯联苯的通量。

2. 马里兰州阿伯丁运河上游湿地污染沉积物修复

2011年，在马里兰州阿伯丁运河上游潮汐河口湿地，开展了两个中试规模的现场示范项目：第一个示范场地主要使用了含有活性炭的灰土颗粒，并在其中添加了加重剂和惰性黏合剂；第二个示范场地主要使用了AquaGate活性炭复合材料（AquaGate）和含活性炭的泥浆。AquaGate复合材料通常包括密实的集料芯、黏土大小的复合材料、聚合物和粉状活性炭添加剂。使用这些修复的所有含活性炭的材料，主要是为了减少生活在湿地区域表层沉积物或其内部的无脊椎动物对多氯联苯的接触，进而减少污染物通过食物链的进一步迁移。示范工程共用地20块（每块878m^2），在处理前和处理后6、10个月取样，性能测量包括孔隙水、无脊椎动物组织PCBs浓度、生物生态群落丰度、多样性和生长调查，以及养分吸收等，通过比较处理前后的指标来评估效果。分别使用气动散布机、鼓风机和水力播种机来施用三种处理材料包括灰土、AquaGate和泥浆活性炭，使其在湿地表层沉积物中达到3%～7%（干重）的活性炭浓度。由于材料中含有不同量的活性炭，在湿地表面的目标厚度不同，分别为上部 10cm（灰土颗粒处理）和 15cm（AquaGate 活性炭复合材料和泥浆处理）。所有的处理都主要依赖于生物扰动、沉积物沉积和其他自然过程，随着时间的推移，将放置在沉积物表面的各种活性炭材料作用于沉积物[28]。

测量表明，接近 100% 的活性炭保留在地块内，但通过自然过程垂直混合到沉积物比原先预期的慢。由于较低的生物扰动率，以较浓缩形式施用的活性炭（即作为灰土和作为泥浆中的活性炭），在施用 10 个月后，在湿地沉积物层上部 2cm 处的浓度仍高于 5% 的目标剂量。在施用后 10 个月的监测期内，活性炭主要通过局部根系伸长过程进入生物活动区。大约 60% 的回收活性炭被发现在顶部 2cm 的沉积物中，而其余的 40% 主要渗透在 2 ～ 5cm 的深度区间，通过自然混合过程和新沉积物和有机物进行沉积，随着时间的推移，活性炭将进入沉积物的更深层。

孔隙水（原位测量）和大型无脊椎动物组织（非原位生物累积试验）中多氯联苯浓度的降低，表明了活性炭改良剂应用于该运河湿地的有效性。但是，多氯联苯浓度在整个样地的沉积物中表现出很大的空间变异性和垂直变异性（在 20cm 的沉积物深度内高达 2 个数量级），这对该项活性炭技术应用效果评估提出了一定的挑战。尽管如此，但所有活性炭处理的湿地样地都显示，在施用后监测期间，通过降低底栖生物组织和孔隙水浓度，PCBs 生物利用度降低。此外，在处理和对照组之间没有观察到明显的植物毒性、物种丰富度、多样性、植被盖度或枝条重量和长度的变化，并且活性炭处理地的植物养分吸收并不显著低于对照地。总体上，活性炭处理技术可以隔离湿地沉积物中的多氯联苯。

3. 活性炭施用方法

活性炭应用于沉积物有机污染修复技术主要使用两类方法（图 10.5）：一是直接施加一层吸附性碳基改性剂到表面沉积物上；二是将改性剂加入预先混合的、由干净的砂子或沉淀物制成的混合覆盖材料中，再将覆盖材料施用于沉淀物表面。

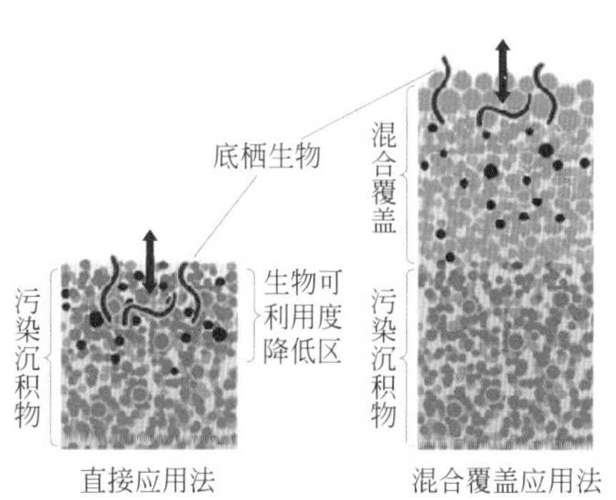

图 10.5　活性炭施用方法[28]

（1）直接应用法　通过直接应用活性炭，减少表层沉积物中 HOC 的生物利用度，添加增重剂或惰性黏合剂通常可以提高细粒活性炭材料的放置精度。直接应用方法引入的新材料最少，对水深或生态环境（包括沉积物的物理和矿物学特征）扰动较小。对沉积物表面的修复方法还可以处理修复后可能沉积的新污染沉积物。这种方法在生态敏感地区可能具有特殊优势，在这些地区保持水深至关重要，而且侵蚀的可能性很低。例如，在特拉华州圣琼斯河上的一个水库镜湖，直接应用活性炭法被实施，在无需明显地改变现有沉积物床情况下，旨在提高湖泊中天然沉积物的吸附能力，从而减少食物链对 PCBs 的生物利用度，工程范围为该湖泊中约 $2hm^2$ 区域的沉积物。2013 年秋季，使用吹气喇叭装置或在镜湖最易接近的部分使用传送带的方式将灰土从船上和沿近岸区域输送。由于水深较浅（平均约 1m），加上湖底沉积物较软，无法在湖中部署重型设备。在大约 2 个星期内安全地完成投加，所施加的沉降物材料的目标（和测量）厚度约为0.7cm，材料自然地整合到表层，并逐渐沉淀。在应用活性炭后2周，从上面10cm沉积物中采集抓取样本（13个站点），施用灰土的平均活性炭剂量为4.3%。

（2）混合覆盖应用法　在这种方法中，碳基吸附材料与相对惰性的材料（如干净的砂子或沉积物）预混合，并放置在受污染的沉积物表面上。尽管这种方法除了引入吸附剂外还引入了材料，但其需要在沉积物表面更为均匀地应用活性炭的情况（因为活性炭可以更彻底地与砂子或沉积物混合）或更为需要对HOC流量进行快速控制的情况下可能具有优势。修复实践表明了混合覆盖应用方法在减少移动HOC流量方面的有效性。在2011年秋季成功地进行了实地示范之后，2012年在位于纽约锡拉丘兹市的Onondaga湖开展了一个全面实施混合活性炭的应用工程，范围约110hm^{2}湖泊沉积物。利用液压摊铺机，将混合大量活性炭颗粒材料放置在Onondaga湖沉积物上，该装置先进的监测和控制系统，能够在6m宽的车道上每小时铺设大约100m^{3}的材料。颗粒状活性炭改良剂与砂混合并液压输送，通过驳船散布在沉积物（平均水深约5m）上。在与砂子混合之前，活性炭颗粒至少浸泡8h，使沉降过程中活性炭颗粒能够顺利通过水柱。分散驳船设备有能量扩散器，可以均匀分配混合材料；还有电子位置跟踪设备和软件，以便能够实时跟踪材料放置位置；设备还有测量泥浆密度和流速的仪器，这些仪器共同提供所放置混合材料的效率。过程中，还使用了蠕动计量泵和泥浆密度流量计来严格控制和监测颗粒活性炭的应用速率，并由泥浆进料系统计量所需的活性炭剂量。项目执行期的前2年，混合活性炭材料被放置在Onondaga湖中，没有对水柱造成任何可检测的损失，且活性炭颗粒在水平和垂直方向上均匀地被放置于砂层。

4. 修复后场地评估

某些特殊点位如相对较高的黑色碳质颗粒天然浓度和相对较大分子体积HOC的沉积物到活性炭的缓慢转移速率，对修复现场的评估是有必要的。在某些情况下，活性炭处理效果是在实施多年后实现的，延迟可能是由于活性炭分布的不均匀性，尤其是在生物扰动率相对较低的场所。天然沉积物沉积和生物扰动速率及其对活性炭混合效应产生时间的影响是该项修复技术的重要设计因素。自然沉积物沉积和生物扰动引起的活性炭混合到生物活性区的速率在沉积物环境中变化很大。例如，表面沉积物生物扰动率在沉积物环境之间的变化超过2个数量级，湿地和近海沉积物的变化率相对较低，而在生产性河口和湖泊的变化率相对较高。另外，有人认为沉积物清理技术的有效性在很大程度上取决于沉积物和特定场地的条件。例如，再悬浮和沉积物污染物的释放发生在环境疏浚过程中，特别是在有碎屑和其他困难疏浚条件的场地。通过对适用于特定场地条件的沉积物清理技术进行比较评估，考虑到风险降低、补救风险的定量估计，通常可以为受污染沉积物场地的风险管理优化提供信息，以及减少修复成本。

由于活性炭原位处理技术涉及向沉积物中添加新材料，方案的实施有可能影响原生底栖生物群落和植被，至少是暂时性的影响。研究表明，在82项试验中，1/5的试验观察到活性炭暴露对底栖生物存在一定的影响（主要是实验室研究）。然而，与实验室试验相比，在活性炭现场试验示范中很少观察到生物群落效应，即使存在影响也通常在活性炭处理后1年或2年内缓解，尤其是在沉积环境中，新的（通常更清洁的）沉积物随着时间的推移继续沉积。尽管应用相对较高的活性炭剂量或较小的活性炭颗粒尺寸可提供更大的HOC生物累积的减少，但较高的剂量和较小的颗粒尺寸可能会在某些生物体内引起更大的压力。由于添加活性炭，特别是在相对较高的剂量下，对底栖大型无脊椎动物和水生植物造成的负面影响可能归因于与活性炭投加相关的养分减少。虽然活性炭可用的剂量依赖效应数据是不全面的，田间试验和实验研究表明，潜在的负面生态效应可以通过保持细粒度的活性炭剂量低于约5%而最小化，减少HOC生物累积的积极影响需要与潜在的负面短期影响相平衡。

二、低温热脱附修复多氯联苯污染场地

1. 概况

在英格兰西南部的一家通信制造厂进行环境调查期间发现，在现场多个地点的土壤中发现了多氯联苯（PCB）和氯化溶剂污染。印刷电路板污染的存在主要是电容器制造和现场储存印刷电路板造成的。此区域的多氯联苯污染土壤是由一个20hm^{2}的电信制造设施产生的，该设施建于20世纪50年代。电容器的制造以及电容器和变压器的回灌，导致现场许多小区域的土壤受到污染，随后的挖填施工作业将污染扩散到了现场的大片区域。总的来说，多氯联苯污染相对较低，受影响的土壤被挖掘并直接处理到许可的垃圾填埋场。然而，在某小块区域，多氯联苯污染超过了垃圾填埋处理的规定值，受污染的土壤含有高含量的黏土，这使处理变得更加困难。

本场地修复实施过程中采取了3种修复策略[29]：a. 如果污染较轻（小于20mg/kg），土壤被挖掘出来，后来被送到一个许可的垃圾填埋场，可广泛应用免疫分析现场检测技术控制开挖范围；b. 在一个小的道路区域内，大约有1200m^{3}的土壤受到较重的污染（高达1300mg/kg），在这个区域，历史上曾经发生过电容器的填充，挖掘出的土壤使用低温热脱附（LTTD）进行处理；c. 对于现场的大部分剩余部分，现场调查显示没有明显的多氯联苯污染。然而，对于现场相对较大的区域来说，仍然存在一些不确定因素，例如，在工厂建筑下当前的制造工艺对与土壤钻孔和取样相关的任何振动或灰尘都极为敏感。对于这些地区，使用详细的概率风险对其状况进行评估，以评估对人类的任何潜在风险，以及在未来开发计划中拆除建筑物所需的任何修复工程的潜在成本。

2. 场地地质和水文地质特征

该场地下面是一系列部分风化的泥盆纪石灰岩和凝灰岩，再下面是一系列厚的裂缝，有些地方含砷。泥盆纪石灰岩道路路面下的土壤由厚度2m的填料组成，上覆风化泥岩和凝灰质土填料，包括砖、混凝土和木头碎片。道路下方2m深度的填土和原位土壤的坡度表明，砂质粉质黏土的平均含水量为20%，液限为46%，塑限为29%。在现场钻探的任何钻孔中均未发现有多氯联苯污染地下水的迹象，主要原因可能是多氯联苯的水溶性低，流动性低，地下水位相对较深。

3. 道路区域的污染及修复策略

对道路区域进行了多次调查发现，印刷电路板和氯化溶剂污染的深度为50m（最大深度的调查中的钻孔）。在4m网格间距处进行的多氯联苯调查的结果显示，最大值为

1300mg/kg，平均值约为 120 mg/kg。值得注意的是，早期的调查包括 37 个钻孔，总面积相对较小，采样深度约为 7 ～ 60m 时，记录的 PCB 峰值仅为 120mg/kg，这还不到使用更接近采样要求的网格间距（另 50 个探头）记录的峰值的 10%。除了 PCB，还计算出氯化溶剂浓度高达 2300 mg/kg，其中包括三氯乙烯、四氯乙烯（PCE）、三氯乙烷（TCA）和 1,1,2- 三氯 -1,2,2- 三氟乙烷。可以推测到的是相对固定的多氯联苯有可能渗透到土壤深处，这是溶解到更易移动的氯化溶剂中的结果。

目前英国没有关于多氯联苯土壤污染的具体监管指南。荷兰住房部建议将总 PCBs 为 1m/kg 作为最大限度值，但这个标准对于工业场所来说太保守了。相比之下，加拿大环境部长理事会认为工业污染场地 PCBs 的最大限度值应为 50mg/kg。现场道路的位置表明，该区域可能仅用于工业 / 商业用途，因此，50mg/kg 的加拿大限值被确定为最适合该区域的限定值。发现污染的主要范围仅限于道路的上部 2.5m，主要的印刷电路板污染物是 PCB1254，但是，由于现场服务设施和管道的存在，一些污染存在于深度大于 2.5m 的地方，也存在于道路边界的小区域，这部分是无法去除的。清洁的底基层道路材料被放置和压实，并用滚压沥青密封恢复表面，这样降低了与道路区域内任何未来挖掘活动相关的人类健康风险。

正在进行的现场开发计划要求快速清除受污染土壤并恢复道路区域。因此有必要将受污染的土壤储存在一个临时的垃圾填埋场，这个垃圾填埋场建在场地的一个角落里。临时填埋单元是一个矩形大约 40m 长、30m 宽、1 ～ 3m 深，它内衬 2mm 双纹理膜，置于 150mm 的砂层上，并覆盖 1200g/m^2 的保护土工布。从临时垃圾填埋池开挖含水层时应格外小心，为避免对基线造成任何可能的损坏，还应尽量减少产生的污染径流（渗滤液）的体积。用小型挖掘机将防护土工布从基底层上剥离。在检查 PCB 浓度是否在授权范围内之后，用土工织物处理土地，收集受污染的污水，并使用化学絮凝剂进行处理，以减少悬浮固体。处理前 PCB 最大浓度为 0.3μg/L，在处理后降到低于 0.02μg/L。

4. 污染土壤的修复技术选择

待处理土壤平均多氯联苯浓度为 120mg/kg，峰值为 1300mg/kg，这些浓度远远超出目前 20mg/kg 的垃圾填埋场的允许限值。因此，将污染土壤填入到垃圾填埋场是不可行的。然而，焚烧成本非常高，每吨约为 770 英镑。处理 1200m^3 土壤的总成本大约为 180 万英镑，因此有必要研究其他更具成本效益的解决方案。另外一个考虑的方案是生物修复，两家专业公司独立开展了从现场获得的样品的实验室规模试验。试验分为两步：第一步用化学试剂降低多氯联苯中的氯含量；第二步用从美国进口的特殊细菌降解低氯多氯联苯同系物。同时，第二步在非现场低氯多氯联苯同系物方面取得了一些进展，但发现在第一步中产生的化学产品对细菌是有毒的，于是两家公司各自决定放弃生物修复路线，并建议采用溶剂清洗法。溶剂清洗技术自 1994 年在美国开始使用，在美国有着广泛的经验。在英国该技术正处于开发和现场试验阶段。当地一家拥有专利的泥浆混合器的公司参与了选择合适的溶剂和实验室规模的试验。在溶剂选择方面取得了一些进展，但很快就会发现，完成试验所需的时间和相对较高的相关开发成本使这一选择不具吸引力。

5. 低温热脱附处理

400℃左右的低温热脱附是一种行之有效的修复技术，用于处理低、中馏分有机物污染的土壤中汽油、柴油和润滑油。被污染的物质通过回转窑持续加热到足以蒸发燃烧污染物的温度，有效地将它们从土壤中排出，并排出任何不可燃烧的蒸汽，然后通过灰尘过滤器进入一个热氧化器单元中，其中在最小温度下进行可控的 X 射线氧化处理，使污染物蒸气的破坏效率极高。处理过的土壤从植物体内排出，可供再利用。它和进入植物的原始土壤几乎一样，只是它不含任何成分，而且几乎是无菌的，因此可以用作工程填料或转售。当然，垃圾处理免征垃圾填埋税。英国航空皇家军械（BAERO）热土壤修复装置（SRU）基于美国使用的标准设计，由 Gencor Beverley 制造，卤素有机物含量高达 10 ～ 1000mg/kg（1%）的废物可以在最低温度为 850℃、最低停留时间为 2s 的条件下焚烧，这是 SRU 的氧化剂单元的条件。然而，对于多氯联苯的处理，很少有浓度超过每千克几百毫克的土壤污染物进入 SRU。

土壤污染物主要为 PCB Aroclor 1254，它的沸点为 335℃。在同一研究中，笔者观察到，在初始解吸动力学阶段后滞留的难降解的多氯联苯残基可以通过在超过污染物沸点的土壤中处理消除。因此，在超过 400℃的温度下用 SRU 进行热处理有望获得成功。具体试验的土壤处理率为 18t/h。对多氯联苯污染土壤的处理并没有发现对排放量产生不利影响。在日常测量中，没有发现二噁英。因此，建议使用 BAERO SRU 修复全部土壤，目标值为 1mg/kg 用于处理土壤，因为处理后的材料将用于 Chorley BAERO 现场的景观美化。

由于场地受限，无法将 SRU 设备运至现场，因此，在中试修复试验中开发的程序被用于热处理 2300t 被 PCB Aroclor 1254 污染的土壤，以节省成本。土壤被每天运送多达 20 批，并在到达时转移至地下渗滤液控制仓库。要求对含水层的土壤进行破碎和筛选，以将岩石和黏土块的尺寸减小到 50mm 以下，供 SRU 处理。进入破碎机 / 筛分机的材料，有必要将混凝土压碎至 100mm 以下，以防止结块的黏土堆积并堵塞预处理系统。预处理工艺还提供了使污染物质均匀化、减少污染热点、促进热处理、提高装置产量一致性的有效手段。材料以平均每小时 12t 的速度处理。所有规定的排放量均在全面处理开始时进行监测。英国桑德兰大学环境安全分析服务部（ESAS）对所有相关的参数进行了测量，并对在线监测设备的校正校准进行了确认。用于常规质量控制的土壤分析由 BACRO 环境服务集团（ESG）实验室承担。结果表明，采用低温自然热解吸法对多氯联苯污染土壤进行了有效的修复（表 10.4）。热处理已被证明能充分去除土壤基质中的多氯联苯。

表10.4 PCB热处理结果[29]

土壤	原始 PCB 浓度 /(mg/kg)	处理 PCB 浓度 /(mg/kg)
PCB 土壤	24.5 ± 4.6	0.16 ±0.055
清洁土壤	＜ 0.1	＜ 0.1

第四节

化学修复技术实践案例及分析

一、大理石矿浆废弃物施用后污染矿区土壤中金属的固定化修复

1. 背景

硫化物废料是大量废弃矿山中最常见的和普遍存在的酸性、硫酸盐和潜在有毒金属和非金属的来源，过去的采矿和冶炼活动留下了大量受污染土壤的遗留物。对历史矿区进行整治和植被恢复，并将其转化为经济上可持续利用的资源，已成为许多国家环境主管部门关注的重大问题。因此，国家对金属污染矿区土壤的可持续利用和成本效益高的处理方法的需求越来越大。传统的修复方法包括土壤去除或覆盖以减少潜在的污染物暴露，以及工程修复的应用技术（化学清洗、热解吸等），通常在经济上令人望而却步，对环境不友好，特别是在处理需要成本低且自给自足的广阔矿区上[30-33]。此外，由于金属毒性和养分缺乏，缺乏对覆岩材料上土壤发育因素的认识，矿山土壤的修复通常是困难的。正如最近几项研究所报告的那样，作为金属污染土壤的清理技术，辅助自然修复（ANR）可以为传统方法提供一种成本效益高的替代方法。ANR 方法基于使用某些修正和（或）植物来重新激活土壤中自然发生的关键生物地球化学过程（吸附、沉淀、络合和氧化还原反应），从而原位固定金属。这些人为诱导的过程也可能增强受影响土壤中的微生物活性、植物的发育以及养分循环。因此，固定化的目的不是从土壤系统中除去金属，而是降低其恢复植被的生物利用度和植物毒性。与其他替代方案相比，在矿区建立植被有几个优势，包括：a. 美观且为公众所接受；b. 成本相对较低；c. 对修复场地的破坏较小；d. 为野生动物创造有利的栖息地；e. 可刺激微生物固定根际中的重金属；f. 可减少风吸入或夹带的有毒颗粒摄入 / 吸入的暴露风险。经试验，将一些添加剂用于固定土壤中微量重金属是可行的，包括石灰材料、磷酸盐、黏土矿物、氢氧化铁、沸石、贝林石、粉煤灰和碱性堆肥生物固体。这些研究大多显示了在受控实验室条件下施用改良剂的积极效果，但仍有人担心在野外条件下改良土壤中微量元素的行为，以及现场修正案的长期执行情况。

本案例通过一年的现场研究，确定了大理岩加工过程中产生的废弃污泥作为一种添加剂对矿山土壤污染严重的自然修复的潜在价值。碳酸钙占大理石加工总重量的 20% 泥浆，其处理是许多大理石生产国的主要环境问题。因此，考虑大理石污泥作为一种低成本的副产品用于土壤调理和修复具有重要性。现场土壤改良试验的具体目标是：a. 提高土壤的酸中和能力；b. 通过原位化学固定来降低潜在的有毒金属的可和用部分；c. 恢复植被覆盖到金属污染场地[34]。

2. 场地介绍

所研究的场地位于塔尔西斯（西班牙）北部菲隆诺特露天矿附近，塔尔西斯是伊比利亚黄铁矿带最古老和最杰出的矿区之一。塔尔西斯露天矿包括几个页岩型块状硫化物矿体，这些矿体总共含有 8800 多万吨矿石，品位为 46.5%S、2.7%Zn+Pb 和 0.7%Cu，35mg/

kg Ag 和 0.9mg/kg Au。在该地区的早期迹象表明，罗马人开采了大约 2500 万吨矿石，特别是 Cu、Au 和 Ag。然而，最密集的采矿活动发生在 19 世纪和 20 世纪，当时黄铁矿成为硫酸生产的主要原料来源。该地区最后一次采矿作业于 2000 年，原因与作为冶炼工业副产品产生的硫酸的竞争力不断提高有关，最近开展了一些勘探工作，重点是含金矿石。从 1856 年到 2000 年，塔西斯矿的黄铁矿产量估计超过 3000 万吨。

在采矿的大部分时间里，没有关于处理或处置矿山废物的条例。因此，采矿和矿石加工活动留下了一个显著的景观大的露天矿，尾矿、水坝，以及大量的废渣堆和废石，黄铁矿的氧化溶解产生了极端酸性的环境，其中重污染的土壤正在废弃的矿区上扩展。金属污染物可能从尾矿和废物中转移，通过酸性矿山排水和（或）风吹尘的大气沉积将岩石倾倒到土壤中。因此，土壤和植被中的微量元素浓度在距离塔尔西斯矿 2 ～ 3km 处升高。在北费尔昂露天矿附近，土壤直接受到来自废料堆和露天矿工作区的酸性、硫酸盐和金属水的影响。由于酸性矿井排水，自然植被遭到破坏，随后土壤变成了边缘地带。目前，由于土壤的毒性和土壤质量较差，矿山土壤不能支持植被系统。该地区属于地中海大陆性气候，尽管受大西洋影响有所改变，但其特点是夏季漫长干燥，冬季短暂温和。根据西班牙气象局提供的最近气象站记录的数据，在试验期间，平均温度在 9.7 ～ 21.6℃之间变化，总降雨量为 276mm。

3. 修复方案

用作土壤改良剂的材料是一种在切割、锯切和抛光大理石过程中产生的废泥浆，来自一家位于阿罗切的天然石材加工厂，距离塔尔西斯矿区约 50km。从排土场的不同地点采集了 7 个大理岩泥浆样品，并进行混合，制成具有代表性的复合样品。在研究区内建立了 1m × 1m 的方形试验小区，以评价土壤改良剂在田间条件下的效果。该地块位于矿山废料附近（UTM 坐标：X=666533，Y=4163175），可被视为受酸性矿山排水影响区域的代表，延伸面积约为 1.5hm^2。所需石灰的质量为每千克土壤 11g 碳酸钙，这相当于 2.86kg/m^2（假设表层土壤的容重为 1.3g/cm^3，深度为 20cm）。考虑到大理石浆的纯度（约 95%$CaCO_3$），所需的石灰量为调整为 3kg/m^2，并考虑到并非所有的碳酸钙与土壤完全反应，增加了 2 倍。因此，最终确定投加浓度为 6kg/m^2，用铲子在表面施涂，并用耙子与表土混合。在一年的监测期内，共采集了 7 次改良土样，分别为改良申请开始后 1 个、2 个、5 个、7 个、9 个、11 个和 12 个月。在每种情况下，取表层土（0 ～ 20cm）样品，用去离子水和 EDTA 进行单一提取方案。测量提取物的 pH 值和电导率。

4. 修复效果

用作土壤改良剂的大理石浆渣是一种潜在有效的酸中和材料。大理岩泥浆由细颗粒组成，具有较高的表面积，有利于其改良应用，降低土壤酸度。大多数颗粒（57.2%）的粒径＜ 10μm，其中 14.5% 的粒径＜ 2μm，平均粒径为 8.24μm，模态粒径为 8.92μm。大理岩矿浆的矿物成分为方解石（95%，质量分数）、少量石英和其他几种常见于高级变质岩中的造岩矿物，如硅灰石（$CaSiO_3$）、透辉石（$CaMgSi_2O_6$）、浮石［$KMg_3Si_3AlO_{10}(OH)_2$］和钛矿（$CaTiSiO_5$）。在这些副矿物中，硅灰石也可以被认为具有中和酸性的潜力。大理岩泥浆的全部化学成分不仅反映了方解石的丰度，而且还反映了主要杂质 Si、Fe、Mg、

Al、K 和 Ti 的存在。必须注意的是潜在有毒微量元素的浓度水平。改性材料中 As、Cd、Cr、Cu、Ni、Pb、Zn 含量很低，属于碳酸盐岩的典型范围。

（1）修复前的土壤环境质量　矿区土壤缺乏有机质层，剖面发育程度低。土壤样品呈黄棕色，颗粒大小分布相似，为粉质壤土结构。一些样品含有大量的粗碎屑（鹅卵石、鹅卵石和巨石），这些碎屑是通过附近倾倒场的废石滑动、倾倒或下落而并入表层土壤的。土壤反应呈强酸性，pH 值在 2.2 ～ 3.4 之间，电导率在 0.59 ～ 5.93 mS/cm 之间。这些数值表明土壤溶液中氢离子、铝、重金属和硫酸盐存在相对较高的溶解浓度，影响了土壤支持植被的能力。*Eh* 值波动约 650 mV，表明具有良好的氧化土壤系统。由于普遍缺乏碳酸盐而产生的酸度，矿区土壤几乎没有中和酸的缓冲能力。经 XRD 鉴定的主要矿物为层状硅酸盐、石英、长石和黄铁矾类矿物。黏土矿物组合以伊利石和高岭石为主，有少量蛭石和（或）混合层相。SEM -BSE 观测和 EDX 微量分析揭示了大量的无定形或贫结晶铁氧氧化物，以及各种重矿物，包括黄铁矿、重晶石、锡石、金红石、钛铁矿和独居石。特别值得注意的是，一些样品中存在活性金属硫化物，这些硫化物很可能被风吹入土壤表面，成为矿山废料堆中的粉尘颗粒。当暴露于氧气中时，黄铁矿氧化并产生铁氧羟基硫酸盐、黄钾铁矾和硫酸，由于缺乏酸性中和矿物，特别是碳酸盐，导致 pH 值非常低。黄铁矿在土壤系统中的发生涉及矿山土壤可通过氧化溶解反应继续产生酸和较高的硫酸盐浓度：

$$FeS_2+\frac{7}{2}O_2+H_2O \longrightarrow Fe^{2+}+2SO_4^{2-}+2H^+ \tag{10.1}$$

$$Fe^{2+}+\frac{1}{4}O_2+H^+ \longrightarrow Fe^{3+}+\frac{1}{2}H_2O \tag{10.2}$$

溶解的 Fe^{3+} 很大一部分可以水解并以白钨矿的形式沉淀，从而通过反应将土壤 pH 值缓冲到 3：

$$\begin{gathered}8Fe^{3+}+xSO_4^{2-}+(16-2x)H_2O=Fe_8O_8(OH)_{8-2x}(SO_4)x\cdot nH_2O+(24-2x)H^+\\ x=1.74-1.86\\ n=8.17-8.26\end{gathered} \tag{10.3}$$

土壤样品显示出较大的二氧化硅（40% ～ 62%，质量分数）和氧化铝（10% ～ 18%，质量分数）浓度范围，这取决于石英和叶状硅酸盐丰度的变化。作为形成大部分酸矿山土壤的伊比利亚黄铁矿带，由于二次含水富铁相黄铁矿氧化，铁的含量非常高（高达 19% 的 Fe_2O_3）。但是，由于酸性排水，土壤中的碱离子似乎被耗尽，只有钾保留在黄钾矾的晶体结构中。对于微量元素，该土壤还含有有毒金属和非金属，特别是 Cu（402 ～ 977mg/kg）、Pb（689 ～ 2017mg/kg）和 As（400 ～ 658mg/kg）。这些值与区域地球化学背景值相差 1 ～ 2 个数量级，且在上述毒性值范围内。锌（184 ～ 295 mg/kg）的总浓度也超过了区域背景值，尽管低于上述微量元素；而镉含量低于分析检测限。尽管土壤中硫化物相关金属的总浓度升高，但 EDTA 提取部分几乎可以忽略不计（铅＜ 0.1%，砷＜ 0.7%）或非常低（铜＜ 5%，锌＜ 6%）。大部分金属是以稳定形态存在的，它们较不稳定的形态是通过酸性矿井排水从地表土壤中淋溶出来的。溶解硫酸盐的丰度是确定土壤溶液中金属形态的关键。根据形态计算，硫酸盐络合物是主要的水溶性物种，占铝、铬、铅、镉和锌总溶解浓度的 80% 以上；其次是自由金属离子，特别是 Cu^{2+}，占溶解物种的 35%。大多数铁与硫酸根（64%）和羟基（32%）离子形成可溶性配合物。

（2）土壤改良剂的效果　改良剂对土壤 - 水系统的 pH 值和电导率有显著影响。施石灰 1 个月后，其值从 3.2 急剧增加到 6.0，并且在试验期间保持相对稳定，在 5.7 ～ 7 之间变化，这与大多数重金属的有效沉淀（和吸附）范围一致。因此，可以假设方解石的溶解通过以下反应促进了酸度的中和，并增加了土壤溶液中的 pH 值和碱度：

$$CaCO_3+H_2CO_3 = Ca^{2+}+2\,HCO_3^-$$

$$CaCO_3+H_2O = Ca^{2+}+HCO_3^-+OH^- \tag{10.4}$$

作为酸中和的结果，溶解的 Fe^{3+} 通过无定形氢氧化铁的形式水解和沉淀：

$$Fe^{3+}+3\,HCO_3^- \longrightarrow Fe(OH)_3+3CO_2 \tag{10.5}$$

这与铁的水溶性浓度从 72.8μg/L 急剧降低到低于 2μg/L 的结果是一致的。最可能的铁沉淀，可能会形成在超临界 pH 值条件下的纳米晶水合氧化铁，通常沉淀富铁地表水的 pH 值超过 5。由于石灰引起的 pH 值升高，铝的可溶性浓度从 119μg/L 急剧下降到无法检测的水平，从而减轻了酸性矿山土壤中最严重的金属毒性问题。溶解铝浓度的衰减受吸附或共沉淀控制，形成铁氢化物而不是铝相沉淀。同样，随着时间的推移，锰变得越来越难溶。添加处理剂后的土壤含有大量的方解石颗粒，在处理期结束时保持不变，没有明显的证据表明存在金属氧化物或氢氧化物的沉淀的包裹。游离碳酸盐的存在确保了经修复的土壤和最终黄铁矿氧化所产生的潜在酸度的能力。石灰处理的另一个显著影响是处理后电导率值从 5.5mS/cm 降至约 3.5mS/cm，这表明土壤溶液中硫酸盐浓度降低。改性土壤中新形成的石膏晶体的出现很容易通过以下反应解释：

$$Ca^{2+}+SO_4^{2-}+2H_2O \longrightarrow CaSO_4 \cdot 2H_2O \tag{10.6}$$

另外，大理岩矿浆废弃物的加入对矿坑土壤中所分析的微量元素的水溶性和 EDTA 可萃取性均有直接影响。所有微量元素的水溶性浓度在施用修复剂 1 个月后显著下降，并且在整个一年监测期内保持极低水平（除了砷）。这对于大多数可溶金属尤其如此，如铜和锌，其易流动部分减少了 3 个数量级以上。重金属在土壤中的化学固定在很大程度上归因于石灰诱导的 pH 值的增加，这种效应导致了溶液中游离金属离子活性的降低，这是由于痕量金属的去除，或者是因吸附或共沉淀过程是与不溶性氢氧化铁进行的。如前所述，将大理石泥浆废料添加到土壤中可以增强对金属的保留，但不能固定砷。结果表明，改性土壤中砷的形态存在一定的波动性，可提取态砷含量随时间的增加而增加。pH 值的升高也增加了可变电荷矿物表面的净负电荷，从而阻止了 As 氧阴离子在 Ca 缓冲体系中的吸附。尽管铁氢化物在中性条件下具有较高的吸附容量，但由于与 Ca^{2+} 竞争吸附位点，阴离子络合物的吸附可能受到抑制或限制。尽管如此，提取液中的砷含量非常低（3.5 ～ 10.7μg/L）。修复后的土壤层作为植物和有毒金属之间的缓冲带，有助于植被的建立。在试验期结束时，在气候条件最有利于建立不定植被的早春（3 ～ 4 月）的时候，在试验区内发现了一些自然生长的植物（红皮石斑菌、车前冠花和黑麦草）（见图 10.6）。这些先锋植物自然生长在被改良的土壤上，证明石灰材料有效地减少了铝和重金属的植物毒性，从而提供了适合禾本科植物的萌发和生长的环境。通过向土壤中添加有机物质，可以提高植物生产力，因为这样可以保持水分，有助于幼苗的建立和后期可持续植被覆盖的增加。植物覆盖层的建立意味着植物和根际微生物分泌的有机酸可以通过形成稳定的水络合物来增加重金属的溶解度。经常发现植物对铅的吸收随着石灰的使用而减少，这是由于在中性条件下吸附 / 沉淀增加，以及铅和其他阳离子之间的竞争。最后，必须认识到，改良土壤的再矿化可以恢复金属的流动性和生物的有效性，因此，如果土壤 - 水系统的 pH 值再次降低到起始值，就不太可能实现这一问题的最终或永久解决。

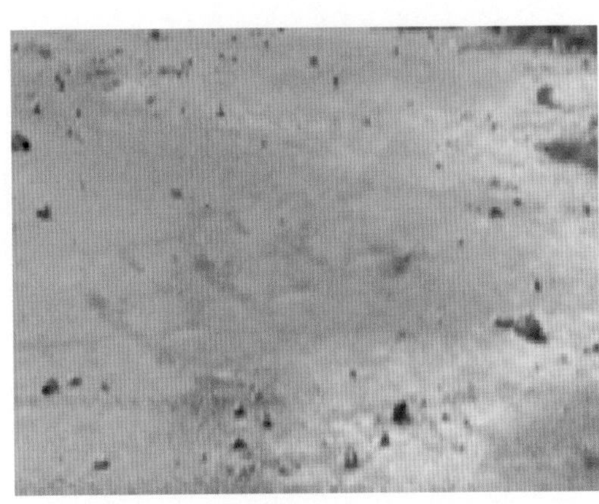
(a) 酸化的土壤

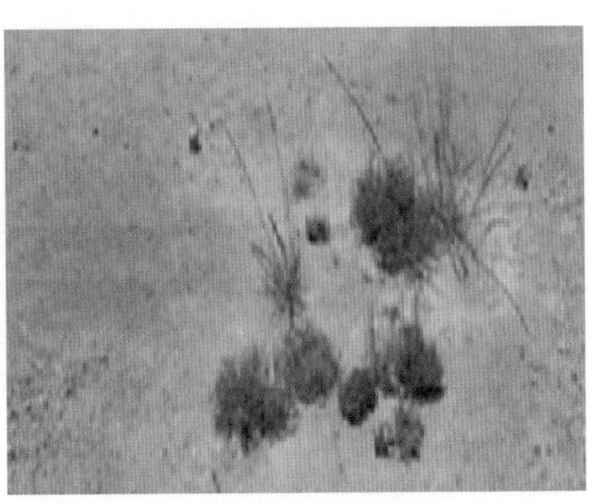
(b) 长出植物的土壤

图 10.6　场地修复前后对比图 [34]

5. 小结

研究表明，在野外条件下，大理岩加工产生的微细化碳酸盐是中和酸性、稳定重金属污染严重的矿区土壤的有效改良剂。所研究的土壤是在覆盖层材料上发展而来的，由于土壤强烈的酸度、高污染负荷和植物毒性（主要是铝和微量元素如 Cu、Pb、Zn 和 Cd），目前无法支持植被。石灰处理可以降低最不稳定土壤（水溶性和 EDTA 可萃取组分）中的金属浓度，从而降低它们在改良土壤中的迁移率和生物有效性。与纳米晶铁铝共沉淀似乎是几乎完全清除溶解金属的主要化学机制。氢氧化铁对 As 的吸附可以被与钙离子的竞争吸附抑制。本案例中土壤处理措施有效地减少了铝和重金属的植物毒性和改善了土壤条件，以促进小地块自然植被的生长。大理石污泥应用可能是一个有吸引力的选择，有助于自然修复管理矿山污染土壤和矿区复垦项目。如果当地有低成本的碳酸盐泥浆来源，这种植物修复在美学上是令人愉快的，而且相对便宜，因为只需要很少甚至不需要维护。

二、电解池、周期电压和新型表面活性剂在实际污染沉淀物中的电修复性能

1. 介绍

电动力学（EK）修复（也称为“电子放射”）是可用于污染来自各种无机（有毒金属）和（或）有机（多环芳香烃）的污染场地（涉及土壤 / 沉积物）的技术之一[35]。EK 主要依赖于通过同时使用称为“阳极液”和“阴极液”的电解质溶液，将直流电应用于

受限污染区域。然后，通过各种电化学现象（水氧化和还原、热传递）和输运机制过程（电迁移、电渗和电泳）来去除这些物质，这些过程可以单独或协同作用。电极材料和结构，使用的增溶剂，如螯合剂、表面活性剂、环糊精、共溶剂以及土壤/沉积物样品的粒度测定，均控制和影响操作参数，如pH值、电渗流量（EOF）、电流密度、电压等是最重要的影响EK工艺整体效率的因素。考虑到EK工艺在实验室中的众多应用，以及任何中试规模或扩大规模的尝试，EK似乎是最充分和最具成本效益的治疗方案之一，甚至真正的沉积物（疏浚物或表层沉积物）通常同时存在多种污染物，这些污染物与固体基质的成分相互作用，从而产生其他化合物，使EK过程更加复杂。然而，当所有的污染物质溶解时它们被容易地运输（冲洗）进入电解质室，从而获得它们从污染的土壤/沉积物样品中的去除。大多数文献报道的EK修复研究，主要是利用小的EK池修复沉积物基质，沉积物体积为$\Phi 5cm \times L10$或$L20cm$，电解池为$\Phi 5cm \times L5cm$，容量约为250～500g的土壤/沉积物（干物质）。此外，这些研究中报道的大多数实验是在恒定电压梯度的应用下进行的，使用了普通且广泛测试的增溶剂，如螯合剂（如EDTA、EDDS、PDA、DTPA、LED3A、柠檬酸和乙酸）以及表面活性剂（如吐温80、Igepal CA-720、SDS、Triton X 100、APG、Calfax16L-35），其中一些最终被发现不能充分去除污染物。

本案例的重点是研究EK过程在处理真实表层沉积物中有毒金属和多环芳烃污染的性能[36]，具体为：a. 使用的EK电池容量几乎是实验室常用电池容量的10倍；b. 电压的周期性应用（昼夜关闭模式），这一策略在过去仅实施过几次；c. 使用新引进的（在EK技术中）非离子表面活性剂（商业上称为去污剂P40和泊洛沙姆407），进行更大规模的进一步研究。此外，由于非离子表面活性剂对陆地和水生生物具有较高的溶解能力、可生物降解性和低效性，在土壤/沉积物的电修复中被广泛应用。与以前的EK研究和文献中报道的增溶剂的选择相比较，这些非离子表面活性剂在有机物（PAHs）和无机（有毒金属）污染物中的去除率相对较高。EDTA作为一种最佳的螯合剂也被实际应用于本案例中，将其效果与表面活性剂进行比较。最后，在电解槽阴极室中加入乙酸，对阴极电解还原过程中产生的羟基离子进行去极化处理。

2. 处理方案

从希腊雅典埃列夫斯湾的4个不同但相邻的地点采集表层沉积物，进行物理化学性质分析。EK装置：圆柱形电解池是由有机玻璃制成的，尺寸为$\Phi 10 \times L30cm$，电解液为$\Phi 10cm \times L5cm$。所有腔室的两端都有螺纹，以便于拧开并进入沉积物。将高密度圆形穿孔石墨电极（直径10cm，厚度0.7cm）和滤纸放置在沉积物室的末端，以尽可能防止细小沉积物颗粒进入电解质室。沉积物在周期性（昼夜关闭模式）电压下经受电场，由直流电源（0～300V，0～1.2A）产生，并在整个实验过程中监测和记录电流变化。电解质溶液通过多通道蠕动泵（Watson Marlow，205s）以5mL/min的流速循环到其储液罐中，并通过一个校准的瓶子，连接到导管室。初始稳定电压梯度约为0.7V/cm（20V，仅维持几个小时），4EK实验除外，初始电压持续为3d，然后减少（主要是由于表面活性剂产生的起泡现象或由于电流达到峰值）并保持在0.5V/cm（15V），无需任何进一步干预。试验持续时间在18～21d之间。在每个实验结束时，从电池中小心地提取沉淀物，并将沉淀物均分为五层（S1 ～ S5，从阳极到阴极）。对每个切片进行分析，在其有毒的金属和 PAH 含量中，测定分配系数并评估它们的去除或累积。在每片切片上测定沉淀物 pH 值、氧化还原电位和电导值。在所有的实验中，阴极室中都引入乙酸来中和水电解还原产生的羟基离子。乙酸的选择主要基于以下原因：a. 大多数金属乙酸酯是高度可溶的；b. 它是环境友好和可生物降解的；c. 乙酸离子会阻止阴极中其他不溶盐的形成。因此，防止低电导区的发展，从而防止阴极附近土壤中过量能量的消耗。1EK 未强化试验作为控制和参考，仅使用去离子水作为阳极液检查污染物的去除情况。2EK 和 4EK 运行分别在阳极室中施加 5% P40 去污剂和 3% 泊洛沙姆 407，同时在整个实验期间保持乙酸作为阴极。最后，在 3EK 运行中，在阳极室中引入 EDTA，将结果与其他实验进行比较，并评价其去除无机（金属）污染物的效果。

3. 处理效果

（1）沉积物 pH 值　在所有的 EK 实验中，pH 值的主要趋势（在靠近阴极的部分从几乎中性增加到强碱性）保持不变，根据所用阳极溶液的初始 pH 值变化很小。1EK、2EK 和 4EK 运行显示，app 范围内的各个基本切片的 pH 值相似，为 6 到略高于 11。这种行为通常在 EK 实验中发现，可以通过水的电解作用来解释，分别在阳极和阴极产生 H^+ 和 OH^-。H^+ 依次向阴极迁移，OH^- 向阳极迁移，导致阳极室 pH 值低，阴极室 pH 值高。阴极附近部分的 pH 值在 11 附近波动。还应注意的是，在所有实验中，节点室中的 pH 值最终在处理的第 1 天（1EK、2EK 和 4EK）或在实验持续时间的中间（3EK）产生高酸值（2 ～ 4），在任何时候都要保持不断增长的趋势。这种 pH 值降低的速度完全取决于所用阳极液的初始 pH 值以及它们的溶剂（对于 EDTA，为 1mol/L NaOH）。另一方面，阴极室中使用的乙酸的 pH 值迅速增加达到高度基本值，接近 12 或 13。

（2）沉积物氧化还原电位（ORP）　ORP 在靠近阳极的部分显示正值，而在向阴极移动的部分显示负值。值得一提的是，在靠近阳极的沉积物段中，初始 ORP 值较高。这与电解质的不更新直接相关。在本研究中，在所有 EK 运行中只发生了一次环流的循环，从而在 1/2 的沉淀物床（直到中层）中产生氧化条件的发生，只有在接近阴极的最后一段才变成氧化还原状态。唯一的例外是 3EK 运行，在 0.1mol/L NaOH 中 EDTA 的存在不允许产生类似的行为。在阳极附近，发现 ORP 值为正，pH 为轻度碱性，但很快变成负，并在整个电池中重新出现，表明存在还原条件。

（3）沉积物电导率（EC）　EC 直接受 pH 值的变化以及溶解离子种类的数量的影响，并且在发生主要 pH 值变化的沉积物剖面中，EC 会显著减少。EC 在所有 EK 实验中表现出类似的行为，显示出相对较高的值。电池中部出现最低值，最后向靠近阴极的沉积片方向递增。这可归因于阳极附近离子粒子的强烈存在，以及阴极附近高 pH 值导致金属的吸收或沉淀。

（4）有毒金属的分布和去除　值得注意的是，所有被测金属（即使是最难移动的金属）中都被一定程度的去除，尤其是在接近阴极的部分（S3 ～ S5），最有可能是由于它们的沉淀盐的溶解和它们各自冲入电解液室引起的。砷的去除率最高，但在整个池内均能达到。锌也表现出去除趋势（2EK 和 4EK 运行中分别约为 41% 和 54%），而作为最不可移动元素之一的铅则达到 41%（3EK 运行）。此外，在第 S1 节中观察到的锌、镍和铅的积累，很可能归因于阴极中形成的溶解有机物络合物向阳极迁移。在 2EK 实验中，铬和镍的去除率也很高，分别达到 63% 和 67%。铜实际上是从靠近阴极的沉积物切片中被去除的，高达 57%。在所有的 EK 实验中（但主要是在 1EK 运行中）所有元素被高去除的部分原因在于周期性的电压应用。当电压接通时会产生一个断开 / 电迁移“脉冲”，增加污染物（有机物和无机物）从“限制层”内部向本体溶液的增溶作用和 / 或移动。这种现象很可能是去除大多数被检测元素的主要因素之一。当然，在增强型（使用表面活性剂）环境下，非离子 P40 和泊洛沙姆 407 的高增溶能力可能是去除所有污染物的主要原因。由于在高于临界胶束浓度的浓度下使用，它们形成了许多胶束，提高了它们的溶解度。

（5）PAHs 的分布和去除　EK 池两端附近的切片中所有多环芳烃都有显著的去除。这种去除最有可能是通过洗涤这些与电解质溶液间接接触的沉积片（通过穿孔石墨电极和滤纸）而实现的。支持上述解释的另一个观察结果是所有多环芳烃（而不是单个物质中的选择性多环芳烃）的完全清除，这种现象只有在这些污染物从固体基质溶解并转移到液相后才能发生。只有苊和蒽没有被去除，但这些多环芳烃在所有电解池运行中也没有任何去除趋势。本质上，这些是多环芳烃，带负电，正朝着阳极移动，但未能达到 S1 段（最接近阳极），以便在每个单独电解质溶液的帮助下在阳极室中冲洗。有“黑带环”随着实验的进行而移动并在 S2 处停止的，这一点很明显，这个“黑带环”主要由多环芳烃、全硫辛烷磺酸、黑炭以及其他未经测量和鉴定的（在本研究中）向阳极移动的有机物和油组成，主要是由于它们的负电荷。对未增强运行中多环芳烃去除的主要原因进行了更详细的分析解释，主要是由于电压的周期性使用、它们的电荷、它们与土壤基质的弱结合以及污染物的扩散和传质［即使在施加电压梯度（夜间关闭）的暂停期间］。在所有 EK 运行中，从电池和每个切片中移动的 PAHs 总量表明需要增溶剂，即使未增强的运行给出了令人满意的去除率，主要是由于电压的周期性应用。可见，2EK 和 4EK 运行表明，与 1EK 相比，从沉积物中去除的多环芳烃总量更高。另一方面，在 3EK 实验中，EDTA 处理了各种带负电荷的金属配合物，并引起沉淀现象，阻碍了多环芳烃的脱除过程。

4. 小结

本研究的主要目的是在实际污染沉积物中用有毒金属和多环芳烃进行电修复，使用 EK 池、周期电压和新型表面活性剂进行性能评价。本研究得出的主要结论包括：

① 非离子表面活性剂（商业上称为去污剂 p40 和泊洛沙姆 407）显示出足够的去除效率，分别从 EK 池去除 6498μg 和 5688μg 的多环芳烃。在上述增强的 EK 运行中，单个多环芳烃的去除率高达 69%（蒡）。

② 所有 EK 运行显示出所有选定元素的去除趋势，百分比从约 41%（对于 As）到约 83%（对于 As）。周期性电压和增溶剂是造成这种现象的主要原因。

③ 去污剂 P40 和泊洛沙姆 407 结合周期电压梯度的应用，能够实现比实际使用的非离子表面活性剂更高程度地去除实际污染沉积物中的有毒金属和 PAHs。

第五节 修复技术环境影响评估案例分析

一、项目评估背景

在评价污染土壤和地下水的修复技术时，大多强调修复的有益效果，而不考虑修复活动本身的环境影响[37-40]。然而，对于土壤修复活动的环境影响，可以采用不同的定性和定量方法进行评估。在本案例中，我们进行了三个个案研究，分别为修复和维护火车发动机的工业污染场地（案例一）、前石油和脂肪加工厂污染场地（案例二）和埃克森美孚（Exxsol）污染工业场地（案例三）的修复。评估了几种修复方法对土壤及地下水受矿物油及苯、甲苯、乙苯及二甲苯污染的程度[41]，所用评估方法主要有：通过 BATNEEC（最佳可用技术，不产生过高成本）方法量化环境影响的过程；采用基于生命周期评价（REC；风险降低）原则的方法；通过计算碳足迹。目标有两个，即原位和非原位土壤修复方案的环境影响进行了量化和比较，利用三种评估方法（即 BATNEEC、REC 和二氧化碳计算器）评估每个案例；其次，对这些不同方法评价土壤修复过程环境性能的优缺点进行比较和评价。

二、实践案例概述

1. 修复和维护火车发动机的工业场地（矿物油污染）

第一个案例涉及一个用于修复和维护火车发动机的工业场地，工业用地建于 1835 年，总面积 35hm^2，位于城市居民区的中部。土壤和地下水受到柴油（C_{19} ~ C_{26}）的污染，柴油以 LNAPL（轻非水相液体）层的形式出现在地下水顶部，平均厚度为 0.03 ~ 0.04m，在污染羽流边缘也有少量的苯甲酸盐和联苯（低于修复值）。LNAPL 层的一部分（长 100m，宽 3m，厚 0.01 ~ 0.05m）位于建筑物下方。土壤和地下水的污染是由于 1988 年燃料箱的供给线泄漏造成的。在发现泄漏之前，容积为 63000L 的储罐已完全排干两次。建筑物（1 区）下方土壤中的平均矿物油浓度为 7300mg/kg，地下水中的平均矿物油浓度为 10000mg/L。根据 LNAPL 层的面积和厚度，LNAPL 层含有 146200kg 柴油，这是根据弗拉芒废物管理局制定的指南测量的。在建设区（2 区）外，土壤中柴油平均浓度为 2700mg/kg，地下水中柴油平均浓度为 10000mg/L，LNAPL 层柴油总负荷为 400kg。由于灰烬和石块的堆积，该地区的土壤成分非常不均匀，在 2.5 ~ 3m 深处发现海绿石砂（表 10.5）。

表10.5　3个案例中土壤和地下水污染物浓度和原位修复技术[41]

项目		土壤 /(mg/kg)	地下水 /(μg/L)	原位修复
案例一（工业区）	矿物油 1 区	7300	10000	真空回收
	矿物油 2 区	2700	10000	

续表

项目		土壤 /(mg/kg)	地下水 /(μg /L)	原位修复
案例二（住宅区）	矿物油	10000	7000	蒸汽注射
	苯	2	100	
	甲苯	15	DL	
	乙苯	50	DL	
	二甲苯	170	DL	
案例三（工业区）	矿物油	2733	780	热修复

注：DL= 低于检测线。

2. 前石油和脂肪加工厂污染场地（苯系物和矿物油污染）

这起案件涉及一个 1.6hm^2 的棕色地带的修复，在那里一个前石油和脂肪加工厂在 20 世纪初开始运作，这个工厂的活动导致土壤和地下水被石油和脂肪污染。此外，在油脂厂关闭后（20 世纪 80 年代末），油箱的泄漏对现场造成了严重的污染。土壤被矿物油（10000mg/kg）和苯系物严重污染。污染发生的最大深度为 5m。地下水位的深度为 0.1 ～ 1m，地下水也受到矿物油和苯的污染。在某些位置，矿物油作为一个 LNAPL 层，其厚度约为 0.01m 在地下水位的顶部。在不久的将来，这片土地将被重新开发成一个有公寓的住宅区。场地土壤为砂土，上部 2m 有大量碎屑。根据场地的确切位置，在砂土层下方，土壤的粒度变得更为粉质，直至 3.4 ～ 7m 的深度，在该粉砂层下是黏土层。

3. 埃克森美孚（Exxsol）工业污染场地

本案涉及一个旧工业区，自 1970 年以来，该区一直有一个新汽车和二手车配送中心。为了去除新车上的保护蜡层，自 1970 年以来使用了几种溶剂：最初使用的是 1.5% 石油与水的混合物，但 1988 年石油首先被 Finalan 取代；1990 年 Finalan 被另一种溶剂，即 Exxsol 取代，使用后更容易回收。两种溶剂（Finalan 和 Exssol）是脱芳烃烃流体（饱和脂肪族和环状烃与 7 ～ 12 个 C 原子，最大含量为 25% 体积的烷基芳烃和平均分子量为 150）的混合物。这些脱芳烃液体取代了传统溶剂，如矿物油或白酒（一种用作涂料稀释剂和温和溶剂的石油馏出物）。

在清除汽车上的蜡层时，车上会洒上一层 Exxsol 悬浮液。洗涤后释放的乳状液被收集在肠道中。20 世纪 90 年代初，由于肠道发生渗漏，一个面积为 2050m^2 的区域受到了 Exxsol 的污染。由于 Exxsol 的密度＜ 1000 kg/m^3，它在地下水上形成了一个 LNAPL 层，位于地表以下 2.5 ～ 3m 的深度。LNAPL 污染发生在由填埋场和黄土组成的松散沉积物中。黄土由风积粉土和黏土组成，是该区主要的土壤岩性。由于 Exxsol 具有与矿物油相似的性质，并且由于在佛兰德土壤修复立法中未发现该溶剂的土壤修复和目标值，因此使用矿物油的修复值来评估该污染。

三、修复工程设计

1. 土方开挖及场外清理

第一个修复方案即土壤开挖，对这三个案例进行了调查，因为在佛兰德斯，40% 的土壤修复项目仍然依赖于土壤开挖和场外清理。在挖掘过程中，来自挖掘机和运输设备的挥发性排放物、臭味和噪声可能会对环境造成不利影响。此外，燃油用于从挖掘机操作柴油发动机，如果受污染的土壤（定期）储存在现场本身，则必须采取预防措施，避免通过从挖出的土壤中浸出污染而对土壤和地下水造成二次污染。在进行环境影响评估时，考虑了用于降低地下水位的泵的燃料消耗量，加上操作挖掘机所需的燃料以及将土壤运至现场和从现场运至修复设施的卡车所需的燃料。此外，还考虑到地下水（活性煤过滤器）的清洁，以及污染土壤的非现场处理（例如使用能源、化学品、养分来刺激生物降解或利用能源对污染物进行热降解）。非现场修复方案为案例二的热处理、案例三的生物处理，而案例一的土壤在开挖后填埋。所分析的原位修复技术有每种情况都不同，因为考虑到场地具体参数，为每个场地选择了最合适的原位修复技术（基于负责修复的工程公司的土壤修复专家的初步筛选）。

2. 注蒸汽

注蒸汽是石油工业为从油藏中开采石油而开发的一种修复技术。目前，这项技术已被进一步开发用于去除土壤中的有机污染物。蒸汽注入污染土壤，在土壤加热过程中污染物的黏度降低，在水中的溶解度增加，同时保持污染物在土壤中的毛细力减小。此外，残余污染物被蒸汽挥发，并输送到蒸汽前缘。在修复区的中心，由不同的注入点组成，安装一个抽水井，通过真空泵收集受污染的气流（蒸汽）。蒸汽被带到冷凝器中，在那里污染物和水可以被分离。非冷凝气体通过活性煤过滤器，进行蒸汽注入所需的设备主要包括蒸汽发生器、通向注入井的分配系统、抽汽系统、气动泵和真空泵、冷却器和冷凝器以及气体和水的净化设备。对于注蒸汽原位修复（案例二），则考虑了以下过程，即蒸汽喷射设备的安装、钻井、所用不同发动机的能源和燃料需求、自然资源（产生蒸汽的水、过滤器的活性煤）和产生的废物流（水、矿物油）的使用、地下水泵的燃料消耗以及修复装置对气体的消耗。

3. 热原位土壤修复

这里应用的热修复技术（称为热电堆）是基于热传导的，它可以用来去除土壤中的有机污染物，至非常低的污染水平。因此，在土壤中放置一个加热管网络（由不锈钢制成），加热元件由两个同轴钢管组成，其中外管是穿孔的。在修复过程中，来自燃烧室的高温气体（700 ～ 800℃）在加热元件内循环，导致土壤受热，所含挥发性污染物（沸点＜ 550℃）蒸发土壤中。由于流体流经收缩管段时产生的流体压力降低，解吸的污染物通过外管中的穿孔（通过扩散和对流）迁移到加热元件中。一旦进入加热元件，解吸的气体（蒸汽和污染物）被输送到燃烧室，在那里作为燃料。热修复技术比传统的热系统使用 5 ～ 10 倍的能量，因为气体在封闭系统内循环，导致气体的最大再利用和气体排放的最低水平。此外，从土壤中解吸的污染物被气流捕获并用作热氧化剂（燃烧单元）中的燃料，其用于在高温下产生气体。除了对能源的需求降低外，这项技术还降低了二氧化碳、氮氧化物和二氧化硫的排放。场地噪声污染也很小，因为没有使用机械设备来处理土壤。计算了地下水泵的燃料消耗量和热电堆装置的天然气消耗量，以估算土壤修复过程的环境影响。

四、修复效果

1. 案例一　修复和维护火车发动机的工业场地（矿物油污染）

因为在第一种情况下，污染主要发生在仍在使用的建筑物下面，挖土并不是最理想的修复方法。此外，土壤污染严重，无法在土壤修复设施中进行处理，非常不均匀的土壤成分不利于原位土壤修复方案，但是，其中一部分污染可以通过挖掘处理，而不会破坏现场的建筑物。通过去除 LNAPL 层，污染部分也将被去除。

2. 案例二　前石油和脂肪加工厂污染场地（苯系物和矿物油污染）

案例二中的污染场地具有良好的可接近性和在有限深度（不超过 5m）发生的污染，这使得土壤挖掘成为一种可行的补救方案。此外，由于棕地将完全重新开发为住宅区，因此现场没有留下任何建筑物。蒸汽注入被认为是一种可能的原位修复替代方案，修复目标可以在 3 个月内实现，这与土壤挖掘所需的时间相当。

3. 案例三　埃克森美孚（Exxsol）污染工业场所

该场地还具有良好的可达性和热点污染，污染并不代表对环境的严重风险，因为它只是在土壤中缓慢移动。如果选择挖掘作为修复技术，从汽车上清除蜡层的建筑部分必须被拆除，然后重建，因为这栋楼不再集中使用，这对公司的其他活动只会产生很小的影响。

五、不同评估方法对环境影响的量化

1. 巴涅克分析

对于三个案例研究，原位土壤修复比土壤开挖获得更好的整体得分。然而，当单独考虑环境因素组时，土壤开挖通常比原位修复技术表现更好，因为它在满足土壤和地下水质量以及污染物含量降低的目标（土壤和地下水目标修复值）方面获得更好的分数，在土壤和地下水中。其中一个例外是在案例二中使用蒸汽注入，主要是因为这种技术导致挥发性污染物（如苯）的直接排放量低于土壤开挖期间。在挖掘活动中使用较少的二次资源，因为垂直、蒸汽注入和热修复技术涉及相对较高的能源需求。然而，BATNEEC 方法没有考虑污染土壤的迁移。在技术方面，现场技术得分较高，因为它们对环境造成的危害（如噪声、气味等）较小，对现场造成的损害较小，因为无需拆除任何建筑物，开挖引起地面移动的风险较小。

2. 基于生命周期评价的结果

通过环境价值指数分析，负的环境价值分数表示对环境的不利影响，而正的分数表示改善。此三个案例中，地下水流失、能源利用、排放、废物产生和空间利用都有负分，因为土壤修复过程对这些影响类别有不利影响。但土壤和地下水质量随着所有修复方案而改善，因此具有积极的环境优点。在第一种情况下，土壤流失是造成土壤开挖对环境造成负面影响的主要原因，主要是土壤污染太大，无法在土壤修复设施中进行处理，必须进行处理。仅考虑到修复活动对环境的影响，到目前为止，采用 VER 进行原位处理是首选的修复方案。土壤的运输也有相当大的负面环境影响，这反映在能源的使用上。对于第二种情况，没有地下水的排放，土壤的损失是最小的（用热修复技术，少量的土壤必须撤回以插入安装）或不存在（以挖掘作为补救技术，污染的土壤被清洗并可重复使用）。蒸汽喷射在能源利用、排放和空间利用方面取得了较好的效果。土壤开挖产生的废物较少（因为清理后的土壤可以再利用），但会导致地下水质量略低于蒸汽注入获得的质量。从环境角度出发，采用 REC 模型选择注蒸汽作为环境负荷最低的修复方案。对于第三种情况，很明显，热修复对地下水流失、能源利用、排放和空间利用有更好的效果，而土壤开挖产生的废物更少。从环境的角度来看，这项技术被 REC 模型选为最佳的补救方案，主要是因为对空间和能源的使用有限，而且它造成的排放更少。

3. 碳足迹

在这三种情况下，作为修复方案之一的土壤开挖的碳足迹主要归因于土壤的运输，而开挖活动本身和地下水的处理是次要的，而地下水的泵送具有可忽略的碳足迹。将设备和人员运送到现场对二氧化碳排放总量的贡献很小。在这三种情况下，活性煤被用于地下水修复，这导致了不可忽略的碳足迹。此外，在案例一中，挖掘的土壤也被视为危险废物。关于原位技术，由使用蒸汽或热的处理技术（案例二）产生的二氧化碳排放量比（案例一）中使用的原位处理方法（VER）高得多。但是，在案例三中使用的热处理系统使用再循环气体作为实际上，燃料的能耗为传统的热修复系统 1/10 ～ 1/5。使用系统运行所需的能量作为计算输入，而不是根据必须处理的土壤体积计算二氧化碳排放量，将更准确地反映这种热修复技术的环境影响。

六、小结

一系列的定性和定量评价工具，可以对土壤修复方案的环境影响进行比较。环境影响和二氧化碳排放主要是由于在整个补救过程中使用的化石燃料衍生能源，以及在较小程度上由于有机污染物的热降解而产生的废物和二氧化碳排放。然而，不同工具评价不同环境效应的方式存在着重要差异，重要的是要强调这些定性和定量评价工具结果的相对价值。环境价值指数或碳足迹本身很难解释，但可用于比较补救方案。然而，它最重要的含义是，用户可以推断出导致环境影响和 / 或二氧化碳排放，以便采取具体措施减少土壤修复活动。

主要参考文献

[1] Bonaparte LVC, Neto ATP, Vasconcelos LGS,et al.Remediation procedure used for contaminated soil and underground water: A case study from the chemical industry. Process Safety and Environmental Protection, 2010,88(5): 372-379.

[2] Burns M, Carstens D, Ghosh E,et al .Thinking Outside the Boxcar: Effective and Sustainable Combined Remedies Using Single Application of Multifunctional Amendments. Groundwater Monitoring &

Remediation,2017, 37(1): 42-50.

[3] Chiang YW, Santos RM, Ghyselbrecht K,et al.Strategic selection of an optimal sorbent mixture for in-situ remediation of heavy metal contaminated sediments: framework and case study. Journal of environmental management,2012, 105: 1-11.

[4] Afegbua SL, Batty LC.Effect of single and mixed polycyclic aromatic hydrocarbon contamination on plant biomass yield and PAH dissipation during phytoremediation. Environmental Science and Pollution Research, 2018,25(19): 18596-18603.

[5] Anicai O, Anicai L. BIOREGIS Software Platform Based on GIS Technology to Support in - Situ Remediation of Petroleum Contaminated Sites. Case Study: Razvad–Dambovita County, Romania. CLEAN–Soil, Air, Water, 2011,39(12): 1050-1059.

[6] Asif Z, Chen Z. Multimedia environmental analysis of PCBs fate and transport mechanism through a case study of transformer oil leakage. International journal of environmental science and technology, 2019,13(3): 793-802.

[7] Choi Y, Thompson JM, Lin D,et al.Secondary environmental impacts of remedial alternatives for sediment contaminated with hydrophobic organic contaminants.2016.

[8] Dourson ML, Gadagbui B, Griffin S,et al.The importance of problem formulations in risk assessment: A case study involving dioxin-contaminated soil. Regulatory Toxicology and Pharmacology,2019, 66(2): 208-216.

[9] Garg N, Lata P, Jit S,et al.Laboratory and field scale bioremediation of hexachlorocyclohexane (HCH) contaminated soils by means of bioaugmentation and biostimulation. Biodegradation, 2016,27(2-3): 179-193.

[10] Holmes RR, Hart M L, Kevern JT. Removal and breakthrough of lead, cadmium, and zinc in permeable reactive concrete. Environmental Engineering Science, 2018,35(5): 408-419.

[11] Niedźwiecka JB, Finneran KT. Combined biological and abiotic reactions with iron and Fe (III)-reducing microorganisms for remediation of explosives and insensitive munitions (IM). Environmental Science: Water Research & Technology, 2015,1(1): 34-39.

[12] Němeček J, Steinová J, Špánek R,et al.Thermally enhanced in situ bioremediation of groundwater contaminated with chlorinated solvents–A field test. Science of The Total Environment, 2018，622:743-755.

[13] Kawabe Y, Komai T. A case study of natural attenuation of chlorinated solvents under unstable groundwater conditions in Takahata, Japan. Bulletin of environmental contamination and toxicology, 2019,102(2): 280-286.

[14] Vogel M, Nijenhuis I, Lloyd J,et al.Combined chemical and microbiological degradation of tetrachloroethene during the application of Carbo-Iron at a contaminated field site. Science of The Total Environment, 2018,628: 1027-1036.

[15] Grec A, Haiduc C. Remediation of the environmental damage produced on a site by contamination with petroleum products. case study. Environmental Engineering & Management Journal (EEMJ),2013, 12(2):401-407.

[16] Kim DH, Yoo JC, Hwang BR, et al. Environmental assessment on electrokinetic remediation of multimetal-contaminated site: a case study. Environmental Science and Pollution Research, 2014,21(10):

6751-6758.

[17] Chikere CB, Azubuike CC, Fubara EM. Shift in microbial group during remediation by enhanced natural attenuation (RENA) of a crude oil-impacted soil: a case study of Ikarama Community, Bayelsa, Nigeria. 3 Biotech, 2017,7(2): 152.

[18] Khan FI, Husain T. Risk-based monitored natural attenuation—a case study. Journal of hazardous materials,2001 85(3): 243-272.

[19] Simpanen S, Mäkelä R, Mikola J,et al. Bioremediation of creosote contaminated soil in both laboratory and field scale: Investigating the ability of methyl-β-cyclodextrin to enhance biostimulation. International biodeterioration & biodegradation, 2016,106: 117-126.

[20] Umeh AC, Duan L, Naidu R,et al. Extremely small amounts of B[a]P residues remobilised in long-term contaminated soils: A strong case for greater focus on readily available and not total-extractable fractions in risk assessment. Journal of hazardous materials, 2019,368: 72-80.

[21] Gomez F, Sartaj M. Field scale ex-situ bioremediation of petroleum contaminated soil under cold climate conditions. International Biodeterioration & Biodegradation,2013, 85: 375-382.

[22] Schwitzguébel JP, Comino E, Plata N, Khalvati M. Is phytoremediation a sustainable and reliable approach to clean-up contaminated water and soil in Alpine areas?. Environmental Science and Pollution Research, 2011,18(6): 842-856.

[23] Konopleva A, Golosovb V, Wakiyamaa Y,et al. Natural attenuation of Fukushima-derived radiocesium in soils due to its vertical and lateral migration. Journal of Environmental Radioactivity, 2018,186: 23-33.

[24] Pérez-Sánchez D, Thorne MC. An investigation into the upward transport of uranium-series radionuclides in soils and uptake by plants. Journal of Radiological Protection, 2014,34(3): 545.

[25] Witters N, Mendelsohn RO, Van Slycken S,et al. Phytoremediation, a sustainable remediation technology? Conclusions from a case study. I: Energy production and carbon dioxide abatement. Biomass and Bioenergy, 2012,39: 454-469.

[26] Sugiura Y, Ozawa H, Umemura M,et al. Soil amendments effects on radiocesium translocation in forest soils. Journal of environmental radioactivity,2016, 165: 286-295.

[27] Nurzhanova A, Pidlisnyuk V, Abit K,et al. Comparative assessment of using Miscanthus giganteus for remediation of soils contaminated by heavy metals: a case of military and mining sites. Environmental Science and Pollution Research,2019, 26(13): 13320-13333.

[28] Patmont CR, Ghosh U, LaRosa P,et al. In situ sediment treatment using activated carbon: a demonstrated sediment cleanup technology. Integrated environmental assessment and management,2015, 11(2): 195-207.

[29] Norris G, Al-Dhahir Z, Birnstingl J,et al. A case study of the management and remediation of soil contaminated with polychorinated biphenyls. Engineering Geology,1999, 53: 177-185.

[30] Risco C, López-Vizcaíno R, Sáez C,et al. Remediation of soils polluted with 2, 4-D by electrokinetic soil flushing with facing rows of electrodes: a case study in a pilot plant. Chemical Engineering Journal,2016, 285: 128-136.

[31] Shaheen SM, Alessi DS, Tack FM,et al. Redox chemistry of vanadium in soils and sediments: Interactions with colloidal materials, mobilization, speciation, and relevant environmental implications-A review. Advances in colloid and interface science,2019, 265: 1-13.

[32] Rieuwerts JS, Austin S, Harris EA. Contamination from historic metal mines and the need for non-invasive remediation techniques: a case study from Southwest England. Environmental monitoring and assessment, 2009,148(1-4): 149-158.

[33] Wei X, Wang Y, Hernández-Maldonado AJ,et al. Guidelines for rational design of high-performance absorbents: A case study of zeolite adsorbents for emerging pollutants in water. Green Energy & Environment,2017, 2(4): 363-369.

[34] Fernández-Caliani JC, Barba-Brioso C. Metal immobilization in hazardous contaminated minesoils after marble slurry waste application. A field assessment at the Tharsis mining district (Spain). Journal of hazardous materials,2010, 181(1-3): 817-826.

[35] Suzuki T, Niinae M, Koga T,et al. EDDS-enhanced electrokinetic remediation of heavy metal-contaminated clay soils under neutral pH conditions. Colloids and Surfaces A: Physicochemical and Engineering Aspects,2014, 440: 145-150.

[36] Hahladakis JN, Latsos A, Gidarakos E. Performance of electroremediation in real contaminated sediments using a big cell, periodic voltage and innovative surfactants. Journal of hazardous materials,2016, 320: 376-385.

[37] Kostarelos K, Gavriel I, Stylianou M,et al. Legacy soil contamination at abandoned mine sites: making a case for guidance on soil protection. Bulletin of environmental contamination and toxicology,2015, 94(3): 269-274.

[38] Maqsood I, Li J, Huang G,et al. Simulation-based risk assessment of contaminated sites under remediation scenarios, planning periods, and land-use patterns—a Canadian case study. Stochastic Environmental Research and Risk Assessment, 2005,19(2): 146-157.

[39] Sakaguchi I, Inoue Y, Nakamura S,et al. Assessment of soil remediation technologies by comparing health risk reduction and potential impacts using unified index, disability-adjusted life years. Clean Technologies and Environmental Policy, 2015,17(6): 1663-1670.

[40] Gutiérrez M, Mickus K, Camacho LM. Abandoned Pb--Zn mining wastes and their mobility as proxy to toxicity: a review. Science of the Total Environment, 2016,565: 392-400.

[41] Cappuyns V. Environmental impacts of soil remediation activities: quantitative and qualitative tools applied on three case studies. Journal of cleaner production, 2013,52: 145-154.